Dieter Liedtke
und 4 Mitautoren

Wärmebehandlung von Eisenwerkstoffen I

Wärmebehandlung von Eisenwerkstoffen I

Grundlagen und Anwendungen

Dr.-Ing. Dieter Liedtke

Dr.-Ing. Martin Hoferer
Prof. Dr.-Ing. Karl Heinz Illgner
Dipl.-Ing. Norbert Pirzl
Dr.-Ing. Hansjürg Stiele

10., aktualisierte Auflage

Mit 455 Bildern und 30 Tabellen

Kontakt & Studium
Band 349

Herausgeber:
Prof. Dr.-Ing. Dr. h.c. Wilfried J. Bartz
Dipl.-Ing. Hans-Joachim Mesenholl
Dipl.-Ing. Elmar Wippler

Bibliografische Information Der Deutschen Bibliothek

Die Deutsche Bibliothek verzeichnet diese Publikation in der Deutschen Nationalbibliografie; detaillierte bibliografische Daten sind im Internet über http://www.dnb.de abrufbar.

Bibliographic Information published by Die Deutsche Bibliothek

Die Deutsche Bibliothek lists this publication in the Deutsche Nationalbibliografie; detailed bibliographic data are available on the internet at http://www.dnb.de

ISBN 978-3-8169-3401-1

10., aktualisierte Auflage 2017
9., neu bearbeitete und erweiterte Auflage 2014
8. Auflage 2008
7., völlig neu bearbeitete Auflage 2007
6., durchgesehene Auflage 2004
5., durchgesehene Auflage 2002
4., durchgesehene Auflage 2000
3., durchgesehene Auflage 1998
2., verbesserte Auflage 1996
1. Auflage 1991

Bei der Erstellung des Buches wurde mit großer Sorgfalt vorgegangen; trotzdem lassen sich Fehler nie vollständig ausschließen. Verlag und Autoren können für fehlerhafte Angaben und deren Folgen weder eine juristische Verantwortung noch irgendeine Haftung übernehmen.
Für Verbesserungsvorschläge und Hinweise auf Fehler sind Verlag und Autoren dankbar.

Tel.: +49 (0) 71 59 - 92 65 - 0, Fax: +49 (0) 71 59 - 92 65 - 20
E-Mail: expert@expertverlag.de, Internet: www.expertverlag.de

Herausgeber-Vorwort

Bei der Bewältigung der Zukunftsaufgaben kommt der beruflichen Weiterbildung eine Schlüsselstellung zu. Im Zuge des technischen Fortschritts und angesichts der zunehmenden Konkurrenz müssen wir nicht nur ständig neue Erkenntnisse aufnehmen, sondern auch Anregungen schneller als die Wettbewerber zu marktfähigen Produkten entwickeln.

Erstausbildung oder Studium genügen nicht mehr – lebenslanges Lernen ist gefordert! Berufliche und persönliche Weiterbildung ist eine Investition in die Zukunft:

- Sie dient dazu, Fachkenntnisse zu erweitern und auf den neuesten Stand zu bringen
- sie entwickelt die Fähigkeit, wissenschaftliche Ergebnisse in praktische Problemlösungen umzusetzen
- sie fördert die Persönlichkeitsentwicklung und die Teamfähigkeit.

Diese Ziele lassen sich am besten durch die Teilnahme an Seminaren und durch das Studium geeigneter Fachbücher erreichen.

Die Fachbuchreihe *Kontakt & Studium* wird in Zusammenarbeit zwischen der Technischen Akademie Esslingen und dem expert verlag herausgegeben.

Mit über 700 Themenbänden, verfasst von über 2.800 Experten, erfüllt sie nicht nur eine seminarbegleitende Funktion. Ihre eigenständige Bedeutung als eines der kompetentesten und umfangreichsten deutschsprachigen technischen Nachschlagewerke für Studium und Praxis wird von der Fachpresse und der großen Leserschaft gleichermaßen bestätigt. Herausgeber und Verlag freuen sich über weitere kritisch-konstruktive Anregungen aus dem Leserkreis.

Möge dieser Themenband vielen Interessenten helfen und nützen.

Dipl.-Ing. Hans-Joachim Mesenholl | Dipl.-Ing. Matthias Wippler

Autoren-Vorwort

Das Wärmebehandeln ist meist der letzte oder vorletzte Fertigungsschritt im Herstellprozess von Bauteilen und Werkzeugen aus Eisenwerkstoffen. Erfolg und Misserfolg einer Wärmebehandlung beeinflussen nicht nur die Fertigungskosten, sondern bestimmen auch die Produktqualität und -zuverlässigkeit.

Bereits beim Konstruieren und Entwickeln sollten daher Werkstoff, Werkstückgeometrie und Wärmebehandlungsverfahren auf die erforderlichen Gebrauchseigenschaften und die Erfordernisse einer fertigungssicheren und risikoarmen Wärmebehandlung sorgfältig abgestimmt werden.

Dazu müssen die Wärmebehandelbarkeit ebenso wie die erreichbaren Eigenschaften des gewählten Werkstoffs berücksichtigt und die für das Wärmebehandeln erforderlichen Daten in der Zeichnung und weiteren geeigneten Fertigungsunterlagen festgelegt werden.

Hierfür sind ausreichende Kenntnisse über die Reaktion von Werkstück und Werkstoff auf das Wärmebehandeln und den dabei zu erwartenden Streubereich der Eigenschaftskennwerte, auf möglicherweise auftretende Fehler und das zweckmäßige Prüfen des wärmebehandelten Zustands, unumgänglich.

Die nunmehr 10. Auflage des aktualisierten und in den Kapiteln „Beanstandungen an wärmebehandelten Bauteilen – Fallbeispiele", „Prüfen des wärmebehandelten Zustands" und „Wärmebehandlungsangaben in Zeichnungen und Fertigungsunterlagen" überarbeiteten Buches soll nach wie vor dazu beitragen, die wichtigsten theoretischen Kenntnisse über die verschiedenen Wärmebehandlungsverfahren zum Ändern der Verarbeitungs- und Funktionseigenschaften zu vermitteln. Dabei ist in erster Linie an den Praktiker gedacht, der als Konstrukteur oder Entwicklungsingenieur, als Werkstoffprüfer, in der Härterei, oder als Fertigungsingenieur mit Wärmebehandlungstechnik zu tun hat. Darüber hinaus soll es aber auch Studierenden der Ingenieurwissenschaften rasche Orientierung ermöglichen und nicht zuletzt als Unterlage für Weiterbildungsveranstaltungen wie z. B. die Lehrgänge „Grundlagen der Wärmebehandlungstechnik" an der Technischen Akademie Esslingen dienen.

Der inhaltliche Umfang ist auf die Bedürfnisse des Praktikers zugeschnitten, entsprechend den Erfahrungen, welche die Autoren bei vielen Weiterbildungsveranstaltungen und bei ihrer beruflichen Tätigkeit gewonnen haben. Für eine darüber hinausgehende Vertiefung sei auf die am Schluss jedes Kapitels aufgeführte Literatur verwiesen.

Ludwigsburg, September 2017 Dieter Liedtke

Inhaltsverzeichnis

1 Verhalten der Eisenwerkstoffe unter dem Einfluss der Zeit-Temperatur-Folge beim Wärmebehandeln

Dieter Liedtke

Eisenwerkstoffe ist als Sammelbegriff für die Gesamtheit der Stähle und Gusseisensorten zu verstehen und umfasst auch die Sintereisenwerkstoffe. Die Eisenwerkstoffe besitzen nach dem Herstellen durch Gießen, Walzen oder Sintern einen festen Zustand, der fast immer einer speziellen Behandlung bedarf, um für den vorgesehenen Verwendungszweck in ausreichendem Maße geeignet zu sein. Diese spezielle Behandlung ist das Wärmebehandeln, mit dem die erforderlichen Gebrauchseigenschaften aber auch bestimmte Verarbeitungseigenschaften eingestellt werden können.

Durch das Wärmebehandeln wird der Werkstoffzustand verändert, wobei durch zeitliche Temperaturänderungen in einer definierten Umgebung im Werkstoffinneren Vorgänge veranlasst werden, deren Kenntnis erforderlich ist, wenn der Zusammenhang mit den angestrebten Gebrauchs- und Verarbeitungseigenschaften verstanden werden soll. Im Folgenden wird dies näher beschrieben.

1.1 Aufbau und Gefüge der Eisenwerkstoffe

1.1.1 Reines Eisen

Eisen ist im festen Zustand kristallin, es ist aus einzelnen Kristalliten oder Körnern aufgebaut. In diesen Kristalliten nimmt jedes Eisenatom einen definierten Platz ein, woraus ein dreidimensionales Kristallgitter entsteht.

Bild 1.1: Bruchflächen einer gerissenen Zugprobe aus Stahl

Die körnige Struktur ist auf der rauen Bruchfläche eines Werkstücks aus Eisen deutlich zu erkennen, siehe Bild 1.1.

Die Kristallite oder Körner entstehen beim Erstarren des flüssigen Eisens, indem die zunächst ungeordnet in der Schmelze befindlichen und frei beweglichen Eisenatome beim Abkühlen unterhalb der Erstarrungstemperatur allmählich ihre Beweglichkeit verlieren. An Kristallisationskeimen kommt es zum Anlagern weiterer Atome, die dann eine bestimmte geometrische Anordnung einnehmen. Die Keime wachsen weiter zu Kristalliten, also unregelmäßig geformten Kristallen, bis die gesamte Schmelze erstarrt, kristallisiert ist, Bild 1.2.

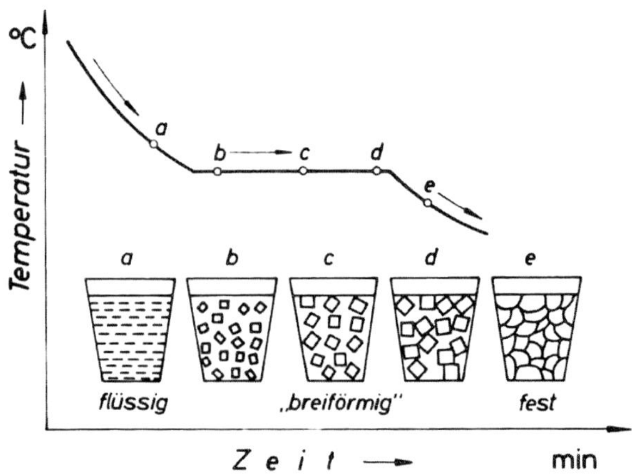

Bild 1.2: Ablauf des Erstarrens einer Schmelze – schematisch

Wird eine Bruchfläche eben geschliffen, poliert und mit z. B. salpetriger Säure geätzt, ist auf der Schlifffläche ein unregelmäßig geformtes Liniennetz zu erkennen, siehe Bild 1.3. Das Liniennetz ergibt sich aus den Korngrenzen, welche die Körner oder Kristallite umgeben. Das Bild wird als Korngefüge oder kurz: Gefüge bezeichnet.

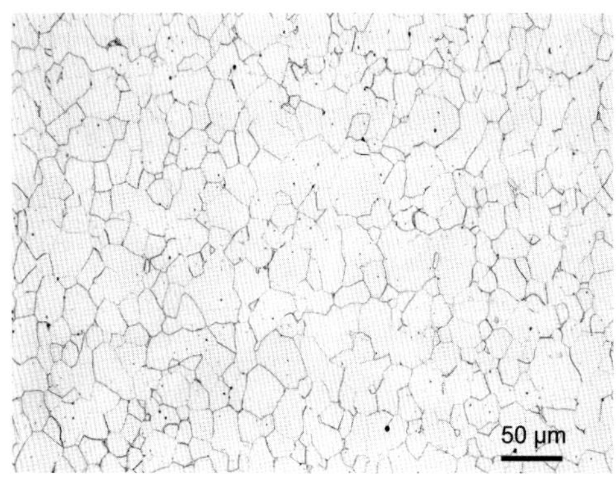

Bild 1.3: Gefüge von Reineisen im Lichtmikroskop /Keß10/

In jedem Kristallit bilden die Atome ein räumliches Gitter, das in jedem Kristallit eine andere Richtung besitzt. Im Raumgitter lassen sich Elementarzellen erkennen, beim Eisen sind diese würfelförmig, kubisch und es treten zwei unterschiedliche Arten auf: die *kubisch-raumzentrierte (krz)* Elementarzelle und die *kubisch-flächenzentrierte (kfz)*, siehe das Modell in Bild 1.4.

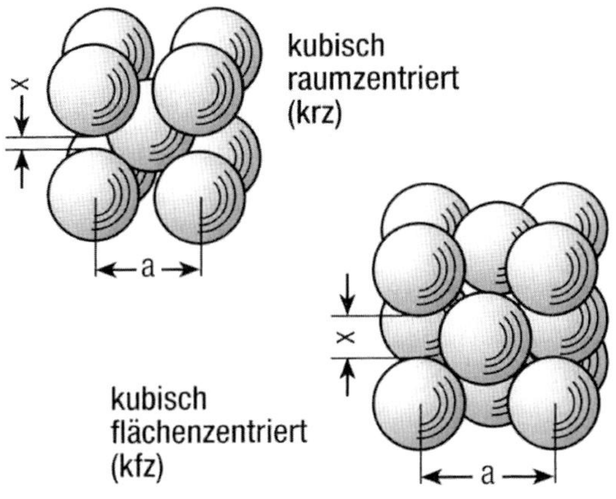

Bild 1.4: Die Elementarzellen des Eisens

Die kubisch-raumzentrierte (krz) Elementarzelle wird von 8 Eisenatomen an den 8 Würfelecken gebildet und zusätzlich befindet sich ein Eisenatom in der Würfelmitte. Die Abstände der Eckatome ergeben sich daraus, dass diese sich auf den jeweiligen Raumdiagonalen des Würfels berühren. Bei der *kubisch-flächenzentrierten* (kfz) Raumzelle befinden sich statt des Atoms in Würfelmitte 6 Eisenatome auf den 6 Seitenflächen des Würfels. Die Größe dieser Elementarzelle ergibt sich durch die Berührung der Eckatome auf den jeweiligen Diagonalen der Seitenflächen. Weil jedes Eckatom im räumlichen Verbund mit den benachbarten Elementarzellen nur zu einem Achtel zu einer Elementarzelle gehört, besteht die krz-Elementarzelle zusammen mit dem Atom in Würfelmitte demnach aus zwei Eisenatomen. Bei der kfz-Elementarzelle kommen zu den 8 Achteln Eckatome noch die 6 je zur Hälfte mit den Nachbarzellen gemeinsamen Atome auf den Seitenflächen; zusammen sind das also 4 Eisenatome.

Von Bedeutung ist der unterschiedliche Abstand der Eckatome und der Zwischenräume zwischen diesen. Dieser ist bei der kubisch-raumzentrierten Elementarzelle wie in Bild 1.4 zu erkennen ist, deutlich kleiner als bei der kubisch-flächenzentrierten. Wird die relative Raumerfüllung der Elementarzellen berechnet, so ergibt sich, dass diese bei der kubisch-raumzentrierten 68 % beträgt und bei der kubisch-flächenzentrierten 74 %: die Atome sind in letzterer dichter gepackt! Trotzdem ist das freie Raumvolumen mit 0,01 nm^3 größer als mit 0,007 nm^3 in der krz-Elementarzelle, was ein größeres Vermögen für die Aufnahme von Fremdatomen, ein größeres Lösungsvermögen, bedeutet. Bei einer Größe des Eisenatoms von 0,248 nm ergibt sich eine Kantenlänge krz: 0,267 nm bzw. kfz: 0,360 nm.

Die beiden Gittersysteme des *reinen* Eisens werden durch die Temperatur bestimmt. Bei Raumtemperatur existiert das kubisch-raumzentrierte System, bei Temperaturen oberhalb von 911 °C das kubisch-flächenzentrierte, vgl. Bild 1.5.

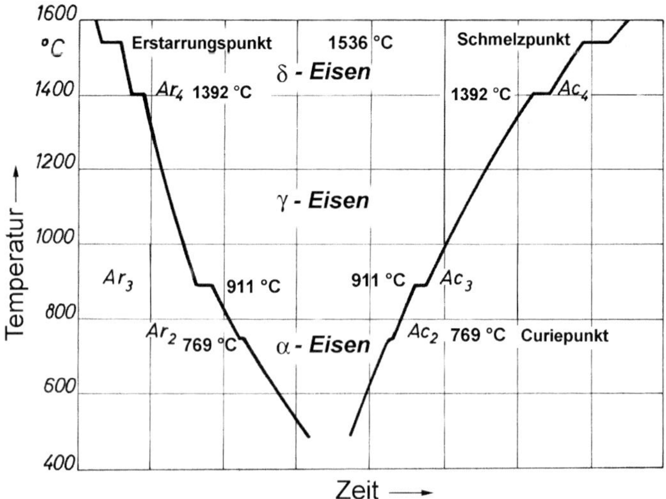

Bild 1.5: Abkühl- und Erwärmkurven von reinem Eisen

Jedoch tritt das erstgenannte nochmals oberhalb von 1392 °C auf. Die Haltepunkte werden mit „A" (französisch: arret) und einem Index, „c" für chauffage (Erwärmen) oder „r" für refroidissement (Abkühlen) sowie in ihrer Reihenfolge, ausgehend von Raumtemperatur, mit Ziffern gekennzeichnet. Einen Haltepunkt A_1 gibt es bei reinem Eisen nicht, sondern nur bei Eisen-Kohlenstoff-Legierungen. Die Darstellung in Bild 1.5 ist allerdings nicht ganz korrekt, da in Wirklichkeit die Haltepunkte beim Erwärmen – je nach Erwärmgeschwindigkeit – geringfügig höher liegen als beim Abkühlen und umgekehrt.

Aus Bild 1.5 ist abzulesen, dass sich das Raumgitter, d. h. also die Anordnung der Eisenatome zueinander, beim Erwärmen und Abkühlen verändert. Der Haltepunkt bei 769 °C hat allerdings nichts mit der Gitterstruktur, sondern mit einer Änderung des magnetischen Verhaltens zu tun.

Die beschriebenen Kristallgitter liegen allerdings nur im Idealfall ungestört vor. In realen Werkstoffen ist der regelmäßige Gitteraufbau durch eine Vielzahl von Gitterstörungen unterbrochen. Zu diesen Gitterstörungen zählen u. a. Fremdatome, Versetzungen, Korngrenzen und ausgeschiedene Teilchen /Eck69/.

1.1.2 Eisenlegierungen

Für die technische Anwendung spielt reines Eisen nur eine untergeordnete Rolle. Erst durch das Hinzufügen (= Legieren) weiterer Elemente ergibt sich die Möglichkeit, Werkstoffe mit unterschiedlichen Eigenschaften für die verschiedensten Anwendungsfälle zu schaffen. Das wichtigste Legierungselement in Eisenwerkstoffen ist der Kohlenstoff.

Am einfachsten lassen sich Legierungen durch gemeinsames Erschmelzen und Erstarren herstellen. Dabei entstehen *Mischkristalle* oder *Verbindungskristalle*. Bei ersteren ist zwischen *Additions-* oder *Einlagerungsmischkristallen* und *Substitutionsmischkristallen* zu unterscheiden, siehe Bild 1.6.

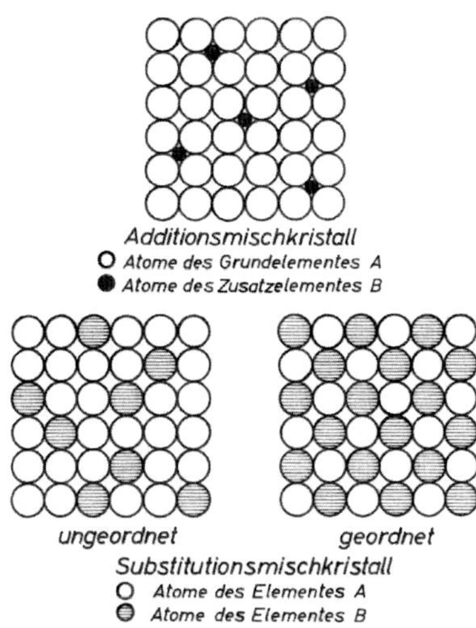

Bild 1.6: Aufbau der Mischkristalle – schematisch

In Additionsmischkristallen sind die Atome der Legierungselemente in die Lücken des Eisengitters – interstitiell – eingelagert. Dies ist jedoch nur dann möglich, wenn das Legierungselement einen deutlich kleineren Atomdurchmesser besitzt als das Eisen wie z. B: Kohlenstoff, Stickstoff, Wasserstoff und Sauerstoff bzw. wenn die Gitterlücke ausreichend groß ist.

In Substitutionsmischkristallen besetzen die Atome von Legierungselementen geordnet oder ungeordnet, Gitterplätze des Eisens, vorausgesetzt, dass sie dem Eisen ähnlich sind, wie z. B. Chrom oder andere Metalle.

Bei den Verbindungskristallen sind die Atome der Legierungselemente nicht in das Eisengitter eingebunden, sondern bilden mit Eisenatomen einen Kristall mit meist andersartigem Gitteraufbau. Dazu muss das Mischungsverhältnis ganzzahlig sein, wie z. B. beim Eisencarbid Fe_3C, siehe Bild 1.7. Eine Verbindung kann im Unterschied zu chemischen Verbindungen weitere Elemente in Lösung nehmen, in ihr Gitter einbauen. Wegen des komplizierten Gitteraufbaus sind Verbindungskristalle schwer verformbar und spröde. Interessant ist in diesem Zusammenhang, dass Kohlenstoff und Stickstoff fähig sind, mit dem Eisen sowohl Additionsmischkristalle als auch Verbindungskristalle zu bilden.

In Eisen-Kohlenstoff-Legierungen wird der krz-Zustand als *α-Mischkristall*, metallographisch als *Ferrit* und der kfz-Zustand als *γ-Mischkristall*, metallographisch als *Au-*

stenit bezeichnet. Das Eisencarbid hat den metallographischen Namen *Zementit*. Ferrit kann maximal 0,02 Masse-% Kohlenstoff bei 723 °C in Lösung nehmen; der Kohlenstoff wird interstitiell auf den Oktaederlücken des kubisch-raumzentrierten Gitters eingebaut. Austenit vermag deutlich mehr aufzunehmen, nämlich maximal 2,06 Masse-% bei 1147 °C. Der Kohlenstoff ist hier interstitiell auf den Oktaederlücken des kubisch-flächenzentrierten Gitters eingefügt. Im *Zementit* mit der Summenformel Fe_3C stecken 6,67 Masse-% Kohlenstoff. Der atomare Aufbau ist in Bild 1.7 zu sehen.

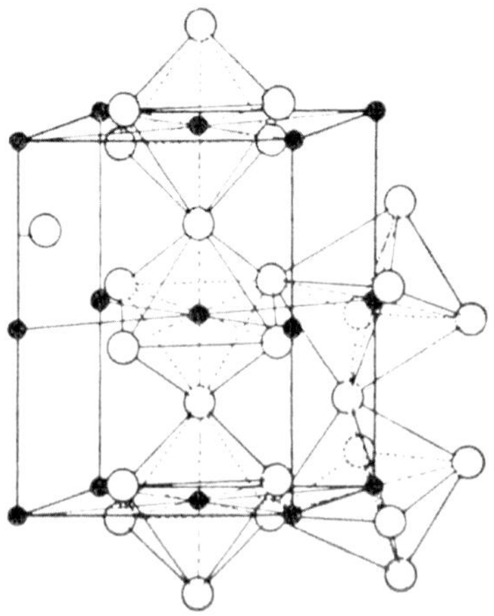

Bild 1.7: Atomarer Aufbau des Zementits

Der Aufbau des Gefüges einer Legierung ist in Bild 1.8 dargestellt.

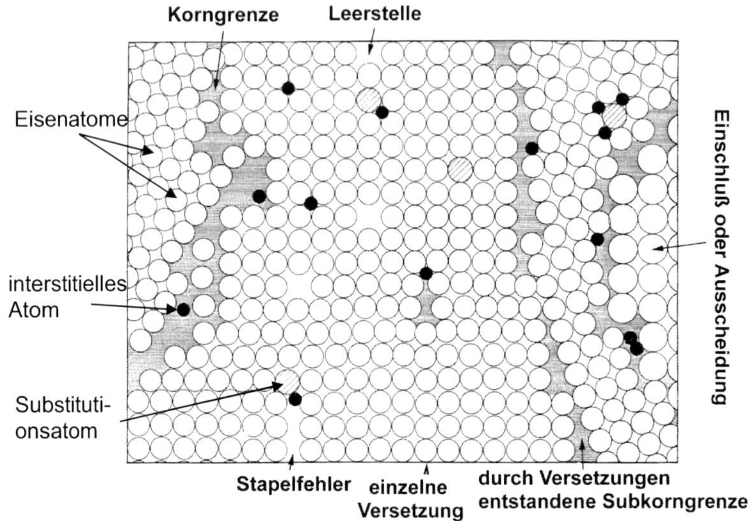

Bild 1.8: Atomare Struktur einer Legierung /Eck69/

Die Eisenwerkstoffe werden wie folgt unterschieden, vgl. DIN EN 10052:

- *Stahl:*
  ist ein metallisches Erzeugnis mit Eisen als Hauptbestandteil und einem Anteil an Kohlenstoff bis höchstens 2,1 Masse-%. Bei höherem Gehalt an Carbid bildenden Legierungselementen kann der Kohlenstoffgehalt auch höher sein. Im Allgemeinen ist Stahl ohne Nachbehandlung verformbar.

- *Gusseisen:*
  ist ein Eisenwerkstoff, der zur Formgebung gegossen wird. Der Kohlenstoffgehalt liegt über 2,1 Masse-%. Bei höherem Gehalt an Carbid bildenden Legierungselementen kann der Kohlenstoffgehalt auch niedriger sein. Man unterscheidet Gusseisen mit *Lamellengraphit* (kurz: *GGL)* und Gusseisen mit *Kugelgraphit* (kurz: GGG) sowie *Weißen* und *Schwarzen Temperguss* (kurz: *GTW* und *GTS).*

- *Stahlguss:*
  Erzeugnis aus Stahl, dessen Formgebung durch Gießen erfolgt. Der Kohlenstoffgehalt ist im Allgemeinen auf 2,1 Masse-% beschränkt.

- *Sintereisen:*
  Erzeugnis aus unlegiertem Eisen, dessen Formgebung durch Sintern erfolgt und dem weder Kohlenstoff noch andere Legierungselemente zugesetzt worden sind.

- *Sinterstahl:*
  Erzeugnis aus Eisen, dessen Formgebung durch Sintern erfolgt und dem gezielt Kohlenstoff und andere Legierungselemente zugesetzt worden sind.

Bezüglich des Gefüges der Eisenlegierungen stellt sich die Frage, wie die zulegierten Fremdatome in das Eisengitter eingebaut werden. Dabei können Mischkristalle oder Verbindungskristalle entstehen.

1.2 Das Eisen-Kohlenstoff-Zustandsschaubild

Dieses Schaubild beschreibt die Existenzbereiche der verschiedenen Eisen-Kohlenstoff-Mischkristalle und des Zementits bezüglich der Temperatur und des Kohlenstoffgehalts /Hou81/, /Hor85/. Es gilt nur für den Gleichgewichtszustand, d. h. für Zustände, die nach sehr langsamem Abkühlen bzw. nach sehr langsamem Erwärmen erreicht werden. In der Praxis sind die Temperaturänderungen jedoch erheblich rascher, so dass es für Aussagen über Gefügezustände nur begrenzt benutzt werden kann.

Das Zustands-Schaubild für das Legierungssystem Eisen-Kohlenstoff in Bild 1.9 enthält das stabile System Eisen-Graphit (unterbrochene Linien) und das metastabile System Eisen-Eisencarbid/Zementit (durchgehende Linien). Das erstgenannte ist vor allem für Gusseisenwerkstoffe mit höheren Siliziumgehalten und sehr niedriger Abkühlgeschwindigkeit beim Erstarren und weiteren Abkühlen auf Raumtemperatur relevant. Das zweitgenannte gilt für das Wärmebehandeln von Stählen, streng genommen nur für reine Eisen-Kohlenstoff-Legierungen und ist für technische Belange als hinreichend stabil anzusehen.

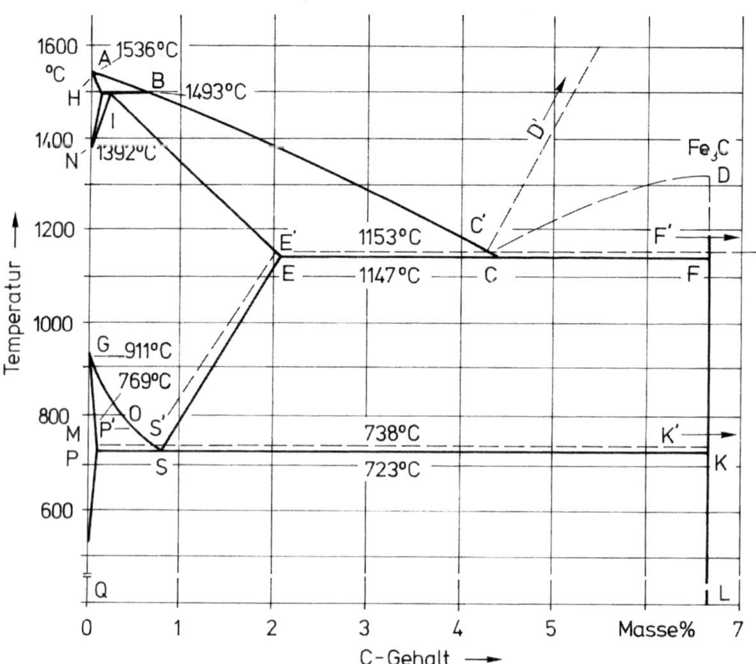

Bild 1.9: Eisen-Kohlenstoff-Zustands-Schaubild, durchgehende Linien: metastabiles System Fe-C, unterbrochene Linien: stabiles System Fe-Fe_3C /Hor85/

Oberhalb der Linie A-B-C-D bzw. A-B-C'-D' (Liquiduslinien) sind Eisen-Kohlenstoff-Legierungen schmelzflüssig. Der Schmelzpunkt wird gegenüber dem reinen Eisen durch zunehmenden Kohlenstoffgehalt bis 4,3 Masse-% *(Eutektikum,* eutektische Zusammensetzung) bis auf 1147 °C bzw. 1153 °C bei Gusseisen, gesenkt und steigt mit C-Gehalten über 4,3 Masse-% wieder an.

Im Bereich oberhalb der Linien A-H-I-E-C-F liegt ein Gemisch aus Schmelze und Kristallen vor und unterhalb dieser Linien befindet sich der feste Zustand (Soliduslinie). Darunter finden beim Abkühlen auf Raumtemperatur weitere Umwandlungen statt, wie z. B. die beim reinen Eisen beschriebene Änderung des Gitterzustands oder bei Fe-C-Legierungen die Bildung von Zementit.

Innerhalb des Bereichs, der von der Linie N-I-E-S-G-N bzw. N-I-E'-S'-G-N umschlossen wird, besteht das Gefüge aus γ-Mischkristall oder Austenit, in dem der Kohlenstoff interstitiell gelöst ist. Bei 2,06 Masse-% Kohlenstoff und 1147 °C ist die maximale Löslichkeit für Kohlenstoff erreicht. Die Linie G-S-E *(A_3-Linie)* bzw. G-S'-E spiegelt die unterschiedliche Beständigkeit des Austenits wider: zunehmender Kohlenstoffgehalt bis zu einer Konzentration von 0,8 Masse-% bewirkt eine Beständigkeit des Austenits herab bis zu einer Temperatur von 723 °C (Perlitpunkt), mit weiter ansteigendem Kohlenstoffgehalt wird die Beständigkeit des Austenits wieder zu höheren

Temperaturen verschoben. Die Linie S'-E' ist insbesondere für das Aufkohlen von Bedeutung.

Untereutektoide Fe-C-Legierung:

Hierunter fallen die Stähle, deren Kohlenstoffgehalt weniger als 0,80 Masse-% beträgt. Für diese gilt beim Abkühlen aus dem Existenzbereich des Austenits, dass sich unterhalb der Linie G-S bzw. G-S' das kubisch-flächenzentrierte Gitter des Austenits in das kubisch-raumzentrierte des Ferrits umwandelt. Dies läuft kontinuierlich innerhalb des durch die A_3- und A_1-Temperatur gekennzeichneten Bereichs ab. Mit sinkender Temperatur nimmt der Ferritanteil zu und der Austenitanteil ab. Da der Ferrit interstitiell nur maximal 0,02 Massenanteile Kohlenstoff in % enthalten kann, wird der übrige Kohlenstoff in den verbleibenden Austenit verdrängt, dessen Kohlenstoffgehalt dadurch zunimmt. Der Austenit erreicht schließlich bei einer Temperatur von 723 °C eine Konzentration von 0,80 Masse-% und wandelt sich in das eutektoide Gefüge *Perlit* um. Dies ist ein Gemenge aus Ferrit und Zementitplatten oder -bündeln, die zweidimensional betrachtet, Lamellenform haben. Der Zementit enthält 6,67 Masse-% C. Die Bezeichnung Perlit ergibt sich aus dem lichtmikroskopischen Erscheinungsbild: das lamellare Gefüge schimmert perlmuttartig.

In Bild 1.10 ist dieser Ablauf in Abhängigkeit von Zeit und Temperatur schematisch dargestellt. Bild 1.11 zeigt dazu eine lichtmikroskopische Aufnahme des Gefüges des Stahls C45.

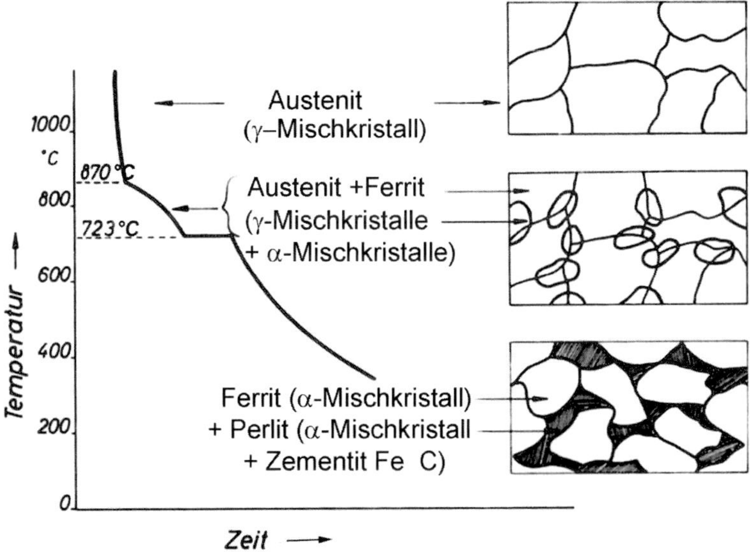

Bild 1.10: Gefügeentwicklung beim Abkühlen einer untereutektoiden Fe-C-Legierung – schematisch

Der Ferrit erfährt während des weiteren Abkühlens auf Raumtemperatur noch eine weitere Veränderung, da seine Löslichkeit für Kohlenstoff abnimmt, es wird so bezeichneter *Tertiärzementit* ausgeschieden.

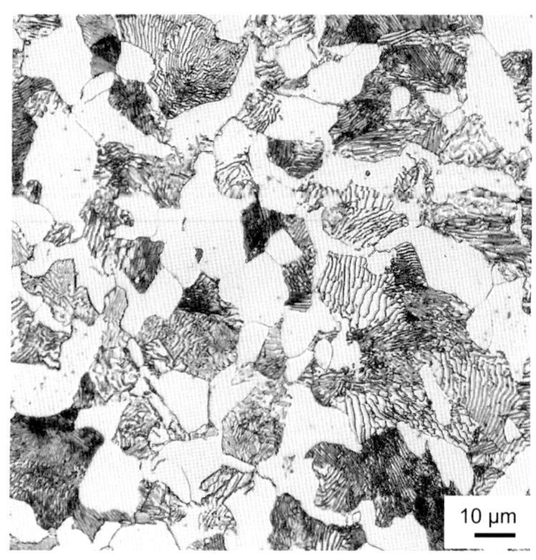

Bild 1.11: Lichtmikroskopisches Ferrit-Perlitgefüge Gefüge (Stahl C45)

Eutektoide Fe-C-Legierung:

Hierbei handelt es sich um Stähle mit einem Kohlenstoffgehalt von 0,80 Masse-%.

Diese wandeln sich beim Abkühlen beim Erreichen der eutektoiden Temperatur A_1 von 723 °C (Punkt S in Bild 1.9) übergangslos vollständig in das eutektoide Gefüge Perlit um, siehe Bild 1.12.

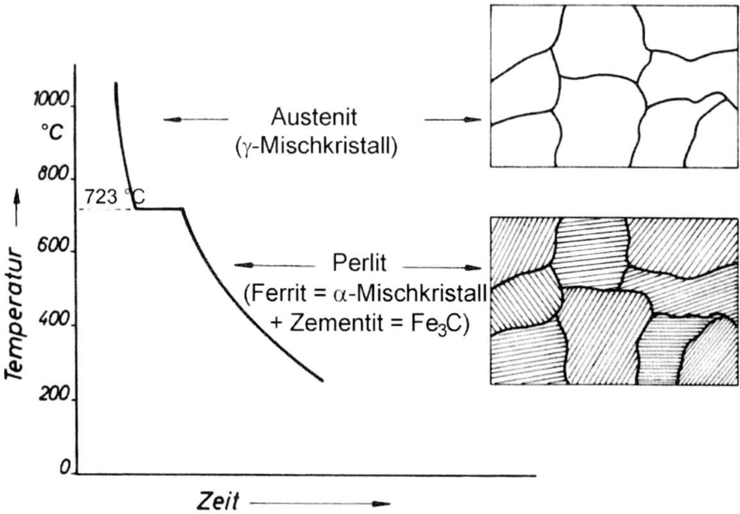

Bild 1.12: Gefügeentwicklung beim Abkühlen einer Fe-C-Legierung mit 0,8 Masse-% Kohlenstoff – schematisch

Bild 1.13 zeigt das lichtmikroskopische Aussehen von Perlit. Die dunklen lamellenförmigen Bestandteile sind die Eisencarbide, der Zementit, deren Breite im Verhältnis zum umgebenden Ferrit 1:7 beträgt. Die im Bild unterschiedlichen Abstände der Lamellen sind durch die Lage der Schnittebene durch die einzelnen Perlitkörner bedingt. Im Bild 1.13 ist außerdem zu erkennen, dass der Zementit etwas aus dem umgebenden Ferrit herausragt. Hier macht sich bei der Schliffpräparation die größere Härte gegenüber dem Ferrit bemerkbar.

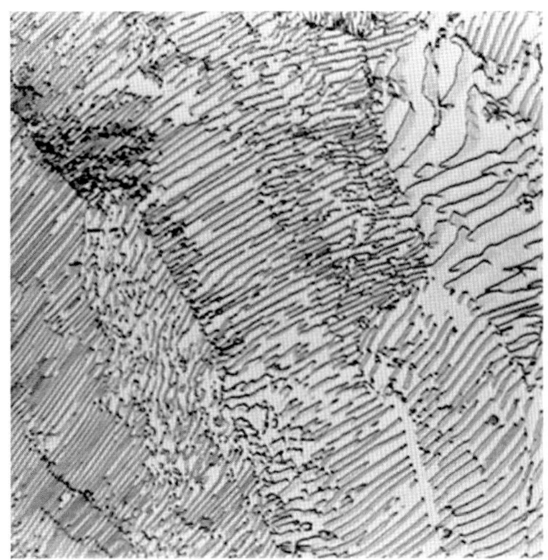

Bild 1.13: Lichtmikroskopisches Aussehen Perlitgefüge

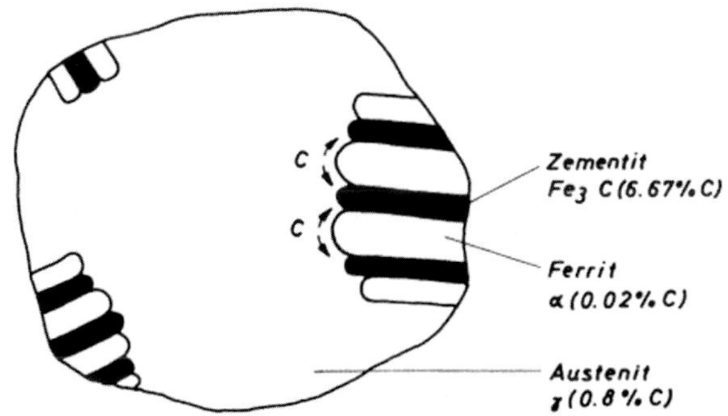

Bild 1.14: Mechanismus der Perlitbildung – schematisch /Ber89/

Bild 1.14 zeigt den Ablauf der Perlitentstehung. An den Korngrenzen oder Versetzungen (Gitterstörungen), wo der Kohlenstoffgehalt etwas höher ist, entstehen Zementitkeime. Diese entziehen dem Austenit Kohlenstoff, so dass sich dieser, wenn der C-Gehalt niedrig genug ist, in Ferrit umwandelt. Er kann dann noch maximal 0,02 Masse-% C enthalten. Im weiteren Verlauf wachsen dann durch Diffusion des

Kohlenstoffs die plattenförmigen Zementitausscheidungen und die benachbarten Ferritbereiche.

Übereutektoide Fe-C-Legierung:

Hierbei handelt es sich um Stähle mit einem C-Gehalt über 0,80 Masse-%.

Bei diesen nimmt im Verlauf des Abkühlens im Austenit die Löslichkeit des Kohlenstoffs ab und es entstehen örtliche Konzentrationsunterschiede. Der Kohlenstoff bildet mit Eisenatomen bevorzugt an den Korngrenzen Zementit *(Sekundärzementit).* Mit zunehmender Ausscheidung von Carbiden aus dem Austenit nimmt dessen Kohlenstoffkonzentration solange ab, bis bei 723 °C noch eine Konzentration von 0,8 Masse-% vorliegt. Dann wandelt sich der noch vorhandene Austenit in Perlit um, siehe Bild 1.15. Bei Raumtemperatur besteht das Gefüge dann aus Perlit und Korngrenzencarbiden und ist am Beispiel der lichtmikroskopischen Aufnahme eines Stahls C100 in Bild 1.16 zu sehen.

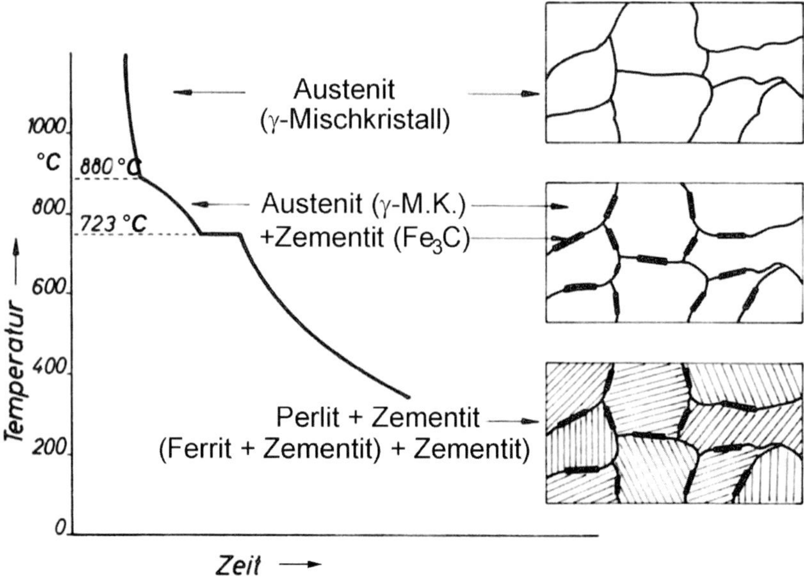

Bild 1.15: Gefügeentwicklung einer übereutektoiden Fe-C-Legierung – schematisch

Die beschriebenen Vorgänge, Temperaturen und Kohlenstoffkonzentrationen gelten für ein sehr langsames Abkühlen der Fe-C-Legierungen. Bei Raumtemperatur besteht das Gefüge aus den beiden Bestandteilen Ferrit und Zementit in unterschiedlichem Mengenverhältnis, je nach Kohlenstoffgehalt. In Bild 1.17 ist hierzu ein Vergleich von Stahlgefügen mit unterschiedlichem Kohlenstoffgehalt zu sehen.

Bild 1.16: Lichtmikroskopisches Aussehen des Perlit-Zementit-Gefüges (Stahl C100)

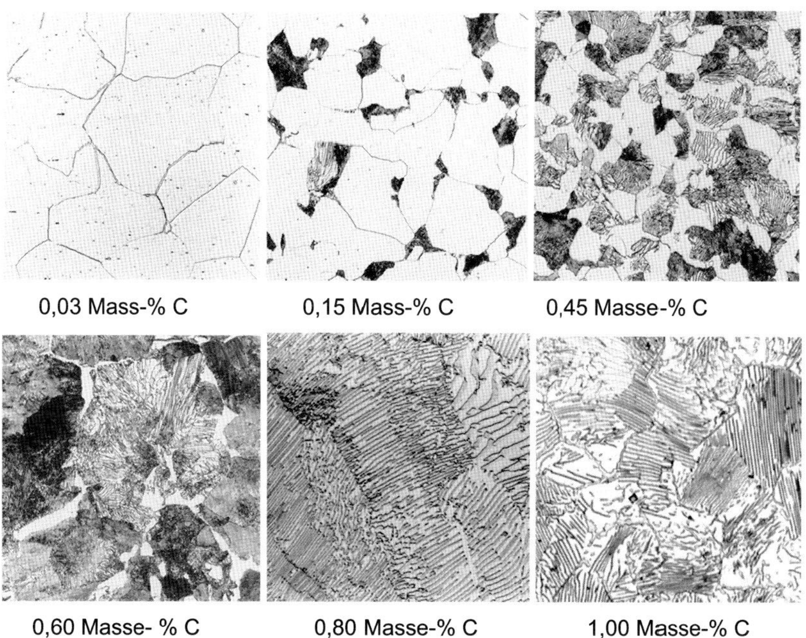

Bild 1.17: Gegenüberstellung von Gefügen mit unterschiedlichem C-Gehalt

Fe-C-Legierungen mit einem C-Gehalt zwischen 2,0 Masse-% und 4,3 Masse-% werden als untereutektisch bezeichnet. Bei einer Temperatur unterhalb von 1147 °C besteht das Gefüge aus Austenit, Ledeburit und Sekundärzementit, vgl. Bild 1.9. Ledeburit I ist ein Gemisch aus Austenit und Zementit. Mit sinkender Temperatur wandelt sich der Austenit um, wie oben für die übereutektoiden Fe-C-Legierungen beschrieben, so dass bei Raumtemperatur ein Gefüge bestehend aus Perlit, Ledeburit II und Sekundärzementit vorliegt.

Eutektische Legierungen erstarren bei 1147 °C. Dabei entstehen gleichzeitig Ledeburit und Austenit. Letzterer und der Austenit im Ledeburit wandeln sich beim weiteren Abkühlen auf Raumtemperatur wie oben beschrieben um.

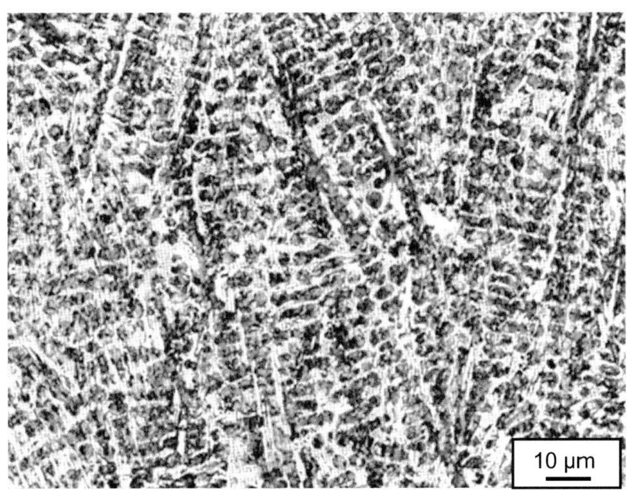

Bild 1.18: Lichtmikroskopisches Aussehen von Ledeburit II (Perlit und Zementit) „weißes Gusseisen“ /Keß27/

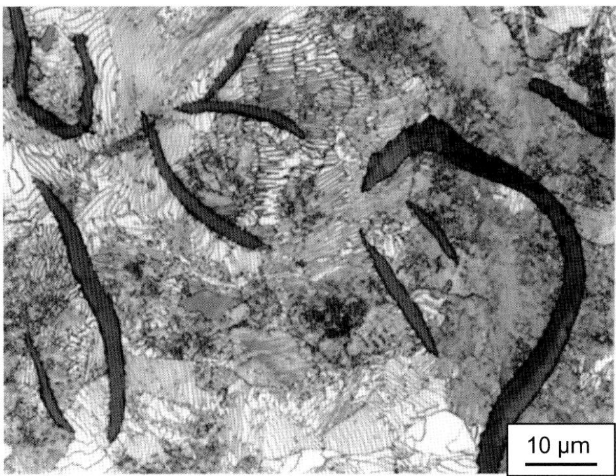

Bild 1.19: Gefüge eines perlitischen Gusseisens: Perlit und Graphit /Keß07/

Übereutektische Legierungen bestehen bei Temperaturen unterhalb von 1147 °C aus Ledeburit I, Primärzementit und Sekundärzementit. Bei weiterem Abkühlen wandelt sich der Austenit im Ledeburit wie oben beschrieben um. Bild 1.18 zeigt das Gefüge dieses Zustands. Bei so bezeichnetem „weißem" Gusseisen erfolgen die eutektische und die eutektoide Reaktion nach dem metastabilen System Fe-Fe_3C.

Im Unterschied dazu läuft bei perlitischem Gusseisen die eutektische Reaktion nach dem stabilen System Fe-C ab und die eutektoide Reaktion nach dem metastabilen System Fe-Fe_3C; das Gefüge besteht aus Perlit und Graphit, siehe Bild 1.19.

Beim Erwärmen verlaufen die Gefügeänderungen in umgekehrter Richtung ab. D. h. bei den untereutektoiden Fe-C-Legierungen beginnt sich zuerst der Perlit umzuwandeln: ab 723 °C zerfällt der Zementit und es entsteht Austenit, der den frei werdenden Kohlenstoff in Lösung nimmt. Bei Temperaturen zwischen A_1 und A_3 wandelt sich der verbliebene Ferrit in Austenit um. Bei einem eutektoiden Kohlenstoffgehalt von 0,8 Masse-% erfolgt bei 723 °C die Umwandlung des Perlits in Austenit.

Bei übereutektoidischen Stählen wird nach Auflösung des Perlits ab 723 °C der Sekundärzementit aufgelöst und es entsteht Austenit, der den Kohlenstoff in Lösung nimmt. Oberhalb A_3 besteht das Gefüge nur noch aus Austenit.

1.2.1 Einfluss der Legierungselemente auf das Fe-C-Zustandsdiagramm

Technische Eisenwerkstoffe enthalten neben Kohlenstoff weitere Legierungselemente. Diese beeinflussen das Umwandlungsverhalten und damit die Existenzbereiche der beschriebenen Gefügebestandteile. Deswegen reicht das Eisen-Kohlenstoff-Zustandsschaubild zum Beschreiben der Umwandlungsvorgänge nicht mehr aus.

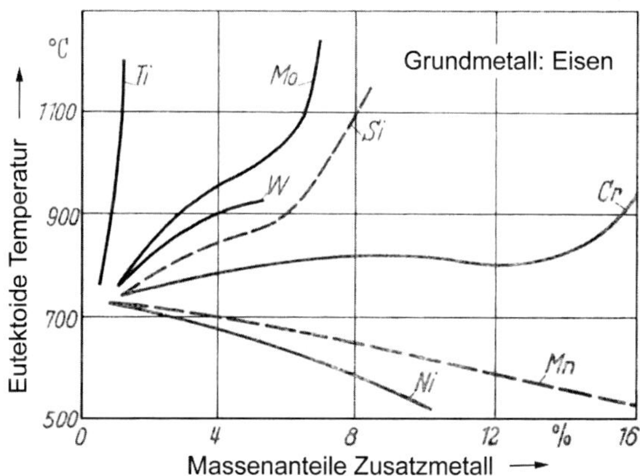

Bild 1.20: Einfluss von Legierungselementen auf die A_1-Temperatur /Bra52/

Die Wirkung der Legierungselemente ist unterschiedlich: z. B. erhöhen Molybdän, Wolfram und Silizium die eutektoide Temperatur und verringern den eutektoiden C-Gehalt, Bilder 1.20 und 1.21. Chrom und Nickel verändern deutlich den Existenzbereich des Austenits: durch Chrom wird er verkleinert, Bild 1.22, durch Nickel bis auf Raumtemperatur erweitert → austenitische Stähle. Für die Praxis bedeutet dies, dass zum exakten Beschreiben einer Gefügeausbildung Mehrstoff-Schaubilder herangezogen werden müssen.

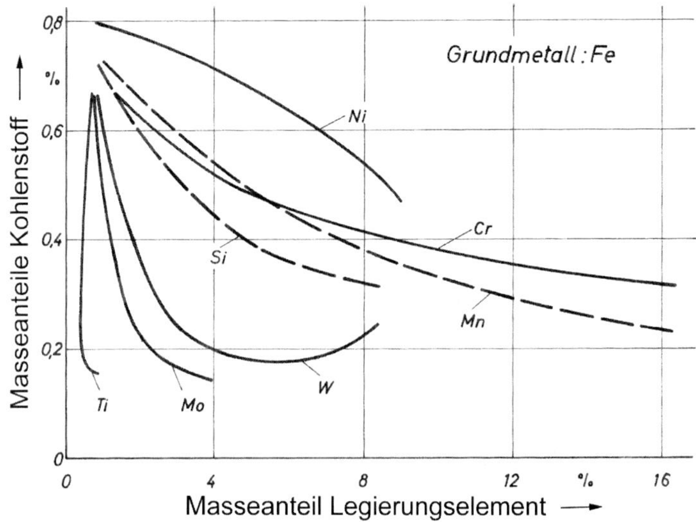

Bild 1.21: Einfluss von Legierungselementen auf den eutektoiden C-Gehalt /Bra52/

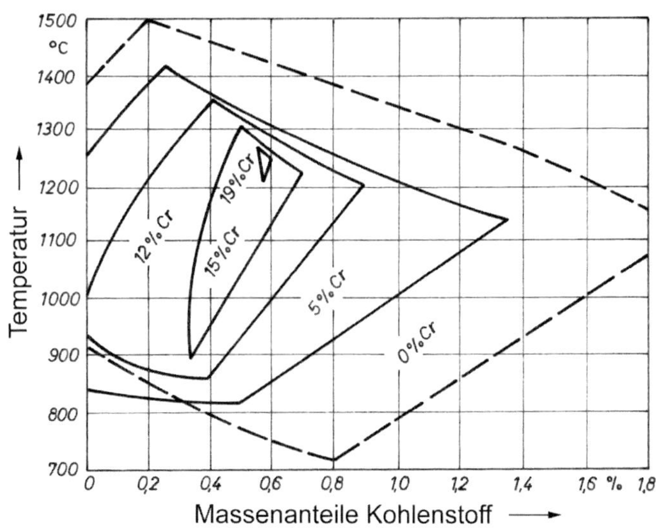

Bild 1.22: Einfluss des Chroms auf den Existenzbereich des Austenits

1.2.2 Einfluss der Abkühlgeschwindigkeit auf das Fe-C-Zustands-Schaubild

Das Eisen-Kohlenstoff-Zustandsdiagramm und die Mehrstoff-Zustandsdiagramme setzen jedoch voraus, dass das Abkühlen mit einer sehr sehr langsamen Geschwindigkeit erfolgt, wodurch quasi ein Gleichgewichtszustand erreicht wird. Dies trifft jedoch in der Praxis des Wärmebehandelns meist nicht zu, sondern es wird gezielt ein Ungleichgewichtszustand angestrebt. Erst dadurch lassen sich die Gebrauchs- oder Funktionseigenschaften erzielen, die durch eine höhere Festigkeit und Härte gekennzeichnet sind. Wird jedoch mit der dazu erforderlichen Geschwindigkeit vom austenitischen Zustand auf Raumtemperatur abgekühlt, verändern sich die Existenzbereiche der verschiedenen Gefügebestandteile. Dies ist in Bild 1.23 zu erkennen. Dort ist abzulesen, dass sich z. B. schon bei Abkühlgeschwindigkeiten schneller als 1 °C/s das Aussehen des Fe-C-Zustands-Schaubildes verändert: Auf der Linie G-S-K werden aus dem Punkt S die beiden Punkte S' und S", der eutektoidische Kohlenstoffgehalt von 0,80 Masse-% C nimmt den Bereich von ca. 0,7 bis 0,9 Masse-% C ein. Auch die A_1-Temperatur erniedrigt sich. Die Änderungen werden dadurch verursacht, dass die Kohlenstoffdiffusion, die einer Entmischung des Austenits vorausgeht, behindert wird.

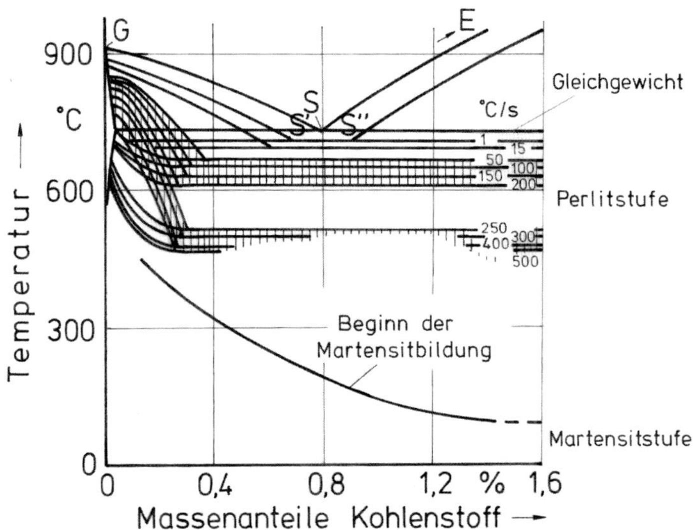

Bild 1.23: Einfluss der Abkühlgeschwindigkeit auf das Fe-C-Zustandsschaubild /Hou56/

Mit zunehmender Abkühlgeschwindigkeit stellen sich beim Erreichen der Raumtemperatur ganz andere Gefügezustände ein, die nicht mehr einem Gleichgewichtszustand entsprechen, wie z. B. der Zustand *Martensit*.

Daraus ergibt sich für die praktische Wärmebehandlung, die aus den drei Zeitabschnitten Erwärmen auf die erforderliche Behandlungstemperatur, Halten auf dieser und Abkühlen auf Raumtemperatur besteht, die Notwendigkeit, an Hand geeigneter

Hilfsmittel die von Zeit und Temperatur abhängigen Vorgänge im Werkstoff zu beschreiben, um das Ergebnis einer Wärmebehandlung voraussagen zu können.

1.3 Schaubilder für die Praxis des Wärmebehandelns

1.3.1 Das Zeit-Temperatur-Austenitisier-(ZTA-)Schaubild

Für die Beschreibung der beim **Erwärmen** im Werkstoff ablaufenden Vorgänge wurden Zeit-Temperatur-Austenitisier(ZTA)-Schaubilder entwickelt. Dabei wird unterschieden zwischen Schaubildern für kontinuierliches Erwärmen und isothermisches Austenitisieren. Das Koordinatensystem ist halblogarithmisch eingeteilt: auf der Ordinate befindet sich die metrische Temperaturskala und auf der Abszisse die logarithmische Zeitskala. In die Schaubilder für kontinuierliches Erwärmen sind Temperaturverlaufskurven für unterschiedliche Geschwindigkeiten eingetragen.

Bild 1.24 zeigt als Beispiel das ZTA-Schaubild für *kontinuierliches Erwärmen* des Stahls 34CrMo4. Die durchgehenden breiten Linien zeigen jeweils Beginn und Ende einer Umwandlung der verschiedenen Gefügebestandteile an. Beim Erwärmen erfolgt zunächst die Umwandlung des Perlits bei deutlich höheren Temperaturen als aus dem $Fe\text{-}Fe_3C$-Diagramm abzulesen ist. Anschließend beginnt sich der Ferrit in Austenit umzuwandeln. Daneben sind noch Carbide vorhanden, die sich erst bei noch höheren Temperaturen auflösen. Danach liegt dann ein homogener Austenit vor, d. h. der Kohlenstoff ist gleichmäßig verteilt.

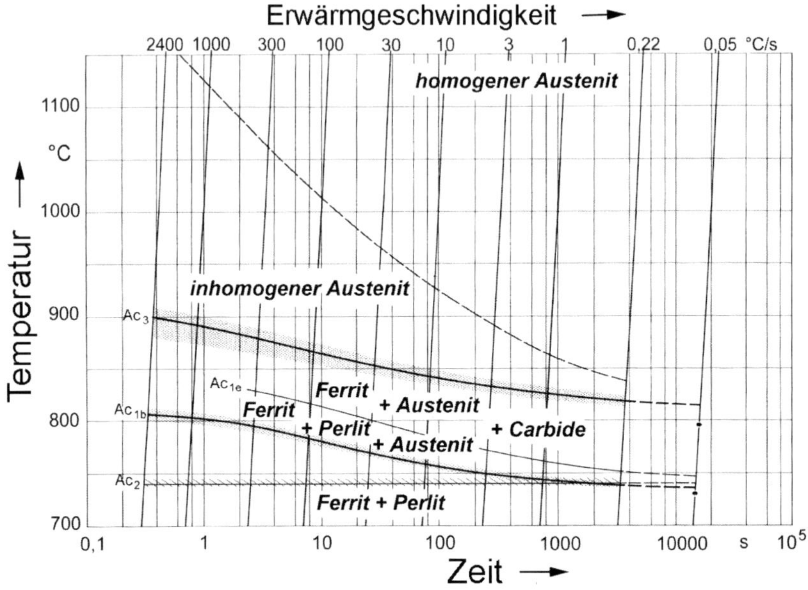

Bild 1.24: ZTA-Schaubild für kontinuierliches Erwärmen des Stahls 34CrMo4 /Orl73/

Ein weiteres Erwärmen hat dann ein Kornwachstum zur Folge. Je rascher erwärmt wird, umso später – bei höherer Temperatur – beginnt das Umwandeln und umso später ist es beendet.

Das Umwandlungsverhalten wird vom Ausgangszustand beeinflusst: besteht das Ausgangsgefüge nicht aus Ferrit und Perlit, sondern aus Ferrit mit groben eingeformten Carbiden wie z. B. bei einem Weichglühgefüge, wird das Umwandlungsverhalten verlangsamt.

Wird extrem langsam erwärmt, nähert sich der Beginn der Perlitumwandlung der Gleichgewichtstemperatur von 723 °C.

Bild 1.25 gibt ein ZTA-Schaubild für *isothermisches Austenitisieren* am Beispiel des Stahls 34CrMo4 wieder. Hier ist der Ablauf der Umwandlung parallel zur Zeitachse abzulesen. Dabei wird angenommen, dass mit gegen unendlich gehender Geschwindigkeit auf eine bestimmte Temperatur erwärmt wurde und diese Temperatur über die Zeit konstant gehalten wird. Auch beim isothermischen Austenitisieren beginnt die Umwandlung mit der Auflösung des Perlits und ist umso rascher beendet, je höher die Temperatur ist. Die Umwandlungsdauer ist nahezu unabhängig vom Kohlenstoffgehalt des Stahls und dauert umso länger, je größer der Ferritgehalt im Ausgangszustand ist.

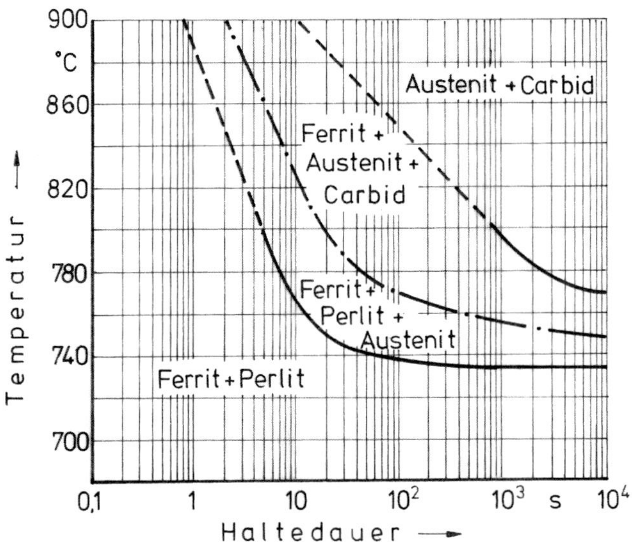

Bild 1.25: ZTA-Schaubild für isothermisches Austenitisieren eines Stahls 34CrMo4 /Ros56/

ZTA-Schaubilder sind für eine Reihe von Stählen im Atlas zur Wärmebehandlung der Stähle /Orl73/, /Orl76/ oder in Katalogen der Stahlhersteller zu finden.

Mit Hilfe der ZTA-Schaubilder lässt sich voraussagen, nach welcher Haltedauer – beim isothermischen Austenitisieren – oder bei welchem Erwärmungsverlauf – beim kontinuierlichen Erwärmen – der jeweilige Stahl einen bestimmten austenitischen Zustand erreicht hat. Voraussetzung ist die Kenntnis des Erwärmungsverlaufs, der bei dem in der Praxis durchgeführten Prozess tatsächlich vorgelegen hat. Gegebenenfalls kann es erforderlich sein, hierzu entsprechende Messungen im Ofen vorzunehmen.

1.3.2 Das Zeit-Temperatur-Umwandlungs-(ZTU-)Schaubild

Zum Beschreiben der beim Abkühlen im Werkstoff ablaufenden Vorgänge wurden Zeit-Temperatur-Umwandlungs-(ZTU-)-Schaubilder entwickelt. Dabei wird auch hier unterschieden in Schaubilder für *kontinuierliches Abkühlen* und *isothermisches Umwandeln*. Das Koordinatensystem ist wieder halblogarithmisch eingeteilt: auf der Ordinate befinden sich die metrische Temperaturskala und auf der Abszisse die logarithmische Zeitskala. In die Schaubilder für kontinuierliches Abkühlen sind Temperaturverlaufskurven für unterschiedliche Geschwindigkeiten eingetragen.

Die ZTU-Schaubilder haben für die Praxis des Wärmebehandelns der Eisenwerkstoffe eine größere Bedeutung als die ZTA-Schaubilder. Auch sie gelten jeweils nur für eine bestimmte Zusammensetzung der Stahlschmelze. Für eine Reihe von Werkstoffen sind sie im Atlas zur Wärmebehandlung /Ros61/, /Ros72/, in einigen Stahl-Güte-Normen sowie in Unterlagen von Stahlherstellern zu finden. Sie können dazu benutzt werden, den nach einem Abkühlen erreichten Gefügezustand und die Härte vorauszusagen und damit die zu erwartenden Eigenschaften abzuschätzen.

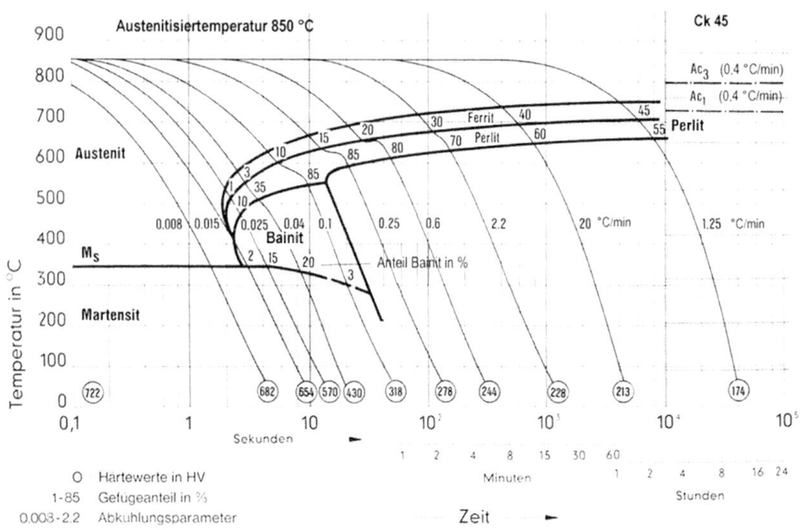

Bild 1.26: ZTU-Schaubild für das kontinuierliche Abkühlen eines Stahls C45 /Saa/

Im Bild 1.26 ist als Beispiel das *ZTU-Schaubild für kontinuierliches Abkühlen* eines Stahls C45 wiedergegeben. Die schmalen Linien entsprechen verschiedenen Abkühlgeschwindigkeiten, die breiten kennzeichnen Beginn und Ende des Umwandelns in die Gefügebestandteile Ferrit, Perlit, Bainit und Martensit. Ausgehend von der Austenitisiertemperatur lässt sich entlang der Abkühlkurven der Ablauf der Gefügeumwandlung verfolgen.

Wird ein austenitisierter Stahl mit einer Geschwindigkeit entsprechend der in Bild 1.26 ganz links liegenden Abkühlkurve abgekühlt/abgeschreckt, dann kann sich der Austenit nicht in Ferrit umwandeln. Dies setzt nämlich voraus, dass durch Diffusion der Kohlenstoffatome im Austenit örtlich an Kohlenstoff verarmte Bereiche entstehen. Wegen der raschen Abkühlung wird jedoch der Kohlenstoff unbeweglich. Mit weiter abnehmender Temperatur wird dann schließlich die mit M_s gekennzeichnete Temperatur erreicht. Hier ist der Zwang zum Umwandeln des kubisch-flächenzentrierten Gitters des Austenits in ein raumzentriertes Gitter so groß geworden, dass die Umwandlung spontan stattfindet. Es entsteht dabei kein kubisches, sondern durch den zwangsgelösten Kohlenstoff ein tetragonal verzerrtes, raumzentriertes Gitter mit der metallographischen Bezeichnung Martensit, siehe das Schemabild 1.27.

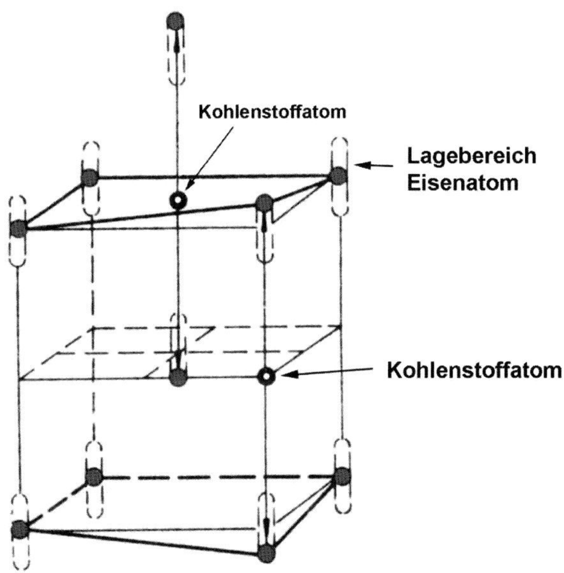

Bild 1.27: Atomare Struktur einer Elementarzelle des Martensits /Lip44/

Das lichtmikroskopische Aussehen dieses Gefüges zeigen die Bilder 1.28 und 1.29. Bei dem untereutektoiden Stahl C45 wird bei Temperaturen, die unterhalb der Ar_3-Temperatur liegen und nicht zu rascher Abkühlung zuerst Ferrit aus dem Austenit ausgeschieden. Die neben den Abkühlkurven stehenden Zahlen geben an, welche Menge des Gefügebestandteils sich gebildet hat. Anschließend wandelt sich ein weiterer Teil des Austenits in Perlit nach dem in Bild 1.15 dargestellten Mechanismus um. Die Temperaturen liegen ebenfalls unterhalb der Ar_1-Temperatur. Es ist deutlich zu erkennen, dass mit zunehmender Abkühlgeschwindigkeit die Menge des Ferrits ab- und die des Perlits zunimmt.

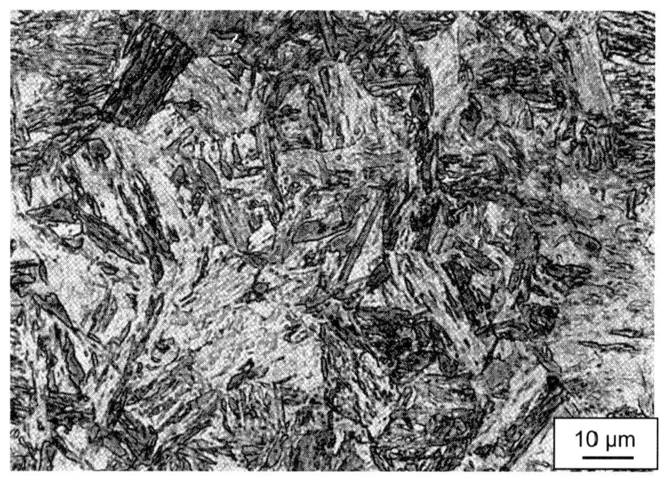

Bild 1.28: Massiv- oder Lattenmartensit im Stahl 18CrNi8 – lichtmikroskopisch /Keß07/

Bild 1.29: Lichtmikroskopisches Aussehen von Martensit beim Stahl C45

Der in Stählen mit C-Gehalten unterhalb 0,3 Masse-% entstehende Martensit wird als Massivmartensit oder Lattenmartensit bezeichnet, Bild 1.28. Er besteht aus Paketen parallel angeordneter Martensitlatten. Innerhalb eines Austenitkorns können mehrere Martensitpakete entstehen, in dem sich die Martensitlatten simultan bilden und sich dem umgebenden, noch vorhandenen Austenit anpassen. Liegt der C-Gehalt oberhalb von rd. 0,8 Masse-%, entstehen zuerst einzelne größere Martensitplatten mit einer der Austenitkorngröße entsprechenden Länge. Sie teilen den verbliebenen Austenit in kleinere Teilbereiche auf, in denen daran anschließend kleinere Martensitplatten entstehen. In Zwickeln kann mehr oder weniger viel Austenit übrig bleiben, der sich nicht in Martensit umgewandelt hat. Dieser wird als Restaustenit bezeichnet, siehe die hellen Bereiche in Bild 1.30. In Stählen mit C-Gehalten zwischen 0,3 Masse-% und 0,8 Masse-% entsteht ein Gemisch aus Massiv- und Plattenmartensit.

Bild 1.30: Martensitisches Gefüge mit Restaustenit

Die für ein vollständiges Umwandeln in Martensit erforderliche Abschreckgeschwindigkeit wird als „obere kritische Abkühlgeschwindigkeit" bezeichnet. Die Abkühlgeschwindigkeit, bei der zum ersten Mal Martensit auftritt, heißt „untere kritische Abkühlgeschwindigkeit". Aus den Schaubildern lässt sich auch die M_s-Temperatur (Martensit-Starttemperatur) ablesen. Das ist die Temperatur, ab der sich Austenit in Martensit umwandelt.

Bei einem Abkühlen z. B. entsprechend der 5. Linie von links in Bild 1.26, ist nach dem Umwandeln in Perlit noch rd. 5 Vol-% Austenit übrig und es schließt sich ein Umwandeln in *Bainit* und Martensit an. Der Kohlenstoff ist noch etwas diffusionsfähig, so dass im Austenit Konzentrationsunterschiede und an den Korngrenzen Umwandlungskeime entstehen können. Ausgehend von diesen Keimen bilden sich im oberen Temperaturbereich tetragonal nur wenig verzerrte raumzentrierte Ferritplatten und zwischen diesen sehr feine Zementitausscheidungen. Dieser Mechanismus ähnelt der Entstehung des Perlits; dieses Gefüge hat die Bezeichnung: *„oberer" Bainit*. Im rechten Teil von Bild 1.31 ist ein Schema hierfür dargestellt.

Mit zunehmender Abkühlgeschwindigkeit wird das Umwandeln in Ferrit und/oder Perlit mehr oder weniger vollständig unterdrückt. Bei übereutektoiden Stählen kann die Austenitumwandlung mit dem Ausscheiden von Carbiden beginnen und die Perlitbildung wird mehr oder weniger stark unterdrückt.

Im unteren Temperaturbereich ist der Kohlenstoff im Austenit noch weniger diffusionsfähig, so dass sich im Austenit nahezu keine Entmischung mehr einstellt. Der Drang zum Umwandeln in einen raumzentrierten Ferrit ist aber so groß, dass die Umwandlung stattfindet, wobei der im Austenit zwangsgelöste Kohlenstoff eine tetragonale Gitterverzerrung bewirkt. Danach entstehen innerhalb der Ferritkristalle stäbchenförmige Zementitkristalle, siehe Bild 1.31 links. Das Gefüge wird als *„unterer" Bainit* bezeichnet. Der Umwandlungsmechanismus ähnelt der Martensitentstehung.

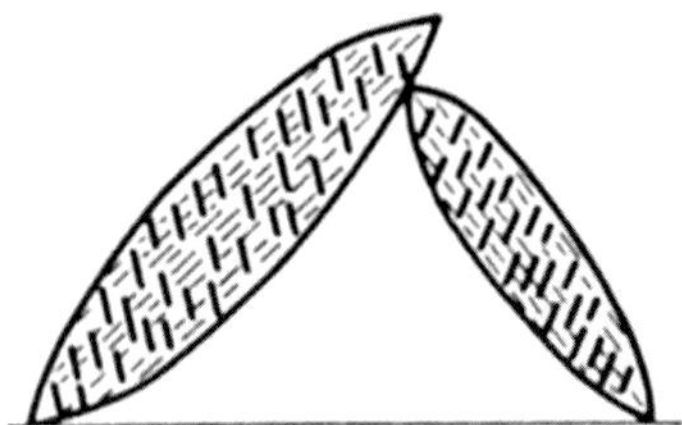

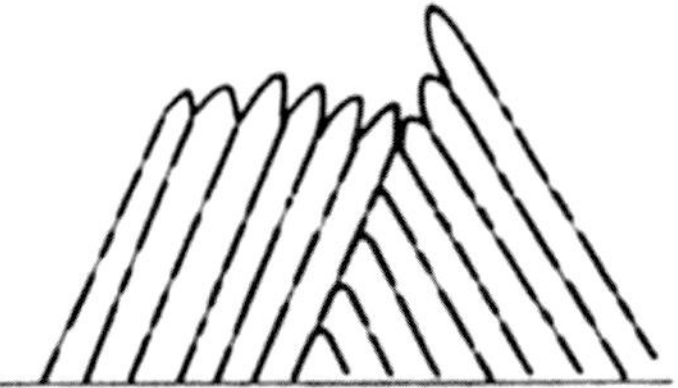

Bild 1.31: Schema der bainitischen Struktur: links im unteren, rechts im oberen Temperaturbereich gebildet

Bei hohen Abkühlgeschwindigkeiten kann auch nach dem Umwandeln des Austenits in Bainit noch etwas Austenit übrigbleiben, der sich erst im weiteren Verlauf des Abkühlens in Martensit umwandelt. Da sich die Kohlenstoffkonzentration des verbleibenden Austenits infolge dem mit dem Entstehen von Bainit einhergehenden Ausscheiden von Carbiden verringert hat, findet die Umwandlung in Martensit bei einer niedrigeren M_s-Temperatur statt, vgl. Bild 1.26.

Bild 1.32 zeigt eine lichtmikroskopische Gefügeaufnahme von Bainit nach kontinuierlicher Abkühlung, in dem verschiedene Gefügebestandteile vorliegen.

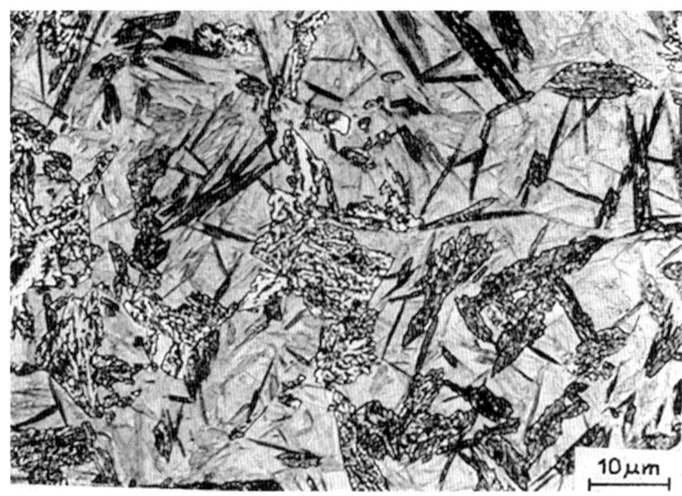

Bild 1.32: Lichtmikroskopische Aufnahme von Bainit nach kontinuierlichem Abkühlen (Wildau)

Die am Ende der Abkühlkurven eingekreisten Zahlenwerte entsprechen der resultierenden Vickers- oder Rockwellhärte. Das martensitische Gefüge ergeben die höchsten Härtewerte. Darüber hinaus ist in manchen ZTU-Schaubildern auch ein den Abkühlverlauf kennzeichnender Parameter für die Abkühldauer im Temperaturbereich zwischen 800 °C und 500 °C angegeben:

$$\lambda = \frac{t_{800°C} - t_{500°C}}{100} [s]$$

In Bild 1.33 ist ein *ZTU-Schaubild für isothermisches Umwandeln* des Stahls C45 wiedergegeben. Ausgehend vom austenitischen Zustand ist hier die Umwandlung entlang zur Zeit-Achse paralleler Linien zu verfolgen. Dabei ist vorausgesetzt, dass mit nahezu unendlich hoher Geschwindigkeit auf die jeweils interessierende Temperatur abgekühlt und diese Temperatur bis zum Ende der Umwandlung gehalten wird.

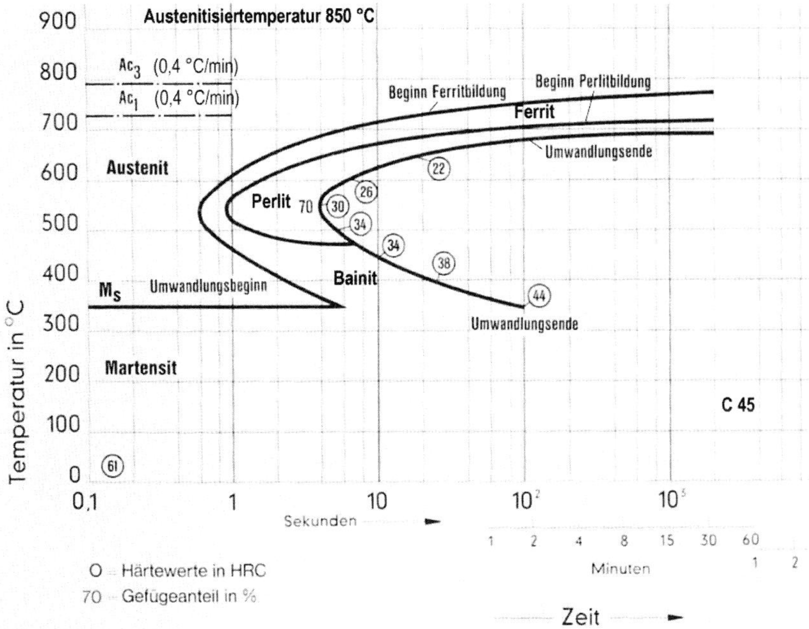

Bild 1.33: ZTU-Schaubild für das isothermische Umwandeln eines Stahls C45 /Saa/

Aus dem Schaubild ist wiederum zu entnehmen, dass das Umwandeln zeitabhängig ist. Dabei ist zu erkennen, dass mit abnehmender Umwandlungstemperatur bis etwa 600 °C das Umwandeln früher beginnt, da die Unterkühlung und damit die Keimdichte zunehmen. Bei 550 °C bis 600 °C ist die Dauer bis zum Umwandlungsbeginn besonders kurz; hier liegen eine ausreichende Keimdichte und eine ausreichende Diffusionsgeschwindigkeit vor. Bei niedrigeren Temperaturen nimmt die Dauer bis zum Umwandlungsbeginn dann wieder zu, da die Diffusionsgeschwindigkeit abnimmt. Im Bereich der Martensitstufe erfolgt das Umwandeln ganz ohne Verzögerung, unmittelbar nach Erreichen der M_S-Temperatur: hier drückt sich aus, dass die Martensitbildung ein diffusionsloser Umklappvorgang des Austenitgitters ist. Die Martensitbildung führt zu den höchsten Härtewerten, vgl. Kapitel 2.

Weiterhin ist die Menge der gebildeten Gefügebestandteile angegeben und am Ende der Umwandlung können die zu erwartenden Härtewerte abgelesen werden.

1.4 Einfluss der Legierungselemente auf das Umwandlungsverhalten

Legierungselemente beeinflussen das Umwandlungsverhalten der Stähle. Dementsprechend verändert sich die Lage der Umwandlungsbereiche sowohl in den ZTA- als auch in den ZTU-Schaubildern. Jeder Stahl, ja jede Schmelze hat so ihr eigenes charakteristische Schaubild. In Bild 1.34 ist der Einfluss der wichtigsten Legierungselemente auf das ZTU-Schaubild dargestellt.

Der Einfluss der Legierungselemente äußert sich darin, dass Beginn und Ende des Umwandelns in Perlit und Bainit zu kürzeren oder längeren Zeiten und niedrigeren oder höheren Temperaturen verschoben werden. Dabei kann eine deutliche Trennung dieser Umwandlungsbereiche voneinander eintreten. Von Bedeutung für das Härten von Stahl ist insbesondere die Wirkung der Legierungselemente Molybdän, Mangan und Chrom. Diese Elemente verzögern deutlich das Umwandeln in Perlit und Bainit, so dass auch noch bei relativ geringer Geschwindigkeit ein vollständiges Umwandeln in Martensit erreichbar ist.

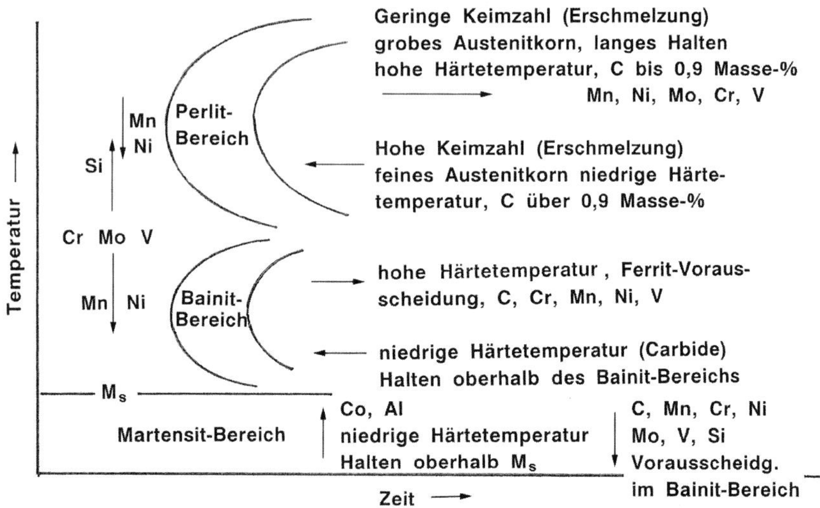

Bild 1.34: Einfluss der Legierungselemente auf das ZTU-Schaubild

1.5 Literatur

Ber89	Bergmann, W.	Werkstofftechnik Verlag Hanser, München, 1989
Bra52	Brandenberger, E.	Grundriß der allgemeinen Metallkunde E. Reinhardt-Verlag München-Basel, 1952, S. 223
DIN98	ECIS/TC 21-DIN	DIN EN 10052-1: Wärmebehandlung von Eisenwerkstoffen – Begriffe Beuth Verlag, Berlin, 1998
Eck69	Eckstein, H.-J.	Wärmebehandlung von Stahl – Metallkundliche Grundlagen VEB Deutscher Verlag für Grundstoffindustrie Leipzig, 1969
Hor85	Horstmann, D.	Das Zustandsschaubild Eisen-Kohlenstoff und die Grundlagen der Wärmebehandlung der Eisen-Kohlenstoff-Legierungen Verlag Stahleisen, Düsseldorf, 5. Auflage, 1985
Hou56	Houdremont, E.	Handbuch der Sonderstahlkunde Springer-Verlag Berlin-Göttingen-Heidelberg, 3. Aufl., 1956 Bd. 1 und 2
Hou81	Hougardy, H. P.	Die Umwandlung der Stähle, Teil 1 und 2 Beratungsstelle für Stahlverwendung, Düsseldorf, 1975 bzw. 1981
Keß10	Keßler, O.	Wärmebehandlung von Eisenwerkstoffen I – Grundlagen und Anwendungen expertverlag Renningen, 2010, 8. Auflage
Kun78	Kunze, G.	Gefügeausbildung in wärmebehandelten Stählen HTM Härterei-Techn. Mitt. 33 (1978) 3, S. 118 – 124
Lip44	Lipson, H.; Parker, A.M.B.	Structure of Martensite Jour. Iron Steel Inst. vol. 149 (1944) S. 123 -141
NN84	N.N., VdEh	Werkstoffkunde Stahl, Band 1 Springer-Verlag, Berlin-Heidelberg-New York, 1984
Orl73	Orlich, J.; Rose, A.; Wiest, P.	Atlas zur Wärmebehandlung der Stähle, Band 3, 1973, Verlag Stahleisen, Düsseldorf
Orl76	Orlich, J.; Pietrzenink, H.J.	Atlas zur Wärmebehandlung der Stähle, Band 4, 1976, Verlag Stahleisen, Düsseldorf

Ros56	Rose, A.; Straßburg, W.	Neue Erkenntnisse über das Austenitisieren Stahl und Eisen 76 (1956) 15, S. 976 – 983
Ros61	Rose, A.: Wever, F.; Peter, W.; Straßburg, W.; Rademacher, L.:	Atlas zur Wärmebehandlung der Stähle, Band 1, 1961, Verlag Stahleisen, Düsseldorf
Ros72	Rose, A.; Hougardy, H.	Atlas zur Wärmebehandlung der Stähle, Band 2, 1972. Verlag Stahleisen, Düsseldorf
Saa	Saarstahl - Arbed-Gruppe	Werks-Katalog
Wev56	Wever, F.; Straßburg, W.	Archiv f. d. Eisenhüttenwesen 27 (1956), S. 513 -520

2 Härten, Anlassen, Vergüten

Dieter Liedtke

2.1 Zweck des Wärmebehandelns allgemein

Der Werkstoffzustand, in dem Bauteile und Werkzeuge aus Stahl hergestellt und bearbeitet werden, erfüllt nur selten gleichzeitig auch die Anforderungen, die sich aus dem Verwendungszweck ergeben. Es ist daher notwendig, den Werkstoffzustand durch Wärmebehandeln so zu verändern, dass z. B. die Härte, die Festigkeit, die Zähigkeit oder der Verschleißwiderstand den unterschiedlichen Bedingungen der jeweiligen Anwendung optimal angepasst sind. Damit lässt sich auch das Verhältnis zwischen Beanspruchbarkeit, Werkstückgeometrie und Abmessung optimieren. D. h. die Sicherheit gegen einen frühzeitigen Ausfall oder ein Versagen wird erhöht oder bei gleich hoher Sicherheit kann die Abmessung verringert werden.

Wärmebehandeln heißt nach DIN EN 10052: „ein Werkstück ganz oder teilweise Zeit-Temperatur-Folgen zu unterwerfen, um eine Änderung seiner Eigenschaften und/oder seines Gefüges herbeizuführen. Gegebenenfalls kann während der Behandlung die chemische Zusammensetzung des Werkstoffs geändert werden.“

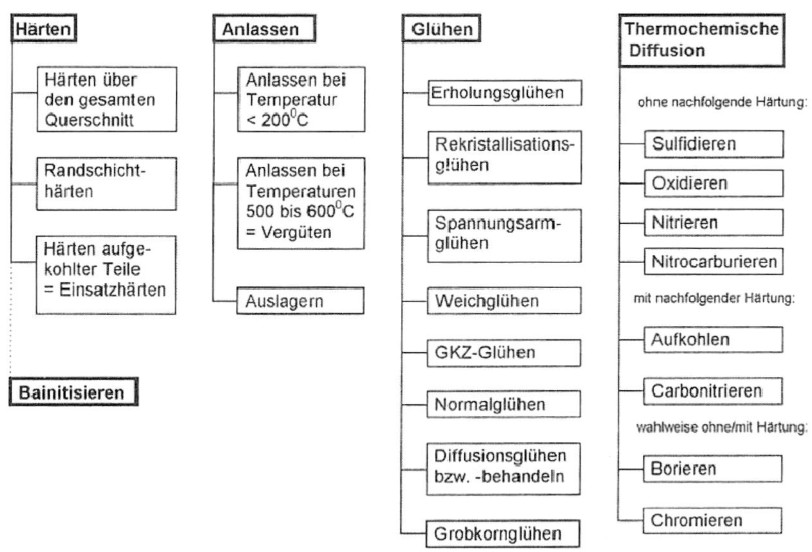

Bild 2.1: Übersicht über die wichtigsten industriell angewendeten Wärmebehandlungsverfahren

Je nach dem Ziel des Wärmebehandelns stehen mehrere unterschiedliche Verfahren zur Auswahl. Bei einigen Verfahren wird der Werkstoffzustand gezielt über den gesamten Querschnitt verändert: beim Glühen, Härten, Anlassen, Vergüten oder Bainitisieren. Bei anderen Verfahren ist beabsichtigt, nur die Randschicht zu verändern, wie beim Randschichthärten, Aufkohlen, Carbonitrieren, Nitrieren oder Nitrocarburieren. Bei manchen Verfahren wird nicht nur die Randschicht in ihrer Zusammensetzung verändert, sondern die Werkstücke werden anschließend auch gehärtet wie beim Einsatzhärten. Bei anderen folgt auf die Diffusionsbehandlung wahlweise ein Härten wie z. B. nach dem Chromieren oder Borieren.

Die Darstellung in Bild 2.1 enthält eine Übersicht über die derzeit industriell gebräuchlichen Verfahren. Sie sind in vier Gruppen eingeteilt. In diesem Kapitel werden aus der ersten Gruppe das Härten über den gesamten Querschnitt und das Bainitisieren sowie aus der zweiten Gruppe das Anlassen behandelt. Die thermochemischen Behandlungen Aufkohlen und Carbonitrieren und das Härten aufgekohlter oder carbonitrierter Teile ist im Kapitel 6 dargestellt, das Nitrieren und Nitrocarburieren im Kapitel 7.

2.2 Ziel des Härtens, Anlassens, Vergütens

Ziel des Härtens ist es, einen Werkstoffzustand herzustellen, dessen Gefüge aus Martensit besteht, der die höchste Härte aufweist. Nach der Definition in DIN EN 10052 schließt das Härten allerdings auch solche Zustände mit ein, bei denen neben Martensit im Gefüge auch geringe Anteile an Bainit vorhanden sein können, da je nach Stahlzusammensetzung, Werkstückquerschnitt und den Gegebenheiten beim Härten eine Umwandlung ausschließlich in Martensit über den gesamten Werkstückquerschnitt nicht immer erreichbar ist.

In den meisten Fällen hat es sich als zweckmäßig erwiesen, Bauteile und Werkzeuge nach dem Härten zusätzlich anzulassen, um ihr Festigkeitsverhalten den jeweiligen Beanspruchungsbedingungen optimal anzupassen bzw. dem Entstehen von Rissen, z. B. beim nachfolgenden Schleifen, vorzubeugen. Insbesondere dient ein Anlassen bei höheren Temperaturen dazu, ein beanspruchungsgerechtes Verhältnis zwischen Festigkeit und Formänderungsvermögen einzustellen. Im diesem Fall wird für die Kombination der beiden Verfahren Härten und Anlassen der Begriff „Vergüten“ benutzt.

2.3 Ablauf des Wärmebehandelns

Der Ablauf des Wärmebehandelns lässt sich an Hand einer charakteristischen Zeit-Temperatur-Folge beschreiben. Sie läuft bei allen Wärmebehandlungsverfahren prinzipiell wie in Bild 2.2 schematisch dargestellt, in drei Schritten ab:

1. Erwärmen auf die erforderliche Behandlungstemperatur
2. Halten auf der Behandlungstemperatur
3. Abkühlen von Behandlungs- auf Raumtemperatur

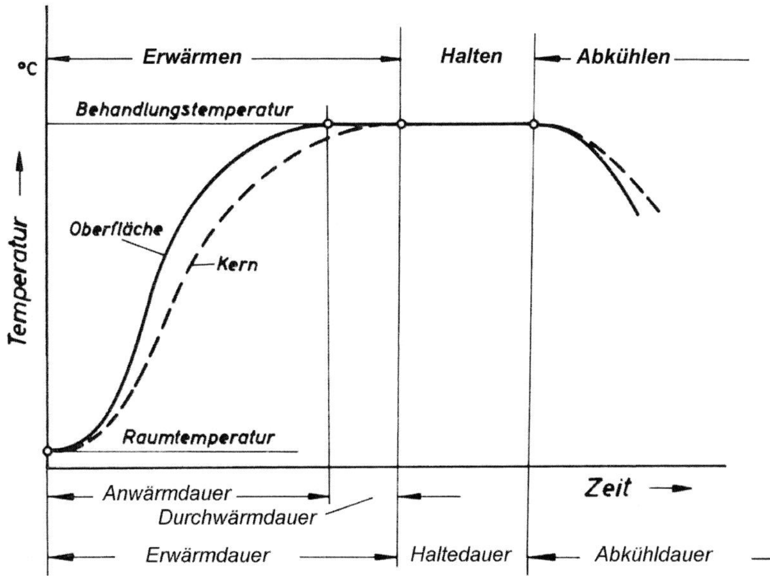

Bild 2.2: Zeit-Temperatur-Folge beim Wärmebehandeln

Im ersten Zeitabschnitt wird zwischen der *Anwärm*dauer und der *Durchwärm*dauer unterschieden. Unter Anwärmdauer ist die Zeitspanne zu verstehen, die beim Wärmen eines Werkstücks vergeht, bis die Behandlungstemperatur in der äußersten Randschicht eines Werkstücks oder im Außenbereich des Haufwerks einer Ofencharge erreicht ist. Die Durchwärmdauer ist dagegen die Zeitspanne, nach der auch im Kern eines Werkstücks oder in der Mitte des Haufwerks einer Ofencharge die Solltemperatur vorliegt. Anwärmdauer und Durchwärmdauer zusammen ergeben die *Erwärm*dauer.

Die entsprechende Zeitspanne für die Dauer des zweiten Zeitabschnittes ist die *Halte*dauer und für den dritten Abschnitt die *Abkühl*dauer.

Bei der praktischen Durchführung kann diese klare Trennung häufig nur mit entsprechendem messtechnischem Aufwand vorgenommen werden, so dass stattdessen meist die Ofenverweildauer als Kontrollgröße herangezogen werden muss. Beim Verwenden von Salzschmelzen für die Wärmeübertragung ist in diesem Zusammenhang der Begriff *Tauch*dauer üblich, womit die Zeitspanne vom Einbringen eines Werkstücks in die Salzschmelze bis zu seiner Entnahme gemeint ist. Aus Bild 2.2 ist außerdem abzulesen, dass wegen der Temperaturunterschiede zwischen Rand und Kern, die Austenitisiertemperatur im Werkstückrandbereich früher erreicht wird als im Kern, womit auch das Austenitisieren früher beginnen kann.

2.3.1 Das Austenitisieren

Zum Austenitisieren wird auf die Austenitisiertemperatur erwärmt und nach der Erwärmdauer ausreichend lange gehalten. Dabei kommt es darauf an, das Ausgangsgefüge möglichst vollständig in Austenit umzuwandeln, je nach Werkstoffzusammensetzung und Ausgangsgefüge die vorhandenen Carbide mehr oder weniger vollständig aufzulösen und eine ausreichende Menge des dabei frei werdenden Kohlenstoffs im Austenit zu lösen. Bei ferritischem oder perlitisch-ferritischem Gusseisen ist es gegebenenfalls notwendig, eine ausreichende Menge Kohlenstoff aus den Graphitausscheidungen in den Austenit in Lösung zu bringen. Aus den ZTA-Schaubildern, siehe Kapitel 1, können für die verschiedenen Stähle theoretische Werte für die Mindesthaltedauer in Abhängigkeit von der Temperatur bzw. die Mindesttemperaturen in Abhängigkeit von der Erwärmgeschwindigkeit, entnommen werden. Daraus ist auch ersichtlich, dass bei Stählen ein vollständiges Auflösen sämtlicher Carbide meist eine relativ lange Haltedauer bzw. eine relativ hohe Austenitisiertemperatur erfordert. In der Praxis wird dies meist nicht angestrebt, um den Gehalt des im Austenit gelösten Kohlenstoffs möglichst nicht über rd. 0,65 Masse-% ansteigen zu lassen bzw. um das Kornwachstum in Grenzen zu halten.

Die Austenitisiertemperatur sollte bei unlegierten und niedrig legierten Stählen mit Kohlenstoffgehalten unter 0,8 Masse-% etwa 30 °C bis 50 °C über der Ac_3-Temperatur des betreffenden Stahls liegen. Für Vergütungsstähle kann dieser auch mit der nachstehenden Beziehung nach Just abgeschätzt werden, wobei der Gehalt der Legierungselemente in Masse-% einzusetzen ist /Jus68/:

$$\theta_{Ac3} \approx 947 - 264 \cdot \sqrt{C} - 8 \cdot Mn + 45 \cdot Si + 5 \cdot Cr + 74 \cdot Al + 10 \cdot Mo - 23 \cdot Ni + 94 \cdot V \quad [°C]$$

Tabelle 2.1 enthält für die verschiedenen Stahlgruppen die üblichen Härtetemperaturen und empfohlene Abschreckmittel.

Tabelle 2.1: Übliche Härtetemperaturen

Stahlgruppe	Härtetemperatur in °C	Empfohlene Abschreckmittel
Vergütungsstähle	800 bis 900	Wasser, Öl
Unlegierte/legierte Stähle mit C-Gehalt > 0,8 Masse-%	780 bis 880	
Nitrierstähle	840 bis 980	Öl, Wasser
Federstähle	780 bis 860	
Wälzlagerstähle	790 bis 880	Öl
Rostfreie Stähle	980 bis 1050	
Kaltarbeitsstähle unlegiert	750 bis 840	Wasser, Öl
legiert	770 bis 1100	Öl, Wasser, Luft
Warmarbeitsstähle	780 bis 1200	Öl, Luft, Warmbad
Schnellarbeitsstähle	1180 bis1300	Öl, Warmbad, Luft
Gusseisen	850 bis 880	Öl, Warmbad

Die geeigneten Temperaturen können für jeden Stahl aus den Gütenormen, z. B. für Vergütungsstähle aus DIN EN 10083, für Nitrierstähle aus DIN EN 10085, für Werkzeugstähle aus DIN EN ISO 4957 oder geeigneten anderen Unterlagen wie z. B. Katalogen der Stahlhersteller, dem Stahlschlüssel usw., entnommen werden.

Da beim Austenitisieren mit einem Kornwachstum zu rechnen ist, wodurch im gehärteten Zustand die Gebrauchseigenschaften beeinträchtigen werden können, sind zu hohe Austenitisiertemperaturen und zu langes Halten (=„Überzeiten") möglichst zu vermeiden. Extrem hohe Temperaturen (=„Überhitzen") können irreversible Gefügeschäden durch Aufschmelzungen hervorrufen, was nicht reversibel ist!

2.3.2 Abkühlen bzw. Abschrecken

2.3.2.1 Stetiger Abkühlverlauf

Um den gehärteten Zustand zu erreichen, muss nach dem Austenitisieren so abgekühlt werden, dass sich der Austenit möglichst ausschließlich im Bereich der Martensitstufe umwandelt. Die Temperatur, von der aus das Abkühlen oder Abschrecken vorgenommen wird, heißt *Härtetemperatur*, sie ist meist mit der *Austenitisier*temperatur identisch, kann jedoch auch niedriger oder höher als diese sein.

Die erforderliche Abkühlgeschwindigkeit wird als *kritische Abkühlgeschwindigkeit für die Martensitstufe* bezeichnet. Hierbei wird zwischen einer oberen kritischen, diese führt zu einem Abkühlverlauf, durch den ausschließlich Martensit entsteht und einer unteren kritischen Abkühlgeschwindigkeit, in deren Folge neben Ferrit, Perlit und/ oder Bainit erstmals auch Martensit entsteht, unterschieden. Sie kann aus den ZTU-Schaubildern der Stähle für kontinuierliches Abkühlen abgelesen werden, vgl. Kapitel 1. In Bild 2.3 ist beispielhaft der Abkühlverlauf mit der oberen kritischen Abkühlgeschwindigkeit eingezeichnet. Erfolgt das Abkühlen mit einer größeren Geschwindigkeit als an ruhender Luft, wird definitionsgemäß von einem *Abschrecken* gesprochen.

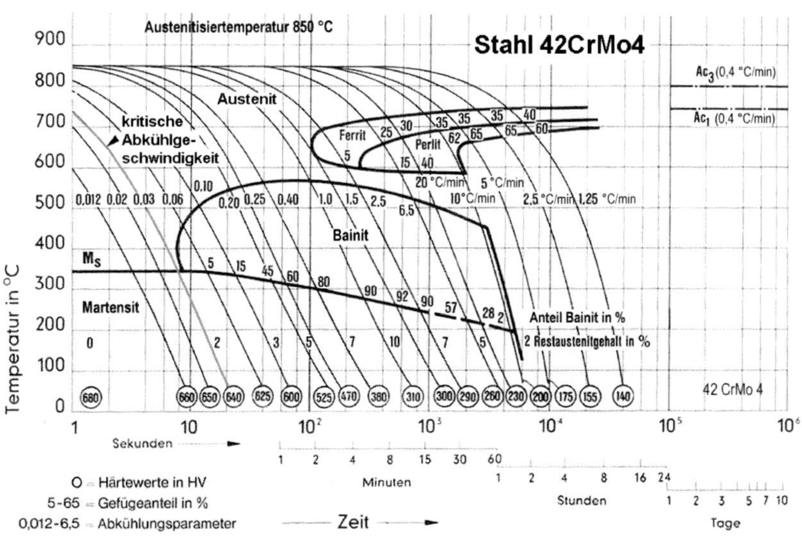

Bild 2.3: Obere kritische Abkühlgeschwindigkeit für die Martensitstufe beim Stahl 42CrMo4 /Ros61/

Das Umwandeln in Martensit erfolgt unabhängig von der Abkühlgeschwindigkeit sobald die der M_S-Temperatur unterschritten wird. Dabei wird das kubisch-flächenzentrierte Gitter des Austenits in ein Gitter umgewandelt, das nicht mehr kubisch, sondern tetragonal verzerrt und raumzentriert ist, siehe Bild 2.4 und Kapitel 1. Der Kohlenstoff bewirkt die Verzerrung des Würfels zu einem Quader, da er beim raschen Abkühlen seine Plätze im Eisengitter durch Diffusion nicht mehr verlassen kann.

Für Stähle im unteren und mittleren Legierungsbereich wird für den Martensit-Startpunkt M_s von Stuhlmann die nachstehende Formel angegeben, mit den Legierungsanteilen in Masse-% /Stu54/:

$$M_s = 550 - 350 \cdot C - 40 \cdot Mn - 20 \cdot Cr - 10 \cdot Mo - 17 \cdot Ni - 8 \cdot W - 10 \cdot Cu + 15 \cdot Co + 30 \cdot Al \ [°C]$$

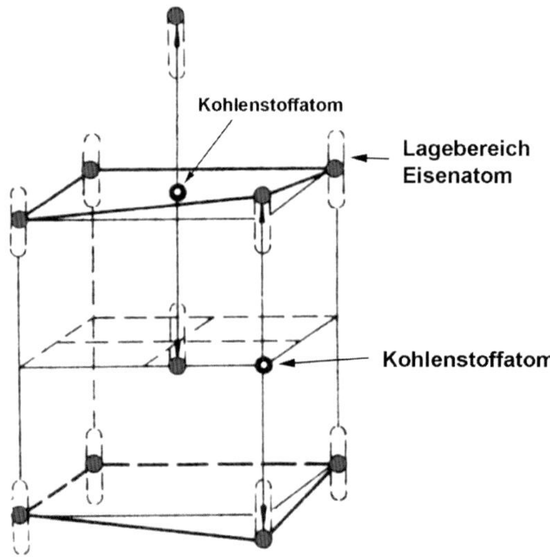

Bild 2.4: Tetragonal verzerrtes, raumzentriertes Gitter des Martensits (Punktmodell)

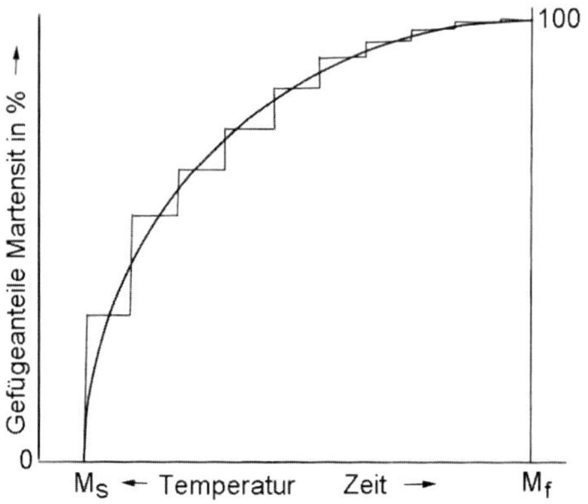

Bild 2.5: Ablauf der Martensitbildung (schematisch) /Eck69/

Die Martensitbildung läuft bei kontinuierlichem Abkühlen etwa nach dem in Bild 2.5 abgebildeten Schema ab. Das bedeutet ein stufenweises Umklappen bestimmter Austenitbereiche in Sekundenbruchteilen, mit Zwischenräumen, in denen keine Umwandlung stattfindet /Eck69/. Die vollständige Umwandlung des Austenits ist erst beim Erreichen der so bezeichneten Mf-Temperatur abgeschlossen.

Bild 2.6 gibt das typische Aussehen des Martensits von Stählen mit unterschiedlichem Kohlenstoffgehalt und Bild 2.7 von Gusseisen mit Kugelgraphit im Lichtmikroskop wieder.

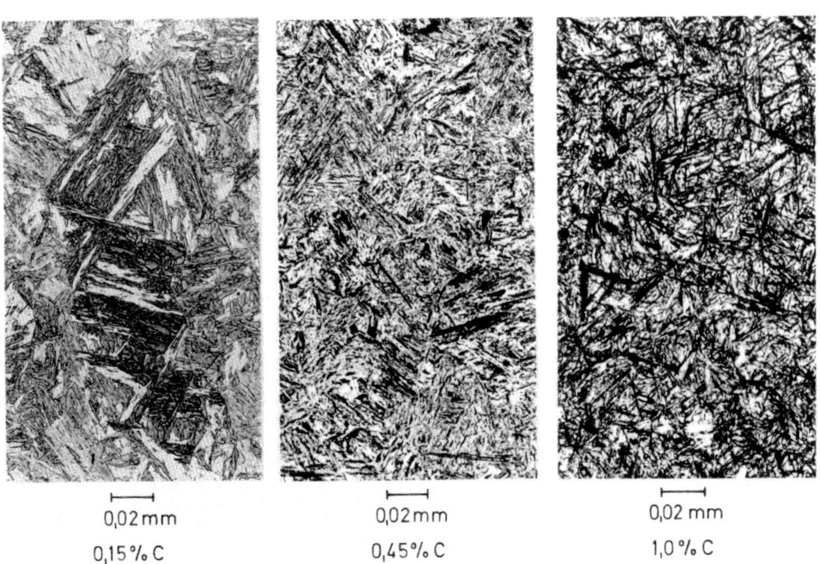

Bild 2.6: Martensit in Stählen mit verschiedenen Kohlenstoffgehalten – LIM

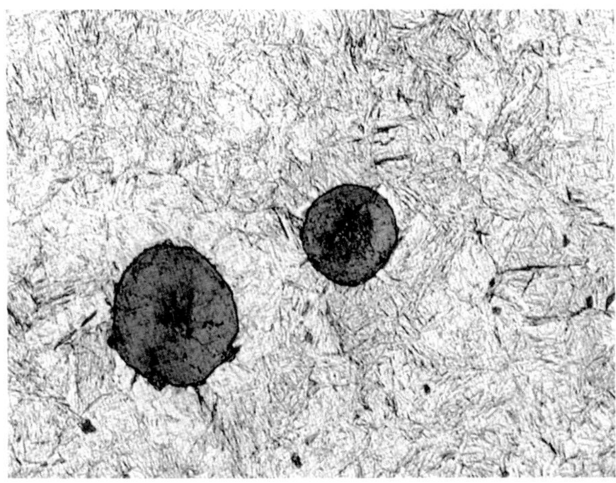

Bild 2.7: Martensit im Gusseisen mit Kugelgraphit im Lichtmikroskop

Die Gegenüberstellung in Bild 2.6 zeigt bei niedrigen Gehalten an Kohlenstoff und Legierungselementen den so bezeichneten massiven Martensit oder Schiebungsmartensit, der auch platten- oder lattenförmiger Martensit genannt wird. Bei höheren Gehalten an Kohlenstoff und Legierungselementen sieht der Martensit spießig oder nadelförmig aus, er wird auch Umklappmartensit genannt. Die maximale Länge des Martensits entspricht der Größe des vormaligen Austenitkorns.

In Bild 2.8 sind für unlegierte Stähle die M_s- und M_f-Temperaturen in Abhängigkeit vom Kohlenstoffgehalt dargestellt. Daraus ist zu entnehmen, dass es bei Kohlenstoffgehalten ab etwa 0,6 Masse-% notwendig ist, das Abkühlen/Abschrecken bis unter Raumtemperatur fortzusetzen, um dem Ende der Umwandlung von Austenit in Martensit möglichst nahe zu kommen und eine möglichst vollständige Umwandlung zu erreichen.

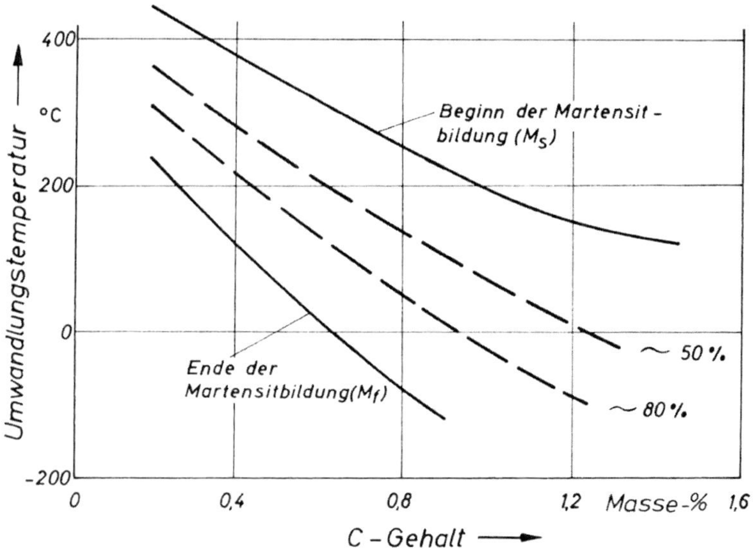

Bild 2.8: Martensit-Start- und -End-Temperaturen für unlegierte Stähle

Inwieweit der beim Abschrecken in einem Werkstück tatsächlich erreichte Abkühlverlauf dem für das Erreichen der gewünschten Umwandlung erforderlichen entspricht, hängt im Wesentlichen von dem beim Abkühlen oder Abschrecken an der Werkstückoberfläche erzielten Wärmestrom ab. Dieser ergibt sich hauptsächlich aus Art und Temperatur des benutzten Abschreckmittels, der Form, der Masse und dem Oberflächenzustand des abzukühlenden Werkstücks sowie der Relativgeschwindigkeit zwischen Abschreckmittel und Werkstückoberfläche. Das Abkühlen/Abschrecken kann auch abgestuft oder mit zwei unterschiedlichen Geschwindigkeiten vorgenommen werden, vgl. 2.3.2.2.

Werden flüssige Abschreckmittel, deren Siedepunkt unterhalb der Härtetemperatur liegt, verwendet, läuft der Abkühlvorgang in drei Phasen ab, wie in Bild 2.9 veranschaulicht ist:

1. Phase: Dampfhautphase – in dieser Phase entsteht durch den Effekt des „Filmsiedens“, das Leidenfrost-Phänomen, eine wärmeisolierende Dampfhaut an der Werkstückoberfläche; die Abkühlwirkung ist gering.

2. Phase: Kochphase – in dieser Phase bricht die Dampfhaut zusammen, und der Wärmeübergang wird durch das „Blasensieden“ sehr intensiv; die Abkühlwirkung ist sehr hoch.

3. Phase: Konvektionsphase – in dieser Phase findet kein Blasensieden mehr statt, der Wärmeübergang erfolgt durch Konvektion; die Abkühlwirkung ist gering.

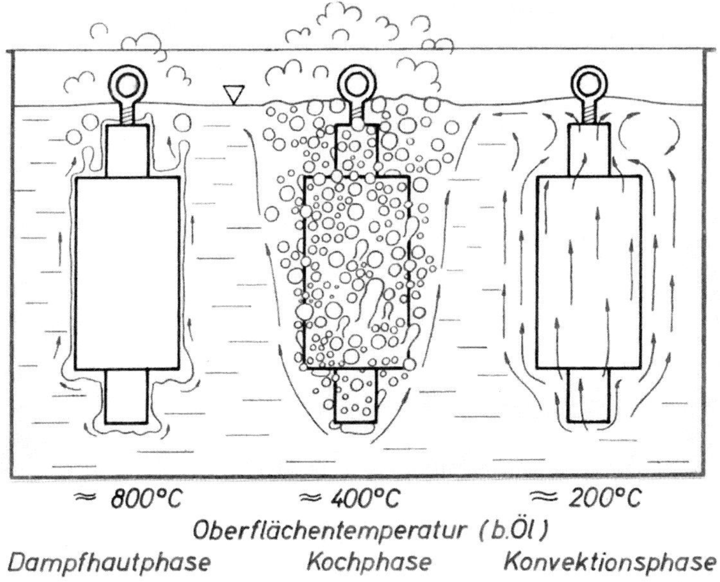

Bild 2.9: Charakteristische Phasen beim Abschrecken in Flüssigkeiten /Kop60/

Die zum Abschrecken benutzten Mittel: Salzwasser, Öle, Emulsionen, Salzschmelzen, Wirbelbetten oder Gase unterscheiden sich charakteristisch durch ihre Abkühlwirkung in den verschiedenen Temperaturbereichen. In Bild 2.10 sind einige mit einem speziellen Prüfkörper, einer Silberkugel, gemessene Abkühlkurven, so bezeichnete „Silberkugelkurven“, verschiedener flüssiger Mittel gegenübergestellt.

Sie zeigen ganz deutlich die unterschiedliche Abkühlgeschwindigkeit im Temperaturbereich zwischen Beginn und Ende des Abschreckvorgangs. Es ist ersichtlich, dass die maximale Geschwindigkeit und damit die Abkühlwirkung der einzelnen Mittel unterschiedlich hoch ist und bei einer für das jeweilige Mittel charakteristischen Temperatur liegt.

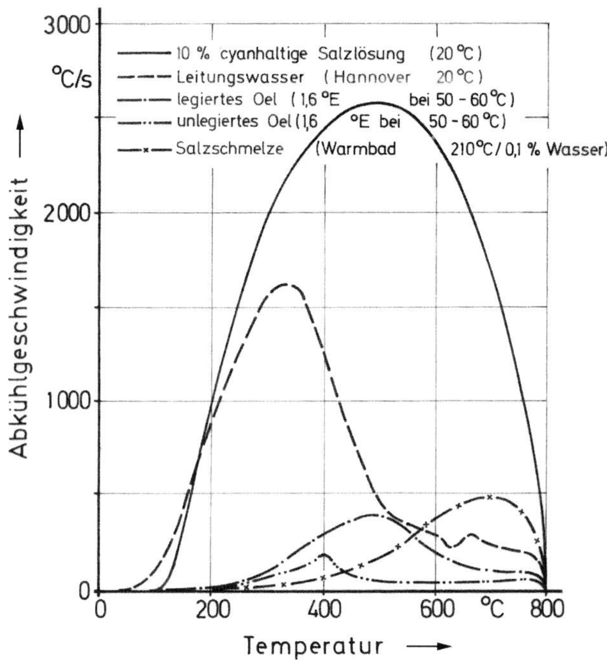

Bild 2.10: Vergleich der Abkühlwirkung verschiedener Flüssigkeiten an Hand Temperatur-Abkühlgeschwindigkeitskurven („Silberkugel-Test")

Bild 2.11: Quenchotestgerät zum Ermitteln der Abschreckkurve

Für die Praxis steht anstelle des Silberkugeltests, der nur in entsprechend eingerichteten Labors durchgeführt werden kann, der so bezeichnete „Quenchotest" zur Verfügung. Bei diesem wird eine mit einem Thermoelement versehene stabförmige Sonde in einem mobilen Rohrofen auf Temperaturen von 850 °C bis 900 °C erwärmt und in das zu prüfende flüssige Abschreckmittel eingetaucht. Die Abkühlkurve des Thermoelementes wird mit einem Datenschreiber registriert und daraus die Temperatur-Abkühlgeschwindigkeits-Kurve, das ist mathematisch die 1. Ableitung der Temperaturverlaufskurve, berechnet. Beide Kurven können danach ausgedruckt werden. In Bild 2.11 ist das Messgerät abgebildet.

Die Bilder 2.12 und 2.13 zeigen ein Beispiel für mit einem Quenchotest gemessene Abkühl- und Abkühlgeschwindigkeitskurven in frischem und einer aus dem Abschreckbehälter eines Industrieofens entnommenen, mehrere Monate gebrauchten Ölprobe.

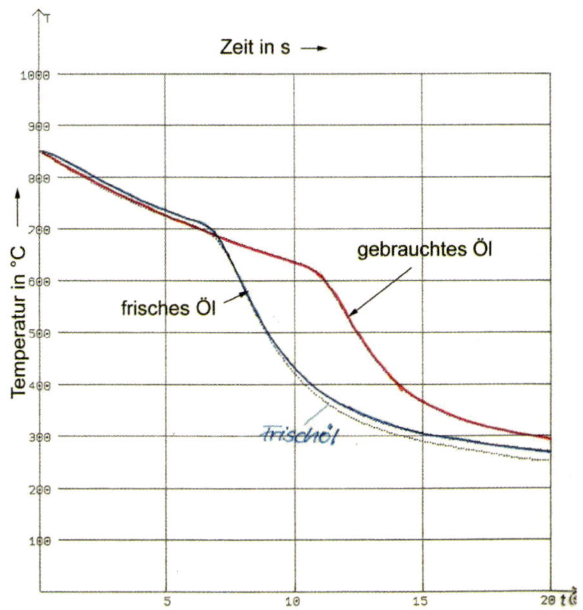

Bild 2:12: Mit dem Quenchotestgerät gemessene Abkühlkurven

Die intensivste Wirkung lässt sich mit Salzwasser erreichen. Die hierin enthaltenen Salze wirken als Kondensationskeime und führen zu einer weitgehenden bis totalen Unterdrückung der Filmsiedephase. Es werden die höchstmöglichen Abschreckgeschwindigkeiten erzielt. „Weiches", weitgehend salzfreies Leitungswasser besitzt dagegen eine ausgeprägte Filmsiedephase und eine geringere Wirkung. Die Wirkung von Ölen, in der Regel Mineralöle, ist demgegenüber nochmals geringer und die Filmsiedephase ist ebenfalls deutlich zu erkennen. Frei von einer Filmsiedephase sind Salzschmelzen, wie z. B. die zum Warmbadhärten benutzten, vgl. 2.3.2.2.

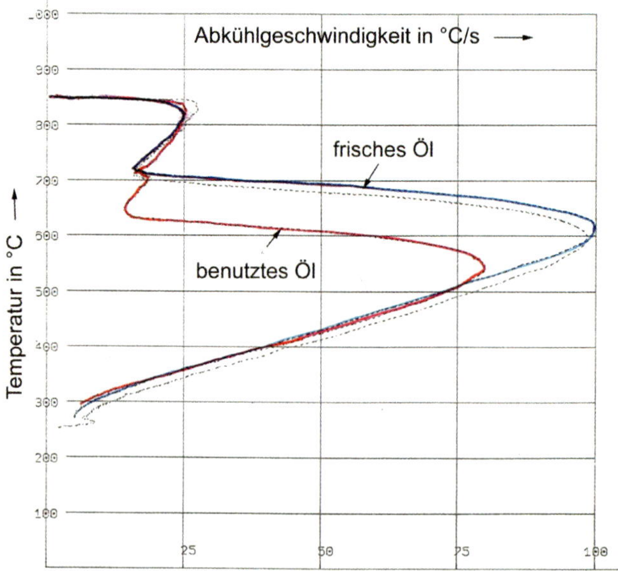

Bild 2.13: Mit dem Quenchotestgerät ermittelte Abkühlgeschwindigkeitskurven beim Abschrecken in frischem und gebrauchtem Öl

Diese Charakteristik kann zur Auswahl eines geeigneten Abschreckmittels herangezogen werden. In grober Näherung gilt, dass mit zunehmender Werkstückabmes-

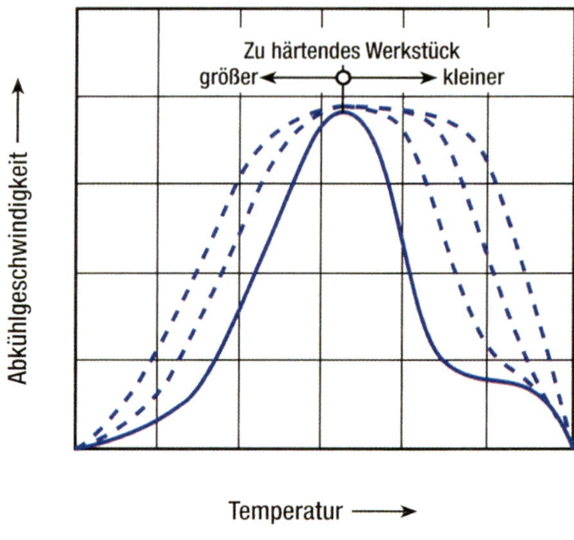

Bild 2.14: Optimale Lage der maximalen Abschreckwirkung (schematisch)

sung die maximale Abkühlgeschwindigkeit bei niedrigeren Temperaturen vorliegen sollte als bei kleinerer Abmessung, wie es schematisch in Bild 2.14 wiedergegeben ist. Danach ist es zweckmäßig, bei klein dimensionierten oder dünnwandigen Werkstücken dafür zu sorgen, dass die höchstmögliche Abschreckwirkung möglichst rasch einsetzt, bevor die Teile nach Entnahme aus dem Ofen bzw. der Heizkammer zu sehr an Temperatur verlieren.

In Bild 2.15 ist der Ablauf des Härtens in Abhängigkeit von der Zeit schematisch nochmals veranschaulicht.

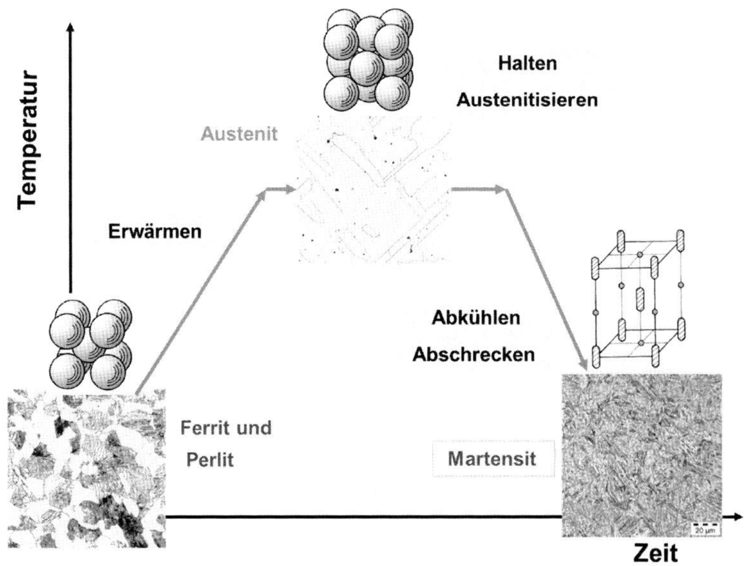

Bild 2.15: Zeit-Temperatur-Folge beim Härten

In Bild 2.16 sind die Abkühlkurven von Rundproben beim Abkühlen in verschiedenen Abschreckmitteln gegenübergestellt. Daraus ist zu entnehmen, dass zwischen dem Rand und dem Kern eines Werkstücks, je nach Querschnittsabmessung, Temperaturunterschiede von mehreren hundert Grad Celsius auftreten können. Mit solchen Kurven lässt sich aus den ZTU-Schaubildern für kontinuierliches Abkühlen das Ergebnis eines Härtens voraussagen. Dazu ist die jeweilige – gegebenenfalls unter realen Bedingungen gemessene oder mit einem geeigneten Simulationsprogramm berechnete – Abkühlkurve in das ZTU-Schaubild des zu härtenden Stahls einzutragen. Entlang der Abkühlkurve lassen sich dann generell die Umwandlungsvorgänge ablesen.

In Bild 2.17 ist dies am Beispiel des Stahls 42CrMo4 mit den Kurven aus Bild 2.16 für das Abschrecken eines Rundstabs mit 28 mm Durchmesser dargestellt. Hierbei ist jedoch zu beachten, dass Details des Abkühlvorgangs, z. B. bezüglich der Beschaffenheit der Abschreckmittel: Wärmeübergangszahl, Viskosität, Temperatur, Strömungsgeschwindigkeit am Werkstück oder die Beschaffenheit der abzukühlenden Teile: Einzelteil oder eine Charge aus mehreren Werkstücken bestehend, nicht quantitativ belegt sind.

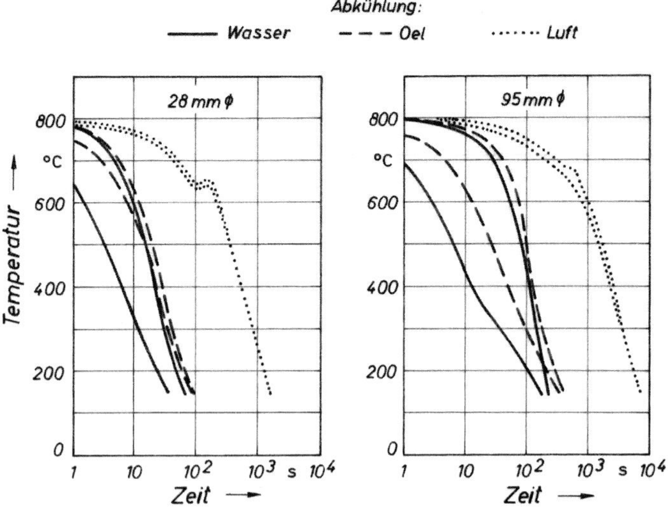

Bild 2.16: Abkühlkurven von Rundproben in verschiedenen Abschreckmitteln /Ros61/

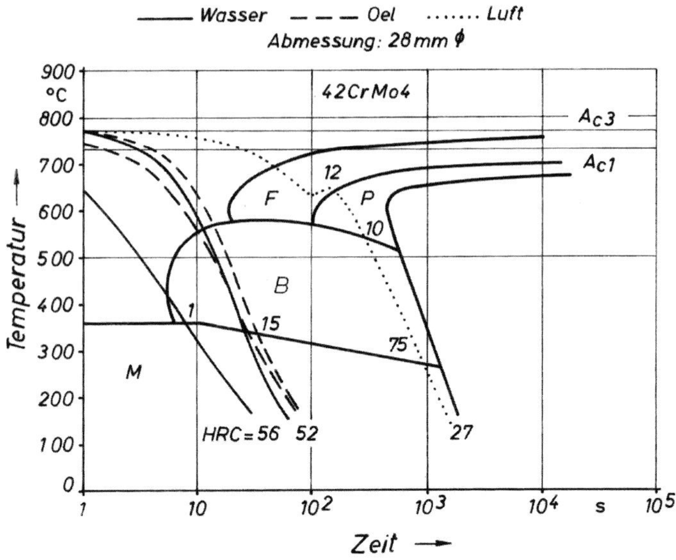

Bild 2.17: Voraussage der Ergebnisse des Abkühlens im ZTU-Schaubild /Ros61/

Eine andere Möglichkeit zur Vorhersage besteht unter Verwendung der λ-Werte für die Abkühldauer zwischen 800 °C und 500 °C, vgl. Kapitel 1, um eine Abschätzung des Abkühlverlaufs vorzunehmen. Dazu können die in den Bildern 2.18 bis 2.20 angegebenen Werte herangezogen werden. Aus Bild 2.18 sind die entsprechenden

Werte für die Abkühlverläufe in Bild 2.16 in Abhängigkeit vom Durchmesser des zu härtenden Werkstücks für die drei Abschreckmittel Wasser, Öl oder Luft abzulesen.

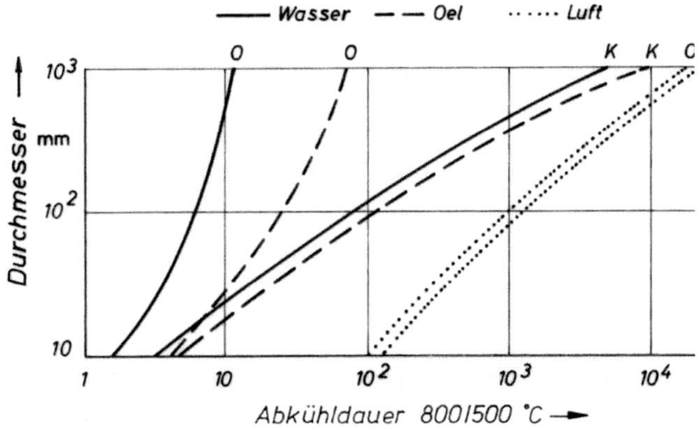

Bild 2.18: Abkühldauer 800/500 °C in Abhängigkeit vom, Durchmesser für Abkühlen in Wasser, Öl oder an Luft /Ros67/

Die Bilder 2.19 und 2.20 zeigen entsprechende Werte für Öl bzw. für Wasser /Pet67/.

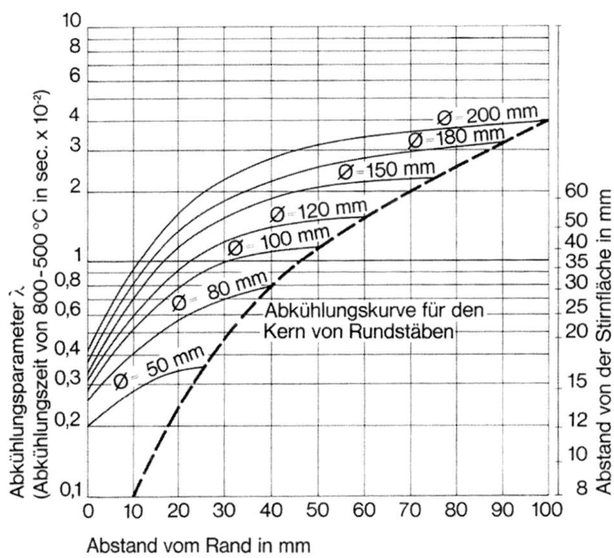

Bild 2.19: Zusammenhang zwischen der Abkühldauer 800/500 °C und dem Durchmesser von Rundstäben zwischen 50 mm und 200 mm beim Abkühlen in Öl /Pet67/

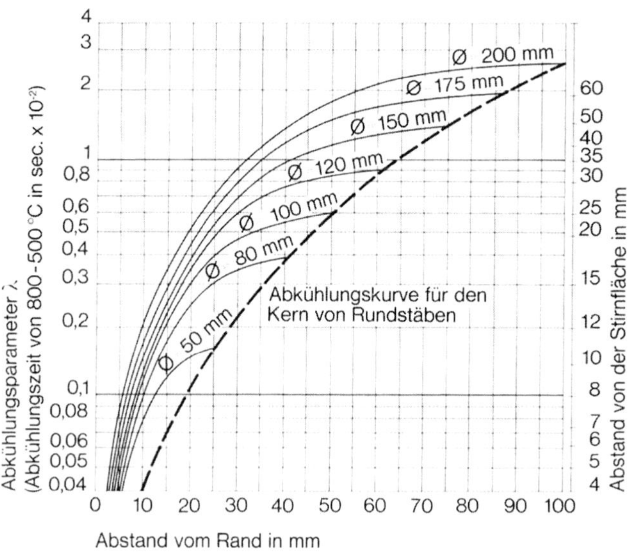

Bild 2.20: Zusammenhang zwischen der Abkühldauer 800/500 °C und dem Durchmesser von Rundstäben zwischen 50 mm und 200 mm beim Abkühlen in Wasser /Pet67/

2.3.2.2 Gestuftes Abschrecken – Warmbadhärten

Um Maß- und Formänderungen, Eigenspannungen und die Rissgefahr zu minimieren, sollte nicht schroffer als notwendig und so mild wie möglich abgeschreckt werden!

Beim Abschrecken bestehen ebenso wie beim Erwärmen zwischen dem Rand – bzw. den äußeren Bereichen des Haufwerks einer Ofencharge – und dem Kern eines Werkstücks – bzw. dem Inneren des Haufwerks einer Ofencharge – Temperaturunterschiede, die mehrere hundert Grad Celsius betragen können, siehe Bild 2.21.

Dies bedingt unterschiedlich große Volumenkontraktionen. Können diese nicht – entsprechend der jeweils vorliegenden Festigkeit – ungehindert stattfinden, entstehen Spannungen. Verstärkt werden die Spannungen im Bereich von Kerben, schroffen Querschnittsübergängen oder anderen in diesem Sinne ungünstigen Geometrien des Werkstücks. Damit die Spannungen möglichst gering bleiben, ist es zweckmäßig, derart kritische Werkstücke bevorzugt gestuft abzukühlen.

Die Bildung des Martensits bewirkt eine Zunahme des spezifischen Volumens. Diese umwandlungsbedingte Änderung überlagert sich der durch das Abkühlen rein thermisch bedingten. Ist die Richtungen beider Änderungen entgegengesetzt, kann eine gewisse Kompensation stattfinden; ist sie gleichgerichtet, verstärkt sich die Wirkung auf das Entstehen von Eigenspannungen bzw. Maß- und Formänderungen.

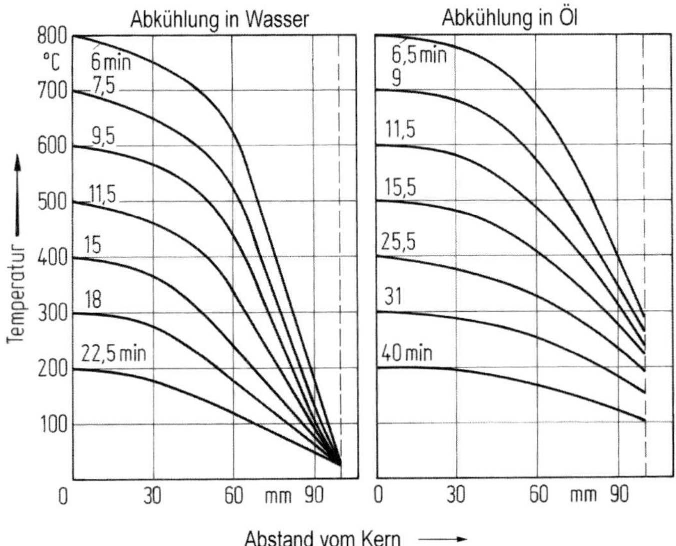

Bild 2.21: Abkühlkurven eines 200 mm x 200 mm Vierkants nach verschiedener Tauchdauer in Wasser bzw. in Öl

Die Temperaturdifferenzen können sowohl durch ein mild wirkendes Abschreckmittel als auch durch einen gesteuerten Abkühlverlauf verringert werden. Letzteres wird in der Praxis entweder durch ein so bezeichnetes „gebrochenes“ oder unterbrochenes Härten oder durch ein *gestuftes* Abkühlen vorgenommen. Beim *gebrochenen* Härten wird nacheinander mit zwei unterschiedlich wirkenden Mitteln abgeschreckt. Beim *unterbrochenen* Härten wird das Werkstück oder die Ofencharge nach einer bestimmten Abkühldauer aus dem Abschreckmittel herausgenommen und nach kurzer Verweildauer an Luft erneut eingetaucht, bis zum vollständigen Abkühlen.

Die verbreitetste Methode für ein gestuftes Abschrecken ist das *Warmbadhärten*. Hierbei werden die Werkstücke in eine Salzschmelze, ein Wirbelbett oder ein Warmbadöl, dessen Temperatur möglichst dicht oberhalb der Martensit-Starttemperatur liegen sollte, eingetaucht und auf dieser Temperatur solange gehalten, bis ein Temperaturausgleich über den gesamten Werkstückquerschnitt eingetreten ist. Schematisch ist dies in Bild 2.22 dargestellt.

Dies erleichtert den Ablauf der unterschiedlich großen Volumenkontraktionen im Rand- und Kernbereich. Im relativ weichen Austenit können dann plastische Verformungen stattfinden, so dass nach dem Temperaturausgleich nur relativ geringe innere Spannungen vorliegen. Nach ausreichend langem Halten wird dann das Abkühlen fortgesetzt, wozu die Werkstücke dem Warmbad entnommen und möglichst langsam, z. B. an Luft, bis auf Raumtemperatur abgekühlt werden. In dieser Phase wird die Martensit-Starttemperatur unterschritten und es erfolgt dann die Umwandlung des Austenits in Martensit.

Das Warmbadhärten setzt jedoch eine ausreichende Härtbarkeit des verwendeten Stahls voraus, d. h. ein Umwandlungsverhalten, das eine Verzögerung des Abkühlens ohne vorzeitig einsetzendes Umwandeln in Martensit gestattet. Dies ist im Allgemeinen, wenn eine vollständige Umwandlung erforderlich ist, nur mit entsprechend legierten Stählen möglich.

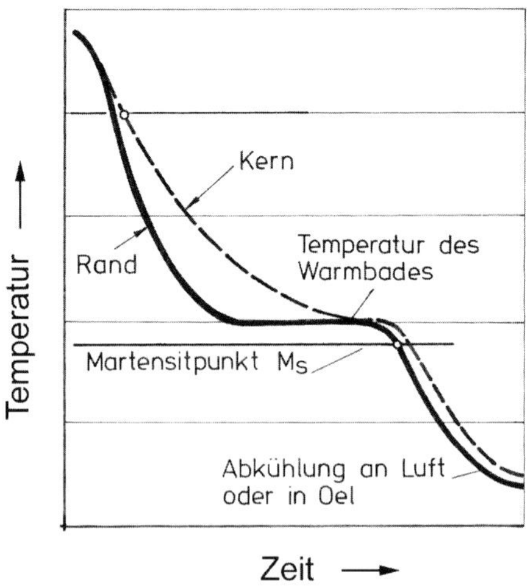

Bild 2.22: Zeit-Temperatur-Folge beim Warmbadhärten (schematisch)

2.3.2.3 Abschrecken mit Gasen

Eine deutlich geringere Wirkung ergibt sich beim Abkühlen mit Gasen. Verwendet werden ruhende oder bewegte, trockene oder befeuchtete Luft, Stickstoff, Wasserstoff, Helium oder Gemische aus verschiedenen Gasen. Typisch am Abkühlungsverlauf ist, dass die Dampfhaut- und die Kochphase fehlen. Das bedeutet, dass der Wärmeentzug aus den abzuschreckenden Werkstücken nur durch Konvektion erfolgt. Dies bewirkt deutlich geringere Temperaturunterschiede zwischen Werkstückrand und -kern, so dass mit geringeren Maß- und Formänderungen bzw. Eigenspannungen zu rechnen ist. Allerdings muss bei der Stahlauswahl auf eine ausreichend hohe Härtbarkeit geachtet werden, wenn im Rand und im Kern ein vollständiges Umwandeln in Martensit angestrebt wird.

Die gegenüber Flüssigkeiten geringere Wärmekapazität der Gase lässt sich durch hohe Strömungs-/Umwälzgeschwindigkeit und einen hohen Druck in der Abkühlkammer oder auch durch Gemische verschiedener Gase nur teilweise kompensieren. In Tabelle 2.2 sind charakteristische Daten für die Abkühlwirkung verschiedener Mittel gegenübergestellt.

Aus den Zahlenwerten ist zu entnehmen, dass mit Wasserstoff bei einem Druck von 40 bar und einer hohen Strömungsgeschwindigkeit durchaus eine Wirkung wie mit Abschreckölen erreichbar ist, jedoch werden in der Härtereipraxis bisher nur Drucke von höchstens 20 bar angewendet.

Tabelle 2.2: Abkühlwirkung verschiedener flüssiger und gasförmiger Mittel

Mittel	Druck In bar	Bedingungen	Wärmeübergangs-koeffizient W/m²K
Luft	1	ruhend	50 bis 80
Stickstoff	6	hohe Geschwindigkeit	300 bis 400
	10		400 bis 500
Helium	6	hohe Geschwindigkeit	400 bis 500
	10		550 bis 850
	20		900 bis 1000
Wasserstoff	6	hohe Geschwindigkeit	450 bis 600
	10		750
	20		1300
	40		2200
Öl	N	20 bis 80 °C, unbewegt	1000 bis 1500
	N	20 bis 80 °C, bewegt	1800 bis 2200
Wasser	N	15 bis 25 °C, bewegt	3000 bis 3500

Wichtig ist außerdem, auf das Ausrichten der abzuschreckenden Werkstücke zur Strömungsrichtung des Gases zu achten und vor allem darauf, die Ofencharge so zu packen, dass das Gas möglichst ohne allzu großen Widerstand durch die Charge hindurchströmen kann und alle Werkstücke möglichst gleichermaßen vom Gasstrom beaufschlagt werden.

2.3.2.4 Tiefkühlen

Aus Bild 2.8 ist zu entnehmen, dass das Ende der Umwandlung von Austenit in Martensit bei unlegierten Stählen mit einem Kohlenstoffgehalt über ca. 0,6 Masse-% bei Raumtemperatur noch nicht erreicht ist. Soll der Austenit vollständig umgewandelt werden, so muss das Abkühlen zum Erreichen der Martensit-Endtemperatur auf noch niedrigere Temperaturen weiter fortgesetzt werden. Dies kann in Tiefkühltruhen oder -schränken in Luft, Eintauchen in spezielle Kältemischungen, mit verdüstem Flüssigstickstoff oder durch Tauchen in flüssigen Stickstoff bis -196 °C vorgenommen werden.

Das Tiefkühlen sollte unmittelbar nach Erreichen der Raumtemperatur erfolgen, da längeres Verweilen bei Raumtemperatur, ab etwa 4 h bis 6 h, den verbliebenen Austenit – *Restaustenit* – stabilisiert. Sein Umwandeln ist erschwert und u. U. nicht vollständig zu erreichen. Auch ein verzögertes oder unterhalb von M_s angehaltenes Abschrecken kann stabilisierend wirken. Aus der Darstellung in Bild 2.23 kann am Beispiel eines Stahls mit einer M_s-Temperatur von 380 °C die Wirkung des Unterbrechens beim Abschrecken abgelesen werden.

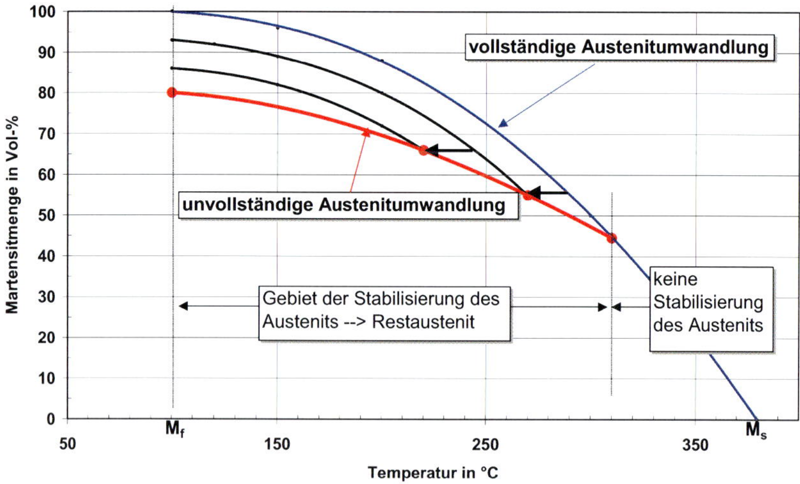

Bild 2.23: Stabilisieren des Restaustenits durch angehaltenes Abkühlen unterhalb M_s (schematisch)

Das Tiefkühlen ist immer dann zweckmäßig, wenn

- aus Verschleißgründen eine sehr hohe Härte und ein restaustenitfreies Gefüge erforderlich sind;
- höchste Anforderungen an die Maß- und Formgenauigkeit gestellt werden und wenn während des Gebrauchs gehärteter Werkstücke Temperaturen unterhalb der Raumtemperatur, oberhalb von 150 °C oder Zugbeanspruchungen zu erwarten sind, die ein Umwandeln von Restaustenit bewirken können.

Anstatt durch Tiefkühlen kann Restaustenit auch durch Anlassen beseitigt werden, jedoch sind hierzu bei unlegierten und niedrig legierten Stählen Temperaturen über 200 °C und bei hoch legierten Werkzeugstählen Temperaturen über 500 °C erforderlich.

Die Restaustenitmenge kann nach der Beziehung von Koistinen/Marburger berechnet werden:

$$V_{RA} = \exp[-K \cdot (M_s - T_q)] \cdot 100 \ \text{Vol-\%}$$

Dabei ist M_s die Martensit-Starttemperatur in °C, T_q ist die Temperatur des Abschreckmittels in °C und K beträgt 0,011 bis 0,013.

In Bild 2.24 ist der Zusammenhang zwischen Restaustenitmenge und der Temperaturdifferenz $M_s - T_q$ dargestellt.

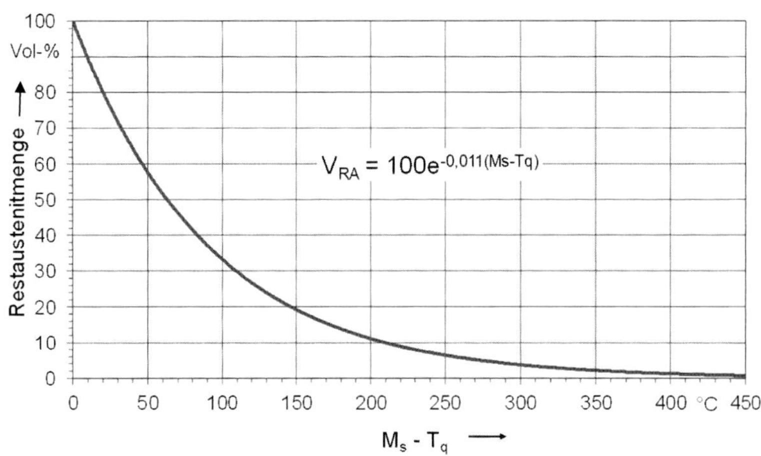

Bild 2.24: Zusammenhang zwischen Restaustenitmenge und Temperatur-Differenz Martensit-Starttemperatur - Temperatur Abschreckmittel

2.4 Eigenschaften gehärteter Werkstücke

2.4.1 Festigkeit und Härte

Das durch Härten angestrebte Ziel ist eine möglichst vollständige Umwandlung im Martensitbereich. Die dadurch erreichbare Härte ergibt sich aus der Martensitmenge und dem Kohlenstoffgehalt, der im Austenit gelöst war, und kann nach dem in Kapitel 4 „Härtbarkeit" dargestellten Zusammenhang ermittelt werden. Die bei Stählen mit 100 % Martensit im Gefüge erreichbare Härte beträgt maximal 66 HRC. Enthält das Gefüge neben Martensit auch Restaustenit, Ferrit, Perlit oder Bainit, ist mit Abstrichen zu rechnen. Bei Gusseisen verringern die relativ weichen Graphitausscheidungen im Vergleich zum Stahl, selbst bei vollständiger Umwandlung in Martensit, die Härte. Bei Sinterwerkstoffen sind die Poren für eine niedrigere Härte verantwortlich.

Die Härte ist gleichzeitig ein Maß für die Festigkeit eines gehärteten Werkstücks. Mit zunehmender Härte erhöht sich damit also auch die Festigkeit und umgekehrt. Nach Umwertungstabellen in DIN EN 18265 kann die Härte in Zugfestigkeitswerte umgewertet bzw. aus Zugfestigkeitswerten auf die Härte geschlossen werden. Dabei ist allerdings der Einfluss der Legierungselemente zu beachten. Dementsprechend sind verschiedenen Stahlgruppen unterschiedliche Umwertungstabellen zugeordnet. Näherungsweise gilt:

$$R_m \approx (3{,}2 \text{ bis } 3{,}35)\cdot\text{Vickershärte} \quad [\text{N/mm}^2]$$

bzw.

$$R_m \approx (32 \text{ bis } 38)\cdot\text{Rockwell-C-Härte} \quad [\text{N/mm}^2]$$

Dabei gilt der Multiplikator 3,2 bis zu einer Härte von etwa 460 HV und Multiplikatoren zwischen 3,2 und 3,35 für den Bereich 465 HV bis 650 HV. Der Multiplikator 32 gilt für den Bereich 31 HRC bis 45 HRC und Multiplikatoren zwischen 32 und 38 für den Bereich zwischen 46 HRC und 58 HRC.

2.4.2 Werkstückform und -abmessung

Wegen der beschriebenen Volumenänderungen ändern sich durch das Härten Maße und Form eines Werkstücks. Für die Maßänderungen ist hauptsächlich das Volumenwachstum infolge der Martensitbildung verantwortlich, wie aus Bild 2.25 zu entnehmen ist, in dem das spezifische Volumen verschiedener Gefügezustände – bezogen auf den Zustand bei Raumtemperatur – am Beispiel eines Stahls mit rd. 0,8 Masse-% Kohlenstoff gegenübergestellt ist.

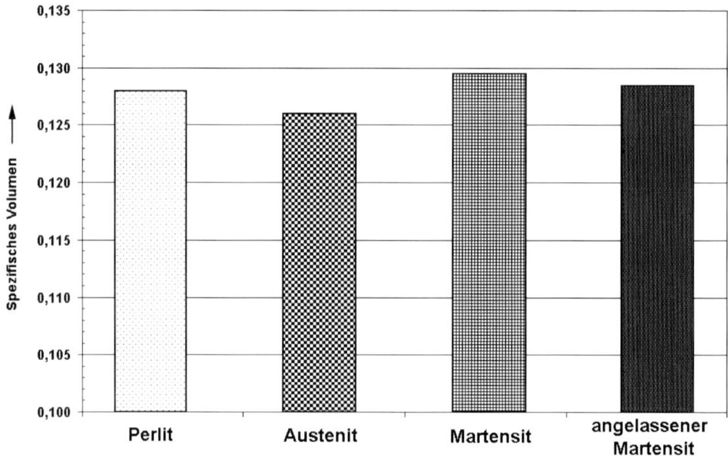

Bild 2.25: Spezifisches Volumen eines Stahls mit 0,8 Masse-% in verschiedenen Gefügezuständen

Die Darstellung lässt erkennen, dass das spezifische Volumen des martensitischen Gefüges um rd. 1 % größer ist als das des perlitischen Ausgangszustandes. Hieraus ergibt sich eine Änderung der linearen Abmessungen von rd. 3,3 ‰. Theoretisch wird hiernach eine Welle mit 1000 mm Länge durch das Härten gegenüber dem Ausgangszustand um rd. 3 mm länger. Bei Stählen mit niedrigerem Kohlenstoffgehalt ist die Volumenzunahme allerdings geringer und auch Martensitgehalte unter 100 %, insbesondere durch größere Anteile von Restaustenit im Gefüge, führen zu geringerem Wachstum.

Je nachdem, ob die Austenit-Martensit-Umwandlung und die beim Abschrecken hervorgerufenen Volumenkontraktionen gleichzeitig über den gesamten Werkstückquerschnitt oder örtlich verzögert erfolgen und die dabei entstehenden Volumenänderungen ungehindert eintreten oder behindert werden, wirkt sich dies auf die Werkstückform ganz unterschiedlich aus. Entstehende Spannungen, die zu plastischen Verformungen führen, bewirken eine Veränderung der Formen und Maße des gehärteten Werkstücks.

Allgemein lässt sich sagen: Je größer die Abmessung und je geringer die Härtbarkeit ist, umso mehr überwiegt der Einfluss der beim Abschrecken entstehenden thermisch bedingten Spannungen. Dadurch werden prismatische Körper kürzer und dikker: „Tonnenform“. Bei größerer Härtbarkeit und geringer Abmessung überwiegen die durch das Umwandeln entstehenden Volumenänderungen. Sie führen zu einer allseitig vergrößerten Abmessung. Dazwischen liegen die Abmessungen, bei denen prismatische Körper länger und dünner werden und sich die Kanten aufwerfen: „Spulenform“.

Beeinflusst werden die Verhältnisse noch zusätzlich durch den Werkstoffzustand vor dem Härten. Vorhandene Eigenspannungen infolge des Walzens, Schmiedens oder Ziehens, der spanenden Bearbeitung, des Umformens, des Schweißens, werden beim Austenitisieren ausgelöst und können bereits beim Erwärmen zu plastischen Verformungen führen.

Darüber hinaus bestimmen die Werkstückgeometrie sowie Walz- oder Ziehtexturen die Vorzugsrichtung, in der die Formänderungen stattfinden. Das Resultat wird im allgemeinen Sprachgebrauch als „Verzug“ bezeichnet und ist z. B. durch ovale statt kreisrunde Bohrungen, unebene Platten, krumme Wellen und Achsen usw. gekennzeichnet.

In den letzten Jahren wurden Programme entwickelt, mit denen für einen vorgegebenen Verlauf beim Abkühlen in Abhängigkeit von den spezifischen Werkstoffkenndaten die zeitlichen Volumenänderungen und die entstehenden Eigenspannungen simuliert und die nach einem Härten sich daraus ergebende Werkstückgeometrie abgeschätzt werden kann.

2.4.3 Formänderungsvermögen – Zähigkeit

Das Formänderungsvermögen nimmt im allgemeinen mit steigender Festigkeit ab, wie am Beispiel des Zusammenhangs zwischen der Bruchdehnung A_5 und der Brucheinschnürung Z mit der Festigkeit in Bild 2.26 zu sehen ist.

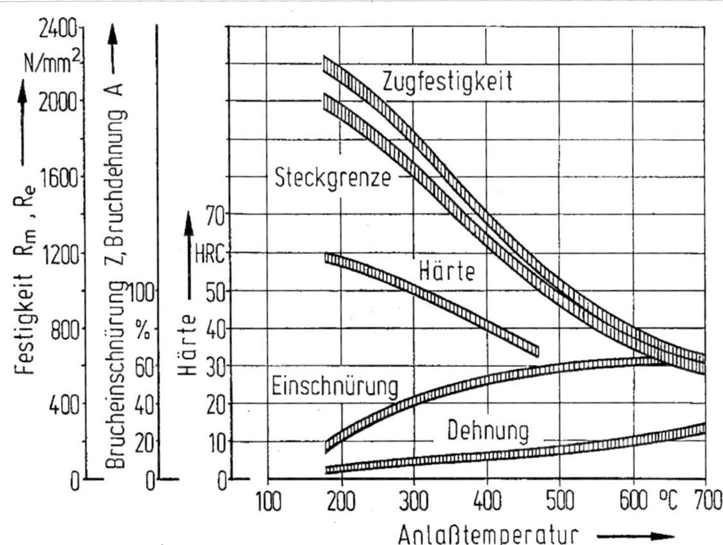

Bild 2.26: Mechanische Eigenschaften des Stahls C45 nach Härten und Anlassen

Daraus ergibt sich, dass mit zunehmender Härte die plastische Verformbarkeit abnimmt. Besonders bei stark gekerbten Bauteilen und beim Richten verzogener Teile durch Biegen kann dies zum Bruch führen. Kritisch sind auch hohe Formänderungsgeschwindigkeiten oder stoßartige Belastungen. Werkstücke mit besonders hoher Härte können in solchen Fällen leicht versagen. Aus Bild 2.26 ist zu entnehmen, dass akzeptable Zähigkeitswerte erst ab Anlasstemperaturen oberhalb von 550 °C erreichbar sind. Dies ist die Grundlage für das Anwenden des Vergütens.

2.4.4 Eigenspannungen

Durch das Erwärmen auf die Austenitisiertemperatur werden im Werkstück vorhandene Eigenspannungen zunächst weitgehend abgebaut. Beim Abkühlen/Abschrekken entstehen jedoch neue Eigenspannungen. Dies ist die Folge der thermisch und umwandlungsbedingten Änderungen des spezifischen Volumens.

Der Austenit besitzt eine so geringe Festigkeit, dass im Werkstück vorhandene oder entstehende innere Spannungen durch plastische Verformungen austenitischer Bereiche verringert werden. Mit abnehmender Temperatur und beginnender Umwandlung des Austenits nimmt die Festigkeit dann wieder zu, was plastische Verformungen erschwert oder unmöglich macht, so dass es zwischen Werkstückbereichen mit unterschiedlichen Volumenänderungen zu Spannungen kommen kann. Die rein thermisch bedingten Volumenänderungen führen im Normalfall nach dem Abkühlen zu Druckspannungen im Rand und Zugspannungen im Kern.

Die umwandlungsbedingten Spannungen kommen dadurch zustande, dass das spezifische Volumen durch Bildung von Martensit (und/oder Bainit) wächst, vgl. Bild 2.25. Abhängig vom Zeitpunkt, in dem sich diese Volumenvergrößerung in den einzelnen Werkstückbereichen der thermisch bedingten Volumenabnahme überlagert, und der dann vorliegenden Festigkeit bzw. dem plastischen Verformungsvermögen, resultiert daraus ein Eigenspannungszustand, bei dem am Rand sowohl Zug- als auch Druck-, im Kern sowohl Druck- als auch Zugeigenspannungen vorliegen können.

Die Werkstückform und -abmessung, das Umwandlungsverhalten (Härtbarkeit), die Wärmeleitfähigkeit und die Warmfestigkeit des jeweiligen Stahls sowie der Abkühlverlauf bestimmen die Form des Spannungsprofils und die Höhe der Spannungen im gehärteten Zustand. Im Normalfall herrschen nach dem Härten im Randbereich Zug- und im Kernbereich Druckspannungen.

2.5 Anlassen

2.5.1 Zweck des Anlassens – Begriffe

Das Anlassen dient dazu, das Formänderungsvermögen, d. h. die Zähigkeit gehärteter Bauteile und Werkzeuge zu erhöhen und das Rissrisiko zu vermindern.

Unter Anlassen ist nach DIN EN 10052 ein Erwärmen auf Temperaturen zwischen Raumtemperatur und A_{c1} und Halten auf dieser Temperatur mit nachfolgendem zweckentsprechendem Abkühlen zu verstehen.

Im Unterschied dazu wird der Begriff *Vergüten* für eine kombinierte Behandlung, bestehend aus Härten und Anlassen auf Temperaturen meist oberhalb 500 °C benutzt, womit zu einer vorgegebenen Festigkeit ein höheres Formänderungsvermögen erreicht wird.

2.5.2 Der Anlassvorgang

Die Gefügebestandteile Martensit, Bainit und Restaustenit erfahren durch das Anlassen eine Veränderung. Aus dem Martensit und dem Bainit wird Kohlenstoff in Form von Carbiden ausgeschieden, und es werden Versetzungen abgebaut. Damit ist eine Härteabnahme verbunden. In Bild 2.27 sind die Vorgänge am Beispiel der Härte in Abhängigkeit von der Anlasstemperatur dargestellt. Im Einzelnen laufen folgende Vorgänge ab:

- 1. Anlass-Stufe bis etwa 200 °C: Reduzierung der Verzerrung des Kristallgitters, einzelne Kohlenstoffatome verlassen das Martensitgitter und bilden ε-Carbide. Tetragonaler Martensit geht in kubischen über. Die Härte nimmt etwas ab.
- 2. Anlass-Stufe: 200 °C bis 320/375 °C: Tetragonalität verschwindet, Restaustenit wandelt sich um. Blausprödigkeit tritt ein. Ab etwa 260 °C wandeln sich ε-Carbide in Zementit (Fe_3C) um. Mit steigender Anlasstemperatur und zunehmender Anlassdauer können die Zementitausscheidungen koagulieren.
- 3. Anlass-Stufe: 320 °C bis 450/520 °C: Härte nimmt deutlich ab, reversible Anlassversprödung tritt ein. Bei Anlasstemperaturen über etwa 450 °C entstehen bei höher legierten Stählen mit Carbidbildnern, z. B. Chrom, Wolfram, Molybdän, Vanadium, so bezeichnete Sondercarbide und die Zusammensetzung vorhandener Carbide verändert sich.

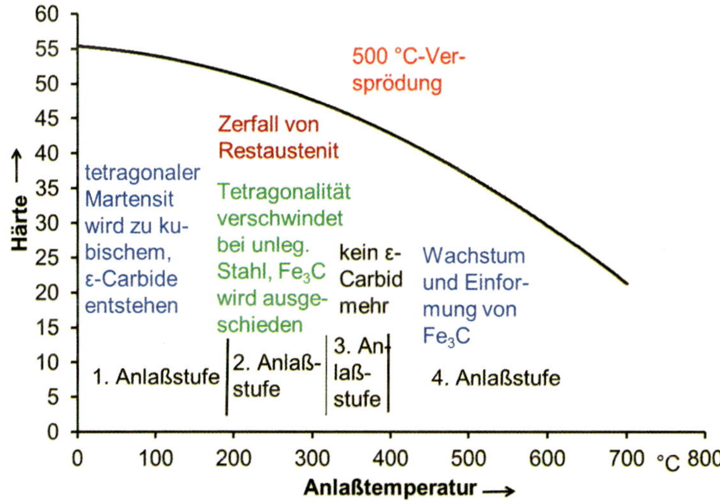

Bild 2.27: Die vier Anlass-Stufen

- 4. Anlass-Stufe: oberhalb von 500 °C: Härte nimmt stark ab, Carbide koagulieren, Sondercarbide entstehen. Der Restaustenit wird so beeinflusst, dass er beim Abkühlen auf Raumtemperatur unter Bildung neuer Martensit- und/oder Bainitanteile teilweise zerfällt. Bei höher legierten Kaltarbeitsstählen beginnt der Zerfall von Restaustenit erst bei Temperaturen oberhalb von 500 °C.

2.5.3 Anlassverhalten der Stähle

In Bild 2.28 ist die Härte unlegierter Stähle mit unterschiedlichen Kohlenstoffgehalten nach einem einstündigen Anlassen in Abhängigkeit von der Anlasstemperatur dargestellt. Daraus ist zu entnehmen, dass mit zunehmender Anlasstemperatur die Härte stetig abfällt.

Demgegenüber ändert sich das Anlassverhalten mit zunehmendem Gehalt an Legierungselementen. Insbesondere sind Stähle mit Vanadium, Chrom, Molybdän oder Kobalt anlassbeständiger. In Bild 2.29 ist das typische Anlassverhalten unterschiedlicher Stähle gegenübergestellt.

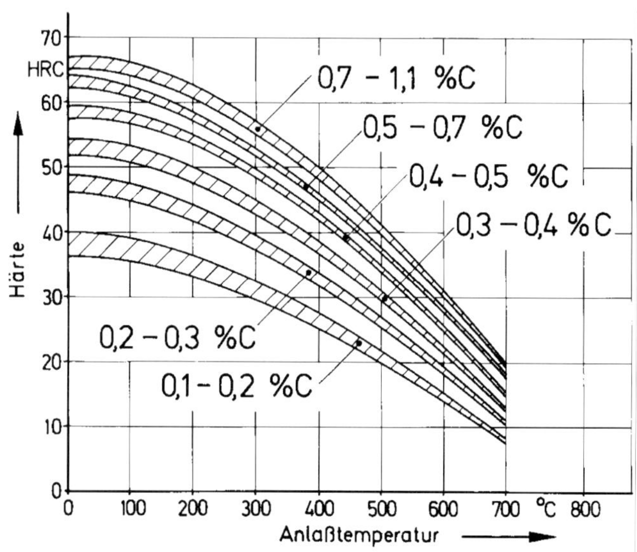

Bild 2.28: Anlasskurven unlegierter Stähle

Der Härteabfall ist bei den Kaltarbeitsstählen 105WCr6 und X165CrV12 mit zunehmender Anlasstemperatur im Vergleich zum unlegierten Vergütungsstahl C45 deutlich geringer. Beim Warmarbeitsstahl X40CrMoV5-1 und beim Schnellarbeitsstahl S 6-5-2 bleibt die Härte sogar bis zu Anlasstemperaturen von 500 °C nahezu unverändert und steigt danach sogar noch etwas an. Dies ist typisch für hochlegierte Stähle, bei denen durch Umwandlung von Restaustenit und Ausscheidung von Carbiden eine so bezeichnete „Sekundärhärtung“ stattfindet. Im Bild 2.30 ist dieser Effekt schematisch dargestellt.

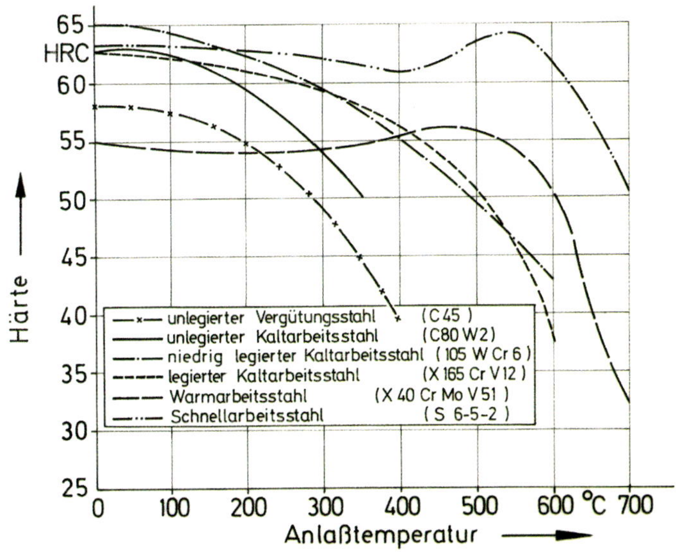

Bild 2.29: Typische Anlasskurven unterschiedlich legierter Stähle

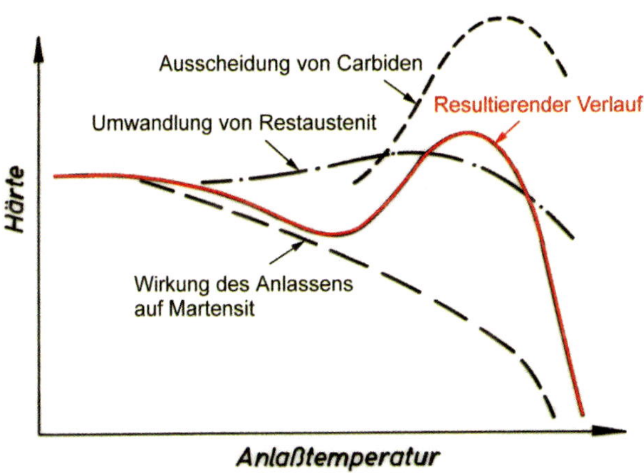

Bild 2.30: Anlassverhalten eines Stahls mit Sekundärhärtungs-Effekt (schematisch)

Bei den zuvor genannten Werkzeugstählen enthält das Gefüge nach dem Härten im Regelfall 20 bis 40 Volumenanteile Restaustenit in %. Dieser wandelt sich beim Abkühlen von Anlasstemperaturen über 500 °C in Martensit und/oder Bainit um. Dies leistet einen Beitrag zu einer höheren Härte. Der vorhandene Martensit verliert durch das Anlassen etwas an Härte und die dabei ausgeschiedenen Carbide der Legierungselemente Chrom, Vanadin, Molybdän, Wolfram u. a. steigern wiederum die

Härte. Die resultierende Anlasskurve ist nun das Ergebnis dieser drei Teilreaktionen. Oberhalb der Temperatur, bei der das Härtemaximum auftritt, fällt die Härte dann wieder stetig ab.

Die anzuwendende Anlasstemperatur ergibt sich aus den geforderten Gebrauchseigenschaften der Bauteile und Werkzeuge. Anhaltswerte sind u. a. in den Anlassschaubildern der Technischen Lieferbedingungen, z. B. DIN EN 10083 oder Katalogen der Stahlhersteller zu finden. Bauteile werden üblicherweise zwischen 180 °C und 250 °C oder zum Vergüten zwischen 550 °C und 680 °C, Werkzeuge zwischen 180 °C und 600 °C mit einer Haltedauer auf Temperatur von jeweils einer Stunde angelassen. Werkzeuge aus hochlegierten Werkzeugstählen mit der Sekundärhärtungs-Charakteristik sollten mindestens zweimal angelassen werden, um den aus dem Restaustenit entstandenen „frischen" Martensit anzulassen.

Anlasstemperatur und -dauer stehen in einer Wechselbeziehung zueinander: Mit zunehmender Anlassdauer nimmt die zum Erreichen eines bestimmten Härtewertes erforderliche Anlasstemperatur ab und umgekehrt. Besonders typisch ist dies für die Warmarbeitsstähle, hier gilt:

$$P = T \cdot (a + \log t)$$

wobei P ein Anlassparameter, T die Anlasstemperatur in K und t die Anlassdauer in Stunden ist; a hat für Warmarbeitsstähle den Wert 20.

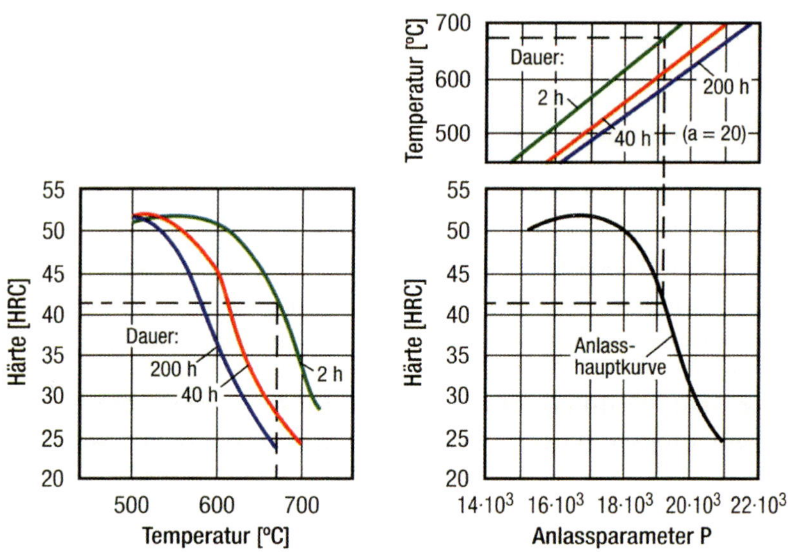

Bild 2.31: Anlassverhalten von Warmarbeitsstählen /DIN86/

Mit Hilfe einer für den betreffenden Stahl gültigen Anlass-Hauptkurve können so in Abhängigkeit von Temperatur und Dauer der Temperatureinwirkung die zu erwartenden Härtewerte näherungsweise ermittelt werden, siehe Bild 2.31. Andererseits kann mittels der Kurven für 40 h und 200 h abgeschätzt werden, welche Härte nach dieser Betriebsdauer noch zu erwarten ist.

In Bild 2.32 ist der Zusammenhang zwischen Anlassdauer, Anlasstemperatur und der sich einstellenden Härte eines Stahls mit 0,3 Masse-% C, 2,8 Masse-% Cr und je 0,6 Masse-% V und W dargestellt. Temperatur und Dauer des Anlassens haben im Prinzip eine ähnliche Wirkung, jedoch wirkt die Temperatur deutlich intensiver auf die Härteabnahme als die Dauer. Grundsätzlich können, jedoch in Grenzen, Temperatur und Dauer ausgetauscht werden.

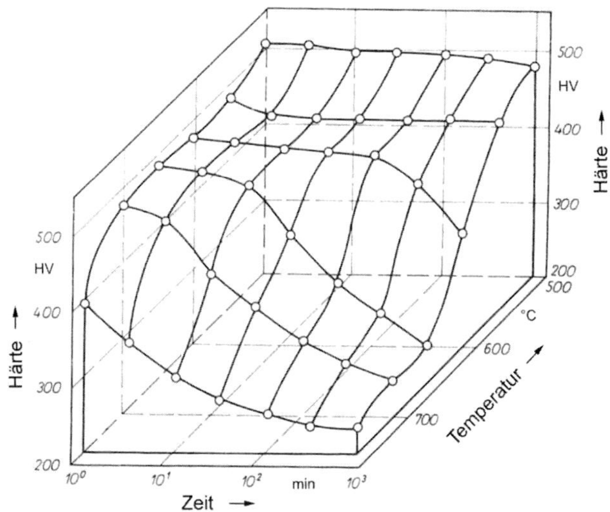

Bild 2.32: Zusammenhang zwischen Temperatur und Dauer beim Anlassen und der Härte am Beispiel eines Vergütungsstahls /Eck69/

Nach einer von H.-J. Spies angegebenen Beziehung kann die Brinellhärte nach dem Anlassen von Vergütungsstählen bei einer Temperatur zwischen 500 °C und 650 °C mit einer Haltedauer von zwei Stunden, wie folgt berechnet werden /Spi77/:

$$\text{Anlasshärte} = 435{,}66 + 2{,}84 \cdot H + 75 \cdot (\%C) - 0{,}78 \cdot (\%Si) + 14{,}24 \cdot (\%Mn) + 14{,}77 \cdot (\%Cr) + 128{,}22 \cdot (\%Mo) - 54{,}0 \cdot (\%V) - 0{,}55 \cdot T \quad [HB]$$

Dabei ist H die Abschreckhärte in HRC und T die Anlasstemperatur in K. Der Gültigkeitsbereich wird für Anlasstemperaturen zwischen 500 °C und 650 °C und für eine Härte nach dem Abschrecken zwischen 20 HRC und 65 HRC angegeben. Hinsichtlich der Zusammensetzung der Stähle gilt die Beziehung für 0,20 bis 0,54 Masse-% C, 0,17 bis 1,40 Masse-% Si, 0,50 bis 1,90 Masse-% Mn und 0,03 bis 1,20 Masse-% Cr.

2.5.4 Eigenschaften angelassener Werkstücke

Das Anlassen nach einem Härten und gegebenenfalls Tiefkühlen, ändert je nach Intensität vor allem

- die Härte und die Festigkeit,
- das Formänderungsvermögen,
- die Eigenspannungen,
- die Rissneigung und das Risswachstum,
- die Restaustenitmenge,
- die Maße und eventuell die Form.

Im Allgemeinen nehmen durch das Anlassen Härte und Festigkeit ab und das Formänderungsvermögen zu, auch die Eigenspannungen können sich verringern. Das spezifische Volumen nimmt bei restaustenitfreien Gefügen ab, vgl. Bild 2.25. Ist jedoch Restaustenit vorhanden, der durch das Anlassen zu Martensit und/oder Bainit umgewandelt wird, steigt die Härte an und das spezifische Volumen nimmt zu. Dies kann wiederum das Formänderungsvermögen verringern und neue Eigenspannungen erzeugen, so dass auch die Rissneigung größer wird.

Beim Vergüten werden durch Anlasstemperaturen von 500 °C und mehr die Härte und die Festigkeit so weit verringert und das Formänderungsvermögen so sehr verbessert, dass das Risiko eines spröden Bruchs deutlich abnimmt. Für Anwendungsfälle, in denen hohe Festigkeit und Zähigkeit erforderlich sind, müssen dann entsprechend legierte Stähle mit ausreichender Anlassbeständigkeit benutzt werden.

Das lichtmikroskopische Aussehen des Gefüges eines vergüteten Vergütungsstahls ist in Bild 2.33 zu sehen, vgl. hierzu das Härtungsgefüge in Bild 1.29 im Kapitel 1.

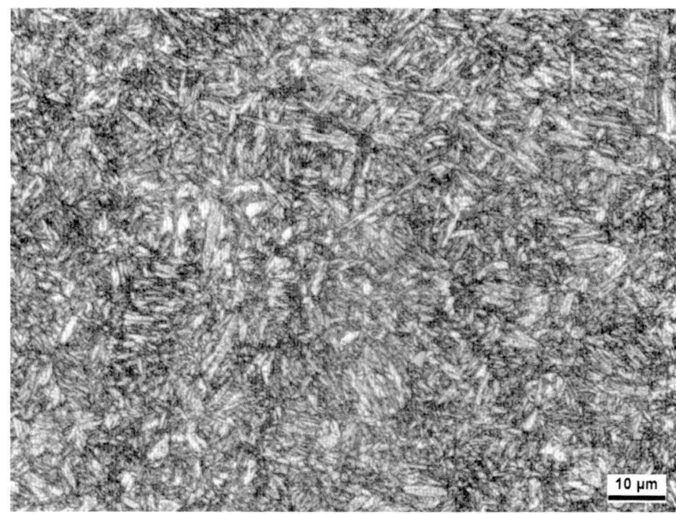

Bild 2.33: Lichtmikroskopisches Aussehen Vergütungsgefüge

Die Wirkung eines Vergütens gegenüber dem gehärteten, nur bei 180 °C angelassenen Zustand von Zugproben verdeutlicht Bild 2.34 am Beispiel des Kraft-Weg-Diagramms. Daraus ist zu entnehmen, wie durch Vergüten ein Zustand erreicht werden kann, der zwar durch eine geringere Zugfestigkeit aber deutlich größere plastische Verformbarkeit charakterisiert ist. Bild 2.35 zeigt dazu die benutzten Zugproben: oben im vergüteten und unten im gehärteten und nur bei 180 °C angelassenen Zustand. Im Bild 2.36 sind die Ergebnisse von Spannungs-Dehnungskurven eines Vergütungsstahls nach Anlassen bei Temperaturen zwischen 0 °C und 600 °C und vergleichsweise dazu der normalisierte Zustand gegenübergestellt.

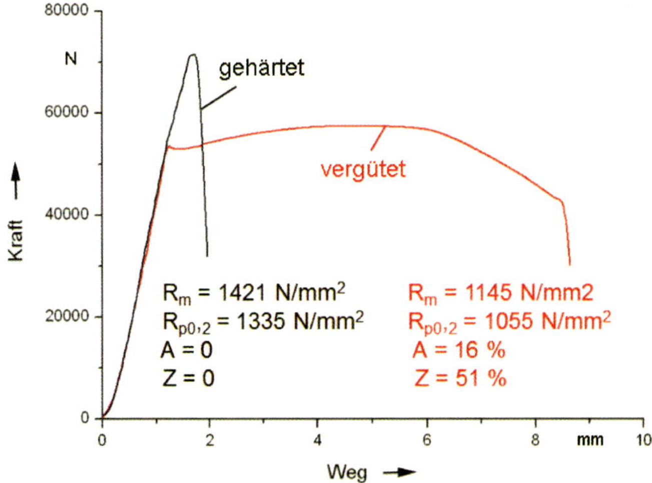

Bild 2.34: Beispiel für das Kraft-Weg-Diagramm eines Zugversuchs mit gehärteter und vergüteter Zugprobe

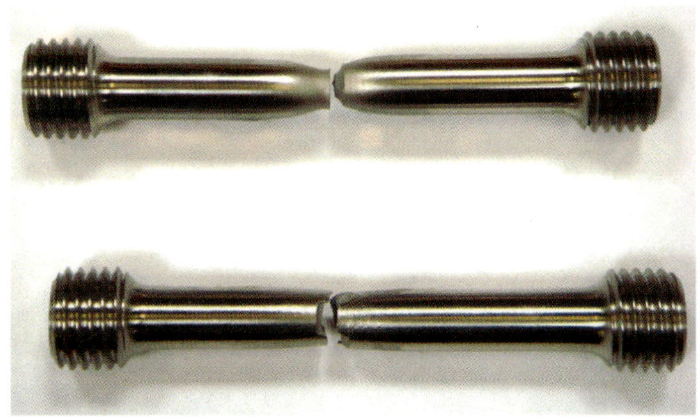

Bild 2.35: Proben nach einem Zugversuch, oben: nach dem Vergüten, unten: gehärtet

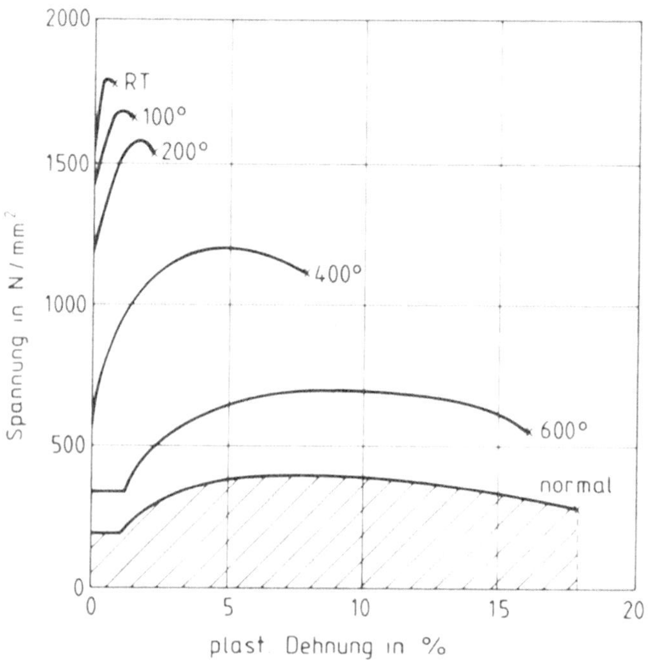

Bild 2.36: Spannungs-Dehnungskurven unterschiedlich angelassener Zugproben

Einen deutlichen Unterschied des spröden und des zähen Zustands zeigen die Ergebnisse eines Kerbschlag-Biegeversuchs. In Bild 2.37 ist hierzu ein Beispiel zu sehen.

Bild 2.37a: Spröd gebrochene Kerbschlag-Biegeprobe

Bild 2.37b: zäh gebrochene Kerbschlag-Biegeprobe

Die Bilder 2.38 und 2.39 geben rasterelektronenmikroskopische Aufnahmen von Bruchflächen wieder, in Bild 2.38 ist ein zäher Verformungsbruch abgebildet, in Bild 2.39 ein intrakristalliner spröder Bruch.

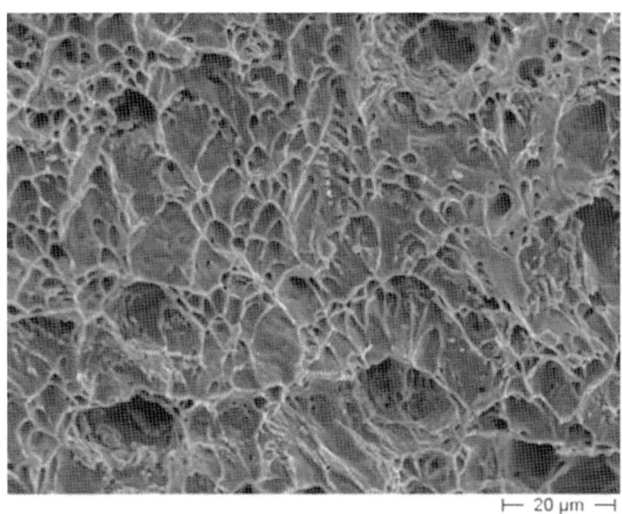

Bild 2.38: Rasterelektronenmikroskopisches Aussehen eines zähen Bruchs (IWT Bremen)

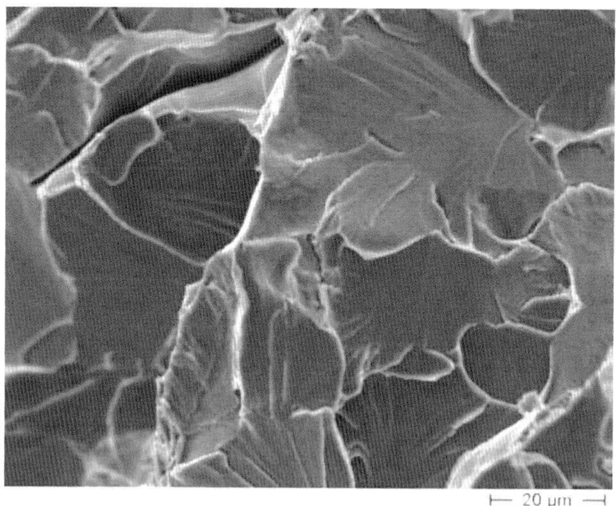

Bild 2.39: Rasterelektronenmikroskopisches Aussehen eines spröden intrakristallinen Bruchs (IWT Bremen)

2.5.5 Anlassversprödung

Bei verschiedenen Stählen tritt durch Anlassen in bestimmten Temperaturbereichen eine Versprödung ein, das sich durch niedrigere Kerbschlagzähigkeit oder Biegeschlagzähigkeit ohne Änderung der anderen mechanischen Kennwerte bemerkbar macht.

Man unterscheidet dabei:

- Die *irreversible* Anlassversprödung – 300 °C-Versprödung – die bei legierten und unlegierten Stählen durch Anlassen im Temperaturbereich von etwa 200 °C bis 400 °C auftritt und durch das Umwandeln von ε-Carbiden in Zementit verursacht wird.

  Diese Versprödung ist abhängig von der Werkstoffzusammensetzung, sie kann nur unter Verzicht auf den genannten Temperaturbereich vermieden werden.

- Die *reversible* Anlassversprödung – 500 °C-Versprödung – die bei Stählen auftritt, die mit Cr, Mn oder Ni bzw. Kombinationen dieser Elemente legiert sind und im Temperaturbereich zwischen etwa 350 °C und 550 °C angelassen werden oder nach Anlassen oberhalb von 550 °C zu langsam durch diesen Temperaturbereich abgekühlt werden.

  Die reversible Anlassversprödung kann durch bevorzugte Verwendung von Stählen mit 0,3 bis 0,6 Massenanteilen Molybdän in % oder der doppelten Menge Wolfram oder durch Anlassen außerhalb des genannten Temperaturbereichs und rasches abkühlen auf Raumtemperatur vermieden werden.

Durch ein erneutes Anlassen oberhalb 550 °C, gefolgt von raschem Abkühlen auf Raumtemperatur, kann die 500 °C-Versprödung rückgängig gemacht werden. Wird oberhalb von 550 °C angelassen, so ist nach Ablauf der Anlassdauer in Öl, Emulsion oder Wasser abzuschrecken.

2.6 Hinweise für das praktische Durchführen des Härtens, Anlassens und Vergütens von Bauteilen und Werkzeugen

2.6.1 Vorbereiten und Vorbehandeln

Damit unerwünschte zusätzliche Einflüsse eventuell vorhandener Eigenspannungen auf die unvermeidbaren Maß- und Formänderungen oder des Oberflächenzustandes auf den Endzustand vermieden werden, ist es zweckmäßig, die Werkstücke vor dem Wärmebehandeln entsprechend vorzubereiten oder vorzubehandeln und damit den Wärmebehandlungsablauf abzusichern.

2.6.1.1 Spannungsarmglühen

Ein Spannungsarmglühen ist dann angebracht, wenn damit zu rechnen ist, dass die Form- und Maßänderungen der zu härtenden Bauteile oder Werkzeuge durch Auslösen vorhandener Eigenspannungen ungünstig beeinflusst werden.

Das Spannungsarmglühen erfolgt im halb fertigbearbeiteten Zustand der Werkstücke und es sollte eine ausreichende Bearbeitungszugabe vorgesehen werden, so dass eventuell eintretende Maß- und Formänderungen korrigiert werden können.

Die Temperatur muss unterhalb der Umwandlungstemperatur A_{c1} liegen, sie sollte dieser Temperatur aber möglichst nahe sein. Unter dieser Voraussetzung ist nach dem Erwärmen ein längeres Halten nicht erforderlich. Das Erwärmen und Abkühlen muss so vorgenommen werden, dass keine neuen Eigenspannungen entstehen.

Für Bauteile und Werkzeuge, die durch Kaltumformen hergestellt oder kaltumformend bearbeitet wurden, eignet sich das Spannungsarmglühen nicht unbedingt, da durch Rekristallisation das Gefüge grobkörnig werden kann. Dies beeinträchtigt die Eigenschaften im gehärteten Zustand. In einem solchen Fall ist ein Normalglühen vorzuziehen.

2.6.1.2 „Vorvergüten"

Im Rohteil vorhandene Spannungen können auch durch Austenitisieren abgebaut werden, vgl. 2.4.4. Dies kann dazu benutzt werden, um die halbfertig bearbeiteten Teile einem *vorausgehenden* Härten zu unterziehen und damit die zu erwartenden Maß- und Formänderungen zu erfahren. Dazu sollten Bauteile oder Werkzeuge mit einem ausreichenden Aufmaß versehen und nach Anlassen auf ausreichend hoher Temperatur – im quasi „*vorvergüteten*" Zustand – weiter bearbeitet werden.

Erst im Anschluss hieran folgt das eigentliche Härten und Anlassen, um die erforderlichen Gebrauchseigenschaften einzustellen. Diese Methode hat sich besonders bewährt, wenn hohe Ansprüche an das Maß- und Formänderungsverhalten gestellt werden.

2.6.1.3 Vorbereiten der zu härtenden Bauteile und Werkzeuge

Je nach dem Grad der Oberflächenverschmutzung und den Qualitätsanforderungen ist es notwendig, die Werkstücke vor dem Härten durch Waschen, Trocknen, Beizen, Strahlen, Entgraten, spanabhebendes Bearbeiten oder andere geeignete Maßnahmen so vorzubereiten, dass sie z. B.

- Möglichst frei sind von Graten, anhaftenden Spänen, Rost, Zunder, Walz-, Schmiede- oder Gusshaut, Öl-, Fett- oder Farbresten, so dass die verwendeten Wärmebehandlungsmittel und -einrichtungen dadurch nicht beeinträchtigt werden;
- trocken sind und keine geschlossenen Hohlräume aufweisen, so dass kein plötzlicher Druckanstieg durch das Verdampfen von Feuchtigkeit auftritt, der z. B. Salzeruptionen bewirkt, wenn Salzbadtiegelöfen benutzt werden;
- keine entkohlten Randschichten besitzen, was zu Weichhaut, Weichfleckigkeit oder Rissen führen kann;
- frei sind von Beschichtungen oder Rückständen, aus denen durch Eindiffusion von Fremdelementen, z. B. Phosphor aus Phosphatschichten, die Randschichteigenschaften der Werkstücke beeinträchtigt werden.

Bolzen oder Schrauben, die zum Verschließen von Bohrungen oder Gewindelöchern benutzt werden, sind vor dem Härten, besser noch vor dem Reinigen, zu entfernen.

2.6.2 Härten, Anlassen und Vergüten von Bauteilen

In Bild 2.40 ist schematisch die übliche Zeit-Temperatur-Folge beim Härten von Bauteilen dargestellt. Das Austenitisieren erfolgt üblicherweise im Gas bei Atmosphärendruck, z. B. in Durchlauf- oder Kammeröfen, in Salzschmelzen, in Wirbelbädern oder in Vakuumöfen.

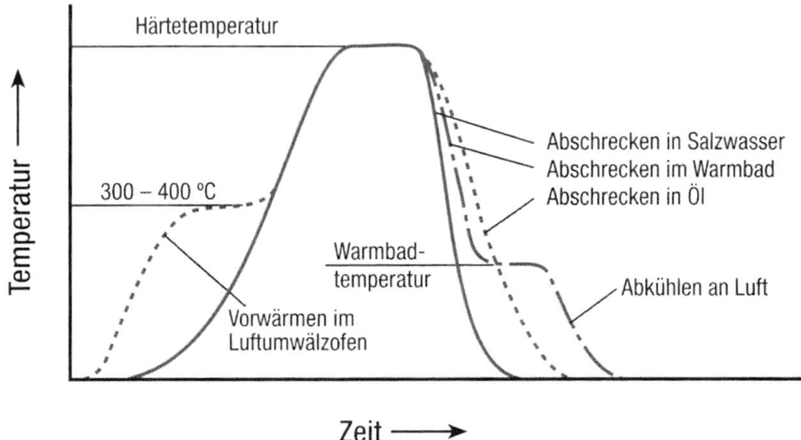

Bild 2.40: Zeit-Temperatur-Folge für das Härten von Bauteilen aus unlegierten und niedrig legierten Stählen (schematisch)

Werden Werkstücke mit größeren Querschnitten und/oder komplizierten Formen in Salzschmelzen austenitisiert, dann ist es üblich, sie z. B. in einem Luftumwälzofen auf Temperaturen von 250 °C bis 450 °C vorzuwärmen. Damit soll gewährleistet werden, dass absolut trockene Teile in die Salzschmelze gelangen, so dass Salzeruptionen vermieden werden und die Temperatur der Salzschmelze nicht zu sehr absinkt. Außerdem wird durch das Vorwärmen der Erwärmungsverlauf „gemildert", wodurch die Wärmespannungen gering bleiben.

Die erforderliche Verweildauer beim Vorwärmen auf 450 °C in einem Luftumwälzofen in Abhängigkeit von der Abmessung kann aus Bild 2.41 entnommen werden. Hierin sind auch Angaben über die Erwärmdauer in Kammeröfen auf höhere Temperaturen enthalten.

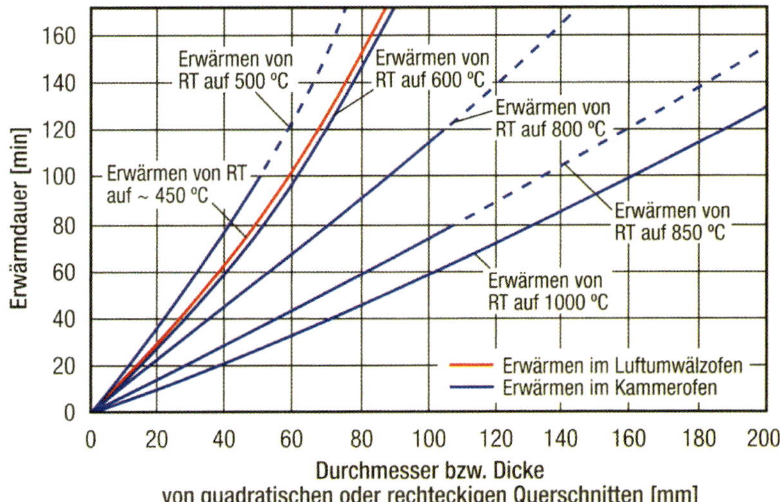

Bild 2.41: Zusammenhang zwischen Werkstückabmessung und Erwärmdauer

Aus den in Bild 2.41 dargestellten Erwärmkurven kann die Erwärmdauer für das Planen von Wärmebehandlungsprozessen entnommen werden. Im Einzelfall kann es allerdings notwendig sein, dies durch auf den jeweils benutzten Ofen bezogene Messungen zu überprüfen.

Nach dem Durchwärmen auf Austenitisiertemperatur sind noch weitere 15 bis 30 min zu halten, um eine für die Härtung ausreichende Menge von Carbiden aufzulösen.

Die zum Härten erforderliche Abkühlgeschwindigkeit kann mit Hilfe des ZTU-Schaubildes des betreffenden Stahls bestimmt werden. Hierbei ist zu berücksichtigen, dass je nach Abmessung für eine Härtung über den gesamten Werkstückquerschnitt der Abkühlungsverlauf für den Kern maßgebend ist. Bei unlegierten Stählen ist im Allgemeinen eine „Durchhärtung" nur bis zu Abmessungen von 10 mm Wanddicke bzw. Durchmesser möglich. Für größere Abmessungen müssen legierte Stähle benutzt werden, vgl. Kapitel 4 Härtbarkeit.

In diesem Zusammenhang ist es wichtig, darauf zu achten, dass die Werkstücke in einer Charge so gepackt sind, dass das Abkühlmittel ungehindert Zutritt zu allen Oberflächenbereichen der Werkstücke hat.

Das Abschrecken wird je nach Härtbarkeit des betreffenden Stahls und je nach Abmessung und Form des Bauteils in Salzwasser, Temperatur: 10 °C bis 60 °C, in Emulsionen mit 25 °C bis 60 °C, in Öl mit 40 °C bis 120 °C, im Warmbad mit 180 °C bis 220 ° C, an Luft oder im Inertgas (Stickstoff) vorgenommen. Es kann zweckmäßig sein, die Werkstücke im Abschreckmittel zu bewegen und/oder das Abschreckmittel umzuwälzen, um eine ausreichende und gleichmäßige Abkühlwirkung zu gewährleisten.

Bei Stählen mit einem Kohlenstoffgehalt von mehr als 0,6 Masse-% liegt nach dem Härten ein Gefüge vor, das Restaustenit und eventuell auch etwas Bainit enthält. Der Restaustenit kann durch Tiefkühlen oder durch Anlassen bei Temperaturen über rd. 200 °C beseitigt werden, vgl. 2.3.2.3.

2.6.3 Härten und Anlassen von Werkzeugen

2.6.3.1 Werkzeuge aus unlegierten Werkzeugstählen

Die übliche Zeit-Temperatur-Folge beim Härten und Anlassen von Werkzeugen aus unlegierten Werkzeugstählen ist in Bild 2.42 zu sehen.

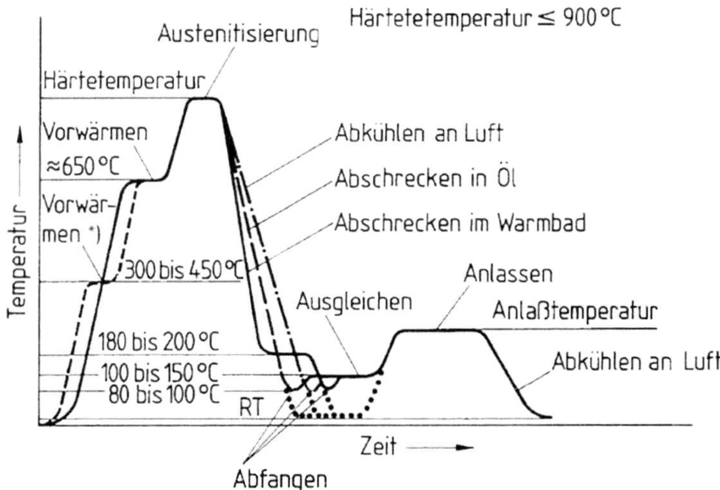

Bild 2.42: Zeit-Temperatur-Folge für das Härten und Anlassen von Werkzeugen aus unlegierten Werkzeugstählen

Das Austenitisieren erfolgt üblicherweise im Gas bei Atmosphärendruck, z. B. in Durchlauf- oder Kammeröfen oder in Vakuumöfen; seltener in Salzschmelzen oder in Wirbelbettanlagen. Werkzeuge mit größeren Abmessungen bzw. größeren Querschnittsunterschieden sollten möglichst langsam bzw. gestuft erwärmt werden, damit die Temperaturunterschiede und die daraus möglicherweise entstehenden Spannungen möglichst gering bleiben. Für das Erwärmen in Luftumwälz- oder Kammeröfen können aus Bild 2.41 Anhaltswerte für die erforderliche Erwärmdauer bei verschiedenen Abmessungen entnommen werden.

Erfolgt das Erwärmen auf Härtetemperatur in Kammeröfen und sind die Werkzeuge in Kästen gepackt, kann auf ein Vorwärmen verzichtet werden. Bei unverpackten Werkzeugen ist es zweckmäßig, im Kammerofen bei ca. 500 °C bis zum Temperaturausgleich zu halten. Die erforderliche Verweildauer im Kammerofen bis zum vollständigen Austenitisieren hängt von den Werkzeugabmessungen und der Ofengröße sowie dessen Heizleistung ab. Gegebenenfalls muss der Temperaturverlauf beim Erwärmen direkt am/im Werkzeug gemessen werden.

Die Haltedauer auf Austenitisiertemperatur sollte 10 min bis 30 min betragen, um eine für das Härten ausreichende Menge von Carbiden zu lösen. Das Abschrecken erfolgt je nach Härtbarkeit des Stahls sowie je nach Abmessung und Form des Werkzeugs in Wasser mit 10 °C bis 60 °C oder in Öl mit 40 °C bis 120 °C. Es kann zweckmäßig sein, die Werkzeuge im Abschreckmittel zu bewegen und/oder das Abschreckmittel umzuwälzen, um eine ausreichende und gleichmäßige Abkühlwirkung zu erreichen. Bei Verwendung von Wasser ist ein Zusatz von ca. 10 Masse-% Kochsalz üblich, um die Dampfblasenbildung an der Werkzeugoberfläche zu verringern und damit die Abschreckwirkung zu verbessern, vgl. Kapitel 2.3.2. Zum Verringern des Rissrisikos sollten gefährdete Werkzeuge nur bis auf etwa 80 °C bis 100 °C abgeschreckt, anschließend bei 100 °C bis 150 °C bis zum Temperaturausgleich gehalten und unmittelbar danach angelassen werden.

2.6.3.2 Werkzeuge aus legierten Kaltarbeitsstählen und Warmarbeitsstählen

Die übliche Zeit-Temperatur-Folge beim Härten von Werkzeugen aus legierten Kaltarbeitsstählen oder Warmarbeitsstählen ist schematisch in Bild 2.43 dargestellt.

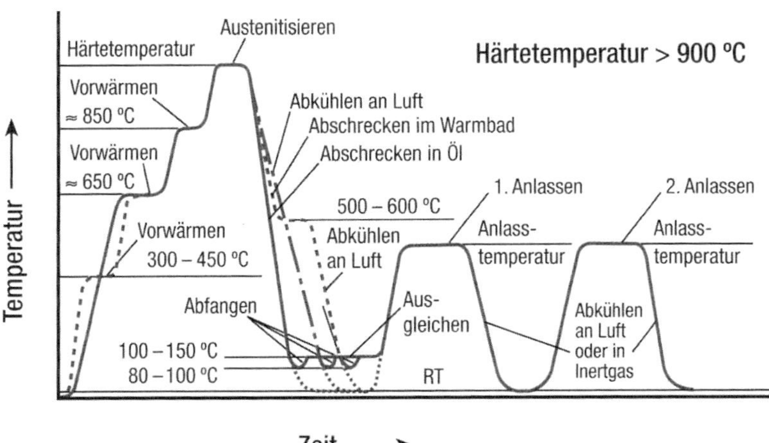

Bild 2.43: Zeit-Temperatur-Folge für das Härten und Anlassen von Werkzeugen aus legierten Werkzeugstählen

Werkzeuge aus diesen Stählen werden heute vorzugsweise in Vakuumöfen oder in Kammeröfen mit einer geregelten Prozessgasatmosphäre austenitisiert, um Randschichtänderungen wie z. B. ein Entkohlen, zu vermeiden. Werden Vakuumöfen benutzt, erfolgt das Abschrecken meist mit Stickstoff mit einem Druck von 5 bar bis 20 bar. Die Verwendung von Salzbadtiegelöfen ist kaum noch üblich.

Es ist sehr zu empfehlen, das Wärmen abzustufen und auf jeder Temperaturstufe ausreichend lange bis zum Temperaturausgleich über den Werkzeugquerschnitt zu halten.

Erfolgt das Austenitisieren in Salzbadtiegelöfen, ist es üblich, für jede Temperaturstufe einen eigenen Ofen zu benutzen. In Kammer- oder Vakuumöfen erfolgt entweder ein gestuftes Erwärmen oder es werden Anlagen mit mehreren Kammern benutzt, die ein abgestuftes Erwärmen ermöglichen. Dies empfiehlt sich besonders wegen der geringeren Wärmeleitfähigkeit der Werkzeugstähle sowie bei kompliziert geformten und/oder dickwandigen Werkzeugen.

Anhaltswerte für die Erwärmdauer in Kammeröfen oder Salzbadtiegelöfen können aus Bild 2.41 entnommen werden.

Nach dem Durchwärmen sind noch weitere 15 min bis 30 min auf Austenitisiertemperatur zu halten, um eine für die Härtung ausreichende Menge von Carbiden zu lösen.

Werkzeuge aus ledeburitischen Stählen, die eine besonders hohe Anlassbeständigkeit aufweisen müssen, weil sie zusätzlich nitriert oder nitrocarburiert werden sollen, sind von höheren als den sonst üblichen Temperaturen zu härten.

Die Wahl des Abschreckvorgangs richtet sich nach der Härtbarkeit des verwendeten Werkzeugstahls, nach Querschnitt, Abmessung und Form des Werkzeugs und nach dem zum Austenitisieren benutzten Ofen. Bei Kammeröfen erfolgt das Abschrecken meist in Öl mit einer Temperatur von 40 °C bis 120 °C, seltener im Warmbad mit 180 °C bis 220 °C bzw. 500 °C bis 600 °C. Bei Vakuumöfen wird meist in Stickstoff mit einem Druck von 5 bar bis 20 bar abgekühlt. Jedoch kommen auch Gasgemische aus Stickstoff und Wasserstoff oder Helium zur Anwendung. Beim Austenitisieren in Salzbadtiegelöfen wird in Salzwarmbädern mit 180 °C bis 220 °C bzw. 500 °C bis 600 °C abgeschreckt. Bei einigen Stählen mit ausreichend hoher Härtbarkeit genügt gegebenenfalls auch ein Abkühlen an Luft oder in einem Gasstrom. Rissgefährdete Werkzeuge sollten nur bis auf etwa 80 °C bis 100 °C abgekühlt und anschließend bei 100 °C bis 150 °C bis zum Temperaturausgleich im Werkzeug gehalten und unmittelbar anschließend daran angelassen werden. Hierbei besteht allerdings das Risiko, dass im Gefüge größere Mengen Restaustenit verbleiben, die sich beim späteren Anlassen nicht umwandeln lassen.

Werkzeuge aus Stählen mit mehr als 0,6 Masse-% Kohlenstoff müssen bei besonders hohen Anforderungen an die Maßstabilität oder den Verschleißwiderstand auf Temperaturen unterhalb der Raumtemperatur, möglichst bis auf -75 °C, tiefgekühlt bzw. bei Temperaturen >500 °C angelassen werden, um den Restaustenit zu beseitigen. Nach dem Tiefkühlen sollte angelassen werden.

2.6.3.3 Werkzeuge aus Schnellarbeitsstählen

Die übliche Zeit-Temperatur-Folge beim Härten und Anlassen von Werkzeugen aus Schnellarbeitsstählen ist schematisch in Bild 2.44 dargestellt.

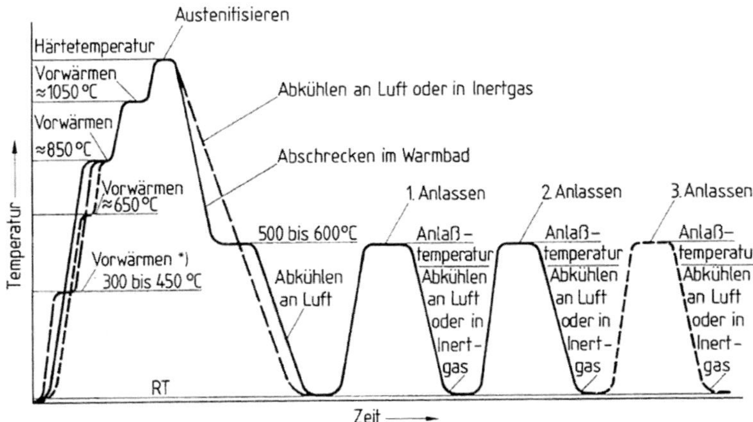

Bild 2.44: Zeit-Temperatur-Folge für das Härten und Anlassen von Werkzeugen aus Schnellarbeitsstahl

Die erforderlichen Temperaturen zum Austenitisieren von Schnellarbeitsstählen liegen im Bereich zwischen rd. 1150 °C und 1250 °C. Es ist daher wichtig, Werkzeuge aus diesen Stählen sorgfältig vorzuwärmen, und zwar möglichst in mehreren Stufen, damit die erforderliche Austenitisierdauer zum Vermeiden eines Kornwachstums möglichst kurz und die Temperaturunterschiede zwischen Rand und Kern möglichst gering bleiben.

Die Benutzung von Salzbadtiegelöfen zum Austenitisieren, ist heute kaum noch üblich. Grundsätzlich ist es jedoch zweckmäßig, mit mehreren Vorwärmstufen, z. B. 300 °C bis 450 °C in einem Luftumwälzofen, 600 °C bis 650 °C, 800 °C bis 850 °C, 1000 °C bis 1050 °C unter Schutzgas oder Inertgas zu erwärmen, vgl. Bild 2.44. Anhaltswerte für die Erwärmdauer können aus Bild 2.41 entnommen werden.

Die Haltedauer auf den Vorwärmstufen sollte mindestens gleich lang sein wie die Verweildauer auf der Austenitisiertemperatur.

In der Praxis ist es meist nicht möglich, Erwärm- und Haltedauer exakt zu trennen. Gegebenenfalls kann es notwendig sein, durch Temperaturmessungen an/in den Werkstücken die erforderliche Verweildauer im Ofen zu ermitteln.

Obwohl Werkzeuge aus Schnellarbeitsstahl nach dem Härten einen Restaustenitgehalt von 10 Vol-% bis 40 Vol-% aufweisen ist ein Tiefkühlen nicht üblich, da der Restaustenit durch das Anlassen bei den üblichen Temperaturen oberhalb von 550 °C nahezu vollständig umgewandelt wird.

2.6.4 Anlassen von Bauteilen und Werkzeugen

2.6.4.1 Anlassen gehärteter Bauteile

Üblicherweise werden Bauteile nach dem Abschrecken auf Raumtemperatur auf einer Temperatur von 180 °C eine Stunde lang angelassen. Die Verweildauer beim Anlassen sollte mindestens 1 h je 20 mm Abmessung betragen, bzw. sollte nach dem Durchwärmen auf die Anlasstemperatur mindestens eine Stunde lang gehalten werden. Bauteile mit höheren Anforderungen an die Zähigkeit sind bei höheren Temperaturen, gegebenenfalls oberhalb von 500 °C, siehe 2.5 Vergüten, anzulassen.

Das Anlassen wird an Luft, in Salzschmelzen, im Gas, im Vakuum, gelegentlich auch in Öl vorgenommen. Beim Anlassen im Gas oder an der Luft ist ein Umwälzen zweckmäßig. Die Wahl der Umgebung beim Anlassen richtet sich danach, ob es notwendig ist, die Oberfläche bzw. die Randschicht gegen Oxidation zu schützen.

Werden Bauteile aus Stählen, bei denen ein Verspröden zu befürchten ist, oberhalb von 550 °C angelassen, muss nach Ablauf der Anlassdauer rasch auf Raumtemperatur abgeschreckt werden. In allen anderen Fällen kann beliebig abgekühlt werden.

2.6.4.2 Anlassen gehärteter Werkzeuge

Bei Werkzeugen aus unlegierten Werkzeugstählen richtet sich die Höhe der Anlasstemperatur hauptsächlich nach der erforderlichen Gebrauchshärte. Anhaltswerte sind aus den Anlassschaubildern in den Liefervorschriften der betreffenden Stähle oder aus den Unterlagen der Stahlhersteller zu entnehmen. Die Haltedauer sollte mindestens eine Stunde betragen.

Gehärtete Werkzeuge aus Warmarbeits-, legierten Kaltarbeits- oder Schnellarbeitsstählen weisen nach dem Härten einen Restaustenitgehalt von 10 bis 40 % auf, der sich nach dem Anlassen in Martensit und/oder Bainit umwandelt. Dementsprechend sollte erneut angelassen werden, um den neu entstandenen Martensit anzulassen. Bei Werkzeugen aus Stählen mit Sekundärhärtungseffekt ist ein zweites Anlassen sogar notwendig, um die geforderten Gebrauchseigenschaften sicher zu erreichen. Ist nach dem ersten Anlassen die geforderte Härte bereits erreicht, dann sollte die zweite Anlasstemperatur 30 °C bis 50 °C unterhalb der vorangegangenen liegen. Liegt die Härte nach dem ersten Anlassen oberhalb der geforderten Werte, so ist mindestens auf der Temperatur des ersten Anlassens oder etwas höher anzulassen.

Die Anlasstemperatur richtet sich nach den geforderten Gebrauchseigenschaften und liegt üblicherweise, je nach Stahlsorte und erforderlicher Härte, zwischen 540 °C und 590 °C. Die Haltedauer sollte nach dem Durchwärmen mindestens eine Stunde betragen.

Die Wahl des Ofens zum Anlassen der Werkzeuge aus Schnellarbeitsstählen richtet sich nach dem Ofen, in dem das Austenitisieren vorgenommen wurde. Wird ein Vakuumofen benutzt, so ist es zweckmäßig, diesen mit Stickstoff auf einen Druck unterhalb Atmosphärendruck zu füllen, um eine konvektive Wärmeübertragung zu erreichen. Wird in Prozessgasanlagen gehärtet, wird meist in Anlass-Kammeröfen und zum Schutz gegen Oxidation, unter Stickstoff angelassen. Salzbadgehärtete Werkzeuge werden meist auch in Salzbadtiegelöfen angelassen.

Werkzeuge aus Schnellarbeitsstählen sind mindestens zweimal anzulassen, mit Kobalt legierte Stähle jedoch mindestens dreimal. Ein drei- bis viermaliges Anlassen ist besonders dann vorteilhaft, wenn eine hohe Stabilität des Gefüges und eine optimale Kombination der Gebrauchseigenschaften verlangt wird.

2.7 Literatur

DIN86	DIN 17022-2	Wärmebehandlung von Eisenwerkstoffen; Verfahren der Wärmebehandlung; Härten und Anlassen von Werkzeugen, 1986-06
DIN94	DIN 17022-1	Wärmebehandlung von Eisenwerkstoffen; Verfahren der Wärmebehandlung; Härten, Bainitisieren, Anlassen und Vergüten von Bauteilen, 1994-10
DIN93	DIN EN 10052	Begriffe der Wärmebehandlung von Eisenwerkstoffen
DIN01	DIN EN 10085-1	Nitrierstähle – Technische Lieferbedingungen
DIN06	DIN EN 10083-1	Vergütungsstähle – Teil 1: Allgemeine Technische Lieferbedingungen
Eck69	Eckstein, H.-J.	Wärmebehandlung von Stahl – Metallkundliche Grundlagen Deutscher Verlag für Grundstoffindustrie, Leipzig, 1969
ISO09	DIN EN ISO 4957	Werkzeugstähle – Technische Lleferbedingungen
Jus68	Just, E.	Formeln der Härtbarkeit HTM Härterei-Techn. Mitt. 23 (1968) 2, S. 85 -99
Kop60	Kopietz, K.-H.	Der derzeitige Stand der Abschrecktechnik HTM Härterei-Techn. Mitt. 15 (1960) 3, Teil B, S. 58 – 63
Ros61	Rose, A.; Wever, F.; Peter, W.; Straßburg, W.; Rademacher, L.	Atlas zur Wärmebehandlung der Stähle Band 1, 1961, Verlag Stahleisen, Düsseldorf
Spi75	Spies, H.-J.; Münch, G.; Prewitz, A.	Möglichkeiten der Optimierung der Auswahl vergütbarer Baustähle durch Berechnung der Härt- und Vergütbarkeit Neue Hütte 22 (1977), S. 443 – 445
Stu54	Stuhlmann, W.	Die Aussage der Zeit-Temperatur-Umwandlungs-Schaubilder für den Härterei-Ingenieur HTM Härterei-Techn. Mitt. 6 (1950/54) 4, S. 31 – 48

3 Bainitisieren

Dieter Liedtke

3.1 Ziel des Bainitisierens

Das Bainitisieren von Stählen dient dazu, ein aus Bainit bestehendes Gefüge herzustellen. Dies führt, ebenso wie das martensitische Härten, zu einer höheren Härte und Festigkeit gegenüber dem Ausgangszustand. Die dabei eintretenden Maß- und Formänderungen sind aber geringer als beim Härten. Von großem Vorteil für die Gebrauchseigenschaften ist ein größeres Formänderungsvermögen des Bainits im Vergleich zu Martensit gleicher Härte sowie Druckeigenspannungen im Rand.

3.2 Durchführung des Bainitisierens

Die für das praktische Durchführen des Bainitisierens zweckmäßigen Vorbehandlungen bzw. Vorbereitungen entsprechen sinngemäß den im Kapitel 2.6 beschriebenen Maßnahmen.

Zum Bainitisieren muss ebenso wie beim Härten zunächst auf Austenitisier- oder Härtetemperatur erwärmt und ausreichend lange gehalten werden, damit sich das Gefüge in Austenit umwandelt und eine ausreichende Menge Kohlenstoff in Lösung gelangt. Als Austenitisiertemperatur wird meist die untere Grenze des für das Härten zweckmäßigen Temperaturbereichs gewählt.

Das Bainitisieren setzt voraus, dass Stähle verwendet werden, die durch Zulegieren von Chrom, Molybdän und Mangan eine genügend hohe Härtbarkeit besitzen und damit eine Umwandlungscharakteristik besitzen, so dass beim Abkühlen ein Umwandeln des Austenits in Ferrit und/oder Perlit unterbleibt.

Der bainitische Zustand kann durch *kontinuierliches* Abkühlen mit einer für das Durchlaufen des Bainitbereichs geeigneten Abkühlgeschwindigkeit, siehe als Beispiel das ZTU-Schaubild für kontinuierliches Abkühlen des Stahls 100Cr6 in Bild 3.1, oder durch Abschrecken auf eine zweckentsprechende Temperatur im Bainitbereich und *isothermisches* Halten/Umwandeln erreicht werden, siehe das ZTU-Schaubild für isothermisches Umwandeln des Stahls 100Cr6 in Bild 3.2.

Da sich beim kontinuierlichen Umwandeln bei vielen Stählen oft nicht vermeiden lässt, dass auch der Perlitbereich gestreift wird und entsprechend den jeweiligen Temperaturen unterschiedlich strukturierter Bainit, also kein homogenes Gefüge entsteht, wird in der industriellen Praxis vorzugsweise das isothermische Umwandeln vorgenommen. Hierzu wird von Austenitisiertemperatur rasch auf eine Temperatur unterhalb von etwa 500 °C, jedoch oberhalb der Martensit-Starttemperatur des betreffenden Stahls, gelegentlich auch knapp darunter, abgekühlt und auf dieser Temperatur bis zur mehr oder weniger vollständigen Umwandlung des Austenits in Bainit gehalten. Anschließend kann beliebig schnell auf Raumtemperatur abgekühlt werden, vgl. Bild 3.2.

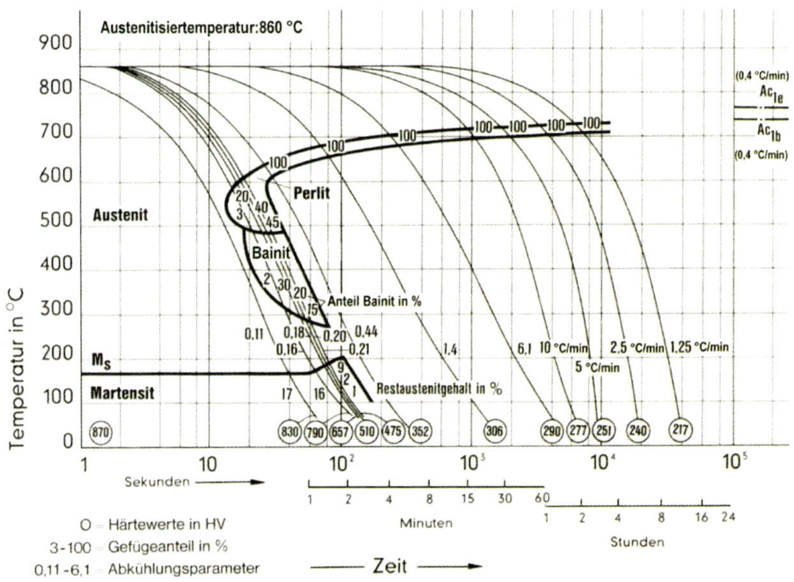

Bild 3.1: ZTU-Schaubild für kontinuierliches Abkühlen des Stahls 100Cr6 /Saa/

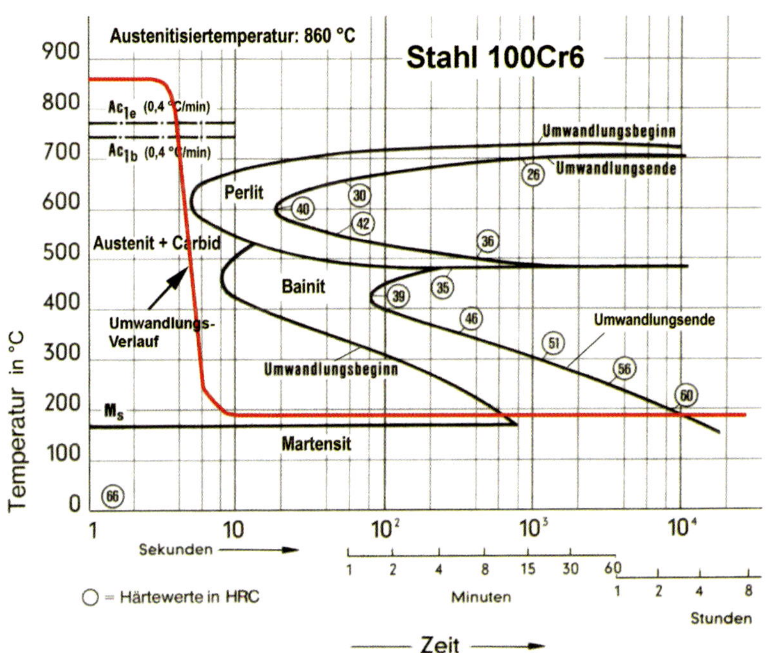

Bild 3.2: ZTU-Schaubild für isothermisches Umwandeln Stahl 100Cr6 /Saa/

Im Bild 3.2 ist in das ZTU-Schaubild der Zeit-Temperatur-Verlauf für die Vorgehensweise beim isothermischen Umwandeln eingezeichnet. Daraus ist zu ersehen, dass die Umwandlung je nach Temperatur bei der das isotherme Halten erfolgt, bei dem betrachteten Stahl mehrere Stunden beträgt.

Bei Abkühlgeschwindigkeiten, die kleiner sind als die obere kritische für das ausschließliche Erreichen des Martensitbereichs bzw. beim isothermischen Halten oberhalb der Martensit-Starttemperatur M_s ist der Zwang zum Umwandeln des Austenits nicht so groß wie im Bereich der Martensitstufe und außerdem sind die Kohlenstoffatome noch so beweglich, dass sie ihre Zwischengitterplätze im Austenit verlassen und diffundieren können. Dies ermöglicht ein Ansammeln von Kohlenstoffatomen und das Bilden von Carbiden. Damit ist das Umwandeln in Bainit charakterisiert durch Entstehung von Ferrit und Carbiden. Die Eisen- und Substitutionsatome gehen im Temperaturbereich der Bainitstufe durch kooperative Scherbewegungen vom Austenit- zum Ferritgitter über. Die Kohlenstoffatome diffundieren und bei örtlich ausreichend hoher Konzentration, entstehen Carbide /War76/.

Bezogen auf den Temperaturbereich wird zwischen „oberem“ Bainit – ca. 350 °C bis 570 °C – und „unterem“ Bainit – unterhalb von 350 °C – unterschieden.

Der Mechanismus der zum *oberen Bainit* führt, ähnelt dem der Perlitbildung. Es wird angenommen, dass im Austenit Ferritstäbe bzw. längliche Platten entstehen, die durch Bewegung der Eisenatome wachsen. Dabei wird Kohlenstoff im Austenit zwischen den Ferritstäben angereichert und schließlich in Form von Zementit entweder im Austenit zwischen den Ferritplatten oder innerhalb derselben ausgeschieden, vgl. Bild 3.3 rechts. Der obere Bainit besteht aus Gruppen abgeflachter Nadeln bzw. länglicher Ferritplatten, deren Keime bevorzugt an Austenitkorngrenzen gebildet werden. Je nach Stahlzusammensetzung kann zwischen *untereutektoidem* oberen Bainit, bestehend aus Ferritnadeln mit Carbidausscheidungen im Austenit und *eutektoidem* oberen Bainit mit Carbidausscheidungen im Ferrit unterschieden werden. Die Carbide sind allerdings nur elektronenmikroskopisch zu erkennen. Das Anreichern von Kohlenstoff im Austenit führt zu höheren Restaustenitgehalten /War76/.

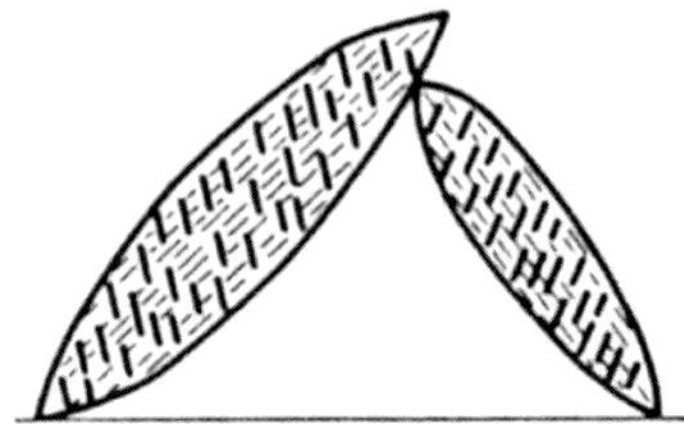

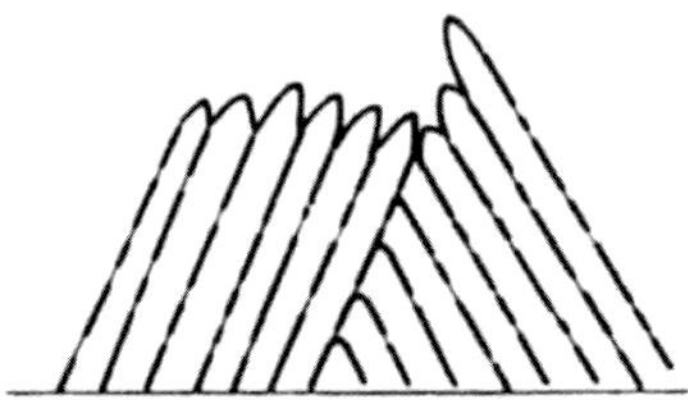

Bild 3.3: Schematische Darstellung von nadeligem Bainit,
links: unterer Bainit, rechts: oberer Bainit /War76/

Der *untere Bainit* entsteht unterhalb von etwa 350 °C. Er besteht aus – meist verzweigten – Ferritplatten, in deren *Innerem* Carbidteilchen ausgeschieden sind. Es wird angenommen, dass zunächst an Kohlenstoff übersättigte Ferritplatten entstehen, in denen anschließend Carbide ausgeschieden werden. Dadurch können die Ferritplatten weiter wachsen, vgl. Bild 3.3 links und Bild 3.4.

Das Ausscheiden von Carbiden innerhalb der Ferritplatten ähnelt den Vorgängen beim Anlassen von Martensit. Die Kohlenstoffanreicherung des Austenits und der Restaustenitgehalt sind wesentlich geringer als beim oberen Bainit. Der untere Bainit hat sehr viel Ähnlichkeit mit dem Martensit. Typisch ist die reihenförmige Anordnung stäbchenförmiger Carbide, die im Winkel von 50° bis 60° zur Hauptachse der Bainitnadeln angeordnet sind, was allerdings nur im Elektronenmikroskop zu erkennen ist /War76/.

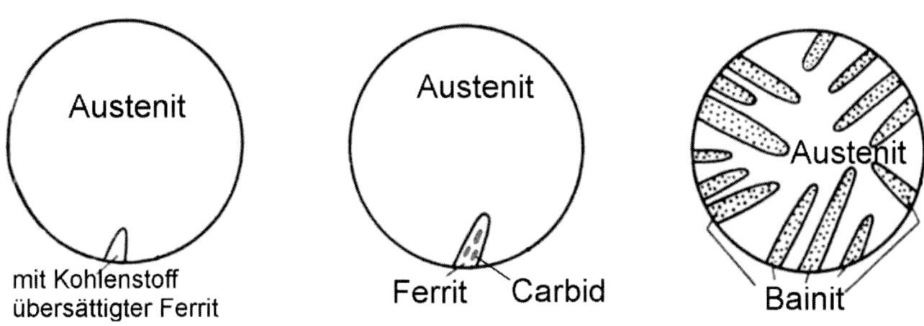

Bild 3.4: Schematischer Ablauf der Bildung des „unteren“ Bainits

Bild 3.5 zeigt den Umwandlungsablauf beim isothermischen Bainitisieren eines Stahls mit 0,8 Masse-% Kohlenstoff bei verschiedenen Temperaturen. Die Kurven spiegeln in charakteristischer Weise den Einfluss der Temperatur wieder, die kürzeste Anlaufdauer ergibt sich hier bei 354 °C.

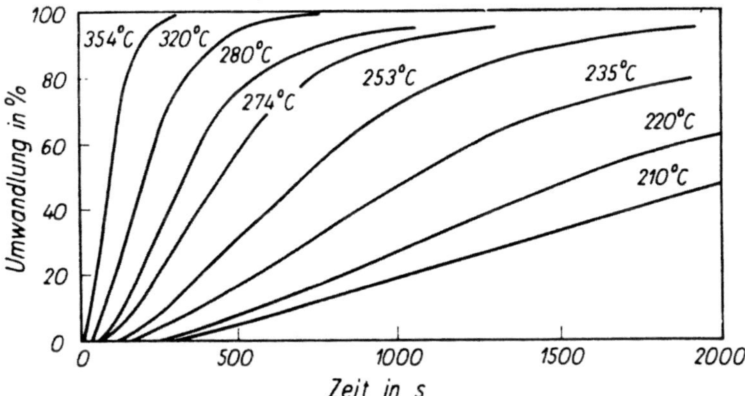

Bild 3.5: Umwandlungskurven für das isothermische Umwandeln eines Stahls mit 0,80 Masse-% Kohlenstoff und 1,0 Masse-% Mangan /Lun99/

Das Aussehen bainitischer Gefüge ist je nach Stahl und den Entstehungsbedingungen äußerst mannigfaltig. Dabei ist es lichtmikroskopisch nicht immer möglich, typische Unterscheidungsmerkmale festzustellen, vgl. die Bilder 3.6 und 3.7. Mit Hilfe der Elektronenstrahlmikroskopie lassen sich jedoch *nadelige* und *körnige* Bainitgefüge unterscheiden. In Bild 3.6 ist das lichtmikroskopische Aussehen des isothermisch bainitisierten Stahls 100Cr6 wiedergegeben. Bild 3.7 zeigt einen Vergleich von Martensit und Bainit für den legierten Einsatzstahl 16MnCr5.

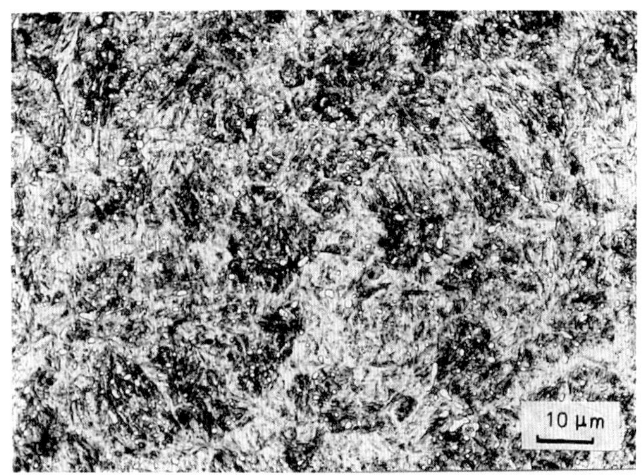

Bild 3.6: Gefüge des Stahls 100Cr6, isothermisch bainitisiert

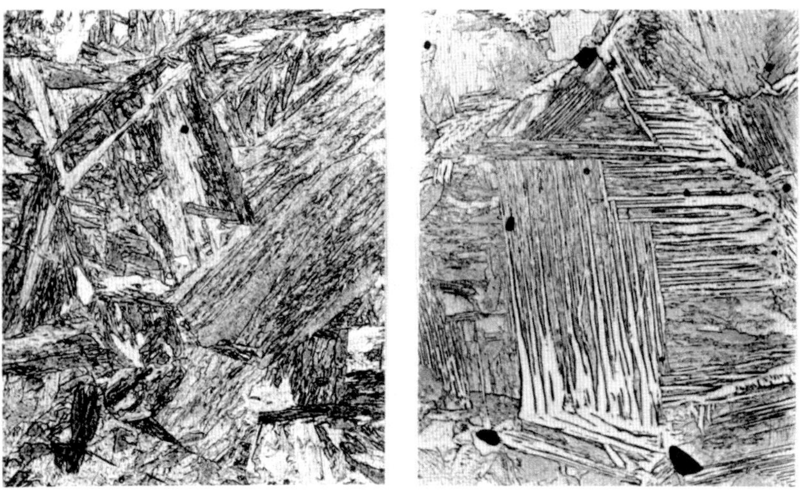

Bild 3.7: Lichtmikroskopisches Aussehen von Martensit (links) und isothermisch erzeugtem Bainit (rechts) des Stahls 16 MnCr5

Der bei *kontinuierlichem* Abkühlen gebildete Bainit von Stählen mit niedrigem Kohlenstoffgehalt sieht körnig aus. Dem Abkühlungsverlauf entsprechend, besteht das Gefüge bei Raumtemperatur aus unterschiedlich strukturiertem oberen und unteren Bainit und enthält außerdem – je nach Stahlzusammensetzung bzw. Härtbarkeit –

Anteile an Perlit, Martensit und Restaustenit. Ein solches Mischgefüge ist in Bild 3.8 bei lichtmikroskopischer Betrachtung wiedergegeben.

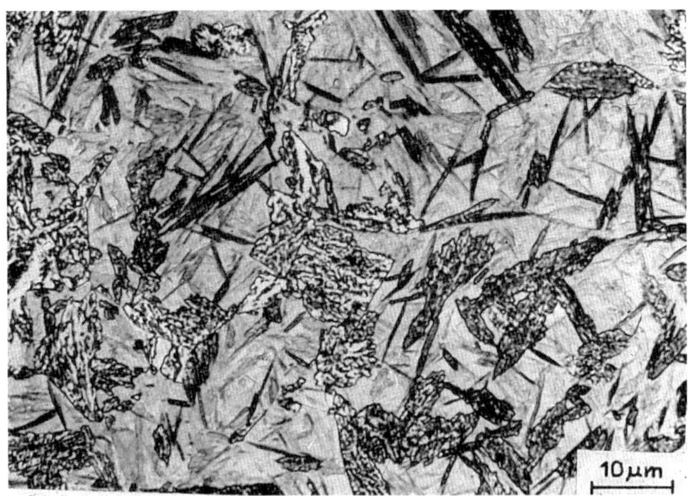

Bild 3.8: Gefüge des Stahls 100Cr6 nach kontinuierlichem Bainitisieren: oberer und unterer Bainit und Martensit

Zum isothermischen Bainitisieren eignen sich neben den Vergütungsstählen besonders die Wälzlagerstähle wegen ihrer relativ niedrigen Martensit-Starttemperatur und Gusseisen. In Bild 3.9 sind für einige Stähle die günstigsten Umwandlungstemperaturen zum Erreichen maximaler Härte gegenübergestellt.

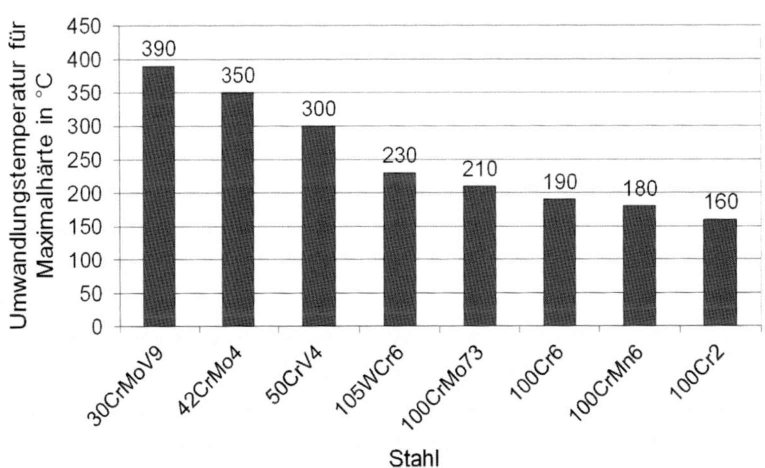

Bild 3.9: Einfluss der Stahlzusammensetzung auf die Umwandlungstemperatur beim isothermischen Bainitisieren für maximale Härte

Der charakteristische Ablauf der isothermischen Umwandlung des Austenits ist in Bild 3.10 am Beispiel der beiden Wälzlagerstähle 100Cr6 und 100CrMnSi6-4 dargestellt. Es zeigt, wie sich mit dem höheren Siliziumgehalt beim Stahl 100CrMnSi6-4 die Umwandlungsdauer verlängert.

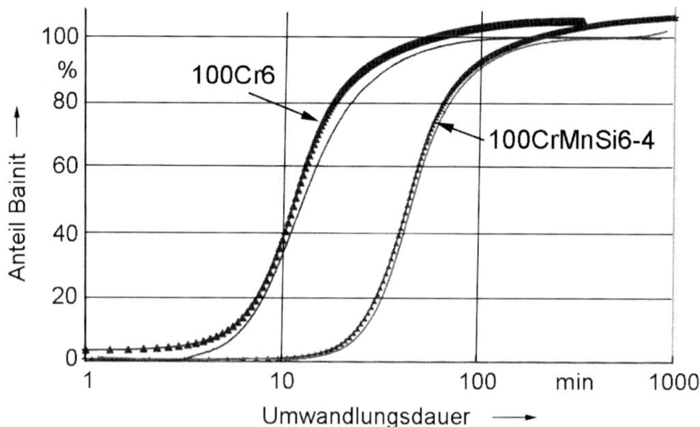

Bild 3.10: Ablauf der Austenitumwandlung beim isothermischen Bainitisieren

Bei größeren Querschnitten reicht die Härtbarkeit des häufig verwendeten Stahls 100Cr6 nicht mehr aus. Wälzlagerstähle mit höherer Härtbarkeit wie z. B. die Stähle 100CrMn6 oder 100CrMo7-3 erfordern jedoch eine Umwandlungsdauer bis zu 24 Stunden, vgl. die Bilder 3.11 und 3.12.

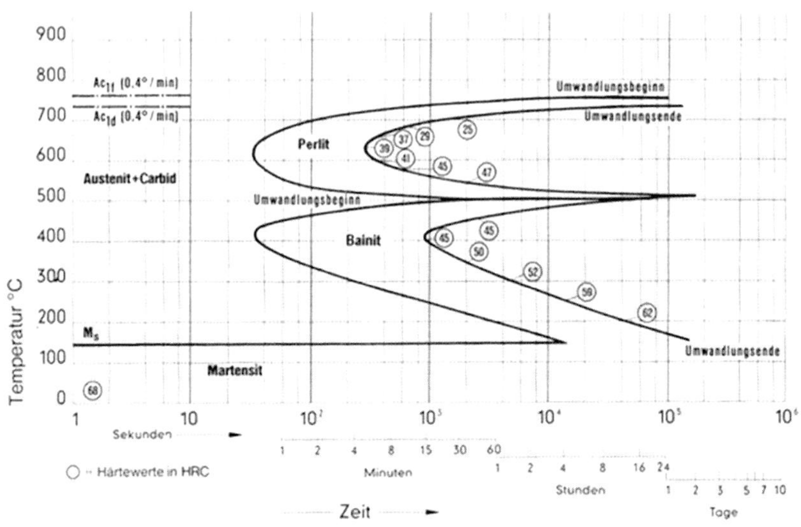

Bild 3.11: ZTU-Schaubild für isothermische Umwandlung des Stahls 100CrMo7-3 /Saa/

In Bild 3.12 ist die Umwandlungsdauer verschiedener Stähle gegenübergestellt.

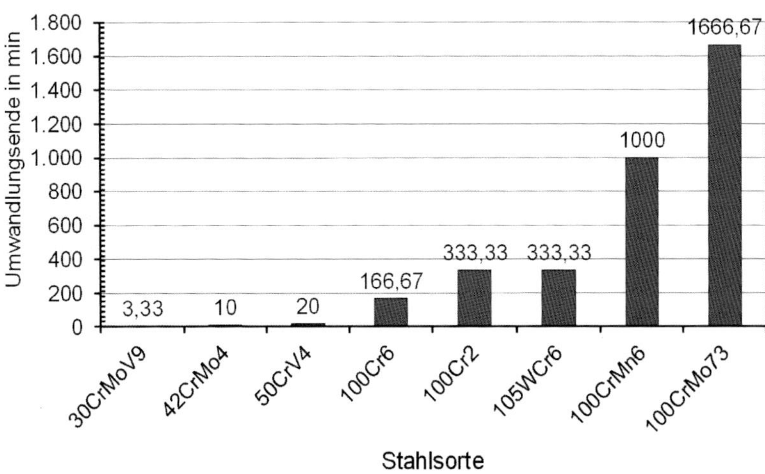

Bild 3.12: Umwandlungsdauer verschiedener Stähle beim isothermischen Bainitisieren dicht oberhalb der Martensit-Starttemperatur

Je nach der gewünschten Härte kann z. B. für den Stahl 100Cr6 aus der Darstellung in Bild 3.13 die erforderliche Umwandlungsdauer in Abhängigkeit von der Umwandlungstemperatur und die dadurch erreichbare Härte abgelesen werden.

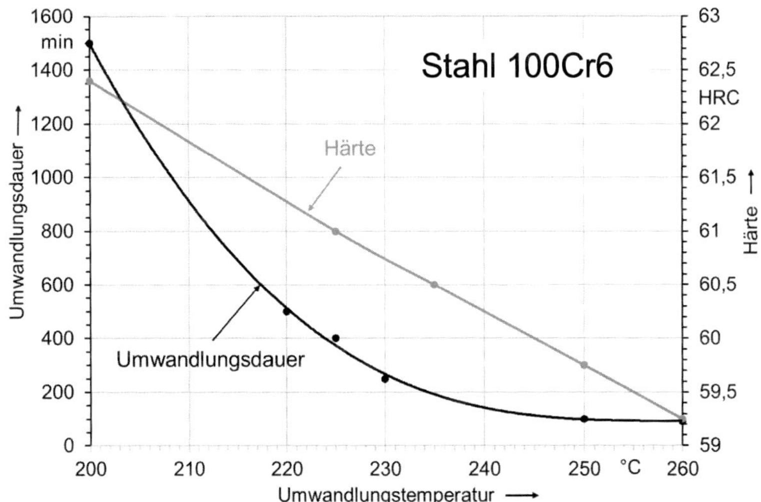

Bild 3.13: Zusammenhang zwischen der Umwandlungstemperatur, der Umwandlungsdauer und der erreichbaren Härte /Hof/

Als Beispiel für das isothermische Bainitisieren von Einsatz- und Vergütungsstählen ist in Bild 3.14 das ZTU-Schaubild für isothermisches Umwandeln des Stahls 16MnCr5 und in Bild 3.15 für den Stahl 50CrV4 wiedergegeben. Aus diesen ist zu entnehmen, dass die Umwandlung wesentlich rascher abläuft als bei den Wälzlagerstählen, jedoch eine deutlich höhere Temperatur erfordert und die Härte aufgrund des geringeren Kohlenstoffgehalts relativ niedrig ist.

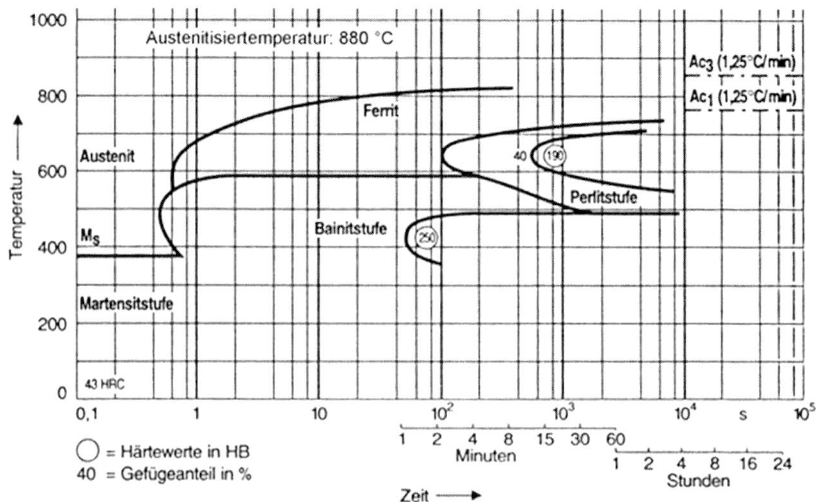

Bild 3.14: ZTU-Schaubild für isothermisches Umwandlung des Stahls 16MnCr5

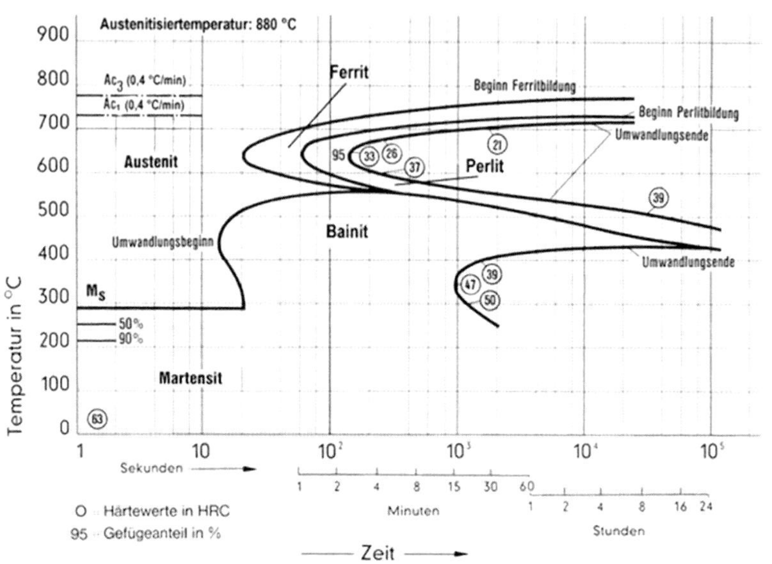

Bild 3.15: ZTU-Schaubild für isothermische Umwandlung des Stahls 50CrV4/Saa/

Auch Gusseisen eignet sich für ein isothermisches Bainitisieren. Im Unterschied zu einem martensitischen Härten bewirkt das deutlich mildere Abkühlen ein viel geringeres Rissrisiko. Bild 3.16 zeigt das Gefüge von Gusseisen mit Kugelgraphit.

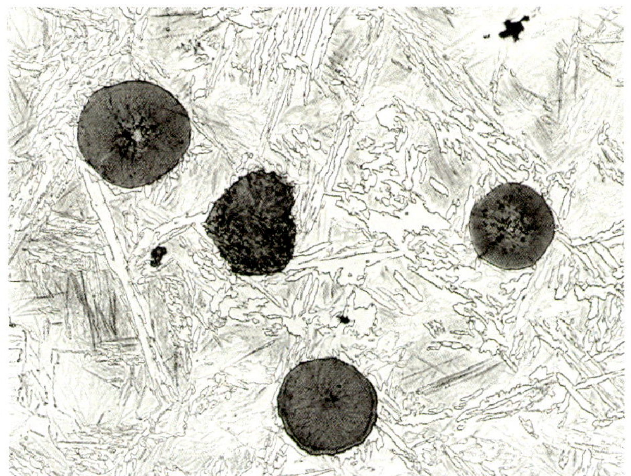

Bild 3.16: Gusseisen mit Kugelgraphit: isothermisch bainitisiert

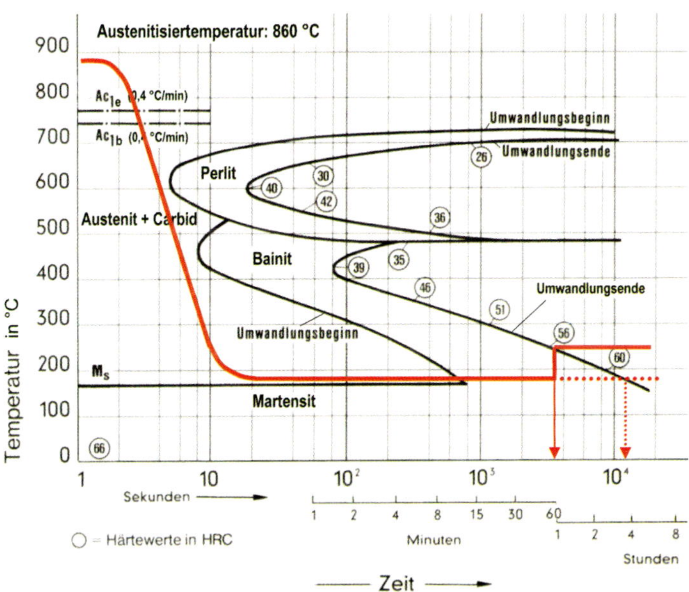

Bild 3.17: Möglicher Verfahrensablauf zum Verkürzen der Umwandlungsdauer

Untersuchungen in jüngster Zeit haben gezeigt, dass z. B. durch ein zweistufiges Umwandeln mit einer gegenüber der ersten Stufe höheren Temperatur in der letzten

Stufe die Dauer ohne Nachteile für die Eigenschaften deutlich verkürzt werden kann, vgl. die Tabelle 3.1 und Bild 3.17.

Tabelle 3.1: Umwandlungsdauer für zweistufiges isothermisches Umwandeln von Wälzlagerstahl /Hof/

Stahlsorte	Temperatur in °C	Dauer in Stunden	Härte in HRC
100Cr6	225	7,5	60,1
100Cr6	210 250	2 1	60,0
100CrMo7-3	210	33	60,1
100CrMo7-3	210 250	9 1	59,9

3.3 Eigenschaften bainitischer Zustände

Das mechanische Verhalten bainitischer Zustände entspricht mindestens dem Eigenschaftsprofil martensitisch gehärteter und angelassener Zustände. Der bainitische Zustand hat, wie auch der martensitische, eine höhere Härte als im perlitischen oder ferritisch-perlitischen Ausgangszustand. Allerdings werden nicht ganz die Werte erreicht, die durch eine martensitische Härtung möglich sind. Sie nähern sich diesen jedoch umso mehr, je näher bei einer isothermischen Umwandlung die Umwandlungstemperatur der Martensit-Starttemperatur M_s ist.

Je nach Umwandlungstemperatur und -dauer ergeben sich insbesondere beim isothermischen Umwandeln geringere Restaustenitgehalte als beim martensitischen Härten, woraus eine größere Maßstabilität resultiert, ohne dass tiefgekühlt werden muss.

Im Vergleich zu einem gehärteten und angelassenen Zustand gleicher Härte ist die Dehngrenze bainitischer Gefüge höher und die Zähigkeit größer – und zwar bei niedriger Formänderungsgeschwindigkeit wie z. B. bei statischer Biegung als auch bei hoher Formänderungsgeschwindigkeit wie z. B. im Kerbschlagbiegeversuch. Dies begünstigt die Anwendung speziell bei hoch beanspruchten Bauteilen mit komplizierter Geometrie. Optimale Werte ergeben sich jedoch erst, wenn das Gefüge vollständig aus homogenem Bainit besteht, d. h. nach einem isothermischen Umwandeln.

Als besonders vorteilhaft erweist es sich, dass zum Erzielen hoher Zähigkeit nicht, wie nach dem Härten, angelassen werden muss. Es sei denn, die Härte bainitisierter Teile muss aus anderen Gründen nachträglich verringert werden. Dann muss oberhalb der Umwandlungstemperatur angelassen werden.

Auf Grund des im Vergleich zum Härten anderen Umwandlungsmechanismus und der geringeren Verzerrung des Ferritgitters sind auch geringere Maß- und Formänderungen zu erwarten. Beim isothermischen Umwandeln sind außerdem die Temperaturunterschiede zwischen Rand und Kern eines Werkstücks gering, was sich günstig auf das Formänderungsverhalten auswirkt und einen anderen Eigenspannungszustand erzeugt: Im Normalfall liegen nach dem Bainitisieren am Rand Druck- und im Kernbereich Zugeigenspannungen vor.

Bauteilen mit bainitischem Gefüge mit vergleichsweise derselben Härte wie solche mit martensitischem Gefüge wird außerdem ein günstigeres Verschleiß- und Schwingfestigkeitsverhalten nachgesagt.

Nachteilig erweist sich prinzipiell gegenüber dem Härten die für ein isothermisches Umwandeln erforderliche längere Prozessdauer, so dass die zu behandelnden Teile länger außerhalb der mechanischen Bearbeitung verbringen als beim Härten und Anlassen. Da für das Bainitisieren Salzschmelzen zum Abschrecken unerlässlich sind, um die erforderliche Abschreckgeschwindigkeit und die Haltetemperatur mit möglichst geringster Streubreite zu erreichen, ist ein größerer Aufwand für die Anlagentechnik erforderlich. Hinzu kommt notwendigerweise außerdem eine Waschanlage zum Reinigen der mit Salzrückständen behafteten Teile.

Nachträgliches Reduzieren der Härte ist durch Anlassen oberhalb der Temperatur, bei der das isothermische Bainitisieren erfolgt ist, möglich.

3.4 Literatur

Eck69	Eckstein, H.-J.	Wärmebehandlung von Stahl – Metallkundliche Grundlagen Deutscher Verlag für Grundstoffindustrie, Leipzig 1969
Hof	Hoffmann, F.	Unveröffentlichte Mitteilung aus dem IWT, Bremen
Lun99	Lund, T.B.; Ölund, L.J.P.; Larsson, K.A.S.; Rösch, O.	Die Optimierung der Bainithärtung von Kugellagerstahl Berichtsband ATTT/AWT-Tagung „Bainitische und martensitische Umwandlungen, Belfort 1999
Saa	Saarstahl-Arbed-Gruppe	Werkskatalog
War76	Warlimont, H.	Die Umwandlungen in der Bainitstufe, in „Grundlagen der Wärmebehandlung von Stahl“, Verlag Stahleisen, 1976

4 Härtbarkeit – Die Eignung der Eisenwerkstoffe zum Härten

DieterLiedtke

4.1 Begriffsbestimmung

Die Härtbarkeit ist eine spezifische Eigenschaft von Stählen und Grauguss. Sie kennzeichnet die Eignung der Eisenwerkstoffe zum Härten, d. h. ihrer Fähigkeit, nach einem Austenitisieren durch Abkühlen unter definierten Bedingungen – siehe Kapitel 1 und Kapitel 2 – in das Härtungsgefüge Martensit umzuwandeln und dabei hohe Härtewerte anzunehmen. Dabei wird zwischen der *Aufhärtbarkeit* und der *Einhärtbarkeit* unterschieden.

Die *Aufhärtbarkeit* ist die unter optimalen Bedingungen erreichbare *maximale Härte*. Sie wird bestimmt durch die Menge Kohlenstoff, die beim Austenitisieren in den Austenit in Lösung – vgl. Kapitel 1 und 2 – gebracht worden ist und den Anteil des Martensits im Gefüge nach einem Härten. Für untereutektoide unlegierte und legierte Stähle wurde der in Bild 4.1 dargestellte Zusammenhang ermittelt.

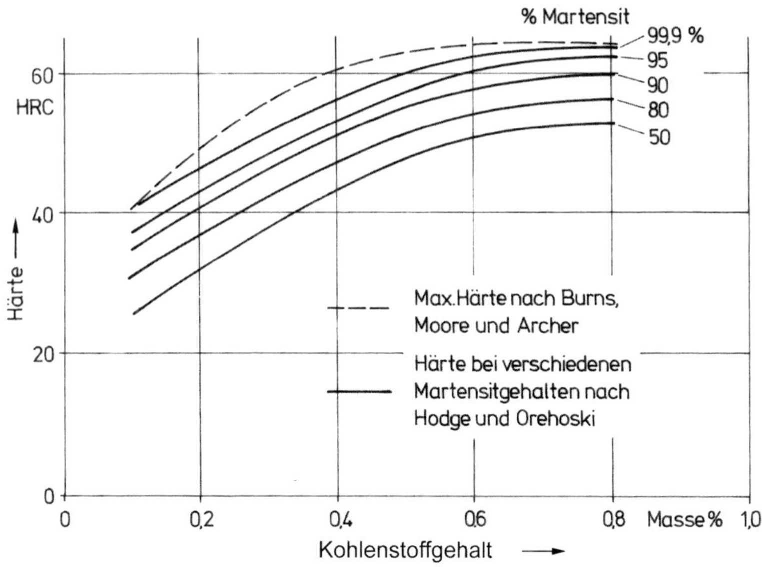

Bild 4.1: Zusammenhang zwischen dem Kohlenstoffgehalt und der durch Härten In Abhängigkeit vom Martensitanteil erreichbaren maximalen Härte

Die durchgehenden Linien entsprechen jeweils den Mittelwertskurven von Streubereichen für 50, 80, 90, 95, bzw. ca. 100 Volumen-% Martensit im Gefüge. Sie gelten prinzipiell für legierte Stähle ebenso wie für unlegierte. Aus der Darstellung ist abzulesen, dass sich die höchsten Härtewerte ergeben, wenn das Gefüge nahezu vollständig aus Martensit – Linie für 99,9 % Martensit – besteht /Hod46/, /Bur38/. Oberhalb von etwa 0,60 Massenanteilen Kohlenstoff in % ergibt sich keine weitere Härtesteigerung mehr, da zunehmend Restaustenit auftritt und der Martensitanteil abnimmt, vgl. Kapitel 2.3.2.

Im Bereich zwischen etwa 0,1 Masse-% und 0,6 Masse-% Kohlenstoff verlaufen die Linien annähernd linear, so dass daraus die nachstehende Formel abgeleitet werden kann /Sch63/:

$$\text{Maximale Härte} = K + \frac{\text{Kohlenstoffgehalt (Masse-\%)} \cdot 100}{2} \pm 2 \ \text{HRC} \quad (1)$$

Je nach dem im Härtungsgefüge vorliegenden Martensitanteil sind für K die in Tabelle 4.1 angegebenen Werte einzusetzen.

Tabelle 4.1: Werte für K zum Berechnen der maximalen Härte

Martensitanteil in Vol-%	K
100	**35**
95	31
80	30
50	23

Im Unterschied dazu wurde von Just /Jus68/ für voll martensitische Gefüge die folgende Formel angegeben:

$$\text{Maximale Härte} = 20 + 60 \cdot \sqrt[2]{\text{Kohlenstoffgehalt (Masse}-\%)} \ \text{HRC} \quad (2)$$

Auch diese Formel gilt sowohl für unlegierte als auch für legierte Stähle und für Kohlenstoffgehalte zwischen ca. 0,1 Masse-% und 0,6 Masse-%. Die nach dieser Formel berechnete Höchsthärte liegt etwa 2 HRC bis 3 HRC höher als mit der Formel von Schmidt.

Wird der Mittelwert der beiden Kurven von Hodge/Orehoski und Burns/Moore/Archer für 99,9 Volumen-% Martensit herangezogen, siehe Bild 4.2, ergibt sich die nachstehende Schätzfunktion:

$$\text{Maximale Härte} = 31{,}05 + 97{,}68 \cdot (\%C) - 72{,}57 \cdot (\%C)^2 \ \text{HRC} \quad (3)$$

Im Bild 4.2 sind die verschiedenen Formeln zum Vergleich gegenübergestellt.

Die Formeln (1) und (2) lassen sich so umstellen, dass für die Stahlauswahl der Kohlenstoffgehalt berechnet werden kann, der mindestens erforderlich ist, um eine vorgegebene Rockwellhärte – bei einem voll martensitischen Gefüge – zu erreichen:

$$\text{Mindestkohlenstoffgehalt} = 2 \cdot \left(\frac{\text{Härte}_{\text{gefordert}}(\text{HRC}) - 35}{100} \right) \pm 0{,}04 \ \text{Masse}-\% \quad (1a)$$

$$\text{bzw. Mindestkohlenstoffgehalt} = \left(\frac{\text{Härte}_{\text{gefordert}}(\text{HRC}) - 20}{60} \right)^2 \ \text{Masse}-\% \quad (2a)$$

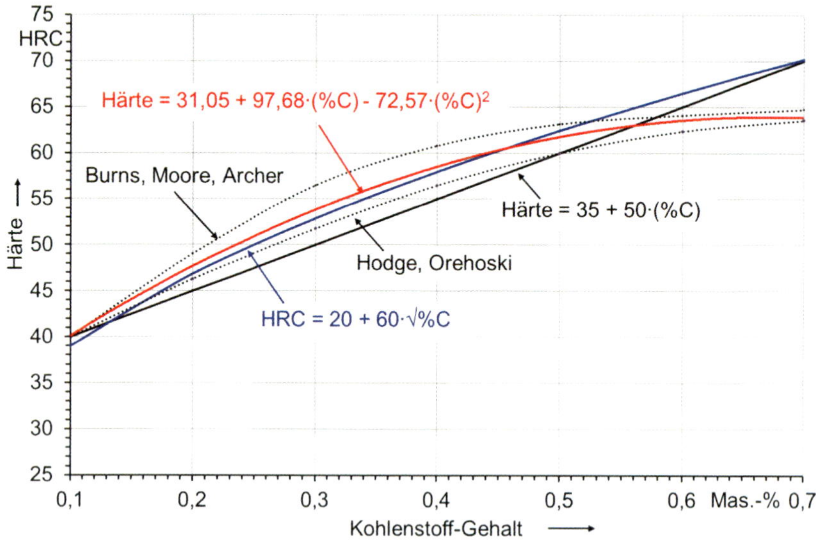

Bild 4.2: Aufhärtbarkeit als Funktion des Kohlenstoffgehalts

Mit Hilfe der oben angegebenen Formeln lässt sich rasch kontrollieren, welchen Kohlenstoffgehalt der Stahl aufweisen muss, der für ein vorgegebenes Bauteil für eine vorgegebene Härte verwendet werden kann. In Tabelle 4.2 ist dies am Beispiel einiger Stähle dargestellt. Dabei ist zu beachten, dass die Berechnung allein mit dem mittleren Kohlenstoffgehalt der Stähle nicht ausreicht. Es ist notwendig, die in den technischen Lieferbedingungen festgelegten Grenzwerte der zulässigen Streubreite der Legierungselemente, also auch des Kohlenstoffgehalts, zu berücksichtigen. Dabei ist darauf zu achten, dass die Grenzwerte entsprechend der Stückanalyse korrigiert werden.

Tabelle 4.2: Beispiele für die Berechnung der Aufhärtbarkeit nach Formel (1)

Stahl	Mittlerer C-Gehalt Masse-%	Höchsthärte HRC	Streubreite C-Gehalt Masse-%	Höchstwerte HRC
C15E/R	0,15	42,5	0,10 bis 0,20	38 bis 47
C22E/R	0,22	46	0,15 bis 0,26	41 bis 53
30CrNiMo8	0,30	50	0,24 bis 0,36	45 bis 55
C35E/R	0,35	52,5	0,30 bis 0,41	48 bis 57
37Cr4	0,37	53,5	0,32 bis 0,39	49 bis 56
C45E/R	0,45	57,5	0,40 bis 0,52	53 bis 63
50CrMo4	0,50	60	0,45 bis 0,57	55 bis 66
C60E/R	0,60	65	0,54 bis 0,68	60 bis 66
C85	0,85	65	0,77 bis 0,93	60 bis 65

Im Unterschied zu der durch den Kohlenstoffgehalt vorgegebenen Aufhärtbarkeit bestimmt die *Einhärtbarkeit*, welche Härte im Inneren eines Werkstückes erreicht werden kann, d. h. welchen Verlauf die Härte über den Querschnitt nimmt. Dies erklärt sich aus dem Umwandlungsverhalten des Stahls. Wenn beim Abschrecken von Härtetemperatur die kritische Abkühlgeschwindigkeit für die Martensitbildung nicht erreicht wird, entstehen neben Martensit auch die Gefügearten Bainit, Perlit oder Ferrit, die weniger hart sind. Da die Abkühlwirkung mit zunehmendem Abstand von der Werkstückoberfläche abnimmt, ist dementsprechend mit abnehmendem Martensitanteil und zunehmenden Anteilen Bainit, Perlit und Ferrit zu rechnen. Das führt zu Härteprofilen, wie in Bild 4.3 zu sehen ist. Am Beispiel von Rundproben aus dem Vergütungsstahl 42CrMo4 mit einem Durchmesser von 20 mm, 40 mm und 80 mm sind die Härteprofile nach einem Härten mit Abschrecken in Wasser bzw. in Öl dargestellt.

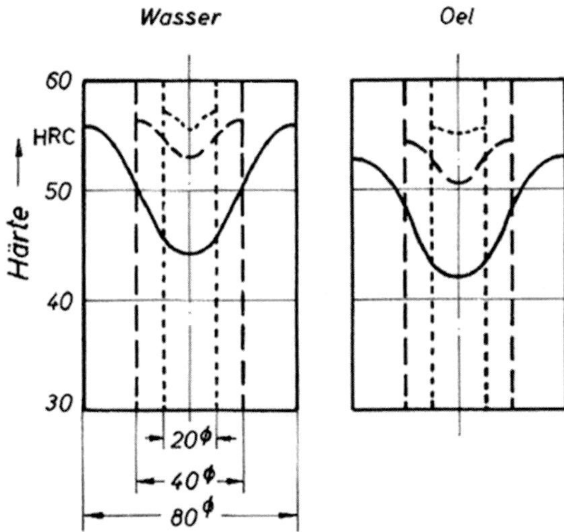

Bild 4.3: Härteprofil von zylindrischen Proben mit 20, 40 und 80 mm Durchmesser aus dem Vergütungsstahl 42CrMo4 nach Härten mit Abschrecken in Wasser bzw. in Öl

Aus Bild 4.3 ist zu entnehmen, dass mit zunehmendem Durchmesser, sowohl beim Abschrecken im Wasser wie auch im Öl, die Differenz zwischen Rand- und Kernhärte größer wird. Die Kernhärte nimmt in beiden Fällen deutlich ab. Auch die Oberflächenhärte wird bei steigendem Durchmesser geringer, was nach dem Abschrecken im Öl, rechts im Bild, deutlich zu sehen ist.

Beim Vergleich unterschiedlich legierter Stähle wie im Bild 4.4, zeigt sich deutlich der Einfluss der Legierungselemente Molybdän und Chrom. Diese sind für das Umwandlungsverhalten verantwortlich, denn sie verschieben den Beginn der Umwandlung des Austenits in Bainit, Perlit und Ferrit, wie aus den der ZTU-Schaubildern hervorgeht, zu längeren Zeiten. Sie machen den Stahl also umwandlungsträger, siehe Kapitel 1. Um die Einhärtbarkeit gezielt zu erhöhen, werden bei der Stahlherstellung üblicherweise hauptsächlich die Legierungselemente Molybdän, Chrom, Mangan und Bor benutzt. Weitere Elemente wie z. B. Silizium oder Nickel erhöhen ebenfalls die Härtbarkeit, sie werden aber legierungstechnisch für andere Stahleigenschaften verwendet.

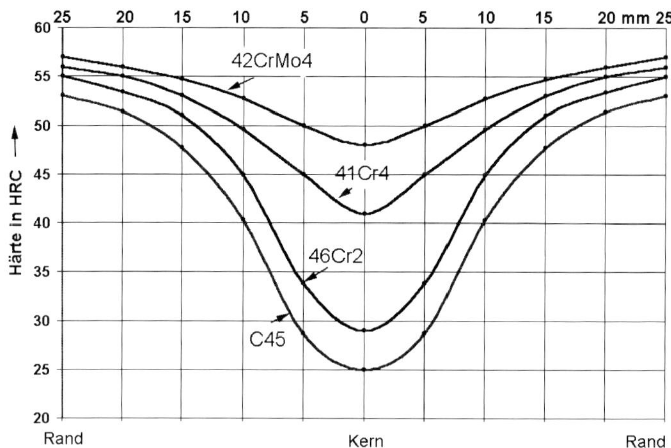

Bild 4.4: Härteprofile von Rundproben, Durchmesser = 50 mm, aus Vergütungsstählen mit ähnlichem C-Gehalt, abgeschreckt in Wasser

Die Wirkung der Legierungselemente nimmt in der Reihenfolge Molybdän, Chrom, Mangan ab. In Bild 4.4 sind beispielsweise die Härteprofile von Rundproben mit 50 mm Durchmesser aus verschiedenen Vergütungsstählen, die zum Härten in Wasser abgeschreckt wurden, zum Vergleich gegenübergestellt. Daraus wird deutlich, wie der zunehmende Legierungsgehalt die Kernhärte und damit auch die Kernfestigkeit erhöhen. Umgekehrt nimmt die Kernhärte ab und die Differenz zwischen Rand- und Kernhärte wird größer. Zu beachten ist jedoch, dass für die Bauteilfestigkeit die Härte am Rand *und* im Kern, d. h. also das Härteprofil, maßgebend sind.

Ein weiteres Beispiel hierzu liefern die Tabellen 4.3 und 4.4. In Tabelle 4.3 ist das Verhalten von Rundstababschnitten mit 25 mm Durchmesser zweier Vergütungsstähle zu sehen, die zum Härten in unterschiedlichen Abschreckmitteln abgekühlt wurden. Aus Tabelle 4.4 ist der Einfluss des Durchmessers auf die Oberflächen- und Kernhärte von Rundproben mit einem Durchmesser von 10 bis 100 mm, die zum Härten in Wasser abgeschreckt wurden.

Tabelle 4.3: Einfluss der Abschreckwirkung auf die Oberflächenhärte

Stahl	Oberflächenhärte in HRC			
	Wasser	Öl	Warmbad	Luft
C45E	~ 57	~ 35	~ 30	~ 25
51CrV4	~ 60	~ 60	~ 59	~ 31

Tabelle 4.4: Einfluss der Abmessung auf Einhärtung am Beispiel von Rundproben aus dem Stahl C45, zum Härten abgeschreckt in Wasser

Mess-Stelle	Härte in HRC für Durchmesser:			
	10 mm	25 mm	50 mm	100 mm
Oberfläche	57	54	52	44
Kern	54	31	~ 30	< 30

Auch die Austenitkorngröße beeinflusst die Härtbarkeit, allerdings weniger als die Legierungselemente. Das Vorhandensein größerer Körner bedeutet nämlich das Vorhandensein von weniger Keimen für das Umwandeln des Austenits in Martensit. Dadurch wird der Stahl umwandlungsträger und weist eine größere Einhärtbarkeit auf.

4.2 Ermitteln der Härtbarkeit

Um die Härtbarkeit zu beurteilen, wird üblicherweise der in DIN EN ISO 642 genormte Stirnabschreckversuch benützt /DIN00/. Dabei werden zylindrische Proben des zu untersuchenden Stahls mit einem Durchmesser von 25 mm und 100 mm Länge austenitisiert und senkrecht in einer Vorrichtung hängend, mit einem Wasserstrahl definierter Größe und Stärke, der auf die untere Stirnfläche auftritt, abgeschreckt, vgl. Bild 4.5. Dadurch wird der Probe die Wärme nahezu ausschließlich in axialer Richtung entzogen und es stellt sich in Achsrichtung ein dementsprechender Verlauf der Abkühlgeschwindigkeit mit dem daraus resultierenden Umwandlungsverlauf ein.

Nachdem die Probe auf Raumtemperatur abgekühlt ist, wird sie axial auf der Mantelfläche wenige Zehntel mm angeschliffen und auf der so entstandenen ebenen Fläche in vorgegebenen Abständen von der abgeschreckten Stirnfläche die Härte – im Regelfall nach dem Rockwellverfahren Skala C – geprüft. Die graphische Darstellung der Härte ergibt eine Härteverlaufskurve, die Stirnabschreckkurve, siehe Bild 4.6.

Bild 4.5: Stirnabschreckversuch nach DIN EN ISO 642

Der Kurvenverlauf kennzeichnet die Härtbarkeit. Die Härte in der Nähe der abgeschreckten Stirnfläche gibt die vom Kohlenstoffgehalt abhängige Aufhärtbarkeit wieder und der anschließende Verlauf ist charakteristisch für die Einhärtbarkeit. Je rascher die Härte mit zunehmendem Abstand von der abgeschreckten Stirnfläche abnimmt, umso geringer ist die Einhärtbarkeit und umgekehrt.

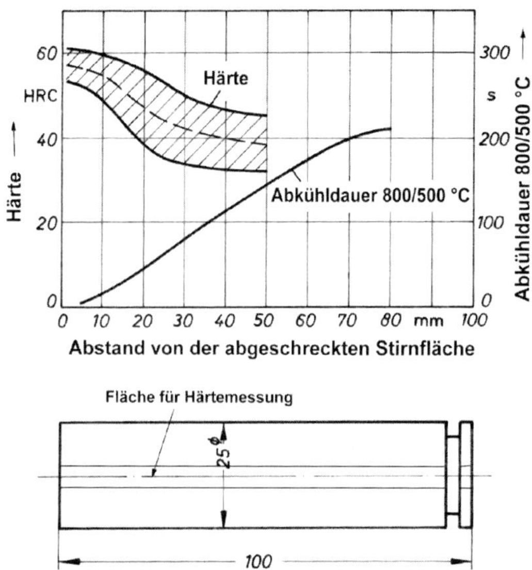

Bild 4.6: Stirnabschreckprobe und zugehöriger Verlauf der Abkühldauer sowie Härtbarkeits-Streuband

Wird der Stirnabschreckversuch mit Proben aus mehreren Schmelzen einer Stahlsorte durchgeführt, ergibt sich eine Schar von Stirnabschreck-Kurven, die zu einem *Härtbarkeits-Streuband* zusammengefasst werden können, wie in Bild 4.7 am Beispiel des Stahls 34CrMo4 zu sehen ist.

In den Gütenormen der härtbaren Stähle, DIN EN 10083-1 (Vergütungsstähle), DIN EN 10084-1 (Einsatzstähle), DIN EN 10085 (Nitrierstähle), sind die Härtbarkeits-Streubänder als Qualitätsmerkmale festgelegt, worauf bei der Lieferung Bezug genommen werden kann. Dabei kann mit dem Lieferer eine Einengung des Streubandes entweder auf zwei Drittel des oberen oder des unteren Bereichs vereinbart werden. Wird der Stahlbezeichnung bei der Bestellung der Buchstabe „H“ angehängt, wird der Stahl mit einer Härtbarkeit geliefert, die dadurch gekennzeichnet ist, dass die Stirnabschreckkurve innerhalb des gesamten Streubandes nach DIN liegt. Mit „LH“ – low hardenability – wird das obere Drittel des Streubandes abgeschnitten und mit „HH“ – high hardenability das untere Drittel.

Bei unlegierten Stählen, deren Härtbarkeit besonders gering ist, bzw. bei Werkzeugstählen, deren Härtbarkeit teilweise sehr hoch ist, lässt sich allerdings der Stirnabschreckversuch zur Beurteilung der Härtbarkeit nicht mehr heranziehen.

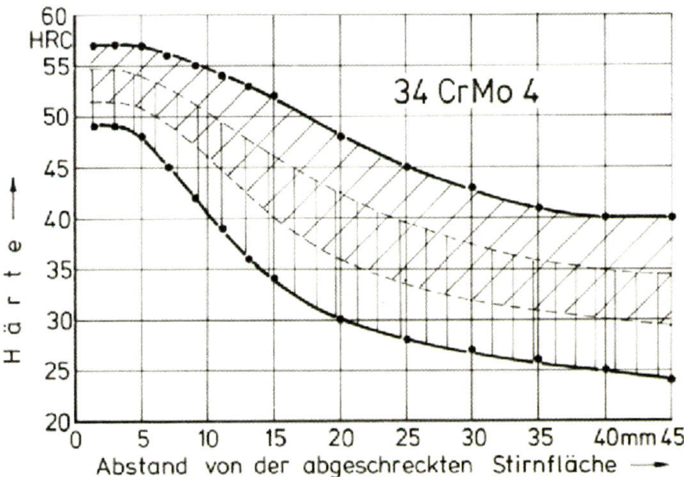

Bild 4.7: Härtbarkeits-Streuband des Vergütungsstahls 34CrMo4 nach DIN EN 10083

In den Bildern 4.8 und 4.9 sind die Mittelwertskurven der Härtbarkeits-Streubänder nach DIN EN 10083-1 dargestellt. Bild 4.8 verdeutlicht den Einfluss des Kohlenstoffs: Die mittleren Stirnabschreckkurven der Cr-Mo-Stähle sind quasi parallel zueinander verschoben; die Anfangspunkte spiegeln die Aufhärtbarkeit wider. Bild 4.9 zeigt den Einfluss der Legierungselemente auf die Härtbarkeit am Beispiel von Vergütungsstählen mit etwa dem gleichen Kohlenstoffgehalt.

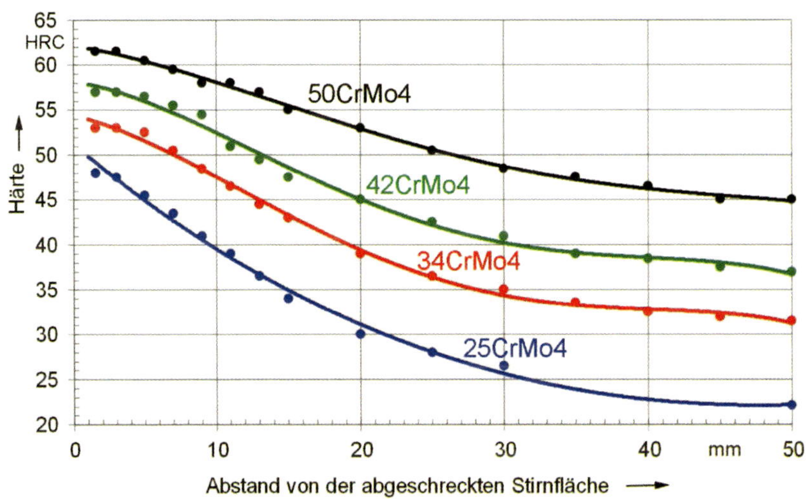

Bild 4.8: Mittlere Härtbarkeitskurven CrMo-legierter Vergütungsstähle mit unterschiedlichem Kohlenstoffgehalt (DIN EN 10083-1)

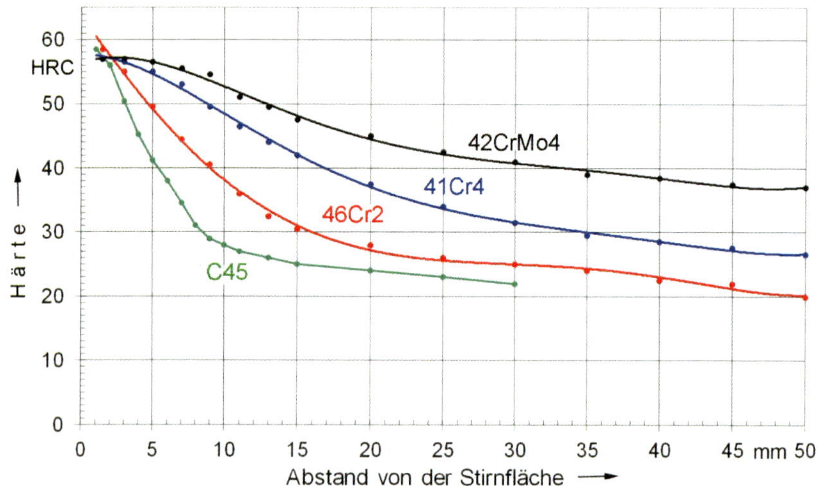

Bild 4.9: Mittlere Härtbarkeitskurven für Stähle mit einem C-Gehalt von ca. 0,4 Masse-% nach DIN EN 10083-1

In der Praxis sind die Stahlhersteller inzwischen dazu übergegangen, die Stirnabschreckkurven aus der Stahlzusammensetzung zu berechnen. Für verschiedene Stahlgruppen wurden vom VDEh-Werkstoffausschuss Formelsätze erstellt /SEP/. In Bild 4.10 ist als Beispiel der Formelsatz für MoCr-legierte Stähle wiedergegeben.

Stirnabstand mm	Massenanteile in %									
	C	Si	Mn	P	Cr	Mo	Ni	Al	Cu	Konstante
1,5	58,17	0	0	0	0	0	0	0	0	33,71
3	58,85	0	0	0	0	0	3,00	23,35	0	31,25
5	62,82	0	0	0	5,28	0	0	29,95	0	23,89
7	79,12	0	0	0	8,40	11,27	0	59,91	0	10,50
9	94,59	6,64	0	0	10,88	24,86	0	81,55	0	-4,17
11	106,21	10,65	0	0	13,13	34,75	0	92,87	5,29	-16,60
13	114,77	10,64	9,58	0	15,53	34,95	0	101,22	7,36	-31,66
15	118,26	10,03	13,37	0	17,01	35,77	0	109,66	8,84	-39,45
20	113,70	7,94	17,38	87,67	19,05	35,99	0	110,85	8,33	-47,19
25	105,78	0	19,27	100,87	20,53	32,95	0	104,29	7,87	-47,18
30	97,00	0	18,89	93,66	20,78	28,03	0	87,54	7,51	-44,18
35	90,00	7,25	16,78	110,92	20,53	24,72	0	78,93	8,15	-42,37
40	83,92	0	14,44	102,58	20,96	23,86	0	80,13	7,10	-37,78
Gültigkeitsbereich	**0,160-0,457**	**0,100-0,350**	**0,058-0,092**	**0,005-0,028**	**0,809-1,222**	**0,120-0,284**	**0,050-0,340**	**0,006-0,052**	**0,050-0,490**	**S: 0,003-0.059 N: 0,005-0,028**

Bild 4.10: Formelsatz zum Berechnen der Stirnabschreckkurven CrMo-legierter Stähle nach VDEh-SEP 1664.

4.3 Anwendung der Härtbarkeit bei der Stahlauswahl

Die von Bauteilen und Werkzeugen zu erwartenden Funktionseigenschaften werden maßgeblich von der Härte bestimmt. Damit die dafür erforderliche Härte durch ein Härten auch mit Sicherheit erreicht wird, ist es notwendig, den zu verwendenden Stahl wärmebehandlungsgerecht, d. h. nach seiner Härtbarkeit auszuwählen, vgl. /Lie71/.

Steht dabei die Aufhärtbarkeit im Vordergrund, genügt es meist, entsprechend den in Abschnitt 4.1 angegebenen Formeln (1a) oder (2a), für eine vorgegebene Härte den erforderlichen Kohlenstoff-Mindestgehalt zu berechnen.

Meist ist es jedoch notwendig, für ein gegebenes Bauteil sicherzustellen, dass neben der Oberflächenhärte auch die geforderte Kernhärte bzw. ein bestimmtes Härteprofil erreicht wird. Hierzu ist eine unterschiedliche Vorgehensweise möglich.

4.3.1 Stahlauswahl mittels der ZTU-Schaubilder

Ist für ein gegebenes Werkstück für den Rand und den Kern der Abkühlungsverlauf beim Härten bekannt, lässt sich an Hand der ZTU-Schaubilder verschiedener Stähle prüfen, ob die geforderte Härte erreichbar ist. Dazu werden die Abkühlungskurven in zweckentsprechender Formatierung auf durchsichtiges Papier gezeichnet und mit den Abkühlkurven in den ZTU-Schaubildern, z. B. im Atlas zur Wärmebehandlung der Stähle /Ros61/, oder in den Unterlagen/Katalogen der Stahlhersteller verglichen, vgl. Kapitel 2, Bild 2.17.

Das Ergebnis ist allerdings nur annähernd genau, da die ZTU-Schaubilder in Wirklichkeit an Proben aus lediglich einer Stahlschmelze ermittelt worden sind. Mögliche Abweichungen aufgrund der zulässigen Streubreite der Stahlzusammensetzung sind nicht berücksichtigt.

Für die Fälle, in denen keine Abkühlkurven vorliegen, bieten die Darstellungen in den Bildern 4.11 und 4.12 /Pet67/ eine Hilfe. Dort sind für das Abkühlen von Rundstäben mit einem Durchmesser bis 200 mm in Wasser, Bild 4.11 und in Öl, Bild 4.12, die Abkühlparameter λ für den Temperaturbereich 800 °C bis 500 °C dargestellt. Mit diesen kann der Vergleich mit den entsprechenden Abkühlparametern in den ZTU-Schaubildern für kontinuierliches Abkühlen vorgenommen werden.

Das Umrechnen der λ-Werte in die Abkühldauer zwischen 800 °C und 500 °C erfolgt wie in nachstehender Formel angegeben:

$$t_{800°C} - t_{500°C} = \lambda \cdot 100 \quad (s)$$

In den ZTU-Schaubildern sind die λ-Werte meist auf der 500 °C-Temperaturlinie zu finden.

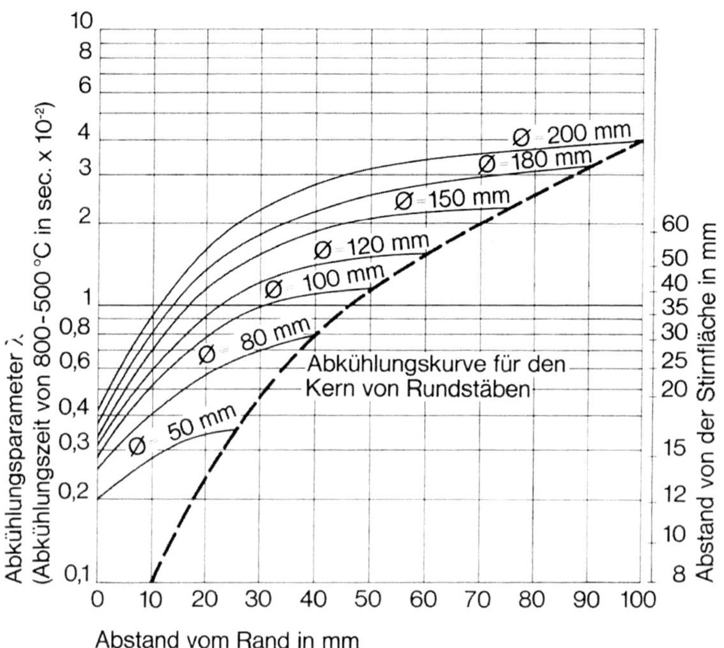

Bild 4.11: Abkühlparameter für das Abkühlen von Rundstäben in Öl /Pet67/

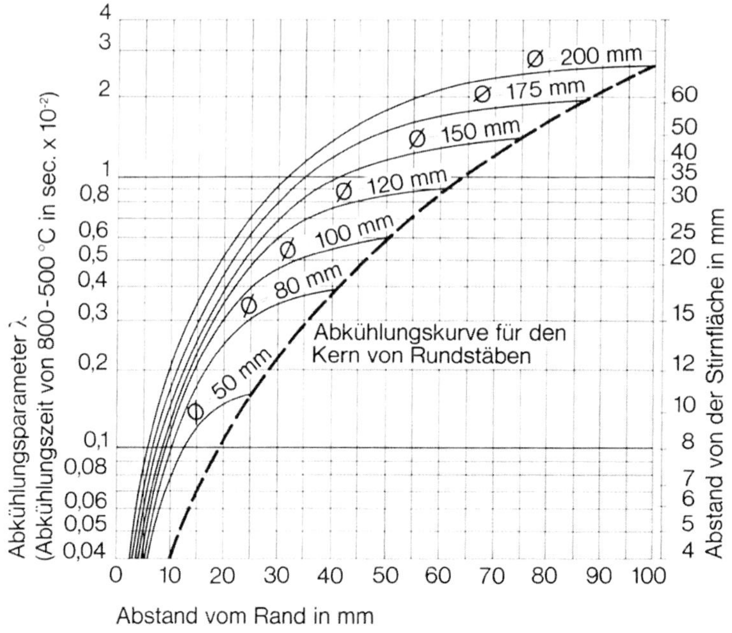

Bild 4.12: Abkühlparameter für das Abkühlen von Rundstäben in Wasser /Pet67/

4.3.2 Stahlauswahl mit Hilfe der Stirnabschreckkurven

Die Stirnabschreckprobe wird stets unter denselben festgelegten Bedingungen mit Wasser abgeschreckt. Dies ist wichtig, damit sowohl die Stahlhersteller und -lieferer als auch die verschiedenen Verbraucher sich auf dieselbe Vergleichsbasis beziehen können. Die auf diese Art ermittelte Stirnabschreckkurve ist prinzipiell den Härteverlaufskurven gehärteter Bauteile ähnlich. Dementsprechend liegt es nahe, über den Vergleich dieser Kurven die erforderlichen Daten für die Stahlauswahl zu ermitteln.

Unter Berücksichtigung der Tatsache, dass der Härteverlauf in einem Werkstück genauso wie an der Stirnabschreckprobe durch den Verlauf des Abkühlens/Abschreckens bestimmt wird, kann die Stirnabschreckprobe mit dem Werkstück verglichen werden. Ist nämlich der Abkühlverlauf an irgendeiner Stelle der Stirnabschreckprobe identisch zum Abkühlverlauf an irgendeiner Stelle eines Bauteils, so muss dies – sofern es sich in beiden Fällen um denselben Stahl und denselben Austenitisierungszustand handelt – zu identischen Härtewerten führen. Dabei spielt es keine Rolle, mit welchem Abschreckmittel die Abkühlung des Bauteils vorgenommen wurde.

Dadurch können die Orte gleicher Härte einander zugeordnet werden, wie es in den Bildern 4.13 und 4.14 für in Wasser bzw. in Öl abgeschreckte Rundstäbe dargestellt ist.

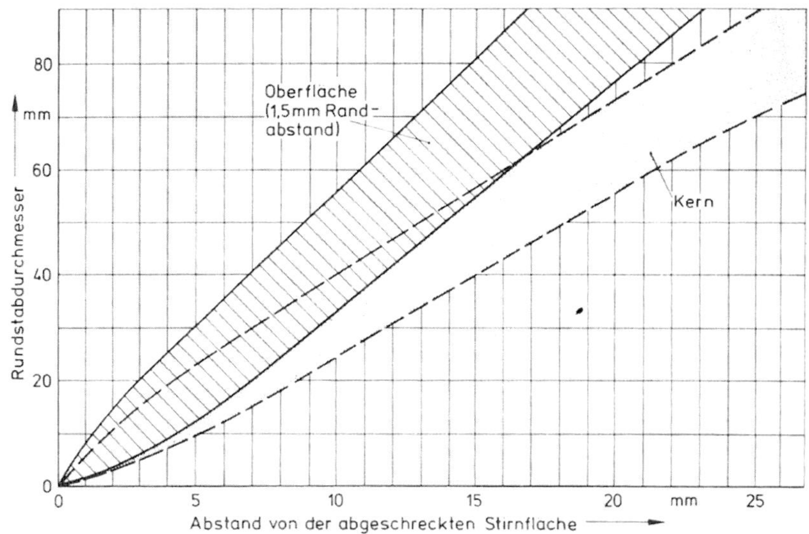

Bild 4.13: Zusammenhang zwischen dem Durchmesser von Rundstäben beim Härten durch Abschrecken in Öl und der Stirnabschreckprobe /DIN/

In diesen Bildern sind die Orte gleicher mittlerer Abkühlgeschwindigkeit im Temperaturbereich zwischen 800 °C und 500 °C an den verschiedenen Stellen der Stirnabschreckprobe, nämlich dem Abstand vom Abschreckende, dem Rand – die schraffierten Streubänder in den Bildern 4.12 und 4.13 – bzw. dem Kern von Rundstäben – das sind die dunkel angelegte Streubänder – mit unterschiedlichem Durchmesser gegenübergestellt. Daraus ist zu entnehmen, dass z. B. beim Abschrecken von

Rundstäben mit einem Durchmesser von 40 mm in Wasser im Kern dieselbe Abkühlgeschwindigkeit vorliegt, wie an der Stirnabschreckprobe in einem Abstand von 10 mm von der abgeschreckten Stirnfläche, bezogen auf den Mittelwert des Streubandes. Am Rand des Rundstabs beträgt der entsprechende Abstand vom Abschreckende ca. 2,5 mm. Würde derselbe Rundstab im Öl abgeschreckt, so ergäben sich die entsprechenden Werte zu 12,5 mm für den Kern und ca. 9 mm für den Rand.

Das Beispiel macht deutlich, dass sich der jeweilige Abstand vom Abschreckende der Stirnabschreckprobe von dem Abstand von der Oberfläche des Rundstabs, bzw. dessen zugehöriger Radius, in dem die Abkühlgeschwindigkeiten identisch sind, zahlenmäßig voneinander unterscheidet.

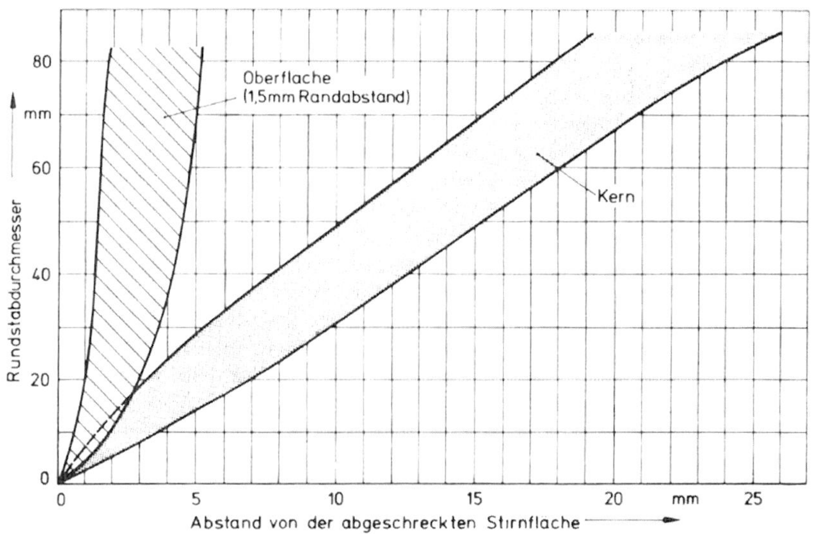

Bild 4.14: Zusammenhang zwischen dem Durchmesser von Rundstäben beim Härten durch Abschrecken in Wasser und der Stirnabschreckprobe /DIN/

Die in DIN 17021 enthaltenen Bilder 4.13 und 4.14 lassen auch wieder beim Abschrecken in Wasser die größeren Unterschiede des Abkühlverlaufs am Rand und im Kern erkennen: die beiden Streubänder sind weiter voneinander entfernt als beim Abschrecken in Öl, Folge der größeren Abschreckwirkung im Wasser.

In die beiden Darstellungen können auch für zwischen Rand und Kern liegende Stellen der Rundstäbe entsprechende Streubänder eingetragen werden, was hier der Übersichtlichkeit halber unterblieben ist. Außerdem können prinzipiell auch entsprechende Beziehungen für andere als kreisförmige Bauteilquerschnitte aufgestellt werden.

Zu beachten ist allerdings, dass die möglichen Streuungen unterschiedlicher Abschrecköle, die Wirkung einer Umwälzung des Öls oder einer Bewegung der abgeschreckten Bauteile sowie Wasser mit und ohne Zusätzen, der Einfluss der Chargenpackungsdichte oder der Bauteiloberfläche, z. B. Zunder, nicht berücksichtigt sind.

Die Vorgehensweise für eine Stahlauswahl besteht darin, zuerst die Wahl des Abschreckmittels zu treffen und festzulegen, ob nur der Rand- oder der Kernbereich oder beide Bereiche eines Bauteils betrachtet werden müssen. Danach ist, ausgehend vom gegebenen Rundstabdurchmesser, über den Streubereich für den Rand oder den Kern, oder für beide, auf der Abszisse der zugehörige Abstand von der Stirnfläche der Stirnabschreckprobe abzulesen. Aus den Härtbarkeits-Streubändern in den Gütenormen kann nun dasjenige herausgesucht werden, auf dessen unterer Grenzkurve das Wertepaar liegt. Dieser Stahl besitzt dann die erforderliche Härtbarkeit.

4.3.3 Indirekte Methode mittels Betriebsversuchen

Diese Methode ist zu bevorzugen, wenn der Einfluss der Betriebsbedingungen genauer berücksichtigt werden soll. In diesem Fall ist es erforderlich, ein Referenz-Bauteil herzustellen, für das ein vorhandener Stahl beliebiger, jedoch bekannter Härtbarkeit verwendet werden kann. Das Referenz-Bauteil wird dann unter den für die Fertigung maßgebenden Bedingungen gehärtet, wozu gegebenenfalls eine entsprechende Härtecharge mit Ballastmaterial zusammengestellt werden kann.

Nach dem Härten wird der Härteverlauf über den Querschnitt an der maßgebenden Stelle ermittelt und aufgezeichnet, wie es im linken Teil von Bild 4.15 zu sehen ist. Dort wird außerdem der geforderte Härteverlauf eingetragen, im einfachsten Fall sind dies die Kernhärte und die Oberflächenhärte, die durch eine Gerade miteinander verbunden werden.

Im gleichen Maßstab wird daneben, siehe rechter Teil des Bildes, die Stirnabschreckkurve, diese muss, falls nicht bekannt, gemessen oder berechnet werden, aufgezeichnet.

Durch horizontale Projektion der Härte des Bauteil-Härteverlaufs auf die Stirnabschreckkurve und vertikale Verlängerung der Schnittpunkte bis zur horizontalen Projektion der Sollhärte lässt sich nun die erforderliche Stirnabschreckkurve Punkt für Punkt konstruieren.

Die so erzeugte Stirnabschreckkurve kann in entsprechendem Maßstab auf Transparentpapier gezeichnet werden und durch Auflegen z. B. auf die genormten Härtbarkeitsstreubänder, kann der Stahl ermittelt werden, dessen Streuband die konstruierte Kurve, nach Möglichkeit deckungsgleich mit der unteren Grenzkurve, enthält. Mit diesem Stahl wird unter den betrieblichen Bedingungen die geforderte Härte erreicht werden können.

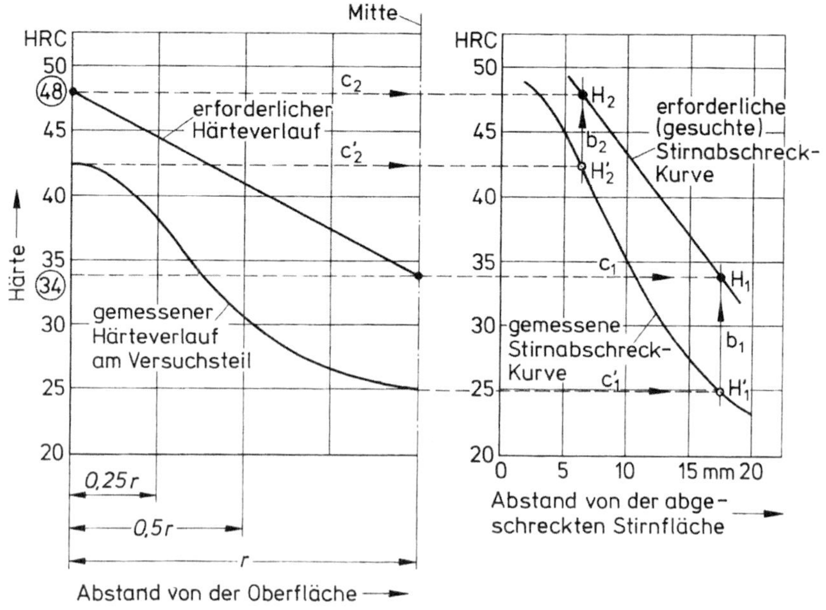

Bild 4.15: Konstruktion der erforderlichen Stirnabschreck-Kurve aus dem Ergebnis eines Betriebsversuchs /Lie71/, /DIN07/

4.4 Literatur

Bur38	Burns, J. L.; Moore, T. L.; Archer, R. S.	Quantitative Hardenability Transaction AIME (1938) S.1 – 36
DIN76	DIN 17021	Wärmebehandlung von Eisenwerkstoffen – Werkstoffauswahl – Stahlauswahl aufgrund der Härtbarkeit 1976-02
DIN00	DIN EN ISO	DIN EN ISO 642:2000-01 Stahl – Stirnabschreckversuch (Jominy-Versuch)
DIN07	DIN	Taschenbuch Nr. 218: Werkstofftechnologie 1 – Wärmebehandlungstechnik Beuth-Verlag, 5. Auflage 2007
Hod46	Hodge, J.M.; Orehoski, M. A.	Relationship between Hardenability and Percentage of Martensite in Some Low Alloy Steels Transaction AIME 167 (1946) S. 627 – 642

Jus68	Just, E.	Formeln der Härtbarkeit HTM Härterei-Techn. Mitt. 23 (1968) 2, S. 85 – 99
Sch63	Schmidt, P. W.	Zeit-Temperatur-Auflösungs- und Umwandlungs-Schaubilder Das Industrieblatt 63 (1963) 5, S. 383 – 390
Lie71	Liedtke, D.	Stahlauswahl aufgrund der Härtbarkeit, Z. f. wirtsch. Fertigung 66 (1971) 4, S. 195 – 207
Lie03	Liedtke, D.	Über den Zusammenhang zwischen dem Kohlenstoffgehalt in Stählen und der Härte des Martensits HTM Mat.-wiss. u. Werkstofftech. 34 (2003) S. 1 – 7
Pet67	Peter, W.	Röchling Handbuch für Baustähle - Grundlagen zur Wärmebehandlung 1967
Ros61	Rose, A/ Wever, F.; Peter, W.; Straßburg, W.; Rademacher, L	Atlas zur Wärmebehandlung der Stähle Band 1, 1961, Verlag Stahleisen, Düsseldorf
SEP	SEP 1664	Ermittlung von Formeln durch multiple Regression zur Berechnung der Härtbarkeit im Stirnabschreckversuch aus der chemischen Zusammensetzung von Stählen

5 Randschichthärten

Hansjürg Stiele

5.1 Definition und Grundprinzip

Innerhalb der Verfahren zum Verfestigen der Randschicht grenzen sich die Verfahren zum thermischen Randschichthärten gegenüber den konventionellen thermochemischen Verfahren dadurch ab, dass nur eine in ihrer Ausdehnung definierte Randschicht austenitisiert und anschließend abgeschreckt wird. Die Dicke dieser Randschicht ist beim Härten in der Regel klein, verglichen mit der Dicke bzw. der Wandstärke des Bauteils. Abgesehen von Sonderverfahren bleibt beim Randschichthärten die chemische Zusammensetzung unverändert. Dadurch ergibt sich eine eindeutige Abgrenzung gegenüber den thermochemischen Verfahren wie beispielsweise den in den Kapiteln 6 und 7 beschriebenen Verfahren „Einsatzhärten“ und „Nitrieren/Nitrocarburieren“.

Nach DIN EN 10052 ist der Begriff Randschichthärten wie folgt definiert:

„Härten mit einem auf die Randschicht beschränkten Austenitisieren“

Zweckmäßig ist es, den Begriff durch die Art des Erwärmens zu kennzeichnen, z. B. Flammhärten, Induktionshärten, Laserstrahl- oder Elektronenstrahlhärten.

Die Bilder 5.1 bis 5.4 zeigen das Grundprinzip des Randschichthärtens.

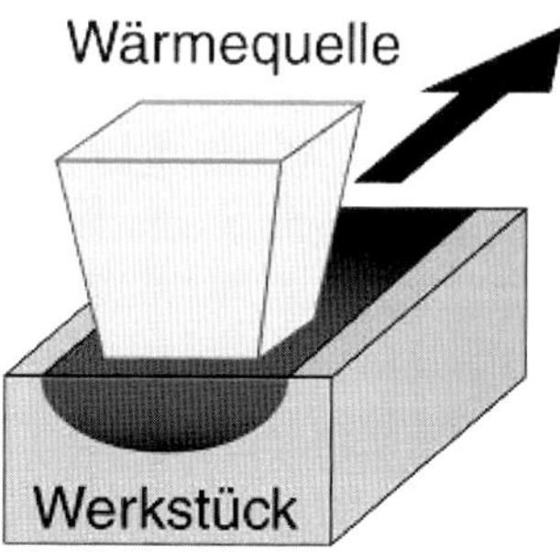

Bild 5.1: Relativbewegung zwischen Wärmequelle und Werkstück

Aus der genannten Definition des Randschichthärtens ist bereits ersichtlich, dass hierfür Wärmequellen mit sehr hohen Energiedichten erforderlich sind /Stä74/. Um die für das Randschichthärten typischen partiellen Härtezonen zu generieren, erfolgt eine Relativbewegung der Wärmequellen zum Werkstück, vgl. Bild 5.1. Eine Ausnahme bildet hierbei das induktive Erwärmen. Bei diesem Verfahren wird ein Induktor relativ zum Werkstück bewegt. Die eigentliche Wärmequelle stellt hierbei das Werkstück selbst dar. In Abschnitt 5.3 ist dies ausführlich beschrieben.

Durch die hohen Energiedichten und die im Allgemeinen kurzen Wechselwirkungszeiten kommt es zu hohen Aufheizraten $\dot{T}$ in der zu erwärmenden Randschicht. Dies ist anhand des Zeit-Temperatur-Austenitisier-(ZTA)-Schaubilds für kontinuierliches Erwärmen in Bild 5.2 schematisch dargestellt.

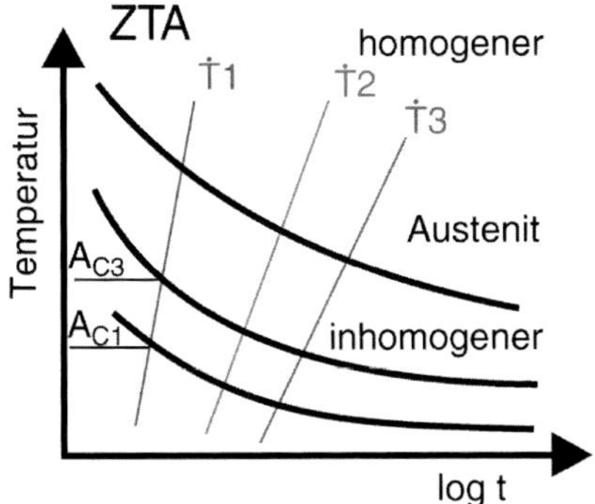

Bild 5.2: Zeit-Temperatur-Austenitisier-(ZTA)-Schaubild – schematisch

Auf das Austenitisieren folgt das Abkühlen. Die Abkühlgeschwindigkeit bzw. die Abschreckrate muss wie beim konventionellen Härten so groß sein, dass es in der erwärmten Randschicht zum Umwandeln von Austenit in Martensit kommt. Dies ist entweder über Eigenabkühlung bzw. Selbstabschreckung (Wärmeleitung in das Werkstückinnere) oder Fremdabkühlung bzw. Fremdabschreckung (Wärmeleitung über die Oberfläche durch Abkühlmedien) erreichbar. Schematisch ist dies anhand des Zeit-Temperatur-Umwandlungs-(ZTU-)Schaubildes für kontinuierliches Abkühlen in Bild 5.3 aufgezeigt.

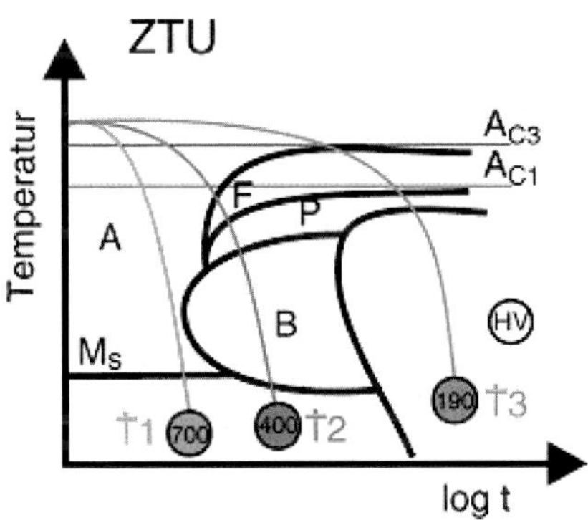

Bild 5.3: Zeit-Temperatur-Umwandlungs-(ZTU)-Schaubild – schematisch

Ist dieser Temperaturzyklus abgeschlossen, liegt eine örtlich begrenzte Härtezone vor, wie sie im Querschliff in Bild 5.4 für eine Laserstrahl-Härtespur dargestellt ist.

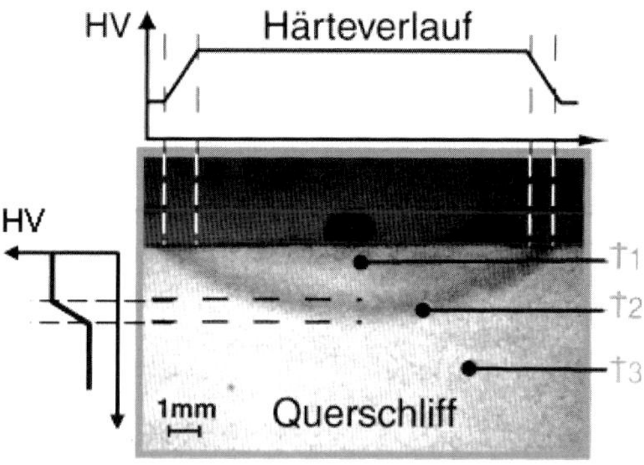

Bild 5.4: Querschnitt durch die Härtespur eines randschichtgehärteten Werkstücks

In der Regel sind bei den genannten Verfahren zum Randschichthärten die Wechselwirkungszeiten, verglichen mit denen der konventionellen Ofenerwärmung deutlich kürzer. Aus diesem Grund wird im Zusammenhang mit dem Randschichthärten auch von „Kurzzeitaustenitisieren" gesprochen. Dies hat Auswirkungen auf die zu behandelnden Werkstoffe und wird in Abschnitt 5.8 näher erläutert.

Tabelle 5.1 gibt eine vergleichende Übersicht der verschiedenen Verfahren hinsichtlich ihrer charakteristischen Kennwerte wieder. In der Praxis können in Einzelfällen die angegebenen Werte über- bzw. unterschritten werden.

Tabelle 5.1: Vergleich charakteristischer Kennwerte der Verfahren zum Randschichthärten

Parameter	Erwärmen mit Flamme	Induktives Erwärmen	Laserstrahl-Erwärmen	Elektronenstrahl-Erwärmen
Leistungsflussdichte in W/cm²	$10^3 - 6 \cdot 10^3$	$10^3 - 10^4$	$10^3 - 10^4$ (10^5)	
Transformationshärten	möglich			
Umschmelzhärten	(ja)	-	möglich	
Aufheizrate in K/s	10^2	$10^3 - 10^4$	$10^3 - 10^5$	
Übliche Einhärtungstiefe in mm	1,5 – 20 (30)	0,1 – 20	0,1 – 2,0	
Abkühlungsart	Fremdabschreckung – Brause – Bad		Selbstabschreckung	
Führungsmaschinen	Sonderformen	Sonderformen Portal Roboter		Sonderformen

5.2 Flammhärten

5.2.1 Prinzip des Flammhärtens

Beim Flammhärten wird die Randschicht mit Hilfe von Gasbrennern unterschiedlicher Bauart erwärmt. Die in das Werkstück eingebrachte Wärme stammt aus der Verbrennungswärme (spezifischer Brennwert) des Brenngases. Als Brenngase kommen Gemische aus Sauerstoff (O_2) und Kohlenwasserstoffen wie Methan (CH_4), Acetylen (C_2H_2) oder Propan (C_3H_8) zur Anwendung. Eine Übersicht möglicher Gasgemische zeigt Tabelle 5.2. Die heißen Verbrennungsgase übertragen einen Teil ihrer Energie auf die Werkstückoberfläche. Durch Wärmeleitung von außen nach innen wird das Innere des Werkstücks erwärmt. Da die erzielbaren Leistungsflussdichten im Vergleich zu den anderen, in diesem Zusammenhang dargestellten Verfahren, relativ gering sind, ist der Temperaturgradient in einem dickwandigen Werkstück vergleichsweise flach. Dadurch ist die zum Erreichen der geforderten Umwandlungstiefe in das Werkstück eingebrachte gesamte Wärmemenge im Vergleich zu den anderen Verfahren verhältnismäßig hoch. Um die für das Härten benötigte Abkühlgeschwindigkeit zu erreichen, ist ein externes Abkühlen (Fremdabschreckung) über Brausen oder Tauchbäder erforderlich.

Das Flammhärten kann entweder als Vorschub- oder Umfangshärten sowie als eine Mischform dieser beiden Verfahren realisiert werden. Beim Vorschubhärten wird das Bauteil durch einen entsprechenden Brenner partiell (linienförmig) erwärmt. Das Abschrecken erfolgt anschließend mittels Brause, vgl. Bild 5.5. Beim Umfangshärten wird die gesamte Oberfläche des (rotierenden) Bauteils durch einen oder mehrere entsprechend gestaltete Brenner erwärmt und anschließend mittels Brause oder in einem Tauchbad abgeschreckt, vgl. Bild 5.6.

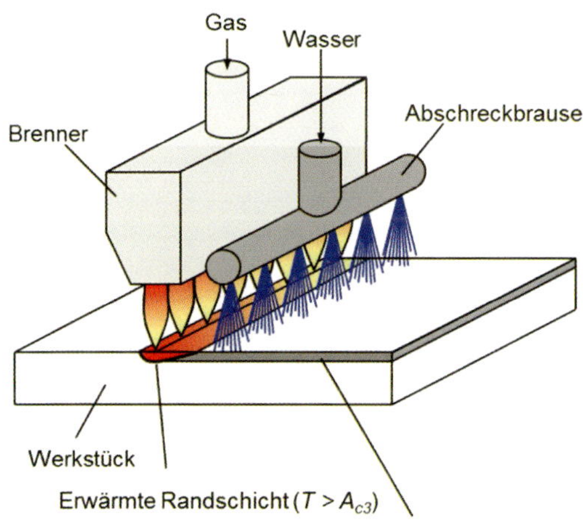

Bild 5.5: Flammhärten – Prinzip Vorschubhärten

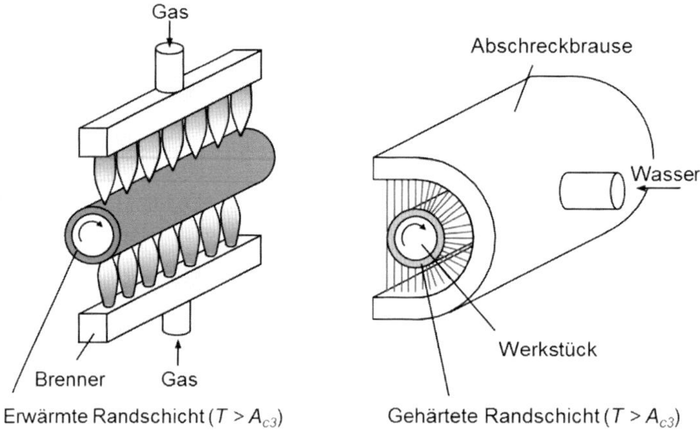

Bild 5.6: Flammhärten – Prinzip Umlaufhärten

Tabelle 5.2: Übersicht über üblicherweise verwendete Gase und Gasgemische

Gasart	Chemische Formel	Mischungsverhältnis Gas/Sauerstoff
Methan /Erdgas	CH_4	1 : 1,8 bis 1 : 2,2
Propan	C_3H_8	1 : 3,5 bis 1 : 4,7
Acetylen	C_2H_2	1 : 1,2 bis 1 : 2,5
Ethen	C_2H_4	1 : 2,1 bis 1 : 3,1

5.2.2 Anlagentechnik

Trotz einer zunehmenden Verdrängung des Flammhärtens durch die anderen Verfahren hat das Flammhärten, insbesondere beim Wärmebehandeln großer Bauteile mit großen Einhärtungstiefen und geringen Losgrößen, verfahrensspezifische Vorteile. Es ist möglich, durch den Einsatz von Pyrometern und einer Regelelektronik temperaturgesteuert zu erwärmen.

Eine Anlage zum Flammhärten wie sie in Bild 5.7 dargestellt ist, besteht aus den Komponenten:

- Peripherie zum Bereitstellen der Gase
- Gasmischer
- Steuereinheit
- Brenner mit Aufnahme
- Zufuhr der Abschreckmedien.

Die Gase können mittels unterschiedlicher Peripherie zur Verfügung gestellt werden. Hierbei ist das Bereitstellen in Gasflaschen, Flüssigtanks oder über Fernleitung möglich. Mit einem speziellen Mischer werden die Gase vermischt. Über eine Steuereinheit wird dem Brenner bzw. den Brennern das Gasgemisch zugeführt.

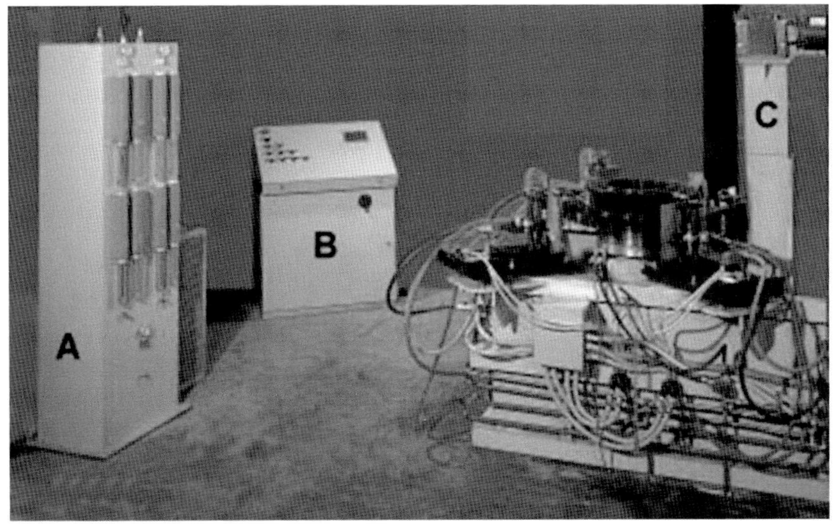

Bild 5.7: Kommerzielle Anlage zum Flammhärten /Ger00/

Die Brenner sind hinsichtlich ihrer Düsenform in Schlitz-, Sieb- oder Düsenbrenner zu unterscheiden, siehe Bild 5.8. Der jeweilige Typ kommt je nach Gasgemisch und der damit verbundenen Zündgeschwindigkeit zum Einsatz. Der Brenner selbst besteht meist aus Kupfer oder Messing und ist wassergekühlt. Maßgebliche Größen für die Brennereinstellungen sind:

- Gasmenge pro Austrittsfläche
- Mischungsverhältnis
- Ausströmgeschwindigkeit.

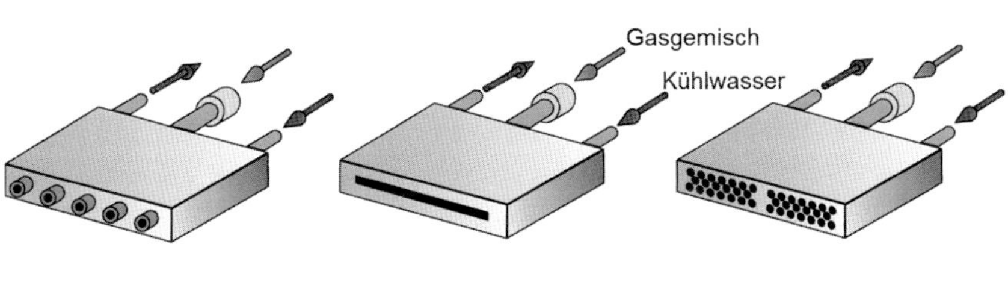

a) Düsenbrenner b) Schlitzbrenner c) Siebbrenner

Bild 5.8: Brennertypen

5.2.3 Anwendungsbeispiele

In den vergangen Jahren wurde das Flammhärten insbesondere in der Großserienfertigung in zunehmendem Maße durch die anderen in diesem Kapitel beschrieben Verfahren ersetzt. Nach wie vor kommt das Flammhärten aber bei großen und sperrigen Bauteilen, bei denen oft auch große Randhärtetiefen gefordert sind, zum Einsatz.

Bild 5.9: Flammhärten einer Kolbenstange für einen Schiffdieselmotor /FTS05/

Zwei Beispiele hierfür sind das in Bild 5.9 gezeigte Flammhärten einer Kolbenstange aus 50CrMoV4 und das in Bild 5.10 dargestellte Härten eines Heißdampfventils aus X20Cr13. Die geforderten Einhärtungstiefen lagen bei diesen beiden Anwendungen im Bereich von 3 bis 4 mm.

Bild 5.10: Flammhärten eines Steuerkolbens für ein Heißdampfventil /FTS05/

5.3 Induktionshärten

5.3.1 Prinzip des Induktionserwärmens

Alle Werkstoffe, welche den elektrischen Strom leiten, so auch Stähle, lassen sich induktiv erwärmen. Das induktive Erwärmen beruht auf folgendem physikalischen Prinzip: Um einen von Strom durchflossenen elektrischen Leiter herum baut sich ein (elektro-)magnetisches Feld auf, siehe Bild 5.11. Wird dieser Leiter zu einer Spule geformt, so kommt es zu einer Verstärkung dieses Feldes im Inneren der Spule. Zum Erzeugen eines sich periodisch ändernden Magnetfeldes wird diese Spule – Induktor – an eine Wechselstromquelle – Umrichter – angeschlossen. Die von einem Wechselstrom durchflossene Spule erzeugt ein (elektro-)magnetisches Feld wechselnder Richtung. Dieser wechselnde magnetische Fluss induziert seinerseits berührungslos einen Strom im Werkstück. Bedingt durch den Widerstand des Metallkörpers wird ein Teil der eingebrachten Leistung in Wärme – Wirbelstrom-, Hysterese- oder Joule´sche Verluste – letztere besonders unterhalb der Curietemperatur von 769 °C – umgewandelt.

Die mit dem Stromfluss im Metallkörper verbundenen Verluste bewirken ein Erwärmen im Werkstück selbst und, nicht wie bei anderen Verfahren, durch Wärmeleitung, Konvektion oder Wärmestrahlung.

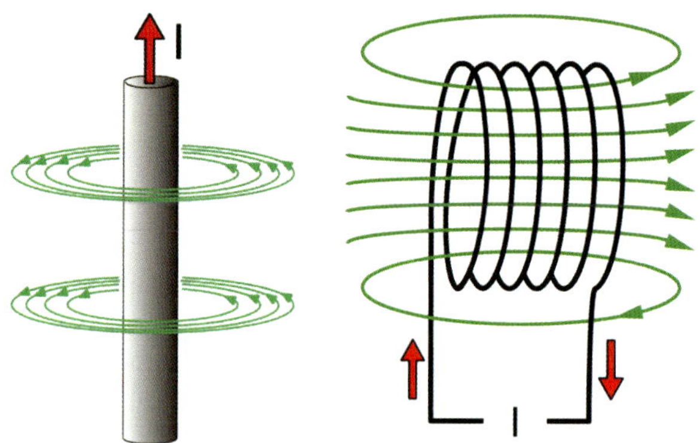

Bild 5.11: Stromdurchflossener Leiter (links) und Spule mit (elektro-)magnetischem Feld (rechts)

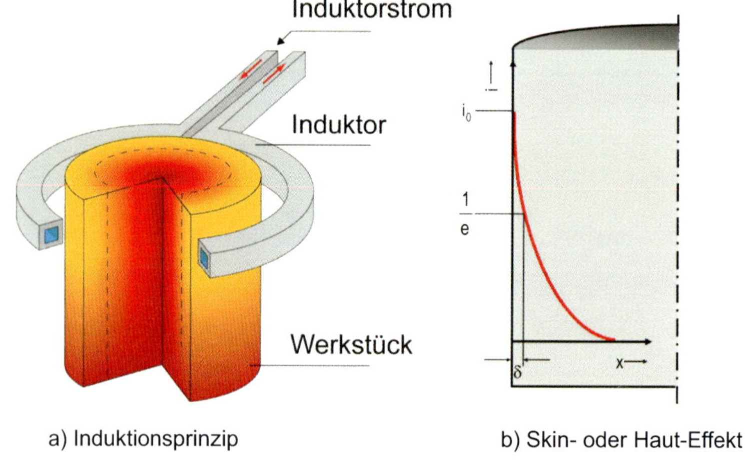

a) Induktionsprinzip

b) Skin- oder Haut-Effekt

Bild 5.12: Induktionsprinzip und Skin-Effekt

Da der induzierte Strom entsprechend der Feldverteilung und der Geometrie des Bauteils in geschlossenen Bahnen verläuft, nennt man ihn Wirbelstrom. Der Wirbelstrom erzeugt seinerseits ein magnetisches Wechselfeld. Dieses ist dem Induktorstrom in jedem Augenblick entgegengerichtet (Lenz´sche Regel). Die beiden Felder überlagern sich. Dadurch kommt es zu einem Abbau des magnetischen Feldes in radialer Richtung nach innen. Magnetische Feldstärke und Stromdichte sind miteinander verknüpft. Deshalb nimmt die Stromdichte ebenfalls in radialer Richtung nach innen ab. Man spricht von einem Skin- oder Haut-Effekt, siehe Bild 5.12b.

Die Tiefe, bei der die Stromdichte auf 37% ihres Maximalwertes abgesunken ist, wird als Stromeindringmaß oder vereinfacht als Eindringtiefe (gebräuchliches Symbol: δ) bezeichnet. Die Eindringtiefe ist, abgesehen von den elektrischen und magnetischen

Eigenschaften des Werkstoffes von der Frequenz des Wechselstroms anhängig. Vereinfacht gilt folgende Formel:

$$\text{elektrische Eindringtiefe } \delta \approx 503 \cdot \sqrt{\frac{\rho}{\mu_r \cdot f}} \text{ mm}$$

mit ρ [$\Omega \cdot mm^2/m$] = spezifischer Widerstand des zu erhitzenden Materials,
μ_0 [V·s/A·m] = magnetische Feldkonstante
μ_r [1] = Permeabilitätszahl des zu erhitzenden Materials
μ [V·s/A·m] = $\mu_0 \cdot \mu_r$ (Permeabilität)
f [1/s] = Frequenz des Induktorstroms.

Zu beachten ist, dass der Widerstand und die Permeabilitätszahl des Werkstoffes (nicht linear) temperaturabhängig sind und die Permeabilitätszahl außerdem noch von der magnetischen Feldstärke abhängt. Von grundlegender Bedeutung für das Verständnis der Induktionserwärmung ist jedoch, wie aus der oben stehenden Formel hervorgeht, die Frequenz des induzierten Stroms. Danach nimmt die elektrische Eindringtiefe δ mit zunehmender Frequenz ab, so dass mit der Wahl der Frequenz die Einwärmtiefe gezielt beeinflusst werden kann. In Bild 5.13 ist dies für Stahl und verschiedene Temperaturen dargestellt. Vereinfacht lässt sich dieser Zusammenhang auch wie folgt beschreiben:

Bei hohen Frequenzen ist die (Strom-) Eindringtiefe gering.

Bei niedrigen Frequenzen ist die (Strom-) Eindringtiefe hoch.

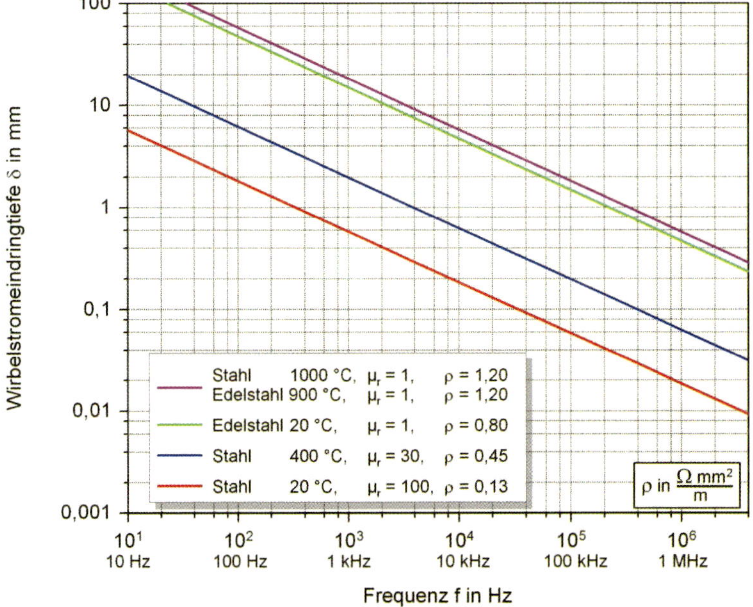

Bild 5.13: Zusammenhang zwischen Stromeindringtiefe und Frequenz

Zur Verdeutlichung ist dieser Zusammenhang beispielhaft anhand einer Graphitplatte in Bild 5.14 dargestellt.

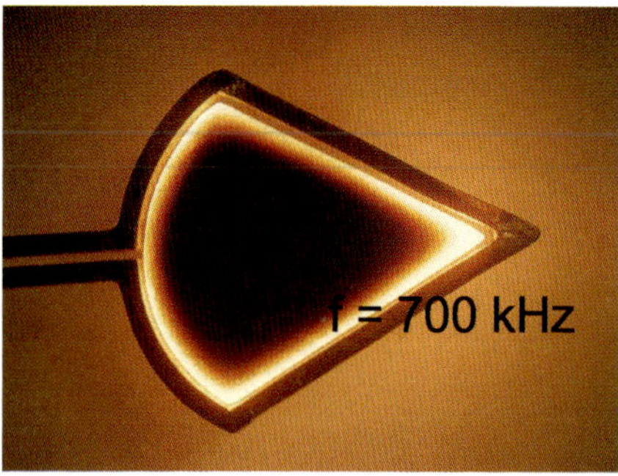

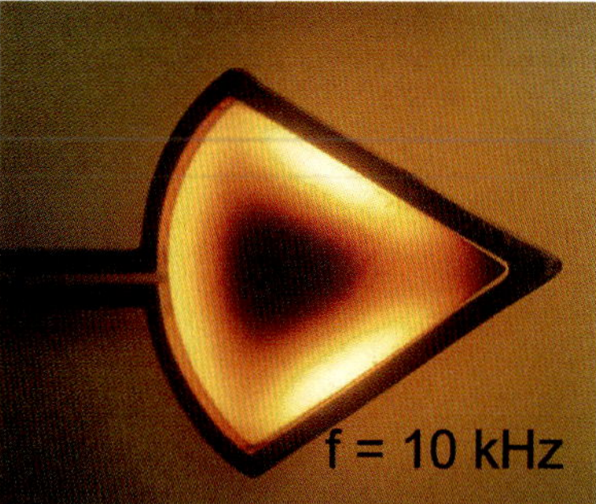

Bild 5.14: Beispiel Zusammenhang zwischen Stromeindringtiefe und Frequenz

Bedingt durch diesen Zusammenhang ist es möglich, beim Induktionshärten durch die Wahl der Frequenz die Erwärmungstiefe gezielt zu beeinflussen. Anzumerken ist, dass die tatsächlich erwärmte Randschicht eines Werkstücks aufgrund der Wärmeleitung und je nach der Einwirkdauer des Induktionsstroms größer als die elektrische Eindringtiefe δ ist.

Bei ferromagnetischen Werkstoffen sind neben den Wirbelstromverlusten noch die so bezeichneten Hystereseverluste zu berücksichtigen. Diese treten allerdings nur im Temperaturbereich unterhalb der Curie-Temperatur auf.

5.3.2 Anlagentechnik

Eine Induktionshärteanlage kann man in vier Funktionsbereiche unterteilen, von denen jeder einzelne wichtig für die Funktion der Gesamtanlage ist:

- Energiequelle (Generator)
- Werkzeuge (Induktor, Abschreckeinrichtung)
- Führungsmaschine mit Steuerung
- Kühlaggregate für Generatoren und Werkzeuge (ggf. Abschreckmedien).

Die einzelnen Komponenten einer Induktionshärteanlage sind in Bild 5.15 schematisch dargestellt.

5.3.3 Energiequellen (Generatoren)

Grundsätzlich ist zwischen Umformern und Umrichtern zu unterscheiden. Während beim Umformer der Induktionsstrom dynamisch mittels Motoren erzeugt wird, erfolgt das Erzeugen des Stroms bei einem Umrichter statisch durch elektronische Bauteile.

Eine Übersicht der für die Induktionshärtung in Frage kommenden Frequenzbereiche mit den dazugehörigen Generatortypen zeigt Tabelle 5.3.

Ausgehend vom elektrischen Funktionsprinzip kann zwischen zwei Umrichterprinzipien unterschieden werden:

- Parallelkreis-Umrichter (Parallelschwingkreis)
- Serienkreis-Umrichter (Serienschwingkreis).

Beide Umrichterarten bestehen aus den Baugruppen:

- (gesteuerter) Gleichrichter
- Zwischenkreis
- Wechselrichter
- Schwingkreis mit Anpassgliedern.

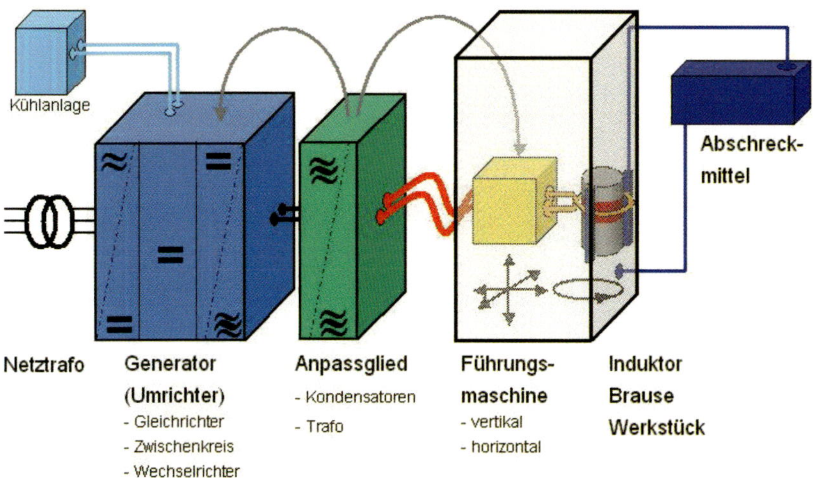

Bild 5.15: Prinzipieller Aufbau einer Induktionshärteanlage

Tabelle 5.3: Generatortypen mit zugehörigen Arbeitsfrequenzen

Generatortyp	Arbeitsfrequenz
Netzfrequenz-Anlagen	50 – 60 Hz
Motorgenerator	2 – 10 kHz
Thyristor-Umrichter	0,2 – 25 kHz
Transistor-Umrichter mit IGBT (**I**nsulated **G**ate **B**ipolar **T**ransistor)	(1) 4 – 100 (200) kHz
Transistor-Umrichter mit MOSFET (**M**etal **O**xyde **S**ilicon **F**ield **E**ffect **T**ransistor)	(20) 100 – 300 (500) kHz
Röhrengenerator aperiodisch	10 – 200 kHz
Röhrengenerator klassisch	0,1 – 2 MHz

5.3.4 Werkzeuge

Die eigentlichen Werkzeuge für das Härten sind die Induktionsspule (Induktor) und die zum (Fremd-)Abschrecken notwendigen Einrichtungen wie Brausen oder Tauchbäder.

Die Vielzahl unterschiedlicher Verfahrensvarianten lassen sich auf zwei grundsätzliche Varianten zurückführen:

Vorschubhärtung (vgl. Bild 5.16a)

Ein kleiner Teil der geforderten Gesamthärtezone wird aufgeheizt. Die erhitzte Zone wird durch Relativbewegung zwischen Induktor und Werkstück über die gesamte Härtezone verschoben. Gleichzeitig wird kontinuierlich abgeschreckt. Die Relativbewegung zwischen Induktor und Bauteil kann sowohl geradlinig als auch entlang einer räumlich gekrümmten Kurvenbahn erfolgen (Beispiel Umfang-Vorschubhärtung von kreis- oder kurvenförmigen Scheiben).

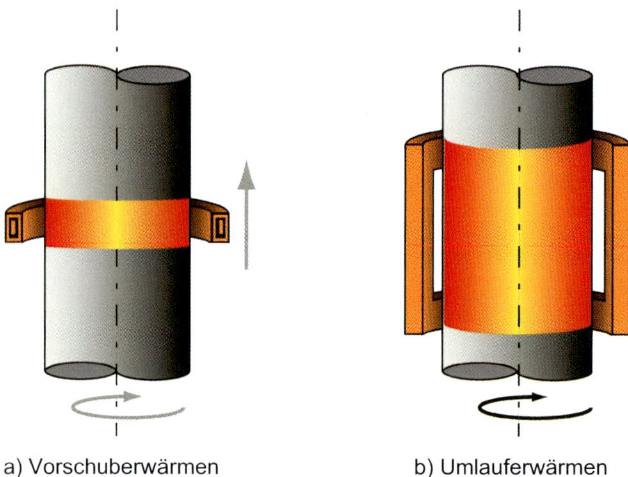

a) Vorschuberwärmen b) Umlauferwärmen

Bild 5.16: Verfahrensprinzipien Induktionshärten

Gesamtflächenhärtung (vgl. Bild 5.16b)

Die gesamte Härtezone wird auf einmal aufgeheizt. Dies kann mit entsprechend großen Mehrwindungs-Induktoren oder – bei rotationssymmetrischen Teilen – mit einem Linieninduktor (Werkstück-Rotation zwingend erforderlich) durchgeführt werden. Bei großen Werkstücken und Funktionszonen steigt der Leistungsbedarf entsprechend an.

Induktoren werden aufgrund der hohen Strom- und Wärmeleitfähigkeit des Materials fast ausschließlich aus reinem Kupfer hergestellt. Um die Induktoren zu kühlen, sind sie als Hohlprofile mit einer inneren Wasserkühlung ausgeführt. Zum Erhöhen der Induktoreffizienz können an den Induktor auch so bezeichnete Konzentratoren angebracht werden. Bild 5.17 zeigt die technische Ausführung eines Ringinduktors für das Vorschubhärten und Bild 5.18 einen Linieninduktor mit Konzentratoren zum Gesamtflächenhärten.

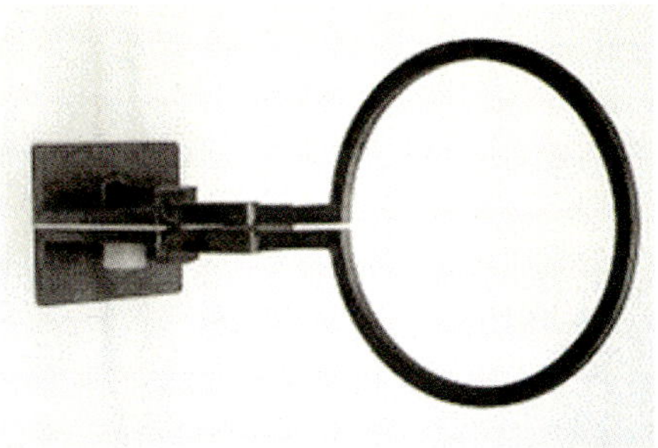

Bild 5.17: Ringinduktor (Vorschuberwärmen)

Abhängig vom Verfahren kommen für das Zuführen der Abschreckmittel neben Brausen unterschiedlicher Bauart, auch turbulente Tauchbäder zum Einsatz. Die Brausen können je nach Anwendung als Ring- oder Kastenbrausen ausgeführt werden. Typische Materialien für Brausen sind: Kunststoff, Fiberglas, Messing oder Kupfer.

Bild 5.18: Linieninduktor (Gesamtflächenhärtung)

5.3.5 Führungsmaschine

Die Führungsmaschine hat die grundlegende Aufgabe, eine Relativbewegung zwischen Induktor und Werkstück durchzuführen. Dies kann entweder durch Bewegen des Induktors bei stehendem (rotierendem) Bauteil oder durch Bewegen des (rotierenden) Bauteils bei stehendem Induktor realisiert werden. Das Härten kann sowohl in horizontaler als auch in vertikaler Richtung erfolgen. Die technische Realisierung einer Vertikalhärtemaschine und einer Horizontalhärtemaschine zeigen die Bilder 5.19 und 5.20. Neben diesen verbreiteten Maschinenkonzepten kommen auch Roboterlösungen zum Einsatz.

Bild 5.19: Vertikalhärtemaschine /EFD98/

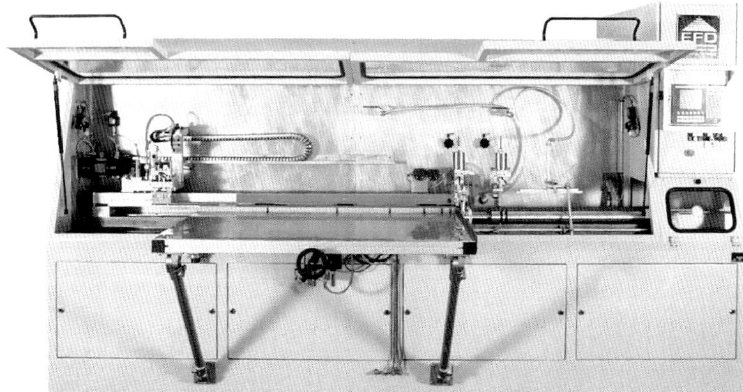

Bild 5.20: Horizontalhärtemaschine /EFD98/

5.3.6 Anwendungsbeispiele

Da das Induktionshärten das meist angewendete Verfahren zum Randschichthärten ist, gibt es eine Vielzahl unterschiedlicher Anwendungen. Induktiv gehärtete Bauteile werden beispielsweise in folgenden Bereichen eingesetzt:

- Automobilbau
- Luft- und Raumfahrtindustrie
- Schiffsbau
- Energiegewinnungsanlagenbau

usw..

Einen Einblick in die unterschiedlichen Anwendungsbereiche im Automobilbau sollen die folgenden Beispiele vermitteln.

Lenkungsteile

Typische induktiv gehärtete Lenkungsteile sind Zahnstangen. Bei diesen wird sowohl der Verzahnungsbereich als auch der nicht verzahnte Bereich (Schaft) induktiv gehärtet. Hierbei kommen meist das Vorschubverfahren und speziell geformte Induktoren zur Anwendung /Düs01/. Bild 5.21 gibt die Längsschliffe unterschiedlich gehärteter Zahnstangen wider.

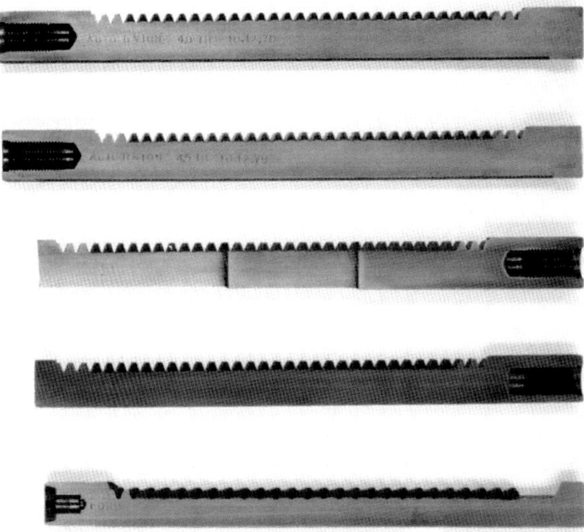

Bild 5.21: Beispiele für induktiv gehärtete Zahnstangen

Gleichlaufgelenke

Beim induktiven Härten von Bauteilgruppen im Bereich der Gleichlaufgelenke kommen in der Regel komplex geformte Induktoren zur Anwendung. Bild 5.22 zeigt die

Querschliffe eines induktiv gehärteten Achszapfens und einer Tripode. Beide Bauteile wurden mit Hilfe des Gesamtflächen-Verfahrens gehärtet.

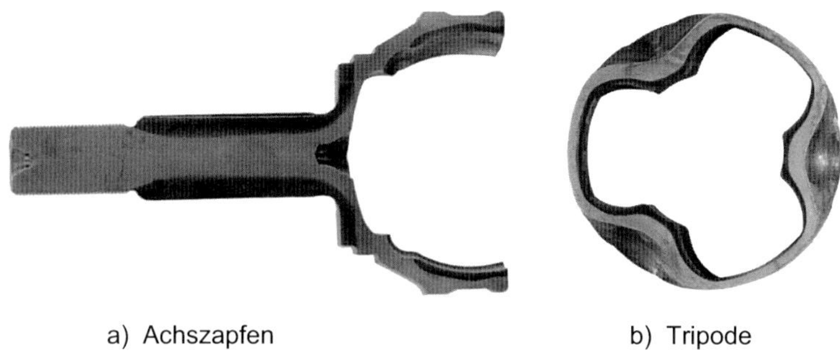

a) Achszapfen b) Tripode

Bild 5.22: Induktiv gehärteter Achszapfen und Tripode

Motorenteile

Bei den Motorenteilen werden insbesondere Nocken- und Kurbelwellen induktiv gehärtet. Die Vielzahl unterschiedlicher Wellen- und Nockentypen bedingt sehr oft eine komplexe Prozesssteuerung und damit einhergehend eine aufwendige Anlagentechnik, siehe Bild 5.23.

Bild 5.23: Anlage zum Härten von Kurbelwellen /SMS02/

Zahnräder

Abhängig vom Modul und dem Beanspruchungsprofil kommen beim induktiven Zahnradhärten unterschiedliche Härteverfahren zur Anwendung. Für größere Module und Zahnraddimensionen sind dies das Einzel-Zahnflankenhärten, siehe Bild 5.24a und das Einzelzahnlückenhärten, siehe Bild 5.24b. Für die im PKW verbauten kleineren Zahnräder mit kleineren Moduln (im Bereich m = 2 mm) hingegen wird das Allzahnhärten, siehe Bild 5.22c, angewendet /Sti04/.

a) Einzelzahn-Flankenhärtung
b) Einzelzahn-Lückenhärtung
c) Allzahnhärtung

Bild 5.24: Beispiele für induktiv gehärtete Zahnräder

5.4 Laserstrahlhärten

5.4.1 Prinzip des Laserstrahlhärtens

Das Prinzip der Laserstrahlung – englisch: **l**ight **a**mplification by **s**timulated **e**mission of **r**adiation - ist eine Lichtverstärkung durch induzierte oder stimulierte Strahlungsemission. Sie kann in unterschiedlichen Medien erzeugt werden, so dass monochromatisches, scharf gebündeltes, zeitlich und räumlich kohärentes Licht unterschiedlicher Wellenlänge entsteht. Um Laserstrahlen zu erzeugen, muss ein geeignetes Medium durch Energiezufuhr aus einem Zustand des thermodynamischen Gleichgewichts in einen laseraktiven Zustand überführt – „gepumpt" – werden. Mittels eines Resonators, der im einfachsten Fall aus einem total reflektierenden und einem teildurchlässigen Spiegel besteht, wird ein Teil der durch den Lasereffekt angeregten Energie als Laserstrahlung ausgekoppelt. Das Schema des prinzipiellen Aufbaus einer Laserstrahlquelle ist in Bild 5.25 dargestellt.

Für das Randschichthärten stehen derzeit im Wesentlichen drei Lasertypen zur Verfügung:

- Gaslaser (CO_2-Laser)
- Festkörperlaser (Nd:YAG-Laser, Yb:YAG-Laser)
- Hochleistungs-Diodenlaser.

Eine Gegenüberstellung der verfügbaren Strahlquellen enthält Tabelle 5.4.

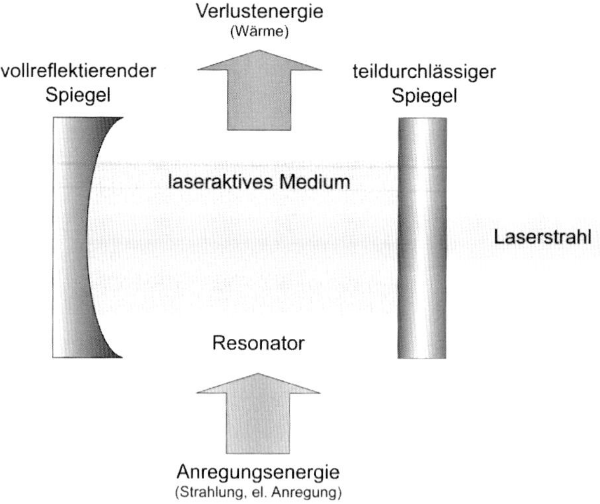

Bild 5.25: Prinzipschema einer Laserstrahlquelle

An der Oberfläche des zu erwärmenden Werkstücks wird die Strahlung zum Teil reflektiert, zum Teil. Der Anteil der absorbierten bzw. reflektierten ergibt sich hauptsächlich aus dem Werkstoff, der Oberflächenbeschaffenheit und der Temperatur des Werkstücks sowie der Wellenlänge, dem Einfallswinkel und Polarisation der Strahlung. In Bild 5.26 ist die Anfangsabsorption von Eisen und Stahl mit blanker Oberfläche bei verschiedenen Lasertypen mit unterschiedlicher Wellenlänge dargestellt.

Tabelle 5.4: Technische Daten von Lasertypen für das Randschichthärten

Strahlquelle	Gaslaser CO_2-Laser	Festkörperlaser Nd:YAG, Yb:YAG	Hochleistungs-Diodenlaser
Leistung [kW]	6 bis 20	bis 8	6 (10)
Wellenlänge [nm]	10.600	1.064	800 bis 980
Anfangsabsorption	gering	hoch	hoch
Wirkungsgrad [%]	10 bis 15	Stab: 5 bis 12 Scheibe: bis 18	25 bis 40
Strahlführung	Spiegelsysteme	Lichtleitkabel	Freistrahl Lichtkabel
Strahlformung	Zonenspiegel-Scanner	Linsensysteme	Linsensysteme
Handhabungs-system	5 (6)-Achsen-Portalroboter	6-Achsen-Knickarmroboter	5(6)-Achsen-Portalroboter, 6-Achsen-Knickarmroboter
Bemerkung	hohe verfügbare Leistung, geringe Anfangsabsorption, geringer Prozesswirkungsgrad	gute Handhabung, mittlerer Wirkungsgrad	gute Handhabung, guter Wirkungsgrad, flexibel

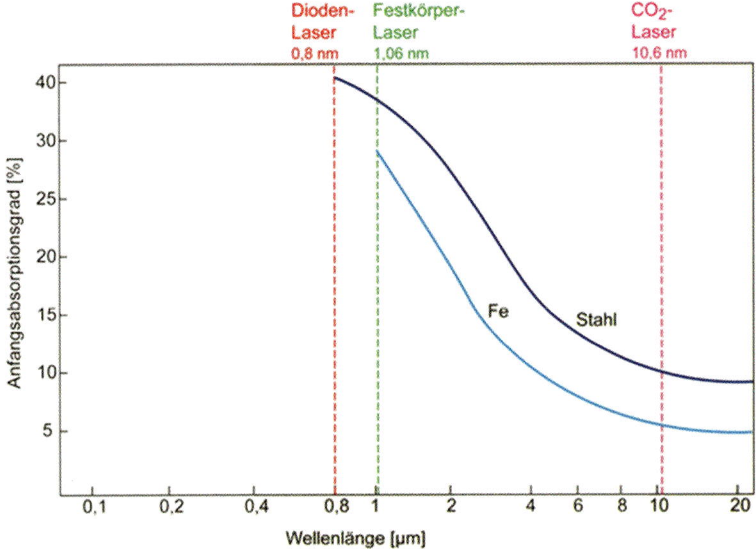

Bild 5.26: Zusammenhang zwischen dem Grad der Anfangsabsorption und der Wellenlänge

Aus der Darstellung geht hervor, dass bei Werkstücken aus Stahl die Anfangsabsorption der Oberfläche bei Festkörper-Laserstrahlung des Typs Nd:YAG und beim Diodenlaser deutlich höher als bei CO_2-Laserstrahlung ist. Daraus resultiert die Notwendigkeit, bei CO_2-Lasern die Werkstückoberfläche absorptionsfördernd zu beschichten.

Mit dem Laserstrahlhärten sind Einhärtungstiefen bis 2,0 mm und je nach Strahlfokussierung Einzelspurbreiten bis 40 mm erreichbar. Das Abschrecken erfolgt durch Selbstabschrecken, d. h. durch die unter der Einwärmtiefe liegenden nicht erwärmten Werkstückbereiche. Diese müssen gegenüber der jeweiligen Wanddicke ausreichend dick sein, wobei die Einwärmtiefe maximal etwa 10 % der jeweiligen Wanddicke betragen sollte, um eine für das Härten ausreichende Abkühlwirkung zu erreichen.

5.4.2 Anlagentechnik

Abhängig vom jeweiligen Lasertyp ergeben sich hinsichtlich der Anlagentechnik deutliche Unterschiede. Grundsätzlich besteht eine Anlage zum Laserstrahlhärten aus folgenden Komponenten:

- der Strahlquelle → Laser
- der Bearbeitungsmaschine mit Schutzgasdüse und Pyrometer
- den Kühlaggregaten für den Lasergenerator und evtl. optische Komponenten
- der Strahlführung
- der Strahlformung
- der Schutzumhausung des Bearbeitungsraums
- den Peripheriegeräten.

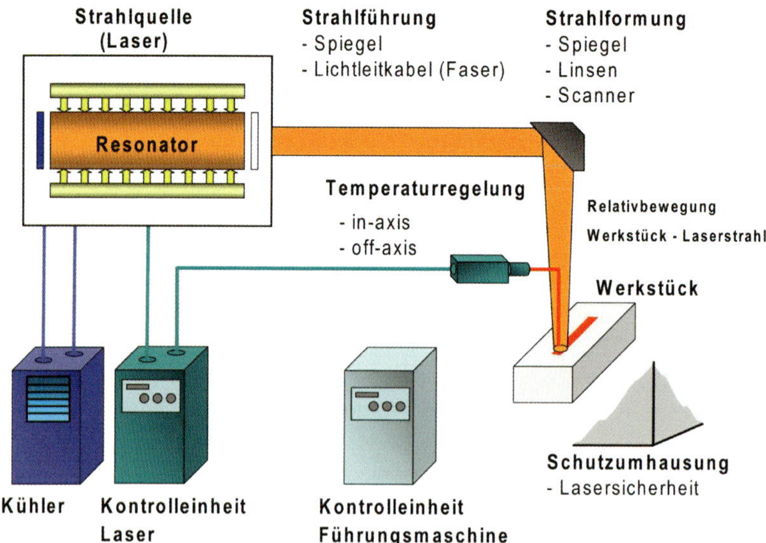

Bild 5.27: Prinzipieller Aufbau einer Laserstrahlhärtemaschine

In Abhängigkeit von der jeweiligen Wellenlänge und der Leistungsdichte des Lasersystems wird der Laserstrahl über ein geeignetes Strahlführungssystem in Form von Spiegeln oder Glasfasern zum Werkstück geleitet. Abhängig von der Bearbeitungsaufgabe wird im Bearbeitungskopf der Strahl durch Spiegel und Linsen geformt. Von diesem Bearbeitungskopf aus wird die Laserstrahlung auf die Oberfläche des Werkstücks fokussiert, siehe Bild 5.27. Die Temperatur des Werkstücks wird beim Wärmen im Regelfall mit einem Pyrometer kontrolliert.

5.4.2.1 Lasertypen

5.4.2.1.1 CO_2-Laser

Nach dem Aufbau von CO_2-Lasern werden diffusionsgekühlt, quer- und längsgeströmte Laser unterschieden. Bei allen drei Typen bildet das Gas Kohlendioxid (CO_2) das laseraktive Medium. Die Anregung des Mediums findet mittels einer Gleichstrom- (DC) oder einer Hochfrequenzentladung (HF, RF) statt, vgl. Bild 5.23. Bild 5.28 zeigt ein kommerzielles System eines 5-Achsen-Portalroboters in Auslegerbauweise mit einem 4 kW CO_2-Laser zum 3D-Laserhärten.

Zu Beginn der industriell genutzten Lasersysteme standen zunächst für das Laserstrahlhärten nur CO_2-Laser zur Verfügung. Bedingt durch die niedrige Anfangsabsorption, vgl. Bild 5.24, ist bei diesem Lasertyp ein Beschichten zum Verbessern der Absorptionseigenschaften des Werkstücks vor dem Erwärmen notwendig. Dies schränkt den industriellen Einsatz dieses Lasers für das Randschichthärten stark ein. Aus Tabelle 5.4 sind die industriell für das Randschichthärten übliche Leistung, die Wellenlänge, der Wirkungsgrad und der Arbeitsabstand zu entnehmen.

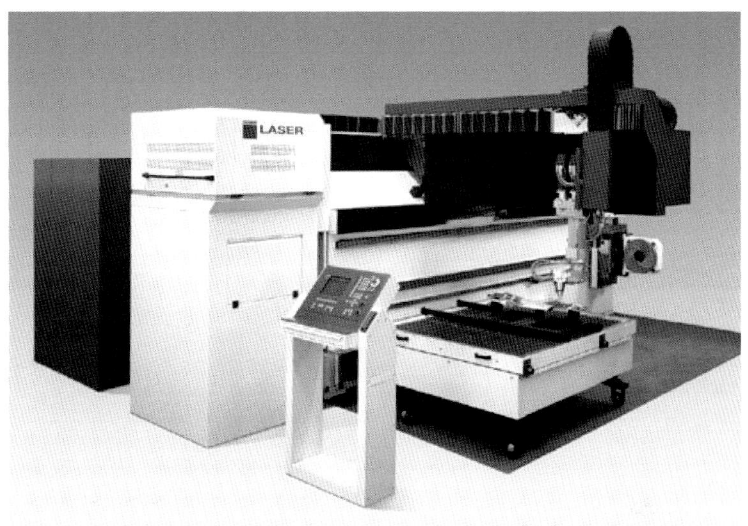

Bild 5.28: Kommerzielle Anlage zur 3D-Lasermaterialbearbeitung /Tru06/

5.4.2.1.2 Festkörperlaser

Bei Festkörperlasern werden Kristalle oder Gläser als so bezeichnete Wirtsmaterialien benutzt, die mit Metallionen oder Ionen seltener Erden als laseraktivem Medium dotiert werden. Die heute für das industrielle Randschichthärten wichtigsten Lasertypen sind der Nd:YAG- und der Yb:YAG-Laser. Beim Nd:YAG-Laser ist dies ein „**y**ttrium-**a**lumin(i)um-**g**arnet“, das ist ein mit dem Element Neodym Nd dotierter Einkristall mit Granatstruktur und der chemischen Formel $Y_3Al_5O_{12}$. Beim Yb:YAG wird anstatt mit Neodym mit Ytterbium Y dotiert. Als Pumplichtquellen werden Krypton- bzw. Xenonlampen oder Laserdioden verwendet. Bedingt durch die Wellenlänge des Festkörperlasers lässt sich das Licht nahezu verlustfrei über flexible Lichtleitkabel bzw. –fasern an den Erwärmungsort führen. Nachteilig für das Laserstrahlhärten mit Festkörperlasern, insbesondere den lampengepumpten Systemen, ist der geringe Wirkungsgrad, vgl. Tabelle 5.4.

In Bild 5.29 ist ein lampengepumpter 3 kW Nd:YAG-Laser abgebildet. Da mit Hilfe der Lichtleitkabel auch größere Distanzen zwischen Laser und Bearbeitungskopf überbrückt werden können, werden in der industriellen Praxis häufig Lasergenerator und Bearbeitungsstation räumlich getrennt. Bild 5.30 zeigt einen 6-Achsen-Knickarmroboter mit der mit dem Bearbeitungskopf – der Fokussieroptik – verbundenen Lichtleitfaser.

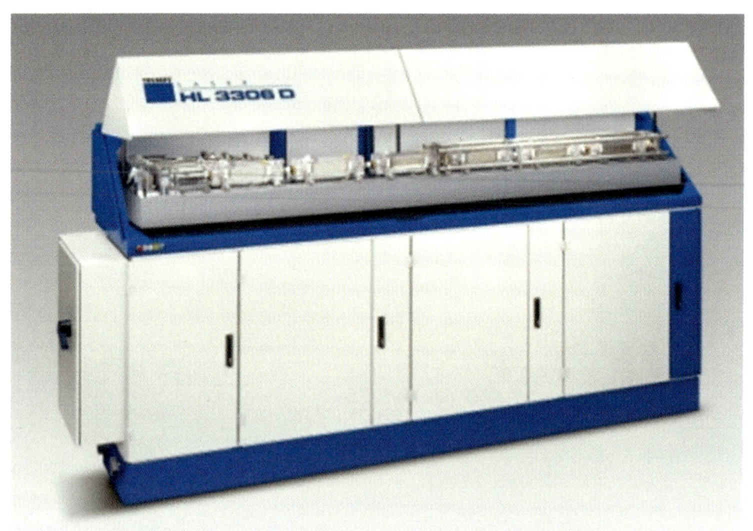

Bild 5.29: Nd:YAG-Laser: Stab, lampengepumpt /Tru06/

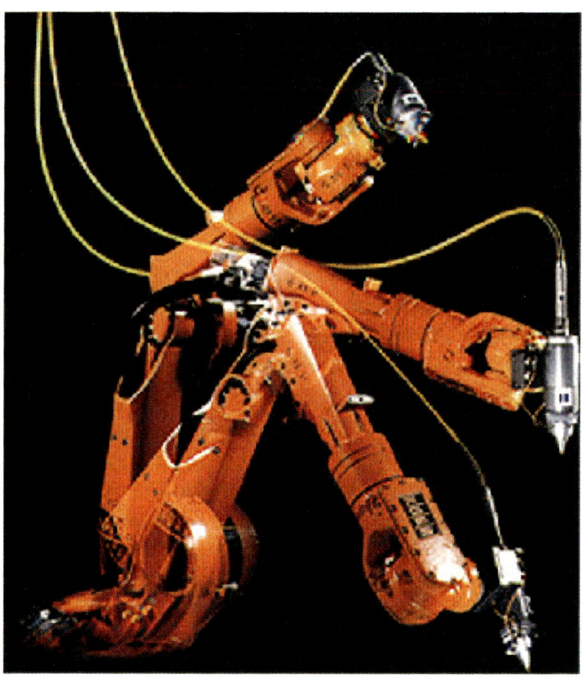

Bild 5.30: 6-Achsen-Knickarm-Roboter mit Bearbeitungskopf und Lichtleitfaser

5.4.2.1.3 Hochleistungs-Diodenlaser

Bei den Hochleistungsdiodenlasern wird das Licht aus einem Halbleiter emittiert. Es sind Systeme mit Leistungen von mehreren Kilowatt möglich. Die Bauform kann sehr kompakt gestaltet werden. Dadurch ist es möglich, den ganzen Lasergenerator in den Bearbeitungskopf einzubauen. Der Laserstrahl wird hierbei direkt als Freistrahl an den Bearbeitungsort geführt. Es ist aber auch möglich, den Strahl mittels Lichtleitkabeln zu führen, womit allerdings Leistungsverluste verbunden sind.

Bild 5.31 zeigt einen handelsüblichen Diodenlaser mit zugehöriger Stromversorgung, Bild 5.32 einen Laserkopf mit Lichtleitkabel und Bearbeitungsoptik.

Die Vorteile der Hochleistungsdiodenlaser für das Laserstrahlhärten gegenüber den Festkörperlasern und insbesondere den CO_2-Lasern sind:

- ein hoher Wirkungsgrad
- eine hohe Anfangsabsorption
- ein hoher Prozesswirkungsgrad
- eine kompakte Bauform
- eine für das Randschichthärten besonders geeignete Strahlform (Rechteckform)

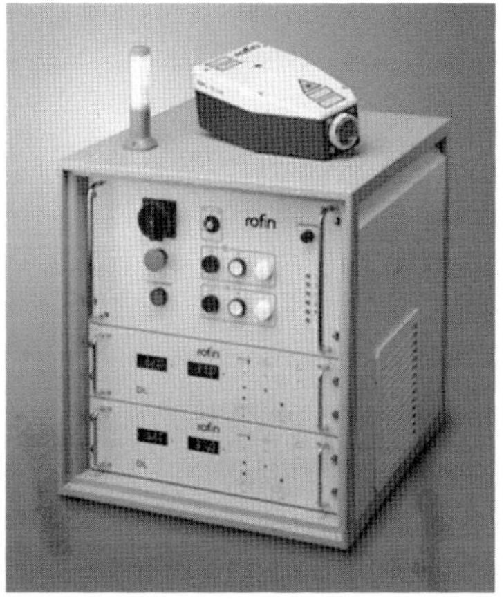

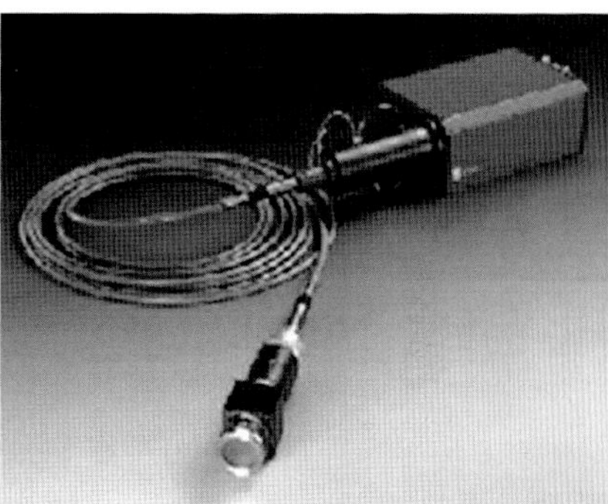

Links: Bild 5.31: Hochleistungs-Diodenlaser mit Stromversorgung /Sin03/

Rechts: Bild 5.32: Hochleistungs-Diodenlaser mit Faserkopplung /Tru06/

5.4.2.2 Führungsmaschinen

In Bild 5.33 ist ein komplettes System für das Laserstrahlhärten dargestellt. Der Ausschnitt zeigt den auf einer Linearachse befindlichen Roboter mit dem Härtemodul. Das Härtemodul besteht aus einem 3,5 kW Hochleistungsdiodenlaser mit Scanner- und Temperaturkontrolleinheit. Im Hintergrund ist die zwingend notwendige Laserschutzumhausung zu erkennen.

Bild 5.33: Industrielle Anlage zum Laserstrahlhärten

5.4.3 Anwendungsbeispiele

Das Laserstrahlhärten wird bei Großserienbauteilen nur vereinzelt zum Randschichthärten angewendet. Beispiele hierfür sind Türfedern oder Ventilsitze von Hochdruckpumpen. Eine größere Verbreitung hat das Laserstrahlhärten dagegen im Bereich des Großwerkzeug- und Formenbaus. Es löst in diesen Bereichen in zunehmendem Maße das meist manuell durchgeführte Flammhärten ab. Dadurch ist es möglich, das Randschichthärten als integralen Fertigungsschritt beim Herstellen von Großwerkzeugen einzusetzen. Da bei Großwerkzeugen meist nur die hoch beanspruchten Bereiche, wie Schneid- oder Biegekanten zu härten sind, reichen für die Anforderungen die mit dem Laserstrahl erreichbaren Werte der Einhärtungstiefe und der maximalen Einzelspurbreite aus.

Bild 5.34 gibt die Segmente eines Schneidwerkzeugs wieder, bei denen die hochbeanspruchten Schneidkanten gehärtet wurden. Bild 5.35 verdeutlicht das Laserstrahlhärten der Schneidkanten eines großen Schneidaufsatzes.

Bild 5.34: Laserstrahlgehärtete Segmente eines Schneidwerkzeugs /HOT97/

Bild 5.35: Laserstrahlhärten des Schneidaufsatzes eines Großwerkzeugs /Aud97/

5.5 Elektronenstrahlhärten

5.5.1 Prinzip des Elektronenstrahlhärtens

Der Elektronenstrahl wird in einer so bezeichneten Kanone, siehe Bild 5.36, bei einem Druck von weniger als $1 \cdot 10^{-2}$ Pa durch Emission von Elektronen aus einer glühenden Kathode erzeugt und durch elektrische Felder gebündelt, geformt und zur

Anode hin beschleunigt. Anschließend wird der Strahl in einen Rezipienten, in dem ein Druck von ca. 1 Pa herrscht, gelenkt, fokussiert und trifft auf das zu erwärmende Werkstück auf /Zen97/. Bedingt durch die geringe Masse der Elektronen ist es möglich, diese praktisch trägheitslos und extrem schnell, mit einer Frequenz von über 100 kHz, abzulenken.

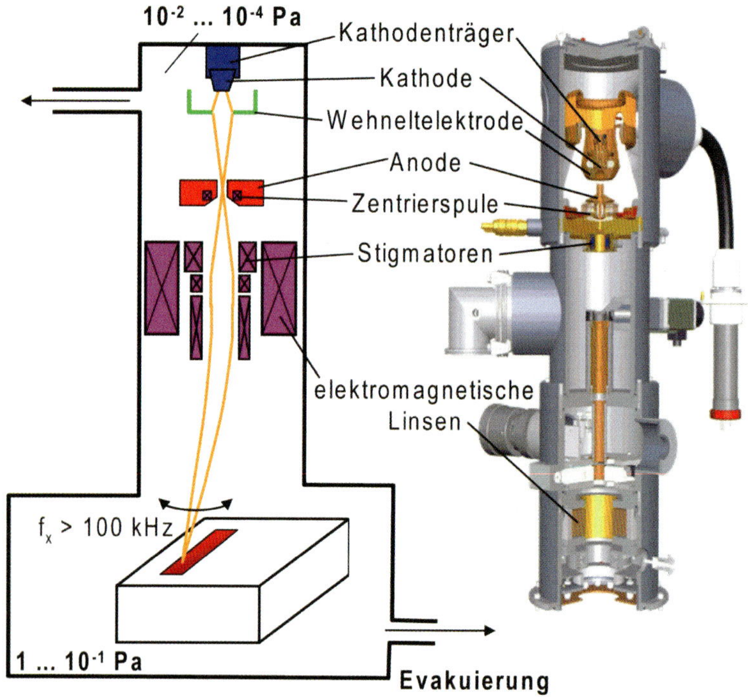

Bild 5.36: Aufbau einer Elektronenstrahlkanone

Beim Auftreffen des Elektronenstrahls auf die Werkstoffoberfläche geben die Elektronen ihre kinetische Energie durch Umwandlung der Stöße in Wärmeenergie an den Werkstoff ab. Dies geschieht in einer Absorptionsschicht, deren Dicke von der Beschleunigungsspannung abhängt und bei üblichen Anlagen im Bereich zwischen 10 und 100 µm liegt. Der Transport der eingebrachten Energie in das Werkstückinnere erfolgt durch Wärmeleitung. In Bild 5.37 sind die durch die auftreffenden Primärelektronen ausgelösten Vorgänge schematisch dargestellt. Neben reflektierten Rückstreu- und Sekundärelektronen werden auch Röntgenstrahlen und Wärme emittiert. Die Sekundärelektronen können für bildgebende Verfahren zur Prozessbeobachtung und -kontrolle verwendet werden. Gegen die entstehende Röntgenstrahlung müssen entsprechende Schutzmaßnahmen vorgesehen werden.

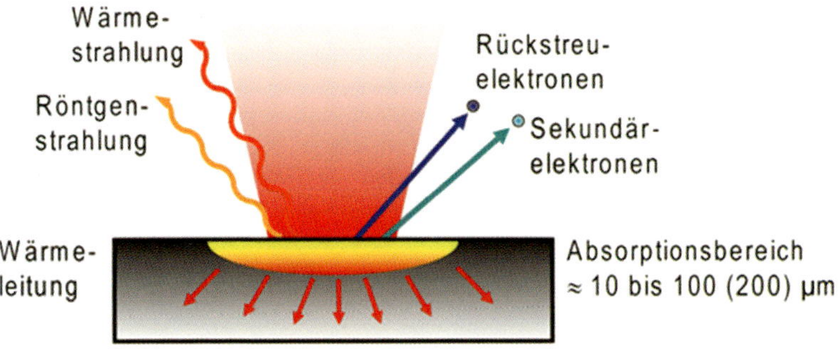

Bild 5.37: Durch den Elektronenstrahl am Werkstück ausgelöste Vorgänge

Ein Vorteil des Elektronenstrahls gegenüber anderen Wärmequellen ist die nahezu trägheitslose Ablenkbarkeit des Elektronenstrahls. Dadurch lassen sich auf der Werkstückoberfläche nahezu beliebige Spurmuster mit frei wählbarer Intensitätsverteilung erzeugen. Das Abkühlen erfolgt ausschließlich durch Selbstabschrecken, da ein Fremdabschrecken verfahrensbedingt wegen des Vakuums nicht möglich ist. Durch das Erwärmen im Vakuum ist ein Oxidieren oder Verzundern der Werkstückoberfläche beim Erwärmen ausgeschlossen.

5.5.2 Anlagentechnik

Elektronenstrahlanlagen sind in der Regel Sonderanlagen, die als Einzelsysteme oder als Komplettsysteme ausgeführt sind. Den prinzipiellen Aufbau einer Anlage zum Randschichthärten mit Erwärmen durch den Elektronenstrahl zeigt Bild 5.38.

Unabhängig vom Ausführungsprinzip besteht eine Elektronenstrahlanlage aus folgenden Komponenten:

- der Elektronenstrahl-Kanone
- dem Rezipienten mit beweglichen Werkstückaufnahme
- den Peripherigeräten: Hochspannungsgenerator, Vakuumpumpen, Kühlung
- den Steuerungen für den Elektronenstrahl und die Werkstückaufnahme.

Die für das Härten üblicherweise verwendeten Elektronenstrahlkanonen arbeiten mit einer Beschleunigungsspannung von 60 kV und liefern je nach Ausführung Strahlleistungen von 5, 10 und 20 kW.

Wegen der mit dem Einführen und Ausfahren der zu härtenden Werkstücke erforderlichen Dauer für das Evakuieren der Arbeitskammer ist es zweckmäßig, die unproduktiven Nebenzeiten möglichst kurz zu halten. Hierzu eignen sich speziell bei kleinen Werkstücken und/oder großen Serien das Zuführen in Magazinen, Anlagen mit mehreren Kammern, ein möglichst kleines Volumen der Arbeitskammer sowie eine ausreichend hohe Pumpleistung. Bild 5.39 zeigt als Beispiel eine Mehrzweck-Kammeranlage bei geöffnetem Rezipienten, die Elektronenstrahlkanone sowie den Leitstand.

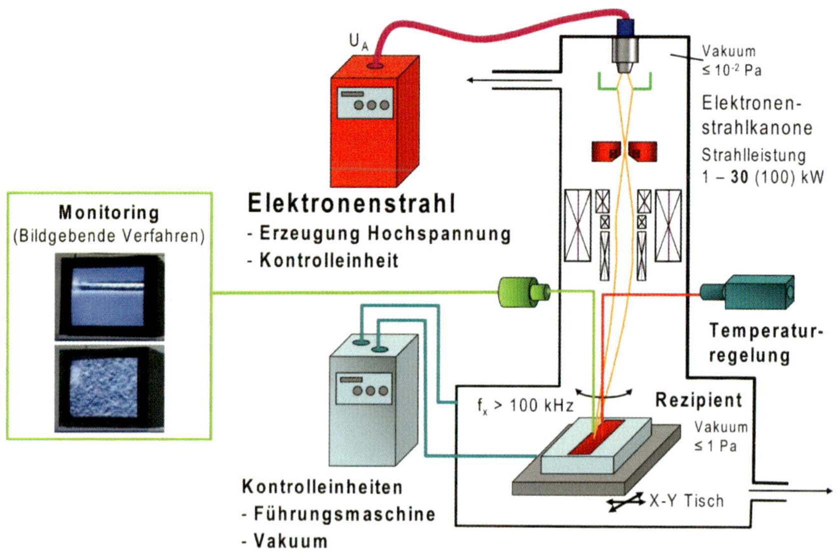

Bild 5.38: Prinzip des Elektronenstrahlhärten

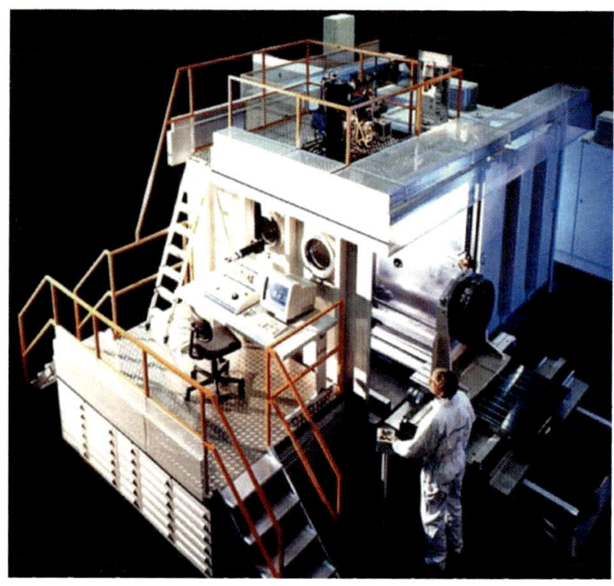

Bild 5.39: Industrielle Anlage zum Elektronenstrahlhärten /Ste06/

Einzelanlagen werden überwiegend als Mehrzweck-Kammeranlagen ausgeführt. Das Verhältnis Bauteilgröße bzw. -geometrie ist für eine Einzel- oder Magazinbestückung maßgeblich, ebenso wie für das Auslegen der Vakuumkammer(n). In Bild 5.40 sind Konzepte für rationelle Mehrkammer-Anlagen dargestellt.

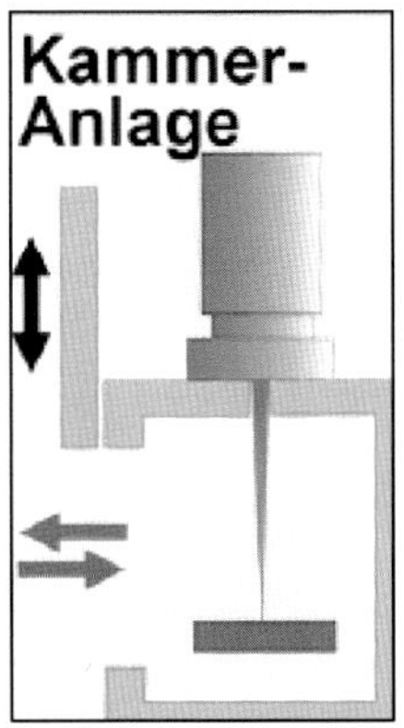

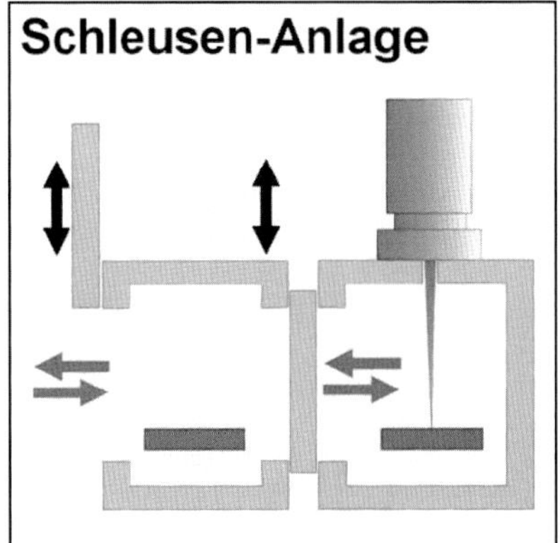

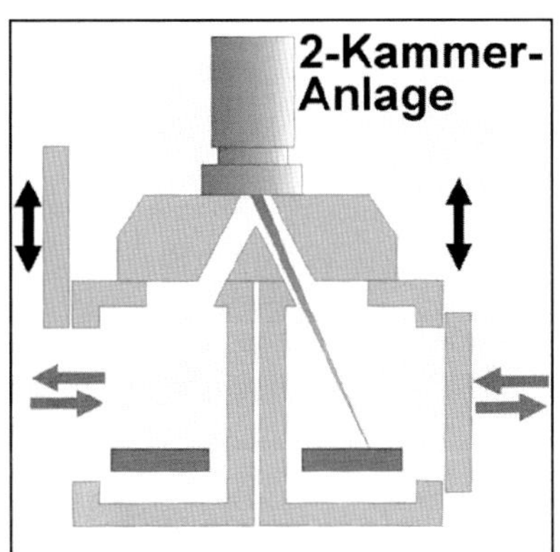

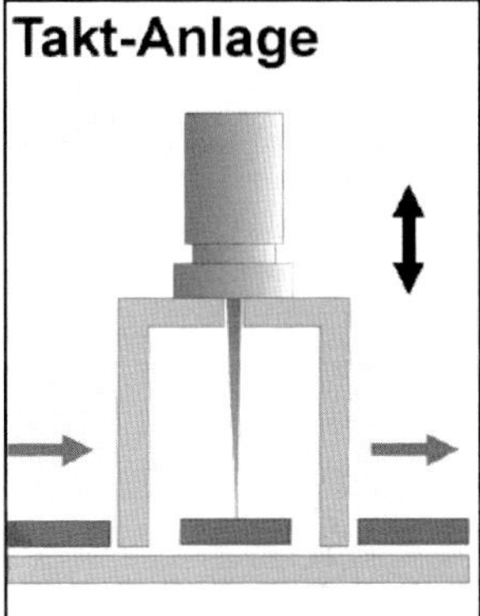

Bild 5.40: Konzepte für Anlagentypen zum Elektronenstrahlhärten /Zen97/

5.5.3 Anwendungsbeispiele

Ähnlich wie das Laserstrahlhärten wird auch das Elektronenstrahlhärten nur vereinzelt in der Serienproduktion von Bauteilen eingesetzt. Technische Messer wie Papier-, Mäh- und Holzmesser sind charakteristische Beispiele für die Anwendung mit dem Elektronenstrahl gehärteter Bauteile, siehe Bild 5.41. Bei diesen stehen geringe Form- und Maßänderung besonders im Vordergrund. Für die feinen Klingen ist der exakt dosierbare und lokal eng begrenzte Energieeintrag besonders vorteilhaft. Zum Minimieren der Maß- und Formänderung tragen die relativ milde Selbstabschreckung und das Härten der Schneidkantenunterseite vor dem Fertigschleifen der Klingen bei.

a) Mähklingen b) Härtezone schematisch

Bild 5.41: Mit dem Elektronenstrahl gehärtete Mähklingen /Zen97/

Das Beispiel in Bild 5.42 zeigt elektronenstrahlgehärtete Abschnitte von Extruderschnecken aus pulvermetallurgisch hergestellten Stählen.

Bild 5.42: Mit dem Elektronenstrahl gehärtete Extrudersegmente

5.6 Weitere Verfahren

Außer den in 5.2 bis 5.5 beschriebenen Verfahren kamen in der Vergangenheit weitere Verfahren für das Randschichthärten zum Einsatz, die sich aber im breiten industriellen Einsatz nicht bewährt haben. Als Beispiele sind zu nennen:

- Tauchhärten
- Reib- oder Schleifhärten
- Plasmastrahlhärten
- Härten nach Erwärmen mit Hochleistungslampen.

Beim *Tauchhärten* handelt es sich um ein Übertragen der Wärme von außen durch das Eintauchen in heiße Salzschmelzen. Dabei wird nur eine Randschicht des Werkstücks zum Austenitisieren erwärmt. Zum Härten werden die Werkstücke dann in ein geeignetes Abschreckmittel getaucht. Es ist zweckmäßig für diese Methode speziell geeignete Stähle zu verwenden.

Beim Plasmahärten wird mit einem Plasmabrenner ein heißer Plasmastrahl erzeugt. Dazu kann ein Lichtbogen- oder Hochfrequenz-Plasmabrenner benutzt werden. Mit diesem wird von einem Lichtbogen oder durch Anlegen von Hochfrequenz ein strömendes ionisierbares Gas ionisiert und auf Temperaturen von $1 \cdot 10^4$ K bis $2 \cdot 10^4$ K erwärmt. Der Plasmastrahl wird dann mit einer Pistole bzw. Düse auf die Werkstückoberfläche gerichtet. Die Energiedichte liegt in der Größenordnung von ca. 10^4 W/cm^2.

Beim Reib- oder Schleifhärten wird die zum Austenitisieren erforderliche Wärme durch mechanische Reibung mit an das zu härtende Werkstück speziell angepassten Reibkörpern oder aber im Zusammenhang mit dem Fertigschleifen erzeugt. Das Abschrecken zum Härten kann bei dieser Methode durch Fremd- oder Selbstabschrecken erfolgen. Im letztgenannten Fall ist es erforderlich, legierte Stähle mit ausreichender Härtbarkeit zu verwenden. Beim Erwärmen durch Schleifen kann auch das Kühlschmiermittel zum Abschrecken benutzt werden.

5.7 Eigenschaften randschichtgehärteter Werkstücke

5.7.1 Härte und Härteprofil – Einhärtungs-Härtetiefe

Durch das Randschichthärten wird die Oberflächenhärte erhöht. Dies wird üblicherweise mit einem belasteten Prüfkörper, der in die Oberfläche des zu prüfenden Teils eindringt, einem Indentor, geprüft. Die Prüfkraft muss auf die vorliegende Härtetiefe abgestimmt werden, um bei zu großer Prüfkraft einen Eierschaleneffekt und damit Fehlmessungen zu vermeiden. Zur Durchführung der Prüfung siehe Kapitel 12 „Prüfen des wärmebehandelten Zustands“.

Nach dem Randschichthärten liegt im Werkstückquerschnitt ein Härteprofil vor, das dadurch gekennzeichnet ist, dass die Härte mit zunehmendem Abstand von der Oberfläche mehr oder weniger stetig bis auf die Härte des Ausgangszustands abnimmt. In Bild 5.43 ist dies schematisch dargestellt.

Bei vorher vergüteten Teilen ergibt sich im Übergangsbereich ein Absinken der Härtezwischen dem gehärteten und dem vergüteten Querschnittsbereich – Härtegraben – infolge der Anlasswirkung durch das Erwärmen zum Randschichthärten.

Zum Ermitteln des Härteprofils und der daraus abgelesenen Härtetiefe muss das zu prüfende Teil zerstört werden, um einen Querschliff anzufertigen, siehe Kapitel 12.

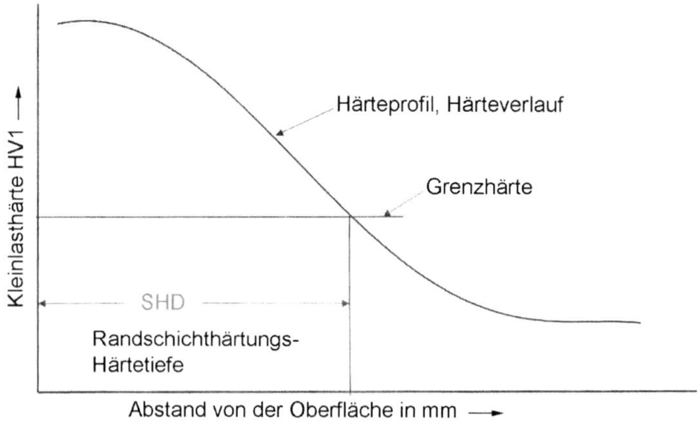

5.43: Härteprofil eines randschichtgehärteten Werkstücks – schematisch

5.7.2 Festigkeitsverhalten

Nach dem Härten weist die Randschicht eine höhere Härte und eine höhere örtliche Festigkeit auf. Außerdem entstehen in der Randschicht im Regelfall Druckeigenspannungen. Dies führt zu einer höheren Schwingfestigkeit bei Beanspruchungen z. B. durch Biegung oder Torsion. Besonders günstig wirkt sich dies auf die Bauteilfestigkeit gekerbter Bauteile, z. B. Zahnräder oder Wellen mit Einstichen, Querbohrungen oder schroffen Querschnittsübergängen aus. Bei diesen können die Druckeigenspannungen die Spannungsspitzen im Kerbgrund mehr oder weniger stark kompensieren.

5.7.3 Verschleißverhalten

Die höhere Härte der Randschicht verbessert das Verschleißverhalten. Besonders günstig wirkt sich dies bei den Verschleißmechanismen Abrasion oder Furchungsverschleiß, bei Tribooxidation oder Passungsrost sowie bei Wälzermüdung aus. Bei den erstgenannten Beanspruchungsarten bestimmt die Härte den Verschleißwiderstand. Gemäß den Regeln für die Aufhärtbarkeit setzt dies die Verwendung von Stählen mit ausreichend hohem Kohlenstoffgehalt voraus. Die Verbesserungen der Wälzverschleißfestigkeit resultieren dagegen nicht nur aus der Randschichtfestigkeit, sondern maßgeblich aus der Einhärtungs-Härtetiefe. Diese muss mindestens bis zu dem Oberflächenabstand reichen, in dem das Maximum der durch die Hertz'sche Flächenpressung induzierten Schubspannung auftritt.

5.8 Hinweise zur Anwendung des Randschichthärtens

5.8.1 Wärmebehandlungsgerechte Anordnung der Härtezonen

Da es sich bei allen Verfahren zum Randschichthärten um ein örtlich begrenztes Härten handelt, ist auf die Lage und Gestaltung des gehärteten Bereichs – „Härtezone" – besonders zu achten. Der gehärtete Bereich sollte beispielsweise nicht in hoch beanspruchten, rissgefährdeten Bereichen wie Kerben oder Querschnittsübergängen unterbrochen werden oder enden. In Bild 5.43 sind einige ausgewählte Werkstückgeometrien mit richtig und falsch ausgelegter Härtezone dargestellt. Für das Kennzeichnen in Zeichnungen gilt DIN ISO 15787. Danach wird der gehärtete Bereich außerhalb der Werkstück-Kontur durch eine breite Strichpunktlinie markiert, vgl. Kapitel 13 „Wärmebehandlungsangaben in Zeichnungen und Fertigungsunterlagen".

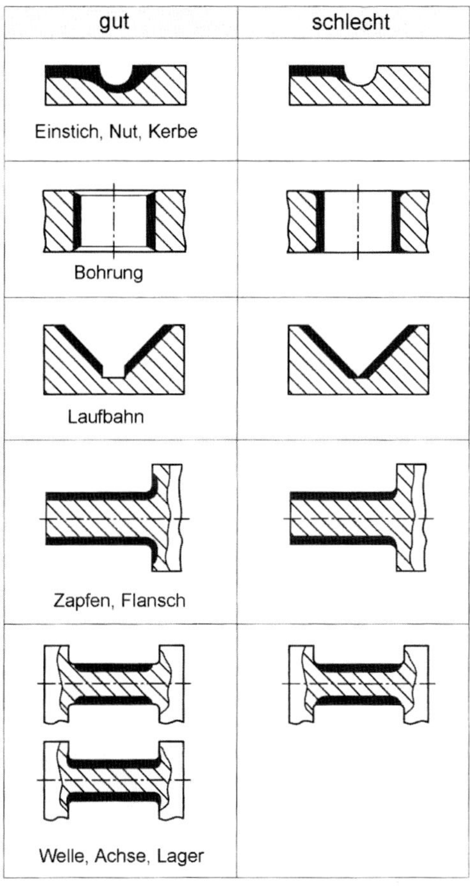

Bild 5.44: Beispiele für die wärmebehandlungsgerechte Ausbildung von Härtezonen

Zu beachten ist allerdings, dass jedes der beschriebenen Randschichthärtungsverfahren prozessspezifische Besonderheiten besitzt, die ebenfalls bei der Lage und Gestaltung des zu härtenden Bereichs berücksichtigt werden müssen. So ist beim Laserstrahlhärten beispielsweise der prozesstechnisch mögliche Einstrahlwinkel des Laserstrahls zu beachten oder beim Induktionshärten der Stromverlauf im Werkstück.

5.8.2 Werkstofftechnische Aspekte

5.8.2.1 Das Kurzzeitaustenitisieren

Beim Randschichthärten erfolgt das Erwärmen zum Austenitisieren mit hohen Aufheizraten. Wie bereits in Tabelle 5.1 gezeigt, werden Aufheizraten von 103 K/s beim Flammhärten und bis zu 105 K/s beim Laserstrahl- und Elektronenstrahlhärten erreicht. Auch wird in der Regel nur kurz auf Temperatur gehalten. Man spricht daher auch von einem Kurzzeitaustenitisieren.

Die beim Erwärmen und Halten zum Austenitisieren ablaufenden Vorgänge im Werkstoff sind in den Kapiteln 1 und 2 ausführlich dargestellt. Das Randschichthärten unterscheidet sich davon, dass durch das deutlich schnellere Erwärmen im Unterschied zur Ofenerwärmung auf 50 °C bis 150 °C höhere Temperaturen erwärmt werden muss, um eine möglichst homogene Austenitisierung der Randschicht zu erreichen. Dies ist aus der Darstellung des Zeit-Temperatur-Austenitisier-Schaubilds für kontinuierliches Erwärmen in Bild 5.45 am Beispiel des Stahls C45 abzulesen.

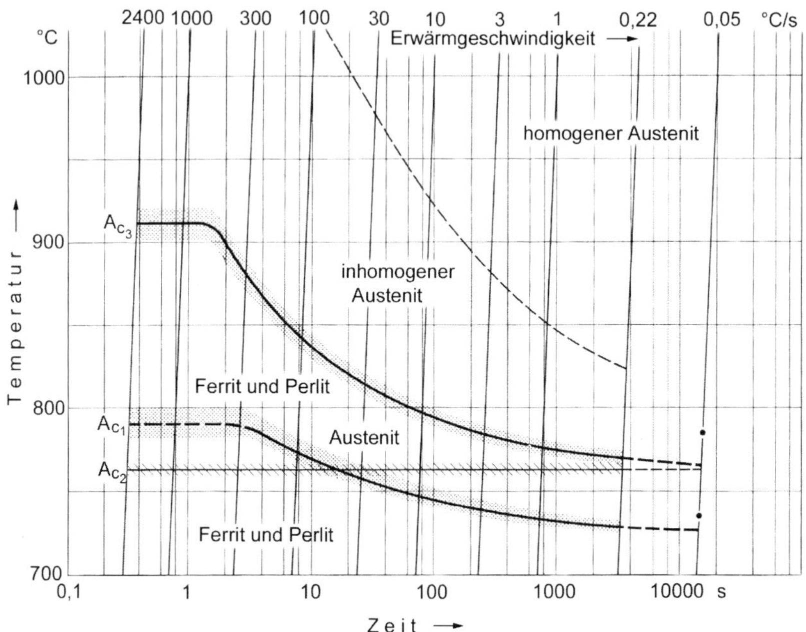

Bild 5.45: ZTA-Schaubild für kontinuierliches Austenitisieren des Stahls C45 /Orl73/

Beim Austenitisieren finden folgende Vorgänge statt:

- der Zementit (Fe_3C) im Perlit zerfällt und Kohlenstoff wird frei
- Ferrit wandelt sich in Austenit um
- der aus dem Zerfall des Zementits freiwerdende Kohlenstoff wird interstitiell im Austenit gelöst
- der Kohlenstoff verteilt sich mehr oder weniger gleichmäßig im Austenit.

Da es sich um diffusionsbestimmte Vorgänge handelt, sind sie von der Temperatur und der Haltedauer abhängig. Aus Bild 5.45 geht hervor, dass sich mit zunehmender Erwärmgeschwindigkeit die jeweiligen Umwandlungstemperaturen A_{C1} und A_{C3} zu höheren Temperaturen hin verschieben.

Außer der Erwärmgeschwindigkeit, hat der Werkstoffzustand des Ausgangszustands einen entscheidenden Einfluss auf das Ergebnis beim Kurzzeitaustenitisieren. Dies ist am Beispiel des ZTA-Diagramms des Stahls 50CrMo4 in Bild 5.46 zu sehen. In diesem sind die Umwandlungslinien A_{C1} und A_{C3} für unterschiedliche Ausgangsgefüge eingezeichnet. Es ist zu erkennen, dass für den weichgeglühten Zustand deutlich höhere Temperaturen zum Austenitisieren erforderlich sind als für einen martensitischen oder vergüteten Ausgangszustand. Dazwischen liegt das Verhalten eines normalisierten (perlitisch-ferritischen) Ausgangsgefüges.

Außerdem ist zu berücksichtigen, dass legierte Stähle höhere Umwandlungstemperaturen und eine längere Umwandlungsdauer benötigen als niedriger oder unlegierte Stähle.

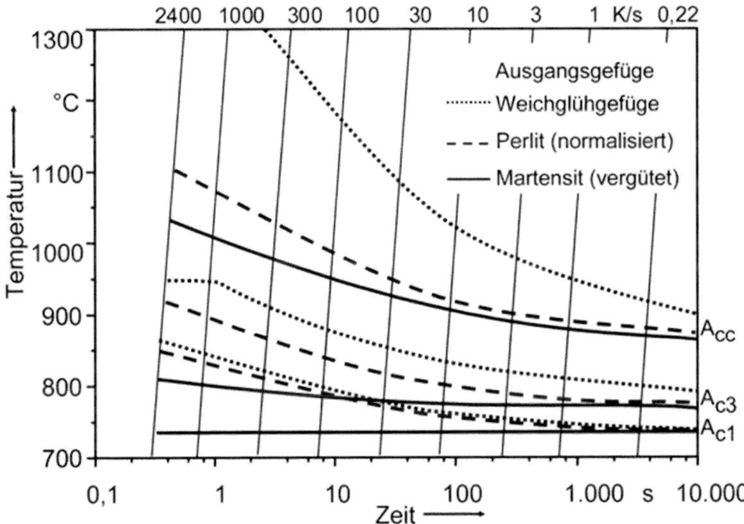

Bild 5.46: ZTA-Diagramm des Stahls 50CrMo4 in Abhängigkeit vom Ausgangsgefüge /Orl73/

5.8.2.2 Werkstoffwahl

Die Werkstoffwahl richtet sich in erster Linie nach der erforderlichen Oberflächenhärte und der erforderlichen Einhärtungstiefe. Hierbei ist die Aufhärtbarkeit, die vom Kohlenstoffgehalt bestimmt wird und die Einhärtbarkeit, die sich aus der Menge der Legierungselemente, im Wesentlichen Molybdän, Chrom und Mangan, ergibt, vgl. Kapitel 4 „Härtbarkeit", zu berücksichtigen. Prinzipiell können nicht nur die üblicherweise verwendeten Vergütungsstähle, sondern auch Wälzlagerstähle oder Werkzeugstähle randschichtgehärtet werden. Die maximal erreichbare Oberflächenhärte lässt sich mit den im Kapitel 4 angegebenen Formeln berechnen. Die früher gültige DIN 17212 „Stähle für das Induktions- und Flammhärten" ist ersatzlos zurückgezogen worden.

5.8.2.3 Werkstoffzustand

Hinsichtlich der Ausbildung des Ausgangsgefüges eignen sich alle homogenen und feinkörnigen Gefügestrukturen, wie beispielsweise vergütete oder normalisierte Gefüge. Eisengusswerkstoffe sollten ein überwiegend perlitisches Matrixgefüge besitzen. Bild 5.47 zeigt beispielhaft einige für das Randschichthärten geeignete Ausgangsgefüge, Bild 5.48 einige bedingt geeignete mit den daraus resultierenden Härtegefügen. In Bild 5.49 sind Beispiele für ungeeignete Zustände zu sehen.

Als „bedingt geeignet" sind solche Ausgangsgefüge zu bezeichnen, welche entweder kein homogenes Ausgangsgefüge oder stark eingeformten Zementit aufweisen. Dies sind zum einen schmiedeperlitisch hergestellte Bauteile mit dem so bezeichneten BY-Gefüge oder auf gute Zerspanbarkeit wärmebehandelte Bauteile wie z. B. GKZ-Zustände. Bei Eisengusswerkstoffen sind dies perlitisch-ferritische Matrixgefüge, vgl. Bild 5.48. Wird das Randschichthärten nicht den Gegebenheiten dieser Gefügezustände angepasst, können daraus inhomogene Härtegefüge resultieren. In solchen Fällen sind in der Regel eine längere Haltedauer und/oder eine höhere Austenitisiertemperatur oder aber eine zweckentsprechende Vorbehandlung, z. B. Vergüten oder Perlitisieren, erforderlich.

Ungeeignet für das Randschichthärten sind grobkörnige Ausgangsgefüge, da bei diesen für eine homogene Kohlenstoffverteilung im Austenit lange Diffusionswege und damit eine lange Austenitisierdauer notwendig sind. Da beim Randschichthärten nur der im Werkstoff vorhandene Kohlenstoff für das Härten zur Verfügung steht, sind entkohlte oder rein ferritische Ausgangsgefüge ebenfalls ungeeignet, vgl. Bild 5.49.

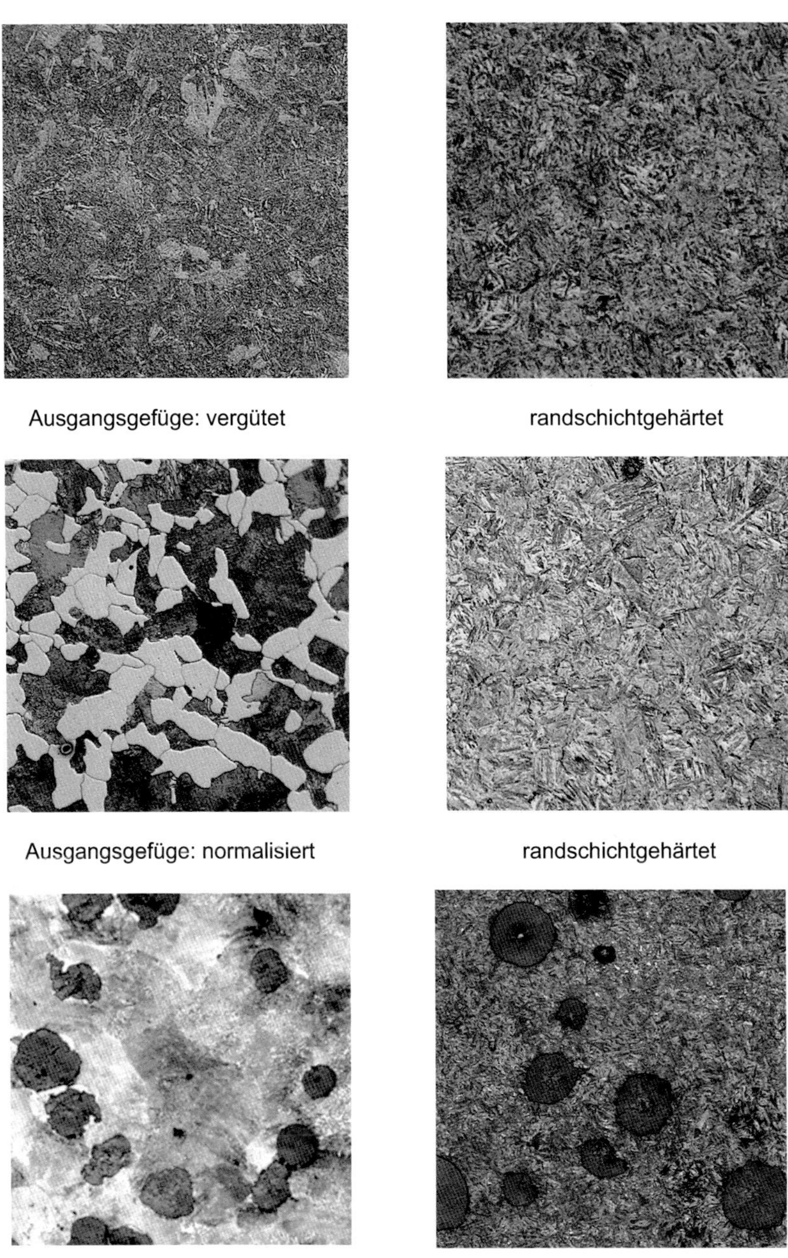

Bild 5.47: Für Randschichthärten geeignete Ausgangsgefüge und Resultat

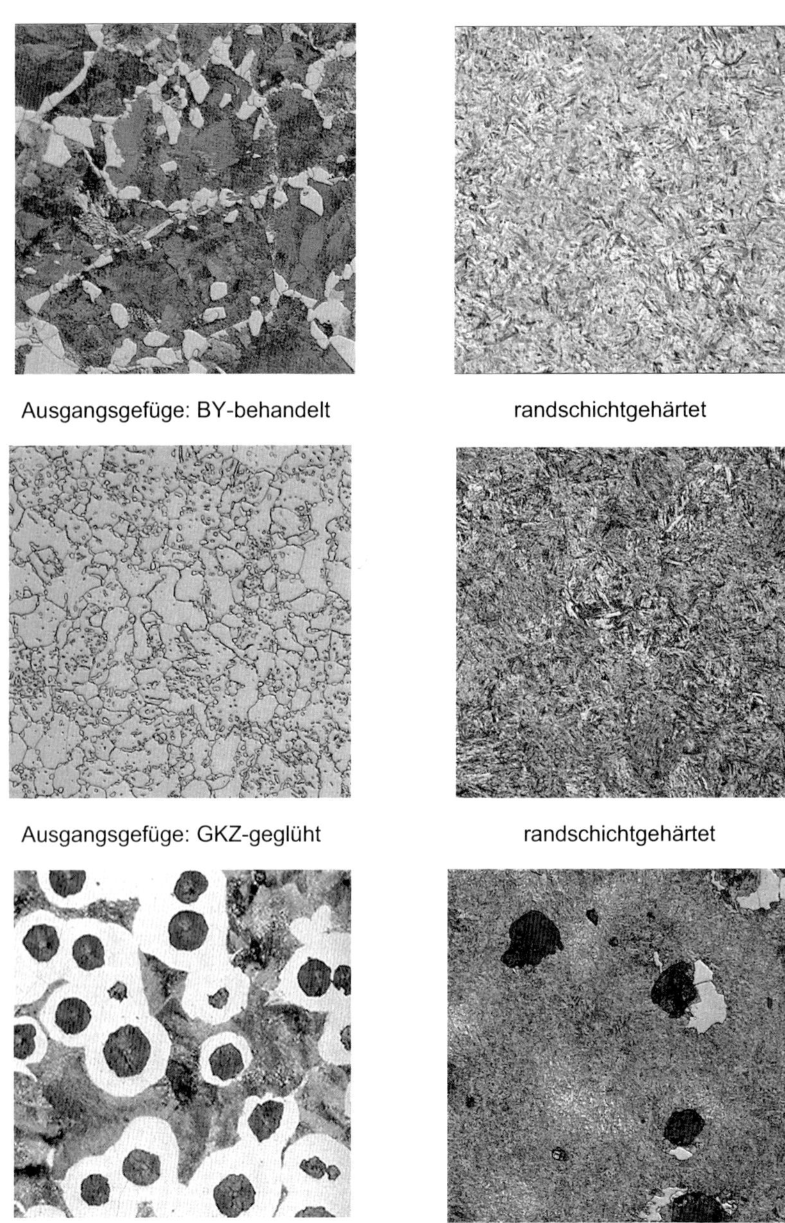

Bild 5.48: Bedingt geeignete Ausgangsgefüge und Resultat

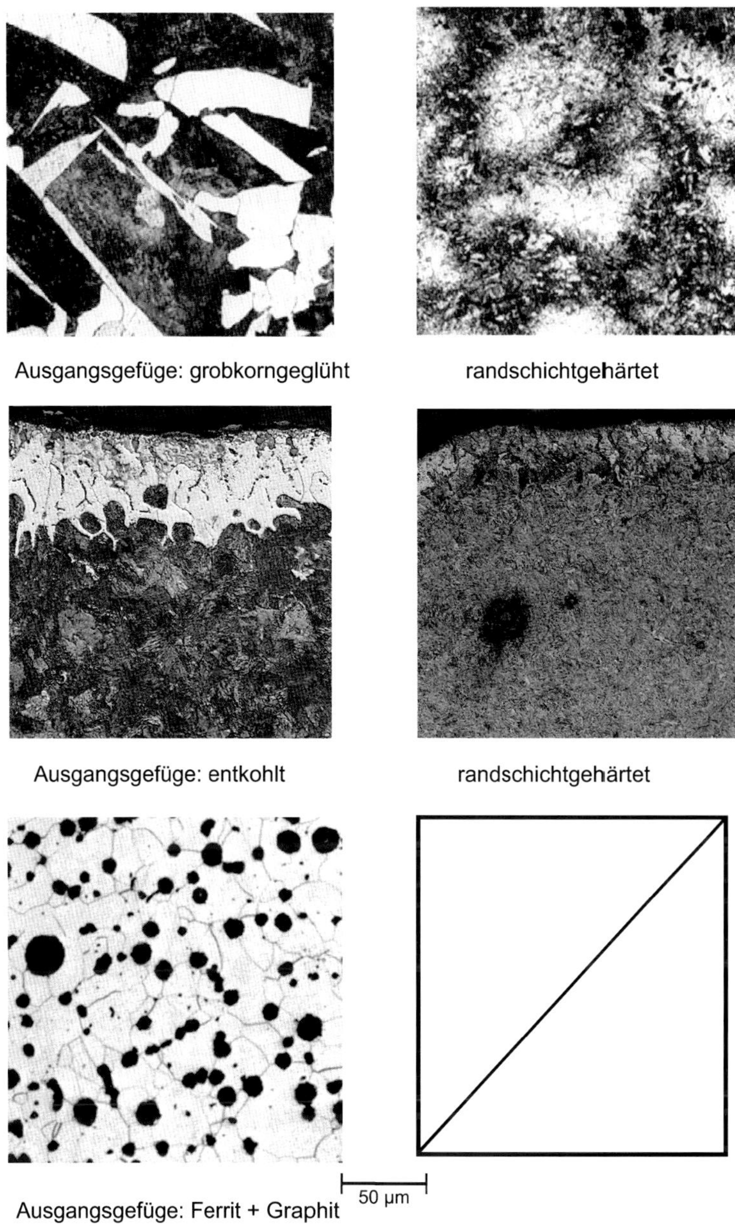

Bild 5.49: Für das Randschichthärten **ungeeignete Ausgangsgefüge** und resultierende Härtegefüge

5.8.3 Vorbehandeln und Vorbereiten der Werkstücke

Als Vorbehandlung für das Randschichthärten kommt ein Vergüten infrage, wenn Bauteile zusätzlich zu einer hohen Härte und Festigkeit am Rand eine ausreichend hohe Grund- oder Kernfestigkeit besitzen müssen. In diesem Fall ist es zweckmäßig, vor dem Randschichthärten ein Vergüten durchzuführen, d. h. ein Härten mit einem Anlassen im Temperaturbereich zwischen 550 °C und 650 °C. In diesem Zusammenhang ist zu berücksichtigen, dass durch das Erwärmen und Austenitisieren beim Randschichthärten infolge von Anlasseffekten im Übergang zum vergüteten Bereich unvermeidbar ein so bezeichneter „Härtegraben“ entsteht.

Ein Vergüten vor dem Randschichthärten kann auch vorteilhaft sein, um einen Ausgangszustand mit homogener Kohlenstoffverteilung einzustellen und damit im Hinblick auf die prinzipiell kurze Austenitisierdauer einen homogenen Austenit zu erzeugen.

Beim Randschichthärten schlanker Achsen und Wellen werden beim Erwärmen häufig im Werkstück vorhandene Eigenspannungen ausgelöst, die zu Maß- und Formänderungen führen können. Hinzu kommen weitere thermisch und umwandlungsbedingte Maß- und Formänderungen durch das Härten. Entsteht dadurch ein zu großer Verzug, kann es zweckmäßig sein, vor dem Randschichthärten ein Spannungsarmglühen, also ein Erwärmen und Halten auf einer Temperatur von ca. 600 °C, gefolgt von langsamem Abkühlen, vgl. Kapitel 9 „Glühen“, durchzuführen.

5.8.4 Abschrecken

Nach der Art des Abkühlens der austenitischen Randschicht zum Erzielen einer martensitisch gehärteten Randschicht wird zwischen Selbst- und Fremdabschrecken unterschieden. Beim so bezeichneten Selbst- oder Volumenabschrecken erfolgt das Abkühlen durch Wärmeleitung in das Werkstückinnere. Die dabei erzielbare Abschreckrate gewährleistet nur dann die zur Martensitbildung erforderliche kritische Abkühlgeschwindigkeit, wenn das Werkstückvolumen im Verhältnis zur austenitisierten Randschicht groß genug ist.

Trifft dies nicht zu, ist ein Fremdabschrecken unumgänglich. Der Wärmeübergang muss dann mit einem geeigneten Abschreckmittel von außen herbeigeführt werden.

Bedingt durch das erforderliche Erwärmen im Vakuum ist ein Fremdabschrecken beim Elektronenstrahlhärten nicht möglich, sondern es kann nur ein Selbstabschrekken des Werkstücks stattfinden. Beim Laserstrahlhärten kann mittels Druckluft oder Schutzgas zusätzlich zum Selbstabschrecken ein Fremdabschrecken vorgenommen werden.

Beim Flamm- und Induktionshärten werden hingegen verschiedene flüssige Abschreckmittel für das Fremdabschrecken verwendet. Eine Übersicht über die gebräuchlichsten Abschreckmedien enthält Tabelle 5.5.

Beim Flammhärten wird häufig Wasser ohne Zusätze verwendet; beim Induktionshärten dagegen überwiegend eine Emulsion aus Wasser und Poly-Alkylen-Glykolen (PAG) als Additiv. Damit ist es möglich, über die Art und Konzentration des Additivs die Abkühlcharakteristik des Abschreckmediums gezielt einzustellen und an den jeweiligen Werkstoff und/oder das jeweilige Bauteil anzupassen. Der eingesetzte Konzentrationsbereich liegt zwischen 4 % und ca. 20%.

Tabelle 5.5: Übersicht über die möglichen Abschreckmittel

Mittel	**Methode**	**Bemerkungen**
Wasser	**Spritzbrausen** **Turbulentes Tauchbad**	- nicht immer zuverlässig (Dampfblasen) - Rissgefahr (bes. legierte Stähle) - kein Korrosionsschutz
Wasser-Öl-Emulsion		- meist unzureichende Wirkung - ausreichender Korrosionsschutz
Polymer-Lösungen		**- Abschreckgeschwindigkeit einstellbar** **- geringer Korrosionsschutz**
Hochleistungsöle	Turbulentes Tauchbad Sonderfall: Spritzbrause	- Rissrisiko bei hochlegiert. Stahl - guter Korrosionsschutz
Druckluft	Luftdüsen	- für dünne Bauteile (geringe Rht) - für hochlegierte Stähle mit besonderem Rissrisiko - Problem: Lautstärke
Pressluft mit Wasseranteil	Spezialdüsen	- bisher wenige Erfahrungen

Der entscheidende Vorteil der Polymer-Lösungen liegt nicht unbedingt nur in einer geänderten Abschreckwirkung gegenüber Wasser, sondern in ihrer Eigenschaft, das Rissrisiko zu vermindern. Dies erfolgt dadurch, dass beim Auftreffen des Polymers auf die heiße Werkstückoberfläche sofort ein dünner Kunststofffilm entsteht, der das Entstehen von kleinen und kleinsten Dampfblasen verhindert. Der Übergang vom Filmsieden zum Blasensieden mit seiner hohen Geschwindigkeit für den Wärmeentzug stellt sich auf der gesamten Werkstückoberfläche nahezu gleichzeitig ein. Die Folge ist ein gleichmäßiger Wärmeentzug ohne lokale Verzögerungen während des gesamten Abschreckvorganges. Der von den PAG-Polymeren gebildete Film ist hitzebeständig und bei hohen Temperaturen wasserunlöslich. Bei Raumtemperatur löst er sich jedoch und verschwindet im Abschreckmittel.

5.8.5 Nachbehandeln nach dem Randschichthärten

5.8.5.1 Reinigen

Nach dem Randschichthärten mit Fremdabschreckung kann es je nach verwendetem Abschreckmittel erforderlich sein, die Rückstände des Abschreckmittels zu entfernen. Dies insbesondere dann, wenn ein Anlassen in einem Ofen durchgeführt wird, in dem dann die Rückstände mehr oder weniger vollständig abdampfen können und störende oder gefährliche Kondensate entstehen können.

Abhängig von der Temperatur und Haltedauer lässt sich beim Flamm- und Induktionshärten eine gewisse Zunderbildung im Bereich der Härtezone nicht immer vermeiden. Sofern diese beim nachfolgenden Bearbeiten stört oder nicht entfernt oder durch ein Randschichthärten unter Schutzgas vermieden werden kann, kann ein Entzundern z. B. durch Strahlen notwendig sein.

5.8.5.2 Anlassen

Wie beim konventionellen Härten ist ein Anlassen nach dem Randschichthärten empfehlenswert, um das Risiko einer Rissbildung beim anschließenden Hartbearbeiten zu vermeiden. Folgende Verfahren kommen zur Anwendung:

- konventionelles Anlassen im Ofen
- Erwärmen mit der gleichen Wärmequelle wie beim Austenitisieren
- Anlassen aus der Restwärme.

Jede dieser drei Möglichkeiten hat ihre spezifischen Vor- und Nachteile. Allerdings ist das Anlassen aus der Restwärme als kritisch zu betrachten. Bei diesem Verfahren wird das Abschrecken kontrolliert abgebrochen und die im Bauteil vorhandene Wärme zum Anlassen genutzt. Dies setzt aber ein genaues Einhalten aller Prozessparameter voraus und ist außerordentlich stark abhängig vom Werkstück und dem verwendeten Werkstoff.

Grundsätzlich muss beachtet werden, dass das rasche Erwärmen mit den üblicherweise hohen Leistungsdichten für die harte Randschicht grundsätzlich ein Risiko darstellt. Es ist daher zu empfehlen, das Erwärmen zum Anlassen mit nicht zu hoher Leistungsdichte und Erwärmgeschwindigkeit durchzuführen und eine ausreichend Haltedauer vorzusehen.

5.8.5.3 Richten

Schlanke Werkstücke wie Wellen oder Achsen die sich durch das Randschichthärten zu stark verzogen haben, müssen gegebenenfalls durch Biegen unter plastischer Verformung gerichtet werden. Hierbei ist zu beachten, dass die harte Randschicht nur begrenzt plastisch verformbar ist. Es kann zweckmäßig sein, durch mehrmaliges Durchbiegen der Teile an mehreren Stellen mit nicht zu breiter Auflage, den Verzug zu reduzieren. Anderenfalls ist stattdessen spanabhebend zu bearbeiten.

5.9 Literatur

/Stä74/ Stähli, G. Die hochenergetische Kurzzeit-Oberflächenhärtung von Stahl mittels Elektronenstrahl-, Hochfrequenz- und Reibimpulsen
HTM Härterei-Techn. Mitt. 39 (1974) 2, S. 55 – 65

/Ger00/ Härterei Gerster AG Firmenschrift Härterei Gerster AG, Egerkingen, Schweiz (2000)

/FTS05/ FTSI Firmenschrift Flame Treating Systems Inc.
Durham, NC, USA, 2005

/EFD98/ EFD Induction GmbH Firmenschrift EFD Induction GmbH, Freiburg, 1998

/Düs01/ Düsseldorf, M. Induktionshärten von Zahnstangen für Servolenkungen. Carl Hanser Verlag, München,
HTM Härterei-Techn. Mitt. 56 (2001) 1, S. 48 – 50

/Sti04/	Stiele, H.	Induktive Allzahnhärteverfahren Elektrowärme International, 62 (2004) 3, S. 109 – 113
/SMS02/	SMS Elotherm	Firmenschrift SMS Elotherm GmbH Remscheid, 2002
/Hüg92/	Hügel, H.	Strahlwerkzeug Laser B.G. Teubner, Stuttgart 1992
/Sin03/	Rofin Sinar GmbH	Firmenschrift Rofin Sinar GmbH, Hamburg, 2003
/Tru06/	Trumpf Laser- und Systemtechnik GmbH	Firmenschrift Trumpf Laser- und Systemtechnik GmbH, Ditzingen, 2006
/Las06/	Laserline GmbH:	Firmenschrift Laserline GmbH, Mühlheim-Kärlich, 2006
/HOT97/	HOT GmbH	HOT GmbH, Nürnberg, 1997
/Aud97/	Audi	Audi AG, Ingolstadt, 1997
/Zen97/	Zenker R.; Wagner, E.; Furchheim, B.	Sonderdruck Elektronenstrahl-Technologie GmbH Chemnitz, 1997
/Ste06/	Steigerwald Strahltechnik GmbH:	Firmenschrift Steigerwald Strahltechnik GmbH, Maisach, 2006
/Orl73/	Orlich, J.; Rose, A.; Wiest, P.	Atlas zur Wärmebehandlung der Stähle, Band 3, Zeit-Temperatur-Austenitisier-Schaubilder, Verlag Stahleisen, Düsseldorf, 1973

6 Aufkohlen, Carbonitrieren, Einsatzhärten – Grundlagen und praktische Durchführung

Dieter Liedtke

6.1 Zweck des Einsatzhärtens, Begriffe

Bauteile und Werkzeuge lassen sich dann besonders wirtschaftlich zerspanen und umformen, wenn sie aus Stählen mit niedrigen Kohlenstoffgehalten hergestellt werden. Bevorzugt werden dazu die so bezeichneten *Einsatzstähle* gemäß DIN EN 10084 oder die *Automateneinsatzstähle* gemäß DIN 1651 mit Kohlenstoffgehalten von 0,1 bis 0,3 % benutzt.

Sollen Werkstücke aus diesen Stählen durch Härten eine hohe Härte und Festigkeit erhalten, ist es notwendig, sie entsprechend der Gesetzmäßigkeit der Aufhärtbarkeit, vgl. Kapitel 4 „Härtbarkeit – Eignung der Eisenwerkstoffe zum Härten“, mit einem höheren Kohlenstoffgehalt zu versehen. Dies geschieht durch ein thermochemisches Behandeln, das *Aufkohlen*. Anschließend darauf folgt dann ein *Härten*. Diese beiden aufeinander folgenden Behandlungen werden als *Einsatzhärten* bezeichnet.

Wird die Werkstückrandschicht zusätzlich zum Kohlenstoff auch mit Stickstoff angereichert, wird die Behandlung als *Carbonitrieren* bezeichnet. Einsatzhärten besteht demnach aus Aufkohlen ***oder*** Carbonitrieren ***und*** Härten, vgl. DIN EN 10052.

6.2 Das Verhältnis Eisen-Kohlenstoff

Die Kohlenstoffatome sind etwa halb so groß wie die Eisenatome. Das ermöglicht es, sie auf Zwischenplätzen des Eisengitters einzulagern. Vorzugsweise sind dies die Oktaederlücken. Die *interstitiell* lösliche Kohlenstoffmenge ist allerdings nicht beliebig groß, sondern ergibt sich aus dem Lösungsvermögen der beiden Strukturen Ferrit und Austenit. Im Ferrit sind bei 723 °C höchstens 0,02 Massenanteile Kohlenstoff in % löslich, im Austenit des reinen Eisens sind es bei 723 °C 0,80 Masse-% und bei 1147 °C maximal 2,06 Masse-%. Anwesende Legierungselemente wie z. B. Chrom oder Nickel verändern das Lösungsvermögen zu geringeren oder größeren Mengen, vgl. Kapitel 1 „Verhalten der Eisenwerkstoffe unter dem Einfluss der Zeit-Temperaturfolge beim Wärmebehandeln“.

Außerdem besitzt Kohlenstoff die Fähigkeit, mit dem Eisen oder den metallischen Elementen Chrom, Molybdän, Vanadium u. a., Verbindungen, die *Carbide*[1] zu bilden. Dabei entstehen vielfach auch Mischcarbide der Form $Fe_XM_YC_Z$. Diese haben im Vergleich zu den Eisenmischkristallen Ferrit und Austenit eine ganz andere Kristallstruktur, sind z. T. sehr schwer löslich und besitzen eine relativ hohe Härte.

[1] Das Eisencarbid Fe_3C wird metallkundlich als *Zementit* bezeichnet.

6.3 Der Aufkohlungsvorgang

6.3.1 Die Kohlenstoffaktivität

Zum Aufkohlen werden die Werkstücke auf eine Temperatur erwärmt, bei der das Stahlgefüge austenitisch ist. In diesem Zustand ist das Lösungsvermögen für Kohlenstoff besonders groß. Durch Halten in einem Gas, in flüssigen oder in körnigen, Kohlenstoff enthaltenden Mitteln, diffundiert Kohlenstoff aus dem *Aufkohlungsmittel* in die Werkstückrandschicht ein. Die Haltedauer richtet sich nach der erforderlichen Aufkohlungstiefe (kurz: At).

Die Triebkraft für die Kohlenstoffaufnahme durch das Eisen ist die Differenz zwischen dem Potential des Kohlenstoffs im Austenit und dem chemischen Potential des reinen Kohlenstoffs. Diese Potentialdifferenz entspricht andererseits der freien Enthalpie des Kohlenstoffs und hängt daher auch von der Temperatur und der *Kohlenstoffaktivität* a_c ab. Diese ist thermodynamisch definiert als:

$$a_c = \exp\left[\frac{5287{,}38}{T} + 0{,}347 \cdot (\%C) + \ln\left(\frac{(\%C)}{0{,}785 \cdot (\%C) + 21{,}5}\right) - 1.989\right]$$

Aus der Beziehung ist zu entnehmen, dass die Aktivität des Kohlenstoffs bei gleichbleibender Temperatur mit seiner Konzentration steigt bzw. bei gleichbleibendem C-Gehalt mit zunehmender Temperatur abnimmt.

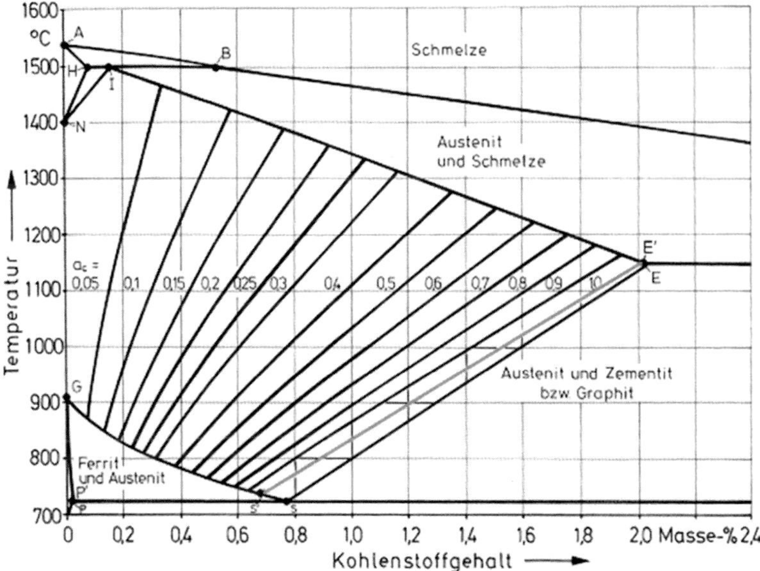

Bild 6.1: Eisen-Kohlenstoff-Zustandsschaubild mit Iso-Kohlenstoffaktivitätslinien

Im Bild 6.1 sind in den für das Aufkohlen relevanten Ausschnitt des Eisen-Kohlenstoff-Zustandsschaubildes die Kurven gleicher Kohlenstoffaktivität für verschiedene a_C-Werte in Abhängigkeit von der Kohlenstoffkonzentration eingezeichnet.

Wichtig für das Aufkohlen in der industriellen Praxis ist im Schaubild die Linie S'-E'. Sie ist die temperaturabhängige Grenze der Löslichkeit des Austenits für Kohlenstoff. Entlang dieser Grenze befindet sich der im Austenit gelöste Kohlenstoff im Gleichgewicht, der Austenit ist maximal mit Kohlenstoff gesättigt und die Kohlenstoffaktivität ist a_c = 1,0. Wird die Grenze überschritten, kann es während des Aufkohlens oder beim Abkühlen zum Ausscheiden von Carbiden kommen. Bei unlegierten Stählen entsteht das Eisencarbid Zementit. Anwesende Legierungselemente verschieben die Grenze und können in das entstehende Eisencarbid eingebaut werden, so dass Mischcarbide entstehen.

Legierungselemente verändern die Kohlenstoffaktivität: Silizium, Nickel, Bor und Stickstoff erhöhen sie, Chrom, Mangan, Molybdän, Wolfram, Titan, Vanadium und Aluminium erniedrigen sie. Dies wirkt sich auf die sich im Stahl einstellende Kohlenstoffkonzentration aus, vgl. Abschnitt 6.3.2.

6.3.2 Der Kohlenstoffpegel

Während das Werkstück der Wirkung des Aufkohlungsmittels, dem Kohlenstoffspender, ausgesetzt ist, strebt die Kohlenstoffaktivität des Stahls an, diejenige des Aufkohlungsmittels zu erreichen. Handelt es sich bei dem Werkstück um eine Folie oder einen dünnen Draht aus Reineisen, so wird sein Kohlenstoffgehalt bereits nach relativ kurzer Zeit, d. h. nach etwa 15 min bis 20 min, im Gleichgewicht mit dem Aufkohlungsmittel stehen. Der dann im Reineisen erreichte Kohlenstoffgehalt ist als *Kohlenstoff-Pegel*, C-Pegel, oder C-Pegelwert, kurz C_P, definiert. Er wird als Maß für die Wirkung des Aufkohlungsmittels, in dem der Kohlenstoff fast immer in gebundener Form vorliegt, betrachtet.

Nach DIN EN 10052 ist der C-Pegel der Kohlenstoffgehalt, angegeben in Massenanteilen Kohlenstoff in %, den eine Probe aus Reineisen innerhalb des Löslichkeitsgebiets des Austenits bei einer bestimmten Temperatur im Gleichgewicht mit dem umgebenden Mittel annimmt /DIN/.

Der Kohlenstoffpegel wird in der Praxis dazu benutzt, den Aufkohlungsvorgang zu regeln. Mit ihm wird bei gegebenem Aufkohlungsmittel die Aufkohlungswirkung so eingestellt, dass sich abhängig von Temperatur und Haltedauer in der Werkstückrandschicht der erforderliche Rand-Kohlenstoffgehalt C_R bzw. ein vorgegebenes Kohlenstoffprofil einstellt. Dabei ist davon auszugehen, dass das oben beschriebene Gleichgewicht in der äußersten Randschicht von Werkstücken bei der in der Praxis üblichen Aufkohlungsdauer nicht vollständig erreicht wird. Tatsächlich kommt es lediglich zu einer Annäherung zwischen dem Randkohlenstoffgehalt C_R und dem C-Pegel-Wert.

Beim Aufkohlen legierter Stähle führen Legierungselemente, welche die Kohlenstoffaktivität des Stahls erhöhen, bei gegebenem C-Pegel und konstanter Kohlenstoffaktivität des Aufkohlungsmittels zu einem geringeren Rand-Kohlenstoffgehalt als bei Reineisen. Legierungselemente, welche die Aktivität erniedrigen, führen dagegen zu einem höheren Kohlenstoffgehalt. Am Beispiel eines Legierungsgehaltes von 1,2 Masse-% Silizium bzw. 2 Masse-% Chrom ist dies in Bild 6.2 dargestellt.

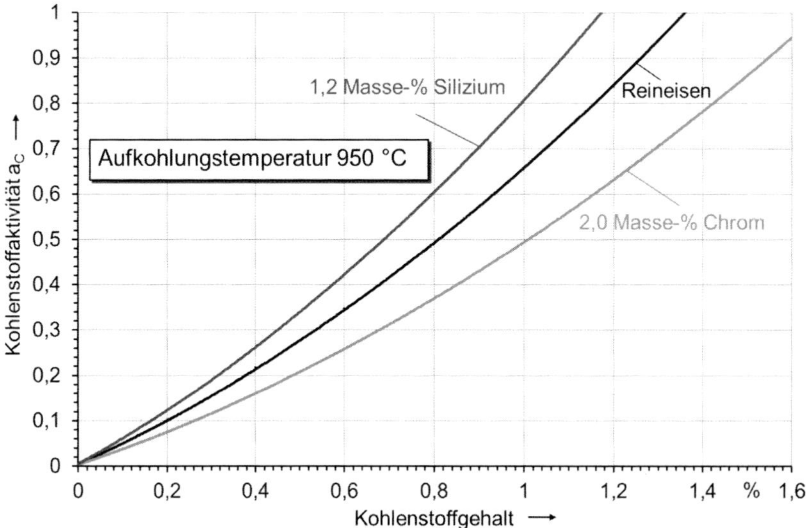

Bild 6.2: Einfluss von Legierungselementen auf die Kohlenstoffaktivität

Soll dieselbe Gleichgewichtskonzentration bzw. derselbe Randkohlenstoffgehalt wie bei unlegiertem Eisen erreicht werden, muss daher der C-Pegel, mit dem das Aufkohlen vorgenommen, d. h. geregelt werden soll, entsprechend angepasst werden. Die Korrektur geschieht mit dem so benannten *Legierungsfaktor* k_L, der die Wirkung der Legierungselemente berücksichtigt. Es gilt nämlich:

$$\text{Gleichgewichts-Kohlenstoffgehalt} \quad C_L = k_L \cdot C_p$$

oder

$$C_{P_{erforderlich}} = \frac{C_L}{k_L}$$

C_L ist darin der Kohlenstoffgehalt, der sich im Gleichgewichtszustand in einer Folie aus dem jeweiligen legierten Stahl einstellen würde. Die für das Aufkohlen von Einsatzstählen nach DIN EN 10084 erforderlichen Legierungsfaktoren sind in der nachstehenden Tabelle 6.1 aufgeführt. Darin ist neben dem Streubereich, der sich ergibt, wenn die Grenzwerte der nach der Norm zulässigen Legierungsgehalte berücksichtigt werden, auch der jeweilige Mittelwert angegeben. Für praktische Belange genügt es im Allgemeinen, mit dem Mittelwert zu arbeiten, wenn die genaue Analyse der betreffenden Stahlsorte nicht bekannt ist.

Tabelle 6.1: Legierungsfaktoren für die Korrektur des C-Pegels /Lie95/

Stahl		Legierungsfaktor k_L	
alter Kurzname	neuer Kurzname	**Streubreite**	**Mittelwert**
C 10/Ck 10	-/C10 E	0,95 bis 1,02	0,99
C 15/Ck 15	-/C15 E		
-	C16E		
17 Cr 3	17Cr 3	0,99 bis 1,12	1,06
20 Cr 4	-	1,05 bis 1,16	1,10
-	28Cr4		
16 MnCr 5	16 MnCr 5	1,05 bis 1,16	1,11
-	16MnCr5B	(ähnlich 16MnCr5)	
20 MnCr 5	20MnCr5	1,07 bis 1,19	1,13
-	18CrMo4	1,05 bis 1,17	1,11
-	20MoCr3	1,00 bis 1,12	1,06
20 MoCr 4	20 MoCr4	1,00 bis 1,11	1,05
22 CrMoS 3-5	22 CrMoS3-5	1,04 bis 1,16	1,10
-	16NiCr4	0,99 bis 1,12	1,06
-	18NiCr5-4	1,04 bis 1,15	1,10
21 NiCrMo 2	20NiCrMo2-2	0,98 bis 1,10	1,04
-	17NiCrMo6-4	1,00 bis 1,13	1,06
-	20NiCrMoS6-4	0,98 bis 1,10	1,04
15 CrNi 6	-	1,05 bis 1,17	1,11
-	17CrNi6-6	1,05 bis 1,18	1,12
-	15NiCr13	1,04 bis 1,15	1,10
17 CrNiMo 6	17CrNiMo6-4	1,06 bis 1,19	1,13
-	18CrNiMo7-6	1,06 bis 1,14	1,10
-	14NiCrMo13-4	0,94 bis 1,01	0,98

6.3.3 Das Übertragen des Kohlenstoffs

Das Übertragen des Kohlenstoffs läuft in mehreren Teilschritten ab:

- Heranbringen des Aufkohlungsmittels an die Werkstückoberfläche. Die Kohlenstoff übertragende(n) Komponente(n) des Aufkohlungsmittels gelang(en)t an die Werkstückoberfläche und bilde(n)t dort eine Übergangs- oder Grenzschicht.

- Die Komponenten zerfallen unter der katalytischen Wirkung des Eisens. Dabei werden Kohlenstoffatome frei und von der Werkstückoberfläche *ad*sorbiert. Bestimmte beim Zerfall entstehende Radikale oder Elemente können miteinander unter Bildung neuer Verbindungen reagieren (Phasengrenzreaktionen). Teilweise werden sie von der Werkstückoberfläche auch wieder entfernt.

- Freigesetzte Kohlenstoffatome durchdringen die Werkstückoberfläche, werden absorbiert oder aufgenommen und werden im Eisen gelöst.

- Kohlenstoffatome diffundieren/wandern im Eisen, bevorzugt entlang der Korngrenzen, in das Werkstückinnere. Dabei entsteht ein nach innen abfallendes Konzentrationsgefälle.

Vorausgesetzt, der Transport der Kohlenstoff übertragenden Stoffe an die Werkstückoberfläche und die Diffusion durch die Grenzschicht erfolgen rasch genug, dann bestimmt der Vorgang, durch den Kohlenstoffatome freigesetzt werden, die Geschwindigkeit, mit der Kohlenstoff übertragen wird. Bild 6.3 zeigt ein Schema für die Vorgänge beim Aufkohlen am Beispiel des Aufkohlens im Gas. Eingetragen sind in das Bild die für die mathematische und mess- und regelungstechnische Behandlung des Aufkohlens maßgeblichen Größen: neben dem C-Pegel auch die Kohlenstoffverfügbarkeit, die Kohlenstoff-Übergangszahl β und der Diffusionskoeffizient D.

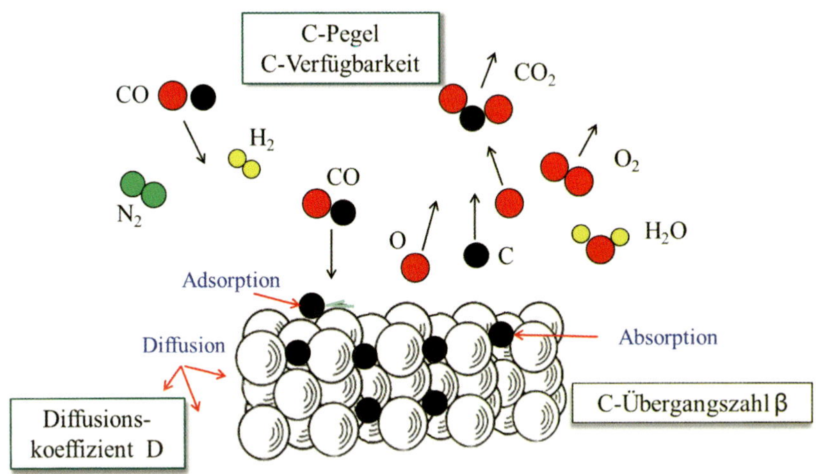

Bild 6.3: Modell der Vorgänge beim Gasaufkohlen (schematisch)

Die ausreichende Versorgung mit dem Kohlenstoffspender ist in flüssigen und festen Mitteln durch den direkten Kontakt mit der Werkstückoberfläche gegeben. Gase müssen ausreichend umgewälzt und ausgetauscht werden. Die Eignung der verschiedenen Aufkohlungsmittel lässt sich an ihrer Kohlenstoffverfügbarkeit ablesen. Dabei wird zwischen einer primären und einer sekundären Kohlenstoff-Verfügbarkeit unterschieden, siehe hierzu die Bilder 6.4 und 6.5.

Die primäre C-Verfügbarkeit ist definiert als die Kohlenstoffmenge in Gramm, die von 1 m^3 Aufkohlungsgas abgegeben werden kann, bis sein C-Pegel auf 1,0 % als Vergleichsbasis absinkt. Diese Menge ist bei Kohlenwasserstoffen am größten, da die Gleichgewichts-CH_4-Gehalte sehr niedrig sind. Das bedeutet, dass Aufkohlungsmittel mit hoher primärer Kohlenstoff-Verfügbarkeit zur Aufrechterhaltung des Schichtwachstums eine geringere Zufuhrmenge benötigen als solche mit geringer primärer Kohlenstoff-Verfügbarkeit /AWT14/.

Die sekundäre Verfügbarkeit bezieht sich auf geregelte Ofenatmosphären und ist gekennzeichnet durch diejenige Kohlenstoffmenge in g, die von 1 m^3 Gas abgegeben werden kann, während der C-Pegel von 1 % auf 0,9 % absinkt.

Aus den beiden Bildern ist zu entnehmen, dass reines Kohlenmonoxid vergleichsweise die höchste C-Verfügbarkeit besitzt, trotzdem wird in der Praxis mit Gasgemischen gearbeitet, in denen das Kohlenstoffmonooxid nur anteilig enthalten ist /Wys90/. Zu beachten ist der positive Einfluss des Wasserstoffs auf die Kohlenstoffverfügbarkeit, vgl. Endogas (CO-H_2-N_2) mit Methanol (CO-H_2), /Win13/. Eine hohe

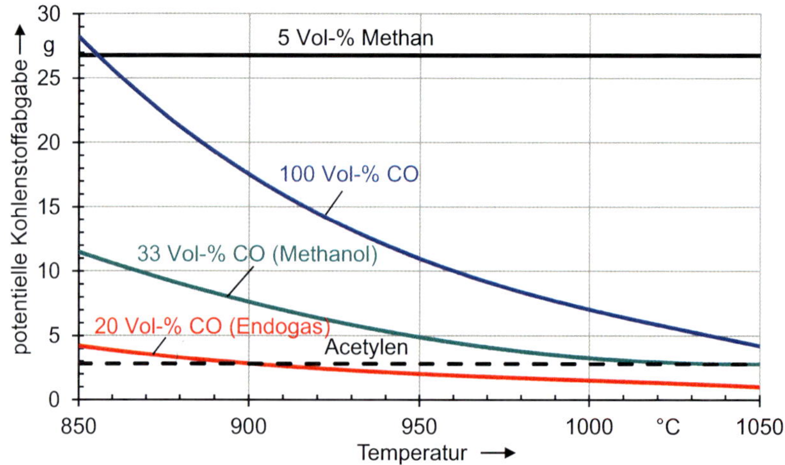

Bild 6.4: Primäre Kohlenstoffverfügbarkeit verschiedener Gase /Win13/

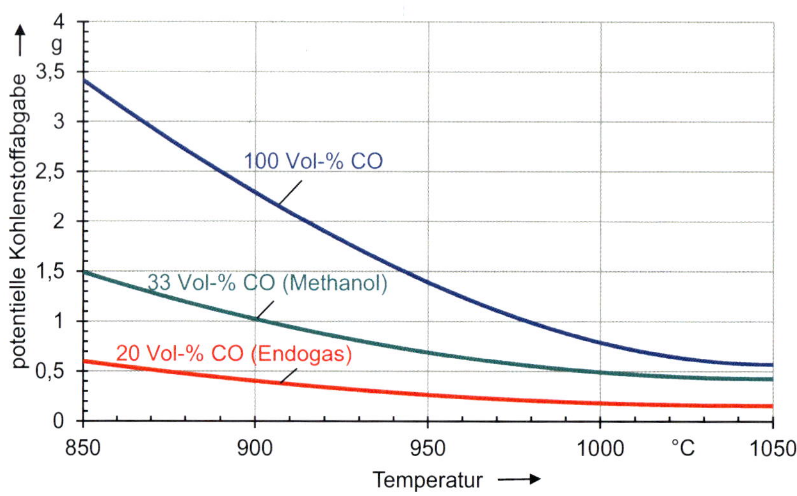

Bild 6.5: Sekundäre Kohlenstoffverfügbarkeit verschiedener Gase /Win13/

sekundäre Kohlenstoffverfügbarkeit hat zur Folge, dass das Gas weniger rasch an verfügbarem Kohlenstoff verarmt und dadurch eine gewisse Pufferwirkung besitzt. Dies begünstigt ein gleichmäßiges Aufkohlen auch an den Stellen, die weniger gut von der Ofenatmosphäre umspült sind, wie in Sacklöchern oder Bohrungen.

Die Absorption des Kohlenstoffs ist maßgebend dafür, wie rasch die Kohlenstoffkonzentration in der äußeren Randschicht ansteigt und sich dem Wert des C-Pegels des Aufkohlungsmittels annähert. Sie beeinflusst also die Geschwindigkeit des Aufkohlens. Kennzeichnende Größe für diesen Vorgang ist die Kohlenstoff-*Übergangszahl* β mit der Dimension cm/s. Sie gibt an, wieviel Gramm Kohlenstoff durch eine Werkstückoberfläche von 1 cm^2 pro Sekunde eindiffundieren, bezogen auf die jeweilige Differenz zwischen dem C-Pegel im Aufkohlungsmittel und dem Randkohlenstoffgehalt. Nach Bild 6.6 ist der Kohlenstoff-Übergangskoeffizient weitgehend eine Funktion des Produktes der Partialdrücke p_{CO} und p_{H2} und steigt demzufolge bis zu einem Höchstwert bei 50 % CO und 50 % H_2 an /Neu94-2/, /Neu70/. Aus der Darstellung ist zu entnehmen, dass β je nach Gaszusammensetzung Werte zwischen $1 \cdot 10^{-5}$ und $3 \cdot 10^{-5}$ cm/s annehmen kann.

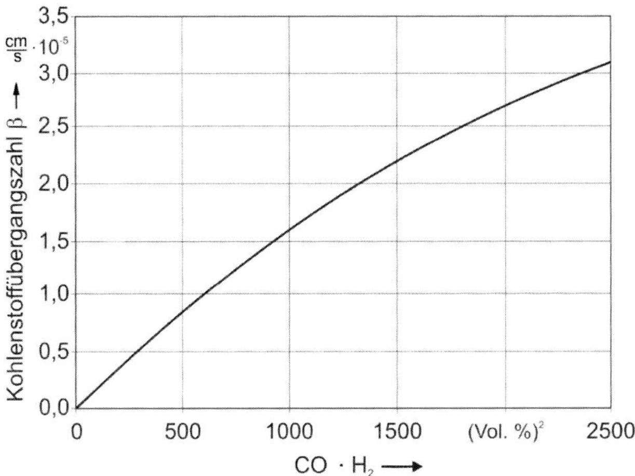

Bild 6.6: Zusammenhang zwischen Kohlenstoff-Übergangszahl und dem Produkt der Partialdrucke $CO \cdot H_2$

Je nach Art und Zusammensetzung des Kohlenstoffspenders sind unterschiedliche Reaktionen für die Kohlenstoffübertragung maßgebend. In Gasen und im Pulver oder Granulat erfolgt das Freisetzen von Kohlenstoff hauptsächlich aus dem Zerfall von Kohlenmonoxid, das ist die so bezeichnete Boudouard-Reaktion:

$$2\,CO \Leftrightarrow (C) + CO_2$$

Im Vergleich zu den übrigen Reaktionen, die je nach der Art des Aufkohlungsmittels unterschiedlich ablaufen, verläuft diese Reaktion aber auch am schnellsten. Zum Kennzeichnen der Kinetik des Aufkohlens ist es jedoch zweckmäßig, nicht die Reaktionen zu betrachten, welche den Kohlenstoff freisetzen, sondern den Kohlenstoff-Massenstrom. Dieser ergibt sich aus der Beziehung:

$$m = \frac{M}{A \cdot dt} = \beta \cdot (C_P - C_R) \quad \frac{g}{cm^2 \cdot s}$$

In dieser Gleichung ist M die Kohlenstoffmenge in Gramm, die durch die Fläche A in cm^2 hindurchdiffundiert, dt ist das Zeitintervall in Sekunden, β ist die Kohlenstoffübergangszahl, C_P ist der Kohlenstoffpegel und C_R der jeweilige Kohlenstoffgehalt der äußersten Randschicht des aufzukohlenden Werkstücks.

Die Differenz C_P-C_R ist die thermodynamische Triebkraft für die Kohlenstoffdiffusion innerhalb der Werkstückrandschicht. Die Kohlenstoffübergangszahl fasst die Aufkohlungskinetik der verschiedenen, den Kohlenstoff freisetzenden Reaktionen zusammen. Sie ist daher auch mitbestimmend für die Geschwindigkeit, mit der sich der Randkohlenstoffgehalt eines Werkstücks dem Gleichgewichts-Kohlenstoffgehalt nähert.

Die in der Werkstückrandschicht ansteigende Konzentration des Kohlenstoffs begünstigt seine fortschreitende Diffusion in das Werkstückinnere. Die Kohlenstoffatome sind nur etwa halb so groß wie die Eisenatome, so dass sich der Kohlenstoff relativ leicht durch Lücken und über Fehlstellen des Eisengitters, aber auch entlang der Korngrenzen bewegen kann. Die Diffusionsgeschwindigkeit wird im Wesentlichen durch die Temperatur und die jeweilige Differenz zwischen der Kohlenstoffkonzentration am Rand und im Kern des Werkstücks bestimmt. Je höher die Temperatur und je größer das Gefälle, umso rascher diffundiert der Kohlenstoff.

Im zeitlichen Verlauf des Kohlenstoff-Massestroms entstehen Kohlenstoff-Verlaufskurven, wie sie schematisch in Bild 6.7 für die drei Zeiten t_1, t_2 und t_3 wiedergegeben sind. Mit zunehmendem Abstand von der Oberfläche nimmt die Kohlenstoffkonzentration mehr oder weniger stetig bis auf den Ausgangswert (= Kernkohlenstoffgehalt C_K) ab.

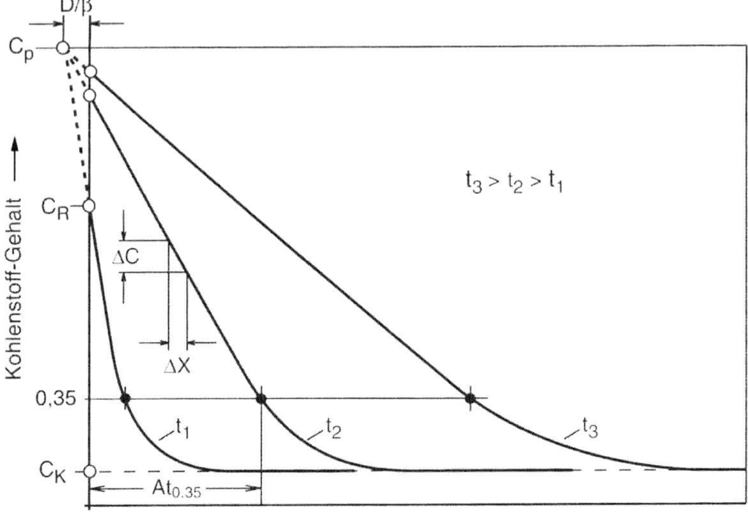

Bild 6.7: Zeitabhängige Kohlenstoffkonzentration in einem aufgekohlten Werkstück

Der senkrechte Abstand von der Oberfläche bis zu dem Punkt, an dem die Konzentration noch 0,35[2] Masse-% beträgt, wird als Aufkohlungstiefe $At_{0,35}$ bezeichnet. Sie ist ein Maß für die nach dem Härten zu erwartende *Einsatzhärtungs-Härtetiefe CHD*.

6.3.4 Berechnen des Kohlenstoffprofils

Während des Aufkohlens stellt sich an der Werkstückoberfläche ein stationärer Zustand ein, bei dem die übertragene Menge Kohlenstoff gleich der durch die Diffusion in das Werkstückinnere abwandernden ist. Die eindiffundierende Menge Kohlenstoff ist nach dem 1. Fick'schen Diffusionsgesetz durch die Beziehung:

$$\frac{M}{F \cdot dt} = D \cdot \frac{dC}{dx}$$

gegeben. Darin ist D der Diffusionsbeiwert oder Diffusionskoeffizient in cm^2/s und dC/dx das Kohlenstoff-Konzentrationsgefälle in x-Richtung. Zusammen mit der Beziehung für die Kohlenstoffübergangszahl ergibt sich daraus die Gleichung:

$$D \cdot \frac{dC}{dx} = \beta \cdot \left(C_p - C_R\right)$$

Da sich während des Aufkohlens der Randkohlenstoffgehalt mit der Zeit ändert, ist das Aufkohlen in Wirklichkeit kein stationärer Vorgang und es muss das 2. Fick'sche Diffusionsgesetz herangezogen werden:

$$\frac{\partial C}{\partial t} = D \cdot \frac{\partial^2 C}{\partial x^2}$$

Dabei ist angenommen, dass der Diffusionskoeffizient unabhängig vom Kohlenstoffgehalt ist und die Diffusion nur in x-Richtung verläuft. Die Lösung dieser Differentialgleichung lautet dann:

$$C = C_0 \cdot \left[1 - \psi \cdot \left(\frac{x}{2 \cdot \sqrt{D \cdot t}}\right)\right]$$

Ψ oder erf($x/2 \cdot \sqrt{D \cdot t}$) ist hierbei das Gauß'sche Fehlerintegral, C_0 ist die Kohlenstoff-Gleichgewichtskonzentration unmittelbar an der Werkstückoberfläche. Unter Berücksichtigung, dass der aufzukohlende Werkstoff im Ausgangszustand den Kohlenstoffgehalt C_K besitzt, ist C_0 durch $C_R - C_K$ zu ersetzen. Mit Hilfe der für Werte ($x/2 \cdot \sqrt{D \cdot t}$) tabellierten Gauß'schen Fehlerfunktion kann für bekannte Werte von D das Konzentrationsprofil für vorgegebene Werte von x und t berechnet werden.

Dabei muss jedoch berücksichtigt werden, dass der Randkohlenstoffgehalt C_R nicht sofort nach Beginn des Aufkohlens seine endgültige Höhe erreicht, da die Phasengrenzreaktion nicht mit unendlich großer Geschwindigkeit abläuft. Stattdessen steigt der Randkohlenstoffgehalt allmählich mit fortschreitender Aufkohlung an. Aus diesem Grund muss die Gleichung korrigiert werden und erhält die Form:

[2] Regelfall nach DIN EN ISO 2639

$$C(x,t) = C_K + (C_R - C_K) \cdot \left[1 - \psi \left(\frac{x + \frac{D}{\beta}}{2 \cdot \sqrt{D \cdot t}} \right) \right]$$

Auch der Diffusionsbeiwert D ändert sich während des Aufkohlens, da er vom örtlich jeweils vorliegenden Gefälle der Kohlenstoffkonzentration abhängt. In der Fachliteratur sind für die Ermittlung von D unterschiedliche Angaben zu finden. Ein für die Praxis im Allgemeinen befriedigend genaues Berechnen mit einem gemittelten Diffusionsbeiwert kann nach Wünning /Wün69/ mit der Beziehung:

$$D = (1 - 0{,}23) \cdot \exp\left[\frac{4300 \cdot C_p^{1,5} - 18900}{T} - 2{,}63 \cdot C_p^{1,5} - 0{,}38 \right] \frac{cm^2}{s}$$

vorgenommen werden. Mit Hilfe der heute verfügbaren Rechner ist es leicht möglich, den Ablauf des Aufkohlens "on-line" zu verfolgen und das Kohlenstoff-Konzentrationsprofil zu jedem gewünschten Zeitpunkt zu berechnen und auf einem Monitor anzuzeigen.

6.3.5 Ermitteln der Aufkohlungstiefe At

Für die Praxis ist neben dem Kohlenstoff-Konzentrationsprofil die Aufkohlungstiefe von besonderem Interesse. Sie ist die eigentliche Zielgröße des Aufkohlens und gekennzeichnet als derjenige Abstand von der Oberfläche eines aufgekohlten Werkstücks, an dem der Kohlenstoffgehalt einem vorgegebenem Grenzmerkmal entspricht (DIN EN 10052). Es hat sich im Allgemeinen bewährt, als Grenzmerkmal einen Kohlenstoffgehalt von 0,35 Masse-% zu benutzen. Dieser würde nämlich, entsprechend der Aufhärtbarkeit, bei voll martensitischem Gefüge zu einer Härte von 52,5 HRC, respektive 550 HV, führen. Dieser Wert wird nach DIN EN ISO 2639 im Regelfall als Grenzhärte für die Ermittlung der Einsatzhärtungstiefe CHD benutzt[3].

Die Aufkohlungstiefe At kann damit aus dem Kohlenstoff-Konzentrationsprofil ermittelt werden. Rechnerisch lässt sie sich mit der im Abschnitt 6.3.3 angegebenen Formel für die Kohlenstoffkonzentration C(x,t) nach entsprechendem Umstellen ermitteln:

$$\frac{(0{,}35 - C_K)}{(C_R - C_K)} = 1 - \psi \left(\frac{At_{0,35} + \frac{D}{\beta}}{2 \cdot \sqrt{D \cdot t}} \right)$$

Näherungsweise und einfacher ist stattdessen eine quadratische Gleichung der Form:

$$At = K \cdot \sqrt{t} - 0{,}7 \cdot \frac{D}{\beta} \quad mm$$

[3] Vom Fachausschuss 5 der AWT angestellte Untersuchungen haben ergeben, dass zum Erzielen einer Härte von 550 HV bzw. 52,5 HRC in der Randschicht aufgekohlter Werkstücke je nach Stahl auch ein geringerer C-Gehalt als 0,35 Masse-% ausreichen kann /Lie03/.

Darin ist K ein Faktor, der die Aufkohlungstemperatur, den C-Pegel, das Aufkohlungsmittel und die Stahllegierung berücksichtigt. Die Beziehung bringt zum Ausdruck, dass die Aufkohlungstiefe zur Quadratwurzel aus der Aufkohlungsdauer proportional ist. Wird die Dauer t in Stunden eingesetzt, D in cm²/s und β in cm/s, ergibt sich die Aufkohlungstiefe in Millimetern. In Bild 6.8 sind für das Beispiel des Gasaufkohlens nach dem Endoträgergasverfahren Werte für K und das Verhältnis D/β angegeben /Wys78/.

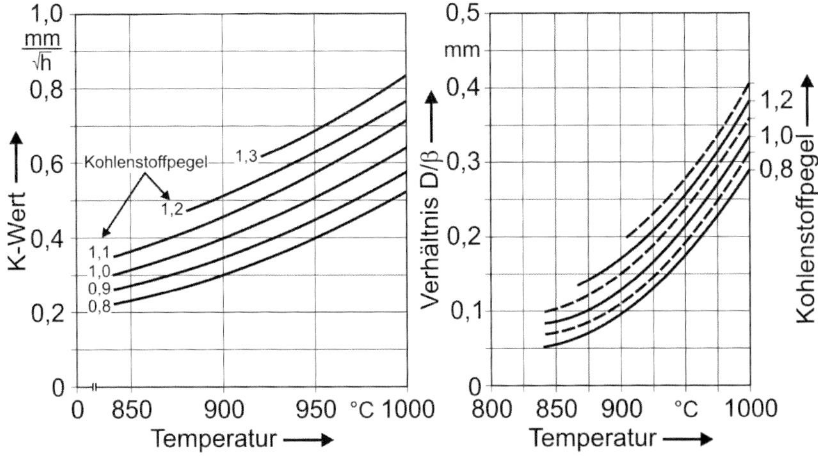

Bild 6.8: Nomogramm zum Ermitteln des K-Wertes und dem Verhältnis D/β für Endoträgergas aus Propan oder Erdgas /Wys78/

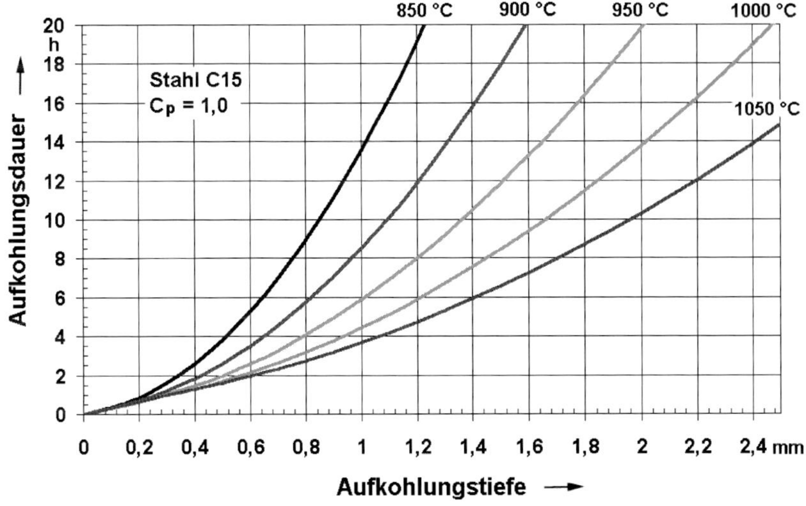

Bild 6.9: Zusammenhang zwischen Aufkohlungstiefe, Temperatur und Dauer beim Aufkohlen des Stahls C15 mit dem C-Pegel 1,0

Aus der Darstellung in Bild 6.9 ist die Aufkohlungsdauer für vorgegebene Aufkohlungstiefen in Abhängigkeit von der Temperatur zu entnehmen. Daraus wird die Rolle der Temperatur für die Wachstumsrate der Aufkohlungstiefe deutlich. Wird z. B. die Temperatur um 50 °C erhöht, verringert sich die Aufkohlungsdauer bereits um rd. 30 %.

Für die bisher dargestellten Zusammenhänge wird davon ausgegangen, dass die Oberfläche der aufzukohlenden Werkstücke eben ist. Bei konvex gekrümmten Oberflächen ist die Aufkohlungstiefe allerdings etwas größer und bei konkav gekrümmten etwas geringer als die rechnerisch zu erwartende. Auf Versuchsergebnisse von /Col84/ geht die Darstellung in Bild 6.10 zurück, womit die Aufkohlungsdauer entsprechend korrigiert werden kann.

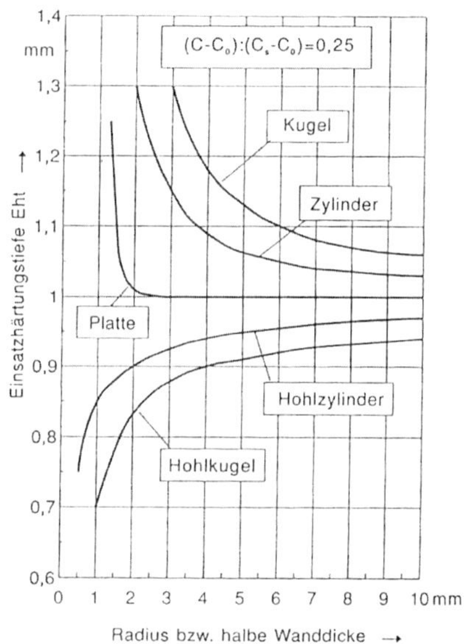

Bild 6.10: Einfluss der Oberflächenkrümmung auf die Aufkohlungstiefe /Col84/

6.4 Carbonitrieren

Das Carbonitrieren ist eine Variante des Aufkohlens, bei der die Werkstückrandschicht vor dem Härten mit Kohlenstoff und Stickstoff angereichert wird. Je nach verwendetem Behandlungsmittel kann dies sowohl gleichzeitig stattfinden als auch nacheinander vorgenommen werden. Der Prozess läuft prinzipiell in den gleichen Schritten ab wie das Aufkohlen, allerdings muss berücksichtigt werden, dass eine Wechselwirkung zwischen Kohlenstoff und Stickstoff besteht und sich die Kohlenstoff- und Stickstoffaktivität gegenseitig beeinflussen.

Durch Carbonitrieren kann

- die Härtbarkeit der aufgekohlten Randschicht
- die Stabilität des Restaustenits
- die Anlassbeständigkeit der einsatzgehärteten Randschicht
- das Verschleißverhalten der einsatzgehärteten Randschicht

erhöht werden /Bri54/. Das Carbonitrieren kann bei Normaldruck oder im Niederdruckbereich durchgeführt werden. Salzschmelzen enthalten als Kohlenstoffspender Cyanat, das gleichzeitig auch Stickstoff abgibt. Beim Carbonitrieren im Gas wird dem Kohlenstoff spendenden Gas als Stickstoffspender Ammoniak zugegeben. Ammoniak zerfällt in Stickstoff und Wasserstoff, gemäß

$$2 \cdot NH_3 \leftrightarrow 2 \cdot [N] + 3 \cdot H_2$$

Der aus dem Ammoniakzerfall frei werdende Wasserstoff beeinflusst die anderen thermokinetischen Reaktionen des Kohlenstoffspenders. Die Beteiligung an der heterogenen Wassergasreaktion führt dadurch zu einem niedrigeren CO_2-Gehalt und einem höheren Wasserdampfgehalt in der Ofenatmosphäre. Auch der CO-Gehalt verringert sich. Eine Ammoniakzugabe von z. B. 10 Vol-% – bezogen auf die dem Ofen zugeführte Gesamtgasmenge – verringert den CO_2-Gehalt von 1,0 Vol-% auf 0,645 Vol-% und den CO-Gehalt von 21,6 Vol-% auf 17,2 Vol-% bei einem vorgegebenen C-Pegel und einer Temperatur von 930 °C. Demgegenüber ist der Einfluss unterschiedlicher Ammoniakzugaben auf den Wasserdampfgehalt bzw. den Taupunkt deutlich geringer /Cha69/. Durch diese Änderung der Zusammensetzung der Ofenatmosphäre wird ein höherer C-Pegel vorgetäuscht. Im Bild 6.11 ist dies am Beispiel eines 5 %-igen Ammoniakanteils bei Temperaturen von 850 °C, 875 °C, 900 °C und 925 °C dargestellt /Sal70/. Aus den Ergebnissen ist abzuleiten, dass sich beim Carbonitrieren der C-Pegel und die Nitrierwirkung mit einem Nitrierpegel gegenseitig beeinflussen.

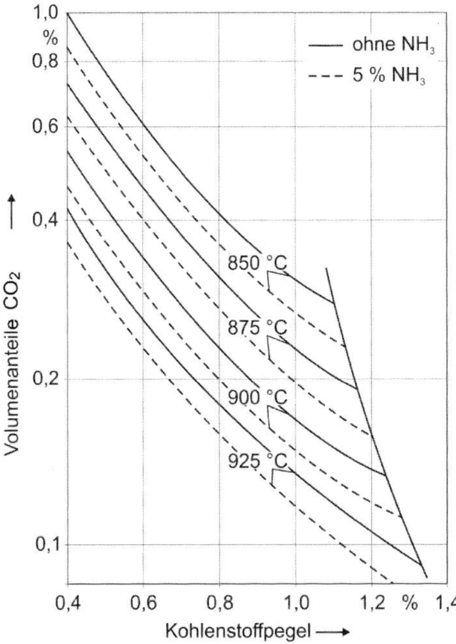

Bild 6.11: Einfluss der Ammoniakzugabe beim Carbonitrieren auf den Kohlenstoffdioxidgehalt /Sal70/

Eine Änderung des Nitrierpegels über die Menge der Ammoniakzugabe bewirkt eine Änderung des C-Pegels und umgekehrt /AWT14/. Ähnliche Ergebnisse sind in Bild 6.12 zu sehen. Dort sind für 850 °C, 925 °C und 950 °C die Auswirkungen eines Ammoniakanteils von 0 Vol-% bis 15 Vol-% auf den C-Pegel einer mit einer Sauerstoffsonde geregelten Atmosphäre dargestellt /Dav78/.

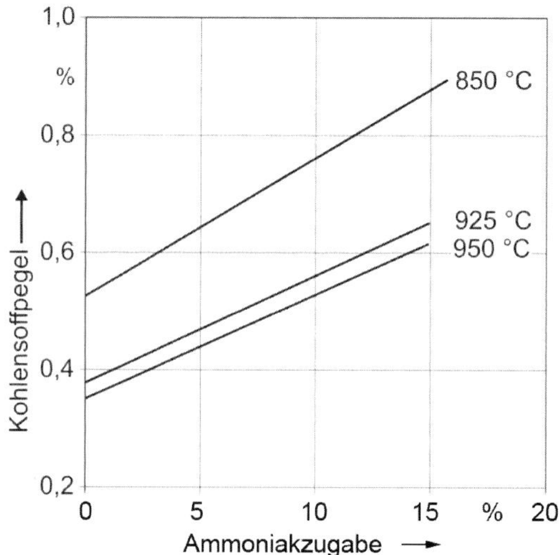

Bild 6.12: Einfluss der Ammoniakzugabe auf den C-Pegel einer mit einer Sauerstoffsonde geregelten Atmosphäre /Dav78/

Das zusätzliche Anreichern der Randschicht mit Stickstoff verändert das Umwandlungsverhalten: Durch die Stickstoffaufnahme wird der Existenzbereich des Austenits erweitert und wie aus Bild 6.13 zu entnehmen ist, die Ac_3-Temperatur deutlich erniedrigt. Das bewirkt bei untereutektoidischen Stählen, dass auch bei einer Temperatur unterhalb von Ac_3 der Ausgangszusammensetzung, nach entsprechendem Anreichern der Randschicht mit Stickstoff, das zu Beginn des Carbonitrierens zunächst noch aus Ferrit und Austenit bestehende Gefüge, vollständig austenitisch wird. Dadurch nimmt dessen Lösungsvermögen für Kohlenstoff zu. Der nicht vom Stickstoff erreichte Randschichtbereich eines Werkstücks bleibt dagegen zweiphasig und besteht aus Ferrit und Austenit.

Auch die Lage der A_{cm}-Linie im Fe-C-Zustands-Schaubild wird durch die Stickstoffaufnahme beeinflusst und zu höheren Kohlenstoffgehalten verschoben. Dies ermöglicht es, einen höheren C-Pegel vorzugeben bzw. das Risiko eines Überkohlens zu verringern, vgl. Bild 6.13.

Das Carbonitrieren in den beiden unterschiedlichen Temperaturbereiche führt zu verschiedenen Ergebnissen: Ein Carbonitrieren *oberhalb* des Ac_3-Punktes des Ausgangszustands wird üblicherweise im gleichen Temperaturbereich durchgeführt wie das Aufkohlen. Die Zugabe des Stickstoffspenders erfolgt entweder über die gesamte Prozessdauer oder aber erst gegen Prozessende. Dies bewirkt im Unterschied zum Aufkohlen ein deutlich trägeres Umwandlungsverhalten der mit Stickstoff angereicherten Randschicht, woraus eine höhere Härtebarkeit resultiert. Der nach dem Härten vorliegende Martensit im Rand ist mit Stickstoff angereichert, was sowohl die Anlassbeständigkeit als auch das Verschleißverhalten verbessert. Der Aufbau des Kerngefüges wird bestimmt durch Härtetemperatur, Härtbarkeit und Werkstückquerschnitt. Weil Stickstoff auf den Austenit stabilisierend wirkt, können in der Einsatzhärtungsschicht aber höhere Anteile von Restaustenit vorliegen.

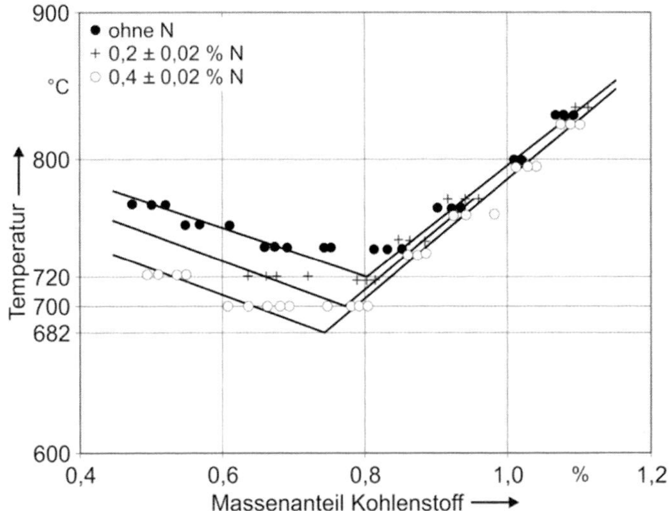

Bild 6.13: Einfluss des Stickstoffs auf das Austenitgebiet /Pre66-1/

Beim Carbonitrieren *unterhalb* des A_{c3}-Punktes des Ausgangszustandes wird deutlich mehr Stickstoff aufgenommen, so dass die Randschicht auch mehr oder weniger vollständig austenitisch wird. Das vom Stickstoffanreichern nicht erfasste Kerngefüge besteht jedoch aus den beiden Phasen Austenit und Ferrit und nach dem Härten aus Martensit und Ferrit; es ist: "unterhärtet".

Das Carbonitrieren unterhalb A_{c3} wird üblicherweise bei Temperaturen bis herab zu rd. 780 °C durchgeführt. Hiermit werden höhere Stickstoffgehalte in der Randschicht erzielt und es kann – bei einer weiteren Temperaturabsenkung bis in den Bereich von 650 °C – sogar zur Ausbildung einer Verbindungsschicht wie beim Nitrieren oder Nitrocarburieren kommen.

In Analogie zum Aufkohlen kann beim Carbonitrieren ein C-Pegel C_{Pcarb} sowie ein N-Pegel N_{Pcarb} vorgegeben werden. Dabei entspricht im Prinzip der C-Pegel beim Carbonitrieren dem beim Aufkohlen, jedoch mit einer Korrektur unter Berücksichtigung der Stickstoffaktivität. Der N-Pegel entspricht dem Randstickstoffgehalt unter Berücksichtigung der Kohlenstoffaktivität.

Für die Aufkohlungstiefe nach dem Carbonitrieren gilt das Gleiche wie für das Aufkohlen. Nach Ende der Behandlungsdauer wird zum Härten meist direkt abgeschreckt. Es ist davon auszugehen, dass wegen der die Härtbarkeit steigernden Wirkung des Stickstoffs etwas höhere Einsatzhärtungstiefen erreicht werden.

Eine Besonderheit carbonitrierter Randschichten ist das gelegentliche Auftreten von Poren. Dies wird zurückgeführt auf eine Übersättigung des Austenits mit Kohlenstoff und Stickstoff und eine Rekombination von Stickstoffatomen zu Molekülen an Störstellen im Gefüge. Die Porenbildung soll bei mit Silizium beruhigten Stählen weniger deutlich auftreten als bei Stählen, die mit Aluminium beruhigt wurden.

6.5 Härten der aufgekohlten Werkstücke

6.5.1 Allgemeines

Die geforderten Gebrauchseigenschaften erhalten aufgekohlte oder carbonitrierte Werkstücke erst durch ein Härten und gegebenenfalls nachfolgendes Anlassen.

Das Härten kann in unterschiedlicher Weise durchgeführt werden und sich direkt oder nach einem Zwischenbearbeiten wie z. B. Richten oder Zerspanen an das Aufkohlen anschließen. Nach dem Carbonitrieren wird jedoch meist direkt gehärtet.

Entsprechend dem Kohlenstoff-Konzentrationsprofil unterscheidet sich das Umwandlungsverhalten innerhalb der aufgekohlten Randschicht gegenüber dem nicht aufgekohlten Bereich. Dies erfordert eigentlich auch graduell abgestufte, unterschiedliche Temperaturen von denen aus zum Härten abgeschreckt wird. Der höhere Randkohlenstoffgehalt benötigt eine niedrigere Temperatur als der im Kohlenstoffgehalt un-

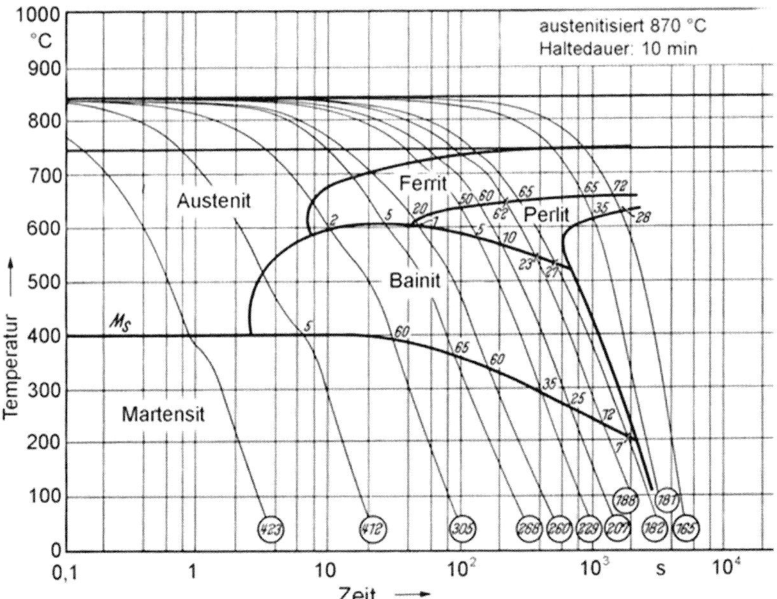

Bild 6.14: ZTU-Schaubild für kontinuierliches Abkühlen des Stahls 16MnCr5 /Orl73/

veränderte Kern. Unterschiedlich sind außerdem Start- und Endtemperatur der Martensitbildung im Rand und im Kern. Im Kern beginnt und endet die Austenitumwandlung bei höherer Temperatur als im Rand. Die in den Bildern 6.14 und 6.15 als Beispiel wiedergegebenen ZTU-Schaubilder für den Kern und den auf einen Kohlenstoffgehalt von 1,0 Masse-% aufgekohlten Bereich der Randschicht des Stahls 16MnCr5 lassen dies deutlich erkennen. Außerdem besitzt die aufgekohlte Randschicht gegenüber dem Kern eine höhere Härtbarkeit.

Daraus ergibt sich die Möglichkeit, zum Härten von einer an den Rand- oder Kernkohlenstoffgehalt angepassten Temperatur aus abzuschrecken. Für den Rand genügen z. B. bei den Einsatzstählen Temperaturen zwischen 780 °C und 860 °C, für den Kern sind dagegen 800 °C bis 900 °C notwendig. Die erforderliche Abkühlgeschwindigkeit hängt davon ab, welche Gefügezustände in Rand und Kern erreicht werden sollen und richtet sich nach der Werkstückabmessung und der Härtbarkeit des verwendeten Stahls.

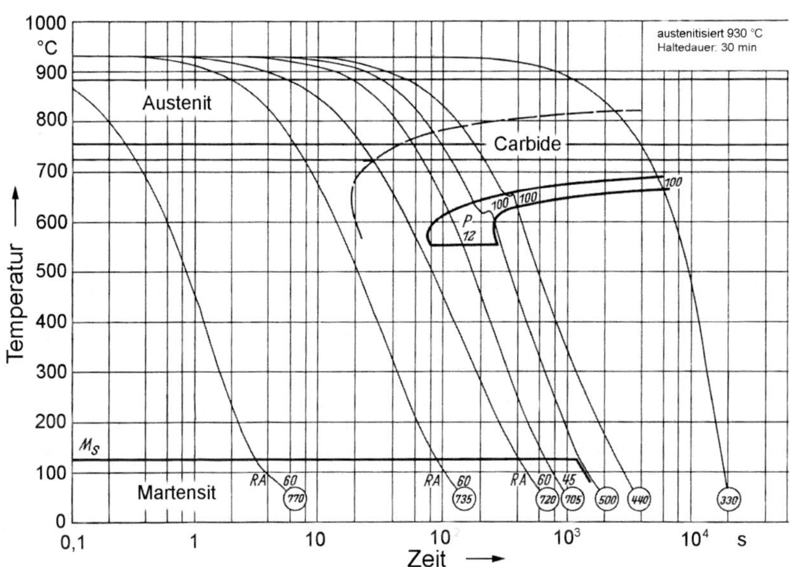

Bild 6.15: ZTU-Schaubild für kontinuierliches Abkühlen des auf 1,0 Masse-% aufgekohlten Randschichtbereichs des Stahls 16MnCr5 /Orl73/

In Bild 6.16 sind schematisch die allgemein üblichen Verfahrensweisen gegenübergestellt. Daraus geht hervor, dass für den Prozess des Härtens auch die Aufkohlungstemperatur und das geforderte Gefüge in Rand und Kern für das Festlegen der Prozessparameter maßgebend sind.

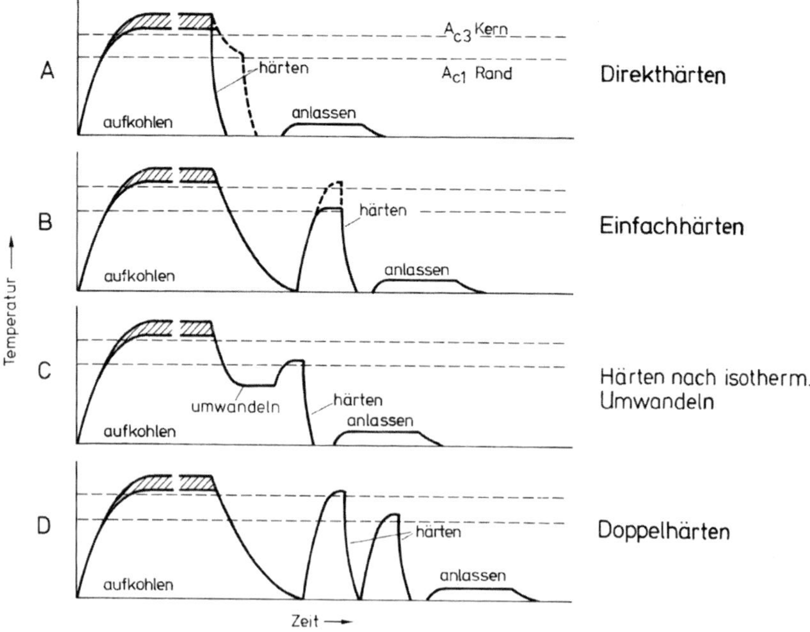

Bild 6.16: Mögliche Verfahrensabläufe für das Härten aufgekohlter Teile

6.5.2 Direkthärten (Typ A)

Die Temperatur beim Aufkohlen ist meist auch identisch mit der erforderlichen Härtetemperatur oder sogar höher. Daher liegt es nahe, nach Abschluss des Aufkohlens unverzüglich von dieser Temperatur zum Härten abzukühlen bzw. abzuschrecken. Dies wird als *Direkthärten* bezeichnet. Nach einem Carbonitrieren ist dies die übliche Vorgehensweise.

Damit bei den niedrig kohlenstoffhaltigen ferritisch-perlitischen Einsatzstählen auch im nicht aufgekohlten Kernbereich beim Härten ein voll martensitisches Gefüge entsteht, ist zum Austenitisieren eine Temperatur von ca. 900 °C notwendig. Wird bei dieser oder einer höheren Temperatur aufgekohlt und anschließend abgeschreckt, entspricht dies einem so bezeichneten *Direkthärten von Kernhärtetemperatur*, kurz: *Kernhärten*. Das dabei entstehende Randgefüge ist relativ grob ausgebildet, wie es bei einem "überhitzten" Härten zu erwarten ist. Außerdem können größere Anteile von Restaustenit im Gefüge der Randschicht auftreten.

Deutlich feiner wird das Randgefüge ausgebildet, wenn vor dem Abschrecken die Temperatur an den aufgekohlten Rand angepasst wird, wozu die Temperatur auf ca. 780 °C bis 840 °C abzusenken ist. Dies entspricht einem *Direkthärten von Randhärtetemperatur*, kurz: *Randhärten*. Hierbei wird der Kern "unterhärtet", da sich bereits durch das Absenken der Temperatur das beim Aufkohlen austenitische Kerngefüge teilweise in Ferrit, Perlit und/oder Bainit umwandelt und dann nur der Rest in Martensit.

Das Direkthärten ist eine besonders wirtschaftliche Methode. Es setzt jedoch voraus, dass möglichst bei Temperaturen nicht höher als 950 °C und nicht zu lange aufgekohlt wurde. Anderenfalls muss während des Aufkohlens mit einem Wachsen des Austenitkorns und einem dementsprechend gröberen Gefüge gerechnet werden, was ungünstigere Festigkeitseigenschaften zur Folge haben kann. In solchen Fällen sollten die mit speziellen Elementen gegen ein Kornwachstum legierten, so bezeichneten *Feinkornstähle* verwendet werden.

6.5.3 Einfachhärten (Typ B)

Beim Einfachhärten wird nach dem Aufkohlen zunächst so auf Raumtemperatur abgekühlt, dass keine Härtung eintritt. Das aufgekohlte Werkstück kann in diesem Zustand leichter zwischenbearbeitet oder gerichtet werden. Danach erst folgt das Erwärmen auf Härtetemperatur und Abschrecken zum Härten. Auch hierbei besteht die Möglichkeit, die Härtetemperatur dem aufgekohlten Rand oder dem nicht aufgekohlten Kern anzupassen und ein Rand- oder Kernhärten vorzunehmen. Im letztgenannten Fall enthält das Kerngefüge je nach Temperatur mehr oder weniger viel Ferrit, der sich beim Austenitisieren nicht in Austenit umgewandelt hat ("Unterhärtung").

Das Unterschreiten der Austenitumwandlungstemperatur (A_{c3}-Punkt) beim Abkühlen nach dem Aufkohlen und Überschreiten beim Wiedererwärmen auf Härtetemperatur, bewirkt eine Umkristallisation, das Gefügekorn wird neu gebildet. Ein beim Aufkohlen eventuell zu grob gewordenes Gefüge kann dadurch verfeinert werden → *„Rückfeinen"*. Dies wird deshalb bevorzugt nach einem Aufkohlen bei Temperaturen oberhalb 950 °C angewendet.

6.5.4 Härten nach isothermischem Umwandeln (Typ C)

Bei diesem Verfahren wird nach dem Aufkohlen auf eine Temperatur, meist im Umwandlungsbereich des Perlits, d. h. also zwischen ca. 600 °C und 650 °C, abgekühlt und auf dieser Temperatur isothermisch bis zum Ende der Umwandlung des Austenits in Perlit gehalten. Je nach dem Kohlenstoffgehalt in der Randschicht werden dabei mehr oder weniger viele – relativ sehr feine – Carbide ausgeschieden und der Austenit wandelt sich in Perlit um. Nach dem Umwandlungsende wird wieder auf die gewünschte Härtetemperatur erwärmt und dabei angestrebt, nicht sämtliche Carbidausscheidungen wieder aufzulösen. Anschließend erfolgt das Abschrecken.

Ähnlich wie beim Einfachhärten wird auch bei diesem Verfahrensablauf das Gefüge verfeinert. Im Unterschied zum Einfachhärten ist aber der Energieaufwand geringer, da nicht bis auf Raumtemperatur abgekühlt wird.

6.5.5 Doppelhärten (Typ D)

Beim Doppelhärten wird zweimal gehärtet. Das erste Mal meist direkt von Kernhärtetemperatur nach dem Aufkohlen und ein zweites Mal von Randhärtetemperatur. Damit soll zweierlei erreicht werden: Ein homogenes Kerngefüge nach dem ersten Härten und ein optimales Randgefüge nach dem zweiten Härten. Der nicht aufgekohlte Kern wird beim Wiedererwärmen zum abschließenden Randhärten "weichgeglüht" und ist dann "unterhärtet". Das Randschichtgefüge wird durch das zweimalige Umwandeln verfeinert und ist optimal ausgebildet.

Gegenwärtig wird das Doppelhärten in der industriellen Praxis nur noch wenig angewendet. Das kommt nicht zuletzt daher, dass der Aufwand für die erforderliche Anlagentechnik und die Energie relativ hoch sind. Auch sind die Maß- und Formänderungen größer als nach den zuvor beschriebenen Verfahren. Vor einer Anwendung ist es daher zweckmäßig, die Vor- und Nachteile sorgfältig gegeneinander abzuwägen.

6.5.6 Warmbadhärten

Mit diesem Begriff wird eine Vorgehensweise beim Abschrecken gekennzeichnet, die darin besteht, zunächst nicht bis auf Raumtemperatur abzukühlen, sondern auf eine Temperatur, die zweckmäßigerweise dicht oberhalb der Martensit-Starttemperatur der aufgekohlten Randschicht liegen sollte. Dies ist je nach Stahl und Kohlenstoffgehalt eine Temperatur zwischen 180 °C und 220 °C, vgl. Bild 6.17 und Kapitel 2. Im Kernbereich findet dagegen bereits eine Umwandlung statt, da wegen des niedrigeren Kohlenstoffgehalts die Martensit-Starttemperatur, die etwa bei 400 °C liegt, bereits unterschritten wird.

Durch isothermisches Halten der Temperatur des Warmbades sollen Temperaturunterschiede im Werkstück ausgeglichen werden, so dass die beim Abkühlen und Umwandeln des Kernbereichs entstehenden Eigenspannungen möglichst niedrig bleiben. Nach dem Temperaturausgleich wird das Abkühlen fortgesetzt. Erst nach dem Unterschreiten der Martensit-Starttemperatur im Randbereich erfolgt dann hier das Umwandeln des Austenits in Martensit. Damit lassen sich umwandlungsbedingte Spannungen und damit mögliche Maß- und Formänderungen minimieren.

Prinzipiell kann das Warmbadhärten bei allen zuvor beschriebenen Verfahren angewendet werden. In der Praxis werden zum Warmbadhärten meist Salzschmelzen oder thermisch entsprechend belastbare Öle benutzt.

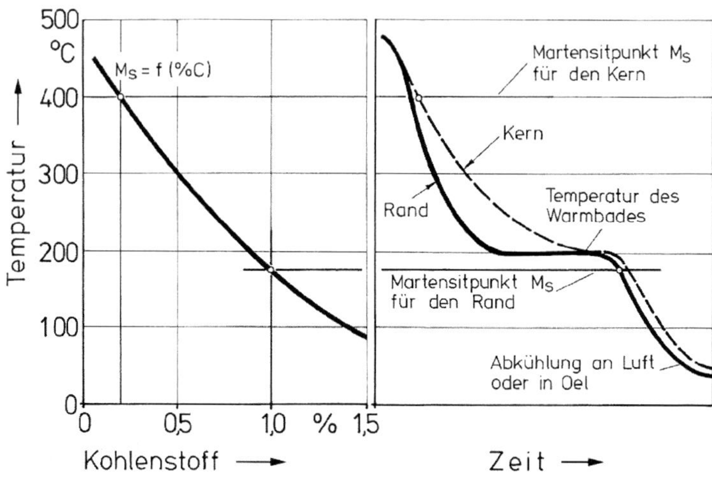

Bild 6.17: Zeit-Temperatur-Folge beim Warmbadhärten aufgekohlter Teile

6.6 Tiefkühlen

Ist der Kohlenstoffgehalt in der aufgekohlten Randschicht höher als der zum Erreichen der Höchsthärte mindestens erforderliche, nämlich rd. 0,60 Masse-%, muss nach dem Härten in der Randschicht mit der Anwesenheit von Restaustenit gerechnet werden. Aus Bild 6.18 kann dieser Zusammenhang für unlegierte Stähle abgelesen werden[4], vgl. auch Kapitel 2.3.2.4.

Restaustenit im Gefüge verringert die Härte und beeinträchtigt das Verschleißverhalten. Je nach den späteren Betriebsbedingungen bzw. -beanspruchungen, kann sich durch tiefe oder hohe Betriebstemperaturen, Temperaturwechsel, Verformungen oder Lastspannungen, zu einem späteren Zeitpunkt der Restaustenit noch mehr oder weniger vollständig in Bainit und/oder Martensit umwandeln. Daraus resultieren u. U. weitere Maß- und Formänderungen, die z. B. bei Bauteilen mit geringen Maßtoleranzen zu einem Festsitz führen können. Restaustenit in der Einsatzhärtungsschicht führt zu Zugeigenspannungen und damit zu einer niedrigeren Schwingfestigkeit.

Damit diese negativen Folgen nicht eintreten, ist es erforderlich, so aufzukohlen, dass sich ein Randkohlenstoffgehalt einstellt, der nicht höher als 0,60 Masse-% bis 0,70 Masse-% ist. Wo dies nicht gelingt oder auch kein Diffusionsbehandeln nach dem Aufkohlen möglich ist, kann es zweckmäßig sein, nach dem Abschrecken auf Raumtemperatur weiter auf noch niedrigere Temperaturen abzukühlen, um dem Ende der Martensitbildung möglichst nahe zu kommen, vgl. Bild 6.18. Das Tiefkühlen sollte möglichst unmittelbar nach dem Erreichen der Raumtemperatur vorgenommen werden, um den Restaustenit möglichst vollständig umzuwandeln. In der Praxis kann es gegebenenfalls notwendig sein, dazu flüssigen Stickstoff mit einer Temperatur von ca. -195 °C zu verwenden.

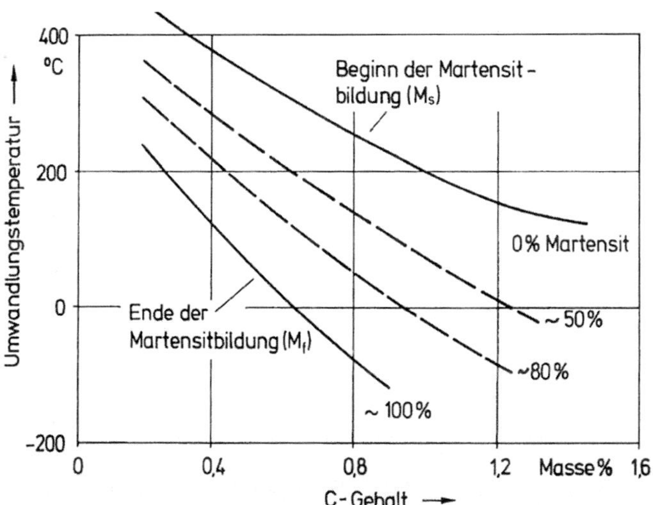

Bild 6.18: Zusammenhang zwischen Kohlenstoffgehalt und Martensittemperatur

[4] Bei legierten Stählen kann Restaustenit auch schon bei geringeren Kohlenstoffgehalten vorliegen. Auch ein Abschrecken von relativ hoher Härtetemperatur erhöht die Restaustenitmenge.

6.7 Anlassen einsatzgehärteter Werkstücke

Es ist üblich, einsatzgehärtete Werkstücke oberhalb von 150 °C, vorzugsweise aber bei 180 °C oder höher, anzulassen. Dadurch wird Kohlenstoff aus dem Martensit ausgeschieden und bildet mit dem Eisen oder seinen metallischen Legierungselementen Carbide. Das verringert die Verzerrung des martensitischen Gitters und damit auch die Härte. Durch Anlasstemperaturen im Bereich zwischen 180 °C und 250 °C und eine Haltedauer von einer Stunde, ist mit einer Abnahme um 1 HRC bis 5 HRC zu rechnen.

Das Anlassen bei Temperaturen um 180 °C vermindert die Rissempfindlichkeit, ohne eine wesentliche Abnahme der Eigenspannungen. Das wirkt sich günstig auf das Verhalten z. B. bei einem nachfolgenden Schleifen aus. Der Einfluss auf die Gebrauchseigenschaften, z. B. das Verschleiß- oder das Festigkeitsverhalten bei Schwingbeanspruchungen kann dagegen positiv oder negativ sein. Es ist daher zu empfehlen, gegebenenfalls durch entsprechende Versuche, zu ermitteln, ob es zulässig ist, auf das Anlassen zu verzichten.

Müssen einsatzgehärtete Werkstücke gerichtet werden, so ist es nach den vielfach in der Praxis vorliegenden Erfahrungen günstiger, das Richten ***vor*** dem Anlassen vorzunehmen.

6.8 Diffusionsbehandeln

Randkohlenstoffgehalte über 0,60 Masse-% können beim Härten zu einem unzulässig hohen Restaustenitanteil im Gefüge führen, vgl. Abschnitt 6.6. Besonders ausgeprägt ist dies bei Einsatzstählen, die mit Nickel, Chrom oder Molybdän legiert sind.

Beim Aufkohlen in Salzschmelzen oder im Pulver ist das Kohlenstoffangebot meist so hoch, dass ein höherer Randkohlenstoffgehalt erreicht wird[5]. Nur beim Aufkohlen in Gasen kann das Kohlenstoffangebot über den C-Pegel so geregelt werden, dass sich kein zu hoher Randkohlenstoffgehalt ergibt. Je nach Verfahrensablauf muss dies dann mit einer längeren Aufkohlungsdauer erkauft werden.

In der Praxis hat es sich beim Gasaufkohlen bewährt, mit zwei unterschiedlichen C-Pegelwerten aufzukohlen. Auf eine erste Periode mit einem höheren C-Pegel, um rasch die erforderliche Aufkohlungstiefe zu erhalten, folgt eine zweite Periode, in welcher der C-Pegel soweit abgesenkt wird, dass sich ein Randkohlenstoffgehalt in der gewünschten Höhe einstellt – Zweistufenaufkohlung. Dabei verändert sich das Kohlenstoffprofil, wie es schematisch in Bild 6.19 zu sehen ist: der Randkohlenstoffgehalt wird reduziert und die Aufkohlungstiefe nimmt weiter zu.

Das gleiche lässt sich im Prinzip auch erreichen, indem anschließend an das Aufkohlen ein so bezeichnetes *Diffusionsbehandeln* durchgeführt wird. Es besteht aus einem "Glühen" der aufgekohlten Werkstücke mit einem C-Pegelwert, der so gewählt wird, dass sich ein unerwünscht hoher Randkohlenstoffgehalt verringert. Der Kohlenstoff diffundiert dabei nach allen Richtungen weiter, also auch nach außen – "Effusion". Einer dadurch zu starken Entkohlung am äußersten Rand muss durch Festlegen

---

[5] Ausgenommen hiervon sind spezielle Salzschmelzen, deren Kohlenstoffangebot so weit reduziert ist, dass kein höherer Randkohlenstoffgehalt als ca. 0,60 Masse-% erreicht wird.

geeigneter Behandlungsbedingungen begegnet werden. Günstiger ist es dagegen, das Diffusionsbehandeln in einem Vakuumofen vorzunehmen.

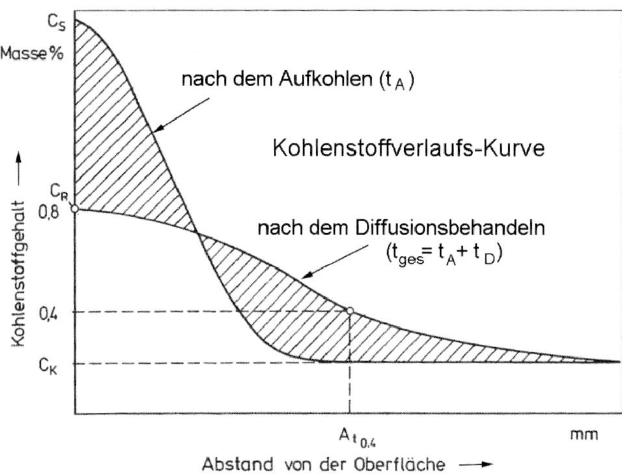

Bild 6.19: Kohlenstoffprofile beim Zweistufen-Aufkohlen

6.9 Eigenschaften einsatzgehärteter Werkstücke

6.9.1 Struktur einsatzgehärteter Werkstücke

Die aufgekohlte bzw. einsatzgehärtete Randschicht ist im einfachsten Fall an der Bruchfläche von Werkstücken oder Proben zu erkennen. Bild 6.20 zeigt solche Bruchflächen einsatzgehärteter Rundproben aus verschiedenen Einsatzstählen. Die Einsatzhärtungsschicht ist mehr oder weniger deutlich an einer feinkörnigeren Bruchstruktur sichtbar und ihre Dicke kann mit einer geeigneten Lupe gemessen werden. Allerdings ist die Messunsicherheit im Vergleich zum Ermitteln der Einsatzhärtungstiefe aus einem Härteprofil relativ groß.

Bild 6.20: Bruchflächen einsatzgehärteter Rundproben verschiedener Einsatzstähle

Noch deutlicher erkennbar wird die einsatzgehärtete Randschicht nach einem Schleifen, Polieren und Ätzen mit verdünnter Salpetersäure, z. B. Nital, wie in Bild 6.21 zu erkennen ist.

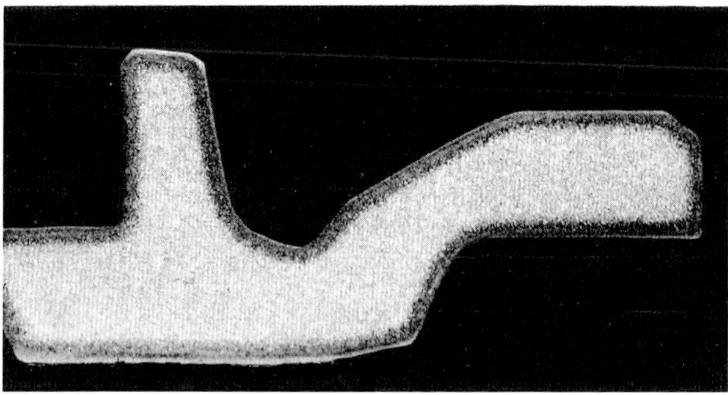

Bild 6.21: Makroschliff eines einsatzgehärteten Werkstücks

Das Beurteilen des aufgekohlten, carbonitrierten oder einsatzgehärteten Gefüges erfordert das Betrachten mit einem Lichtmikroskop. In Bild 6.22 ist die Aufnahme der aufgekohlten Randschicht einer nach dem Aufkohlen langsam auf Raumtemperatur abgekühlten Probe wiedergegeben. Direkt unter der Oberfläche besteht das Gefüge vollständig aus Perlit. Mit zunehmendem Abstand von der Oberfläche nimmt der Perlitanteil ab und der Ferritanteil zu. Ein Abschätzen der Aufkohlungstiefe daraus ergibt meist keine zuverlässigen Werte, weil das Verhältnis Perlit:Ferrit von der Abkühlungsgeschwindigkeit bestimmt wird.

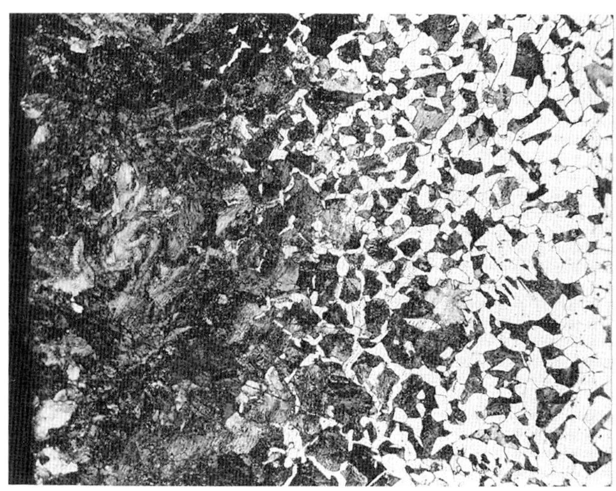

Bild 6.22: Randschicht einer aufgekohlten Probe im Lichtmikroskop

Bild 6.23: Randschicht einer einsatzgehärteten Probe im Lichtmikroskop

Das Aussehen der Einsatzhärtungsschicht ist beispielhaft in Bild 6.23 wiedergegeben. Das martensitische Gefüge unmittelbar unter der Werkstückoberfläche ist deutlich feiner ausgebildet als im Übergangsbereich zum Kern.

Bild 6.24: Lichtmikroskopisches Aussehen eines carbonitrierten Werkstücks

Das lichtmikroskopische Aussehen eines carbonitrierten Werkstücks zeigt Bild 6.24. Während die Randschicht ein vollständig martensitisches Gefüge aufweist, besteht das Gefüge im Kernbereich aus Ferrit und Martensit. Folge, einer für den niedrigeren Kohlenstoffgehalt des Kerns zu niedrigen Härtetemperatur.

Wird bei gegebener Temperatur mit einem C-Pegel aufgekohlt, der höher ist als das Lösungsvermögen des Austenits bei dieser Temperatur, kommt es bereits während des Aufkohlens zum Ausscheiden von Carbiden, wie es in der lichtmikroskopischen Aufnahme in Bild 6.25 zu sehen ist. In den meisten Anwendungsfällen ist eine derartige Gefügeausbildung unerwünscht. Insbesondere dann, wenn die Werkstückoberfläche z. B. durch Polieren feinbearbeitet werden soll. Durch ein nachträgliches Glühen bei einer Temperatur von mindestens 900 °C mit ausreichend langer Dauer können die Carbide je nach Stahlzusammensetzung mehr oder weniger vollständig aufgelöst und der Kohlenstoff zur Weiter-Diffusion veranlasst werden, so dass sich der Randkohlenstoffgehalt verringert. Dabei ist es allerdings nicht zu vermeiden, dass die Aufkohlungstiefe zunimmt. In Anwendungsfällen mit hohem Abrasionsverschleiß kann sich ein Gefüge mit Ausscheidungen, z. B. von Chromcarbiden, aber auch durchaus positiv auswirken.

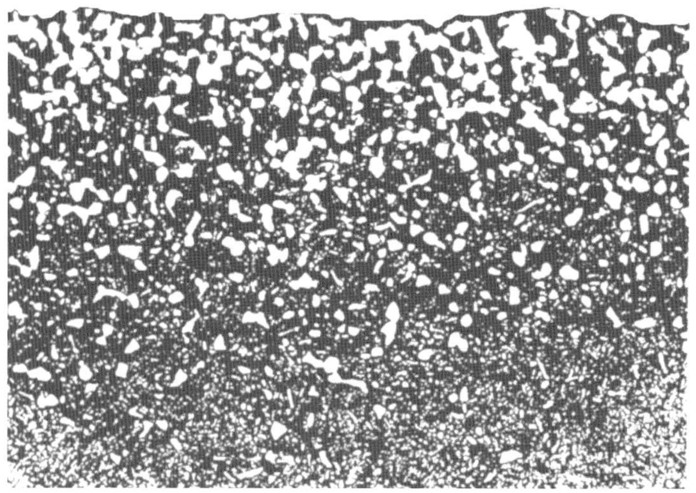

Bild 6.25: Überkohlte Randschicht mit Carbiden, lichtmikroskopisch (1000:1)

Eine andere, ebenfalls meist unerwünschte Ausbildung der Einsatzhärtungsschicht zeigt die lichtmikroskopische Aufnahme in Bild 6.26. Hier wurde durch einen zu hohen Randkohlenstoffgehalt – Aufkohlen mit einem zu hohen C-Pegel – beim Härten ein Teil des Austenits nicht umgewandelt und ist als Restaustenit zurückgeblieben. Dies kann das Verhalten bei Verschleißbeanspruchung oder bei schwingender Beanspruchung beeinträchtigen. Durch Tiefkühlen auf ausreichend niedrige Temperatur lässt sich der Restaustenitgehalt mehr oder weniger vollständig beseitigen.

Bild 6.26: Überkohlte Randschicht mit Restaustenit und Carbiden (1000:1)

Aufkohlungsmittel, mit Ausnahme der Kohlenwasserstoffe, enthalten aus ihrem Gehalt an Kohlenstoffmonooxid und Wasserstoff sowie deren Reaktionsprodukten auch Sauerstoff. Daraus ergibt sich neben der aufkohlenden auch eine oxidierende Wirkung, so dass während des Aufkohlens gleichzeitig eine Oxidation der Randschicht stattfindet. Die Folge davon ist die so bezeichnete *innere Oxidation* oder *Randoxidation*. Sauerstoffatome bilden mit dem Eisen und seinen Legierungselementen Chrom, Mangan, Silizium, Vanadium und Aluminium Oxide, die sowohl innerhalb der Körner als auch auf den Korngrenzen ausgeschieden werden. Die Gefügeaufnahme in Bild 6.27 zeigt hierzu ein typisches Beispiel für das lichtmikroskopische Aussehen der Randoxidation im ungeätzten Zustand.

Bild 6.27: Lichtmikroskopisches Aussehen einer Einsatzhärtungsschicht mit Randoxidation (ungeätzt, Vergrößerung 1000:1)

Die zu Oxiden abgebundenen Legierungselemente können in der Randschicht nicht mehr das Umwandlungsverhalten beim Härten beeinflussen, ihre härtbarkeitssteigernde Wirkung fällt damit aus. Dadurch wird die Randschicht umwandlungsfreudiger und beim Abkühlen wandelt sich der Austenit in Perlit und/oder Bainit um anstatt in Martensit. Die Oberflächen- und die Randhärte weisen niedrigere Werte auf – in der Praxis wird von „Weichhaut" gesprochen, Bild 6.28 zeigt hierzu ein charakteristisches Beispiel.

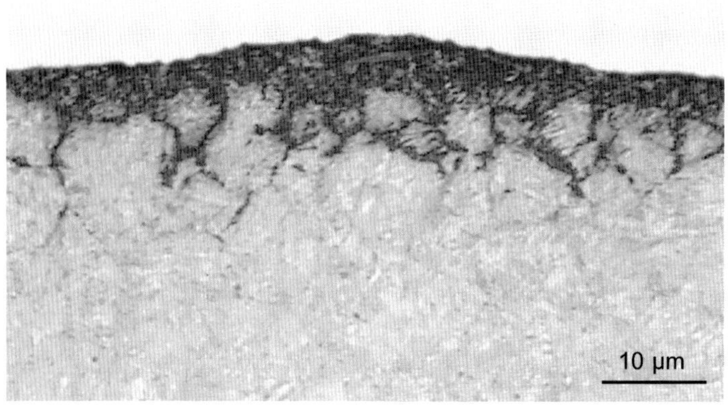

Bild 6.28: Lichtmikroskopisches Aussehen einer Einsatzhärtungsschicht mit Perlitsaum infolge der Randoxidation (1000:1, Nital)

Sofern die Weichhaut nicht abgeschliffen wird, muss mit einem geringeren Verschleißwiderstand gerechnet werden. Auch eine Beeinträchtigung der Schwingfestigkeit ist nicht auszuschließen, besonders dann, wenn die Randoxidation netzförmig ausgebildet ist. Vermeidbar ist die Randoxidation nur durch Aufkohlen im Vakuumofen oder beim Plasmaaufkohlen. Eine deutsche Norm zur Ermittlung der Randoxidationstiefe und Beurteilung der Randoxidation ist unter DIN 30901 in Vorbereitung.

6.9.2 Härte und Härtetiefe

Durch das Einsatzhärten wird die Härte an der Werkstückoberfläche gegenüber dem Ausgangszustand im Normalfall auf ca. 60 HRC bis 65 HRC bzw. 750 HV bis 850 HV erhöht. Im Kern ergeben sich je nach der Stahlzusammensetzung, den Bedingungen beim Härten und der Werkstückabmessung 30 HRC bis 45 HRC. Zum Abschätzen der zu erwartenden Kernhärte können die Härtbarkeitsstreubänder in den Technischen Lieferbedingungen der Einsatzstähle in DIN EN 10084 herangezogen werden.

Der Übergang von der Härte am Rand zu der im Kern wird durch die Härteverlaufskurve, respektive das *Härteprofil,* gekennzeichnet, vgl. die Bilder 6.29 und 6.30. Der Abstand von der Oberfläche bis zu dem Punkt, an dem die Härte noch – im Regelfall – 550 HV1 beträgt, ist als *Einsatzhärtungs-Härtetiefe,* kurz: *Einsatzhärtungstiefe, CHD*[6] , definiert, vgl. Kapitel 12 „Prüfen wärmebehandelter Teile". An Hand der

[6] Die Abkürzung CHD von englisch „**c**ase-hardening **h**ardness **d**epth" In DIN EN ISO 2639 ersetzt die bisherige deutsche Abkürzung Eht in DIN 50190-1

Einsatzhärtungstiefe werden die zu erwartenden Gebrauchseigenschaften einsatzgehärteter Bauteile wie z. B. die Schwingfestigkeit oder das Wälzverschleißverhalten beurteilt.

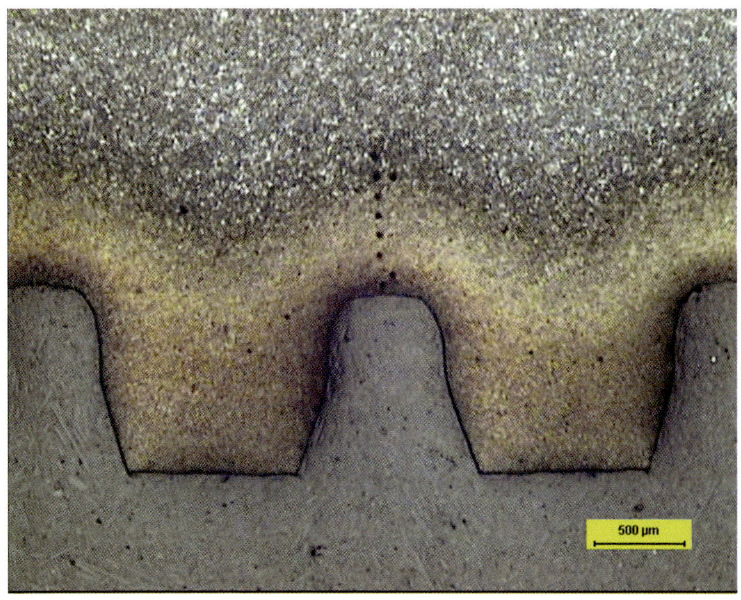

Bild 6.29: Querschliff eines einsatzgehärteten Werkstücks mit den Eindrücken eines Eindringprüfkörpers

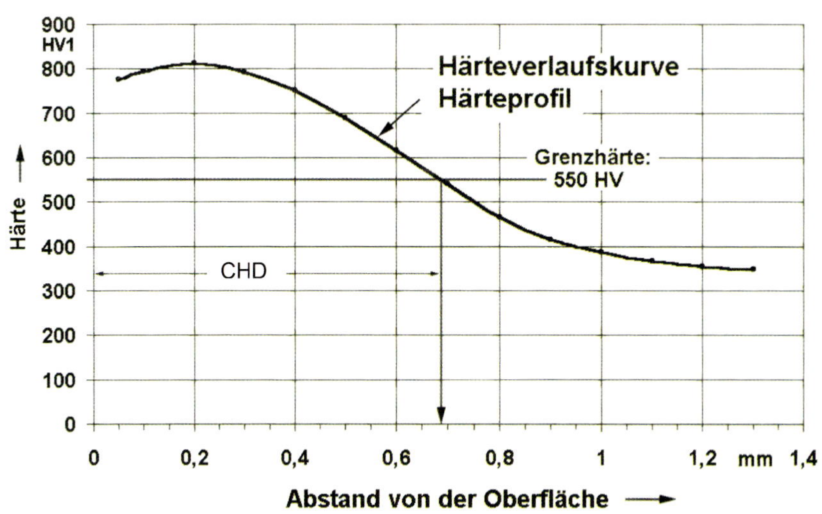

Bild 6.30: Härteprofil einsatzgehärteter Werkstücke (schematisch)

6.9.3 Formänderungsvermögen, Zähigkeit

Das Einsatzhärten erhöht die Härte und die Festigkeit im Rand und im Kern einsatzgehärteter Werkstücke. Dadurch wird das Vermögen zu plastischen Formänderungen deutlich verringert und es können schon bei relativ geringen Verformungen Anrisse entstehen. Verstärkt wird die Anrissneigung noch durch das Vorhandensein von Kerben, z. B. in Form von Gewinden, schroffen Querschnittsübergängen oder Querbohrungen an den Bauteilen. Gewindebereiche sollten deshalb möglichst nicht aufgekohlt werden.

Anrisse in der Randschicht verlaufen überwiegend interkristallin /Str94/. Das ist ein Zeichen dafür, dass die Korn*grenzen*festigkeit geringer ist als die Kornfestigkeit. Durch ein Anlassen, möglichst auf einer Temperatur von 180 °C oder höher, eine Haltedauer von mindestens zwei Stunden oder wiederholtes Anlassen, kann die Korngrenzenfestigkeit erhöht und die Anrissneigung verringert werden.

Wie rasch sich ein Anriss fortpflanzt und ob er schließlich zum Bruch führt, ergibt sich aus der Härte des Übergangs- und des Kernbereichs des einsatzgehärteten Bauteils, d. h. aus dem Zusammenwirken von Rand- *und* Kerngefüge. Die in der Praxis weit verbreitete Ansicht, dass mit dem Einsatzhärten eine optimale Kombination aus harter Randschicht und zähem Kern zu erreichen sei, trifft also nur bedingt zu.

Über die geringe Verformbarkeit der einsatzgehärteten Randschicht und die geringen bereits zu einem Anriss oder Bruch führenden Kräfte, geben z. B. die Ergebnisse von Kerbschlagbiegeversuchen Aufschluss. Am Beispiel einsatzgehärteter Proben aus dem Stahl 16MnCr5 ist an den Kraft-Zeit-Kurven von Kerbschlagbiegeversuchen in Bild 6.31 die generelle Verringerung des Formänderungsvermögens abzulesen.

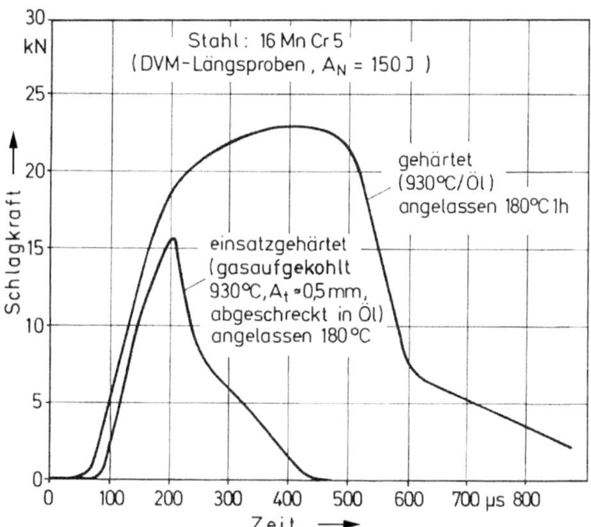

Bild 6.31: Vergleich des Formänderungsvermögens im Kerbschlagbiegeversuch gehärteter Proben aus dem Stahl 16MnCr5 mit und ohne Aufkohlung /Wic76/

Der Einfluss der Einsatzhärtungstiefe auf das Zusammenwirken von Rand- und Kernbereich einsatzgehärteter Bauteile geht aus Bild 6.32 hervor. Hier ist aus Kerbschlagbiegeversuchen die Schlagkraft zum Trennen der Proben in Abhängigkeit von der hierzu erforderlichen Schlagarbeit für verschiedene Einsatzhärtungstiefen am Beispiel des Stahls 16MnCr5 dargestellt /Wic76/. Es ist deutlich abzulesen, wie mit zunehmender Einsatzhärtungstiefe die zum Trennen der Proben erforderliche Schlagkraft und Schlagarbeit abnehmen.

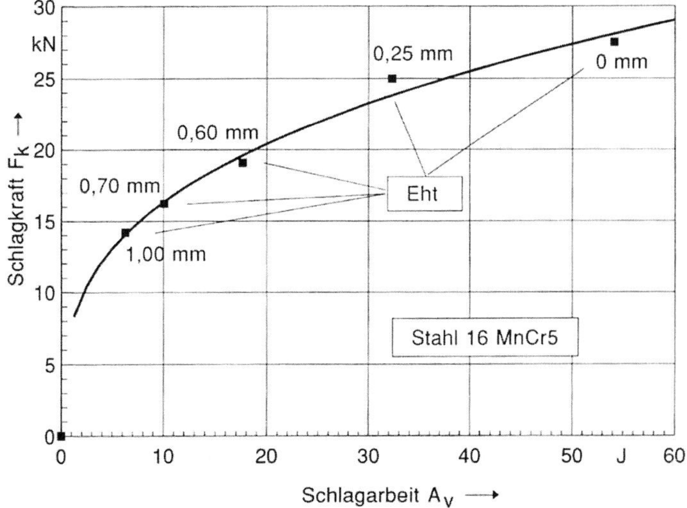

Bild 6.32: Einfluss der Einsatzhärtungstiefe auf die Schlagkraft /Wic76/

Für die praktische Anwendung des Einsatzhärtens sollte dementsprechend auf die zu erwartende Art der Beanspruchung geachtet und gegebenenfalls stark gekerbte, stoßartig beanspruchte Werkstücke, sollten nicht einsatzgehärtet werden. Werkstükke, die sich infolge des Einsatzhärtens stark verziehen und gerichtet werden müssen, sollten schon zwischen dem Aufkohlen und dem Härten gerichtet werden, um das Risiko des Anreißens klein zu halten.

6.9.4 Festigkeitsverhalten

Entsprechend dem Kohlenstoffverlauf über den Werkstückquerschnitt beginnt die Martensitbildung beim Abkühlen von Härtetemperatur bei unterschiedlichen Temperaturen und damit zu unterschiedlichen Zeitpunkten. Der Kern mit seinem geringeren Kohlenstoffgehalt wandelt sich zuerst um. Infolge der dabei eintretenden Volumenvergrößerung wird der noch austenitische, weichere Randbereich plastisch gedehnt. Beim anschließenden Umwandeln der Randschicht und der dort eintretenden Volumenzunahme lässt sich der gehärtete Kern nicht mehr dehnen. Dadurch wird der Rand unter Druck gesetzt. Wie hoch die Druckeigenspannungen werden, hängt von der Martensitmenge ab: Restaustenit oder eine Randoxidation verringern die Druckspannungen, es können sogar Zugspannungen am Rand entstehen. Die in der Randschicht vorliegenden Druckspannungen werden durch Zugspannungen im

Kernbereich kompensiert. Auch durch das Anlassen können Druckeigenspannungen verringert werden.

Die Druckeigenspannungen vermindern die Kerbwirkung, so dass die Rissbildung an der Bauteiloberfläche verzögert oder sogar unterdrückt und ins Bauteilinnere verschoben wird. Dadurch kann auf eine stärkere Biegung oder Torsion belastet werden. In Bild 6.33 sind die Verhältnisse schematisch dargestellt.

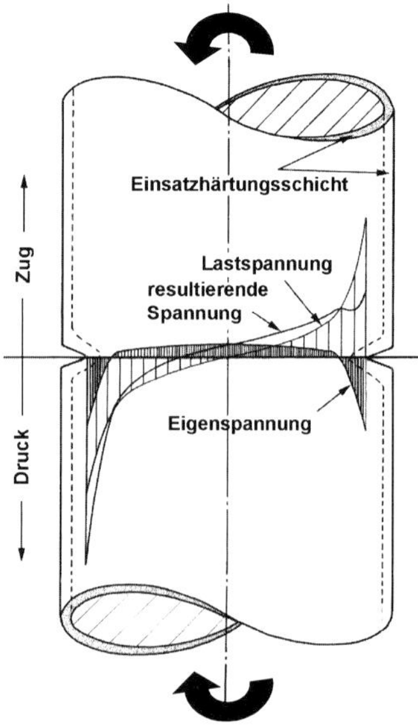

Bild 6.33: Reduzierung von Zugeigenspannungen durch Eigenspannungen

Im Fall zyklischer Beanspruchungen durch Biegung oder Torsion ist dies von besonderem Nutzen, weil dadurch die Dauerfestigkeit, d. h. die Anzahl der ertragbaren Zyklen bis zu einem Bruch erhöht wird. Die Dauerfestigkeit und der Ort, an dem Anrisse entstehen können, lässt sich nach dem Konzept der örtlichen Festigkeit abschätzen, vgl. hierzu Bild 6.34.

Die örtliche Festigkeit ist in der Einsatzschicht höher als im Kern. Dadurch kann erreicht werden, dass die durch eine Beanspruchung hervorgerufene Lastspannung die örtliche Festigkeit erst unterhalb der Bauteiloberfläche übersteigt. In diesen Bereichen findet dann das Ermüden statt und es können Anrisse entstehen.

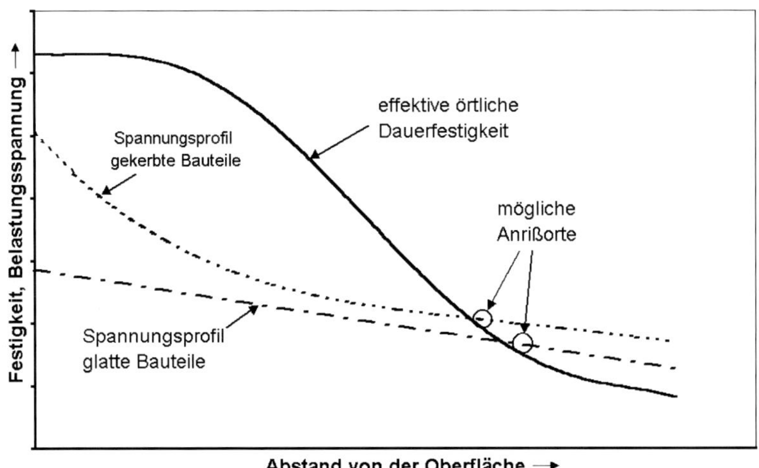

Bild 6.34: Modell der örtlichen Festigkeit /Rob57/

Optimale Dauerfestigkeit wird erreicht, wenn der Verlauf der örtlichen Festigkeit nur wenig vom Verlauf der örtlichen Lastspannungsamplitude abweicht /Bom94/. Sind die Lastspannungen über den Bauteilquerschnitt gleich hoch, dann findet das Ermüden im nicht aufgekohlten Bereich statt, siehe Bild 6.34, und die höhere Festigkeit der Randschicht kommt gar nicht zum Tragen. Der Anriss entsteht unterhalb der Oberfläche, der Ausgangspunkt sind meist eine Fehlstelle, eine Korngrenze, eine Gefügeinhomogenität, Ausscheidungspartikel oder Mikrorisse. Ist die örtliche Festigkeit direkt unterhalb der Oberfläche kleiner als die Spannungsamplitude durch die Belastung, entsteht ein Anriss in der Nähe der Oberfläche.

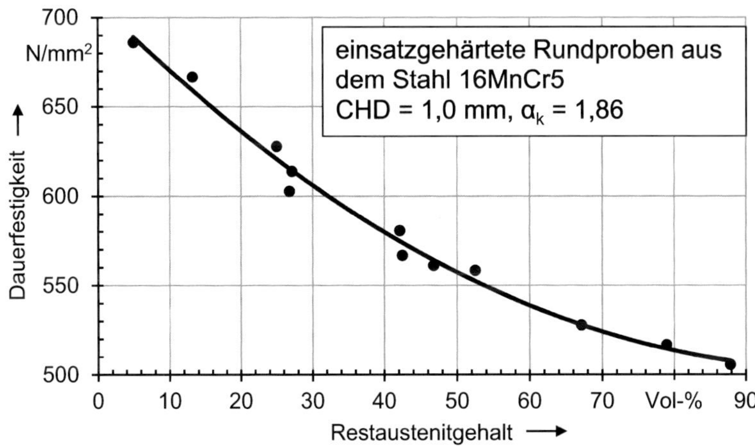

Bild 6.35: Einfluss des Restaustenitgehalts auf die Dauerfestigkeit /Beu73/

Außer Restaustenit können auch Carbide in der aufgekohlten Randschicht die Schwingfestigkeit beeinträchtigen, insbesondere dann, wenn sie als Netzwerk entlang der Korngrenzen vorhanden sind. In Bild 6.35 sind als Beispiel die Ergebnisse von Schwingversuchen wiedergegeben, bei denen die Biegewechselfestigkeit von einsatzgehärteten, gekerbten Rundproben aus dem Stahl 16MnCr5 mit unterschiedlichen Restaustenitgehalten ermittelt wurde. Wie aus der Darstellung zu erkennen ist, vermindern Restaustenitgehalte von 30 Vol-% die Biegewechselfestigkeit um rd. 15 %.

In Bild 6.36 sind als Beispiel die Wöhlerkurven für die Zahnfußtragfähigkeit geschliffener Zahnräder aus drei im Großgetriebebau häufig benutzten Einsatzstählen gegenübergestellt. Das Gefüge war nach dem Einsatzhärten weitgehend restaustenitfrei und es wurde nicht tiefgekühlt /Wec92/.

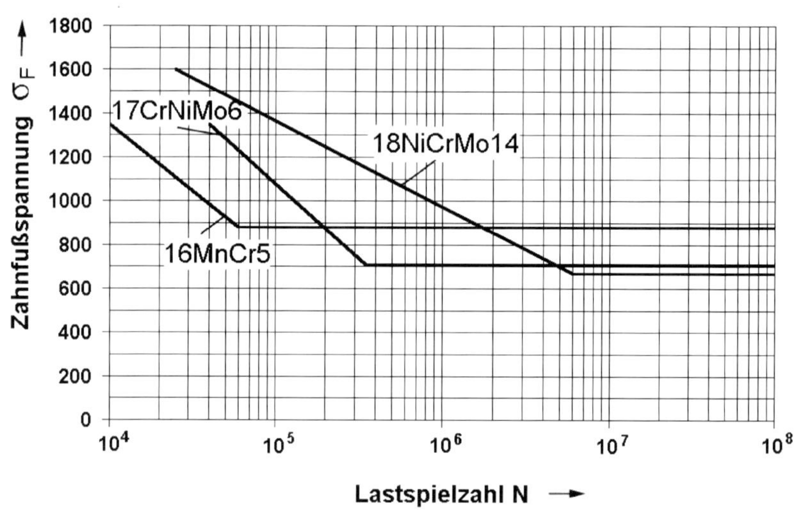

Bild 6.36: Zahnfußtragfähigkeit einsatzgehärteter Zahnräder (50 % Ausfallwahrscheinlichkeit)

In Bild 6.37 ist beispielhaft die Biegewechselfestigkeit einsatzgehärteter glatter und gekerbter Proben in Abhängigkeit von der Oberflächenhärte dargestellt. Daraus ist zu entnehmen, dass mit zunehmender Oberflächenhärte die Dauerfestigkeit zunimmt. Zunehmende Kerbwirkung verringert allerdings den festigkeitssteigernden Effekt eines Einsatzhärtens. Dabei ist zu beachten, dass die Wirkung einer Einsatzhärtung nur dann optimal ist, wenn der Kerbgrund ebenfalls einsatzgehärtet ist, vgl. die untere Hälfte der Tabelle 6.3.

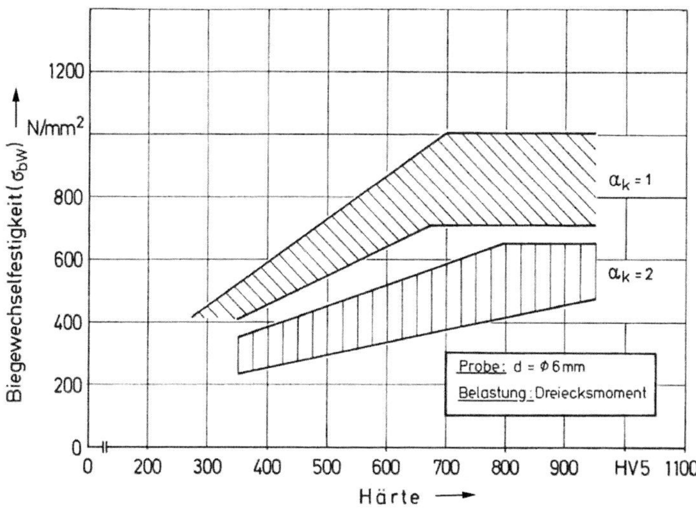

Bild 6.37: Einfluss der Oberflächenhärte auf die Dauerfestigkeit /Wie67/

Tabelle 6.3: Einfluss unterschiedlicher Ausbildung der Einsatzhärtungsschicht auf die Wechselfestigkeit

Probenform	Behandlung	Biegewechselfestigkeit N/mm²	Torsionswechselfestigkeit N/mm²
	nicht aufgekohlt, gehärtet + angelassen	620	250
	einsatzgehärtet, CHD entfernt	620	n.b.
	einsatzgehärtet, CHD = 0,1 mm	660	n.b.
	einsatzgehärtet, CHD = 0,2 mm	700	320
	einsatzgehärtet, CHD = 0,3 mm	650	n.b.
	einsatzgehärtet, CHD = 0,3 mm, jedoch ungleichmäßig tief	570	n.b.
	nicht aufgekohlt, gehärtet + angelassen	340	120
	einsatzgehärtet, CHD = 0,3 mm, Bohrung nach dem Einsatzhärten angebracht	210	100
	einsatzgehärtet, CHD = 0,3 mm, Bohrung vor dem Aufkohlen angebracht	440	290

Die Tabelle 6.3 verdeutlicht außerdem, dass die Höhe der Dauerfestigkeit von der Einsatzhärtungstiefe, bzw. dem Verhältnis der Dicke der einsatzgehärteten Randschicht zum nicht aufgekohlten Kernbereich abhängt. Noch deutlicher wird dies in der Darstellung von Bild 6.38, in dem die Biegewechselfestigkeit in Abhängigkeit vom Verhältnis des einsatzgehärteten Querschnitts zum nicht aufgekohlten Querschnitt eines Bauteils wiedergegeben ist. Neben dem festigkeitsvermindernden Einfluss der Kerbwirkung ist abzulesen, dass optimale Dauerfestigkeitswerte bei einem Verhältnis des einsatzgehärteten Querschnitts zum nicht einsatzgehärteten zwischen 10 % und 20 % erreicht werden /Wic76/.

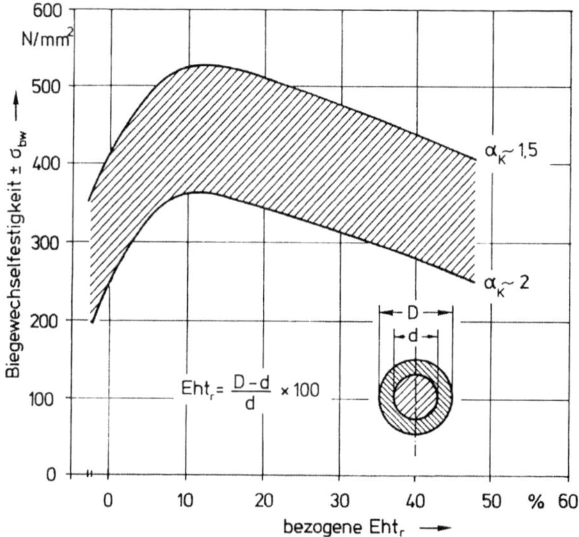

Bild 6.38: Zusammenhang zwischen Schwingfestigkeit und Einsatzhärtungstiefe

Für das Festlegen der optimalen Einsatzhärtungstiefe von Zahnrädern hat sich empirisch die Regel: CHD ≈ (0,2 bis 0,3)* Modul bewährt.

Im Verhältnis zu anderen Verfahren zum Verfestigen der Randschicht nimmt das Einsatzhärten eine bevorzugte Stellung ein. Dies wird in Bild 6.39 deutlich. Hier ist nach DIN 3990 die Dauerschwingfestigkeit einsatzgehärteter im Vergleich zu randschichtgehärteten, nitrierten und vergüteten geradverzahnten Stirnrädern dargestellt.

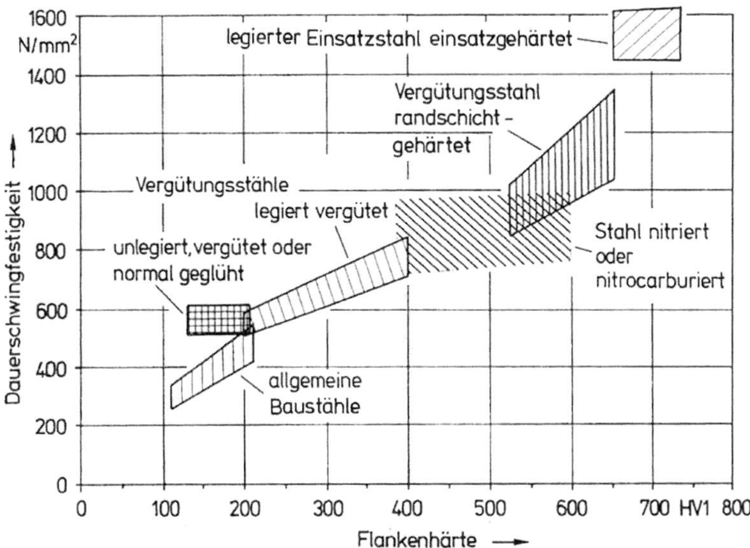

Bild 6.39: Vergleich der dauerfestigkeitssteigernden Wirkung des Einsatzhärtens mit anderen Wärmebehandlungsverfahren nach DIN 3990

6.9.5 Verschleißverhalten

Die höhere Rand- und Oberflächenhärte erhöhen den Widerstand gegen abrasiven Verschleiß (Furchungsverschleiß, Abrieb), Prall- und Stoßverschleiß (Erosion). Die Wirkung bei adhäsivem Verschleiß ist dagegen weniger ausgeprägt und nur nach einem Carbonitrieren, auf Grund der Stickstoffanreicherung in der Randschicht, signifikant.

Die Einsatzhärtungsschicht bewährt sich besonders auch bei Wälzverschleißbeanspruchungen, bei denen es infolge einer Oberflächendruckbelastung zu hohen Schubspannungen unterhalb der Werkstückoberfläche kommt. Bei wechselnder oder schwellender Belastung wird dadurch die Randschicht örtlich verformt und im Laufe einer zyklischen Beanspruchung die Randschicht allmählich zerrüttet – "Randschichtzerrüttung“, so dass ein Anriss entstehen kann. Dieser pflanzt sich bis zur Oberfläche fort und führt bei weiterer Wechselbeanspruchung zu einem Ausbruch von Werkstoffpartikeln, einem so bezeichneten *Grübchen* oder *„pitting“*. Das Einsatzhärten kann die Randschichtfestigkeit so weit erhöhen, dass der Widerstand gegen Zerrüttung zunimmt, so dass eine höhere Lastamplitude ertragen und die Lebensdauer verlängert wird.

Von wesentlicher Bedeutung für das Verschleißverhalten ist neben der Härte auch der Gefügezustand der Einsatzhärtungsschicht. Während in manchen Anwendungsfällen im Martensit ausgeschiedene Carbide den Abrasionswiderstand erhöhen, beeinträchtigen Restaustenit, Entkohlung und Randoxidation das Verschleißverhalten.

6.10 Anwendungsbeispiele

Das Einsatzhärten zum Verbessern der Funktionseigenschaften Verschleißwiderstand und Schwingfestigkeit wird heute in nahezu allen industriellen Bereichen für eine Vielzahl von Bauteilen und Werkzeugen angewendet. Aus der Fülle der Anwendungsbeispiele können an dieser Stelle nur wenige typische Anwendungsbeispiele gezeigt werden.

Bei den in Bild 6.40 abgebildeten Teilen handelt es sich beispielsweise um Bauteile aus dem Bereich des Automobilzubehörs. Charakteristisch ist hier die große Stückzahl der hergestellten Teile und die meist komplexe Bauteilgeometrie. Dies und die geforderten Funktionseigenschaften zwingen dazu, den Werkstoff, die Bearbeitung und die Wärmebehandlung sorgfältig aufeinander abzustimmen, um eine wirtschaftliche Fertigung zu erreichen. Auf Grund der hohen Stückzahlen ist es zweckmäßig, einen im Ausgangszustand leicht bearbeitbaren Stahl zu verwenden. Hierzu eignen sich besonders die Einsatzstähle, die sich relativ leicht auch kalt umformen lassen und auch, wenn sie legiert sind, ein wirtschaftliches Zerspanen gestatten.

Bild 6.40: Beispiele für das Anwenden des Einsatzhärtens von Bauteilen

Die gezeigten Teile in Bild 6.40 sind intensiv auf Verschleiß beansprucht, kombiniert mit einer schwingenden Belastung in Form einer Wechsel- oder Schwellbeanspruchung. Die gegen den Verschleiß der Bauteile erforderliche hohe Härte, z. B. im Bereich der Verzahnung bei Zahnrädern und Ritzeln der Nockenflanken bei Nockenwellen oder der Lagerstellen von Wellen, lässt sich durch ein Einsatzhärten erreichen. Dadurch ergibt sich außerdem, je nach Härtbarkeit des verwendeten Stahls auch eine ausreichende Kernfestigkeit. Die Druckeigenspannungen in der Einsatzhärtungsschicht und deren hohe Festigkeit ergeben die erforderliche Dauerfestigkeit für die schwingende Beanspruchung.

In den Bildern 6.41 und 6.42 sind typische Zahnräder aus dem Getriebebau abgebildet.

Bild 6.41: Beispiel für einsatzgehärtete Zahnräder

Bild 6.42: Beispiel für einsatzgehärtete Zahnräder

6.11 Hinweise zum praktischen Durchführen des Einsatzhärtens

6.11.1 Vorbereiten und Vorbehandeln der Werkstücke

Das Vorbereiten bzw. Vorbehandeln der Werkstücke dient dazu, unerwünschte Einflüsse von Eigenspannungen oder des Oberflächenzustande auf den Endzustand zu beseitigen, den Behandlungsablauf abzusichern und gegebenenfalls das Aufkohlen oder Einsatzhärten örtlich zu begrenzen.

6.11.1.1 Vorangehende Wärmebehandlungen

In den aufzukohlenden Werkstücken vorhandene Eigenspannungen werden beim Erwärmen und Aufkohlen weitgehend reduziert. Dadurch können unerwünscht große Form- und Maßänderungen entstehen. Dies lässt sich aber durch ein vorangehendes *Spannungsarmglühen* bei ca. 600 °C bis 650 °C mit einer Haltedauer von mindestens 30 min nach vollständigem Durchwärmen und ein langsames Abkühlen vorwegnehmen, vgl. Kapitel 9.3. Die dabei entstehenden Maß- und Formänderungen können dann durch ein spanendes Bearbeiten beseitigt werden, wozu ein ausreichendes Aufmaß vorgesehen werden muss. Das Glühen sollte in einer inerten Atmosphäre erfolgen, um Verzundern zu vermeiden.

6.11.1.2 Reinigen der Werkstücke

Rückstände von der spanenden oder spanlosen Bearbeitung, z. B. Kühlschmiermittel, Oxidschichten, Rückstände von Wasch- und Konservierungsmitteln, Zunder, Rost, Farb- oder Lötflussmittel, können je nach ihrer Beschaffenheit die Kohlenstoffaufnahme, speziell beim Aufkohlen im Pulver oder Gas, behindern oder sogar vollständig verhindern. Salzschmelzen können durch Ansammlung dieser Rückstände sowie Späne, Grate, Rost, Zunder oder Nichteisenmetalle in ihrer Zusammensetzung und damit in ihrer Wirkung beeinträchtigt werden. Deshalb ist es notwendig, die Werkstücke vor dem Aufkohlen oder Carbonitrieren je nach Verschmutzungsgrad auf geeignete Weise zu reinigen. Dies kann durch *Waschen*, *Entgraten*, *Beizen*, *Strahlen*, *Voroxidieren*, *Zerspanen* oder andere geeignete Maßnahmen geschehen. Üblich ist das Waschen in heißem Wasser mit geeigneten Reiniger-Zusätzen. Um eine ausreichende Reinigungswirkung zu erzielen, kann es zweckmäßig sein, den Waschvorgang mechanisch z. B. Druckstrahlen, Ultraschall, Spritzen usw. zu unterstützen. Nach dem Waschen müssen die Werkstücke und die Werkstückträger oder Chargiervorrichtungen vollständig getrocknet werden. Bolzen oder Schrauben, die zum Verschließen von Bohrungen oder Löchern angebracht wurden, sind **vor** dem Erwärmen unbedingt zu entfernen.

Grate, Zunder, Rost, Walz-, oder Schmiedehaut, Farb- oder Lötflussmittelreste lassen sich durch *Strahlen*, *chemisches* oder *thermisches Entgraten* entfernen. Es ist jedoch zu beachten, dass beim thermischen Entgraten die Werkstückoberfläche oxidiert wird und sich Flugrost auf der Werkstückoberfläche absetzt. Die thermisch entgrateten Werkstücke sollten daher entrostet werden. Beim chemischen Entgraten kann die Werkstückoberfläche mit dem Elektrolyten unter Bildung schädlicher Reaktionsschichten reagieren, was die Kohlenstoffdiffusion beeinträchtigen kann. Die Werkstücke sollten daher ebenfalls entrostet werden.

Strahlmittelreste sollten möglichst vollständig von der Werkstückoberfläche entfernt werden, da sie die Wirkung der Aufkohlungsmittel beeinträchtigen können.

Ein *Beizen* eignet sich nur bedingt zum Entfernen von Zunder, Rost, Walz- oder Schmiedehaut oder Resten des Lötflussmittels. Die Rückstände des Beizmittels sollten jedoch vollständig entfernt und die Werkstückoberfläche neutralisiert werden, damit die Werkstücke nicht rosten. Auch sollte darauf geachtet werden, dass die Beizwirkung nicht intensiver als unbedingt notwendig ist, damit Beiznarben an der Werkstückoberfläche vermieden werden.

In manchen Anwendungsfällen hat es sich als förderlich erwiesen, vor dem Aufkohlen ein oxidierendes Vorwärmen durchzuführen. Dabei können bestimmte Rückstände mehr oder weniger rückstandsfrei abdampfen, brennbare Rückstände abbrennen und die Werkstückoberfläche aktiviert werden, was die Kohlenstoffaufnahme verbessern kann. Es ist jedoch darauf zu achten, dass bei diesem „Voroxidieren" keine Zunderschichten entstehen, die beim Härten abplatzen bzw. beim Schleifen der gehärteten Teile die Schleifscheibe zusetzen.

6.11.1.3 Vorbereiten für ein örtlich begrenztes Einsatzhärten

Ein örtlich begrenztes Einsatzhärten bedeutet einen zusätzliche Aufwand, ist jedoch nicht immer zu umgehen. Sollen bestimmte Bereiche eines Werkstücks nicht aufgekohlt, carbonitriert oder einsatzgehärtet sein, kann ein schützender Überzug, z. B. eine Paste oder eine galvanisch aufgebrachte Kupferschicht oder ein Schutzkörper in Form einer Hülse angebracht werden[7]. Beim Behandeln in Salzschmelzen könnten die Werkstücke unvollständig eingetaucht werden. Die Breite des Übergangs vom aufgekohlten zum nicht aufgekohlten Bereich hängt von der gewählten Schutzmethode ab. Die schmalsten Übergänge ergeben sich durch Überzüge. Im nicht aufgekohlten oder nicht carbonitrierten Bereich ergibt sich nach dem Härten eine Oberflächenhärte entsprechend dem Kohlenstoffgehalt des Ausgangszustands des verwendeten Stahls.

Eine andere Möglichkeit besteht darin, nach dem Aufkohlen oder Carbonitrieren die Diffusionsschicht spanend abzuarbeiten, z. B. um Bohrungen oder Gewinde anzubringen und erst danach zu härten. Auch kann nach dem Einsatzhärten örtlich begrenzt, z. B. induktiv oder mit der Flamme, höher angelassen werden oder es wird die harte Randschicht örtlich begrenzt durch Schleifen entfernt.

Für welche Methode man sich entscheidet, hängt von den geforderten Eigenschaften und der Beschaffenheit des Werkstücks, dem Wärmebehandlungsverfahren und den betrieblichen Gegebenheiten ab und kann von Fall zu Fall unterschiedlich sein.

6.11.2 Chargieren der Werkstücke

Beim Chargieren sind die Werkstücke so anzuordnen, dass alle aufzukohlenden bzw. zu carbonitrierenden Werkstückbereiche vom Behandlungsmittel ungehindert

---

[7] Dies ist allerdings nur beim Aufkohlen oder Carbonitrieren im Gas oder Pulver wirksam. Schutzkörper besitzen darüber hinaus nur eine begrenzte Wirksamkeit. Beim Plasmaaufkohlen können allerdings metallische Masken oder eine entsprechend ausgebildete Werkstückaufnahme das Auskohlen örtlich begrenzen.

erreicht und beim Abschrecken vom Abschreckmittel möglichst gleichmäßig und mit ausreichender Strömungsgeschwindigkeit beaufschlagt werden.

Schüttgut sollte nicht zu hoch und nicht zu dicht geschüttet werden. Gegebenenfalls ist das Haufwerk durch Zwischengitter aufzulockern bzw. sind die Werkstücke mit ausreichendem Abstand zueinander anzuordnen. Flächiges Berühren der Werkstücke ist zu vermeiden. Auch linienförmiges Berühren kann nachteilig sein; punktförmiges Berühren ist dagegen meist unbedenklich.

Bild 6.43: Beispiel für eine Schüttgutcharge

Bild 6.44: Beispiel für das Chargieren von Wellen (ALD)

Lange schlanke Wellen und Achsen sollten möglichst senkrecht stehend chargiert werden. Die Werkstücke müssen so gepackt werden, dass sie nicht durch das Gewicht aufliegender anderer Teile und krumm werden können, siehe Bild 6.44.

Einseitig geschlossene oder napfförmige Werkstücke müssen beim Abschrecken in Flüssigkeiten so angeordnet sein, dass ihre Öffnungen möglichst nach oben weisen, damit Dampfblasen entweichen können, was andererseits natürlich kein vollständiges Abtropfen der in Flüssigkeiten abgeschreckten Teile ermöglicht.

6.11.3 Erwärmen auf Behandlungstemperatur

Der Zeit-Temperatur-Verlauf im Rand und im Kern eines Werkstücks wird beim Erwärmen von seiner Geometrie und der Erwärmgeschwindigkeit bestimmt. In den unterschiedlich bemessenen Querschnitten ergeben sich dementsprechend verschiedene Erwärmungskurven für den Rand und für den Kern. Die dabei entstehenden Temperaturunterschiede sind umso größer, je größer die Abmessung und je höher die Erwärmgeschwindigkeit ist. Dies kann in Verbindung mit den beim Erwärmen gleichzeitig ablaufenden Gefügeänderungen Spannungen hervorrufen, weshalb es vorteilhaft sein kann, das Erwärmen stufenförmig vorzunehmen.

6.11.4 Mittel zum Aufkohlen und Carbonitrieren

Die zum Aufkohlen benützten Kohlenstoffspender können fest in Form von Pulver, Körnern oder Granulat, flüssig oder gasförmig sein.

6.11.4.1 Pulver und Granulat

Die pulvrigen oder granularen Mittel bestehen im Wesentlichen aus Holzkohle unterschiedlicher Körnung und können mit aktivierenden Zusätzen oder Streckmitteln versetzt sein. Die aufzukohlenden Werkstücke werden in Kästen aus hitzebeständigem Stahl gepackt, die mit dem Pulver oder Granulat gefüllt werden und mit einem Deckel verschlossen, der jedoch nicht gasdicht schließen sollte.

Bei Temperaturen über 800 °C bildet sich aus der Holzkohle mit dem Sauerstoff der Luft, die sich zwischen den körnigen Partikeln befindet, gegebenenfalls auch aus einem zugesetzten Aktivator, Kohlenstoffmonooxid gemäß:

$$2 \cdot C + O_2 \Leftrightarrow 2 \cdot CO.$$

Das Kohlenstoffmoonoxid ist der eigentliche Lieferant für den in die Werkstückrandschicht eindiffundierenden Kohlenstoff. Die dafür maßgebende Reaktion – die Boudouard-Reaktion – lautet:

$$2 \cdot CO \Leftrightarrow (C) + CO_2.$$

Das Kohlenstoffdioxid kann durch Kohlenstoff aus dem Pulver wieder zu Kohlenstoffmonooxid regeneriert werden. Nach Ablauf der Aufkohlungsdauer, wobei bei 900 °C in einer Stunde eine Aufkohlungstiefe von ca. 0,1 mm erreicht wird, werden die Kästen dem Ofen entnommen und meist langsam, d. h. an ruhender Luft abgekühlt.

Danach können die Werkstücke entnommen, gegebenenfalls zwischenbearbeitet, zur Veränderung des Kohlenstoffprofils diffusionsbehandelt oder gehärtet werden.

Das Pulveraufkohlen wird vorzugsweise für Aufkohlungstiefen ab 0,8 mm angewendet. Mit Überzügen aus Kupfer, keramischen Pasten oder anderen geeigneten Mitteln kann das Aufkohlen örtlich begrenzt verhindert werden.

6.11.4.2 Salzschmelzen

Salzschmelzen enthalten Cyanide als Kohlenstoff- und Stickstoffspender sowie Barium- oder Strontiumchlorid als Aktivatoren. Sie werden in von außen beheizten Stahltiegeln oder durch Einhängen von Elektroden aufgeschmolzen und gewärmt.

Die aufzukohlenden Werkstücke werden in die flüssige Salzschmelze eingetaucht. Die maßgebenden Reaktionen sind das Umsetzen von Cyanid mit Sauerstoff zu Carbonat, Kohlenmonoxid und Stickstoff, /Bau01/:

$$2 \cdot CN^- + 2 \cdot O_2 \rightarrow CO_3^{2-} + N_2 + CO$$

Das Kohlenmonoxid zerfällt an der Werkstückoberfläche nach der Boudouard-Reaktion und gibt Kohlenstoff an den Stahl ab, siehe oben in Kapitel 6.12.4.1.

Von den Salzschmelzen werden bevorzugt solche benutzt, bei denen das Cyanid durch Zugabe eines *Regenerators* auf Kunststoffbasis erst unter Temperatureinwirkung in der Salzschmelze entsteht, was besonders umweltfreundlich ist:

$$CO_3^{2-} + \text{Regenerator} \rightarrow 2 \cdot CN + CO_2 / H_2O$$

Die den Kohlenstoff liefernden Komponenten verbrauchen sich und müssen ersetzt werden. Dies geschieht durch Ausschöpfen von verbrauchtem Salz und Nachfüllen von Frischsalz. Bei den auf besondere Umweltverträglichkeit entwickelten Salzschmelzen wird nur der Regenerator zugegeben, der das Carbonat wieder reduziert. Die Salzschmelzen sind hinsichtlich ihrer Wirkung auf Randkohlenstoffgehalte von 0,5 Masse-%, 0,8 Masse-% oder 1,1 Masse-% eingestellt.

Beim Aufkohlen in Salzschmelzen handelt es sich genau genommen um ein Carbonitrieren, da der Werkstückrandschicht neben Kohlenstoff auch Stickstoff angeboten wird. Die aufkohlende Wirkung überwiegt jedoch. Die Stickstoffaufnahme wird durch die Behandlungstemperatur bestimmt. Bis zu Temperaturen von 750 °C überwiegt das Aufsticken. Dies kann durch eine entsprechende Aktivierung der Salzschmelze noch verstärkt werden. Bei höheren Temperaturen nimmt die Stickstoffaufnahme dagegen deutlich ab.

Die Arbeitstemperaturen zum Aufkohlen liegen vorzugsweise im Bereich zwischen 900 °C und 930 °C, wobei eine Aufkohlungstiefe von 0,1 mm in ca. 20 min erreicht wird. Zum Carbonitrieren sind Temperaturen von 650 °C bis 850 °C üblich.

6.11.4.3 Gase

Grundsätzlich kommen alle kohlenstoffhaltigen gasförmigen Stoffe als Kohlenstoffspender in Betracht. Für den praktischen Einsatz haben sich jedoch nur wenige und zwar solche bewährt, die thermisch rasch genug zerfallen und bei denen das Kohlenstoff/Wasserstoff-Verhältnis nicht zu hoch ist. Besonders geeignet sind Propan, Erdgas oder Methan, Ethin, Methanol, Aceton oder Isopropanol.

Bei den Kohlenwasserstoffen entstehen aus dem thermischen Zerfall Kohlenstoff und Wasserstoff, bei den C-O-H-Verbindungen kommt hierzu noch Kohlenstoffmonooxid. Letzteres hat eine besondere Bedeutung, da es wesentlich rascher als z. B. Methan oder Propan Kohlenstoff abgibt, gemäß der oben angegebenen Boudouard-Reaktion.

In der Praxis wird nicht mit reinem Kohlenstoffmonooxid gearbeitet, da die freigesetzte Kohlenstoffmenge nicht rasch genug von der Werkstückoberfläche aufgenommen wird, so dass Ruß entstehen kann. Auch wäre es schwierig, die entstehende Menge Kohlenstoffdioxid rasch genug aus der Atmosphäre zu entfernen. Hinzu kommt außerdem, dass aus Sicherheitsgründen ein ausreichend hoher Ofendruck vorhanden sein muss, damit in den Ofen keine Luft eindringt. Hierzu wären unwirtschaftlich große Mengen Kohlenstoffmonooxid erforderlich.

Es ist daher zweckmäßiger, Gasgemische mit lediglich 20 bis 35 Vol-% Kohlenstoffmonooxid zu benutzen. Dadurch lässt sich das Kohlenstoffangebot auch leichter regeln. Das Regeln erfolgt durch Erhöhen oder Reduzieren der Zugabe von Kohlenwasserstoffen zu einem Basis- oder Trägergas, das den Ofen mit konstanter Menge durchströmt. Das Trägergas kann auf unterschiedliche Weise hergestellt werden. In Bild 6.45 sind die derzeit industriell üblichen Methoden gegenübergestellt. Dabei wird unterschieden zwischen Atmosphären, die über den C-Pegel regelbar und solchen, die nicht regelbar sind.

<table>
<tr>
<td>mit Generator/Endoretorte:
Endogas/Endoträgergas

Verbrennen von Propan, Erdgas oder Methan mit Luft, separat Zugabe von Propan, Erdgas oder Methan

Erdgas, Methan, Propan oder Butan und Kohlenstoffdioxid, separat Zugabe von Propan, Erdgas oder Methan</td>
<td rowspan="2">ohne Generator:
synthetische Atmosphären

Spalten von Methanol ⇒ Spaltgas, Mischen mit Stickstoff (60:40), separat Zugabe von Propan, Erdgas oder Methan

Eintropfverfahren:
Methanol und Aceton, Alkohole oder Ethylacetat

Direktbegasung:
- Methan, Erdgas, Propan oder Butan und Kohlenstoffdioxid, separat Zugabe von z. B. Propan
- Propan, Erdgas oder Methan und Luft
- Isopropanol oder Alkohole und Luft
- Methanol und Stickstoff, separat Zugabe von Propan</td>
</tr>
<tr>
<td>Niederdruckaufkohlen:
- Methan, Erdgas, Propan, Ethin
- Methan, Erdgas, Propan und Wasserstoff und Argon mit Plasmaunterstützung</td>
</tr>
</table>

Bild 6.45: Übersicht über die industriell angewendeten Aufkohlungsatmosphären

Am weitesten verbreitet ist das Herstellen des Trägergases aus Propan oder Erdgas. Dies erfolgt meist in einem separaten Reaktionsbehälter. In Bild 6.46 ist ein derartiger Endogas-Generator abgebildet.

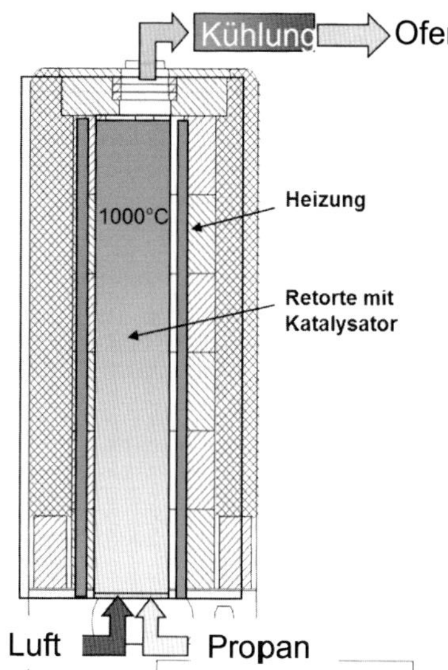

Bild 6.46: Industrieüblicher Endogasgenerator (Ipsen)

Die eingeleiteten Kohlenwasserstoffe werden mit Luftzusatz zu einem unvollständig verbrannten Rauchgas umgesetzt. Die endotherme, d. h. wärmeverbrauchende Reaktion führte zu der Bezeichnung *Endo-Trägergas*:

$$2 \cdot C_3H_8 + 12 \cdot N_2 + 3 \cdot O_2 \Rightarrow 6 \cdot CO + 8 \cdot H_2 + 12 \cdot N_2 \quad \text{bzw.}$$
$$2 \cdot CH_4 + 4 \cdot N_2 + O_2 \Rightarrow 2 \cdot CO + 4 \cdot H_2 + 4 \cdot N_2.$$

Daraus ergibt sich die in Tabelle 6.4 angegebene Zusammensetzung der beiden Trägergasarten.

Das Trägergas enthält außerdem geringe Mengen Kohlenstoffdioxid, Wasserdampf und Spuren von freiem Sauerstoff. Bevor das Trägergas in den Ofen eingeleitet wird, wird es auf Raumtemperatur abgekühlt, damit die Gaskomponenten untereinander nicht weiterreagieren und die Zusammensetzung verändern.

Tabelle 6.4: Zusammensetzung der aus Propan bzw. Methan hergestellten Endoträgergase

Trägergas aus:	**Kohlenstoff-monooxid** Vol-%	**Wasserstoff** Vol-%	**Stickstoff** Vol-%
Propan	23,7	31,5	44,8
Erdgas/Methan	20,4	40,9	38,7

Anstatt das Trägergas in einem Endo-Gasgenerator herzustellen, kann es auch synthetisch erzeugt werden, wozu beispielsweise gasförmiges Methanol mit Stickstoff gemischt wird. Das Methanol zerfällt thermisch in ein Drittel Kohlenstoffmonooxid und in zwei Drittel Wasserstoff. Durch Zugabe von 40 Teilen Stickstoff zu 60 Teilen gasförmigem Methanol ergibt sich dann eine Zusammensetzung wie von Trägergas aus Erdgas oder Methan. Eine weitere industriell nutzbare Methode zur Trägergasherstellung besteht darin, Erdgas und Luft direkt in den Ofen einzuleiten, um das Aufbereiten im Gasgenerator zu umgehen ("Direktbegasen").

Dem Ofen wird das Trägergas kontinuierlich in einer Menge zugeführt, die ausreicht, um im Ofenraum einen Überdruck gegenüber der Außenatmosphäre von ca. 1,5 mbar bis 2,5 mbar zu erzeugen. Damit wird dem Eindringen von Sauerstoff in den Ofen vorgebeugt, der mit dem Wasserstoff Knallgas bilden kann.

Die Trägergase besitzen gegenüber reinem CO eine geringere Kohlenstoffverfügbarkeit, wie aus Bild 6.4 zu entnehmen ist.

Der C-Pegel der Trägergase liegt im Temperaturbereich von 900 °C bis 930 °C etwa bei 0,3 % bis 0,4 %. Dies reicht zum Aufkohlen der Stähle auf einen Randkohlenstoffgehalt von z. B. 0,6 % nicht aus. Deshalb muss dem Trägergas ein Zusatzgas zugegeben werden. Hierfür kommen ebenfalls Kohlenwasserstoffe wie Propan, Erdgas oder Methan in Betracht. Durch Zugabe von z. B. 2 Vol-% bis 3 Vol-% Propan zum Trägergas ergibt sich die zum Aufkohlen erforderliche Wirkung. Mit der Zusatzgasmenge wird der erforderliche C-Pegel eingestellt und geregelt.

In der Aufkohlungsatmosphäre bestimmen im wesentlichen folgende Reaktionen das Freisetzen von Kohlenstoff:

$$2 \cdot CO \Leftrightarrow (C) + CO_2 \quad \text{(Boudouard-Reaktion)}$$
$$CO + H_2 \Leftrightarrow (C) + H_2O \quad \text{(Heterogene Wassergasreaktion)}$$
$$CO \Leftrightarrow (C) + 0{,}5 \cdot O_2$$
$$CH_4 \Leftrightarrow (C) + 2 \cdot H_2.$$

Das Gas durchströmt den Ofen und das in den Ofen eingebrachte Wärmebehandlungsgut. Dieses muss so gepackt werden, dass alle Werkstücke in ausreichendem Maße vom Aufkohlungsgas umströmt werden. Die beschriebenen Aufkohlungsatmosphären werden bei einem gegenüber dem Normaldruck ca. 1 mbar bis 3 mbar höheren Druck betrieben.

Im Unterschied dazu kann das Aufkohlen jedoch auch unterhalb Normaldruck in Vakuumöfen als so bezeichnetes *Niederdruckaufkohlen* vorgenommen werden. Dazu wird ein gasförmiger Kohlenwasserstoff – Methan oder Propan, vorzugsweise jedoch Ethin – in den evakuierten Ofen eingeleitet und dann wird bei einem Ofendruck von ca. 5 mbar bis 10 mbar aufgekohlt. Die Gaszufuhr erfolgt zweckmäßigerweise intermittierend, d. h. nach einer bestimmten Gaszugabedauer folgt eine Pausendauer, in der die Zugabe unterbrochen wird. Dies ist ein wesentliches Element zum Steuern des Aufkohlungsvorgangs, das neben dem Druck im Ofen und die Gas-Durchflussmenge zum Regeln des Aufkohlungsvorgangs herangezogen wird, da sich im Vergleich zu den Trägergasatmosphären bei dieser Technik kein C-Pegel definieren und regeln lässt /AWT13/. Als Vorzug gegenüber dem konventionellen Gasaufkohlen erweist sich, dass die Ofenatmosphäre frei von Sauerstoff ist, so dass keine Randoxidation stattfindet.

Beim *Plasmaaufkohlen* wird zum Intensivieren der Aufkohlungswirkung eine stromstarke Glimmentladung zum verstärkten Aufspalten der Kohlenwasserstoffe aufgeschaltet und das Behandlungsgut mit einer Kathode verbunden /AWT13/.

Das zum *Carbonitrieren* erforderliche Stickstoffangebot erfordert die Zugabe von Ammoniakgas zum Aufkohlungsgas; üblich sind 0,7 Vol-% bis 10 Vol-%. Dabei ist zu beachten, dass der durch die Ammoniakspaltung entstehende Wasserstoff die oben aufgeführten Reaktionen beeinflusst, in deren Folge sich der Wasserstoffgehalt erhöht und der Kohlenstoffmonooxidgehalt verringert. Dies muss bei der Sollwertvorgabe für den C-Pegel entsprechend berücksichtigt werden. Anhaltswerte hierfür können aus dem Bild 6.47 entnommen werden.

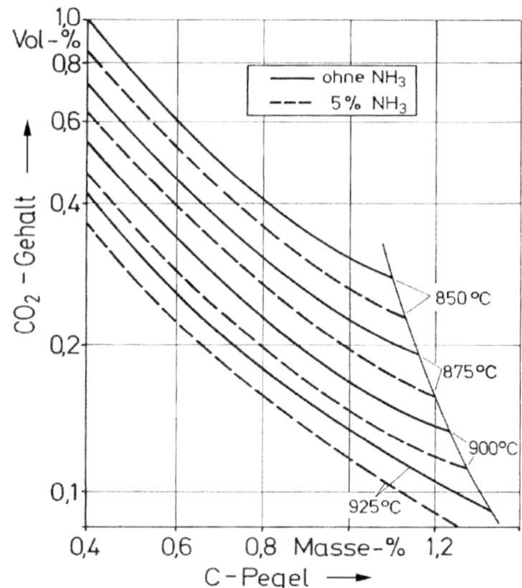

Bild 6.47: Einfluss des Ammoniaks auf den CO_2-Gehalt und den C-Pegel /Cha69/

Das Gascarbonitrieren erfolgt im Temperaturbereich von etwa 750 °C bis 930 °C. Der obere Temperaturbereich wird bevorzugt, wenn durch die Stickstoffanreicherung die Härtbarkeit erhöht werden soll. Dies gilt insbesondere für unlegierte Stähle oder Sinterformteile aus Eisenlegierungen,.

Die Ammoniakgas-Zugabemenge ist sorgfältig auf die jeweilige Carbonitriertemperatur abzustimmen. Bei zu hoher Zugabe können durch eine *innere* Oxidation Poren entstehen und nach dem Härten in der Randschicht größere Mengen von Restaustenit auftreten. Dies verringert die maximal erreichbare Härte und kann stattdessen zu einem Härteabfall am äußeren Rand der Werkstücke führen. In Bild 6.48 sind die Ergebnisse eines Versuchs wiedergegeben, bei dem der Stahl C15 bei 785 °C bzw. 815 °C mit unterschiedlichen Ammoniakgehalten gascarbonitriert wurde. Aus den Härteprofilen ist zu entnehmen, dass bei niedrigen Temperaturen mit geringerer Ammoniakzugabe gearbeitet werden sollte, um einen zu großen Härteabfall am Rand zu vermeiden.

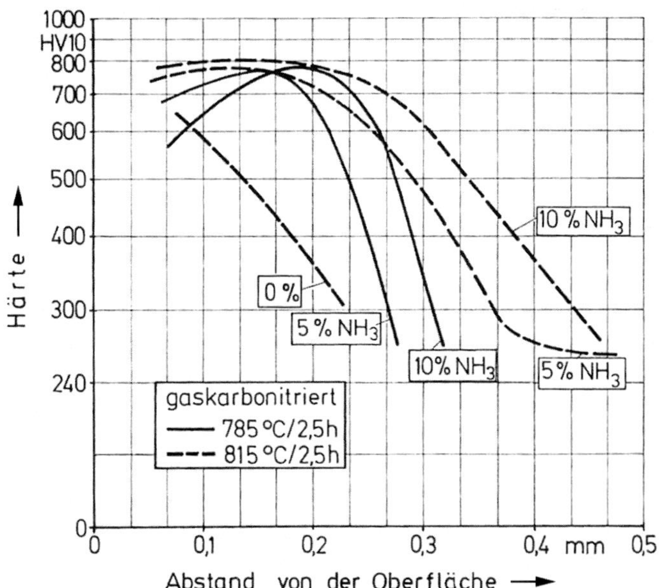

Bild 6.48: Einfluss der Ammoniakzugaben beim Gascarbonitrieren auf das Härteprofil /Cha69/

6.11.5 Messen und Regeln beim Aufkohlen

Zielgrößen für das Aufkohlen sind die Aufkohlungstiefe, der Randkohlenstoffgehalt und der Verlauf des Kohlenstoffkonzentrationsprofils. Wie im Abschnitt 6.3 dargestellt ist, sind die für das Aufkohlungsergebnis maßgeblichen Prozessparameter

- die Temperatur
- die Dauer
- der C-Pegel
- die Werkstoffzusammensetzung
- die Art des Aufkohlungsmittels.

Die Aufkohlungstiefe lässt sich über den C-Pegel, die Temperatur und die Dauer steuern. Dabei kommt dem C-Pegel besondere Bedeutung zu, da er die Aufkohlungsgeschwindigkeit und den Randkohlenstoffgehalt beeinflusst. Für das Niederdruckaufkohlen und das Plasmaaufkohlen kommen dazu noch weitere Prozessparameter, siehe z. B. /AWT13/.

6.11.5.1 Pulver und Granulat

Während des Aufkohlens in Pulver oder Granulat lässt sich der C-Pegel nicht verändern. Bei den üblicherweise benutzten Pulvern ist bei Temperaturen von 900 °C bis 930 °C ein C-Pegel von 1,0 bis 1,2 zu erwarten. Dadurch stellt sich ein Randkohlenstoffgehalt von meist mehr als 0,8 Masse-% ein. Das führt nach dem Härten zu einem Randschichtgefüge, das Restaustenit und – insbesondere bei legierten Stählen – Carbidausscheidungen enthält. Ein zu hoher Randkohlenstoffgehalt erfordert daher ein Nachbehandeln z. B. durch ein Diffusionsbehandeln in einer Atmosphäre mit geringerem C-Pegel, so dass sich ein niedrigerer Rand-C-Gehalt einstellt, vgl. das Zweistufenaufkohlen.

6.11.5.2 Salzschmelzen

Auch bei Salzschmelzen ist ein Regeln während des Aufkohlens bzw. Carbonitrierens nicht möglich. Der C-Pegel ergibt sich aus der Zusammensetzung der Salzschmelze. Es gibt Salzschmelzen mit unterschiedlich hohen C-Pegeln zwischen 0,5 % und über 1,0 %.

Bei den Salzschmelzen ist es zweckmäßig, mit der Folienmethode den C-Pegel und chemisch die Zusammensetzung der Salzschmelze zu kontrollieren. Dies ermöglicht es, die Streuung der Aufkohlungswirkung möglichst gering zu halten.

6.11.5.3 Gase

In Gasen lässt sich der C-Pegel optimal regeln. Entsprechend der Zusammensetzung der Aufkohlungsatmosphäre wird dabei davon Gebrauch gemacht, dass die Partialdrucke der Gasbestandteile und die Kohlenstoffaktivität miteinander verknüpft sind. Mit Hilfe der im Abschnitt 6.3.1 angegebenen Beziehung zwischen der Kohlenstoffaktivität und dem C-Pegel lassen sich dann folgende thermodynamische Beziehungen aufstellen /AWT97/,/Neu94-1/, /Neu94-2/:

$$\lg p_{CO_2} = \frac{6521}{T} - 8{,}21 - 0{,}15 \cdot C_p + \lg\left[\frac{p_{CO}^2 \cdot (0{,}785 \cdot C_p + 21{,}5)}{C_p}\right] \quad (1)$$

$$\lg p_{H_2O} = \frac{4807}{T} - 6{,}63 - 0{,}15 \cdot C_p + \lg\left[\frac{p_{CO} \cdot p_{H_2} \cdot (0{,}785 \cdot C_p + 21{,}5)}{C_p}\right] \quad (2)$$

$$\lg p_{O_2} = -\frac{16446}{T} - 7{,}36 - 0{,}31 \cdot C_p + 2 \cdot \lg\left[\frac{p_{CO} \cdot (0{,}785 \cdot C_p + 21{,}5)}{C_p}\right] \quad (3)$$

Aus den Formeln (1) bis (3) ergibt sich, dass durch Messen der Partialdrucke, d. h. der Volumenanteile der in der Ofenatmosphäre anwesenden Gaskomponenten Kohlenstoffdioxid, Wasserdampf und Sauerstoff der jeweilige C-Pegel ermittelt werden kann. Umgekehrt lässt sich damit ein bestimmter C-Pegel über die Gaszusammensetzung einstellen.

6.11.5.4 Ermitteln des C-Pegels über den Taupunkt

Durch Messen der Taupunkttemperatur lässt sich der Wasserdampfgehalt oder -partialdruck eines Gases bestimmen /Gra94/. Dies kann kontinuierlich über das Beschlagen der Oberfläche eines gekühlten Spiegels oder mittels der elektrischen Leitfähigkeit einer Salzlösung erfolgen. Dazu muss dem Ofengas über eine Messgaspumpe Gas entnommen werden. Die Sorgfalt, mit der dies geschieht – undichte Gasleitungen, Kondensation von Wasserdampf oder Gasreaktionen in der Messgasleitung – bestimmt die Größe der Messunsicherheit. Das Regeln des C-Pegels beim Gasaufkohlen über den Taupunkt ist z. Z. industriell nicht mehr üblich. Das Messen ist jedoch beliebt als Redundanz zu den anderen Methoden. In Bild 6.49 ist ein Taupunkt-Messgerät und in Bild 6.50 das Funktionsschema abgebildet.

Bild 6.49: Taupunkt-Messgerät („dew-checker") für diskontinuierliches Messen

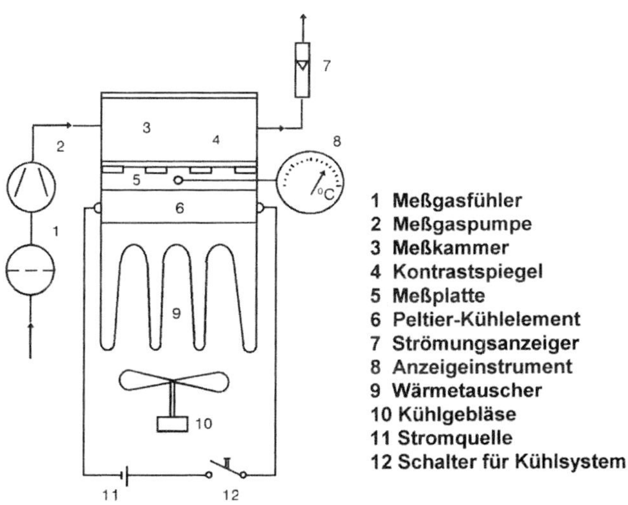

Bild 6.50: Aufbau eines Taupunkt-Spiegelmessgeräts

Für Atmosphären aus Endoträgergas, das aus Propan hergestellt wird, ist der Zusammenhang zwischen Taupunkt und C-Pegel in Abhängigkeit von der Temperatur gemäß Formel (2) in Bild 6.51 dargestellt.

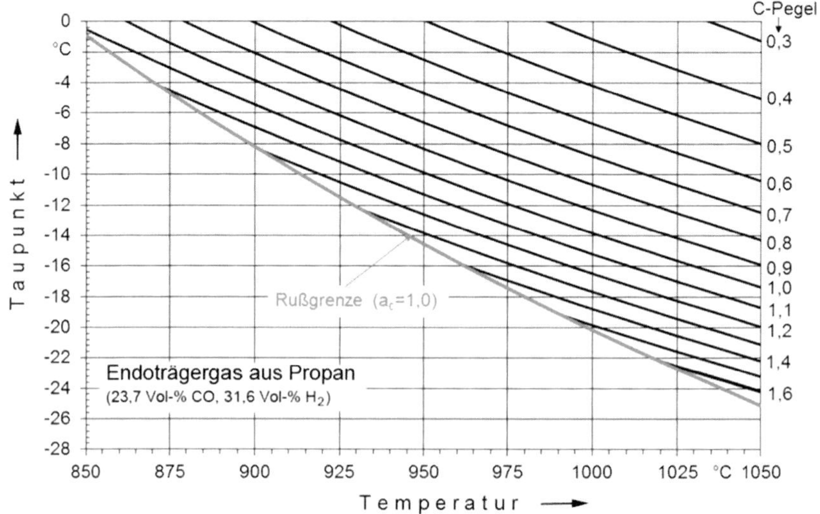

Bild 6.51: Zusammenhang zwischen Taupunkt, Temperatur und C-Pegel für Endoträgergas aus Propan

6.11.5.5 Ermitteln des C-Pegels über den CO_2-Gehalt

Hierfür hat sich besonders die Infrarot-Absorptionsmessung bewährt. Das Prinzip gestattet ein kontinuierliches Messen, was eine entsprechende Gasentnahme aus dem Ofen bedingt /Gra94/. Beim Entnehmen des Messgases mögliche Fehler beeinträchtigen, genau wie beim Taupunkt, das Ergebnis. Insbesondere muss auf die Querempfindlichkeit des im Gas enthaltenen Kohlenstoffmonooxids, dessen Anteil, je nachdem, ob zum Herstellen des Endoträgergases Propan oder Methan/Erdgas verwendet wird, ganz unterschiedlich ist. Nach dem beschriebenen Prinzip lassen sich auch der Kohlenstoffmonooxid-, der Methan- oder der Ammoniakgehalt von Gasen messen.

Ein typisches Messgerät zum kontinuierlichen Messen des CO_2-Gehalts ist in Bild 6.52 und das Funktionsschema in Bild 6.53 abgebildet.

Für Atmosphären aus Endoträgergas, das aus Propan hergestellt wird, ist der Zusammenhang zwischen C-Pegel und Kohlendioxidgehalt in Abhängigkeit von der Temperatur gemäß Formel (1) ist in Bild 6.54 dargestellt.

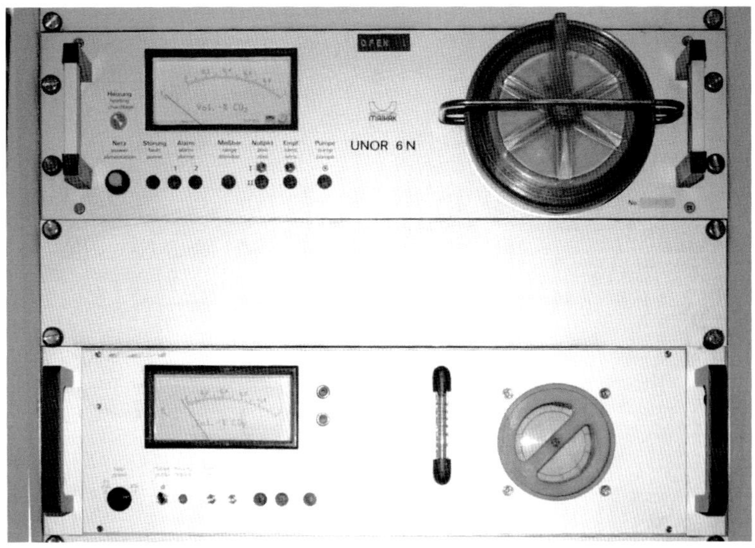

Bild 6.52: Handelsüblicher Infrarotanalysator zum Messen des Gehalts an Kohlenstoffdioxid in Ofengasen

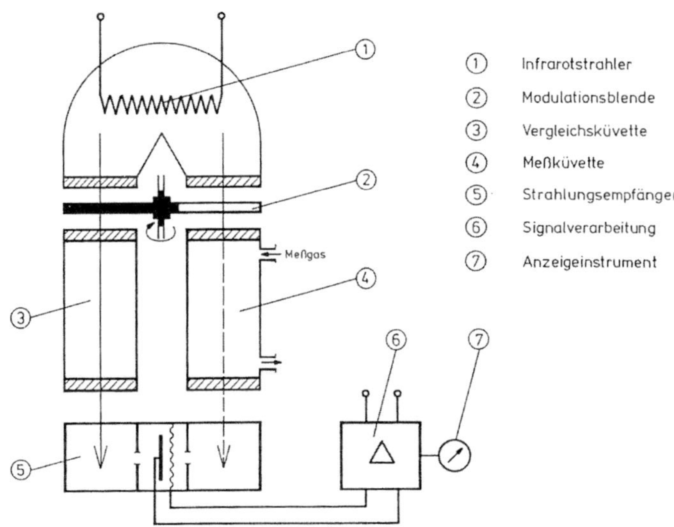

Bild 6.53: Aufbau eines Infrarot-Analysators (schematisch)

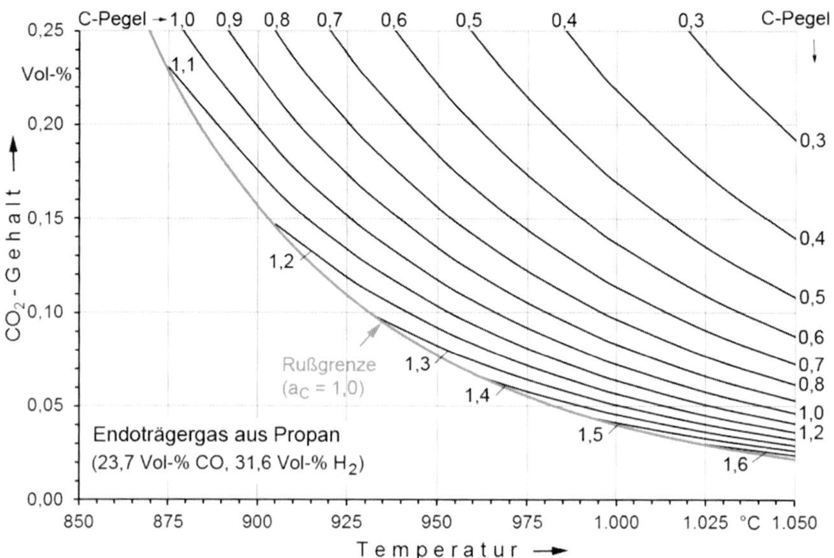

Bild 6.54: Zusammenhang zwischen Kohlendioxydgehalt, Temperatur und C-Pegel für Endoträgergas aus Propan

6.11.5.6 Ermitteln des C-Pegels aus dem Sauerstoffpartialdruck

Der Sauerstoffpartialdruck in Gasen kann elektrochemisch mit Hilfe eines Festkörperelektrolyten gemessen werden. Bewährt hat sich hier die so bezeichnete *Sauerstoffsonde*, die direkt in die Aufkohlungskammer des Ofens eingeführt werden kann /Gra94/, /Wei94/. Damit entfällt die Notwendigkeit einer Gasentnahme aus dem Ofen und eine Reihe von Fehlermöglichkeiten wird vermieden.

Durch den unterschiedlichen Sauerstoffgehalt zwischen der Umgebungsluft und dem Ofengas entsteht in der Sonde eine elektrische Spannung in der Größenordnung von bis zu 1,5 V. Der Zusammenhang zwischen der Spannung und dem Sauerstoffpartialdruck ist durch die Beziehung:

$$E = 0{,}0496 \cdot T \cdot \lg\left(\frac{p_{O_2}}{p^0_{O_2}}\right) \quad \text{(mV)}$$

gegeben. Dabei entspricht p_{O2} dem Sauerstoffpartialdruck in der Ofenatmosphäre und p^0_{O2} dem Sauerstoffpartialdruck der Umgebungsluft. Für Gleichgewichtsatmosphären oder Atmosphären aus CO, H_2, H_2O und CO_2 wie bei der Endogasatmosphäre, die annähernd im thermodynamischen Gleichgewicht sind, lässt sich die Spannung der Sauerstoffsonde und der C-Pegel zueinander in folgende Beziehung setzen:

$$E = 815 + \frac{T}{100} \cdot \left\{ 33{,}3 + 1{,}5 \cdot C_p + 9{,}92 \cdot \lg\left[\frac{p_{CO} \cdot (0{,}785 \cdot C_p + 21{,}5)}{C_p}\right]\right\} \quad \text{(mV)} \quad (4)$$

In Bild 6.55 sind handelsübliche Sauerstoff-Sonden abgebildet und Bild 6.56 zeigt den funktionellen Aufbau einer Sauerstoffsonde.

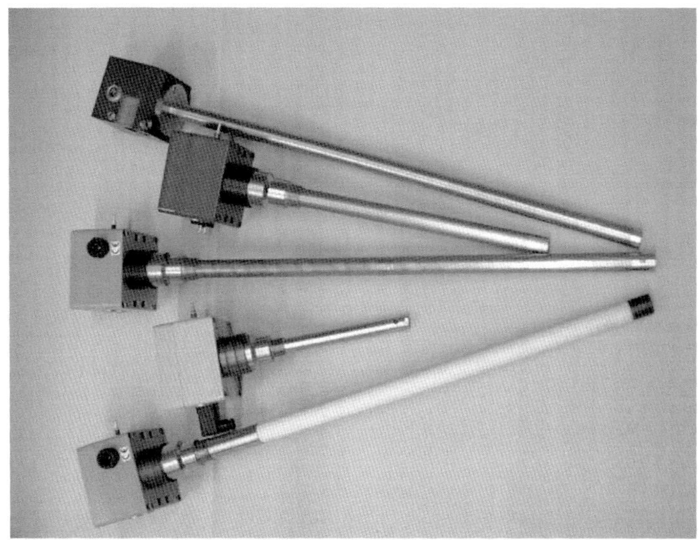

Bild 6.55: Handelsübliche Sauerstoffsonden (processelectronic)

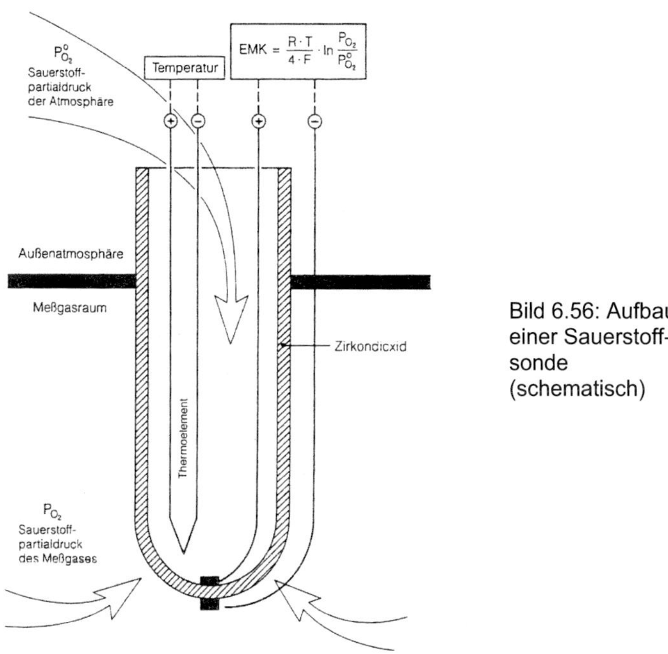

Bild 6.56: Aufbau einer Sauerstoff-sonde (schematisch)

Für Atmosphären, die aus Endoträgergas aus Propan hergestellt werden, ist der Zusammenhang zwischen der Sondenspannung und dem C-Pegel in Abhängigkeit von der Temperatur Gemäß Gleichung (4) in Bild 6.57 dargestellt.

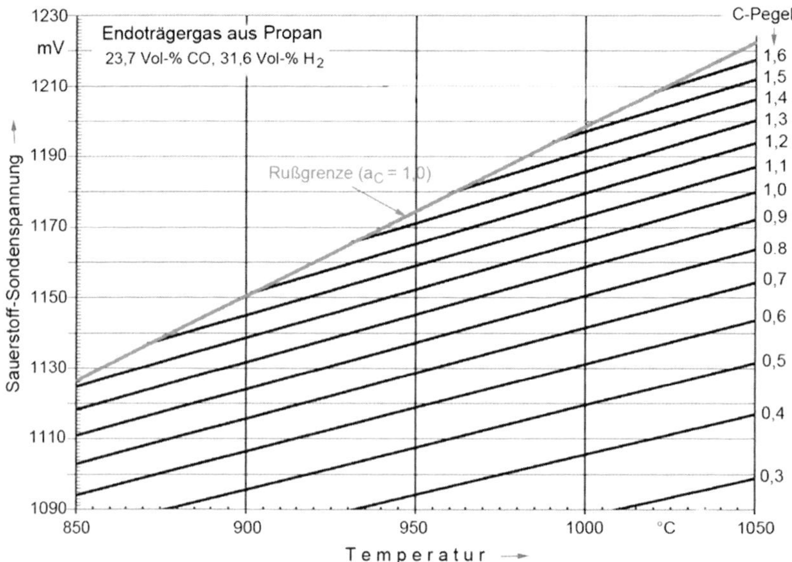

Bild 6.57: Zusammenhang zwischen Sauerstoff-Sondenspannung, Temperatur und C-Pegel für Endoträgergas aus Propan

6.11.6 Prozessablauf beim Einsatzhärten

Je nach der Zielsetzung des Einsatzhärtens und der Teile, die einsatzgehärtet werden sollen, ergibt sich eine Vielzahl unterschiedlichster Prozessabläufe. Ein typischer und vereinfachter Ablauf ist in Bild 6.58 an Hand der Temperatur-Zeit- und Temperatur-C-Pegel-Kurven dargestellt.

Die oberste (rote) Kurve zeigt den Verlauf der Ofentemperatur mit dem typischen Temperaturabfall nach dem Einbringen des Behandlungsgutes. Die zweite (schwarze) Kurve von links gibt grob den zu erwartenden mittleren Temperaturverlauf des Behandlungsgutes wieder. Auf die Darstellung der Temperaturunterschiede zwischen den im Chargenbehälter außenliegenden Teilen und den innenliegenden wurde hier verzichtet. Es ist jedoch wichtig zu beachten, dass die Soll-Behandlungstemperatur der Charge erst später erreicht wird als die Solltemperatur des Ofens nach dem Abfall durch das Einbringen der kalten Charge. Die dritte (blaue) Kurve gibt den Verlauf des C-Pegels wieder, der hier so geregelt ist, dass er seinen Sollwert erst nach Erreichen der Solltemperatur des Behandlungsgutes erhält. Im Vergleich dazu ist in Bild 6.59 ein Beispiel für den Mitschrieb der Prozessdaten – der Temperaturverlauf ist ausgelassen, jedoch der CO-Gehalt ist mitgeschrieben – zu sehen.

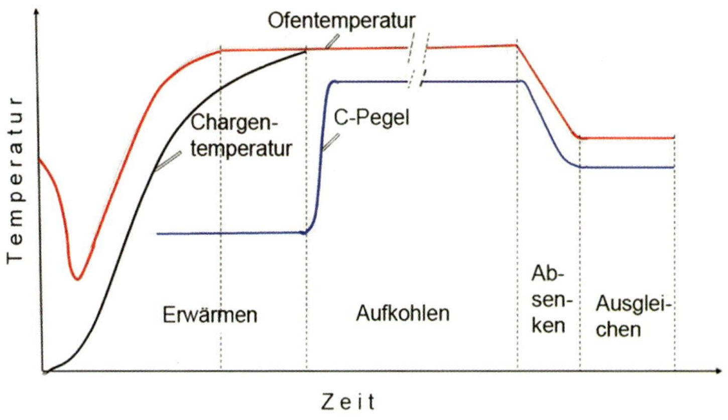

Bild 6.58: Typischer Prozessablauf beim Aufkohlen (schematisch)

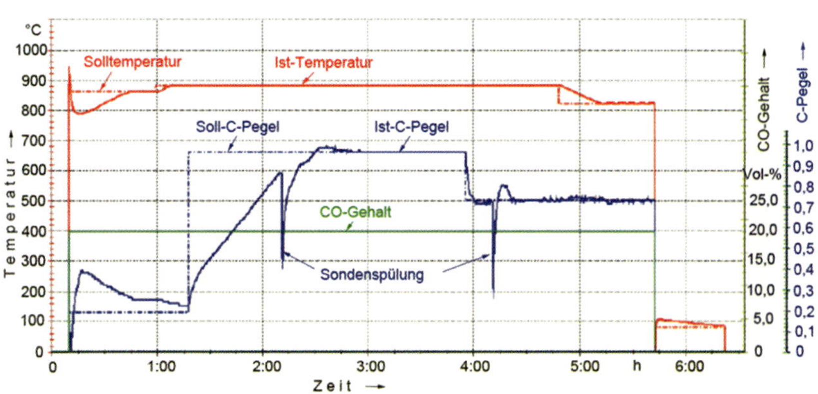

Bild 6.59: Mitschrieb eines Prozessablaufs beim Aufkohlen

Ebenso vielfältig und verschieden wie die in der industriellen Praxis angewendeten Prozesse zum Einsatzhärten sind die dafür verwendeten Öfen und Anlagen. Ein einfaches aber typisches Beispiel ist in Bild 6.60 abgebildet. Es zeigt einen der am häufigsten in den Härtereien anzutreffenden Zweikammerofen für das Aufkohlen oder Carbonitrieren im Gas und das Härten aufgekohlter oder carbonitrierter Teile.

Im linken Teil des Ofens ist die Heizkammer zu sehen, in der sich eine Charge befindet. Der Chargennutzraum ist meist durch eine hitzebeständige Muffel gegenüber den elektrisch oder gasbeheizten Heizelementen abgetrennt. An der Decke der Heizkammer befindet sich ein Ventilator, der für das Umwälzen der Ofenatmosphäre sorgt, die Gasströmung ist durch Pfeile angezeigt. Der Ofen wird durch die links befindliche, schräg angeordnete Türe direkt in die Heizkammer beschickt. Getrennt durch eine senkrecht angeordnete Zwischentüre befindet sich rechts die Abkühlkammer. In diese wird die Ofencharge mittels des Kaltketten-Transportsystems zum Abkühlen (Zwischenbearbeiten) oder Abschrecken befördert.

In der Abkühlkammer befindet sich ein Lift, auf dem die heiße Charge zum Abkühlen stehen bleiben kann und von den Atmosphärenumwälzern abgekühlt werden kann. Zum Härten wird die Charge mit dem Lift in den darunter befindlichen, z. B. mit Öl gefüllten Behälter, zum Abschrecken abgesenkt. Die abgekühlte/abgeschreckte Charge wird schließlich durch die Türe rechts aus der Anlage ausgefahren. Es handelt sich in diesem Fall um eine so bezeichnete Durchstoßanlage.

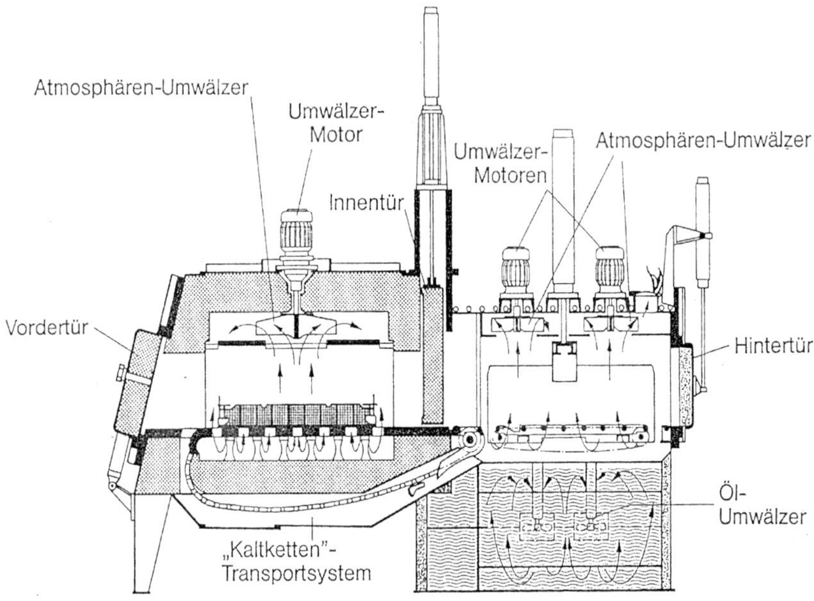

Bild 6.60: Aufbau eines Zwei-Kammer-Durchstoßofens (Ipsen)

6.11.7 Hinweis zum Festlegen des C-Pegels beim Gasaufkohlen und -carbonitrieren

Der beim Aufkohlen zu regelnde C-Pegel ergibt sich primär aus der Höhe des erforderlichen Randkohlenstoffgehalts, der unmittelbar vor dem Härten nur so hoch sein sollte, dass möglichst kein Restaustenit übrigbleibt, vgl. Abschnitte 6.5 und 6.6 und Bild 6.18. Außerdem ist die Stahlzusammensetzung zu berücksichtigen und gegebenenfalls die Sollwertvorgabe für den C-Pegel nach den Daten von Tabelle 6.1 zu korrigieren. Um bei großen Aufkohlungstiefen die Aufkohlungsdauer zu verkürzen, kann es zweckmäßig sein, die Zweistufenmethode anzuwenden, d. h. zu Beginn des Aufkohlens einen höheren C-Pegel vorzugeben und anschließend mit einem niedrigeren den erforderlichen Randkohlenstoffgehalt einzustellen, vgl. Bild 6.15 und /Wei94/, /Lie94/, /Hof95/.

Die Zugabe von Ammoniak erhöht den Wasserstoffgehalt und erniedrigt den Kohlenstoffmonooxid- und -dioxidgehalt. Dies muss beim Festlegen des C-Pegel-Sollwerts bzw. des CO_2-Gehalts für das Regeln berücksichtigt werden. Aus den Kurven in Bild 6.47 ist zu entnehmen, dass der CO_2-Sollwert bei einer Ammoniakzugabe von 5 Vol-% zum Ofengas, niedriger eingestellt werden muss, um denselben C-Pegel zu erhalten, wie ohne Ammoniakzugabe. Wird dies nicht berücksichtigt, ergibt sich ein zu niedriger C-Pegel. Wird der C-Pegel dagegen über die Taupunkttemperatur geregelt, so lässt sich kein deutlicher Einfluss der Ammoniakzugabe auf den C-Pegel feststellen.

6.11.8 Stähle zum Einsatzhärten

Obwohl grundsätzlich alle Eisenwerkstoffe mit niedrigen Kohlenstoffgehalten einsatzgehärtet werden können, sind es doch in erster Linie die so bezeichneten *Einsatzstähle*, die zum Einsatzhärten verwendet werden. Sie sind nach DIN EN 10084 gekennzeichnet durch Kohlenstoffmassenanteile von rd. 0,10 bis 0,30 %. Daneben finden auch die Automateneinsatzstähle nach DIN EN 10087 Verwendung, die den Vorteil einer günstigeren Zerspanbarkeit bieten sowie die in DIN EN 10263 beschriebenen Stähle zum Kaltstauchen und Kaltpressen. Außerdem gibt es nach DIN EN ISO 4759 einsatzhärtbare Werkzeugstähle.

Für die Auswahl sind unterschiedliche Gesichtspunkte maßgebend, die sich hauptsächlich aus der Werkstückform und -abmessung, den Bearbeitungsbedingungen, dem Verhalten beim Einsatzhärten und den geforderten Eigenschaften ergeben. Wichtige Kriterien für das Einsatzhärten ist die chemische Zusammensetzung, welche die Härtbarkeit und die Anlassbeständigkeit bestimmt und darüber hinaus auch die Neigung zum Überkohlen in Form von Restaustenit und Carbidbildung.

6.12 Literatur

AWT13	AWT/FA4	Thermochemische Behandlung von Eisenwerkstoffen im Gas expert-verlag Renningen 2014
AWT97	AWT-Fachausschuß 5, Arbeitskreis 4, Autorenkollektiv	Die Prozeßregelung beim Gasaufkohlen und Einsatzhärten expert-verlag Renningen, 1997
Bau01	Baudis, U.; Kreutz, M.	Technologie der Salzschmelzen Die Bibliothek der Technik, Band 224 verlag moderne industrie, 2001
Beu73	Beumelburg, W.	Das Verhalten von einsatzgehärteten Proben mit verschiedenen Oberflächenzuständen und Randkohlenstoffgehalten im Umlaufbiege-, statischen Biege- und Schlagbiegeversuch Diss. TU Karlsruhe 1973

Bom94 Bomas, H. Schwingfestigkeit einsatzgehärteter Gefüge in „Einsatzhärten", Band 356, expert-verlag, 1994, S.107 – 131

Bri54 Bridelle, R. Sur les proprietes des carbunitrures
Diss. Laboratoire de chimie minerale de la facultè des Sciences, Lille (Frankreich), 1954

Cha69 Chatterjee-Fischer, R.; Schaaber, O. Einige Betrachtungen zum Karbonitrieren im Gas
HTM Härterei-Techn. Mitt 24 (1969) 2, S.121 – 124, 24 (1969) 4, S.292 – 295, 26 (1971) 2, S. 108 – 110

Col84 Coll, R.; Gunnarson, S.; Thulin, D. Ein mathematisches Modell zur Berechnung von Aufkohlungsprofilen bei der Gasaufkohlung
HTM Härterei-Techn. Mitt. 25 (1984) 2, S. 50 – 54

DIN07 DIN Werkstofftechnologie 1 – Wärmebehandlung
Taschenbuch Nr.218, Beuth-Verlag, Berlin-Köln,
5. Auflage, 2007

Dav78 Davies, R.; Smith, C. G. A practical study of the carbonitriding process
Heat Treatment of Metals 1 (1978), S. 12 – 14

Gra94 Grabke, H.J.; Grassl, D.; Schachinger, H.; Weissohn, K.H.; Wünning, J.; Wyss, U. Methoden zum Messen des Kohlenstoffpegels beim Gasaufkohlen
HTM Härterei-Techn. Mitt. 49 (1994) 5, S. 306 – 317

Lie94 Liedtke, D.; Neumann, F. Der zum Aufkohlen legierter Stähle erforderliche Kohlenstoffpegel
HTM Härterei-Techn. Mitt. 49 (1994) 2, S.83 – 87

Lie95 Liedtke, D. Einsatzhärten – Merkblatt 452
Stahl-Informations-Zentrum Düsseldorf, 1995, 2. Auflage

Lie03 Liedtke, D. Über den Zusammenhang zwischen dem Kohlenstoffgehalt in Stählen und der Härte des Martensits
HTM Materialwissenschaft und Werkstofftechnik, Vol. 34 (2003) 1, S. 86 – 92

Hof95 Hoffmann, F.; Liedtke, D.; Wyss, U.; Zoch, H.-W. Der Aufkohlungsvorgang
HTM Härterei-Techn. Mitt. 50 (1995) 1, S. 86 – 93

Neu70 Neumann, F.; Wyss, U. Aufkohlungswirkung von Gasgemischen im System H2/CH4/H2O – CO/CO2-N2
HTM Härterei-Techn. Mitt. 25 (1970) 4 , S 253 – 268

Neu94-1	Neumann, F.; Wyss, U.	Thermodynamische Grundlagen zur Prozeßkontrolle beim Aufkohlen in Gasen HTM Härterei-Techn. Mitt. 49 (1994) 3, S. 207 – 214
Neu94-2	Neumann, F.; Wyss, U	Thermodynamische Grundlagen zum indirekten Messen des C-Pegels HTM Härterei-Techn. Mitt. 49 (1994) 4, S. 255 – 263
Orl73	Orlich, J.; Rose, A.; Wiest, P.	Atlas zur Wärmebehandlung der Stähle – Zeit-Temperatur-Austenitisierung-Schaubilder, Band 3 Verlag Stahleisen, Düsseldorf, 1973
Pre66-1	Prenosil, B.	Eigenschaften von durch Diffusion des Kohlenstoffs und Stickstoffs im Austenit entstehende karbonitrierte Schichten – 1. Der Einfluß des Stickstoffs auf das Gleichgewicht im Fe-N-System und die Umwandlung des Fe-C-N-Austenits HTM Härterei-Techn. Mitt. 21 (1966) 1, S. 24 – 33
Rob57	Robinson, G. H.	The effect of surface conditions on the fatigue resistance of hardened steel ASM-Tagung Fatigue Durability of Carburized Steel, Cleveland 1956, Tagungsband ASM 1957, S. 11 – 46
Sal70	Salonen, L.; Sulonen, M.	Einfluß von Legierungselementen auf den Kohlenstoff- und Stickstoffgehalt von karbonitrierten Einsatzstählen HTM Härterei-Techn. Mitt. 25 (1970) 3, S. 161 – 164
Str94	Streng, H.	Zähigkeit einsatzgehärteter Gefüge in „Einsatzhärten", Band 356, expert-verlag, 1994, S. 132 – 160
Wec92	Weck, M.; Lang, J.	Einfluß des Randkohlenstoffgehaltes auf die Beanspruchbarkeit der Zahnflanken einsatzgehärteter Verzahnungen AWT-Tagung Randschichtermüdung im Wälzkontakt, 1992 Suhl, Berichtsband, S. 111 – 123
Wei94	Weissohn, K.H.	Die Technik der C-Pegel-Regelung HTM Härterei-Techn. Mitt. 49 (1994) 6, S. 393 – 398
Wic76	Wicke, D.	Das Festigkeitsverhalten von legierten Einsatzstählen bei Schlagbeanspruchung Diss. TU Berlin 1976
Wie67	Wiegand, J.; Tolasch, G:	Dauerfestigkeitsverhalten einsatzgehärteter Proben Härterei-Techn. Mitt. 22 (1967) 4, S. 330 – 338
Wün69	Wünning, J.	Gasaufkohlungsverfahren Z. f. wirtsch. Fertigung 64 (1969) 9, S. 456 – 464
Wys78	Wyss, U.	Wärmebehandlung der Bau- und Werkzeugstähle - Einsatzhärten BAZ Buchverlag Basel, 1978, 3. Auflage

Wys90 Wyss, U. Grundlagen des Einsatzhärtens
AWT-Tagung Einsatzhärten, Darmstadt 1990,
HTM Härterei-Techn. Mitt. 45 (1990) 1, S. 44 – 55

7 Nitrieren und Nitrocarburieren

Dieter Liedtke

7.1 Begriffsbestimmungen

Das thermochemische Behandeln zum Anreichern der Randschicht eines Werkstükkes mit *Stickstoff* wird nach DIN EN 10052 als ***Nitrieren*** bezeichnet /DIN93/. In der industriellen Praxis wird daneben gelegentlich auch – analog zum Aufkohlen – der Begriff *Aufsticken* verwendet. Erfolgt im Unterschied dazu die Behandlung unter Bedingungen, unter denen die Randschicht neben Stickstoff gleichzeitig mit Kohlenstoff angereichert wird, ist der Begriff ***Nitrocarburieren*** zu benutzen.

Diese Festlegung trägt der Tatsache Rechnung, dass zum Nitrieren Behandlungsmittel verwendet werden, die der Werkstückrandschicht *nur* Stickstoff anbieten, dagegen zum Nitrocarburieren Stickstoff *und* Kohlenstoff. Beiden Fällen gemeinsam ist der Aufbau der erzeugten ***Nitrierschicht*** aus einem äußeren Bereich, der als ***Verbindungsschicht*** und einem sich daran anschließenden, der als ***Diffusionsschicht*** bezeichnet wird.

Erfolgt das Nitrieren in einem Mittel, aus dem neben Stickstoff auch Schwefel aufgenommen wird, ist der Begriff ***Sulfonitrieren***[8] zu verwenden. Entsprechendes gilt für das Nitrocarburieren.

Wird das Nitrieren oder Nitrocarburieren unterhalb Atmosphärendruck mit einer Glimmentladung durchgeführt, handelt es sich um ein ***Plasmanitrieren*** *bzw.* ***Plasmanitrocarburieren.***

In manchen Anwendungsfällen wird beim Nitrieren oder Nitrocarburieren im Gas der Ofenatmosphäre ein Sauerstoff enthaltendes Gas zugegeben, um die Werkstückoberfläche zu aktivieren und damit die Stickstoffaufnahme zu verbessern. In diesem Fall wird der Begriff Oxinitrieren bzw. Oxinitrocarburieren benutzt, obwohl ein Anreichern der Werkstückrandschicht mit Sauerstoff nicht beabsichtigt ist.

Darüber hinaus kann es zweckmäßig sein, auch den Aggregatzustand des Behandlungsmittels in die Verfahrensbezeichnung einzubringen, worauf die Bezeichnungen ***Gasnitrieren, Gasnitrocarburieren, Salzbadnitrocarburieren, Pulvernitrocarburieren,*** zurückzuführen sind.

Es sei noch angemerkt, dass in den nachfolgenden Texten häufig der Begriff Nitrierschicht sowohl für das Nitrieren als auch das Nitrocarburieren benutzt wird.

[8] Das Sulfonitrieren wird vorzugsweise in Frankreich angewendet

7.2 Zweck des Nitrierens und Nitrocarburierens

Das Nitrieren und Nitrocarburieren von Werkstücken und Werkzeugen aus Eisenwerkstoffen wird industriell angewendet, um das

- Verschleißverhalten
- Festigkeitsverhalten
- Korrosionsverhalten

zu verbessern. In Tabelle 7.1 sind die am häufigsten auftretenden Verschleißmechanismen, die Schwingfestigkeit und die Korrosion den jeweils erforderlichen Zielgrößen, nämlich Verbindungsschicht oder Nitrierhärtetiefe Nht[9] sowie den hierfür zweckmäßigerweise zu verwendenden Werkstoffen und den Verfahren gegenübergestellt. Daraus ist zu entnehmen, dass im Fall von Verschleiß und Korrosion eine Verbindungsschicht prinzipiell für nahezu alle Eisenwerkstoffe anzustreben ist und dann vorzugsweise das Nitrocarburieren angewendet werden sollte.

Tabelle 7.1: Gegenüberstellung von Beanspruchungsart, Zielgröße, Werkstoff und Verfahren

Beanspruchungsart	**Zielgröße**	**Werkstoff**	**Verfahren**
Adhäsions-Verschleiß („Fressen")	VS	Stähle, Gusseisen, Sinterstähle	Nitrocarburieren (Nitrieren)
Abrasions-Verschleiß (Furchungsverschleiß)	VS	Stähle, Gusseisen, Sinterstähle	Nitrocarburieren
	Nht	Nitrierstähle	Nitrieren
Wälzverschleiß	Nht	Nitrierstähle	Nitrieren
		legierte Vergütungsstähle	Nitrieren (Nitrocarburieren)
Tribooxidation („Passungsrost")	VS	Stähle, Gusseisen, Sinterstähle	Nitrocarburieren
Korrosion			
Dauerschwingfestigkeit	Nht	Nitrierstähle	Nitrieren
		Stähle, Gusseisen, Sinterstähle	Nitrocarburieren

Wird eine hohe Härte an der Oberfläche, im Rand, bzw. auch noch in bestimmter Tiefe unterhalb der Oberfläche gefordert, sollten bevorzugt speziell legierte Stähle, die ***Nitrierstähle***[10], benutzt und *nitriert* werden. Die Nitrierstähle sind legierte Stähle mit Kohlenstoffgehalten zwischen rd. 0,30 Masse-% und 0,40 Masse-%, analog zu den Vergütungsstählen, aber im Hinblick auf die angestrebten spezifischen Eigenschaften speziell mit metallischen Elementen wie Aluminium, Chrom, Molybdän, Vanadium und Titan, den so bezeichneten Nitridbildnern, legiert, siehe Tabelle 7.2. Damit lassen sich ähnliche Härteprofile wie nach dem Einsatzhärten erreichen.

[9] Kriterium für die wirksame Nitriertiefe, vgl. DIN 50 190-3 und Kapitel 12
[10] Gütevorschrift siehe DIN EN 10 085

Beim *Nitrocarburieren* steht demgegenüber die Erzeugung der sehr harten, stickstoffreichen und kohlenstoffhaltigen *Verbindungsschicht* im Vordergrund. Mit dieser lassen sich der Reibungskoeffizient und die Adhäsionsneigung verringern, so dass der Widerstand gegenüber Adhäsion oder Abrasion höher ist. Das günstigere Verhalten gegenüber Korrosionsangriffen ergibt sich aus dem strukturellen Aufbau und dem hohen Stickstoffgehalt der Verbindungsschicht.

Tabelle 2: Nitrierstähle nach DIN EN 10085

Kurzname	Werkstoff-nummer	Härten von °C	Abschrecken in	Anlass-temperatur	Nitrier-temperatur
24CrMo13-6	1.8516	870 – 970	Öl oder Wasser	580 bis 700 °C	480 bis 570 °C
31CrMo12	1.8515	870 – 930			
32CrAlMo7-10	1.8505				
31CrMoV9	1.8519				
33CrMoV12-9	1.8522	870 – 970			
34CrAlNi7-10	1.8550	870 – 930			
41CrAlMo7-10	1.8509				
40CrMoV13-9	1.8523	870 – 970			
34CrAlMo5-10	1.8507	870 – 930			

7.3 Die Wechselwirkung zwischen Eisen und Stickstoff bzw. zwischen Eisen, Stickstoff und Kohlenstoff

Die Stickstoffatome sind etwa halb so groß wie die Eisenatome. Das ermöglicht ein Einlagern auf Zwischenplätzen des Eisengitters. Aus energetischen Gründen sind dies hauptsächlich die Oktaederlücken. Die Menge des interstitiell gelösten Stickstoffs ist nicht beliebig groß, sondern ergibt sich aus dem jeweils vorliegenden Gefügeaufbau, den Legierungselementen und der Temperatur. Im Ferrit unlegierter Stähle sind beispielsweise bei 590 °C höchstens 0,115 und im Austenit bei 650 °C höchstens 2,8 Massenanteile Stickstoff in % löslich[11]. Auch die Carbide können Stickstoff aufnehmen. Die Löslichkeit ändert sich mit der Temperatur: bei Raumtemperatur beträgt sie im Ferrit nur noch 0,001 Masse-%. Anwesende Legierungselemente beeinflussen das Lösungsvermögen.

Außerdem ist Stickstoff aber auch dazu fähig, mit dem Eisen und einer ganzen Reihe seiner Legierungselemente wie z. B. Aluminium, Chrom, Titan, Vanadium, Molybdän u. a. Verbindungskristalle zu bilden, die ***Nitride***. Bei den Eisennitriden ist zwischen den stabilen γ'- und ε-Nitriden und dem metastabilen α''-Nitrid zu unterscheiden. In der Zweistofflegierung Eisen-Stickstoff besitzt das γ'-Nitrid bei ca. 680 °C einen stöchiometrischen Stickstoffgehalt von 5,88 Masse-%, entsprechend Fe_4N. Es weist eine kubisch flächenzentrierte Gitterstruktur auf, ähnlich dem Austenit. Das ε-Nitrid hat einen Stickstoffgehalt von 7,7 Masse-% bis 11,1 Masse %, entsprechend $Fe_{2\text{-}3}N$ oder Fe_2N_{1-x}. Die Struktur ist hexagonal.

Für das α''-Nitrid gilt ein stöchiometrischer Stickstoffgehalt von 2,95 Masse-% und es wird als $Fe_{16}N_2$ bzw. Fe_8N bezeichnet.

---

[11] Im Vergleich dazu sind im Ferrit bei 723°C nur 0,02 und im Austenit bei 1146°C nur 2,08 Massenanteile Kohlenstoff in % löslich

Unterhalb von 500 °C und bei einem Stickstoff-Massenanteil von mehr als 11,1 Masse-% kann auch ein ζ-Nitrid mit der Summenformel Fe_2N existieren. Die Existenzbereiche der Eisen-Stickstoff-Mischkristalle und der Nitride in Abhängigkeit von Temperatur und Zusammensetzung lassen sich in einem Eisen-Stickstoff-Zustandsschaubild darstellen, siehe Bild 7.1.

Aus diesem ist abzulesen, dass bei einer Temperatur von 592 °C und einem Stickstoffgehalt von rd. 2,36 Masse-% ein Eutektoid existiert; es wird als *Braunit* bezeichnet, adäquat zum Perlit im Zustandsdiagramm Eisen-Kohlenstoff. Bei Temperaturen über 592 °C liegt bei binären Eisen-Stickstoff-Legierungen Austenit vor.

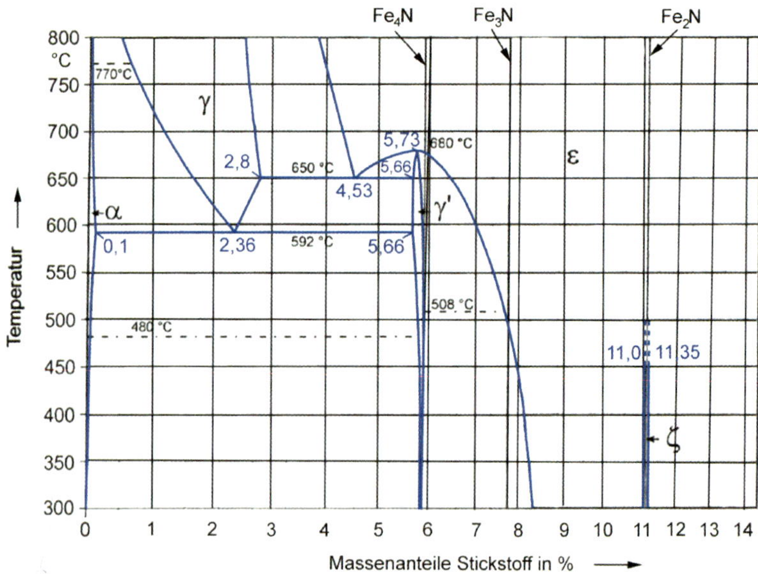

Bild 7.1: Zweistoff-Zustands-Schaubild Eisen-Stickstoff nach Wriedt /Wri87/

Technische Eisenwerkstoffe und Stähle enthalten jedoch auch Kohlenstoff und weitere Legierungselemente und das Gefüge ist aus Ferrit und Carbiden aufgebaut. Die Carbide können ebenfalls Stickstoff aufnehmen. Für den Zementit wurde beispielsweise eine Löslichkeit von 0,1 Massenanteilen Stickstoff in % nachgewiesen. Die Existenzbereiche der verschiedenen Phasen müssen dann dementsprechend in Mehrstoff-Zustandsdiagrammen betrachtet werden. Als Beispiel hierfür ist in Bild 7.2 ein Schnitt des Schaubildes Eisen-Kohlenstoff-Stickstoff bei 575 °C /Sly96/ wiedergegeben. Hieraus ist ersichtlich, dass der Existenzbereich des ε-Nitrids durch die Anwesenheit von Kohlenstoff deutlich zu Stickstoffgehalten unter 7 Masse-% erweitert wird, Daraus resultiert, dass das Wachstum der Verbindungsschicht in Anwesenheit von Kohlenstoff oder durch eine Eindiffusion von Kohlenstoff simultan zu der des Stickstoffs (→ Nitrocarburieren), gefördert wird.

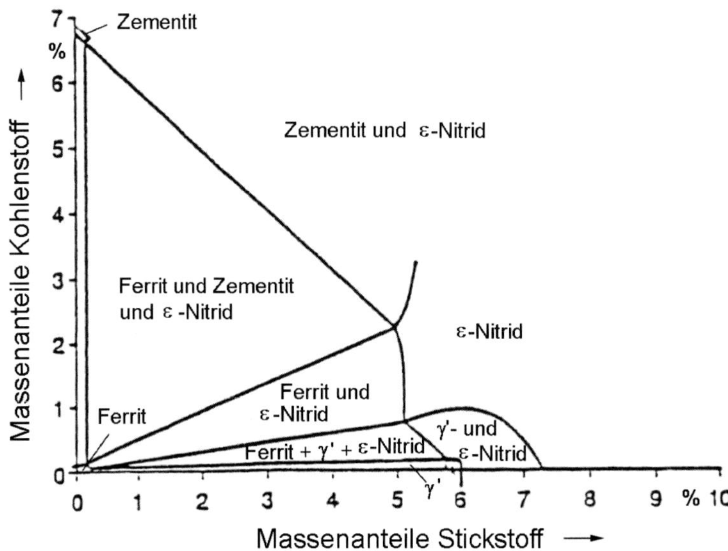

Bild 7.2: Dreistoff-Zustands-Schaubild Fe-C-N, Schnitt bei 575 °C /Sly96/

7.4 Entstehung und Aufbau der Nitrier-/Nitrocarburierschichten

7.4.1 Allgemeines

Das Nitrieren wird üblicherweise im Temperaturbereich zwischen 400 °C und 630 °C, vorzugsweise jedoch zwischen 500 °C und 550 °C und das Nitrocarburieren vorzugsweise bei 570 °C bis 590 °C durchgeführt. In diesen Temperaturbereichen bleibt der Ausgangsgefügezustand – Ferrit und Carbide[12] – erhalten, soweit er unter diesen Bedingungen thermisch stabil ist. Bei Eisen-Stickstoff-Legierungen bildet sich, ab 592 °C, wie aus dem Zustandsschaubild in Bild 7.1 zu entnehmen ist, Austenit; bei legierten Stählen erfolgt dies erst bei höherer Temperatur.

Das Übertragen des Stickstoffs vollzieht sich in mehreren Teilschritten:

- Hinführen des Stickstoffspenders an die Werkstückoberfläche
- Adsorption des Stickstoffspenders und Freisetzen von Stickstoffatomen an der Werkstückoberfläche
- Durchdringen (Absorption) der Werkstückoberfläche durch Stickstoffatome
- Diffusion von Stickstoffatomen entlang der Korngrenzen und durch die Körner hindurch weiter in das Werkstückinnere.

In Bild 7.3 ist der Vorgang am Beispiel des Gasnitrierens in Ammoniakgas schematisch dargestellt.

[12] Beim Gusseisen kommen hierzu noch die Graphitausscheidungen

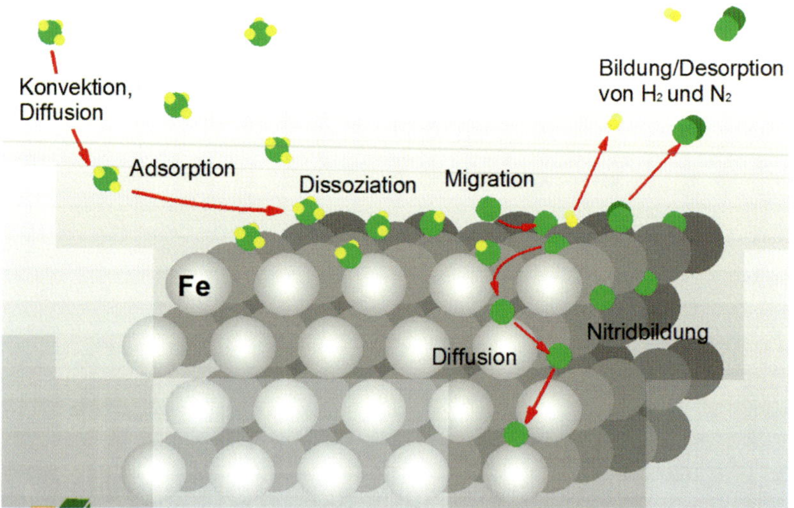

Bild 7.3: Vorgang der Stickstoffübertragung beim Gasnitrieren /Haa/

An der Werkstückoberfläche entstehen bereits nach kurzer Dauer, ausgehend von Keimpunkten, das sind die Korngrenzen und die Ecken, an denen mehrere Körner zusammenstoßen, erste γ'-Nitride, sobald eine Stickstoffkonzentration von ca. 6 Masse-% erreicht ist, siehe Bild 7.4. Dort ist eine charakteristische rasterelektronische Oberflächenaufnahme einer Reineisenprobe wiedergegeben und in Bild 7.5 ein dazugehöriger Querschliff, in Bild 7.6 ein Schemabild.

Bild 7.4: Oberfläche einer Probe aus Reineisen nach einer Nitrierdauer von 30 min bei 575 °C mit einzelnen Nitridkristallen

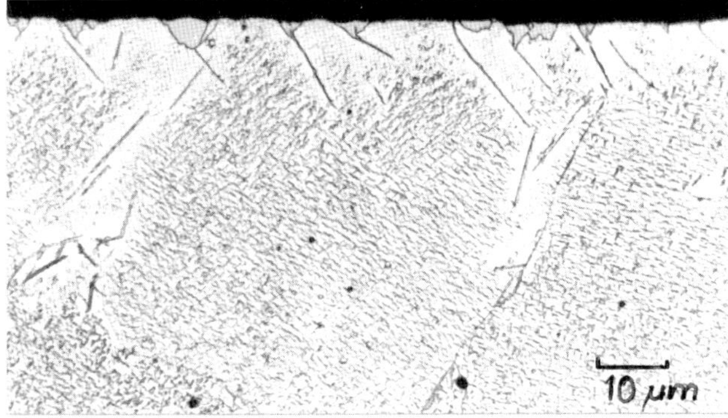

Bild 7.5: Querschliff durch die nitrierte Randschicht von Bild 7.4

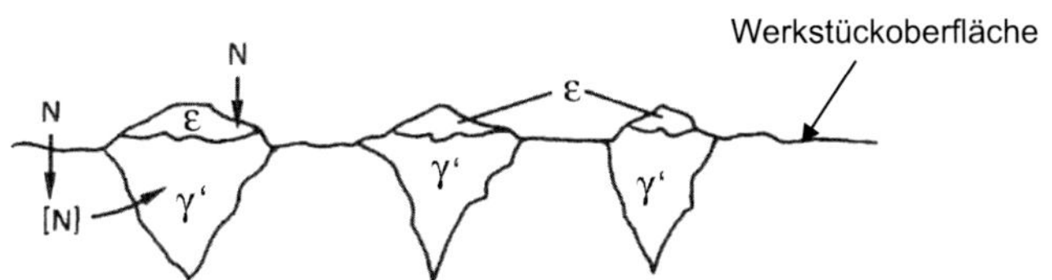

Bild 7.6: Schemabild zu Bild 7.4 /Som92/

Im weiteren Verlauf vergrößern sich dann die Nitridkristalle, sie werden von ε-Nitriden bedeckt und breiten sich in die Tiefe und lateral aus, bis schließlich eine geschlossene Schicht entstanden ist. In dieser werden ab einer Konzentration von ca. 7,7 Masse-% Stickstoff auch ε-Nitride gebildet. Dann verringert sich die Geschwindigkeit des Stickstoff-Massestroms etwas: der Stickstoff wird beim Durchdringen dieser Schicht behindert; was auch für den Kohlenstoff gilt /Sly96/, /Klü/, /Som92/. Im Verlauf der weiteren Stickstoffaufnahme nehmen Stickstoffkonzentration und Dicke der Nitrierschicht zu.

Bei Reineisen entstehen zeitlich nacheinander die beiden Nitridschichten ε und γ', so wie es in Bild 7.7 schematisch dargestellt ist: entsprechend dem Stickstoffprofil wird die γ'-Nitridschicht sandwichartig von einer ε-Nitridschicht bedeckt. Bei den technischen Werkstoffen dagegen liegen die beiden Nitridphasen vermischt nebeneinander vor, wobei von außen nach innen die Menge der ε-Nitride ab- und die der γ'-Nitride zunimmt, vgl. Bild 7.8.

Unterhalb der Verbindungsschicht wird der eindiffundierte Stickstoff zunächst interstitiell im Eisengitter des Ferrits und im Zementit des Perlits oder des angelassenen Martensits eingelagert. Die Löslichkeit ist jedoch begrenzt, so dass bei raschem Abkühlen der Ferrit an Stickstoff übersättigt ist. Nach langsamer Abkühlung auf Raumtemperatur werden α"- bzw. γ'-Nitride ausgeschieden. Anwesender Zementit, der fähig ist Stickstoff aufzunehmen, verändert seine Zusammensetzung: Kohlenstoff wird durch Stickstoff verdrängt, so dass Carbonitride oder Nitrocarbide der Form $Fe_2(N,C)_{1-x}$ und neue Carbide entstehen. Darüber hinaus können frei werdende Kohlenstoffatome zur Werkstückoberfläche wandern und können beim Gas- und Plasmanitrieren effundieren.

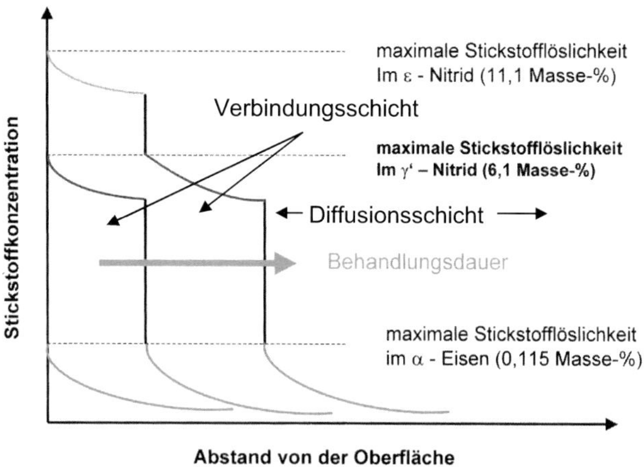

Bild 7.7: Änderung des Stickstoff-Konzentrationsprofils im zeitlichen Verlauf am Beispiel des Reineisens – schematisch

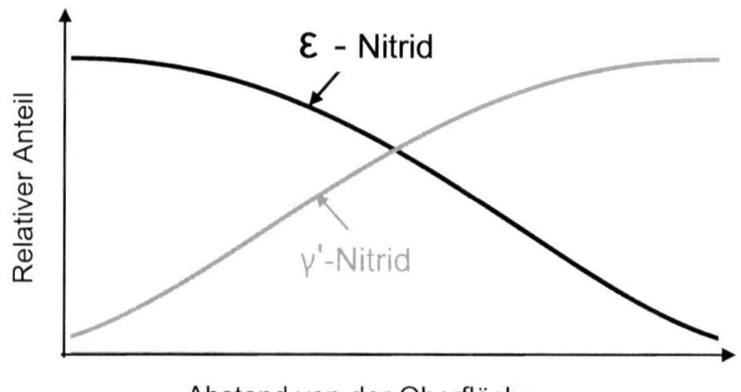

Bild 7.8: Mengenanteile der beiden Nitridphasen ε und γ' in der Verbindungsschicht (schematisch)

Bei legierten Werkstoffen entstehen mit den Nitrid bildenden Legierungselementen Aluminium, Chrom, Vanadium, Titan, Molybdän usw., kubisch flächenzentrierte Nitride, die am Aufbau der Verbindungsschicht teilnehmen und in der Matrix der Diffusionsschicht – unabhängig von der Abkühlgeschwindigkeit – bereits während des Nitrierens oder Nitrocarburierens submikroskopisch fein ausgeschieden werden.

In den Nitriden können die Elemente Chrom, Vanadium und Molybdän gemischt vorhanden sein. Vorhandener Zementit und Carbide der Legierungselemente nehmen ebenfalls Stickstoff auf, wodurch sie zu Carbonitriden, bei langer Nitrierdauer, infolge einer Effusion von Kohlenstoff, auch zu Nitriden werden.

7.4.2 Die Verbindungsschicht

Der Aufbau des äußeren Randschichtbereichs aus Nitriden, dem bei unlegierten und niedrig legierten Stählen enthaltenen Zementit bzw. Carbiden, den mit Stickstoff angereicherten Carbiden sowie Primärcarbiden bei den übereutektoidischen Stählen, hat zu der Bezeichnung ***Verbindungsschicht***, im englischen Sprachraum: *compound layer*, geführt. Diese ist je nach den Behandlungsbedingungen und je nach Werkstoffzusammensetzung einige µm dick. In Bild 7.9 ist das lichtmikroskopische Aussehen der Randschicht des Stahls C15 nach einem Nitrocarburieren wiedergegeben.

Die Verbindungsschicht erscheint in dieser Aufnahme hell und strukturlos[13] und es ist eine deutlich ausgeprägte Grenze, die *Phasengrenze,* zwischen der Verbindungsschicht und dem darunter liegenden, mit Stickstoff weniger stark mit Stickstoff angereicherten und als Diffusions- oder Mischkristallschicht bezeichneten Bereich zu sehen. Letzterer besteht hier aus dem Normalglühgefüge Ferrit/Perlit und hat sich gegenüber dem Ausgangszustand sichtbar nicht verändert. Der jeweilige Ausgangsgefügezustand bestimmt das Aussehen des Übergangs zwischen Verbindungsschicht und Diffusionsschicht. Bei einem Vergütungsgefüge ist der Übergang meistens weniger deutlich sichtbar.

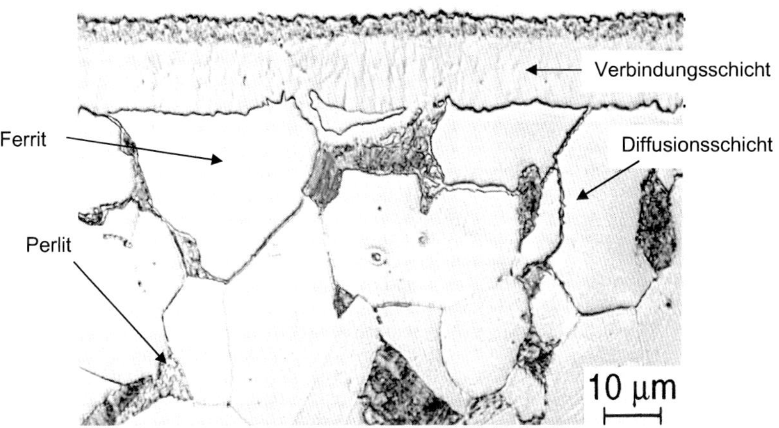

Bild 7.9: Lichtmikroskopisches Aussehen der Randschicht des Stahls C15 nach einem Nitrocarburieren (geätzt mit Nital)

Werden anstelle des üblichen Ätzmittels Nital[14] andere, wie z. B. Pikrinsäure oder das Ätzmittel nach Murakami benutzt, bleibt die Verbindungsschicht nicht mehr hell, sondern es wird eine Strukturierung sichtbar. Dies geht auf die Anwesenheit der beiden Phasen ε- und γ'-Nitrid zurück, vgl. Bild 7.10. In dieser Randschichtaufnahme ist außerdem ein ehemaliges Perlitkorn zu erkennen. Der äußere dunkle Bereich ist eine Anhäufung von Mikrohohlräumen, die miteinander und mit der Außenumgebung in Verbindung stehen, es handelt sich dabei um Poren.

---

[13] Daher rührt die früher benutzte Bezeichnung „weiße Schicht“ oder „white layer“

[14] Nital ist eine schwache Lösung von Salpetersäure in Alkohol

Bild 7.10: Verbindungsschicht des gasnitrocarburierten Stahls C15. Geätzt mit 1 %-Nital (7 s), danach mit 0,1 %-iger Salzsäure mit $FeCl_3$ und Jodzugabe bis zur Gelbfärbung (60 s), 1000:1

Die Verbindungsschicht ist das Ergebnis der Strukturänderungen durch den in die Randschicht eindiffundierten Stickstoff, es handelt sich aber keineswegs um eine Abscheidung von Nitriden auf der Werkstückoberfläche wie bei einem Beschichtungs-Prozess. Im Ausgangsgefüge vorhandene Ausscheidungspartikel wie z. B. Oxide, Mangansulfide, Graphit und größere Primär- und Sekundärcarbide sowie die Poren beim Sintereisen, werden in der Verbindungsschicht abgebildet. Dies wird in den Bildern 7.11 bis 7.14 dokumentiert.

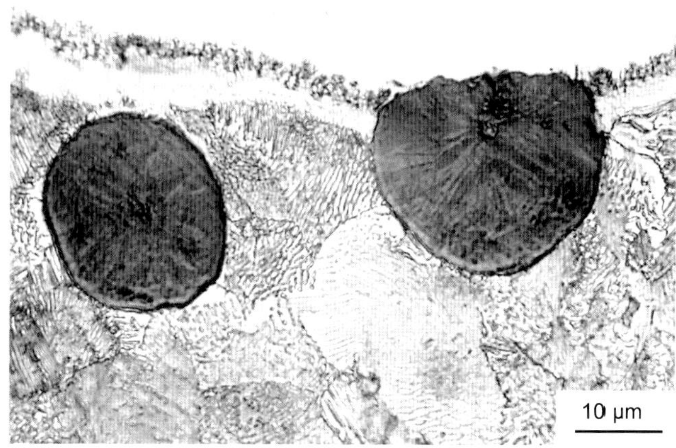

Bild 7.11: Lichtmikroskopische Aufnahme der Randschicht von Gusseisen mit Kugelgraphit nach einem Nitrocarburieren (geätzt mit Nital, Vergrößerung: 1000:1)

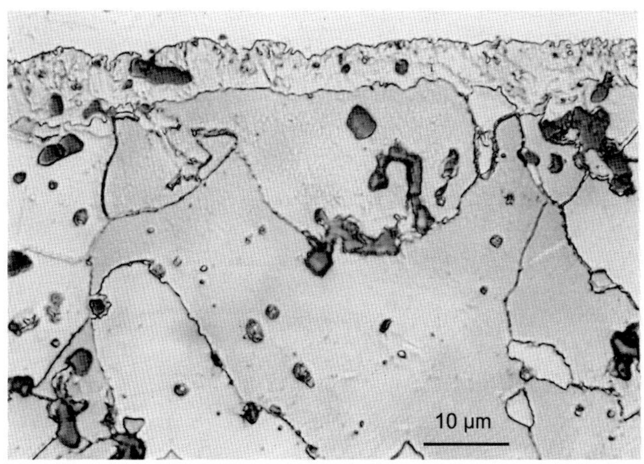

Bild 7.12: Lichtmikroskopische Aufnahme der Randschicht eines unlegierten Sinterstahls nach einem Nitrocarburieren (geätzt mit Nital, 1000:1)

Die Aufnahme vom Kugelgraphitguss gibt eine Stelle wieder, an der ein Graphitsphärolith direkt an der Oberfläche liegt. Er ist nicht von Verbindungsschicht bedeckt, da diese nur dort entstehen kann, wo Eisen vorhanden ist. Beim Sinterstahl sind in der Verbindungsschicht die Poren des Ausgangszustands wiederzufinden, siehe Bild 7.12. Bei einem Automatenstahl sind die Mangansulfid-Ausscheidungen auch in der Verbindungsschicht zu finden, siehe Bild 7.13. Bei den im Ferrit auftretenden nadelförmigen Ausscheidungen handelt es sich um γ'-Nitride, was weiter unten erklärt wird.

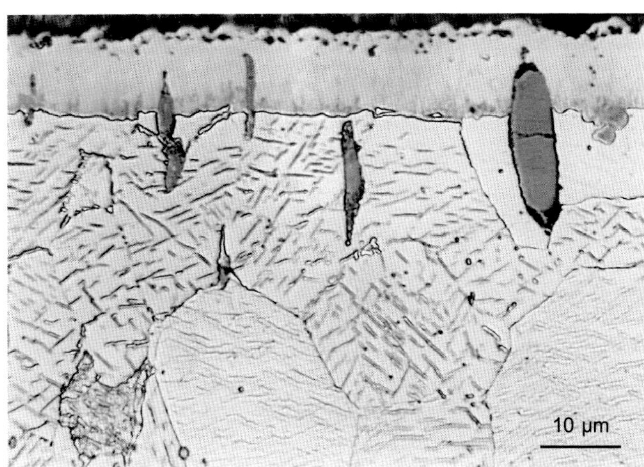

Bild 7.13: Lichtmikroskopische Aufnahme eines Automatenstahls nach einem Nitrocarburieren, Abschrecken in Wasser und Auslagern bei 300 °C (Nital, 1000:1)

Das Randgefüge des nitrocarburierten ledeburitischen Stahls X165CrMoV12 ist in Bild 7.14 abgebildet. Im Ausgangszustand enthält der Stahl wegen seines hohen Chromgehaltes zahlreiche Primärcarbide. Diese erscheinen auch in der Verbindungsschicht wieder.

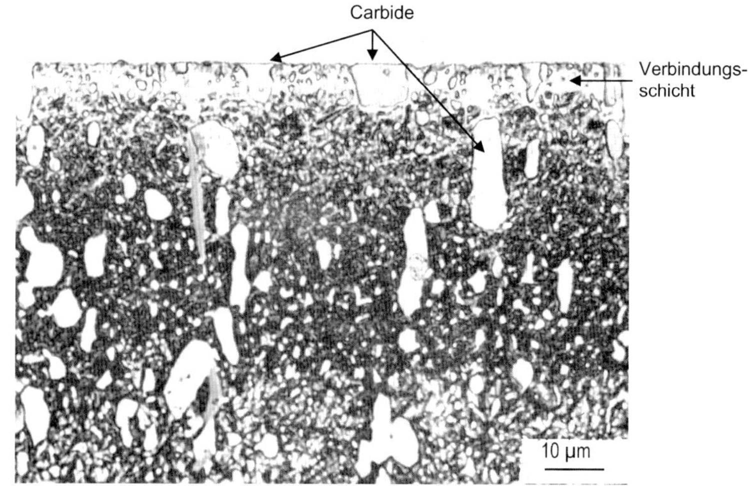

Bild 7.14: Randschicht des Stahls X165CrMoV12, salzbadnitrocarburiert 570 °C 2 h/Öl (Ätzung: Nital, Vergrößerung 1000:1)

7.4.3 Die Porosität der Verbindungsschicht

Die Porosität in der Verbindungsschicht ist im Prinzip nicht zu vermeiden. Es wird angenommen, dass sie wegen der Metastabilität der Fe-N(-C)-Carbonitridphasen entsteht /Som87/, /Som92/, /Som97/, /Hor96/, /Lie96/. Diese führt zum Ausscheiden von Stickstoff, der zu Molekülen rekombiniert. Dadurch entstehen Poren, bevorzugt an energetisch begünstigten Stellen wie z. B. Korngrenzen innerhalb der Verbindungsschicht.

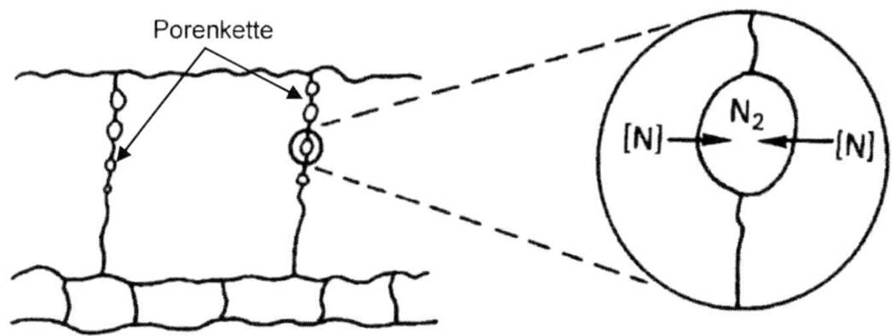

Bild 7.15: Vorgang der Bildung von Poren und Porenketten /Som92/

Die an den Korngrenzen „angekeimten“ Poren wachsen zusammen und können bis zur Oberfläche offene Kanäle bilden, so dass Kontakt mit der Nitrier-/Nitrocarburieratmosphäre vorhanden ist. In Bild 7.15 ist dies schematisch dargestellt.

Dadurch ist es in gasförmigen Behandlungsmitteln möglich, dass sowohl Stickstoff nach außen effundieren als auch – beim Nitrocarburieren – Kohlenstoff über die Kanäle eindiffundieren kann. Des Weiteren wandeln sich in den an ε-Nitrid reichen Gebieten ε-Nitride in Zementit um, wodurch weitere Poren entstehen /Som87/.

Die Poren können unterschiedlich angeordnet sein. Meist säumen sie gehäuft den äußeren Rand der Verbindungsschicht, so dass von einem Porensaum gesprochen wird, vgl. Bild 7.9 Sie können sehr fein oder relativ grob ausgebildet sein, gehäuft oder vereinzelt auftreten, einen mehr oder minder breiten Bereich der Verbindungsschicht einnehmen und perlschnurartig oder schlauchförmig (Porenkanal) senkrecht zur Oberfläche angeordnet sein, vgl. Bild 7.16, /Lie96/, /Pie96-1/, /Pie96-2/.

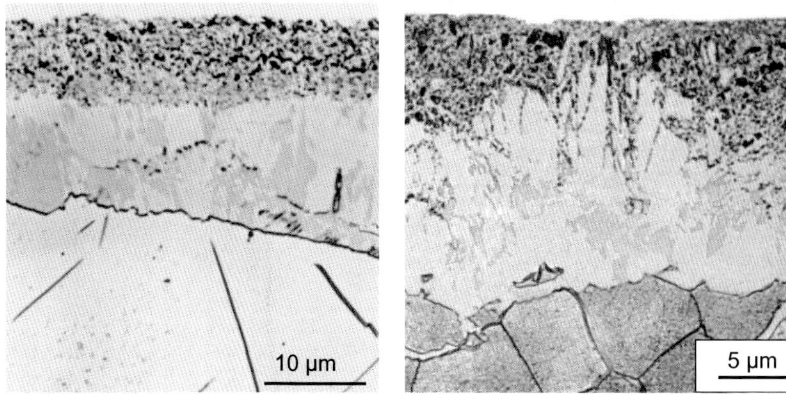

Bild 7.16: Unterschiedliche Ausbildung der Porosität nach Gas- (rechts) bzw. Salzbadnitrocarburieren (links) /Lie96/

Über die Wirkung der Porosität auf die Gebrauchseigenschaften gehen die Meinungen der Anwender auseinander. Einerseits ist davon auszugehen, dass der Porensaum ein hartes Skelett mit Hohlräumen darstellt, mit dem Risiko, dass je nach Art und Höhe der Belastung der Oberfläche Partikel aus der Verbindungsschicht ausbrechen können. In geschlossenen Tribosystemen kann dadurch der Verschleiß eskalieren. In offenen Tribosystemen wurde in manchen Anwendungsfällen demgegenüber ein günstigeres Einlaufverhalten beobachtet. Andererseits ist aber auch nicht auszuschließen, dass, je nach Art der Porosität, der Größe und Menge der Poren sowie dem Vorhandensein von Porenkanälen, die Porosität ein potentielles Schmierstoffdepot darstellt, das dem Verschleiß entgegenwirkt.

Für die Wachstumsrate der Verbindungsschicht ist charakteristisch, dass das Quadrat ihrer Dicke der Behandlungsdauer direkt proportional ist. Dieser Zusammenhang ist in Bild 7.17 für die mittlere Schichtdicke zu erkennen. Offenbar gilt dies aber nicht für den porösen Bereich. Am Beispiel von je zwei gas- und salzbadnitrocarburierten unlegierten und legierten Einsatz- und Vergütungsstählen ist zu sehen, dass der poröse Bereich mit der Behandlungsdauer linear, also schneller wächst. Dabei erweisen sich legierte Stähle günstiger als unlegierte. Die Absicht, eine dickere Verbindungsschicht herzustellen und den porösen Bereich abzuarbeiten, lässt sich nur realisieren, wenn eine Feinstbearbeitung mit einem mechanischen Abtrag im Bereich weniger µm durchgeführt werden kann. Für die Anwendungspraxis ist statt dessen zu empfehlen, im Fall von Verschleiß, eine im Mittel 15 µm oder 20 µm dicke Verbindungsschicht anzustreben und damit den porösen Bereich bei den unlegierten Stählen auf ca. 7 µm, bei den legierten Stählen auf ca. 5 µm im Mittel zu begrenzen und auf eine Nachbearbeitung zu verzichten.

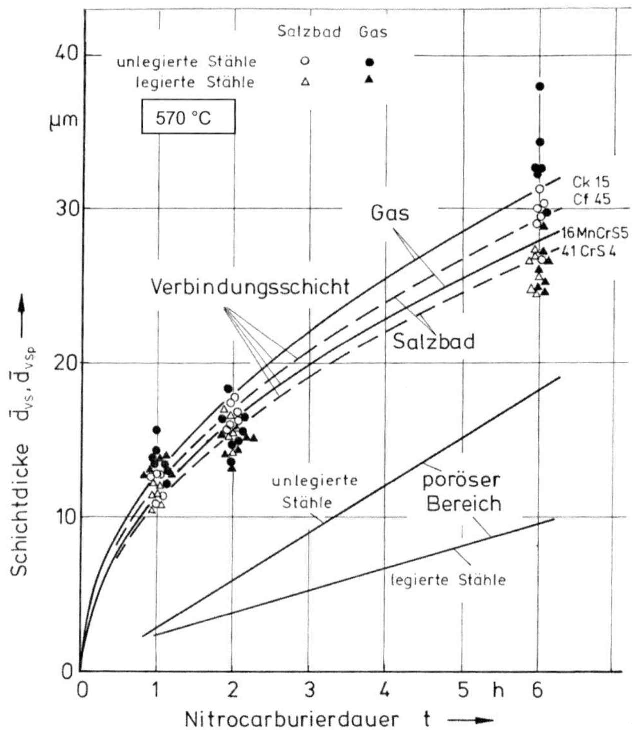

Bild 7.17: Zusammenhang zwischen der Dicke der Verbindungsschicht und der Dauer beim Nitrocarburieren /Lie86/

Nach den Ergebnissen in Bild 7.17, kann der Grad der Porosität offenbar durch bevorzugte Verwendung legierter anstelle unlegierter Stähle minimiert werden. Generell wird dies auch durch ein geringeres Stickstoffangebot bewirkt.

Die Abhängigkeit des Verbindungsschichtwachstums für weitere Stähle beim Salzbadnitrocarburieren bei 570 °C zeigt Bild 7.18. Aus der Gegenüberstellung ist zu entnehmen, wie mit zunehmendem Gehalt an Nitrid bildenden Legierungselementen die Wachstumsrate der Verbindungsschichtdicke abnimmt

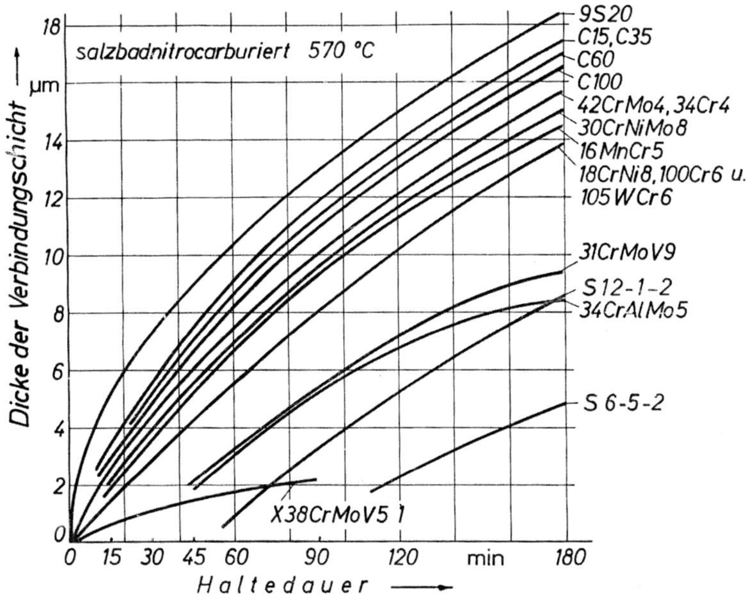

Bild 7.18: Wachstum der Verbindungsschichtdicke (Mittelwerte) verschiedener Stähle beim Salzbadnitrocarburieren in Abhängigkeit von der Haltedauer bei 570 °C

Das Eindiffundieren von Stickstoff bzw. Stickstoff und Kohlenstoff, die Bildung und das Wachstum der Nitridkristalle sowie das Entstehen von Poren und Porenkanälen

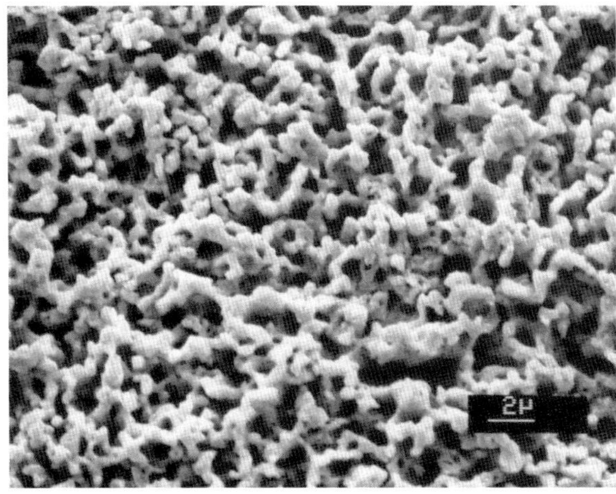

Bild 7.19: Rasterelektronenmikroskopische Aufnahme der Oberfläche des Stahls C45 nach dem Salzbadnitrocarburieren

verändert auch die Oberflächenmorphologie der nitrierten und nitrocarburierten Werkstücke. In Bild 7.19 ist die rasterelektronische Aufnahme der Oberfläche nach einem Salzbadnitrocarburieren und in Bild 7.20 nach einem Gasnitrocarburieren wiedergegeben. Die Oberfläche der im Salzbad erzeugten Verbindungsschicht erscheint aufgelockert und es sind deutlich Porenöffnungen zu erkennen. Demgegenüber ist die Oberfläche nach dem Gasnitrocarburieren deutlich geschlossener und in der abgebildeten Vergrößerung sind keine Porenöffnungen zu erkennen. Der Unterschied ergibt sich offenbar daraus, dass in der Salzschmelze einzelne Partikel aus der Verbindungsschicht herausgelöst werden.

Bild 7.20: Rasterelektronenmikroskopische Aufnahme der Oberfläche des Stahls C45 nach dem Gasnitrocarburieren

7.4.4 Die Diffusionsschicht

Der Randschichtbereich unterhalb der Verbindungsschicht wird als ***Diffusionsschicht***[15], manchmal auch als *Ausscheidungs-* oder *Mischkristallschicht* bezeichnet.

Im Unterschied zur Dicke der Verbindungsschicht reicht die gesamte Nitrierschicht bis in eine Tiefe von einigen Zehntel Millimetern.

Die von den unlegierten Stählen beim Nitrieren/Nitrocarburieren vom Ferrit aufgenommene Stickstoffmenge ist größer als Lösungsvermögen bei Raumtemperatur. Daher scheiden sich beim langsamen Abkühlen im Ferrit γ'-Nitride mit einer maximalen Länge entsprechend der Ferritkorngröße aus, vgl. Bild 7.21.

Durch rasches Abkühlen, z. B. Abschrecken in Wasser, wird dieser Zustand quasi eingefroren, so dass dann bei Raumtemperatur ein übersättigter (Ferrit-)-Mischkristall vorliegt.

[15] Diese Bezeichnung ist eigentlich nicht korrekt, da auch die Verbindungsschicht durch Diffusion zustande gekommen ist.

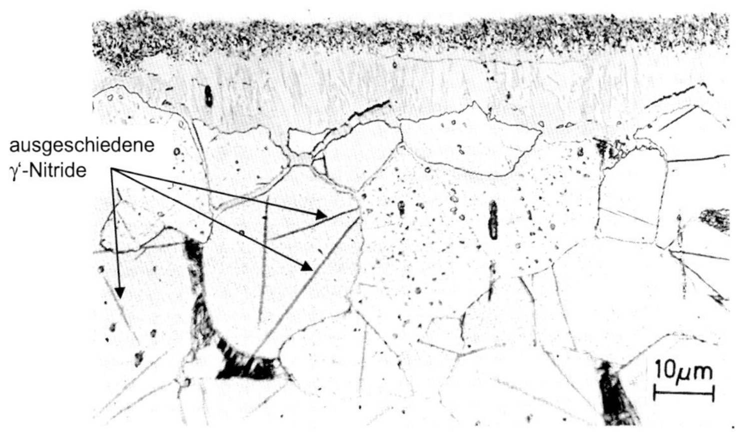

Bild 7.21: Lichtmikroskopische Aufnahme der Randschicht des Stahls C15, nach dem Nitrocarburieren langsam abgekühlt (Ätzung: Nital)

Im Zeitraum von 8 bis 10 Tagen scheiden sich dann bei Raumtemperatur metastabile α"-Nitride, die lichtmikroskopisch nicht sichtbar sind, in der Matrix aus. Durch Warmauslagern bei Temperaturen über 100 °C, lässt sich dies beschleunigen. Dann entstehen anstatt der feinen α"-Nitride größere und dadurch lichtmikroskopisch sichtbare γ'-Nitride. In Bild 7.22 ist dieser Zustand in 200-facher und in Bild 7.23 in 5000-facher (REM) Vergrößerung zu sehen. Die Nitride sind deutlich kleiner und zahlreicher als nach langsamem Abkühlen. Aus der Breite des auch als „Nadelzone" bezeichneten Bereichs kann näherungsweise die Eindringtiefe des Stickstoffs abgelesen werden.

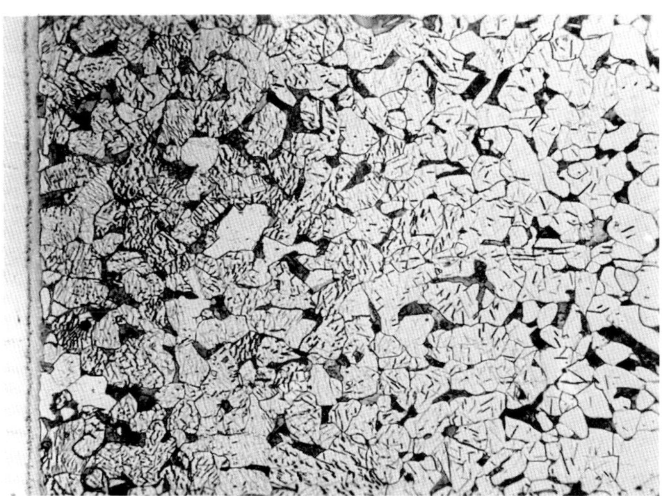

Bild 7.22: Stahl C15, normalgeglühter Ausgangszustand, nitrocarburiert, abgeschreckt in Wasser und bei 300 °C 30 min ausgelagert

(geätzt mit Nital, Vergrößerung 200:1)

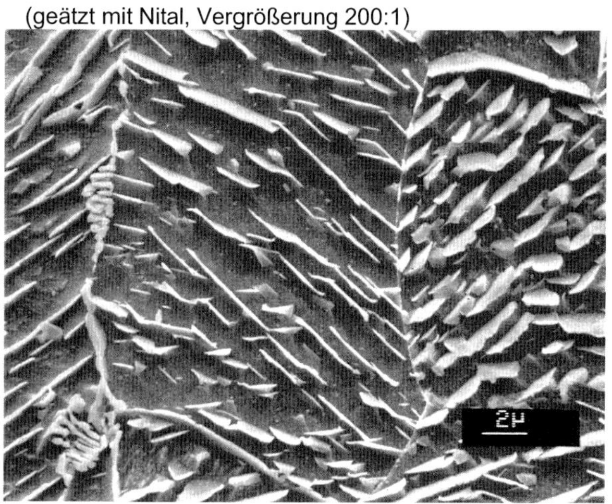

Bild 7.23: Rasterelektronenmikroskopische Aufnahme des mit Nital geätzten Stahls C15 nach einem Nitrocarburieren, Abschrecken in Wasser und Auslagern 250 °C 2 h

Nadelförmig sehen die Nitridausscheidungen allerdings im Lichtmikroskop nur in der zweidimensionalen Darstellung aus. In Wirklichkeit handelt es sich um mehr oder weniger stark gekrümmte, plättchenförmige Teilchen, ähnlich dem Zementit des Perlits, wie aus Bild 7.23 zu entnehmen ist.

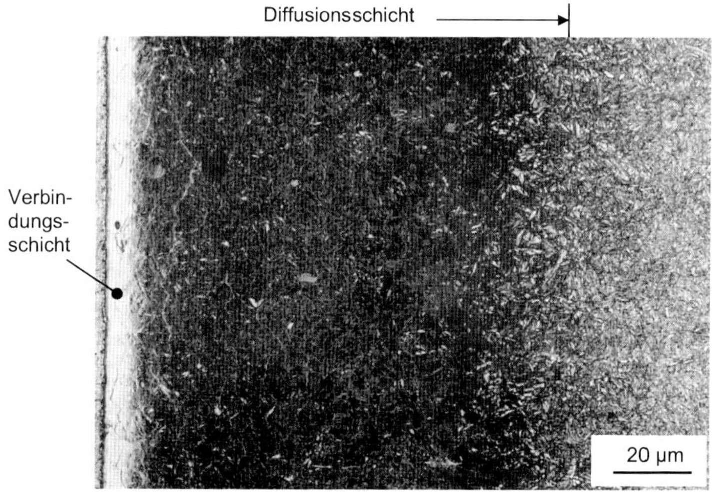

Bild 7.24: Lichtmikroskopische Aufnahme der Randschicht des vergüteten Nitrierstahls 34CrAlMo5 nach einem Nitrocarburieren (geätzt mit Nital, Vergrößerung 500:1)

Bei legierten Stählen entstehen bereits während des Aufstickens und unabhängig von der Abkühlgeschwindigkeit submikroskopisch feine Nitridausscheidungen. Weil dazu Legierungselemente herangezogen werden, verringert sich die Korrosionsbeständigkeit der Matrix, so dass diese beim Ätzen stärker dunkel gefärbt wird, vgl. Bild 7.24. Die lichtmikroskopisch erkennbare Breite des dunkel angeätzten Bereichs entspricht nicht exakt der gesamten Nitrierschicht, sondern die Diffusionsschicht reicht noch darüber hinaus.

Der Gehalt an Legierungselementen wirkt sich auf das Wachstum der Diffusionsschicht aus, wie in den Bildern 7.25 und 7.26 zu sehen ist: mit zunehmendem Legierungsgehalt nimmt unter sonst gleichen Bedingungen die erreichbare Nitriertiefe ab. Dies hängt damit zusammen, dass nur diejenigen Stickstoffatome weiter in das Werkstückinnere diffundieren, die unterwegs nicht von den Nitrid bildenden Legierungselementen abgefangen und zur Bildung von Nitriden benutzt werden.

Die Nitrierschichtdicke/Nitriertiefe wächst linear mit der Quadratwurzel aus der Nitrier-/Nitrocarburierdauer, vgl. die Bilder 7.25 und 7.26[16]. Die Art des Behandlungsmittels wirkt sich, sobald eine geschlossene Verbindungsschicht entstanden ist, auf die Wachstumsrate nicht wesentlich aus, wohl aber eine höhere Temperatur, welche das Schichtwachstum beschleunigt.

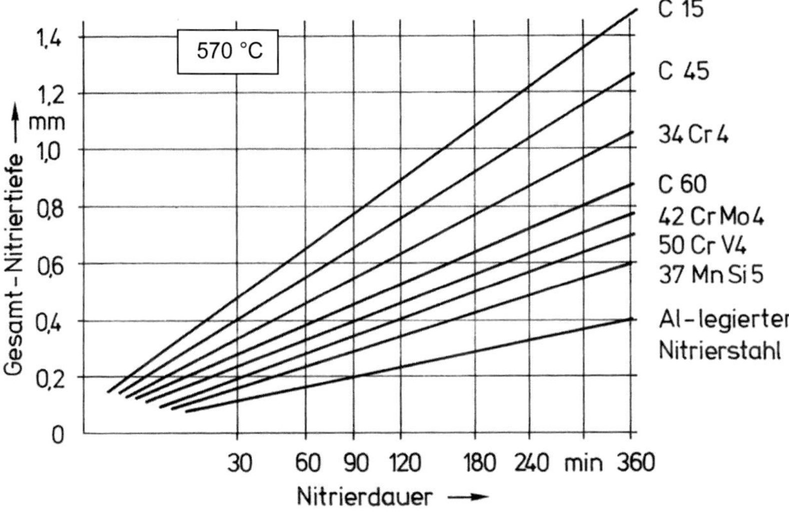

Bild 7.25: Zusammenhang zwischen Nitrierdauer und Gesamt-Nitriertiefe

[16] Die Nitriertiefe wurde aus dem Härteprofil ermittelt. Sie entspricht dem Abstand von der Oberfläche bis zum Schnittpunkt des Härteprofils mit der Kernhärte

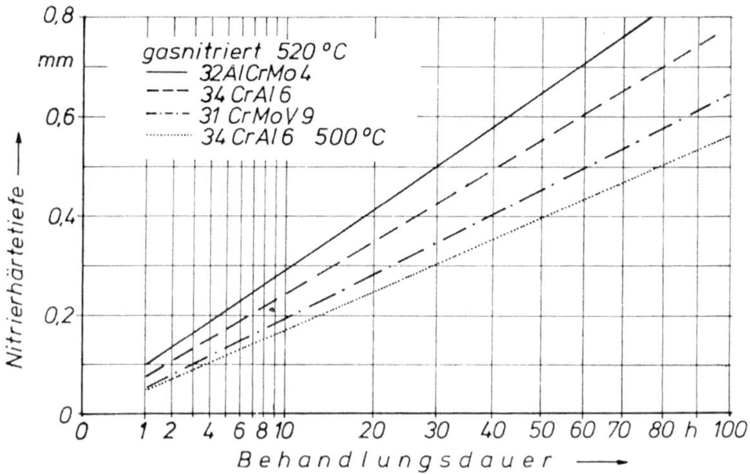

Bild 7.26: Zusammenhang zwischen Nitrierhärtetiefe und Nitrierdauer für Nitrierstähle

Werden unlegierte Stähle bei Temperaturen über 590 °C[17] nitriert oder nitrocarburiert, dann entsteht Austenit, vgl. das Eisen-Stickstoff-Zustandsschaubild in Bild 7.1. Bei legierten Stählen geschieht dies erst bei höheren Temperaturen. Dadurch lässt sich zwar prinzipiell das Wachstum der Verbindungsschicht beschleunigen, jedoch entsteht unterhalb der Verbindungsschicht stabiler Austenit. Dieser wandelt sich bei langsamer Abkühlung oder einem nachträglichen Anlassen in das perlitähnliche Gefüge Braunit um, siehe die lichtmikroskopische Aufnahme in Bild 7.27.

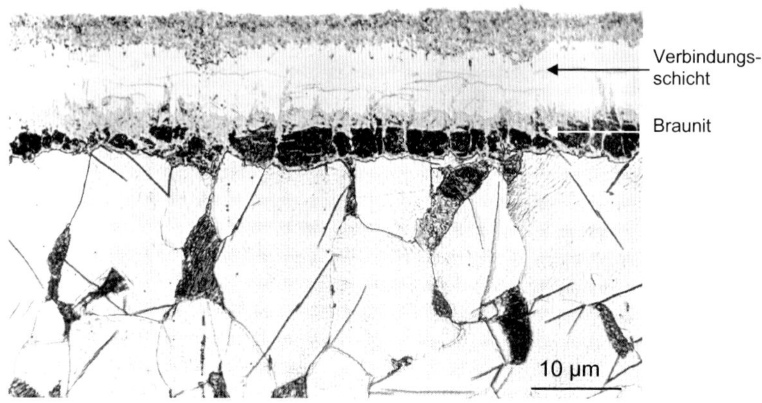

Bild 7.27: Braunit unter der Verbindungsschicht des Stahls C15 (gasnitrocarburiert bei 650 °C, langsam abgekühlt; geätzt: Nital, Vergrößerung:1000:1)

[17] Im angelsächsischen Schrifttum wird dies als „austenitic nitrocarburizing" bezeichnet.

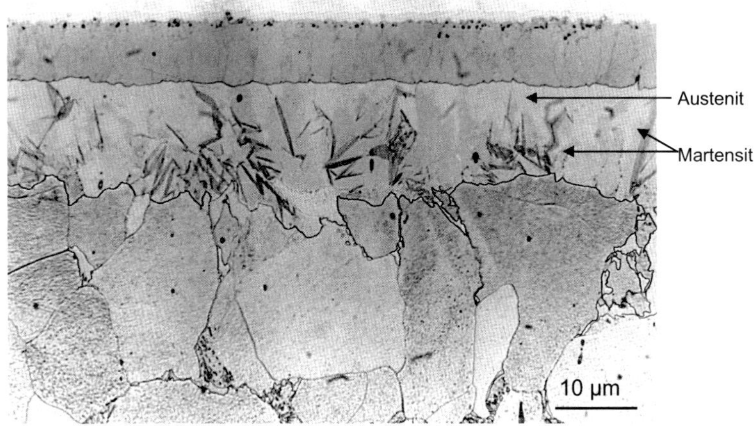

Bild 7.28: Austenit und Martensit unter der Verbindungsschicht des Stahls C15 (gasnitrocarburiert bei 650 °C, in Wasser abgeschreckt, geätzt: Nital, Vergrößerung:1000:1)

Wird dagegen rasch abgekühlt, entsteht Martensit, aber ein großer Teil des Austenits bleibt als Restaustenit übrig. Das lichtmikroskopische Aussehen zeigt Bild 7.28. Der Restaustenit lässt sich durch ein nachträglich durchgeführtes Auslagern bei Temperaturen über 300 °C in Bainit umwandeln.

Für eine technische Anwendung können beide Gefügeausbildungen genutzt werden. Eine Austenit haltige Schicht unter der Verbindungsschicht würde z. B. in der Einlaufphase von Getrieberädern unter entsprechender Belastung durch plastisches Verformen des Austenits die Formschlüssigkeit verbessern. Außerdem erhöht eine martensitische Schicht unterhalb der Verbindungsschicht deren Tragfähigkeit, was beim Verwenden unlegierter Stähle bei entsprechender spezifischer Flächenbelastung durchaus von Nutzen oder sogar notwendig sein kann.

7.5 Härte der Nitrierschichten

7.5.1 Allgemeines

Die Stickstoffaufnahme erhöht die Härte und die Festigkeit in der Randschicht von Eisenwerkstoffen. Verantwortlich dafür ist die aus harten Nitriden aufgebaute Verbindungsschicht sowie die Mischkristallverfestigung durch die ausgeschiedenen Nitride der Legierungselemente Chrom, Aluminium, Vanadium usw. in der darunter befindlichen Diffusionsschicht. Dies entspricht dem Mechanismus einer Ausscheidungshärtung und unterscheidet sich charakteristisch vom martensitischen Härten wie beim Randschicht- und Einsatzhärten.

Unmittelbar unter der Oberfläche ist die Randhärte am höchsten; mit zunehmendem Abstand von der Oberfläche nimmt sie, mehr oder weniger stetig, bis auf die Härte des nicht aufgestickten Kernbereichs ab. Es ist ein Härteprofil[18] vorhanden. Dieses wird dazu herangezogen, die *Nitrierhärtetiefe Nht* bzw. *NHD* als Merkmal für die Dicke der Nitrierschicht zu bestimmen, vgl. Kapitel 12 „Prüfen des wärmebehandelten Zustands“.

Durch die Härte der Nitrierschicht wird die Oberflächenhärte gegenüber dem Ausgangszustand erhöht. Zum Prüfen der Oberflächenhärte sollte keine zu hohe Prüfkraft benutzt werden, da sich wegen des Eierschaleneffekts der hochharten Verbindungsschicht und der Härte der Diffusionsschicht sowieso nur ein mehr oder weniger fiktiver Härtewert ergibt. Eine quantitative Aussage über die eigentlichen Zielgrößen eines Nitrierens oder Nitrocarburierens, nämlich die Dicke der Verbindungsschicht oder die Nitrierschichtdicke bzw. Nitrierhärtetiefe lässt sich aus dem Prüfen der Oberflächenhärte nicht ableiten. Auch lässt sich die Oberflächenhärte nicht wie beim Randschicht- und Einsatzhärten gezielt einstellen, da sie sich im Wesentlichen aus der Werkstoffzusammensetzung und dem Ausgangsgefügezustand ergibt.

7.5.2 Oberflächenhärte

Bei unlegierten Stählen mit ferritisch-perlitischem Ausgangsgefüge, die nach dem Nitrieren/Nitrocarburieren rasch auf Raumtemperatur abgekühlt werden, so dass der Ferrit mit Stickstoff übersättigt ist, ändert sich die Härte mit der Zeit und erreicht nach etwa 8 bis 10 Tagen einen Höchstwert. Dies wird durch Ausscheiden von α“-Eisen-Nitriden im Ferrit bewirkt – *Ausscheidungshärtung*. Wird dagegen langsam abgekühlt, werden Nitride schon während des Abkühlens ausgeschieden. Dabei werden γ'-Eisen-Nitride ausgeschieden, die deutlich größer sind, vgl. Bild 7.18, wodurch der Effekt einer Ausscheidungshärtung deutlich geringer ist.

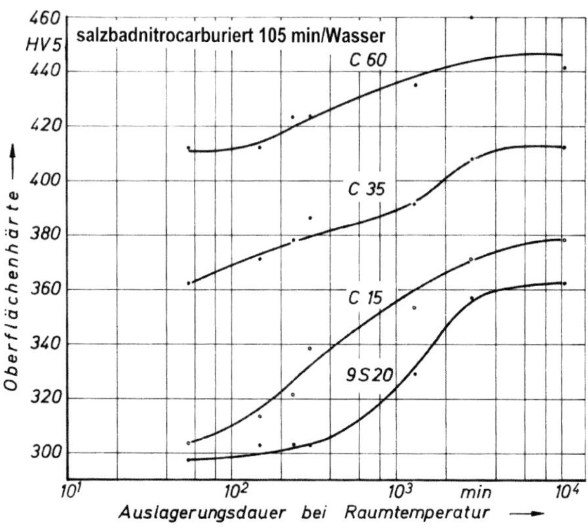

Bild 7.29: Härteänderung nitrocarburierter und abgeschreckter unlegierter Stähle nach Auslagern bei Raumtemperatur

[18] Auch Härteverlauf, Härteverlaufskurve, Härte-Tiefen-Verlauf genannt.

Durch ein Auslagern bei Temperaturen ab etwa 80 °C der nach dem Nitrieren/Nitrocarburieren rasch abgekühlten unlegierten Stähle wird das Ausscheiden von Eisennitriden gegenüber einem Auslagern bei Raumtemperatur beschleunigt. Die dabei entstehenden γ'-Nitridausscheidungen sind jedoch deutlich feiner und zahlreicher, siehe Bild 7.19. Dadurch nimmt die Härte gegenüber dem abgeschreckten Zustand deutlich ab.

Bei legierten Stählen entstehen bereits während des Nitrierens/Nitrocarburierens mit den Nitrid bildenden Legierungselementen submikroskopisch feine Nitridausscheidungen, wodurch die Härte der Nitrierschicht deutlich erhöht wird. Unabhängig davon wie abgekühlt wird, ändert sich an diesem Zustand auch nichts. Durch ein nachträgliches Anlassen bei Temperaturen oberhalb der Nitrier-/Nitrocarburiertemperatur kann jedoch auch bei den legierten Stählen die Härte vermindert werden.

In den Bildern 7.30 und 7.31 sind Beispiele für die Oberflächenhärte verschiedener Stähle, geprüft mit HV10, in Abhängigkeit von der Haltedauer beim Nitrocarburieren wiedergegeben. Aus dem Kurvenverlauf geht hervor, dass die Oberflächenhärte bei den unlegierten Stählen bis zu einer Behandlungsdauer von rd. 90 min zunimmt, danach ändert sich nur noch wenig.

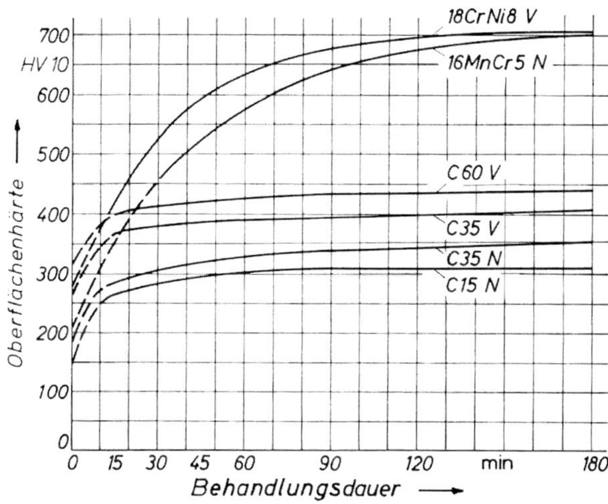

Bild 7.30: Zusammenhang zwischen Behandlungsdauer und Oberflächenhärte nach einem Nitrocarburieren

Bei den legierten Stählen erstreckt sich der Anstieg auf eine Behandlungsdauer von ca. 180 min. D. h. ab dieser Behandlungsdauer ist offensichtlich eine Nitrierschichtdicke erreicht, bei welcher die Wirktiefe einer Prüfkraft von 49 N (HV5) vom Härteprofil in der Nitrierschicht nicht mehr beeinflusst wird. Wie sehr die Härte zunimmt, wird durch Art und Menge der Nitrid bildenden Legierungselemente bestimmt, vgl. Bild 7.31, in dem die starke Wirkung des Aluminiums sehr deutlich zu sehen ist.

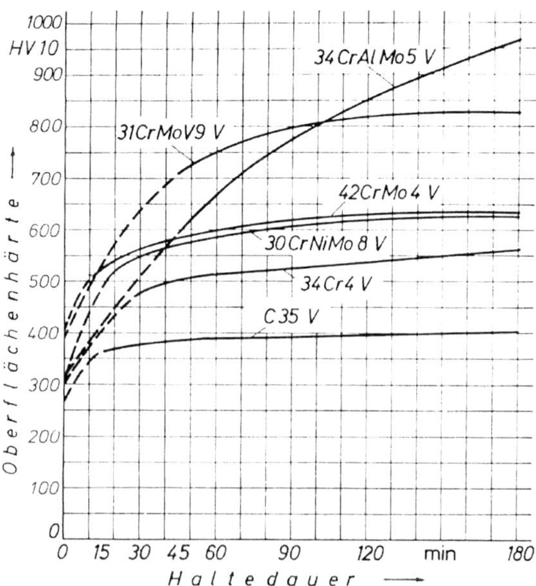

Bild 7.31: Einfluss der Behandlungsdauer auf die Oberflächenhärte verschiedener Stähle beim Salzbadnitrocarburieren

7.5.3 Härte der Verbindungsschicht

Für die Härte der Verbindungsschicht ist ihr Aufbau aus Nitriden, Carbonitriden und Nitrocarbiden sowie den Carbiden des Ausgangszustands und deren spezifischer kristallographischer Struktur verantwortlich. Bei den übereutektoidischen Stählen kommt dazu noch der Einfluss harter Sekundär- und Primärcarbide. Die wahre Härte der Verbindungsschicht muss in einem Querschliff und wegen ihrer relativ geringen Dicke mit Prüfkräften kleiner als 0,20 N geprüft werden.

Im porenfreien Bereich der Verbindungsschicht ergibt sich dann bei unlegierten und niedrig legierten Stählen eine Härte von ca. 700 HV bis 800 HV, bei legierten Stählen von über 1000 HV bis etwa 1500 HV[19]. Wegen dieser hohen Härte verhält sich die Verbindungsschicht ähnlich wie eine Keramik.

Im porösen Bereich beträgt die Vickershärte weniger als 500 HV. In Bild 7.32 sind die Härteunterschiede an den verschieden großen Eindrücken des Prüfkörpers nach dem Vickersverfahren deutlich sichtbar. Ein Auslagern bei Raumtemperatur ändert daran nichts.

[19] Allerdings muss berücksichtigt werden, dass zum Kalibrieren der Härteprüfgeräte Eichproben für diesen Härtebereich nahezu nicht verfügbar sind.

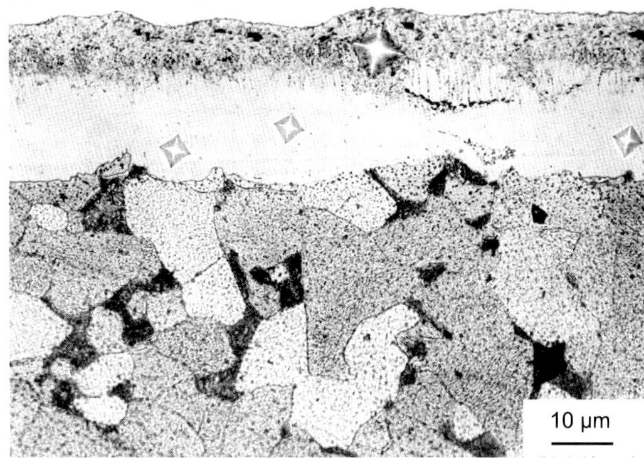

Bild 7.32: Prüfkörpereindrücke im porösen und porenfreien Bereich der Verbindungsschicht

7.5.4 Härte der Diffusionsschicht – das Härteprofil

In der Mischkristallschicht/Diffusionsschicht unlegierter Eisenwerkstoffe bewirkt der interstitiell eingelagerte Stickstoff Gitterverzerrungen und eine Verfestigung, wodurch die Härte gegenüber dem Ausgangszustand zunimmt. Bei den legierten Werkstoffen bewirken dies die in der Matrix ausgeschiedenen Nitride mit den metallischen Legierungselementen. Dadurch werden Versetzungsbewegungen, die plastische Verformungen ermöglichen, in einer Art innerer Reibung behindert.

Wie im Abschnitt 7.4 beschrieben, bestimmt die Wechselwirkung der Legierungselemente mit dem Stickstoff und die Kinetik der Nitridausscheidungen die Härte in der aufgestickten Randschicht. Die Härteprüfung in der Diffusionsschicht in Abhängigkeit vom Oberflächenabstand liefert Härteprofile, analog denen randschicht- oder einsatzgehärteter Werkstücke. Das Härteprofil wird hauptsächlich bestimmt durch

- Art und Menge anwesender Legierungselemente; wobei Aluminium die Härte besonders stark erhöht
- die Temperatur beim Nitrieren/Nitrocarburieren
- die Dauer des Nitrierens/Nitrocarburierens
- den Gefügezustand vor dem Nitrieren/Nitrocarburieren
- die Stickstoffaufnahme beim Nitrieren/Nitrocarburieren
- das Abkühlen bei unlegierten Stählen.

Im Bild 7.33 ist die unterschiedliche Wirkung der Legierungselemente auf die Randhärte dargestellt. Dazu wurden verschiedene Stähle mit einer Anlasstemperatur von 600 °C vergütet und dann bei 550 °C 25 Stunden lang gasnitriert. Aus den gemessenen Härteprofilen wurde dann jeweils im Oberflächenabstand von 0,05 mm die Härte entnommen, die Differenz zur Ausgangshärte bestimmt und diese in Abhängigkeit vom mittleren Gehalt an Nitrid bildenden Legierungselementen (entnommen aus DIN EN 10085) aufgetragen. Hierbei wurde angenommen, dass die verschiedenen Legierungselemente additiv wirken. Bis auf den Stahl 34CrAlMo5 ordnen sich die Werte der übrigen Stähle nahe der eingezeichneten Schätzkurve ein.

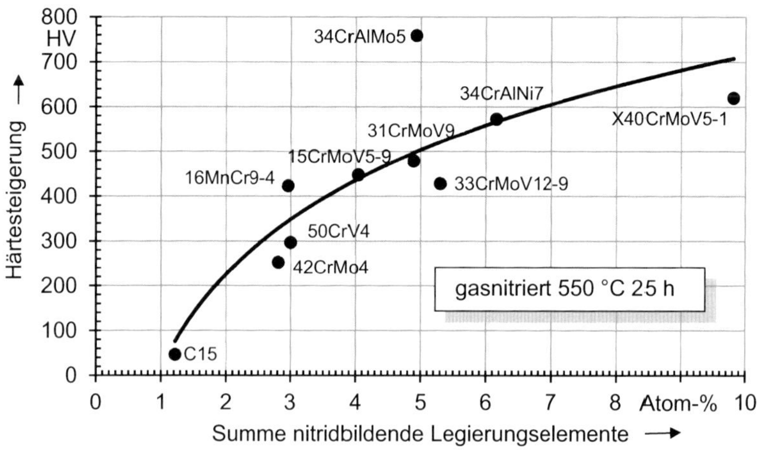

Bild 7.33: Wirkung Nitrid bildender Legierungselemente auf die Steigerung der Randhärte vergüteter Stähle durch Gasnitrieren

Bild 7.34 gibt die deutlich unterschiedlichen Härteprofile unlegierter und legierter nitrocarburierter Einsatzstähle wieder. Bei den beiden unlegierten Stählen unterhalb der Verbindungsschicht, deren Härte hier nicht eingetragen ist, ist die Randschichthärte nur geringfügig höher als vor dem Nitrocarburieren. Im Unterschied dazu ergibt

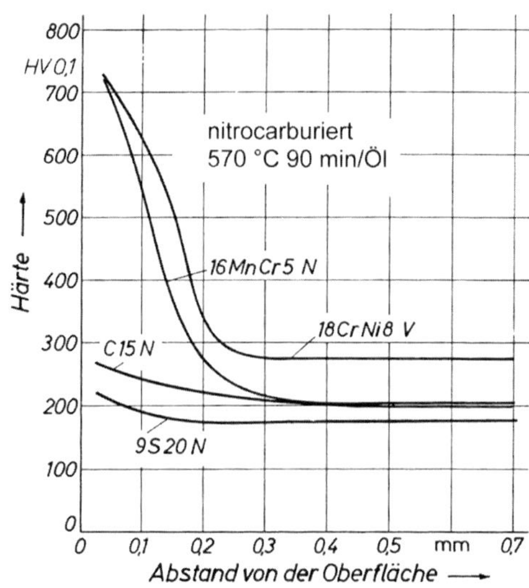

Bild 7.34: Härteprofile unlegierter und legierter Einsatzstähle nach einem Salzbadnitrocarburieren

sich schon bei den relativ geringen Gehalten an Chrom bei den beiden legierten Stählen eine deutliche Erhöhung auf Werte, die durchaus mit randschicht- oder einsatzgehärteten Teilen vergleichbar sind. In den Bildern 7.35 und 7.36 ist der Einfluss der Legierungselemente, die spezifisch für die Nitrierstähle sind, deutlich zu erkennen.

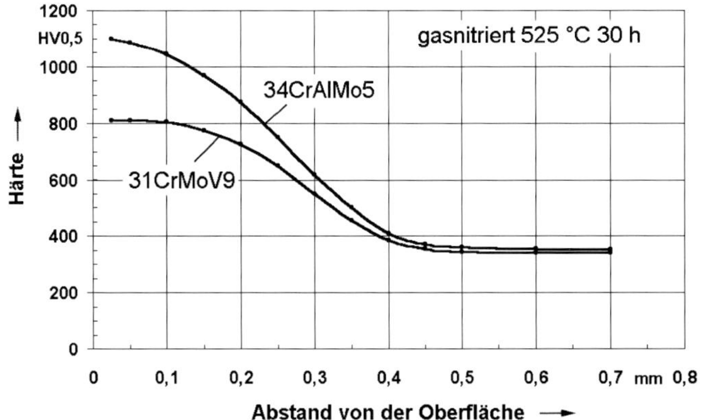

Bild 7.35: Härteprofile zweier typischer Nitrierstähle nach Gasnitrieren

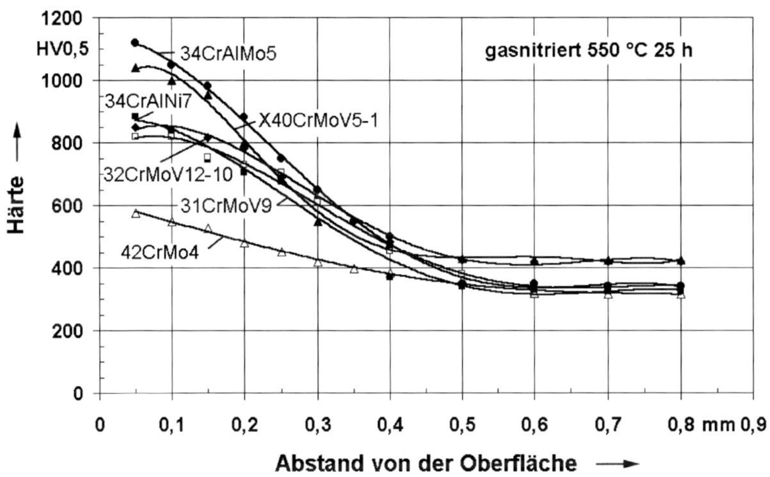

Bild 7.36: Härteprofile legierter Stähle nach einem Gasnitrieren

Der Einfluss der Nitriertemperatur auf das Härteprofil ist in Bild 7.37 am Beispiel des gasnitrierten Stahls 31CrMoV9 gezeigt. Die niedrigere Härte nach dem Nitrieren bei 550 °C geht darauf zurück, dass dabei gröbere Nitridausscheidungen entstehen und feinere zu größeren koagulieren.

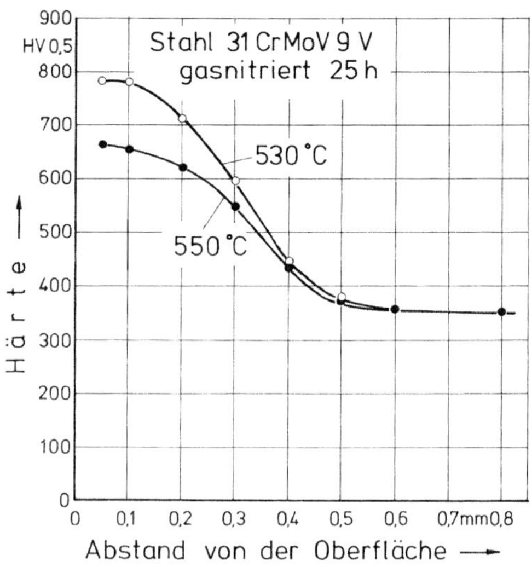

Bild 7.37: Einfluss der Nitriertemperatur auf die Randhärte

In Bild 7.38 sind die Härteverlaufskurven eines Stahls mit 1 Masse-% Chrom und 0,3 Masse-% Molybdän nach einem Vergüten mit Anlasstemperaturen zwischen 550 °C und 700 °C und einem 80-stündigem Gasnitrieren bei 510 °C wiedergegeben.

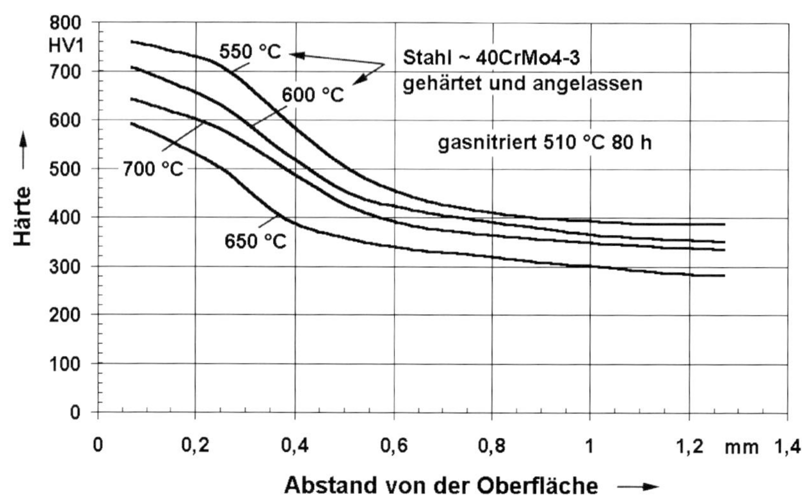

Bild 7.38: Härteverlaufskurven eines Stahls ähnlich einem 40CrMo4-3 nach unterschiedlichem Vergüten und Gasnitrieren /Spi98/

Die Kurven lassen erkennen, dass die Randhärte der bei höheren Temperaturen angelassenen Proben nach dem Nitrieren niedriger ausgefallen ist. Offensichtlich sind durch das Anlassen bei höherer Temperatur mehr Chrom- und Molybdäncarbide entstanden, so dass weniger Chrom- und Molybdänatome zum Bilden von Nitriden verfügbar waren, die Härtezunahme fällt dementsprechend geringer aus.

Wie mit zunehmender Nitrierdauer die Dicke der Nitrierschicht wächst, ist aus Bild 7.39 am Beispiel des Nitrierstahls 34CrAlMo5 abzulesen, der bis zu 16 h lang bei 570 °C im Salzbad nitrocarburiert wurde.

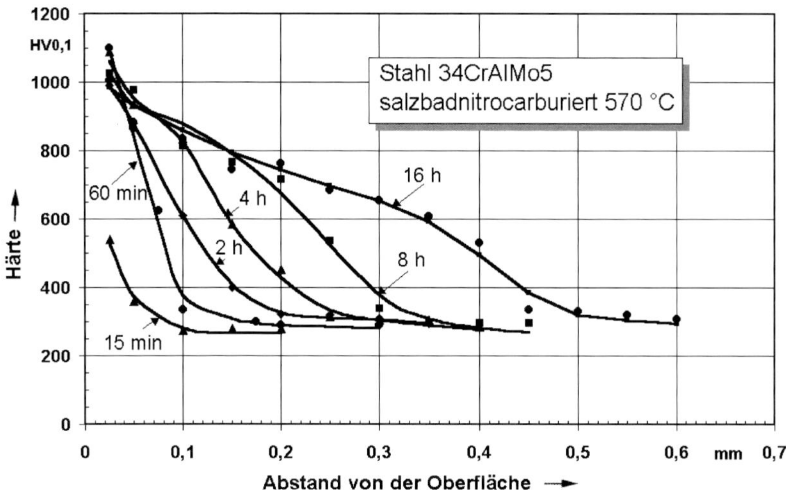

Bild 7.39: Einfluss der Nitrierdauer auf den Härteverlauf /Lie03/

Die Verfestigung der Nitrierschicht bleibt bei legierten Stählen weitgehend bis 500 °C erhalten. Dies kann für Warmarbeitswerkzeuge genutzt werden, denen dadurch eine bessere Form- und Verschleißbeständigkeit und Beständigkeit gegen Ermüdung verliehen wird.

In Bild 7.40 ist die Warmhärte verschiedener Warmarbeitsstähle zum Vergleich dargestellt. Dazu wurden die Stähle bei 500 °C 96 Stunden und bei 570 °C 32 Stunden lang nitriert /Ber75/. Aus dem bei 500 °C und bei 570 °C ermittelten Härteverlauf wurde jeweils bis zum Oberflächenabstand von 0,15 mm die mittlere Randhärte entnommen und aufgetragen. Aus der Darstellung ist zu erkennen, dass die Warmhärte der bei 500 °C nitrierten Proben höher ist als die der bei 570 °C nitrierten. Zunehmender Chromgehalt erhöht die Temperaturbeständigkeit der Nitrierschicht.

Von besonderem Interesse ist für die technische Anwendung von nitrierten im Vergleich zu gehärteten Werkstücken, die nicht aus Warmarbeitsstählen hergestellt werden, dass nach dem Abkühlen von Betriebstemperaturen auf Raumtemperatur wieder die durch Nitrieren erzeugte Härte vorliegt. Bei gehärteten Werkstücken würde dies dagegen nur auf entsprechend anlassbeständige (Warmarbeits-)Stähle zutreffen.

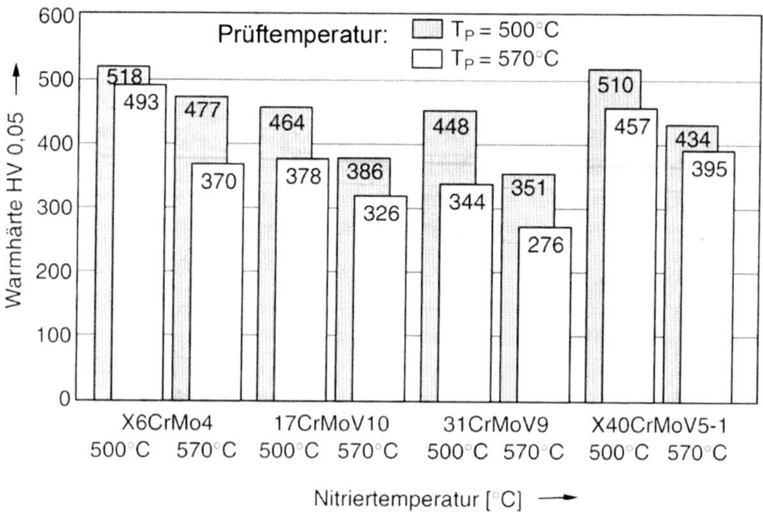

Bild 7.40: Warmhärte verschiedener gasnitrierter Stähle, geprüft bei 500 und 570 °C /Ber75/

7.5.5 Nitrierhärtetiefe

Aus dem Verlauf der Härte in Abhängigkeit vom Abstand von der Oberfläche wird üblicherweise als charakteristischer Kennwert die *Nitrierhärtetiefe* (*NHD*) entnommen. Dies ist wie in Bild 7.41 zu sehen, gemäß DIN 50190-3[20] der senkrechte Abstand von der Oberfläche bis zu dem Punkt, an dem die Härte noch 50 HV höher als die Kernhärte ist, vgl. Kapitel 12 „Prüfen des wärmebehandelten Zustands".

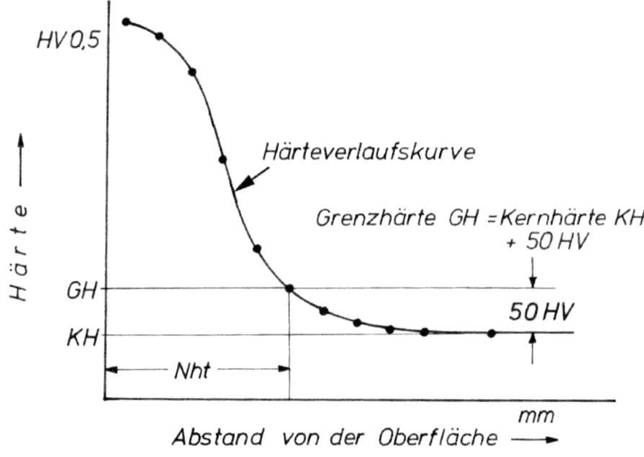

Bild 7.41: Ermittlung der Nitrierhärtetiefe nach DIN 50190-3 aus dem Härteprofil

[20] Im Regelfall wird mit HV0,5, d. h. einer Prüfkraft von 4,981 N geprüft

Wie bereits aus Bild 7.34 zu sehen, ist es nur bei legierten Stählen sinnvoll, eine Härteverlaufskurve zu erstellen, da wegen des flachen Kurvenverlaufs bei unlegierten Stählen der Schnittpunkt mit der Grenzhärte nicht genau feststellbar ist, so dass die Nitrierhärtetiefe nur sehr ungenau ermittelt werden kann.

Wie nach den Diffusionsgesetzen allgemein zu erwarten ist, wächst die Nitrierhärtetiefe im Quadrat proportional zur Nitrier-/Nitrocarburierdauer. In Bild 7.42 ist dies am Beispiel des gasnitrierten Stahls 34CrAlMo5 zu erkennen.

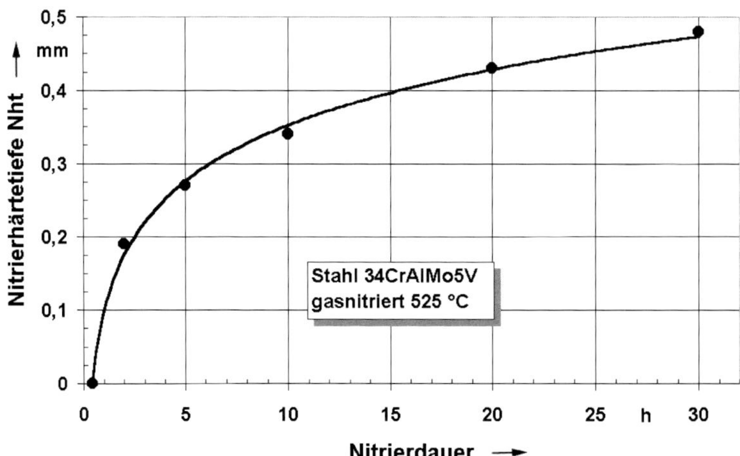

Bild 7.42: Zusammenhang zwischen Nitrierhärtetiefe Nht und Nitrierdauer beim Gasnitrieren des Stahls 34CrAlMo5

7.6 Einfluss des Nitrierens/Nitrocarburierens auf die Werkstückgeometrie

7.6.1 Maß- und Formänderungen

Beim Härten kann das spezifische Werkstoffvolumen infolge der Umwandlung in das Härtungsgefüge Martensit um bis zu 1 % größer werden. Dies wirkt sich zwangsläufig auf die Werkstückabmessungen und die Werkstückgeometrie aus. Im Vergleich dazu ändert sich das spezifische Volumen durch das Nitrieren und Nitrocarburieren deutlich weniger. Zwar wird durch die Stickstoffaufnahme das spezifische Volumen der Werkstückrandschicht auch größer, aber die daraus verursachten Veränderungen sind erheblich geringer. So betragen die Längenänderungen im Allgemeinen nur wenige µm.

Grundsätzlich ist zu beachten, dass beim Nitrieren und Nitrocarburieren im Werkstück vorhandene Eigenspannungen ausgelöst werden können, wodurch plastische Verformungen induziert werden. Dadurch können sich Maße und Formen ändern. Im Zusammenhang mit einem vergüteten Ausgangszustand ist zu beachten, dass das Anlassen bei einer mindestens 30 °C bis 50 °C höheren Temperatur als das Nitrieren oder Nitrocarburieren erfolgen muss, weil sonst damit zu rechnen ist, dass sich beim Nitrieren/Nitrocarburieren das Anlassens fortsetzt und die dadurch bewirkten Volumenverringerungen das Volumenwachstum durch die Stickstoffaufnahme übersteigen. Im Hinblick auf die sehr geringen Volumenänderungen durch die Stickstoffaufnahme kann es daher zweckmäßig sein, diese Einflüsse zu eliminieren und z. B. vor dem Nitrieren/Nitrocarburieren ein Spannungsarmglühen durchzuführen bzw. gehärtete Werkstücke bei einer ausreichend hohen Temperatur anzulassen.

Eine weitere potentielle Einflussgröße auf die Maß- und Formänderungen ist die Werkstückgeometrie. Große Querschnittsabmessungen, in denen beim Erwärmen und Abkühlen größere Temperaturdifferenzen zwischen Rand und Kern auftreten, können bei zu großer Erwärm- und Abkühlgeschwindigkeit messbare Maß- und Formänderungen erfahren. In solchen Fällen ist es notwendig, langsam zu erwärmen und abzukühlen und beim Salzbadnitrocarburieren beispielsweise ein Vorwärmen durchzuführen. Ungleichmäßige und unsymmetrische Formen stellen für Änderungen der Werkstückform und der Maße ebenfalls ein Risiko dar, das gegebenenfalls durch konstruktive Maßnahmen beseitigt oder verringert werden muss, vgl. DIN 17022-4.

Unvermeidbar ist demgegenüber eine geringe Formänderung im Bereich von Kanten. Hier wird der Stickstoff von zwei Seiten aufgenommen und diffundiert tiefer ein. Dies führt im Regelfall zu einem Aufwurf an den Kanten in der Größenordnung von einigen µm, siehe Bild 7.43. Soweit dies nicht durch ein spanendes Nachbearbeiten wieder beseitigt werden kann, ist es zweckdienlich, an Kanten eine Fase anzubringen, wodurch die Kantenaufwölbung verringert, in manchen Fällen sogar ganz vermieden werden kann.

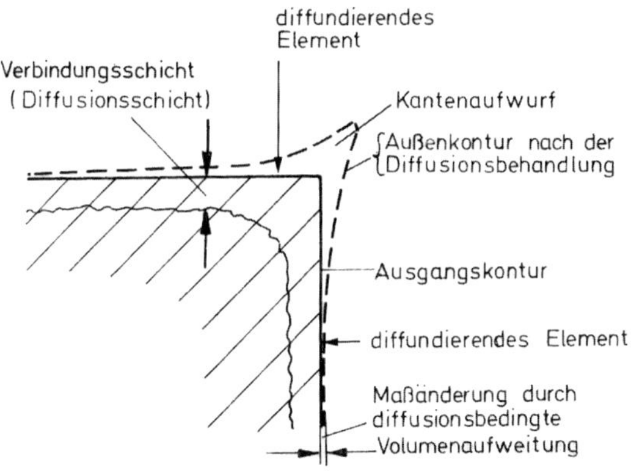

Bild 7.43: Wirkung des Nitrierens/Nitrocarburierens im Bereich von Werkstück-Kanten

Über die Größenordnung der Maß- und Formänderungen, mit der bei eigenspannungsarmen und thermisch stabilen Werkstücken gerechnet werden muss, gibt Bild 7.44 Aufschluss. Hier sind die Ergebnisse einer Untersuchung wiedergegeben, bei der die Durchmesseränderung zylindrischer Proben aus 16MnCr5 und Ck45 mit Abmessungen zwischen 10 und 100 mm Durchmesser durch ein- bis 6-stündiges Nitrocarburieren ermittelt wurde /Lie98/.

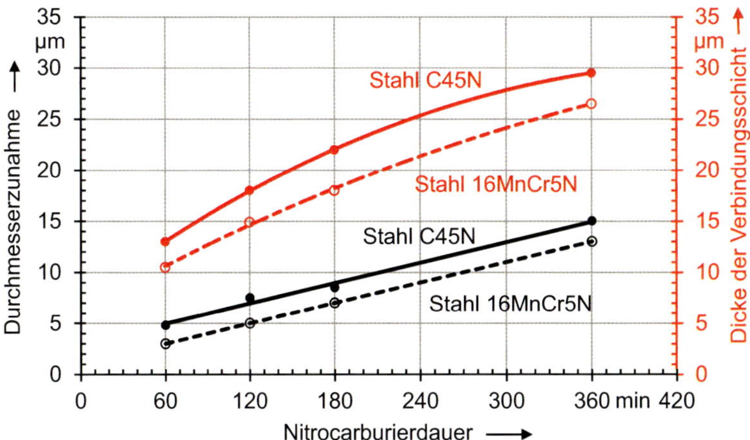

Bild 7.44: Einfluss der Nitrocarburierdauer auf das Durchmesserwachstum von Rundproben und die Verbindungsschichtdicke

Die beiden oberen Linien entsprechen der mittleren Dicke der Verbindungsschichten beider Stähle, die beiden unteren der mittleren Durchmesserzunahme. Letztere nimmt linear mit der Behandlungsdauer zu, und zwar beim Stahl 16MnCr5 wegen der geringeren Nitriertiefe etwas weniger als beim unlegierten Stahl C45.

Aus dem Vergleich der beiden Größen ergibt sich, dass die Durchmesserzunahme etwa 50 % der jeweiligen mittleren Schichtdicken entspricht. D. h. bei einer Verbindungsschichtdicke von 10 µm ist eine Durchmesserzunahme von 5 µm zu erwarten. Dies ist ein Maß, das gegebenenfalls beim Fertigbearbeiten vor dem Nitrieren/Nitrocarburieren berücksichtigt und vorgehalten werden kann. In vielen Anwendungsfällen können die geringen Maß- und Formänderungen aber auch ohne Nachbearbeitung akzeptiert werden.

In Anwendungsfällen, in denen eine bestimmte Dicke der Verbindungsschicht die Zielgröße ist, kommt ein spanendes Bearbeiten nur in Frage, wenn ein Feinstbearbeiten in Form eines Superfinishens, Läppens, Läppschleifens oder Polierens möglich ist. Damit lassen sich Maß- und Formänderungen von wenigen Mikrometern egalisieren. Ist die Dicke oder das Vorhandensein der Verbindungsschicht von untergeordneter Bedeutung, kann durch Schleifen bearbeitet werden.

7.6.2 Oberflächenrauheit

Durch das Nitrieren/Nitrocarburieren wird die Werkstückoberfläche aufgeraut. Dafür sind verschiedene Einflüsse ursächlich. Zum einen wachsen die Nitridkristalle der Verbindungsschicht einige Nanometer aus der Werkstückoberfläche heraus, vgl. Bild 7.4 im Abschnitt 7.4. Dazu kommen mögliche plastische Deformationen durch das Auslösen der beim vorangegangenen Bearbeiten des Werkstücks erzeugten Verformungen in der oberflächennahen Randschicht. Beim Nitrocarburieren in Salzschmelzen schließlich werden aus dem porösen Bereich der Verbindungsschicht auch Mikropartikel herausgelöst.

Das Maß, um das die Oberflächenrauheit vergrößert wird, hängt von der Rauheit vor dem Nitrieren/Nitrocarburieren ab: je größer diese ist, umso mehr nimmt sie zu. Im Allgemeinen muss bei einer Ausgangsrauheit von 0,5 µm bis 2 µm bei einer 10 µm bis 15 µm dicken Verbindungsschicht mit einer Zunahme der Rauheit von 1 µm bis 3 µm gerechnet werden. In Bild 7.45 sind Ergebnisse eines Versuchs wiedergegeben, bei dem die Rautiefe R_t von Rundstäben aus dem Stahl C45 mit einem Durchmesser zwischen 5 mm und 100 mm vor und nach einem Salzbadnitrocarburieren gemessen wurde. Die Oberflächen besaßen eine Rautiefe R_t zwischen 0,3 µm und 1,4 µm. Nach dem Nitrocarburieren wurde eine Rautiefe R_t zwischen 1,0 µm und 3,0 µm, mit Abweichungen bis 3,5 µm gemessen. Eine Korrelation mit der Abmessung der Versuchsteile ist nicht zu erkennen.

Wegen der relativ hohen Härte der VS kann die aufgeraute Oberfläche in Verschleißsystemen wie eine Schmirgelscheibe wirken. Werden nitrierte oder nitrocarburierte Werkstücke mit weichen Gegenwerkstoffen wie Lagermetalle, Kunststoffe, Gummi o. ä. gepaart, kann es notwendig sein, durch ein spanendes Nachbearbeiten die Oberflächenrauheit zu verringern. Dies vergrößert auch den Tragflächenanteil aufeinander gleitender Flächen und wirkt sich positiv auf das Verschleißverhalten aus.

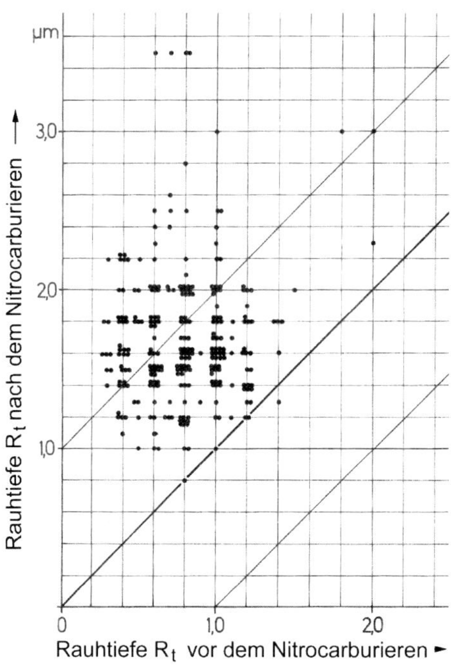

Bild 7.45: Änderung der Oberflächenrauheit von Rundproben mit 5 mm bis 100 mm Durchmesser aus dem Stahl C45 durch Salzbadnitrocarburieren 570 °C 120 min

Wegen der relativ geringen Dicke der Verbindungsschicht, darf ein gegebenenfalls notwendiges Glätten der Oberfläche zum Verringern der Rauheit allerdings nicht durch ein Schleifen erfolgen, sondern es darf zum Erhalt der Verbindungsschicht nur ein Feinstbearbeiten vorgenommen werden, vgl. 7.6.1. Von einem Glattwalzen sollte ebenfalls abgesehen werden, da hierbei je nach Walzkraft und Werkstoff in der Verbindungsschicht Anrisse entstehen können, vgl. Bild 7.50 im Abschnitt 7.8.

7.7 Eigenspannungen

Die Stickstoffaufnahme, die Nitridausscheidungen und durch rasches Abkühlen induzierte thermische Spannungen, erzeugen in der Werkstückrandschicht makroskopische Druckeigenspannungen, welche die Schwingfestigkeit maßgeblich beeinflussen. Im Regelfall entstehen in der Diffusionsschicht Druckeigenspannungen mit bis zu 500 N/mm^2, in speziellen Fällen auch bis über 1000 N/mm^2 /Koc82/, /Oet91/. Ausscheidungen von übersättigt gelöstem Stickstoff verringern diese Werte allerdings wieder.

Für die Höhe der makroskopischen Eigenspannungen sind so wie für die Härte die Art und die Menge der Nitride bildenden Legierungselemente maßgebend: je höher die Menge der Legierungselemente Chrom, Molybdän, Vanadium usw., desto höher sind auch die nach dem Nitrieren und Nitrocarburieren in der Diffusionsschicht vorhandenen Eigenspannungen.

7.8 Formänderungsvermögen – Zähigkeit

Die in der Nitrierschicht entstandene Verfestigung verringert deutlich das Formänderungsvermögen, Zähigkeit und Duktilität sind gegenüber dem Ausgangszustand niedriger. Nitrierte und nitrocarburierte Bauteile und Werkzeuge reagieren empfindlich auf Schlag oder Stoß bei der Montage oder auf Richtoperationen. Bereiche, in denen beim Richten plastische Verformungen auftreten, sollten deshalb nicht aufgestickt sein.

Da sich unterhalb der Nitrierschicht das Gefüge nicht verändert hat, ergibt sich das Formänderungsvermögen eines nitrierten oder nitrocarburierten Werkstücks aus dem Zusammenwirken von Nitrierschicht – Verbindungsschicht und Diffusionsschicht – und stickstofffreiem Kerngefüge /Spi86/. Dabei ist es allerdings nicht möglich, das Verhalten der Verbindungsschicht unabhängig von dem der Diffusionsschicht zu betrachten.

Mit dem Kerbschlagbiegeversuch nach DIN 51222 lässt sich nachweisen, dass ähnlich wie bei einsatzgehärteten Proben, geringe Schlagkräfte und eine niedrige Schlagarbeit zum Trennen nitrierter/nitrocarburierter Kerbschlagbiegeproben genügen. Obwohl die Ergebnisse nicht quantitativ auf das Verhalten nitrierter/nitrocarburierter Bauteile übertragbar sind /Gro86/, erlauben sie doch qualitative Hinweise auf das zu erwartende Verhalten bei stoßartiger Belastung. In Bild 7.46 sind die Ergebnisse salzbad- und gasnitrocarburierter Proben aus je einem unlegierten und legierten Einsatz- und Vergütungsstahl gegenübergestellt /Lie86-1/, /Lie86-2/.

Der Abfall der Zähigkeit der nitrocarburierten Einsatz- und Vergütungsstähle mit unterschiedlichem Ausgangsgefügezustand nach Salzbad- und Gasnitrocarburieren (DVM-Proben) gegenüber dem nicht nitrocarburierten Zustand ist deutlich. Wird nach dem Nitrocarburieren langsam an Luft oder im Stickstoff abgekühlt, ist die Zähigkeits-Einbuße zumindest beim unlegierten Einsatzstahl Ck15 geringer, beim Stahl 16MnCr5 wirkt sich dies nicht aus. Beim unlegierten Vergütungsstahl Cf45 mit seinem relativ niedrigeren Ferritgehalt im normalgeglühten Zustand ergibt ein langsames Abkühlen keine größere Zähigkeit als ein Abschrecken im Wasser. Das Auslagern der Proben aus den beiden Vergütungsstählen führt zwar beim unlegierten Stahl zum Ausscheiden von Nitriden im Ferrit, jedoch zu keiner Verbesserung der Zähigkeit.

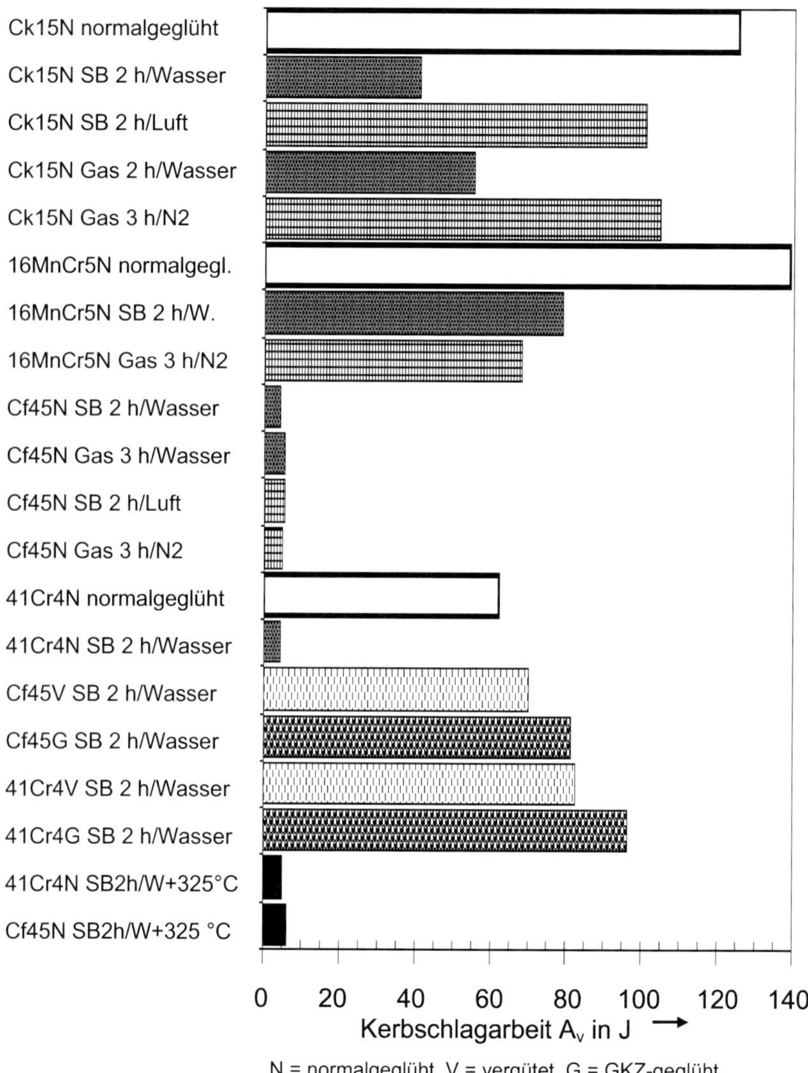

Bild 7.46: Gegenüberstellung der Schlagarbeit unlegierter und legierter Einsatzstähle nach unterschiedlichem Nitrocarburieren

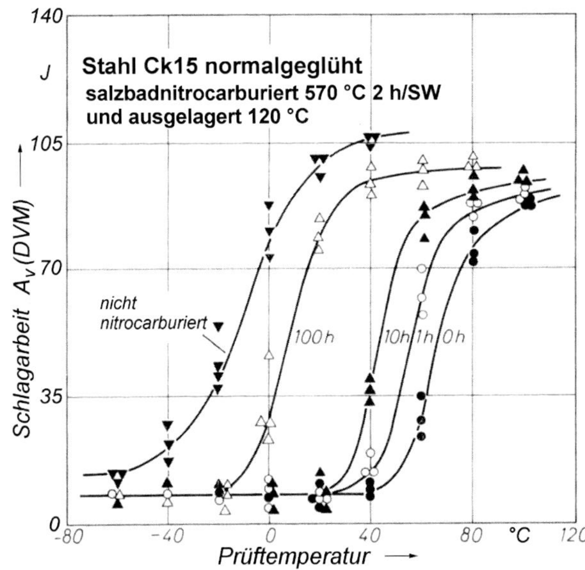

Bild 7.47: Schlagarbeit normalgeglühter und salzbadnitrocarburierter sowie zusätzlich ausgelagerter Kerbschlagbiegeproben aus dem Stahl Ck15 /Krz68/

Je nach Werkstoffzusammensetzung, d. h. Härte der Nitrierschicht, ist das Verformungsverhalten in charakteristischer Weise unterschiedlich. Während bei legierten Stählen, unabhängig vom Ausgangs-Gefügezustand einzelne, makroskopisch sichtbare Anrisse entstehen, die bis tief in die Nitrierschicht reichen, entsteht bei unlegierten Stählen und erst bei stärkerer Biegung eine Vielzahl sehr feiner und kurzer Mikrorisse, die meist nicht tiefer als bis zum Ende der Verbindungsschicht reichen, vgl. die Bilder 7.48 und 7.49.

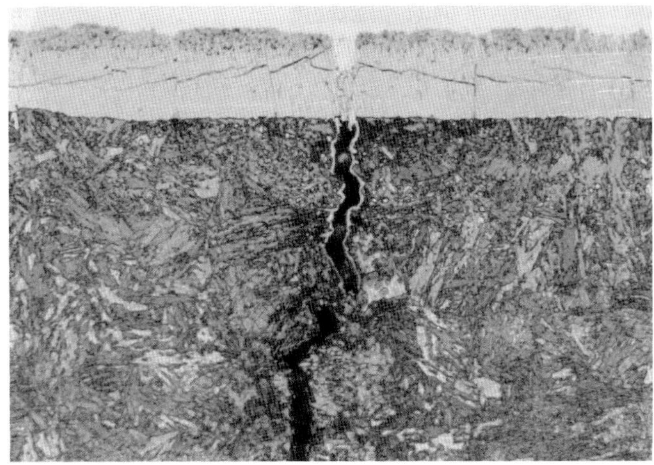

Bild 7.48: Stahl 41CrS4V salzbadnitrocarburiert (570 °C 2 h/SW) nach statischem Biegeversuch (Vergrößerung 1000:1, Ätzung: 1 %-Nital)

Das geringe Formänderungsvermögen der Verbindungsschicht ist bei solchen Bauteilen zu beachten, die nach einem Nitrieren oder einem Nitrocarburieren gerichtet, gebördelt, verstemmt oder zum Zwecke eines Glättens der Oberfläche oder eines Kalibrierens – z. B. bei rotationssymmetrischen Werkstücken – glattgewalzt werden sollen. Wenn die dabei induzierten Formänderungen zu groß werden, entstehen in der Verbindungsschicht oder/und der Diffusionsschicht Anrisse, die zum Bruch führen können.

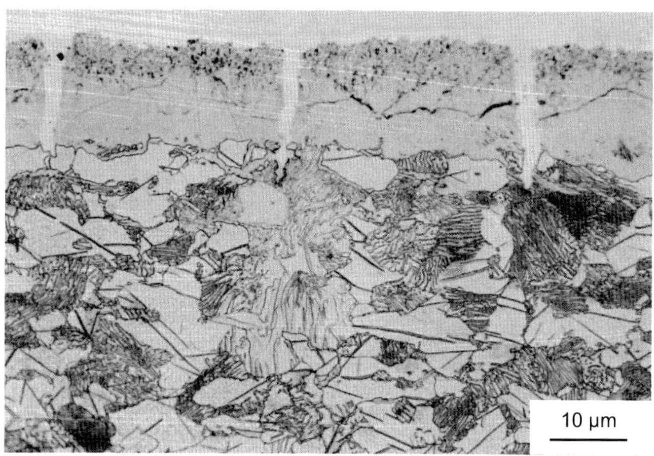

Bild 7.49: Stahl Cf45N, salzbadnitrocarburiert (570 °C 2 h/SW) und ausgelagert (325 °C 10 min) nach statischem Biegeversuch (Nital, 1000:1)

In Bild 7.50 ist z. B. die rissige Randschicht nach einem Glattwalzen zu sehen. Die Risse in der Verbindungsschicht kommen hier in der ferritisch-perlitischen Diffusionsschicht des Stahls C45 zum Stehen.

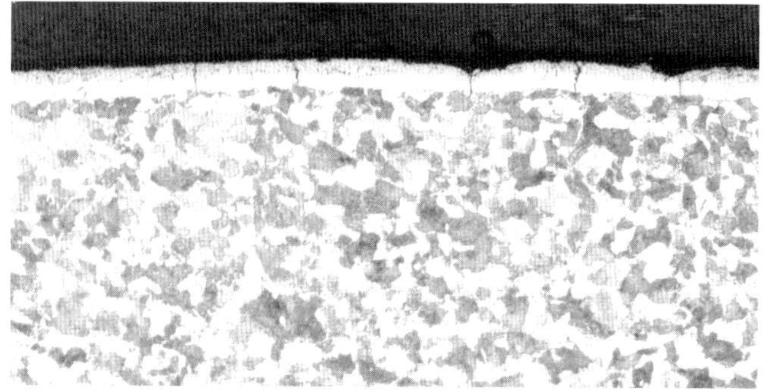

Bild 7.50: Anrisse in der Randschicht eines Werkstücks aus dem Stahl C45 nach einem Glattwalzen /Hof86/

Aus dem gegenwärtigen Wissensstand zum Formänderungsvermögen nitrierter und nitrocarburierter Gefüge ergibt sich, dass es zweckmäßig sein kann,

- Verbindungsschichten zu erzeugen, die nicht dicker sind als für den Anwendungszweck unbedingt notwendig ist
- je nach Werkstoff und der zu erwartenden Beanspruchung die Verbindungsschicht abzuarbeiten
- möglichst unlegierte oder niedrig legierte Stähle zu verwenden
- ein möglichst homogenes Ausgangsgefüge (vergütet oder GKZ-H-geglüht) einzustellen.

7.9 Festigkeitsverhalten

7.9.1 Statische Festigkeit

Auch das Festigkeitsverhalten nitrierter oder nitrocarburierter Werkstücke ist wie das Formänderungsvermögen als Eigenschaft eines Verbund- oder Gradientenwerkstoffs zu verstehen. Es wird von den Eigenschaften des Rand- *und* Kerngefüges, dem Gefügeaufbau und dem Eigenspannungszustand bestimmt.

Aus der höheren Härte in der Diffusionsschicht ergibt sich deren höhere Festigkeit, vgl. die Abschnitte 7.4 und 7.5. Dies lässt in Verbindung mit den induzierten Eigenspannungen für Bauteile eine höhere Festigkeit bei zügiger Beanspruchung gegenüber dem nicht nitrierten Zustand erwarten.

Im Zugversuch ist allerdings keine signifikante Festigkeitssteigerung durch Nitrieren und Nitrocarburieren zu erkennen, wohl aber eine deutliche geringere Brucheinschnürung und Bruchdehnung. D. h. die Verfestigung der Nitrierschicht verringert auf der anderen Seite das Formänderungsvermögen. Dies verdeutlichen die in Bild 7.51 abgebildeten Proben aus einem Zugversuch. Im Unterschied zu der nicht nitrocarburierten normalisierten oder der vergüteten Probe weisen die beiden 90 bzw. 180 min lang nitrocarburierten Proben keine Einschnürung auf. Stattdessen ist die Mantelfläche mit einer Vielzahl von in Umfangsrichtung verlaufender Risse überzogen. Dies ist die Folge der sehr geringen plastischen Verformbarkeit von Verbindungs- und Diffusionsschicht. Bereits nach relativ geringer Dehnung reißt die Nitrierschicht an und

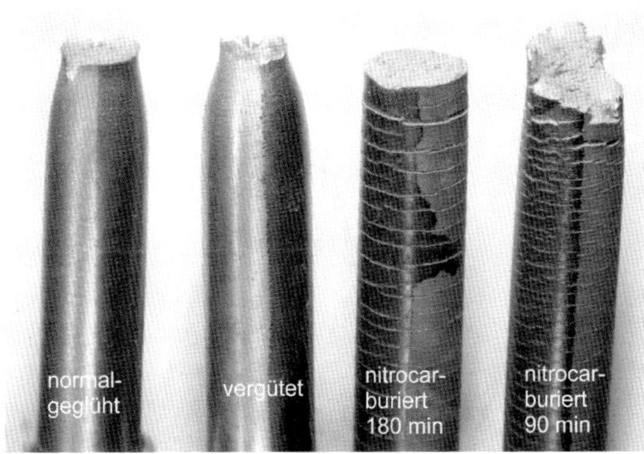

Bild 7.51: Zugproben aus dem Stahl 34Cr4 mit unterschiedlichem Gefügezustand

der Riss pflanzt sich mit zunehmender Laststeigerung weiter in das Probeninnere bis zum Bruch fort, ohne sichtbare plastische Verformung.

Diese Ergebnisse dürfen jedoch nicht ohne Einschränkung pauschal auf das Festigkeitsverhalten von Werkstücken, also die Bauteilfestigkeit, übertragen werden. Das Nitrieren und das Nitrocarburieren kann durchaus dazu benützt werden, neben dem Verschleißverhalten auch das Festigkeitsverhalten zu verbessern. Von einer Reihe von Beispielen industrieller Anwendungen, insbesondere Teile mit kleinerer Abmessung, speziell Blechteile aus unlegierten Stählen mit deutlich geringerer Randhärte und weniger stark beeinträchtigtem Formänderungsvermögen, sind positive Ergebnisse bekannt /Daw82/.

7.9.2 Schwingfestigkeit

Das Nitrieren und Nitrocarburieren wird ebenso wie das Randschicht- oder das Einsatzhärten dazu herangezogen, die Schwingfestigkeit von Bauteilen zu erhöhen. Von besonderer Bedeutung ist dies für Bauteile mit scharfen Kerben, bei denen im Kerbgrund durch Biegung oder Torsion im Kerbgrund besonders hohe Spannungen entstehen. Die Nitrierschicht verringert die Kerbempfindlichkeit und unter besonderen Bedingungen auch die Empfindlichkeit gegen die Oberflächenbeschaffenheit der Werkstücke im nicht nitrierten Ausgangszustand.

Die höhere Schwingfestigkeit resultiert aus der Verfestigung der Randschicht und den in ihr vorhandenen Druckeigenspannungen. Letztere wirken ähnlich wie eine Mittelspannung. Daraus ergibt sich eine örtliche effektive Dauerfestigkeit /Mac82/, die wie die Härte und die Eigenspannungen ebenfalls ein Profil aufweist /Mac82/, /Rob57/, /Spi96/, /Den02/, siehe die schematische Darstellung in Bild 7.52.

Aus dem Vergleich des Verlaufs der örtlichen Dauerfestigkeit mit dem sich durch eine aufgebrachte Schwingbelastung ergebenden Spannungsprofil, lässt sich der mögliche Anrissort abschätzen.

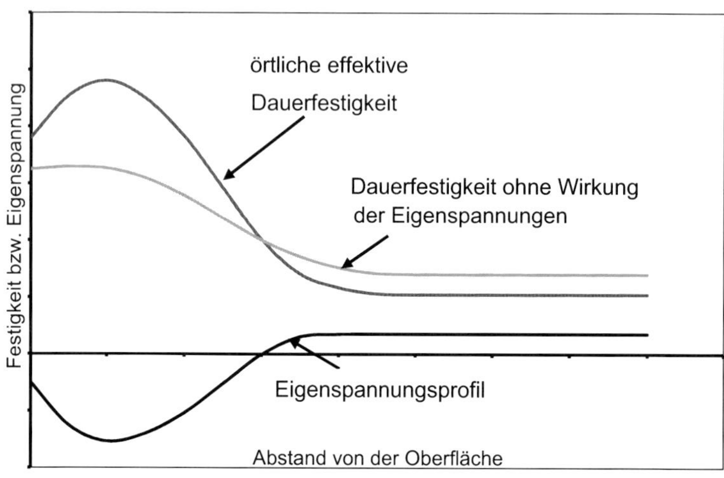

Bild 7.52: Modell der örtlichen Dauerfestigkeit /Rob57/

Verläuft das Spannungsprofil flach, wie es auf Bauteile mit größeren Querschnitten zutrifft, ist damit zu rechnen, dass der Anriss unterhalb der Oberfläche entsteht, und zwar im Übergang von der Nitrierschicht zum nicht aufgestickten Querschnittsbereich. In diesem Fall wirken sich die Oberflächenrauheit, Bearbeitungsriefen oder kleinere Kerben nicht maßgebend auf die Dauerfestigkeit aus. Diese wird vielmehr durch die Festigkeit und das Formänderungsvermögen des nicht aufgestickten Querschnittbereichs, d. h. seiner Festigkeit sowie die Nitriertiefe bestimmt, siehe Bild 7.53.

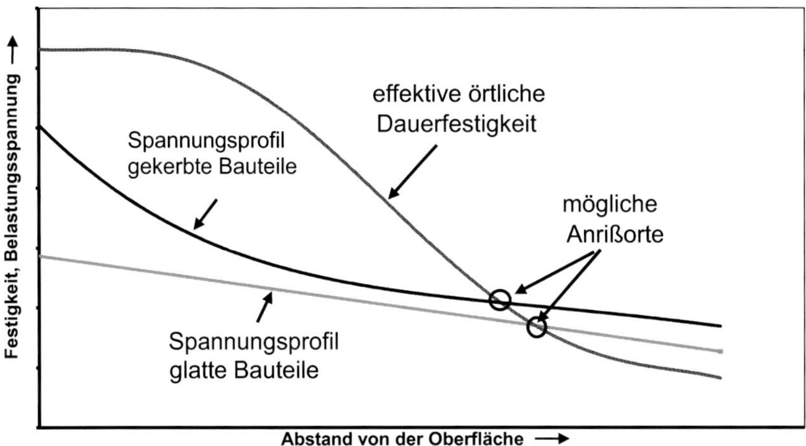

Bild 7.53: Mögliche Bedingungen für Anrissbildung unterhalb der Oberfläche

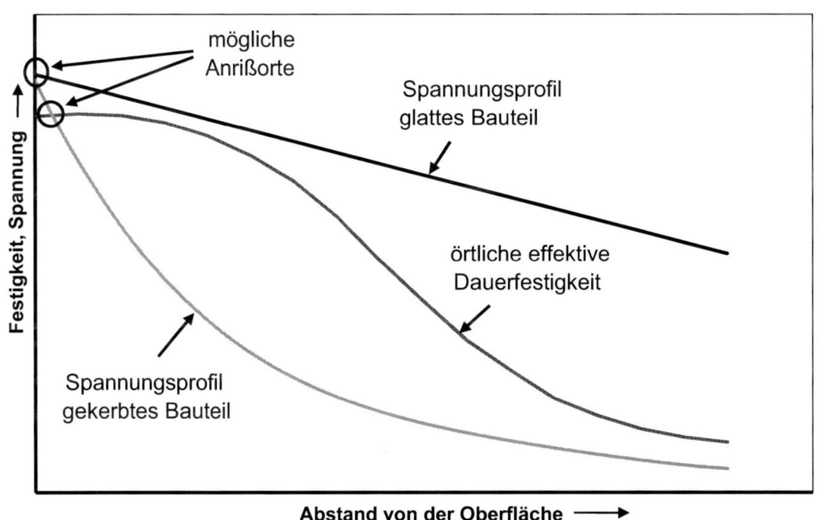

Bild 7.54: Mögliche Bedingungen für Anrissbildung an der Oberfläche

Mit zunehmend steilerem Gradienten des Spannungsprofils verschiebt sich der Anrissort in Richtung Oberfläche. Die Schwingfestigkeit ergibt sich entweder aus dem Überlagern des Wöhler-Streubandes der Nitrierschicht mit dem des nicht nitrocarburierten Bereichs oder nur dem der Nitrierschicht /Spi96/. Maßgebend ist dann neben der Anrissempfindlichkeit die Rissausbreitung in der Diffusionsschicht, vgl. Bild 7.54.

Bei stark gekerbten Bauteilen mit dünnem Querschnitt und einem hohen Spannungsgefälle entstehen die Anrisse unabhängig von der Höhe der Beanspruchung direkt an der Oberfläche im Kerbgrund. Die Schwingfestigkeit wird hier durch den äußeren Bereich der Nitrierschicht bestimmt, vor allem von den Eigenspannungen und der Härte unmittelbar unter der Bauteiloberfläche. Wegen der Empfindlichkeit der Nitrierschicht gegenüber hohen Spannungsamplituden wird der Anstieg der Zeitfestigkeitsgeraden der Wöhlerlinie verringert. In diesem Fall kann durch einen Abtrag der Verbindungsschicht die Überlastungsempfindlichkeit und das Anrissrisiko verringert werden /Den02/.

Mit Hilfe des Modells der örtlichen Dauerfestigkeit lassen sich die Maßnahmen ableiten, mit denen sich die Schwingfestigkeit von Bauteilen optimieren lässt: Liegt der Anrissort <u>unter</u> der Oberfläche, lässt sich die Schwingfestigkeit durch eine größere Nitriertiefe und eine höhere Kernhärte erhöhen. Entstehen Anrisse <u>an</u> der Oberfläche, ist es notwendig, die Randhärte durch Verwendung eines Stahls mit einem höheren Gehalt an nitridbildenden Legierungselementen zu verwenden, legierte Stähle bei einer niedrigeren Temperatur zu nitrieren oder die Verbindungsschicht abzutragen, sofern nicht der Werkstückquerschnitt vergrößert bzw. die Kerbschärfe verringert werden kann.

Mit zunehmender Wanddicke oder zunehmendem Durchmesser nimmt das Spannungsgefälle zwischen Rand und Kern eines Bauteils ab. Dadurch verringert sich der Einfluss der Randschichtverfestigung auf die Dauerfestigkeit. Trotzdem ist auch bei Rundstäben mit 100 mm Durchmesser noch eine Verbesserung der Dauerfestigkeit feststellbar /Sau65/.

Die mit dem Nitrieren und Nitrocarburieren erreichbare Steigerung der Dauerfestigkeit kann nach den aus der Fachliteratur bekannten Ergebnissen, abhängig vom Bauteil und seiner Beanspruchung, dem verwendeten Werkstoff, dem Ausgangsgefügezustand und den Bedingungen beim Nitrieren und Nitrocarburieren zwischen 10 % und mehr als 300 % liegen. Allerdings ist zu beachten, dass auch nach den üblicherweise betrachteten Lastspielzahlen von $1 \cdot 10^7$ durchaus noch Brüche auftreten können /Sau65/.

7.10 Verschleißverhalten

7.10.1 Allgemeines

Für das Verschleißverhalten nitrierter oder nitrocarburierter Bauteile sind je nach Beanspruchung die Verbindungsschicht, die Diffusionsschicht oder beide maßgebend. Bei Adhäsion, Abrasion und Tribooxidation stehen die Eigenschaften der Verbindungsschicht im Vordergrund. Dabei leistet ihr porenfreier Bereich einen besonders hohen Verschleißwiderstand. Die Eigenschaften der Diffusionsschicht kommen dann zum Tragen, wenn die Verbindungsschicht nicht mehr vorhanden ist. Jedoch besitzt dann nur eine Diffusionsschicht mit ausreichend hoher Härte, wie bei den Nitrierstählen oder anderen entsprechend legierten Stählen, wie z. B. Werkzeugstählen, gegenüber dem Abrieb bei Furchungsverschleiß oder Wälzverschleiß einen ausreichenden Widerstand. Außerdem unterstützt eine hohe Härte in der Diffusionsschicht die Verbindungsschicht gegen Verformung bei zu großer Flächenbelastung.

7.10.2 Das Verschleißverhalten der Verbindungsschicht

Die spezifische Struktur der Verbindungsschicht, gegeben durch ihren Aufbau aus Nitriden, Nitrocarbiden, Carbonitriden und Carbiden, bewährt sich gegen eine Adhäsion mit einem Verschleißpartner. Zum einen wird der Haft-Reibungskoeffizient erniedrigt, zum anderen die Neigung, mit dem Verschleißpartner zu adhärieren und in Mikrobereichen zu verschweißen. In Untersuchungen z. B. mit dem Stift-Scheibe-Tribometer wurden nach dem Einlaufen Reibungskoeffizienten μ_r zwischen 0,12 und 0,25 gemessen /Lie86/.

Die verringerte Neigung zum Verschweißen in Mikrobereichen wird auf eine geänderte Elektronenkonfiguration zurückgeführt /Hof97/. Diese verleiht der Verbindungsschicht eine so bezeichnete Notlaufeigenschaft, d. h. selbst bei mangelhafter oder gar fehlender Schmierung ist das Risiko eines Fressens der beiden Verschleißpartner stark reduziert.

Die hohe Härte, bei legierten Stählen ergeben sich Werte über 1000 HV, verleiht der Verbindungsschicht auch einen höheren Abrasionswiderstand. Jedoch besteht das Risiko, dass bei örtlich zu hoher Belastung Partikel aus dem porösen Teil der Verbindungsschicht ausbrechen können. In geschlossenen Tribosystemen kann dies – wie der Sand in einem Getriebe – zu einer Eskalation des Abriebs mit anschließendem Festfressen führen.

Die Rolle der Porosität der Verbindungsschicht für das Verschleißverhalten wird aus anwendungstechnischer Sicht unterschiedlich beurteilt. Einerseits wird angenommen, dass die Poren Schmierstoffpartikel aufnehmen können, so dass der poröse Teil der Verbindungsschicht ein potentielles Schmierstoffdepot für den Fall einer fehlenden oder einer Mangelschmierung darstellt. Andererseits ergibt sich aus dem porösen Aufbau, dass in Abhängigkeit von den Verschleißbedingungen, durch Ausbrechen einzelner Materialpartikel ein höherer Anfangsverschleiß auftritt, solange bis sich eine optimale Formschlüssigkeit und ein höherer Tragflächenanteil bei aufeinander gleitenden Verschleißpartnern eingestellt hat. Damit verringert sich dann auch die spezifische Flächenpressung.

Im Bild 7.55 sind die Ergebnisse von Tribometerversuchen wiedergegeben, aus denen die Rolle des porösen und des porenfreien Teils der Verbindungsschicht hervorgeht. Hierzu ist der Abrieb der unbehandelten, geglätteten und vom porösen Teil befreiten Verbindungsschicht sowie des Grundmaterials ohne Verbindungsschicht miteinander verglichen /Lie86/. Die Scheiben aus dem Stahl Cf45 im normalgeglühten Ausgangszustand wurden salzbad- bzw. gasnitrocarburiert und erhielten eine im Mittel 15 µm dicke Verbindungsschicht. Die Belastung wurde so eingestellt, dass die Randschicht der Scheiben durch spezifische Flächenbelastung nicht verformt wurde.

Der größte Verschleiß trat bei den Scheiben auf, bei denen die Verbindungsschicht entfernt worden war. Dass dabei die salzbadnitrocarburierten Proben deutlich besser abschnitten als die gasnitrocarburierten, kommt daher, dass sie im Öl abgeschreckt worden waren und somit die Diffusionsschicht eine höhere Härte aufwies als die im Gas abgekühlten gasnitrocarburierten. Die härtere Diffusionsschicht erwies sich demnach als resistenter. Demgegenüber verhielten sich die Scheiben am günstigsten, bei denen der poröse Teil der Verbindungsschicht fehlte. Die durch spanendes Bearbeiten geglätteten Verbindungsschichten sind nur geringfügig schlechter, jedoch immer noch besser als die nach dem Nitrocarburieren unbearbeiteten Scheiben.

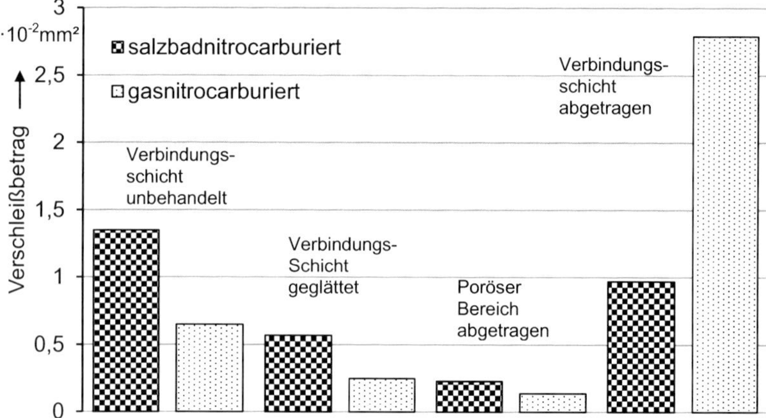

Bild 7.55: Verschleißverhalten von nitrocarburierten Scheiben aus dem Stahl Cf45 mit unterschiedlicher Nachbearbeitung nach dem Nitrocarburieren (Stift-Scheibe-Tribometer) /Lie86/

Das Verschleißverhalten der Verbindungsschicht hängt aber außer vom Oberflächenzustand auch von ihrem Aufbau ab: Verbindungsschichten mit überwiegendem Anteil an γ'-Nitrid verhalten sich ungünstiger als solche mit einem großen Anteil an ε-Nitriden und am besten erweisen sich Schichten mit einem hohen Anteil an ε-Car--bonitriden.

Verbindungsschichten verbessern auch das Verschleißverhalten bei Tribooxidation oder Passungsrost, auch Reibkorrosion oder Schwingungsverschleiß genannt. Dies ist ein Vorgang, bei dem Rost an den Funktionsflächen zweier mit kurzem Hub aufeinander hin und her gleitender Verschleißpartner entsteht. Dieser reibt sich relativ leicht ab, was den weiteren Verschleiß beschleunigt. Eine positive Wirkung der Verbindungsschicht ist nach den praktischen Erfahrungen jedoch nur dann zu erwarten, wenn die Geschwindigkeit, mit der sich eine durch die Reibung induzierte Schutzschicht bildet, größer ist als die Geschwindigkeit, mit der sie abgerieben wird /Hof97/.

Die positiven Wirkungen der Verbindungsschicht lassen sich sowohl für Bauteile als auch für Werkzeuge und auch bei höheren Betriebstemperaturen nutzen, da die Härte und die Verbindungsschicht auch bei Arbeitstemperaturen von z. B. 500 °C weitgehend erhalten bleiben.

Nach gegenwärtig vorhandenem Kenntnisstand ergibt sich ein optimales Verschleißverhalten der Verbindungsschicht /Spi85/ wenn

- sie eine ausreichende Dicke aufweist (industriell bewährt: 10 µm bis 20 µm)
- der poröse Bereich möglichst dünn ist
- der Anteil an ε-Nitrid bzw. ε-Carbonitrid möglichst hoch ist
- hohe Druckeigenspannungen vorliegen.

Leider sind nicht alle Merkmale unabhängig voneinander einstellbar, so dass ein dem jeweiligen Beanspruchungsfall entsprechendes praktisches Erproben unerlässlich ist.

7.10.3 Das Verschleißverhalten der Diffusionsschicht

Der Widerstand der Diffusionsschicht gegen Adhäsion ist geringer ausgeprägt als bei der Verbindungsschicht. Er sinkt im Bereich der Diffusionsschicht mit zunehmendem Abstand von der Oberfläche, entsprechend dem abfallenden Stickstoff- und Härteprofil. Hier erweisen sich die legierten Stähle den unlegierten überlegen. Dies ist zu beachten, wenn nitrierte oder nitrocarburierte Werkstücke nachträglich geschliffen werden.

So wie die Verbindungsschicht, widersteht auch die Diffusionsschicht abrasivem Verschleiß, und zwar umso mehr, je höher der Werkstoff mit Nitridbildnern legiert ist. Dabei kann direkt unterhalb der Verbindungsschicht eine Härte bis 1100 HV vorliegen, vgl. Abschnitt 7.2. Diese Eigenschaft ist dann von Interesse, wenn aus Verzugsgründen oder wegen zu großer Sprödigkeit die Verbindungsschicht durch spanende Bearbeitung entfernt werden muss oder ihre Entstehung beim Nitrieren unterdrückt wird.

Von großer Bedeutung für die industrielle Anwendung, insbesondere für die Zahnradfertigung, ist die Fähigkeit der Diffusionsschicht der legierten Stähle, den Widerstand gegen Randschichtzerrüttung bzw. Wälzverschleiß zu erhöhen. Maßgebend für die Wirkung sind das Härteprofil und die jeweils erreichte Nitrierhärtetiefe. Diese muss zumindest den gleichen Abstand von der Werkstückoberfläche aufweisen, in dem das Maximum der durch die Flächenpressung induzierten Schubspannung liegt. Dabei muss beachtet werden, dass die Qualität der Werkstückoberfläche die Flächenpressung und damit die Höhe der Schubspannung beeinflusst.

Durch Verwenden von Stählen, die ausreichend hoch legiert sind, lässt sich natürlich eine ausreichend hohe Verfestigung der Diffusionsschicht erreichen und damit eine Dauerwälzfestigkeit mit ähnlichen Werten erreichen, wie nach einem Einsatzhärten. Für die industrielle Anwendung ergibt sich daraus die Möglichkeit, Getrieberäder herzustellen, die sich durch das Wärmebehandeln zum Einstellen der erforderlichen Gebrauchseigenschaften weniger verziehen als z. B. durch ein Einsatzhärten. Außerdem entsteht daraus ein weniger lautes Laufgeräusch.

7.11 Korrosionsverhalten

Die höhere Beständigkeit von Eisennitriden gegenüber korrosiven Medien wie Seewasser oder Witterungseinflüsse ist seit langem bekannt. In Deutschland wird das Nitrieren und Nitrocarburieren seit etwa 40 Jahren auch zum Verbessern der Korrosionsbeständigkeit genutzt.

Verbindungsschichten zeichnen sich durch eine erhöhte Beständigkeit gegenüber neutralen Salzlösungen und atmosphärischer Korrosion aus, vor allem gegenüber der durch Chlorid-Ionen hervorgerufenen Lochkorrosion. Als besonders wirksam erweist sich im Vergleich zum Nitrieren das Nitrocarburieren, bei dem die sehr stickstoff- und kohlenstoffreiche Verbindungsschicht erzeugt wird.

Durch ein Oxidieren *nach* dem Nitrocarburieren oder Nitrieren unterhalb von 500 °C, mit dem eine sehr dünne Fe_3O_4-Magnetit-Schicht angestrebt wird, kann das Korrosionsverhalten noch weiter verbessert werden, so dass sogar die Korrosionsbeständigkeit von Hartchromschichten übertroffen wird. Dies hat zur Entwicklung unterschiedlicher Verfahrenstechniken geführt wie z. B. das in Salzbädern durchgeführte QPQ-Verfahren[21]. Beim Oxidieren wird durch den Sauerstoff der Stickstoff aus dem äußersten Bereich der Verbindungsschicht in tiefer liegende Bereiche verdrängt und erhöht seine Konzentration so, dass auch nach einem Schichtverschleiß noch eine ausreichende Korrosionsbeständigkeit zu erwarten ist /Spi85/. In Bild 7.56 ist die Randschicht nach einem Gasnitrocarburieren und Nachoxidieren abgebildet.

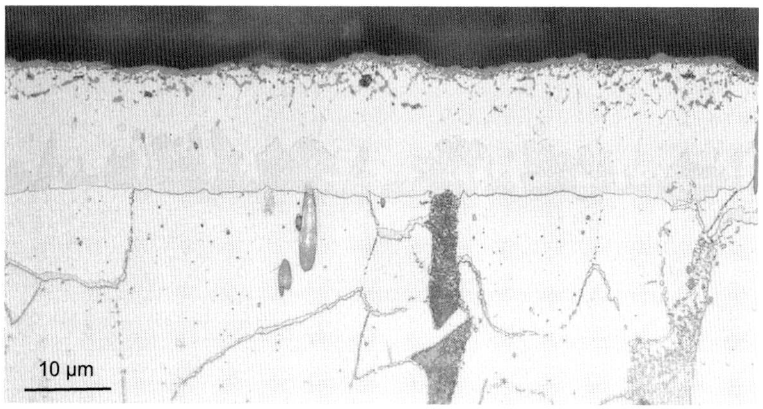

Bild 7.56: Randschicht eines unlegierten Stahls nach Gasnitrocarburieren und Nachoxidieren

Korrosionsversuche haben gezeigt, dass eine optimale Wirkung erzielt wird, wenn die Summe der Stickstoff- und Kohlenstoffkonzentration ca. 9 Masse-% beträgt.

Verbindungsschichten besitzen auch eine erhöhte Beständigkeit gegenüber dem Angriff von Metallschmelzen, was sich nutzbringend für bestimmte Warmarbeitswerkzeuge anwenden lässt.

Bei rostbeständigen Stählen wird allerdings durch das Nitrieren und Nitrocarburieren der Korrosionswiderstand verringert. Dies ist die Folge des Abbindens von Chrom zu Nitriden und deren Ausscheidung. Trotzdem kann es zweckmäßig sein, Bauteile auch aus solchen Stählen zu nitrieren oder zu nitrocarburieren, weil damit ein höherer Widerstand gegen Abrasionsverschleiß erreicht werden kann. Entwicklungen in jüngster Zeit haben zu Verfahrenstechniken geführt, mit denen bei niedrigeren Temperaturen als sonst üblich behandelt und das Korrosionsverhalten nicht mehr beeinträchtigt wird /Spi02/.

---

[21] QPQ ist die Abkürzung für die Arbeitsfolge „quenching-polishing-quenching“ nach dem Nitrocarburieren

7.12 Hinweise für das praktische Durchführen des Nitrierens und Nitrocarburierens

7.12.1 Vorbehandlungen

7.12.1.1 Vergüten

Bauteile, die nach dem Nitrieren und Nitrocarburieren eine hohe Kernfestigkeit aufweisen sollen, werden zweckmäßigerweise vorher vergütet. Das Anlassen sollte dann bei mindestens 30 °C höherer Temperatur als die Nitrier-/Nitrocarburiertemperatur mit einer Haltedauer von mindestens einer Stunde vorgenommen werden. Dies ist erforderlich, um einen thermisch stabilen Zustand für das Nitrieren/Nitrocarburieren einzustellen. Bei der Werkstoffauswahl muss gegebenenfalls ein ausreichend anlassbeständiger Stahl ausgewählt werden. Das Anlassen muss in einer inerten Umgebung erfolgen, um Verzundern zu vermeiden.

7.12.1.2 Rekristallisationsglühen

Die Behandlungstemperatur beim Nitrieren und Nitrocarburieren liegt gewöhnlich in dem Temperaturbereich, in dem bei vorher kaltverformten Werkstücken Rekristallisation stattfindet. Unterkritisch verformte Teile erhalten dabei ein grobkörniges Gefüge, was das Formänderungsvermögen zusätzlich zum Nitrieren/Nitrocarburieren verringert. Daher ist es zweckmäßig, vorher ein Rekristallisieren oder ein Normalglühen durchzuführen. Das Glühen muss in einer inerten Umgebung erfolgen, um Verzundern zu vermeiden.

7.12.1.3 Spannungsarmglühen

In den zu nitrierenden/nitrocarburierenden Werkstücken vorhandene Eigenspannungen können beim Nitrieren/Nitrocarburieren mehr oder weniger stark ausgelöst werden und zu unerwünscht großen zusätzlichen Form- und Maßänderungen führen. Dies lässt sich durch ein vorangehendes Spannungsarmglühen bei ca. 600 °C bis 650 °C mit einer Haltedauer von mindestens 30 min nach dem Durchwärmen vorwegnehmen. Die dabei entstehenden Maß- und Formänderungen können dann durch spanendes Bearbeiten beseitigt werden. Das Glühen muss in einer inerten Umgebung erfolgen, um Verzundern zu vermeiden.

Erfolgt das Nitrieren/Nitrocarburieren im Gas, ist es besonders wichtig, auf eine saubere Oberfläche zu achten. Insbesondere Borate, Silikate oder Phosphate in Reinigungsmitteln oder Silikonöle in Kühlschmierstoffen beeinträchtigen die Stickstoffaufnahme oder verhindern sie total.

Öl- oder Fettreste stören meistens nicht, führen jedoch zu Verfärbungen der Werkstückoberfläche.

Bei höher legierten Stählen verhält sich die Werkstückoberfläche auf Grund von wenigen Nanometern dicken Oxidschichten häufig mehr oder weniger stark passiv. In solchen Fällen muss ein spezifisch darauf abgestimmtes Reinigen, Beizen, Läppstrahlen oder ein anderes geeignetes Behandeln erfolgen.

7.12.2 Reinigen

Rückstände von der spanenden oder spanlosen Bearbeitung, z. B. Kühlschmiermittel, Oxidschichten, Rückstände von Wasch- und Konservierungsmitteln, Zunder, Rost, Farb- oder Lötflussmittel, können je nach ihrer Beschaffenheit die Stickstoffaufnahme, speziell beim Gasnitrieren/-nitrocarburieren, be- oder sogar verhindern. Salzschmelzen können durch diese Rückstände sowie Späne, Grate, Rost, Zunder oder Nichteisenmetalle in ihrer Zusammensetzung und damit in ihrer Wirkung beeinträchtigt werden. Deshalb ist es notwendig, die Werkstücke vor dem Nitrieren oder Nitrocarburieren je nach Verschmutzungsgrad auf geeignete Weise zu reinigen. Dies kann durch Waschen, Entgraten, Beizen, Strahlen, Voroxidieren, Zerspanen oder andere geeignete Maßnahmen geschehen. Üblich ist das Waschen in heißem Wasser mit geeigneten Reiniger-Zusätzen. Um eine ausreichende Reinigungswirkung zu erzielen, kann es zweckmäßig sein, den Waschvorgang mechanisch durch Druckstrahlen, Ultraschall, Spritzen usw. zu unterstützen. Nach dem Waschen müssen die Werkstücke und die Werkstückträger oder Chargiervorrichtungen getrocknet werden. Bolzen oder Schrauben, die zum Verschließen von Bohrungen oder Löchern angebracht wurden (z. B. bei Warmarbeitswerkzeugen), sind vor dem Reinigen unbedingt zu entfernen.

Grate, Zunder, Rost, Walz-, oder Schmiedehaut, Farb- oder Lötflussmittelreste lassen sich durch Strahlen, chemisches oder thermisches Entgraten entfernen. Es ist jedoch zu beachten, dass beim thermischen Entgraten die Werkstückoberfläche oxidiert wird und beim chemischen Entgraten der Werkstoff mit dem Elektrolyten reagieren kann, so dass u. U. die Stickstoffdiffusion beeinträchtigt wird.

Ein Beizen eignet sich ebenfalls zum Entfernen von Zunder, Rost, Walz- oder Schmiedehaut oder Resten des Lötflussmittels. Die Rückstände des Beizmittels sollten jedoch vollständig entfernt und die Oberfläche neutralisiert werden, damit die Werkstücke nicht rosten. Auch sollte darauf geachtet werden, dass die Beizwirkung nicht intensiver als unbedingt notwendig ist, damit Beiznarben an der Werkstückoberfläche vermieden werden.

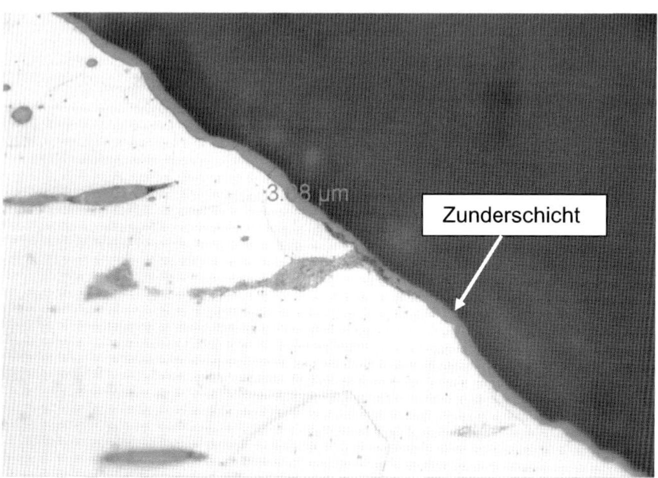

Bild 7.57: Randschicht eines voroxidierten Werkstücks mit einer Zunderschicht

In manchen Anwendungen hat es sich als nützlich erwiesen, die Werkstücke vor dem Gasnitrieren/-nitrocarburieren gezielt zu oxidieren – „Voroxidieren“. Damit können u. U. organische Rückstände abdampfen und die Werkstückoberfläche aktiviert werden, was die Stickstoffaufnahme verbessern kann. Allerdings sollte das Voroxidieren so durchgeführt werden, dass keine Zunderschicht entsteht, sondern sich die Oberfläche lediglich verfärbt. In Bild 7.57 ist die Randschicht mit einer etwa 2 µm bis 3 µm dicken Zunderschicht abgebildet. Diese wird beim Nitrieren/Nitrocarburieren im Gas durch den in der Atmosphäre vorhandenen Wasserstoff reduziert, so dass eine sehr dünne Eisenschicht entsteht, die zwar durch Stickstoffaufnahme eine Verbindungsschicht ausbildet, jedoch durch das Oxidieren ihre Haftung mit der Stahloberfläche verloren hat und sich abschälen lässt. Eine derartige Dopplung der Verbindungsschicht zeigt die Randschichtaufnahme in Bild 7.58.

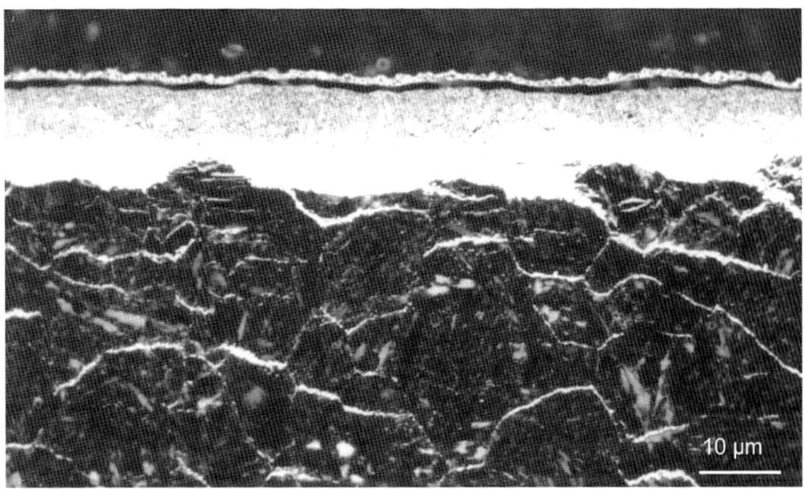

Bild 7.58: Dopplung der Verbindungsschicht durch eine vor oder während des Nitrocarburierens erzeugte Zunderschicht

7.12.3 Vorbereiten zum örtlich begrenzten Nitrieren/Nitrocarburieren

Zum örtlich begrenzten Aufsticken ist ein zweckentsprechendes Vorbereiten erforderlich. Erfolgt das Nitrieren/Nitrocarburieren im Gas, können durch Tauchen, Spritzen oder Streichen isolierende Überzüge aufgebracht werden. Auch galvanisch aufgebrachte Kupferschichten eignen sich, wobei die aufzustickenden Bereiche vorher mit einem Überzug gegen das Verkupfern geschützt und danach wieder gereinigt werden müssen.

Das Anbringen von Schutzkörpern in Form von Kappen, Stiften, Schrauben oder Muttern besitzt beim Gasnitrieren/-nitrocarburieren nur eine begrenzte Isolierwirkung, kann jedoch beim Plasmanitrieren/-nitrocarburieren zuverlässig gegen eine Stickstoffaufnahme schützen.

Erfolgt ein Nitrocarburieren in Salzschmelzen, ist ein örtlich begrenztes Nitrocarburieren nicht möglich.

7.13 Mittel zum Nitrieren und Nitrocarburieren

Das Verwenden von Ammoniakgas als Stickstoffspender ist die älteste Methode zum Nitrieren. Es spaltet sich bei Atmosphärendruck und Temperaturen über 350 °C unter Verdopplung seines Volumens gemäß nachstehender Reaktionsgleichung in Wasserstoff und Stickstoff auf:

$$2 \cdot NH_3 \leftrightarrow 2 \cdot [N] + 3 \cdot H_2.$$

Die Reaktion kann auch in umgekehrter Richtung verlaufen, d. h. die Stickstoff- und Wasserstoffatome können wieder zu Ammoniakmolekülen rekombinieren.

Die frei werdenden Stickstoffatome diffundieren z. T. in die Werkstückoberfläche ein. Nicht eindiffundierende Stickstoffatome rekombinieren wieder zu Stickstoffmolekülen oder mit Wasserstoff zu Ammoniakmolekülen. Die Oberfläche der Werkstücke, die Werkstückträger, Körbe, Gestelle und Roste, die Ofenretorte sowie sonstige im Ofenraum vorhandene Eisenteile begünstigen das Aufspalten des Ammoniaks. Dementsprechend setzt sich die Ofenatmosphäre aus einem Gemisch der Bestandteile Stickstoff, Wasserstoff und nicht dissoziiertem Ammoniak zusammen.

Um den Zustand der Ofenatmosphäre zu beschreiben, kann der Zersetzungs- oder Dissoziationsgrad benutzt werden. Dieser ergibt sich, wenn man den volumetrischen Anteil des Ammoniaks in der Ofenatmosphäre misst:

$$\text{Dissoziationsgrad } \beta = \frac{NH_{3\text{gemessen}}}{\text{Ofengas}(= N_2 + H_2 + NH_3)} \cdot 100 \ \%$$

Wird die Volumenverdopplung des zersetzten Ammoniaks berücksichtigt, ergibt dies den „wahren“ Dissoziationsgrad α:

$$\text{Dissoziationsgrad } \alpha = \frac{NH_{3\text{gemessen}}}{200 - NH_{3\text{gemessen}}} \cdot 100 \ \%$$

Der Ammoniakgehalt kann im einfachsten Fall mit einer so bezeichneten „Schüttelflasche“ gemessen werden. Zum kontinuierlichen Messen wird die Infrarot-Absorptions-Analyse angewendet. Im Prinzip genügt es aber auch, den Wasserstoffgehalt zu messen[22] und den Ammoniakgehalt mit der folgenden Beziehung zu bestimmen:

$$Volumenanteil \ NH_3 = 1 - 1{,}333 \cdot Volumenanteil \ H_2$$

Aus dem Ammoniak- und dem Wasserstoffgehalt wird die *Nitrierkennzahl* K_N berechnet. Diese kann als Kenngröße zum Regeln des Prozessablaufs herangezogen werden, da sich ein dem Kohlenstoffpegel vergleichbarer Stickstoffpegel als Kenngröße für die Nitrierwirkung nicht definieren lässt. Die Kennzahl ist definiert als das Verhältnis der Partialdrucke Ammoniak und Wasserstoff:

$$K_N = \frac{p_{NH_3}}{\left(p_{H_2}\right)^{\frac{3}{2}}}$$

[22] Die Methode besteht darin, die Änderung der Leitfähigkeit eines Eisendrahtes zu ermitteln

Die Nitrierkennzahl kann mit verschiedenen Messsonden, die in die Ofenatmosphäre eingebracht werden und ein kontinuierliches, zum Regeln geeignetes Signal liefern, bestimmt werden. Damit lässt sich ein bestimmtes Stickstoff-Konzentrationsprofil in der Nitrierschicht einstellen, um z. B. eine Verbindungsschicht mit unterschiedlichen Anteilen der beiden Nitridphasen γ' und ε herzustellen oder die Dicke der Verbindungsschicht im Verhältnis zur Diffusionsschicht zu reduzieren. Auch ein Zweistufen-Nitrieren[23] mit unterschiedlichen Nitrierkennzahlen bzw. Dissoziationsgraden lässt sich so durchführen. Zum Verringern der Nitrierwirkung wird der Ofenatmosphäre entweder Stickstoff, („Verdünnen" der Ofenatmosphäre), zum Verstärken Wasserstoff oder separat aufbereitetes Ammoniakspaltgas (ein Gemisch aus Wasserstoff und Stickstoff) zugegeben. In der Praxis wird bei Temperaturen zwischen 500 °C und 550 °C mit einem Dissoziationsgrad β = 30 bis 60 % nitriert.

Um das Eindiffundieren des Stickstoffs optimal zu gestalten, kann es zweckdienlich sein, entweder vor dem Nitrieren zu oxidieren (=„Voroxidation") oder der Ofenatmosphäre einen Sauerstoffspender, meist Luft, zuzugeben und damit den Wasserstoff abzubinden.

Beim *Nitrocarburieren* in Gas, üblicherweise bei Temperaturen von 570 °C bis 590 °C, wird der Ofenatmosphäre ein Kohlenstoffspender, entweder Endoträgergas[24], wie es vom Aufkohlen her bekannt ist oder Exogas[25], das üblicherweise 5 bis 10 Vol-% Kohlenstoffdioxid enthält oder reines Kohlenstoffdioxid zugegeben. In diesem Fall kann zusätzlich eine Aufkohlungskennzahl K_C eingestellt und geregelt werden:

$$K_C^B = \frac{p_{CO}}{p_{CO_2}} \quad \text{bzw.} \quad K_C^W = \frac{p_{CO} \cdot p_{H_2}}{p_{H_2O}}$$

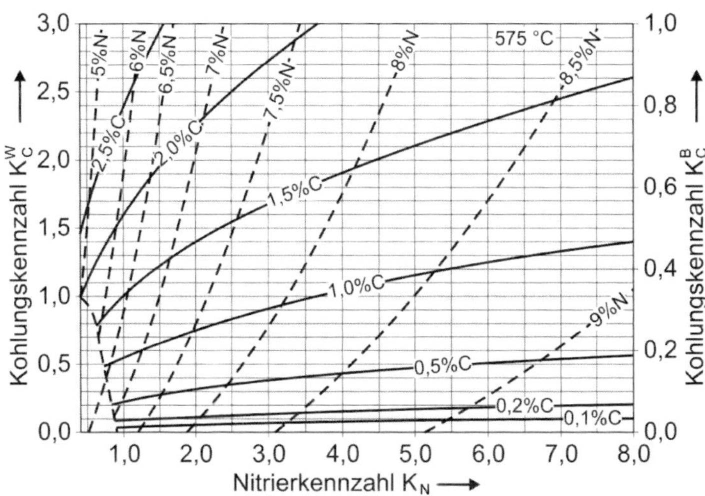

Bild 7.59: Nitrier- und Kohlungskennzahlen zum Nitrocarburieren /Ler06/

[23] Das Zweistufen-Nitrieren ist auch als Floe-Prozess bekannt.

[24] Endogas enthält ca. 20-24 Vol-% CO, 40-32 Vol-% H_2 und 40-45 Vol-% N_2

[25] Exogas enthält 7-12 Vol-% CO, 2-6 Vol-% CO_2, 8-16 Vol-% H_2, 0,5-1 Vol-% CH_4, 0,8-7 Vol-% H_2O, Rest: Stickstoff

Durch Einstellen und Regeln der Nitrierkennzahl und der Kohlungskennzahl kann die Zusammensetzung der Verbindungsschicht in Bezug auf die beiden Nitridphasen gezielt eingestellt werden /Ler06/. Aus Bild 7.59 können die zum Erreichen bestimmter γ'-ε-Nitrid-Relationen in der Verbindungsschicht erforderlichen Kennzahlen entnommen werden.

Beim Plasmanitrieren und -nitrocarburieren wird zwischen die zu behandelnden Werkstücke (Kathode) und die Wand eines evakuierten und dann auf wenige mbar mit Stickstoff gefüllten Behälters (Anode) eine gepulste Spannung von mehreren hundert Volt angelegt. Dies führt zu einer Glimmentladung, mit der das Behandlungsgas, üblicherweise Stickstoff, ionisiert wird. Die Stickstoffionen treffen auf die Werkstückoberfläche auf und atomarer Stickstoff kann eindiffundieren. Zum Nitrocarburieren wird als Kohlenstoffspender im Regelfall zusätzlich Methangas eingespeist /Huc06/.

Als flüssiges Behandlungsmittel zum Nitrocarburieren werden Salzschmelzen benutzt. Diese geben simultan Stickstoff und Kohlenstoff an die Werkstückrandschicht ab. Der Prozess ermöglicht es leicht, die Werkstücke in Salzwasser, Emulsionen oder in Öl abzuschrecken. Dies ergibt bei unlegierten Stählen eine höhere Härte der Nitrierschicht und eine höhere Dauerfestigkeit. Wird zum Abschrecken eine oxidierende Salzschmelze benutzt, erhält die Verbindungsschicht durch eine Oxidation einen höheren Korrosionswiderstand und die Werkstückoberfläche eine dekorative Schwarzfärbung (QPQ-Verfahren) /Boß06/.

7.14 Öfen zum Nitrieren und Nitrocarburieren

7.14.1 Salzbadnitrocarburieren

Zum Nitrocarburieren in Salzschmelzen werden elektrisch außenbeheizte Öfen mit einem Titantiegel verwendet. Die Salzschmelze enthält Natrium- und Kaliumcyanat als Stickstoff- und Kohlenstoffspender und wird von Luft durchströmt. Dabei werden Stickstoff und Kohlenstoff für das Eindiffundieren in die zu behandelnden Werkstücke freigesetzt. Die dabei entstehenden Reaktionsprodukte werden durch Zugabe eines Regenerators umgewandelt, so dass eine gleichmäßige Wirkung der Salzschmelze aufrechterhalten wird. Damit beim Einbringen des Behandlungsgutes die Temperatur der Salzschmelze nicht zu tief absinkt und nur trockene Werkstücke in die Salzschmelze gelangen, ist es zweckmäßig, bei 350 °C bis 400 °C vorzuwärmen. Das Abkühlen nach dem Nitrocarburieren kann in Wasser, einem oxidierenden Salzbad, im Luftgebläsestrom, in Stickstoff oder im Unterdruck vorgenommen werden. Abschließend wird das Behandlungsgut durch Waschen gereinigt /Boß06/.

Für große Durchsatzmengen kann der Prozessablauf voll automatisiert werden. In Bild 7.60 ist eine derartige Anlage abgebildet.

Bild 7.60: Vollautomatische Anlage zum Salzbadnitrocarburieren (Durferrit)

7.14.2 Öfen zum Gasnitrieren und -nitrocarburieren

Zum Gasnitrieren und -nitrocarburieren werden meist Schacht- oder Retortenöfen oder Hubherd-Haubenöfen, siehe Bild 7.61, benutzt. Sie sind üblicherweise elektrisch beheizt und enthalten eine gasdichte Retorte mit einer Gasumwälzung, in die das Behandlungsgut eingesetzt wird. Sie werden vertikal beschickt und entleert. Abgekühlt wird meist im Gas mit Stickstoff im Ofen oder einer Abkühlstation.

Ein weiterer gebräuchlicher Ofentyp ist der Kammerofen mit einer Retorte. Die Beheizung ist elektrisch und die Öfen werden ähnlich wie die Kammeröfen für das Aufkohlen horizontal beschickt und entladen. Um den Heizraum nach dem Einbringen der Ofencharge rasch für die erforderliche Ofenatmosphäre zu konditionieren, ist es zweckmäßig, den Ofen mit einer Vakuumpumpe zum Evakuieren auszustatten. Bild 7.63 zeigt ein Beispiel für einen Kammer-Retortenofen.

Bild 7.62: Beispiel für einen Retortenofen zum Gasnitrieren/-nitrocarburieren (IVA)

Bild 7.63: Beispiel für einen Kammer-Retortenofen (Aichelin)

7.14.3 Öfen zum Plasmanitrieren/-nitrocarburieren

Diese Anlagen – Bild 7.64 zeigt ein Beispiel – enthalten eine gas- und druckdichte, von außen elektrisch beheizte, evakuierbare Retorte, deren Wand als Anode fungiert und einen Werkstückträger, der mit der Kathode verbunden ist. In einem Stickstoff-Wasserstoff-Gemisch wird bei einem Druck von 0,5 mbar bis 10 mbar mit einem Generator eine mit 50 µs bis 100 µs Dauer und 100 µs bis 2000 µs Wiederholdauer pulsierende Glimmentladung bei 450 V bis 500 V und Spitzenströmen von ca. 1000 A erzeugt.

Bild 7.64: Beispiel für eine Anlage zum Plasmanitrieren/-nitrocarburieren (Eltro)

Dadurch werden hauptsächlich von der Kathode kommende Elektronen separiert, angeregt und ionisiert. Außerdem entstehen Ionen und sehr reaktive Radikale durch H-N-Verbindungen. Die positiven Ionen prallen auf die Werkstückoberfläche auf und sorgen einerseits dafür, dass durch den Beschuss die Oberfläche gereinigt und aktiviert wird. Die Radikale erhalten durch Stöße mit den Ionen eine Vorzugsrichtung auf die Werkstückoberfläche. Dort werden sie adsorbiert, zerfallen in ihre Bestandteile und sorgen für das Übertragen von Stickstoffatomen in das Werkstück. Zum Nitrocarburieren wird der Ofenatmosphäre Methan oder Kohlenstoffdioxid zugegeben /Huc06/, /AWT14/.

7.15 Anwendungsbeispiele

Das Nitrieren und Nitrocarburieren wird industriell in nahezu allen Bereichen angewendet. Nachfolgend werden einige charakteristische Beispiele ohne Anspruch auf Vollständigkeit dargestellt.

Bild 7.65 zeigt einen Steuernocken, dessen auf Verschleiß beanspruchte Mantelfläche nach einem Härten nur mit großem Aufwand bearbeitet werden kann. Das Nitrocarburieren führt zu vernachlässigbar geringen Maß- und Formänderungen, so dass ein Nachbearbeiten entfallen kann.

Bild 7.65: Nitrocarburierter Steuernocken

Bild 7.66: Nitrocarburierter Hydraulikpumpenkolben

In Bild 7.66 ist der Kolben und in Bild 7.67 sind die zugehörigen Pumpenzylinder von Hydraulikpumpen abgebildet. Für diese Bauteile werden sowohl ein hoher Verschleißwiderstand als auch möglichst geringe Maß- und Formänderungen gefordert. Dies ist mit einem Härten oder Einsatzhärten nicht zu erreichen.

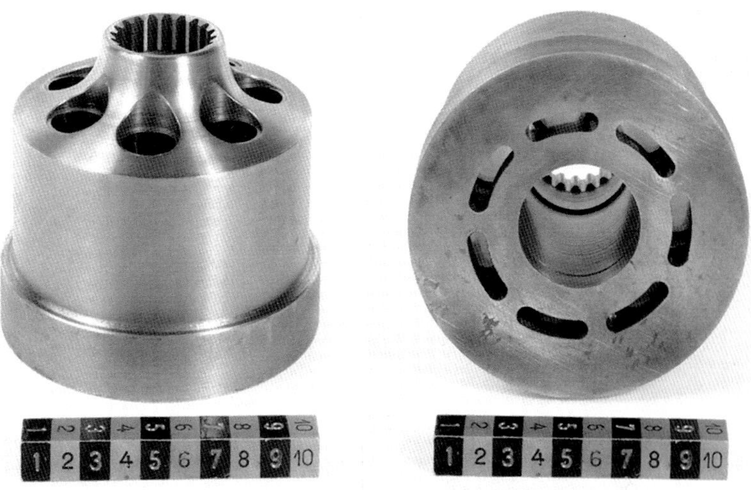

Bild 7.67: Nitrocarburierte Hydraulikpumpen-Zylinder

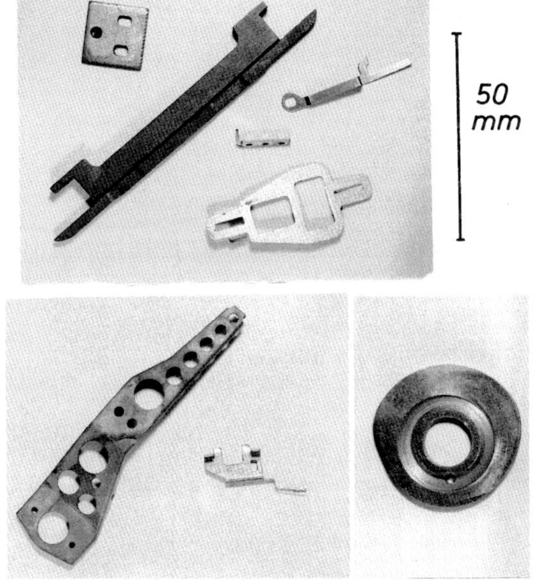

Bild 7.68: Nitrocarburierte, verzugsempfindliche Kleinteile

In Bild 7.68 sind Kleinteile abgebildet, die aus Stahlblech hergestellt und starkem Verschleiß ausgesetzt sind. Nach einem Einsatzhärten wäre der Verzug unakzeptabel groß. Durch das Nitrocarburieren dagegen bleiben die Teile in Maß und Form nahezu unverändert und besitzen einen ausreichenden Verschleißwiderstand.

Interessant ist auch die Anwendung des Nitrierens und Nitrocarburierens für verschleißbeanspruchte Bauteile in Schaltern, Relais oder Reglern, deren elektromagnetische Eigenschaften durch ein Wärmebehandeln zum Verschleißschutz nicht beeinträchtigt werden sollen. Bild 7.69 zeigt ein Beispiel hierzu.

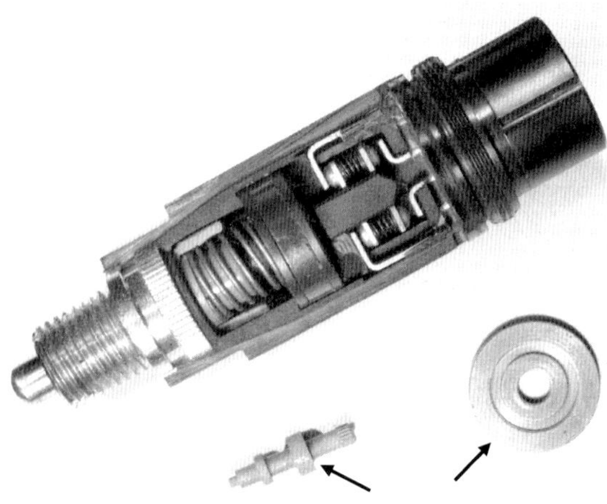

Bild 7.69: Nitrocarburierte Teile eines Magnetschalters

Zahlreich sind auch die Anwendungsmöglichkeiten für Werkzeuge, und zwar Kaltarbeits- und Warmarbeitswerkzeuge sowie Werkzeuge aus Schnellarbeitsstählen. Bei diesen geht es meistens darum, zu einer durch ein Härten eingestellten Grundfestigkeit zusätzlich das Verschleißverhalten der Randschicht und Oberfläche zu verbessern. Bild 7.70 zeigt als Beispiel eine Matrize zum Ziehen von Näpfen aus einem relativ weichen, schmierenden Stahlblech. Die Nitrierschicht verringert die Adhäsionsneigung, so dass keine Partikel vom Blech auf dem Werkzeug kleben bleiben und keine Partikel aus der Randschicht der Matrize herausgelöst werden. Dadurch ist die Reibung geringer, die Oberflächengüte der geformten Blechteile ist besser und die Standzeit des Werkzeugs länger.

Das Nitrocarburieren von Warmarbeitswerkzeugen verbessert die Temperaturunempfindlichkeit, verringert die Neigung zur Warmrissbildung, die Adhäsionsneigung und die Reibung. Die Nitrierschicht bleibt selbst bei Betriebstemperaturen von 550 °C über eine längere Dauer beständig. Gegebenenfalls können die Warmarbeitswerkzeuge auch ein weiteres Mal nitrocarburiert werden. In Bild 7.71 sind typische Strangpressmatrizen zu sehen. Bei diesen wird die Neigung zum Aufschmieren der verarbeiteten Nichteisenmetalle reduziert, so dass die Wartungsintervalle für das zeitraubende Ausbauen und Reinigen der Werkzeuge verlängert werden können.

Bild 7.70: Nitrocarburierter Ziehstempel zum Napfen

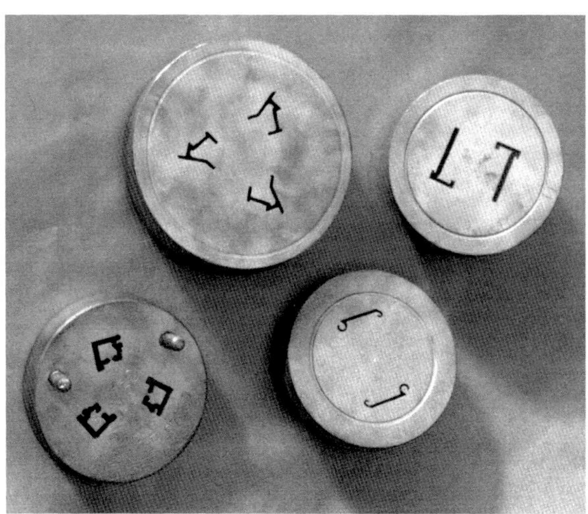

Bild 7.71: Nitrocarburierte Strangpressmatrizen

Beachtlich sind auch die Erfolge bei Spritz- und Druckgießformen, vgl. Bild 7.72. Die Nitrierschicht ist gut polierbar und besitzt z. B. beim Verarbeiten von Kunststoffen einen guten Korrosionsschutz. Das Nitrocarburieren verlängert deutlich die Standzeit, die Oberflächengüte der gegossenen Teile wird verbessert und das Entformen der Teile erleichtert.

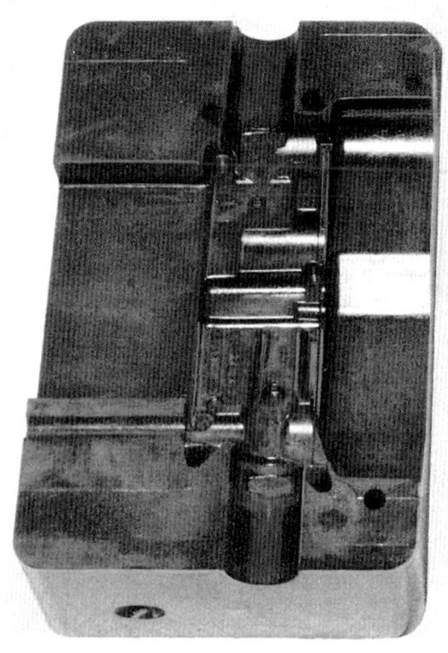
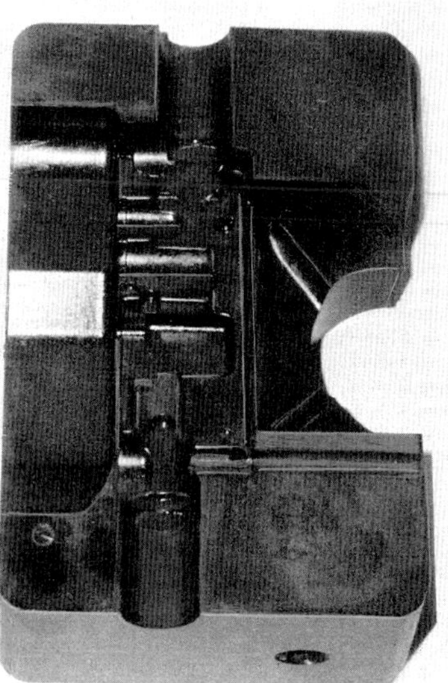

Bild 7.72: Nitrocarburierte Form für Aluminium-Druckguss

Schneidwerkzeuge oder auch Bauteile aus Schnellarbeitsstahl können ebenfalls erfolgreich nitrocarburiert werden. Bei diesen Stählen wirkt sich günstig aus, dass sie nach dem Härten üblicherweise im Temperaturbereich des Nitrocarburierens angelassen werden und eine Härte von 60 HRC und mehr besitzen. Durch ein Nitrocarburieren kann die Härte am Rand weiter erhöht und damit das Verschleißverhalten weiter verbessert werden. Schneidwerkzeuge dürfen allerdings nur kurz nitrocarburiert werden, damit keine Verbindungsschicht entsteht, die bei diesen Stählen so hart und spröde wird, dass Ausbrüche an den Schneiden unvermeidlich sind. Heute werden Schneidwerkzeuge jedoch vorzugsweise beschichtet, anstatt nitrocarburiert.

7.16 Literatur

AWT14	AWT/FA4	Thermochemische Behandlung von Eisenwerkstoffen im Gas expert-verlag, Renningen 2014
Ber73	Berker, R.; Smith, P.K.	Response to gas nitriding of 1%Cr-Mo steel Tagungsband "Heat treatment 73", London 1975, S. 83 – 91
Boß06	Boßlet, J.	Wärmebehandlung von Eisenwerkstoffen – Nitrieren und Nitrocarburieren – „Salzbadnitrocarburieren" expert-verlag, Renningen 2006, S. 191 -228

Daw82	Dawes, C.; Tranter, D.F.	Nitrotec surface treatment – its development and application in the design and manufacture of automobile components Heat Treatment of Metals (1982) 4, S. 85 – 90
Den02	Dengel, D.	Zur Dauerfestigkeit nitrierter Stähle HTM Z. Werkst. Waermebeh. Fertigung 57 (2002) 5, S. 316 – 326
DIN93	DIN EN 10 052	Begriffe der Wärmebehandlung von Eisenwerkstoffen Beuth-Verlag Berlin-Wien-Zürich, 1993
Gro86	Grosch, J.	Festigkeitsverhalten nitrierter und nitrocarburierter Gefüge AWT-Seminar „Nitrieren und Nitrocarburieren“ Berlin, 1986
Hof86	Hoffmann, F.	Mikrostruktur und Schwingfestigkeit von Ck45 nach kombinierter mechanischer und thermochemischer Randschichtverfestigung Diss. Uni Bremen, 1986
Hof97	Hoffmann, F.; Bujak, I./ Mayr, P.; Löffelbein, B.; Gienau, M.; Habig, K.-H.	Verschleißwiderstand nitrierter und nitrocarburierter Stähle HTM Härterei-Techn. Mitt. 52 (1997) 6, S. 376 – 386
Hor96	Hoffmann, R.; Mittemeijer, E. J.; Somers, M. A. J.	Verbindungsschichtbildung beim Nitrieren und Nitrocarburieren HTM Härterei-Techn. Mitt. 51 (1996) 3, S. 162 – 169
Huc06	Huchel, P.	Wärmebehandlung von Eisenwerkstoffen – Nitrieren und Nitrocarburieren – „Plasmanitrieren und Plasmanitrocarburieren“ expert-verlag, Renningen 2006, S. 171 – 190
Klo84	Kloos, K. H.; Kuhn, G.; Magin, W.; Scholz, F.	Quantitative Bewertung des oberflächentechnischen Größeneinflusses plasmanitrierter Probestäbe bei Umlaufbiegung und Zug-Druck-Beanspruchung HTM Härterei-Tech. Mitt. 39 (1984) 4, S. 165 – 172
Klü	Klümper-Westkamp, H.	unveröffentlichte Mitteilung
Koc82	Koch, M.	Eigenspannungen nach Nitrieren und Einsatzhärten. In: Eigenspannungen und Lastspannungen Beiheft, HTM Härterei-Tech. Mitt., 1982, S. 112 -121

Krz67	Krzyminski, H.	Einfluß der Aushärtung durch Stickstoff in der Diffusionszone nitrierter unlegierter Stähle auf Festigkeit, plastische Verformbarkeit und das Verhalten bei umlaufender Biegung Diss. TU Berlin, 1967
Krz68	Krzyminski, H.	Aushärtungsvorgänge in der Diffusionszone nitrierter unlegierter Stähle und deren Einfluß auf Festigkeit und Zähigkeit HTM Härterei-Techn. Mitt. 23 (1968) 3, S. 198 – 207
Ler06	Lerche, W.	Wärmebehandlung von Eisenwerkstoffen – Nitrieren und Nitrocarburieren – „Gasnitrieren und Gasnitrocarburieren“ expert-verlag, Renningen 2006, S. 123 – 170
Lie96	Liedtke, D.	Bedeutung poröser Verbindungsschichten für die technische Anwendung Tagungsband der AWT-VWT-Tagung Nitrieren, Weimar, 24.-26.4. 1996
Lie86-1	Liedtke, D.	Beitrag zum technisch-wirtschaftlichen Optimieren des Nitrocarburierens von Bauteilen Dissertation 1986, TU Berlin
Lie86-2	Liedtke, D.; Grosch, J.	Über das Formänderungsverhalten nitrocarburierter Stähle HTM Härterei-Techn. Mitt. 41 (1986) 6, S. 373 – 386
Lie98	Liedtke, D.	Distortion Engineering am Beispiel des Nitrocarburierens HTM Härterei-Techn. Mitt. 53 (1998) 1, S. 14 -16
Lie03	Liedtke, D.; Altena, H.	Prozessregelung zum Optimieren der Zielgrößen beim Nitrieren und Nitrocarburieren HTM Z. Werkst. Waermebeh. Fertigung 58 (2003) 3, S. 162 – 169
Mac82	Macherauch, E.; Kloos, K. H.	Bewertung von Eigenspannungen in „Eigenspannungen und Lastspannungen Beiheft HTM Härterei-Techn. Mitt. 37 (1982) S. 157 – 194
Oet91	Oettel, H.; Schreiber, G.	Eigenspannungsbildung in der Diffusionszone AWT-Tagung „Nitrieren und Nitrocarburieren“; Wiesbaden, 1991, Tagungsband, S. 139 -151
Pie96-1	Pietzsch, S.; Böhmer, S.	Nitridische Verbindungsschichten HTM Härterei-Techn. Mitt. 51 (1996) 6, S. 364 – 371

Pie96-2	Pietzsch, S.	Beitrag zu den Einflußgrößen beim Gasnitrieren auf den Aufbau der Verbindungsschicht unter besonderer Berücksichtigung ihrer Porosität Dissertation TU Bergakademie Freiberg, 1996
Rob56	Robinson, G. H.	The effect of surface conditions on the fatigue resistance of hardened steel in: Fatigue Durability of Carburized Steel, 8.-12.10.1956 Cleveland. ASM Cleveland Ohio 1957, pp. 11 – 46
Sau65	Sauer, G.	Verhalten eines salzbadnitrierten Kohlenstoffstahles bei Umlaufbiegung unter Berücksichtigung der Probengröße und des Eigenspannungszustandes Dissertation TH Darmstadt 1964, vgl. auch Industrieanzeiger 87 (1965) S. 95 – 104 u. 799 - 804
Sly96	Slycke, Jan	Thermodynamics of Carbonitriding and Nitrocarburising Atmospheres and the Fe-N-C Phase Diagram Tagungsband AWT-VWT-Tagung Nitrieren und Nitrocarburieren, Weimar 24.-26.4.1996, S. 19 – 28
Som87	Somers, M. A. J.; Mittemeijer, E. J.	Porenbildung und Kohlenstoffaufnahme beim Nitrocarburieren HTM Härterei-Techn. Mitt. 42 (1987) 6, S. 321 – 329
Som92	Somers, M. A. J.; Mittemeijer, E. J.	Verbindungsschichtbildung während des Gasnitrierens, und des Gas- und Salzbadnitrocarburierens HTM Härterei-Techn. Mitt. 47 (1992) 1, S. 5 – 13
Som97	Somers, M.A.J.; Mittemeijer, E.J.	Modeling the Kinetics of the Nitriding and Nitrocarburizing of Iron ASM Heat Treating Society Conference, 15.-18.9.1997, Indianapolis
Spi85	Spies, H.-J.; Winkler, H. P.	Zum Korrosionsverhalten von Nitridschichten auf Eisenwerkstoffen IfL-Mitt. 24 (1985), S. 101 – 103
Spi86	Spies, H.-J.	Zähigkeit von Nitrierschichten auf Eisenwerkstoffen HTM Härterei-Techn. Mitt. 41 (1986) 6, S. 365 – 372
Spi96	Spies, H.-J.; Kloos,K.-H.; Adelmann, J.; Kaminsky, T.; Trubitz, P.	Abschätzung der Schwingfestigkeit nitrierter bauteilähnlicher Proben mit Hilfe normierter Wöhlerstreubänder. Mat.-wiss. u. Werkstofftech. 27 (1996) 2, S. 60 – 71
Spi98	Spies, H.-J.; Berns, H.; Ludwig, A.; Bambauer, K.; Brusky, U.	Warmhärte und Eigenspannungen nitrierter Stähle HTM Härterei-Techn. Mitt. 53 (1998) 6, S. 359 – 362

Spi02	Spies, H.-J.; Eckstein, Ch.; Zimdars, H.	Korrosionsverhalten und Randgefüge nichtrostender Stähle nach einer Tieftemperaturbehandlung HTM Z.Werkst. Waermebeh. Fertigung. 57 (2002) 6, S. 409 – 414
Wri87	Wriedt, H.A.; Gokcen, N.A.; Nafziger, R.H.	The Fe-N(Iron-Nitrogen)-System Bulletin of Alloy Phase Diagrams, 1987, Vol. 8, No. 4, S. 355 – 377

8 Borieren und Chromieren

Dieter Liedtke

8.1 Zweck und Begriffsbestimmung

Das *Borieren* wird angewendet, um die Randschicht von Bauteilen oder Werkzeugen aus Stahl, Gusseisen oder Sintereisen mit *Bor* anzureichern. Durch *Chromieren* – nicht zu verwechseln mit dem elektrochemischen Verchromen und Hartverchromen – findet ein Anreichern mit *Chrom* statt.

Die Eindiffusion von Bor und Chrom beschränkt sich im Unterschied zum Aufkohlen oder Aufsticken auf eine wesentlich geringere Eindringtiefe. Die Atome dieser Elemente sind nahezu gleich groß wie die des Eisens, so dass die Diffusion schwieriger ist.

Bei beiden Verfahren entstehen am Werkstückrand Verbindungsschichten mit einer hohen Härte; im Wesentlichen aus Boriden bzw. Chromcarbiden. Dadurch wird insbesondere der Widerstand gegen abrasiven Verschleiß und gegen Korrosion erhöht.

8.2 Borieren

8.2.1 Entstehung und Aufbau der Borierschicht

Bor ist ein Element der dritten Hauptgruppe des Periodensystems mit einem Atomgewicht von 10,81 und einem Atomradius, der nur ca. 30 % kleiner ist als der des Eisenatoms. Dadurch ist ein Einlagern von Boratomen auf Lückenplätzen des Eisengitters nur begrenzt und nur im kubisch-flächenzentrierten Austenit möglich. Bei Raumtemperatur ist im kubisch-raumzentrierten Ferrit gelöstes Bor praktisch nicht nachweisbar. Es wird angenommen, dass Bor nur als Substitutionsatom auf Eisengitterplätzen eingelagert werden kann.

Andererseits bildet Bor mit Eisenatomen sehr stabile Verbindungen, die *Boride.* Man unterscheidet das borärmere Fe_2B, mit einem stöchiometrischen Borgehalt von 8,83 Masse-% und einer tetragonalen Gitterstruktur und das borreichere FeB mit einem stöchiometrischen Borgehalt von 16,23 Masse-% und rhombischer Struktur.

Bor schränkt in Eisen-Kohlenstofflegierungen den Existenzbereich des Austenits ein, wodurch die Härtbarkeit erhöht wird.

Das Borieren wird im Temperaturbereich zwischen 850 °C und 1050 °C durchgeführt. Als Bor-Spender hat sich vorzugsweise Pulver bzw. Granulat bewährt. Aber auch Gase oder Salzschmelzen können zum Borieren benutzt werden. Zum Pulverborieren werden die zu behandelnden Werkstücke wie beim Pulveraufkohlen in Kästen aus hitzebeständigem Stahl in das Boriermittel gepackt, in geeigneten Kammeröfen oder im Vakuumofen erwärmt und ausreichend lange auf Temperatur gehalten.

Die Behandlungstemperatur liegt – ausgenommen die Schnellarbeitsstähle – für die meisten Stähle im Bereich ihrer Austenitisier- oder Härtetemperatur. Daher liegt es nahe, nach dem Borieren so abzukühlen, dass wie beim Härten unter der Boridschicht ein martensitisches Gefüge entsteht. Dadurch erhält die Borierschicht bei Druckbelastung eine entsprechende Stützwirkung.

Eisenboride entstehen bereits nach kurzer Behandlungsdauer in der Werkstückrandschicht. Zunächst an singulären Keimstellen. Mit zunehmender Aufnahme von Bor wachsen die Boridkristalle auch lateral zu einer geschlossenen Schicht zusammen und in das Werkstückinnere hinein. Dadurch wird das beim Borieren zunächst austenitische Gefüge verändert. Bild 8.1 zeigt das typische lichtmikroskopische Aussehen einer Boridschicht am Beispiel des Stahls C15. In der Gefügeaufnahme ist zu erkennen, dass die Boridkristalle stengelig und unterschiedlich lang sind. Das erfordert ein Ausmessen der Boridschichtdicke gemäß DIN 50950.

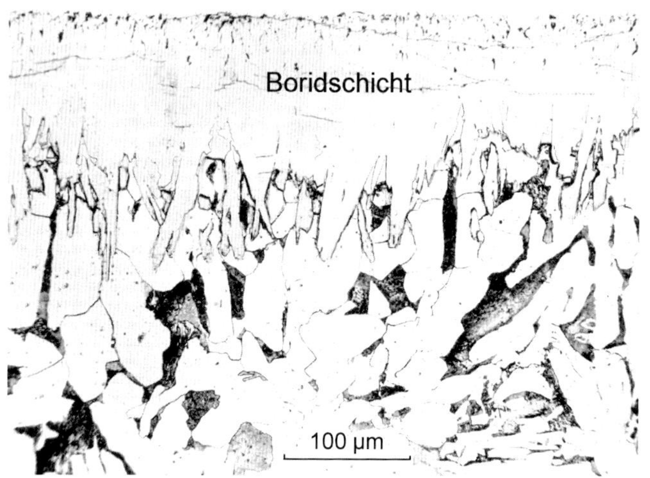

Bild 8.1: Lichtmikroskopische Aufnahme der Randschicht des Stahls C15 nach einem achtstündigem Borieren im Pulver bei 900 °C, geätzt mit Nital

Mit zunehmendem Gehalt an den Legierungselementen Chrom, Wolfram, Molybdän oder Vanadium verlieren die Boride die stengelige Form, wie in Bild 8.2 am Beispiel des Werkzeugstahls X165CrMoV12 zu sehen ist. Unterhalb der Boridschicht ist das Gefüge stärker angeätzt, was darauf zurückgeht, dass Kohlenstoff aus der Boridschicht nach innen abgedrängt wird. Bei Stählen, die mit Carbidbildern legiert sind, können dadurch unterhalb der Boridschicht Carbide entstehen.

An der Grenze zwischen Boridschicht und Grundgefüge nimmt die Borkonzentration sprunghaft auf rd. 0,005 Massenanteile in % ab. Dies verdeutlicht die geringe Löslichkeit von Bor im Ferrit. In der Boridschicht selbst werden je nach Boriertemperatur die im Ausgangszustand vorhandenen Carbide mehr oder weniger aufgelöst.

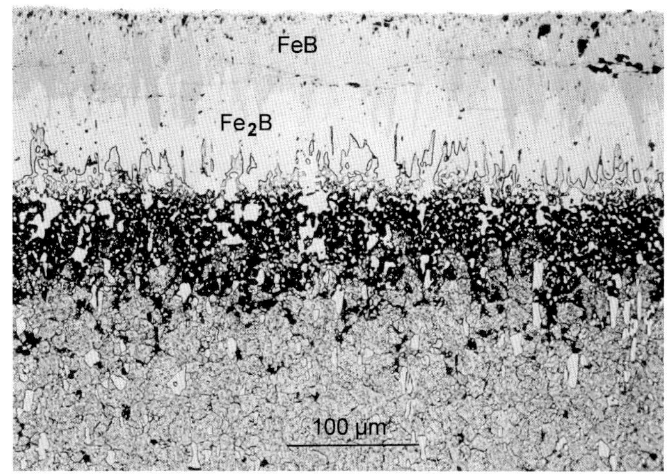

Bild 8.2: Lichtmikroskopische Aufnahme der Randschicht des Stahls X165CrMoV12, 12 h bei 950 °C im Pulver boriert (Nital geätzt)

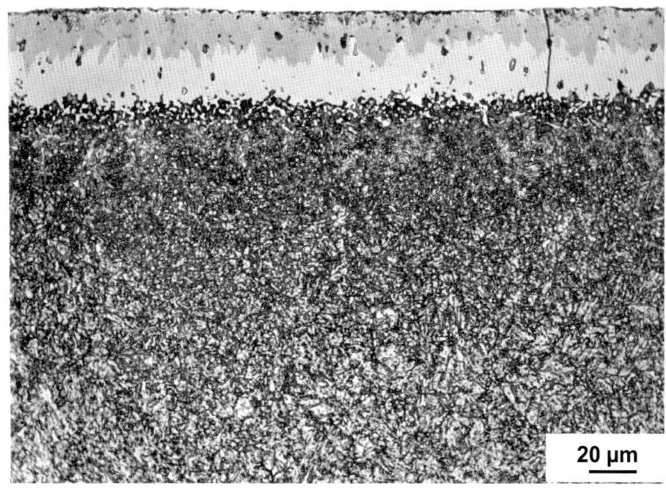

Bild 8.3: Lichtmikroskopische Aufnahme der Randschicht des Stahls X40Cr13 boriert bei 950 °C 8 h in Pulver (geätzt mit Nital)

Die in der Boridschicht erreichte Borkonzentration bestimmt, ob einphasige, nur aus Fe_2B bestehende oder zweiphasige aus FeB und Fe_2B aufgebaute Schichten entstehen. Der zweiphasige Aufbau erscheint lichtmikroskopisch sandwichartig, was beispielsweise in den Gefügeaufnahmen der Bilder Bild 8.2 und 8.3 zu erkennen ist.

Der prinzipielle Zusammenhang zwischen der Boridschichtdicke und der Behandlungsdauer ist in Bild 8.4 am Beispiel verschiedener Stähle beim Pulverborieren bei 900 °C dargestellt. Daraus ist zu entnehmen, dass das Quadrat der Boridschichtdicke proportional zur Borierdauer ist.

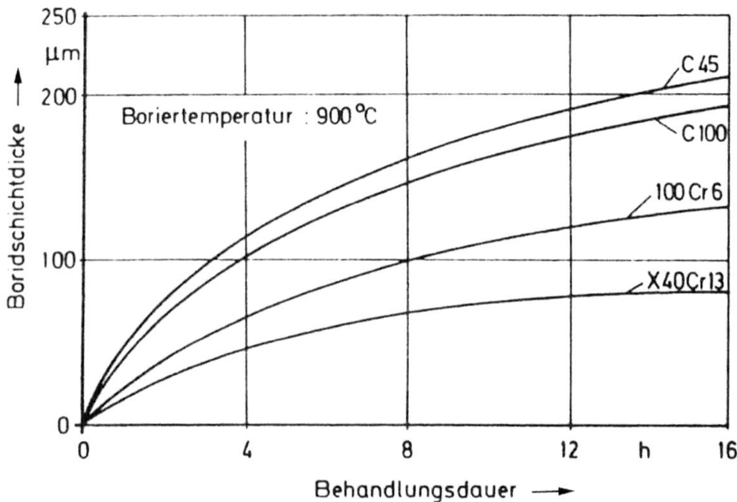

Bild 8.4: Zusammenhang zwischen der Boridschichtdicke und der Temperatur beim Pulverborieren bei 900 °C

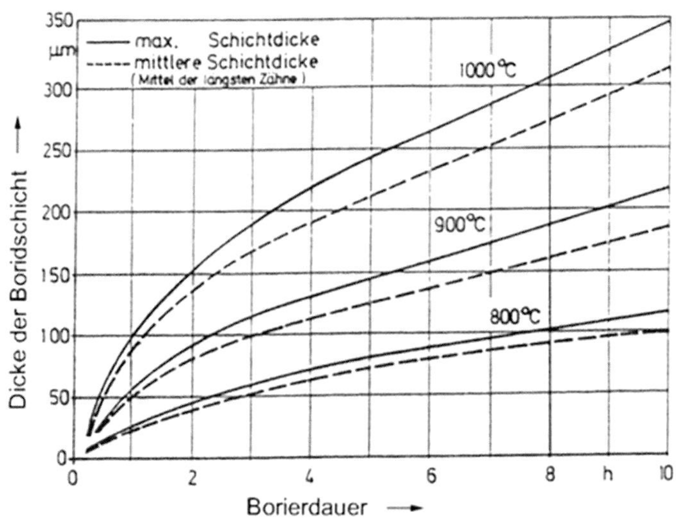

Bild 8.5: Einfluss der Boriertemperatur auf die Wachstumsrate der Boridschicht

So wie beim Nitrieren und Nitrocarburieren wird auch beim Borieren der Einfluss der Legierungselemente auf die Eindiffusion des Bors deutlich: mit zunehmendem Legierungsgehalt nimmt die Boridschichtdicke ab.

In Bild 8.5 ist am Beispiel des unlegierten Vergütungsstahls C45 der Einfluss der Temperatur auf das Borieren dargestellt. Analog zum Aufkohlen wächst die Boridschicht umso schneller, je höher die Temperatur beim Borieren ist.

8.2.2 Eigenschaften der Boridschicht

8.2.2.1 Härte

Analog zu Carbiden besitzen auch die Boride eine sehr hohe Härte. Weitgehend unabhängig von der Zusammensetzung des Eisenwerkstoffs werden in Boridschichten Werte über 1500 HV bis 2000 HV gemessen. Es aber zu beachten, dass die Härtemessung in diesem Bereich wegen des Fehlens geeigneter Eichstandards und subjektiver Einflüsse beim Messen sehr problematisch ist, wie die z. T. recht unterschiedlichen Angaben in verschiedenen Veröffentlichungen zeigen.

Wenn die Boriertemperatur im Bereich der Austenitisiertemperatur des jeweils verwendeten Stahls liegt, kann durch ein Abschrecken mit der kritischen Temperatur für die Martensitstufe entsprechend der Härtbarkeit des Stahls das Gefüge unterhalb der Boridschicht martensitisch umgewandelt werden. Bei den in den Bildern 8.2 und 8.3 abgebildeten Aufnahmen ist dies zu sehen. Die erreichbare Härte und das Härteprofil ergibt sich je nach Härtbarkeit, vgl. Kapitel 4, „Härtbarkeit – Eignung der Eisenwerkstoffe zum Härten“. Werden hochlegierte Werkzeugstähle wie z. B. die ledeburitischen Kaltarbeitsstähle benutzt, ist es zweckmäßig, diese bei einer Temperatur von mindestens 1000 °C zu borieren. Schnellarbeitsstähle, die üblicherweise zum Härten bei Temperaturen von über 1150 °C austenitisiert werden, sollten allerdings nicht höher als bei 1050 °C boriert werden. Bei diesen Temperaturen werden sie dann aber nur teilweise austenitisiert, so dass sie beim Abschrecken „unterhärtet“ werden.

8.2.2.2 Festigkeit

Das Festigkeitsverhalten borierter Bauteile bei statischer und dynamischer Beanspruchung ist ebenso wie das Formänderungsvermögen als eine Verbundeigenschaft zu verstehen. Es wird von den Eigenschaften der Boridschicht und dem nicht borierten Querschnittsbereich, dem Gefügeaufbau und den Eigenspannungen bestimmt. Die Zugfestigkeit wird im Allgemeinen durch das Borieren verringert, da wegen der hohen Härte der Boridschicht die Anrissneigung relativ hoch ist. Das Verhalten bei schwingender Beanspruchung ergibt sich aus der Kerbwirkung und dem Verlauf der örtlichen Festigkeit, vgl. Kapitel 7.9.2. Jedoch wird das Borieren nicht primär angewendet, um das Festigkeitsverhalten zu verbessern.

8.2.2.3 Formänderungsvermögen, Zähigkeit/Duktilität

Das Formänderungsvermögen wird durch die Boridschicht deutlich verringert. Im Kerbschlagbiegeversuch nach DIN 50115 ergeben sich deutlich geringere Zähigkeitskennwerte gegenüber dem nicht borierten Zustand, insbesondere bei zusätzlich gehärteten Teilen und hochlegierten Werkzeugstählen.

Eine gewisse Optimierung des Verhaltens der Boridschicht lässt sich erreichen, wenn diese einphasig aus dem an Bor ärmeren Borid aufgebaut ist.

Borierte Bauteile sind gegen Schlag und Stoß empfindlich und reagieren mit Ausbrüchen aus der Boridschicht. Ein Richten borierter Bauteile ist nur begrenzt möglich.

8.2.2.4 Verschleißverhalten

Die gegenüber dem Eisengitter veränderte Kristallstruktur der Boride in der Boridschicht verringert bei Gleitverschleiß die Adhäsionsneigung, das Kaltverschweißen der borierten Randschicht mit dem Gegenpartner. Die hohe Härte der Boridschicht erhöht bei Abrasionsverschleiß, dem Furchungsverschleiß, den Widerstand gegenüber dem Materialabrieb. Im Unterschied zu Nitridschichten besitzen Boridschichten allerdings keinerlei Notlaufeigenschaften.

Diese Eigenschaftsänderungen führten allgemein zu Verbesserungen des Verschleißverhaltens in einer Vielzahl der unterschiedlichsten Anwendungsfälle bei Bauteilen und Werkzeugen wie z. B. bei Bohrmeißeln, Kreuzgelenken, Lagerringen und Erdölschlammpumpenteilen, Gleitführungen von Drahtwalzwerken, Bolzen, Lagerhülsen und Kettengliedern von Traktorenraupenketten; Zylindern, Extrudern, Düsen, Schnecken in Kunststoffverarbeitungsmaschinen (Extruder- und Spritzgießtechnik); Krümmern und Prallplatten aus Förderanlagen für Kunststoffgranulate mit mineralischen Anteilen, Pressstempeln, Schneidschablonen und Sieblochplatten in der Keramikherstellung, Mahlscheiben von Spezialmühlen, Sieblagerplatten in der Schleifkornaufbereitung, Fadenführerbüchsen, Hohltrommeln in der Textilverarbeitung, Lochstempeln in der Blechverarbeitung, Zahnrädern für Getriebe verschiedenster Art, Schneckenbuchsen und Schraubengehäusen für Schrauben-Schieberpumpen, Druckkammern, Gießrohren, Kokillenteilen und anderen auf Verschleiß beanspruchten Teilen in der Gießereitechnik u. v. a. m.

Im Allgemeinen werden bei Bauteilen und Werkzeugen Boridschichtdicken von 20 µm bis 150 µm Dicke hergestellt, bei mineralischem Verschleiß werden Schichtdicken mit 150 µm bis 600 µm benötigt.

8.2.2.5 Korrosionsverhalten

Die Boridschicht erweist sich auch gegenüber chemischen Angriffen beständiger als die nicht borierte Randschicht. In Bild 8.6 sind die Ergebnisse von Korrosionsversuchen wiedergegeben, bei denen borierte Proben aus dem Vergütungsstahl Ck45 dem Einfluss von Salz-, Schwefel- bzw. Phosphorsäure bei 56 °C ausgesetzt wurden.

Gegenüber dem Gewichtsverlust im nicht borierten Zustand ist der Korrosionsschutz durch die Boridschicht deutlich zu erkennen. Eine technische Nutzung erfolgt jedoch bisher nicht.

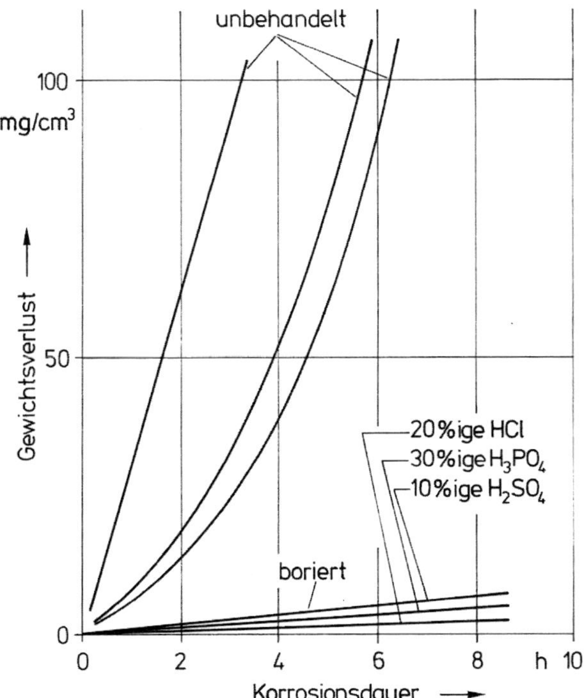

Bild 8.6: Ergebnisse von Korrosionsversuchen mit borierten Proben aus dem Stahl C45 /Kun/

8.3 Hinweise für das praktische Anwenden des Borierens

8.3.1 Vorbehandlung

Das Borieren vergrößert die Rauheit der Werkstückoberfläche. Die hohe Härte erschwert ein Bearbeiten zum Verringern der Rauheit oder Korrigieren von Maß- und Formänderungen. Daher sollten die zu borierenden Teile vor dem Borieren

- auf eine möglichst geringe Oberflächenrauheit fertigbearbeitet werden
- auf ein Untermaß fertigbearbeitet werden, das die zu erwartenden Volumenvergrößerungen – etwa 60 % der Boridschichtdicke – berücksichtigt
- an scharfen Ecken abgerundet und Grate entfernt werden
- zum Beseitigen im Werkstück vorhandener Eigenspannungen spannungsarm geglüht werden
- sorgfältig gereinigt werden, um alle von der Bearbeitung auf der Werkstückoberfläche zurückbleibenden Rückstände (z. B. Reste von Kühlschmiermitteln, Korrosionsschutzmitteln u. ä.) zu entfernen.

In Anwendungsfällen, in denen borierte Werkstücke im Zusammenhang mit dem Borieren oder anschließend daran gehärtet werden, hat sich ein Vorvergüten als zweckmäßig erwiesen. Dadurch kann ein Teil der durch das Härten zu erwartenden Maß- und Formänderungen bereits vorweggenommen werden. Prinzipiell lassen sich auch einsatzgehärtete Werkstücke borieren, nicht jedoch nitrierte oder nitrocarburierte.

8.3.2 Werkstoffauswahl

Diese richtet sich nach den Eigenschaften, die das borierte Werkstück zusätzlich zu den Anforderungen an die Boridschicht besitzen soll. Ist eine hohe Kernfestigkeit oder ein wirksame Abstützung der Boridschicht erforderlich, dann ist es zweckmäßig, Stähle mit ausreichend hoher Härtbarkeit zu verwenden, und nach dem Borieren zu härten.

Prinzipiell sind alle Eisenwerkstoffe zum Borieren geeignet. Eine Ausnahme bilden jedoch die mit größeren Siliziumgehalten legierten Stähle. Silizium wird ähnlich wie der Kohlenstoff vom Bor verdrängt. Dies führt zu einer Ferritbildung direkt unterhalb der Boridschicht. Dadurch können die Gebrauchseigenschaften beeinträchtigt werden, da die Boridschicht eine geringere Abstützung erfährt. Mangan und Nickel beeinflussen das Schichtwachstum kaum. Bei hohen Nickelgehalten nimmt die stengelförmige Ausbildung der Boridschicht deutlich ab. Außer Kohlenstoff und Silizium sind die meisten anderen Legierungselemente der Stähle in den Boriden löslich.

Werden Schnellarbeitsstähle verwendet, dann dürfen die borierten Werkstücke nicht gehärtet werden. Da die Härtetemperaturen erheblich höher sind als die Bildungstemperatur der Boridschicht, muss mit einer Zersetzung der Boride und Auflösung der Boridschicht ab etwa 1050 °C gerechnet werden.

8.3.3 Durchführung des Borierens

Die Behandlungstemperatur richtet sich nach der erforderlichen Schichtdicke und dem gegebenen Werkstoff. Aus den Bildern 8.4 und 8.5 können Anhaltswerte für das Festlegen der Prozessparameter entnommen werden. Soll unmittelbar nach dem Borieren gehärtet werden, dann ist es zweckmäßig, bei einer Temperatur zu borieren, die der Härtetemperatur des betreffenden Stahls entspricht.

Die für die geforderte Boridschichtdicke erforderliche Borierdauer ergibt sich aus dem oben beschriebenen Zusammenhang.

Zum Borieren stehen derzeit Granulate zur Verfügung, in welche die zu borierenden Werkstücke eingepackt werden. Dabei ist darauf zu achten, dass die Werkstücke allseitig von einer ca. 10 mm bis 20 mm dicken Schicht des Boriermittels umgeben sind. Damit die Werkstücke nicht verzundern, sind die Kästen bis zum Rand mit dem Granulat aufzufüllen und mit einer Platte oder einem Deckel abzuschließen. Das Volumen der Kästen sollte 60% des Ofennutzraums nicht überschreiten. Es empfiehlt sich, die Kästen der Werkstückform anzupassen, um ein möglichst gleichmäßiges Erwärmen zu erreichen und die notwendige Boriermittelmenge in wirtschaftlich vertretbaren Grenzen zu halten. Lange, schlanke Teile können z. B. in mit Winkelprofilen versteifte Rohre eingepackt werden.

Bewährt haben sich elektrisch beheizte Kammer-, Muffel- oder Retortenöfen mit offenliegenden oder verdeckten Heizwendeln. Direkte Beheizung mit Gas- oder Ölbrennern ist für das Borieren ungeeignet. Vakuumöfen sind im Allgemeinen nicht erforderlich.

Auch Schutz- oder Inertgas ist im Allgemeinen für das Glühen der Kästen in Kammer- oder Muffelöfen nicht notwendig. Wichtig ist jedoch, dass der verwendete Ofen eine Abgasöffnung besitzt, über der eine Absaugung angebracht ist, durch welche die aus dem Boriermittel frei werdenden Gase umweltschützend abgesaugt werden. Eine Umwälzung im Ofen ist nicht unbedingt erforderlich, kann jedoch insofern nützlich sein, da sie die Wärmeübertragung auf die Kästen mit dem Boriergut verbessert.

Die Temperaturregelung sollte gewährleisten, dass die Temperaturstreuung während der Haltedauer auf Boriertemperatur ± 10 °C nicht überschreitet.

Eine technisch interessante Methode zum Borieren ist die Wirbelbett-Technik. Hierbei wird Boriergranulat als ,,fluidisiertes“ Mittel benutzt. Die zu borierenden Werkstücke werden darin wie in die Salzschmelze eines Salzbadtiegelofens eingetaucht. Dies erleichtert außerdem das Handhaben der Werkstücke für ein nachfolgendes Abschrecken zum Härten.

Schließlich besteht auch die Möglichkeit, ein örtlich begrenztes Borieren durchzuführen. Dazu kann in bestimmten Bereichen der Werkstückoberfläche eine Borierpaste aufgebracht werden. Dies hat sich dort besonders bewährt, wo der zu borierende Bereich gegenüber der gesamten Werkstückoberfläche verhältnismäßig klein ist. In diesem Fall werden die Werkstücke in mit Schutzgranulat gefüllten Kästen oder in einer Inertgasatmosphäre geglüht.

Örtlich begrenztes Borieren ist auch dadurch möglich, dass die nicht zu borierenden Oberflächenbereiche nicht mit dem Boriergranulat, sondern mit Siliziumcarbid, Tonerde oder Durkrit[26] bedeckt oder mit einer Kupferschicht abgedeckt werden.

Nach Ablauf der Behandlungsdauer, im allgemeinen nach 30 min bis 8 h, werden die Kästen dem Ofen entnommen und an unbewegter Luft abgekühlt oder geöffnet, um Werkstücke die gehärtet werden sollen, zum Abschrecken zu entnehmen. Beim Borieren in Wirbelbetten können die Werkstücke in ein geeignetes Abschreckmittel übergehängt werden.

8.3.4 Nachbehandeln und Nachbearbeiten

Soll das Härten unabhängig von der Boriertemperatur vorgenommen werden, so kann in Inertgas, im Vakuumofen, unter Schutzgas oder in neutralen Salzschmelzen austenitisiert und je nach Härtbarkeit des betreffenden Stahls im Gas oder an Luft abgekühlt oder im Warmbad oder im Öl abgeschreckt werden. Solange die Austenitisiertemperatur unterhalb von 1050 °C bleibt, sind keine Beeinträchtigungen der Boridschichtqualität oder -haftung zu befürchten.

Wegen der Veränderung der Oberflächenrauheit sowie der Form und Abmessung ist in manchen Fällen ein Bearbeiten der borierten Werkstücke nicht zu umgehen. Hierbei ist zu berücksichtigen, dass die Bearbeitbarkeit der Boridschichten derjenigen von Oxidkeramik gleicht: die Boridschicht ist zwar spröde, jedoch gut polierbar.

[26] Durkrit ist eine Handelsbezeichnung der Fa. H.E.F. durferrit

Schleifen sollte möglichst unterbleiben, damit keine Risse in der Boridschicht erzeugt werden. Allenfalls darf nass und unter Verwendung von Diamantscheiben mit Kunstharzbindung und weitgehend vibrationsfrei geschliffen werden.

Für das Läppen sind lose Schleifmittel wie z. B. Borcarbid oder Diamant zu verwenden. Bei geringen Anforderungen an die Oberflächengüte kann auch mit Siliziumcarbid gearbeitet werden. Bei kleinen Fertigmaßtoleranzen ist als Trägerwerkstoff beim Läppen Gusseisen oder Kupfer unter möglichst geringem Druck zu empfehlen. Wird ein hoher Tragflächenanteil oder ein besonders gutes Oberflächenaussehen verlangt, können Kupfer oder Holz als Trägerwerkstoff oder Poliertücher empfohlen werden. Die Bearbeitungsgeschwindigkeit sollte nur wenige m/min betragen, um Reliefbildung zu vermeiden. Damit die Oberfläche nicht zu wellig wird, dürfen die Trägerwerkstoffe nicht zu weich sein.

Zylinderflächen können auch mit Kurzhubhongeräten bearbeitet werden. Das Honen von Bohrungen ist wegen der erforderlichen hohen Anpresskräfte ungeeignet.

Für das Reinigen unregelmäßig geformter Oberflächen nach dem Borieren hat sich besonders das Läppstrahlen mit Glaskugeln bewährt.

8.4 Chromieren

8.4.1 Entstehung und Aufbau der Chromierschicht

Das Anreichern der Randschicht von Werkstücken aus Eisenwerkstoffen mit Chrom verändert bei entsprechenden Chromkonzentrationen ebenfalls den Ausgangsgefügezustand. Hierbei spielt jedoch der Kohlenstoffgehalt eine entscheidende Rolle. Chrom ist ein Element der 6. Nebengruppe des Periodensystems mit einem gegenüber Eisen geringfügig geringeren Atomgewicht. Es wird im Eisengitter substitutiv auf freien Plätzen des Eisengitters eingelagert. Hierdurch kann bei einer Chromkonzentration von rd. 12 Masse-% ein Verhalten erreicht werden, wie es von den rostfreien Stählen her bekannt ist.

Bei Kohlenstoffgehalten über 0,15 Masse-% bis 0,30 Masse-% oder bei gleichzeitiger Eindiffusion von Kohlenstoff entstehen Chrom- oder Chrom-Eisencarbide mit der Zusammensetzung $M_{23}C_6$ oder M_7C_3.

Ähnlich wie beim Borieren wird das Chromieren im Temperaturbereich zwischen 850 °C und 1050 °C durchgeführt. Die Behandlungstemperatur liegt – ausgenommen die Schnellarbeitsstähle – für die meisten Stähle im Bereich ihrer Austenitisier- oder Härtetemperatur. Daher liegt es nahe, nach dem Chromieren so abzukühlen, dass wie beim Härten, im Rand ein martensitisches Gefüge entsteht. Dadurch erhält die Randschicht bei Druckbelastung eine entsprechende Stützwirkung.

Ähnlich wie beim Borieren wächst die Menge und Größe der Chromcarbide so an, dass eine geschlossene Chromcarbidschicht – Verbindungsschicht – entsteht, die je nach Behandlungsdauer in das Werkstückinnere weiter wächst. In den Bildern 8.7 und 8.8 sind entsprechende Beispiele zu sehen.

Bild 8.7: Lichtmikroskopische Aufnahme der Chromcarbidschicht des Stahls 42CrMo4 (Vergrößerung 1000:1, geätzt mit Nital)

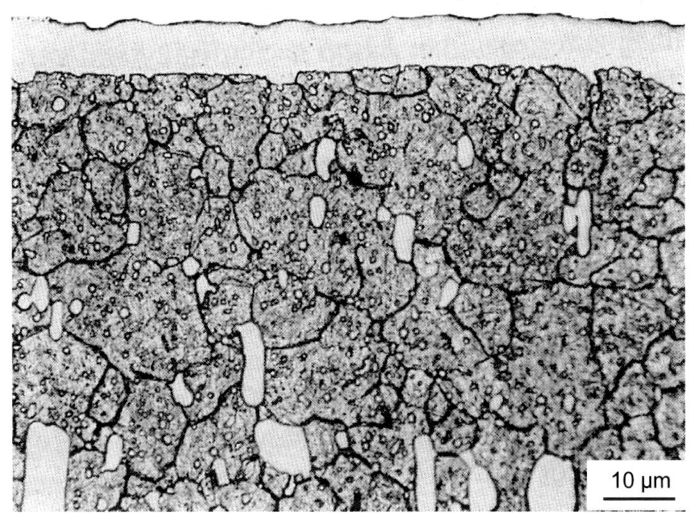

Bild 8.8: Lichtmikroskopische Aufnahme einer Chromcarbidschicht des Stahls X165CrV12 (Vergrößerung 1000:1, geätzt mit Nital)

Das Schichtwachstum verläuft langsamer als beim Borieren. So ist z. B. nach einer dreistündigen Behandlungsdauer bei einer Temperatur von 1000 °C bei einem Wälzlagerstahl eine Schichtdicke von ca. 15 µm zu erreichen. Über den Zusammenhang zwischen Carbidschichtdicke und Behandlungsdauer bei verschiedenen Temperaturen liegen bisher kaum Versuchsergebnisse vor.

8.4.2 Eigenschaften chromierter Werkstücke

Bei einer Chromkonzentration von 12 Masse-% in der Randschicht wird die Resistenzgrenze der rostfreien Stähle erreicht. Dies ist deutlich bei metallographischen Untersuchungen an der geringeren Anätzbarkeit gegenüber dem Grundgefüge zu erkennen, vergleiche die Bilder 8.7 und 8.8. Der Korrosionswiderstand der Chromcarbidschichten erstreckt sich auf Angriffe der natürlichen Atmosphäre, Wasser, Ammoniak, verschiedene aggressive Gase, Laugen, Milch-, Gerb-, Frucht- und Salpetersäure, Schwefeldioxid, Trichlorethylen, Tetrachlorkohlenstoff und zahlreiche weitere Stoffe. Keine Beständigkeit wird gegen feuchtes Chlor, konzentrierte Essigsäure, Ameisensäure, Schwefel- oder Salzsäure erreicht.

Der erhöhte Chromgehalt in der Randschicht von Eisenwerkstoffen verringert auch die Reaktionsneigung mit Sauerstoff bei Temperaturen bis etwa 850 °C, so dass Bauteile auch wirksam gegen ,,Hochtemperaturoxidation“ geschützt werden können.

Die Härte der Chromcarbidschichten erreicht Werte zwischen 1600 HV und 2000 HV. Daraus resultiert ein wesentlich höherer Widerstand gegenüber dem Ausgangszustand bei abrasivem Verschleiß. Die im Vergleich zum Ausgangsgefüge durch die Chromcarbide veränderte Struktur der Randschicht bewirkt auch ein günstigeres Verhalten bei adhäsivem Verschleiß, so dass die Kaltschweißneigung mit metallischen Gegenpartnern verringert wird.

Das Festigkeitsverhalten der Bauteile wird durch die Chromcarbidschicht nur unwesentlich beeinflusst.

Interessant für die technische Anwendung des Chromierens ist die Möglichkeit, Bauteile und Werkzeuge gegen komplexe Beanspruchungen, wie z. B. Verschleiß und Oxidation oder Korrosion zu schützen. So werden als typische Anwendungsbeispiele Fadenführungen in der Textilverarbeitung. Wirbel- und Staubabscheider, Teile von Pumpen für Schleifpasten, oder Keramikgießformen genannt.

Gegen Korrosion wurden Bleche, Drähte, Bolzen, Schrauben. Muttern, Stangen, Rohre und Ventile erfolgreich chromiert.

Gegen Hochtemperaturoxidation hat sich das Chromieren bewährt für Gitter und Brenner von Gasherden und -öfen, Ölbrennerventile und -düsen, Feuerzüge von Raumheizgeräten und Wärmetauschern, Bolzen, Muttern, Nieten, Glaspfannen, Bäkkereimaschinen- und Ofenteile aus Stahl und Gusseisen, Gasturbinenrohre, Armaturen für Crackanlagen, Teile von Atomreaktoren, Teile von Emailleschmelzöfen, Zündkerzenelektroden, Gasturbinen- und Abgasmotorteile (Rotoren, Schaufeln u. a. m.) usw..

8.4.3 Hinweise für das Anwenden und Durchführen des Chromierens

Es ist zweckmäßig, zum Chromieren Eisenwerkstoffe mit einem Kohlenstoffgehalt von mindestens 0,8 Masse-% oder mehr zu verwenden, um eine Chromcarbidbildung zu ermöglichen und damit die obengenannten Härtewerte in der Randschicht zu erreichen.

Genauso wie beim Borieren sollten die Werkstücke vor dem Chromieren durch eine Feinstbearbeitung mit einer geringen Oberflächenrauheit versehen werden. Die Berücksichtigung der auch beim Chromieren zu erwartenden Volumenvergrößerung ist zweckmäßig. Die Oberfläche der zu chromierenden Werkstücke sollte sorgfältig von Rückständen aller Art gereinigt werden.

Zum Chromieren hat sich als Chromspender hauptsächlich das Behandeln in einem Pulvergemisch aus Chrom oder Ferrochrom, einem das Zusammenbacken verhindernden Füllstoff, z. B. Kaolin, Tonerde, Aluminiumoxid und einem Aktivator, z. B. Ammoniumchlorid oder Chromchlorid, bewährt. Hinzu kommen gegebenenfalls noch Kohlenstoff abgebende oder Sauerstoff bindende Zusätze, vgl. die Patentliteratur.

Die Werkstücke werden wie beim Pulverborieren zusammen mit dem Chromiermittel in Kästen eingepackt und in einem Ofen unter Inert- oder Schutzgas bei Temperaturen im Bereich zwischen 800 °C und 1200 °C geglüht.

Die erforderliche Behandlungsdauer richtet sich nach der erforderlichen Dicke der Chromcarbidschicht, üblich sind Werte von ca. 10 µm.

Sofern die Beanspruchung eine entsprechende Abstützung der Chromcarbidschicht erfordert, kann genauso wie bei borierten Werkstücken das Abkühlen auf Raumtemperatur mit zweckentsprechender Geschwindigkeit vorgenommen werden, um eine Härtung zu erreichen. Voraussetzung ist, dass die Temperatur beim Chromieren im Bereich der Härtetemperatur des betreffenden Stahls liegt.

Im Unterschied zu borierten Werkstücken, sollten chromierte Werkstücke möglichst nicht nachbearbeitet werden, damit die vergleichsweise dünnere Chromcarbidschicht nicht abgetragen wird. Allenfalls kann die Vergrößerung der Oberflächenrauheit oder das Aufwölben von Kanten durch Läppen oder Polieren beseitigt werden. Dadurch wird der Anwendungsbereich auf die Fälle eingeschränkt, in denen die Anforderungen an die Maßtoleranzen nicht besonders hoch sind.

8.5 Literatur

Mat75	von Matuschka, A	Borieren, Delta-Verlag, 1975
Mat	von Matuschka, A.	Borieren – Merkblatt 446, Beratungsstelle für Stahlverwendung, Düsseldorf
DIN	DIN	Taschenbuch Nr. 218 – Werkstofftechnologie 1, Wärmebehandlung, Beuth-Verlag, 5. Auflage 2007,
Kun	Kunst, H.	Unveröffentlichte Mitteilung
Kun93	Kunst, H.	Verschleißhemmende Schichten Expert-verlag, Renningen, 1993, S. 64 -76

9 Glühen – Grundlagen und praktische Durchführung

K.H. Illgner

9.1 Kriterien für die Auswahl von Glüh-Verfahren

Ziel jedes Wärmebehandlungsverfahrens in der Praxis ist die Einstellung von solchen Eigenschaften für Halbfabrikate und für Bauteile, die eine bessere Nutzung, sichere Anwendung sowie zuverlässige Haltbarkeiten zur Folge haben.

Viele Fertigungsabläufe von Halbzeugen und Bauteilen, wie z. B. Gießen, Schmieden, Kaltumformen, partielles Erwärmen oder Schweißen führen zu Unterschieden in den Gefüge- und/oder Eigenspannungs-Zuständen. Sie können die Festigkeit und die Zähigkeit oder die Verarbeitungseigenschaften durch Störungen im Gefügeaufbau und/oder durch Eigenspannungszustände ungünstig beeinflussen.

Gemäß DIN EN 10052-1 ist die Sammelbezeichnung „Glühen“ wie folgt definiert:

„Wärmebehandlung, bestehend aus Erwärmen auf eine bestimmte Temperatur, Halten und Abkühlen in der Weise, dass der Zustand des Werkstoffes bei Raumtemperatur dem Gleichgewichtszustand näher ist.“ /DIN07/

In Bild 9.1 ist der Ablauf einer Wärmebehandlung, wie er prinzipiell auch für das Glühen gilt, schematisch dargestellt.

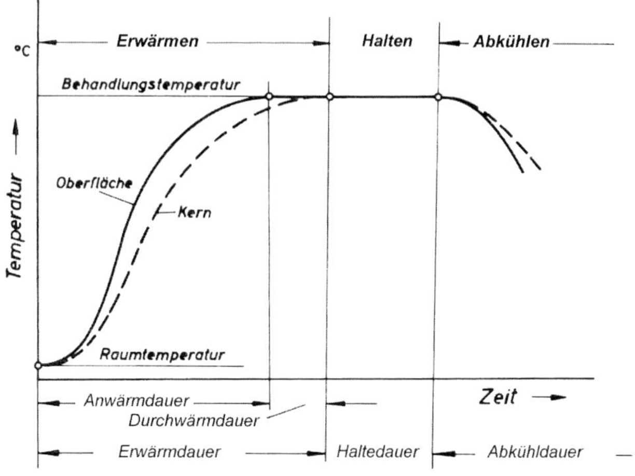

Bild 9.1: Temperatur-Zeit-Ablauf beim Wärmebehandeln

Diese Definition ist jedoch zunächst sehr allgemein, so dass es für die in der Praxis auszuführenden Verfahren notwendig ist, eine genaue Bezeichnung, z. B. Normalglühen, Rekristallisationsglühen, Spannungsarmglühen usw., anzugeben.

Die verschiedenen Glüh-Verfahren mit ihren jeweiligen spezifischen Zeit-Temperatur-Abläufen haben im Wesentlichen den Zweck:

- Gefüge so umzuwandeln, dass sie dem Gleichgewichts-Gefügezustand entsprechen oder möglichst nahe sind
- Art, Form, Größe und Anordnung einzelner Gefügebestandteile so zu verändern, dass ein gleichmäßig ausgebildetes Gefüge entsteht
- Verformungen und/oder Eigenspannungen zu verringern oder zu beseitigen

Tabelle 9.1 gibt eine Übersicht über Art und Zweck der Glühverfahren. Dazu sind in Bild 9.2 schematisch in das Eisenkohlenstoff-Schaubild die jeweiligen Temperaturbereiche eingetragen, bei denen die Glühverfahren durchgeführt werden. Für das Normalglühen, FP-Glühen, das Lösungsglühen hochlegierter nichtrostender Chrom-Nickel-Stähle sowie für das nur in Stahlwerken bei der Stahlherstellung ausführbare Diffusionsglühen legierter Kokillenguss-Rohblöcke und das seit langer Zeit infolge nachteiliger Stahlversprödung nicht mehr übliche Grobkornglühen, liegen die Glühtemperaturen oberhalb der oberen Umwandlungstemperatur A_{c3}. Für die übrigen Verfahren, wie z. B. Weichglühen, GKZ-Glühen (**G**lühen auf **k**ugeligen **Z**ementit), Rekristallisationsglühen, Spannungsarmglühen und Wasserstoffentgasen sind Behandlungstemperaturen um die oder unterhalb der unteren Umwandlungstemperaturen A_{c1} der Stähle erforderlich.

Tabelle 9.1: Übersicht über die Glühverfahren

Verfahren	Zweck	Temperaturbereich	Angestrebtes Gefüge
Normalglühen	Einstellen eines feinkörnigen Ferrit-Perlit-Gefüges mit langzeitstabilen moderaten Festigkeits- und guten Zähigkeitseigenschaften	oberhalb A_{c3} bei Stählen mit C< 0,8 Masse-%,	Ferrit + Perlit
		oberhalb A_{c1} bei Stählen mit C > 0,8 Masse-%	Perlit + Zementit
Rekristallisationsglühen	Kaltverfestigungen nach Kaltverformungen rückgängig machen und gute Duktilität bei niedriger Festigkeit wiederherstellen	680 °C bis 700 °C	verfestigungsfreier Ferrit + Perlit
Spannungsarmglühen	Eigenspannungen durch örtliche plastische Verformungen abbauen	500 °C bis 680 °C	Ferrit + Perlit bzw. angelassener Martensit
Weichglühen	Verringerung der Härte	um A_{c1}	Ferrit und Carbide
GKZ-Glühen	Carbide in globulare Form bringen, die je nach Ausgangsgefüge mehr oder weniger homogen verteilt sind		Ferrit und kugelige (globulare) Carbide
Dehydrieren	Wasserstoff austreiben bei Stählen mit R_m > 1000 N/m^2	180 °C bis 250 °C	Martensit oder angelassener Martensit

Fortsetzung Tabelle 9.1

Verfahren	Zweck	Temperaturbereich	Angestrebtes Gefüge
FP-Glühen (früher: BG-Glühen)	Einstellen einer homogenen Ferrit-Perlitverteilung mit geringsten Eigenspannungen	oberhalb A_{c3} für Stähle mit C< 0,8 Masse-% glühen, dann Halten im Bereich 640 °C bis 680 °C und langsam Abkühlen bis 480 °C	Ferrit und Perlit
Grobkornglühen	Kornvergröberung zur Verbesserung der Zerspanbarkeit bei niedrig oder unlegierten Stählen. Heute unüblich.	1050 °C bis 1200 °C	Ferrit und Perlit
Diffusionsglühen	Erhöhung der Gleichmäßigkeit der Verteilung der Legierungselemente – beim Stahlhersteller	1150 °C bis 1350 °C	Ferrit und Perlit
	Beim Aufkohlen den Kohlenstoff gleichmäßiger verteilen	anschließend an das Aufkohlen, bei Aufkohlungstemperatur	Aufkohlungsschicht mit < 0,8 Masse-% C
Lösungsglühen (Lösungsbehandeln)	Auflösen von Ausscheidungen, ausgeschiedene Bestandteile in feste Lösung bringen	bei martensitaushärtenden Stählen ca. 1050 °C	

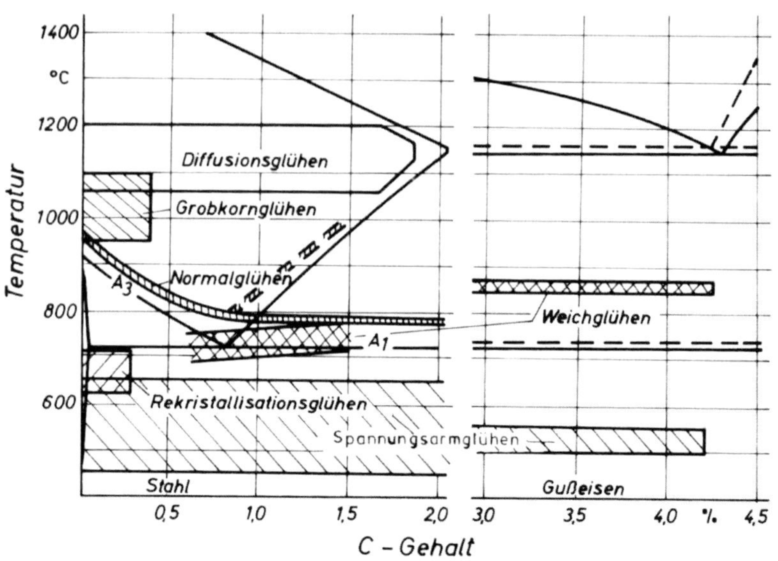

Bild 9.2: Temperaturbereiche der Glühverfahren im Eisen-Kohlenstoff-Zustands-Schaubild eingetragen

Bei allen Wärmebehandlungen über Temperaturen ab etwa 250 °C bilden sich in oxidierenden Umgebungsmedien, wie z. B. Luft, Verbrennungsgasen oder anderen oxidierend wirkenden Medien, z. B. Glühsalzen, Oxid- oder gar Zunderschichten an der Oberfläche der wärmebehandelten Teile. Diese Schichten wachsen umso stärker, je höher die Glühtemperatur ist und je länger die Einwirkung andauert. Außerdem kann der Oberflächenzustand und/oder die Randschichtzusammensetzung der Stähle durch die Umgebung beim Glühen, wie z. B. in Kohlenstoff-, Stickstoff- aber auch Schwefel- freisetzenden Medien beeinträchtigt werden. Wenn solche Reaktionen wie z. B. Oxidationen, Verzunderungen, Auf-, Ab- oder Entkohlungen verhindert werden sollen, muss das Glühen in einem geeignetem Mittel, wie z. B. Schutz- oder Inertgas bzw. neutralen Salzschmelzen oder im Vakuum vorgenommen werden. Glühbehandlungen, bei denen eine saubere „blanke“ Werkstückoberfläche erhalten bleibt, werden als „Blankglühen“ bezeichnet.

Glühbehandlungen werden entweder in direkt beheizten Ofenanlagen, bei denen die Heizflammen und ihre Abgase direkt in den Ofenraum gelangen, also oxidierend wirken, Bild 9.3, oder in mit Schutzgas gefluteten Ofenanlagen, wie z. B. so bezeichneten Mehrzweckkammeröfen, Bild 9.4, vorgenommen. Letztere erfordern eine indirekte Beheizung in einer abgeschlossenen Ofenkammer/Retorte, damit keine Flammengase in die Ofenatmosphäre gelangen und auch kein Sauerstoff aus der Umgebungsatmosphäre das Wärmebehandlungsgut beeinflusst.

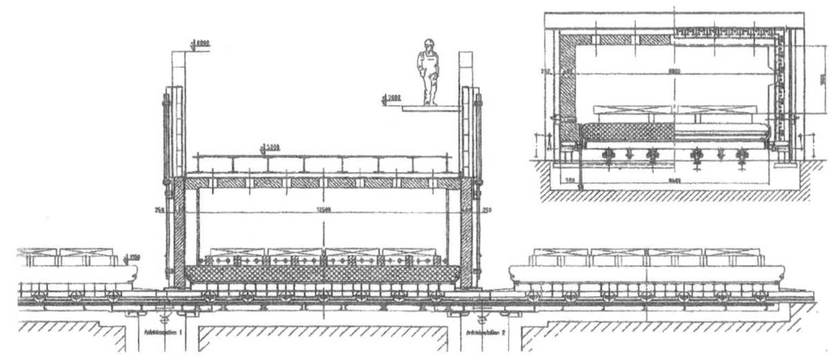

Bild 9.3: Elektrisch direkt beheizter Herdwagenofen zum Hochtemperaturglühen, alternativ kann auch eine direkte Gasbrennerbeheizung erfolgen

Die Oxidation von Stahloberflächen erfolgt schon durch geringste Sauerstoffgehalte der Umgebungsmedien, wobei die Wirkung von Prozessgasen durch den Partialdruck des Sauerstoffes, dieser entspricht dem prozentualem Mengenanteil in der Ofenatmosphäre, gegeben ist. Bild 9.5 zeigt wie niedrig diese Sauerstoffpartialdrücke in Abhängigkeit von der Wärmebehandlungstemperatur sein müssen, um Oxidation zu vermeiden. Niedrige Glühtemperaturen erfordern einen wesentlich geringeren Sauerstoffpartialdruck als höhere Glühtemperaturen, um blanke Stahloberflächen zu erhalten. In handelsüblichem Stickstoff des Reinheitsgrades 99,99% – das entspricht einem Sauerstoffpartialdruck von $1 \cdot 10^{-4}$ – kann weder oxidationsfrei geglüht noch angelassen werden. Es sind dazu reduzierend wirkende Gaszusätze notwendig.

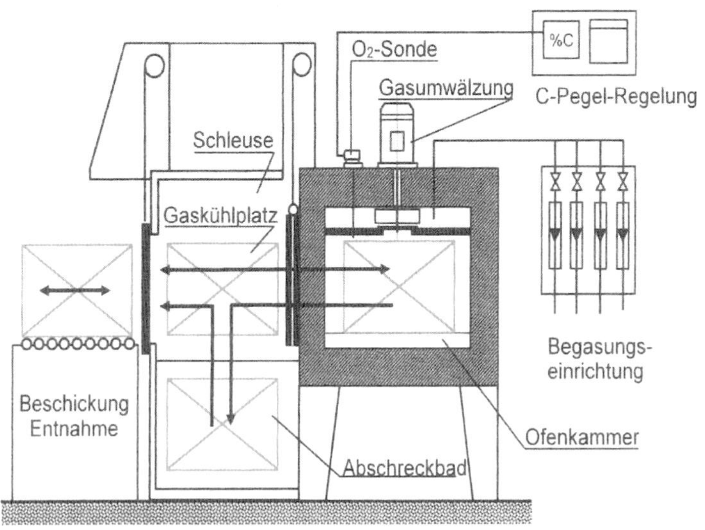

Bild 9.4: Mehrzweckkammerofen mit indirekter Beheizung und geregelter Schutzgasatmosphäre

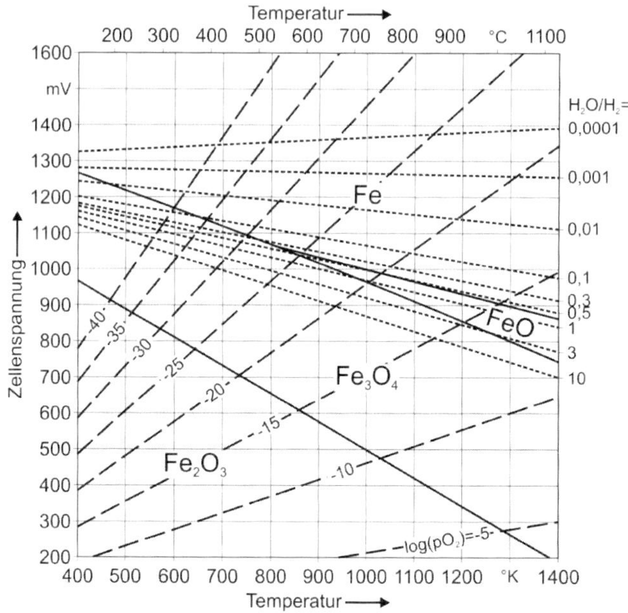

Bild 9.5: Oxidation von Stahloberflächen in Abhängigkeit von der Glühtemperatur und vom Sauerstoffpartialdruck sowie vom Mengenverhältnis des Wasserdampfes zur Wasserstoffmenge

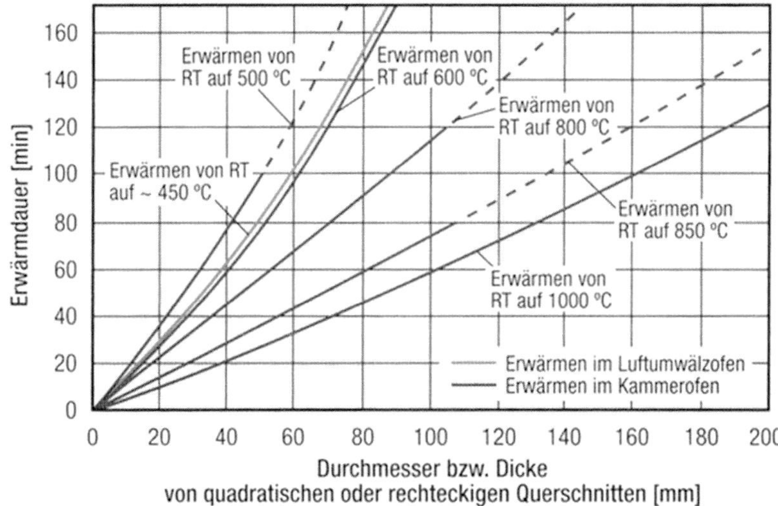

Bild 9.6: Erwärmdauer bis zum Durchwärmen DIN 17022 /DIN07/

Für die Dauer der Wärmebehandlung einer Ofencharge sind unabhängig von der Dauer für die Gefügeumwandlungen von Belang:

- die Heizleistung der Ofenanlage
- die Masse der Ofencharge (Gewicht der Bauteile und der Chargiergestelle)
  - die Kompaktheit der Chargierung bzw. die Anordnung und die gegenseitigen Abstände der zu behandelnden Bauteile
  - die Gaszirkulation in der Ofenanlage
  - und auch die physikalischen Bedingungen der Wärmeübertragung und Wärmeleitung bis in die Kernbereiche der zu behandelnden Bauteile, was insbesondere für das Glühen auf niedrigeren Temperaturen stets eine längere Dauer als bei höheren Temperaturen erfordert, Bild 9.6.

9.2 Glühverfahren mit Phasen-Umwandlungen nach einem Austenitisieren

9.2.1 Normalglühen = Normalisieren

Das Normalglühen ist eines der häufigsten Wärmebehandlungsverfahren, um bei untereutektoidischen Stählen mit C-Gehalten unter 0,8 Masse-% gleichmäßige, möglichst feinkörnige ferritisch-perlitische Gefüge oder in Sonderfällen, bei übereutektoidischen Stählen mit Kohlenstoffgehalten über 0,8 Masse-%, perlitisch-carbidische Gefüge zu erhalten, Bild 9.7

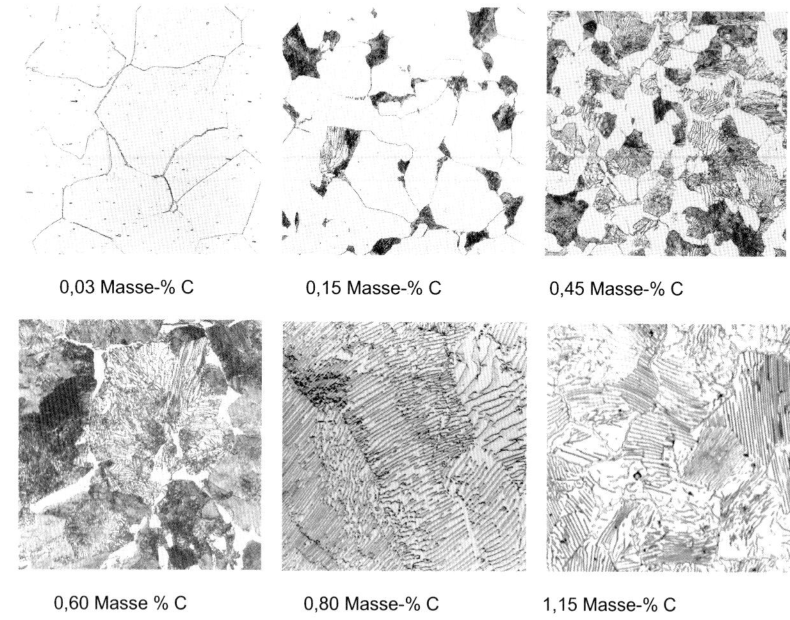

Bild 9.7: Normalglühgefüge von Stählen mit unterschiedlichen C-Gehalten

Meistens werden niedrig und unlegierte Stähle mit nicht zu hohen Kohlenstoffgehalten, z. B. bis etwa 0,5 Masse-%, normalgeglüht.

Ziele des Normalglühens sind

- Beseitigen von Grobkornzonen in erwärmten aber nicht umgeformten Bereichen nach Warmschmiede- und Stauchprozessen
- Beseitigen des primären, meist weniger zähen und härteren Widmannstätten´schen Gussgefüges bei Stahlformguss, Bild 9.8a verdeutlicht den Unterschied in der Gefügeausbildung zu einem Normalglühgefüge gemäß Bild 9.8b.
- Beseitigen ungleicher Kristallit-Korngrößenverteilungen sowie von Umwandlungsgefügen nach Schweißoperationen, Bild 9.9
- Beseitigen von Grob- oder Mischkorngefügen nach ungünstigem oder fehlerhaften Wärmebehandeln auf Grund zu hoher und/oder zu lang dauernder Temperatureinwirkung
- Gewährleistung ausreichender Festigkeits- und langzeitig zäher Werkstoffeigenschaften (z. B. für Bauteile für Druckrohrleitungen und Druckkesselanlagen)
- Vermeidung einer Grobkornbildung in kaltumgeformten Werkstücken mit niedrigem Umformgrad, wenn beim Rekristallisationsglühen mit der Bildung eines grobkörnigen Gefüges zu rechnen ist.

Bild 9.8a:

Überhitztes Gussgefüge des Stahls C45 mit Widmannstät-ten'schem Gefüge aus Ferrit und Perlit

Bild 9.8b: Stahl C45 normalgeglüht, Perlit (dunkel) und Ferrit (weiß)

Das Normalglühen wird für untereutektoidische Stähle (C-Gehalte <0,8 Masse-%) gemäß DIN EN 10052-1 durch Erwärmen und Halten auf Temperaturen etwa 30 °C bis 50 °C über der A_{c3}-(Austenitisier-)Temperatur charakterisiert. Für übereutektoidische Stähle (C-Gehalte > 0,8 Masse-%) liegen die Glühtemperaturen etwa 50 °C bis 100 °C über der A_{c1}-Temperatur, d. h. der unteren Umwandlungstemperatur, um nicht beim Wiederabkühlen Carbid-/Zementitausscheidungen an den Korngrenzen und dadurch eine Versprödung der Stähle in Kauf nehmen zu müssen. Das Abkühlen ist stets an ruhender Luft vorzunehmen.

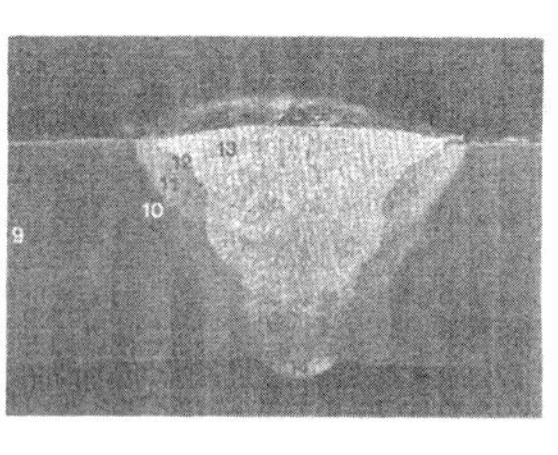

Schweißgefüge von S355 N
C 0,2% Mn ~ 1,2%
15 mm Blechdicke

Beeinflussung der Gefüge hinsichtlich Korngrößen und Phasenausbildung/Verteilung

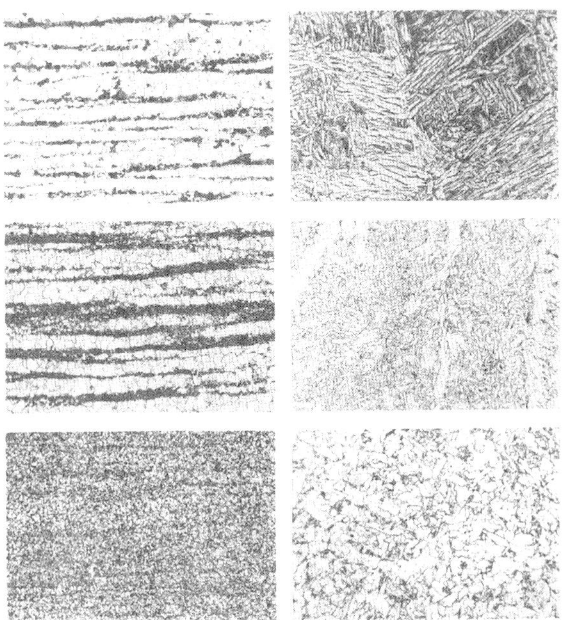

Bild 9.9: Gefüge nach dem Schweißen des Stahls S355N
Bildreihe von oben links nach unten rechts: Ausgangsgefüge Ferrit-Perlit; Aufblähung des Perlits; Umwandlungsgefüge durch schnelle Abkühlung; Schmelzlinie; Schweiße; Normalisiergefüge

Die Aufheizgeschwindigkeit sollte über der A_{c1}-Temperatur recht schnell erfolgen und die Haltedauer auf Austenitisiertemperatur nicht zu lange andauern. 15 Minuten bis 60 Minuten genügen nach Erreichen einer durchgehenden Erwärmung für unlegierte Stähle. Für die Haltedauer auf Temperatur wird nach praktischer Erfahrung für legierte Stähle die nachstehende Faustformel angegeben:

Haltedauer (in Minuten) = 30 + Durchmesser (in Millimeter)

Das Abkühlen sollte, wenn möglich, bis zu einer Temperatur von etwa 650 °C schnell erfolgen, um Grobkornbildung auszuschließen. Ofenabkühlungen führen stets zu grobkörnigen Gefügen.

Durch die während des Normalglühens ablaufenden Gefügeänderungen, d. h. durch die Bildung von γ-Mischkristallen (Austenit) auf der genannten Haltetemperatur und die Rückumwandlung beim Wiederabkühlen in die bei Raumtemperatur stabilen Phasen α-Mischkristall (Ferrit) und Carbide (M_3C bzw. Fe_3C) sowie deren Anordnung zu den Gefügebestandteilen Ferrit und Perlit, entstehen „normalgeglühte" Gefüge mit den gewünschten gleichmäßigen und recht zähen Eigenschaften.

Beim Aufheizen der Stähle auf die Austenitisiertemperatur beginnt bei Erreichen der unteren Umwandlungstemperatur A_{c1}, bzw.A_{c1b} für legierte Stähle, die Umwandlung des Perlits an den Korngrenzen zu γ-Mischkristallen (Austenit), in die sich mit ansteigender Temperatur die Ferritanteile auflösen bis dann auf Austenitisiertemperatur aller Kohlenstoff aus den Carbiden in der γ-Mischkristallphase weitgehend homogen aufgelöst ist. Beim Wiederabkühlen laufen diese Prozesse in umgekehrter Reihenfolge ab. Durch das zweimalige Durchlaufen der α-γ-Umwandlung, insbesondere durch das Rückumwandeln des Gefüges in der Ferrit- und Perlitstufe beim erneuten Abkühlen entsteht ein feinkörniges Gefüge, mit je nach Abkühlgeschwindigkeit mehr oder weniger feinstreifigem Perlit. Demzufolge wird das Normalglühen häufig auch zum Verringern der Korngröße angewandt und als „Umkörnen" bezeichnet.

Die Kohlenstoffgehalte bestimmen die Mengen an Zementit (Fe_3C) bzw. Carbiden und damit die Mengen an Perlit sowie bei Stählen mit C-Gehalten über 0,8 Masse-% an zusätzlichem freien Zementit, der bei Glühtemperaturen über A_{cm} meist an den Korngrenzen abgeschieden wird und dann die Zähigkeit beeinträchtigt, Bild 9.7.

Das vorgesehene Abkühlen an Luft ist jedoch in der Norm etwas ungenau mit der Angabe „Luftabkühlung" festgelegt. Bekanntlich kühlen dünnwandige Bauteile schneller ab als dickwandige und ruhende Luft hat andere Kühleigenschaften als eine auch nur schwach bewegte Luft. Infolgedessen können bei dünnwandigen Teilen und bewegter kalter Luft und vor allem bei schwach legierten Stählen schon recht harte Gefüge mit Bainitanteilen entstehen, die sich signifikant von den Eigenschaften normalgeglühter dickwandiger Bauteile mit langsamerer Abkühlung unterscheiden. Die aus dem Werkstückinneren nachströmende Wärme hat bei den dickwandigen Werkstücken eine weitgehend vollständige Umwandlung in Ferrit und grobstreifigen Perlit zur Folge. Für spezifizierte Eigenschaften des Gefügeendzustandes kann es daher notwendig sein, die Abkühlbedingungen im Hinblick auf die Bauteilquerschnitte festzulegen. Einschlägige ZTU-Schaubilder können einen guten Anhalt für die Abkühlbedingungen geben. Andererseits werden die am häufigsten einem Normalglühen unterzogenen Bauteile aus schwach bzw. nur unlegierten Stählen mit niedrigem Kohlenstoffgehalten gefertigt, die in einem großen Spektrum der Abkühlgeschwindigkeiten problemlos zu feinkörnigen ferritisch-/perlitischen Gefügen beim Normalglühen umwandeln.

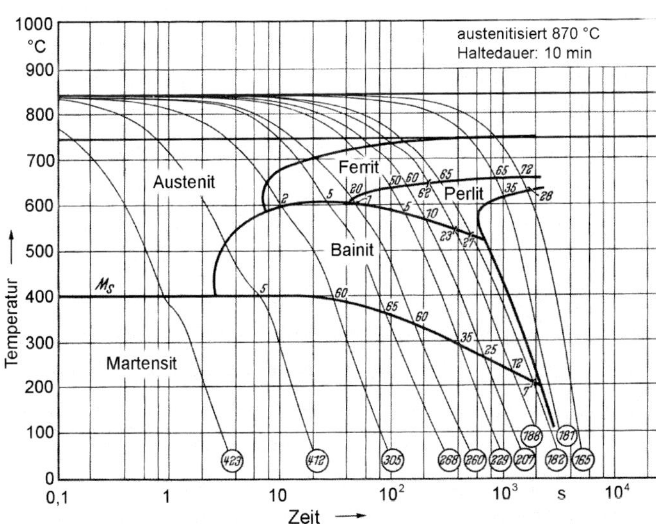

Bild 9.10: ZTU-Schaubild des Stahls 16MnCr5 für kontinuierliches Abkühlen (aus Atlas zur Wärmebehandlung der Stähle) /Ros61/

Die beiden ganz rechts liegenden Kurven in Bild 9.10 des ZTU-Schaubildes für ein kontinuierliches Abkühlen gelten für das Normalglühen des Einsatzstahls 16MnCr5.

Bild 9.11 zeigt das zu erwartende Normalglühgefüge des Stahles 16MnCr5 aus Ferrit und Perlit, was im vorliegenden Fall aufgrund der Stahlherstellungs- und Walzbedingungen, d. h. infolge inhomogener Verteilung der Legierungselemente, zeilig ausgefallen ist.

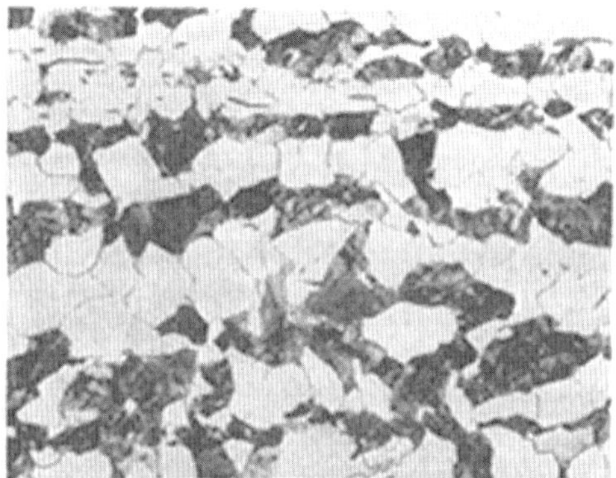

Bild 9.11: Stahl 16MnCr5 normalgeglüht

Das in Bild 9.12 gezeigte Beispiel lässt die Wirkung eines Normalglühens bei Stählen deutlich werden, die z. B. aufgrund des Lötens bei sehr hohen Temperaturen grobkörnig geworden sind und als inhomogene Mischgefüge vorlagen.

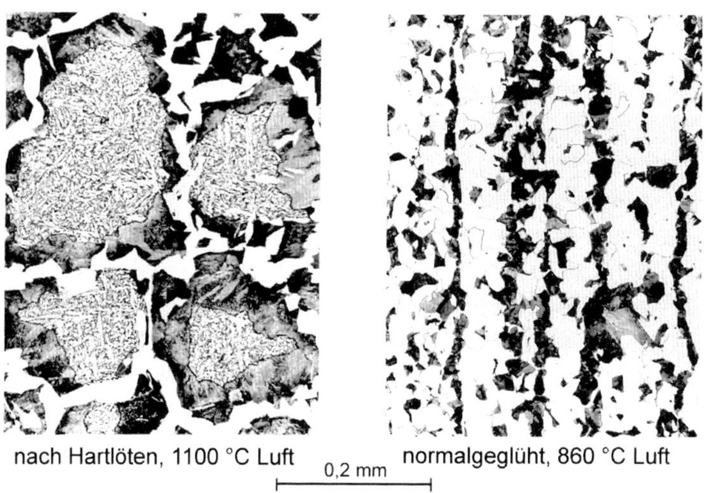

Bild 9.12: Wirkung eines Normalglühens nach einem Hartlöten zum Beseitigen des Grobkorns

Härte- und Zugfestigkeitswerte von Normalglühgefügen können annähernd mit der nachstehenden Formel berechnet werden, wobei die Zugfestigkeit etwa $R_m \sim 3{,}2$ HV erreicht:

Härte in HV = 15+173·%C+123%·Si+93%·Mn-7,6·%Cr+13,8·%Ni+90·%Mo-83·%V

In Bild 9.13 sind im Vergleich die Abhängigkeiten der Festigkeits- und Zähigkeitseigenschaften für die Gefügezustände "normalgeglüht" und „GKZ-geglüht", d. h. „auf kugelige Carbide geglüht", auch im Verhältnis zu gehärteten und vergüteten Wärmebehandlungszuständen wiedergegeben.

Halbzeuge, wie z. B. Bleche, werden heute vielfach auch im "normalisierend" gewalzten Gefügezustand in den Stahlwerken durch gesteuerte Warmwalztemperaturen und Abkühlverhältnisse gefertigt und geliefert, so dass für solche Produkte kein gesondertes Normalglühen erforderlich ist.

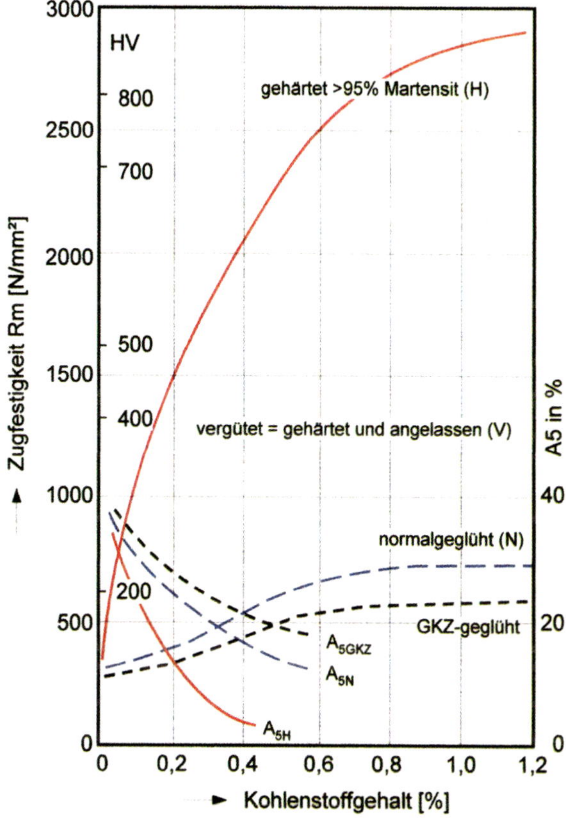

Bild 9.13: Eigenschaften geglühter, gehärteter und vergüteter Stähle

9.2.2 FP-Glühen (frühere Bezeichnung BG-Glühen)

Das Wärmebehandlungsverfahren FP-Glühen – Glühen auf homogene Ferrit-Perlit-Gefüge – früher als BG-Glühen bezeichnet, ist eine Art Normalglühen, wobei jedoch an Stelle einer ungesteuerten Luftabkühlung von der Austenitisiertemperatur eine isothermische Ferrit-Perlit-Umwandlung auf Temperaturen um 680 °C bis 640 °C mit anschließendem langsamen Abkühlen bis etwa 480 °C vorgenommen wird, um möglichst geringe Eigenspannungen zu erreichen, vgl. Bild 9.14. Dadurch wird ein homogenes sehr gleichmäßiges, eigenspannungsarmes Ferrit-Perlit-Gefüge erhalten, siehe Bild 9.15. Bei spanabhebendem Bearbeiten kann dadurch die Oberflächengüte der bearbeiteten Flächen und auch die Standmengen der Zerspanungswerkzeuge erhöht werden. Das ist vor allem beim Bearbeiten von Schmiederohlingen aus Einsatzstählen auf Transferstraßen von großer Bedeutung. Die Kosten der FP-Wärmebehandlung werden durch die Einsparungen am Bearbeitungsaufwand aufgewogen.

Diese Wärmebehandlung kann nur in Ofenanlagen erfolgreich vorgenommen werden, die eine „Sturzkühlung“ von Austenitisiertemperatur auf die Umwandlungstemperatur von etwa 650 °C durch entsprechend kältere Gasatmosphären ermöglichen, z. B. in Zweizonen-Ofenanlagen mit Gaskühlschleusen oder auch in Zweikammeröfen mit Schnellabkühlung auf Umwandlungstemperatur nach Umsetzen aus der Hochtemperaturkammer in die Abkühlkammer. Der Vorgang wird auch als Isothermglühen bezeichnet.

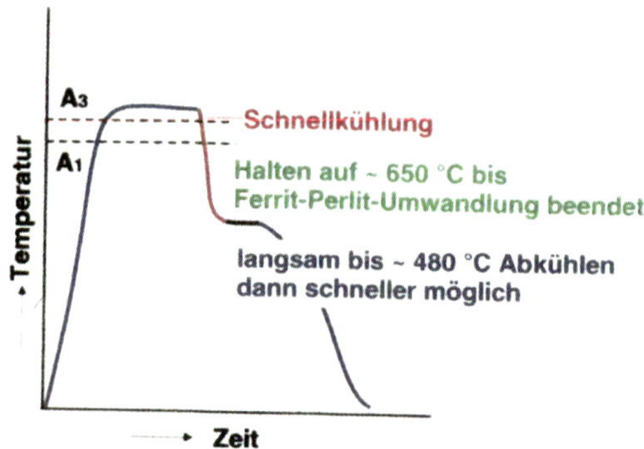

Bild 9.14: Zeit-Temperatur-Folge beim BG-Glühen

Bild 9.15:
Stahl 16MnCr5 nach einem FP-Glühen

9.2.3 Grobkornglühen

Beim Grobkornglühen handelt es sich um ein Langzeitglühen bei Temperaturen über 1050 °C, um absichtlich ein Kornwachstum im Stahlgefüge herbeizuführen. Hierzu zeigt Bild 9.16 schematisch das Kornwachstumsverhalten der Stähle in Abhängigkeit von der Glühtemperatur nach mehrstündigem Glühen.

Durch ein Grobkornglühen kann das Zerspanen untereutektoidischer Stähle durch „günstigere" Spanbildungen infolge einer geringeren Werkstoffzähigkeit verbessert werden. Dieses Verfahren wird aber derzeit nicht mehr durchgeführt, weil einerseits die Werkzeugtechnik keine Probleme mit den Zerspanungsaufgaben für diese Stähle mehr kennt und ein Grobkorngefüge die Zähigkeit beeinträchtigt. Die Korngröße der Kristallite ist entscheidend für die Zähigkeit der Stähle. Mit kleinen Kristallitkorngrößen, z. B. einem „Feinkorn" mit der ASTM-Korngröße >5 wird die Bauteilzähigkeit deutlich verbessert. Nach einem Grobkornglühen ist daher meist ein erneutes Normalglühen zum Kornrückfeinen erforderlich. Die Kosten für das Grobkornglühen und das Normalglühen nach der spanabhebenden Bearbeitung, übersteigen die Vorteile eventuell vorteilhafter Zerspanungseigenschaften.

Die Stähle werden heute fast ausschließlich mit geringen Aluminiummengen, meist 0,020 Masse-% bis 0,050 Masse-%, beruhigt vergossen. Aluminium verbindet sich mit dem Stickstoff in der Stahlschmelze zu Aluminiumnitriden, was an den Korngrenzen ein Wachstum der Kristallite bei Wärmebehandlungstemperaturen bis zu etwa 950 °C behindert. Diese Stähle sind unter der Bezeichnung „Feinkornstähle" mit sehr guten Zähigkeitseigenschaften am Markt.

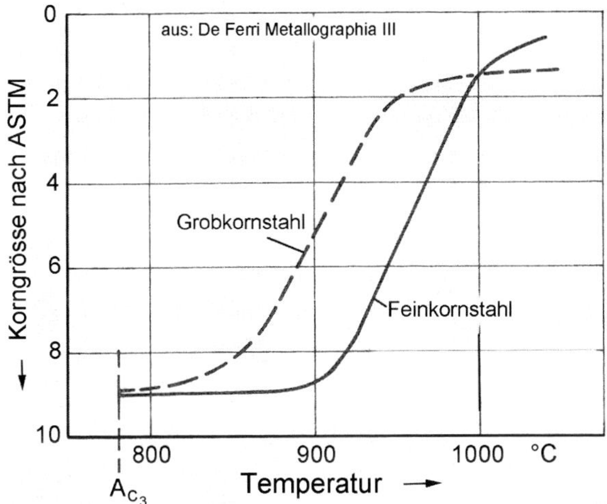

Bild 9.16: Zusammenhang zwischen Temperatur und Austenitkorngröße nach einer Glühdauer über zwei Stunden für einen normalen und einen Feinkornstahl

Stähle mit sehr niedrigen Kohlenstoffgehalten, die speziell „magnetische weich" sein sollen, werden grobkorngeglüht, um die Koërzitivkraft auf ein Minimum abzusenken. Auch nach spanabhebenden Bearbeitungen von weichmagnetischen Stählen, die dadurch am Rand kaltverfestigt werden, ist ein Grobkornglühen zur Verbesserung der weichmagnetischen Eigenschaften zweckmäßig. Dazu wird ein etwa zweistündiges Glühen bei etwa 900 °C mit nachfolgendem sehr langsamem Abkühlen von nur wenigen °C pro Minute bis auf Temperaturen unter der unteren Umwandlungstemperatur A_{c1} durchgeführt, um eine Grobkornausbildung zu erreichen und keinen Kohlenstoff in den Kristallphasen gelöst zurückzubehalten.

9.2.4 Diffusionsglühen

Beim Abkühlen von Gießtemperatur entstehen bei Stahlgussteilen/-Blöcken aus legierten Stählen durch den von der Oberfläche in das Gussteil-/Block-Innere fortschreitenden Kristallisationsprozess je nach Abkühlgeschwindigkeit und Stahlzusammensetzung makroskopische und auch Kristallit-bezogene Seigerungen. Als Seigerungen werden Unterschiede in den örtlichen Legierungszusammensetzungen bezeichnet. Sie haben infolge der Unterschiedlichkeit in den örtlichen chemischen Zusammensetzungen Einfluss auf das sich lokal einstellende Phasenumwandlungsverhalten bei Wärmebehandlungen, was sich auf die örtlichen Härtewerte, die Festigkeits- und Zähigkeitseigenschaften sowie Eigenspannungen auswirkt. Um diese Unterschiede in den lokalen chemischen Zusammensetzungen auszugleichen, wird diffusionsgeglüht.

Unter Diffusionsglühen versteht man nach DIN EN 10052 einen Glühprozess nahe der Solidustemperatur, also der Temperatur bei der ein Stahl beim Abkühlen aus der Schmelze gerade vollständig kristallisiert ist. Es ist ein langzeitiges Halten auf dieser Temperatur zum Ausgleich von Konzentrationsunterschieden notwendig. Das betrifft vor allem Legierungselemente wie z. B. Chrom, Nickel, Molybdän. Infolge einem Glühen bei Temperaturen von 1200 °C bis 1300 °C mit einer Dauer von über 10 Stunden bis zu 30 Stunden und mehr, können die so aktivierten Atome der Legierungselemente innerhalb des Kristallgitters des Eisens diffundieren, d. h. wandern, so dass sich Konzentrationsunterschiede mehr oder weniger ausgleichen können.

Das Diffusionsglühen muss aufgrund der langzeitig wirkenden sehr hohen Temperaturen stets im Stahlwerk mit den Rohblöcken vorgenommen werden, so dass bei einem anschließenden Walzen oder Schmieden wieder eine Kornverfeinerung erreicht wird. Das Diffusionsglühen erfordert spezielle Ofenanlagen, z. B. Tieföfen, in die mit Chargiermaschinen die zu glühenden Gussblöcke eingesetzt und nach längere Glühdauer auf den sehr hohen Temperaturen weißglühend entnommen werden können. Nur wenige Stahlwerke haben heute derartige Ofenanlagen. Für Bauteile ist das „Diffusionsglühen zum Ausgleich von Seigerungen“ daher nicht geeignet, da es sich auf die Korngröße, die Maß- und Formstabilität sowie auf die Oberflächen- und Randschichtzustände negativ auswirkt.

Legierungselemente wie Kohlenstoff, Stickstoff oder auch Wasserstoff, sind wegen ihrer kleinen Atome im Kristallgitter leichter beweglich als die Atome der oben genannten Legierungselemente. Zu ihrer Diffusion in Kristallgittersystemen reichen daher bereits niedrigere Temperaturen aus. Im Zusammenhang mit thermochemischen Behandlungen, wie z. B. Aufkohlen oder Nitrieren werden aber solche Diffusionsvorgänge gezielt angewendet, um Konzentrationsprofile, z. B. des Kohlenstoffs oder des Stickstoffs, zu verändern. Diese Vorgänge zählen jedoch nicht zu den oben genannten Diffusionsglühverfahren zum Ausgleich von Seigerungen der Legierungselemente.

9.2.5 Lösungsglühen

Die Wärmebehandlung „Lösungsglühen“ ist keine Modifikation eines Diffusionsglühens, sondern dient der Auflösung von im Gefüge feinst ausgeschiedenen intermediären bzw. intermetallischen Fremdphasen, z. B. chemischen Verbindungen von Legierungs- oder Begleitelementen, in eine homogene Mischkristallgrundmatrix. Dies ist z. B. für hoch legierte nichtrostende Chrom-Nickel-Stähle zum Einstellen höchster Korrosionsbeständigkeit erforderlich. Es handelt sich hierbei um ein Erwärmen der Bauteile oder Halbfabrikate auf Austenitisiertemperatur von etwa 1050 °C zum Auflösen von Legierungs- und Stahlbegleitelementen und ihrer homogenen Verteilung im γ-Mischkristall, so dass eine höchstmögliche Gleichmäßigkeit erreicht wird. Andererseits können lang andauernde Glühoperationen von austenitischen Chrom-Nickel-Stählen schon bei tieferen Temperaturen im Bereich von 500 °C bis 750 °C infolge der Diffusion von Kohlenstoffatomen und deren Affinität zur Bildung von Carbiden in den Korngrenzbereichen der Kristallite, zu Anfälligkeiten gegen interkristalliner Korrosionen führen, Bild 9.17 .

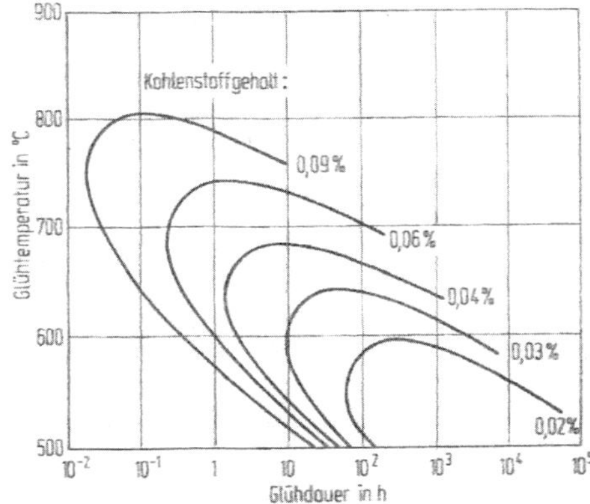

Bild 9.17: Ausscheidungen in nichtstabilisierten 18-8-Chrom-Nickel-Stählen durch Glühen oder Schweißen – Gefahr interkristalliner Spannungsrisskorrosion

9.3 Glühen mit Temperaturen unter A_{c3} bzw. um oder unter A_{c1}

9.3.1 Weichglühen

Vielfach wird der Begriff „Weichglühen“ für Stahlbauteile recht universell gebraucht, um einen für den jeweiligen Verwendungszweck hinreichend weichen und spannungsarmen Zustand herbeizuführen. Das ist dann der Fall, wenn als Ausgangszustand ein Ungleichgewichtsgefüge mit Martensit, Bainit oder kaltverfestigten Gefügebestandteilen vorliegt und das „Weichglühen“ als „Anlassprozess bei höheren Temperaturen“ verstanden wird, z. B. um eine spanende Bearbeitung zu erleichtern. Weichglühen ist auch immer dann angebracht, wenn bereits gehärtete Werkstücke erneut gehärtet werden sollen, um dem Entstehen von Rissen beim Erwärmen vorzubeugen. Das Weichglühen wird üblicherweise bei 700 °C mit einer Haltedauer von ca. einer Stunde durchgeführt, sofern nicht niedrigere Anlasstemperaturen für vergütete Stähle notwendig sind, um nicht die vormalige Anlasstemperatur beim Vergüten zu überschreiten und die Festigkeit zu ändern.

9.3.2 Glühen auf kugelige Carbide – GKZ-Glühen

Das GKZ-Glühen führt zu einem Gefügezustand der Stähle, bei welchem die Carbide kugelig ausgebildet und möglichst homogen in einer ferritischen Matrix eingelagert sein sollen, siehe Bild 9.18. In diesem Zustand haben die Stähle ihre niedrigsten 0,2-Dehngrenzen- und Zugfestigkeits-Werte sowie die besten Zähigkeitseigenschaften, d. h. plastische Verformungsfähigkeit im Vergleich zu normalgeglühten Gefügen, siehe auch Bild 9.13. Normalgeglühte Stähle besitzen stets lamellare Carbidplatten-Anordnungen in den Perlitanteilen, wobei in den ferritisch-perlitischen Gefügen die Menge des Perlits sowie die Breite der Zementit/Carbid-Lamellen die Härte des Gefüges bestimmen. Dies lässt sich durch Änderung der Carbidform und einer homogenen Carbid-Verteilung verringern. Im günstigsten Fall führen kugelig eingeformte und gleichmäßig verteilte Carbide zu einem Verformbarkeits-Maximum bei einem gleichzeitigen Festigkeits-Minimum.

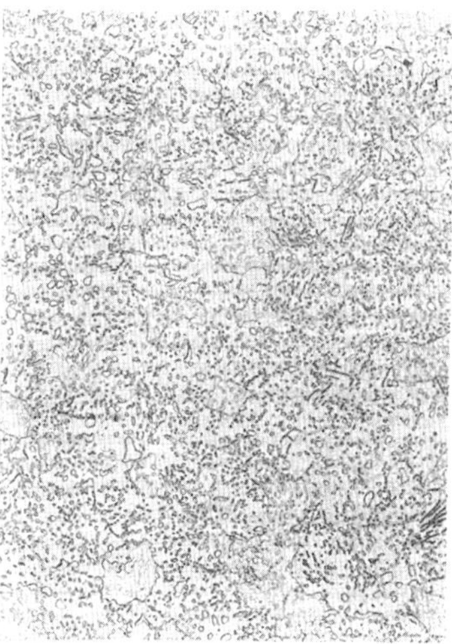

Bild 9.18: Gefügeänderung durch ein GKZ-Glühen des Stahls C85, links das perlitische Ausgangsgefüge und rechts das GKZ-Glühgefüge

GKZ-geglühte Stähle werden für folgende Fertigungsarbeitsgänge eingesetzt:

- Kaltumformen von Stählen, vor allen beim Massivumformen von Kaltfließpressteilen, wie z. B. Schrauben bis etwa 50 mm Durchmesser, aber auch kleinere Wellen, Achsen, Zahnräder und ähnliche Bauteile
- zum Verbessern der Zerspanbarkeit von Stählen mit hohen Kohlenstoffgehalten, z. B. C > 0,70 Masse-%. Jedoch führen GKZ-geglühte Gefüge beim Zerspanen von Stählen mit Kohlenstoffgehalten unter etwa 0,2 Masse-% zum „Schmieren“ und großer Oberflächenrauheit.

Kennwerte für die Verarbeitbarkeit von Stählen in Abhängigkeit von ihrer Zugfestigkeit sind zur Orientierung im Diagramm des Bildes 9.19 wiedergegeben.

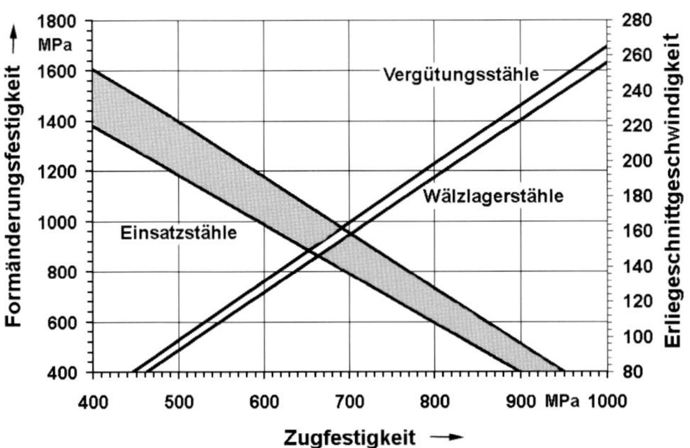

Bild 9.19: Zusammenhang zwischen Zugfestigkeit und Formänderungsfestigkeit unterschiedlicher Stähle

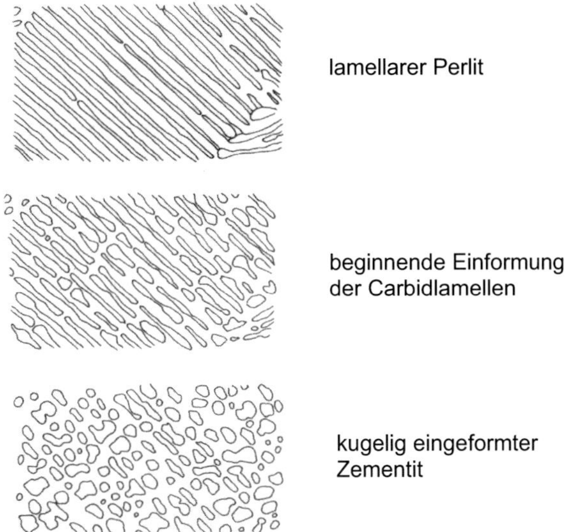

Bild 9.20: Modell für den Zerfall von Plattencarbiden und die Bildung kugeliger Carbide durch GKZ-Glühen

Grundlage des GKZ-Glühens ist das Einformen der Carbide, z. B. des Plattenzementits des Perlits bei perlitischen oder perlitisch-ferritischen, also etwa normalgeglühten Ausgangszuständen, in eine kugelige Form, so dass nur die ferritischen Gefügeanteile einer Verformung Widerstand leisten und nicht das Brechen von Carbiden bei plastischen Umform- oder Zerspanungsoperationen höhere Kräfte erfordert.

Bei Temperaturen dicht unterhalb A_1 können sowohl Kohlenstoffatome als auch Eisenatome bereits merklich diffundieren. Dadurch verändert sich der Zustand des Gefüges in Richtung eines geringeren Energieinhalts.

Dies erfolgt dadurch, dass sich die Zementitlamellen in Richtung einer Kugelform, die eine geringere Oberflächenspannungsenergie besitzt, zusammenziehen. Bei solchen Vorgängen zerreißen die Zementitlamellen und runden sich ab, Bild 9.20. Schließlich werden feine kugelige Carbide ausgebildet. Dieser Zustand darf jedoch nicht fälschlich als kugeliger Perlit bezeichnet werden. Der Begriff Perlit beinhaltet stets die Sachlage einer plattenförmigen Carbidausbildung.

In der Praxis können zum GKZ-Glühen unterschiedliche Zeit-Temperatur-Folgen angewandt werden, siehe Bild 9.21.

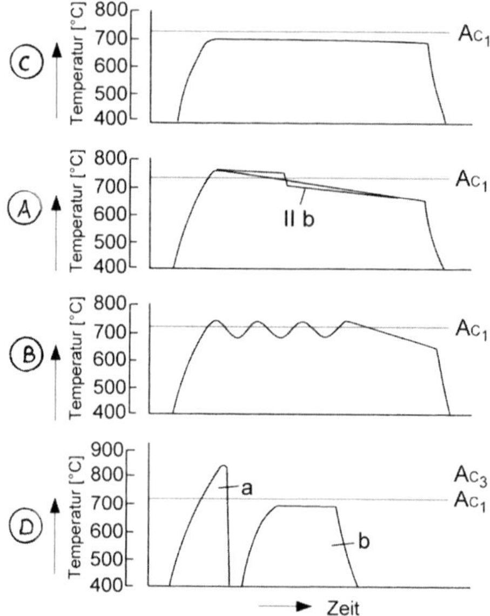

Bild 9.21: Mögliche Temperatur-Zeit-Folgen für das GKZ-Glühen

Am häufigsten wird die Variante „A“ eingesetzt, die für größere Chargen die gleichmäßigsten Ergebnisse bei guter Wirtschaftlichkeit der Wärmebehandlung ermöglicht: Nach Erreichen einer Temperatur von wenigen Grad Celsius über der unteren Umwandlungstemperatur A_{c1}, sie hängt von der jeweiligen Zusammensetzung des zu behandelnden Stahles ab, bewirkt eine Glühdauer von ca. 3 Stunden bis 4 Stunden ein Konditionieren der Carbide. Dann wird rasch unter die A_{c1}-Temperatur abgekühlt, z. B. bei unlegierten Stählen auf 690 °C bis 700 °C und dann sehr langsam mit etwa 5 °C/h bis 8 °C/h weiter auf Temperaturen von etwa 660 °C, wobei sich die Carbide rundlich einformen. Danach folgt ein weiteres langsames Abkühlen auf Temperaturen bis etwa 450 °C, um möglichst niedrige Wärmeeigenspannungen zu erreichen. Der gesamte Prozess benötigt je nach Größe der Glühcharge infolge der erforderlichen

Erwärm- und Abkühldauer zwischen 12 Stunden und 25 Stunden und wird daher meist in Haubenofen-Glühanlagen, Bild 9.22, unter trockener Wasserstoffatmosphäre vorgenommen.

Es gibt aber darüber hinaus, außer den in Bild 9.21 dargestellten, noch andere Wärmebehandlungsabläufe zum rundlichen Einformen der Carbide.

In der Fachliteratur wird öfter darauf verwiesen, dass ein so bezeichnetes Pendelglühen, Verfahren „B", um die untere Umwandlungstemperatur vorteilhaft sei, um den Einformprozess der Carbide zu beschleunigen. Das ist zwar richtig, aber die Temperaturänderungs-Geschwindigkeiten für das Glühgut mit mehrfachen Wechsel um die A_{c1}-Temperatur verlängert die Prozessdauer bei größeren Chargengewichten und ist daher, wenn sie nicht speziell für höher legierte Stähle erforderlich ist, weniger wirtschaftlich.

Bild 9.22: Haubenofen-Glühanlage zum GKZ-Glühen von Großchargen (LOI)

Auch der Prozessablauf „C" des langzeitigen Haltens auf einer Temperatur unter der A_{c1}-Temperatur hat vielfach nur theoretischen Wert, die Umwandlungsdauer ist wesentlich länger als beim Prozess „A" und führt zu hohen Wärmebehandlungskosten. Die Verfahren „A", „B" und „C" werden als GKZ-N bezeichnet, das „N" steht für den normalgeglühten Ausgangszustand.

Von spezieller Bedeutung ist der Prozessablauf „D", bei dem von einem martensitisch gehärteten Zustand, bei dem der Kohlenstoff homogen verteilt ist, ausgegangen wird. Hier wird die globulare Form der Carbide beim Glühen auf einer Temperatur von 680 °C bis 700 °C und einer Haltedauer von ca. vier Stunden erreicht und die Carbide sind homogen verteilt. Der Vorgang gleicht einem Anlassen bei hoher Temperatur, wobei die aus dem Zerfall des Martensits entstehenden zunächst feinen Carbide allmählich wachsen und koagulieren. Das Verfahren wird als GKZ-H bezeichnet, wobei das „H“ für den gehärteten Ausgangszustand steht.

Das GKZ-H-Gefüge hat den Vorteil, dass die Carbidverteilung außerordentlich homogen ist, was bei Stählen mit recht niedrigen C-Gehalten mit dem GKZ-N-Glühen nicht erreicht werden kann, weil sich dazu der Kohlenstoff im Ferrit bei den genannten Temperaturen durch Diffusion homogen verteilen müsste. Die kugeligen Carbide können sich nämlich nur im Bereich des lamellaren Perlits des Ausgangszustands ausbilden, also bleiben inhomogen verteilt, was besonders auf Stähle mit geringen Kohlenstoffgehalten zutrifft, siehe mittlere Zeile des Bildes 9.23.

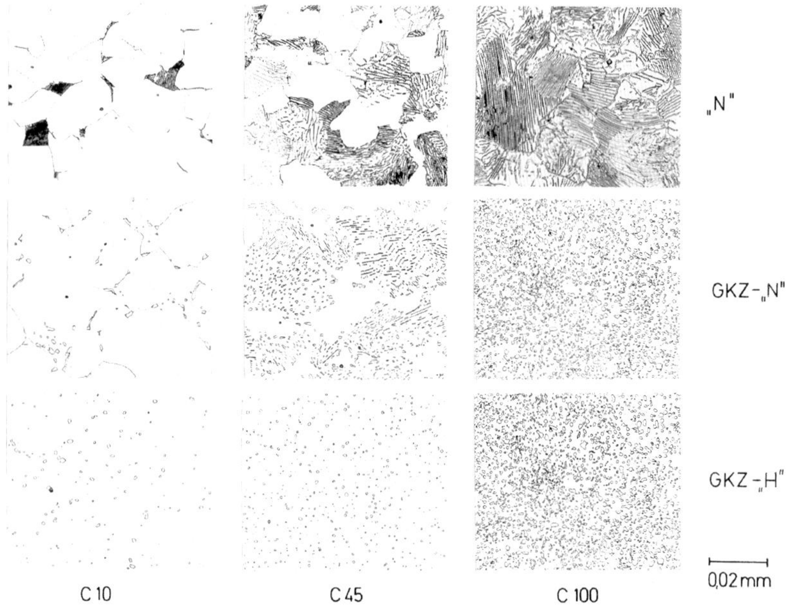

Bild 9.23: Gefügezustände nach GKZ-Glühen aus Zustand „N“ oder Zustand „H“

Die Auswirkung auf die Festigkeitseigenschaften sind Bild 9.24 am Beispiel des Stahls 16MnCr5 zu entnehmen.

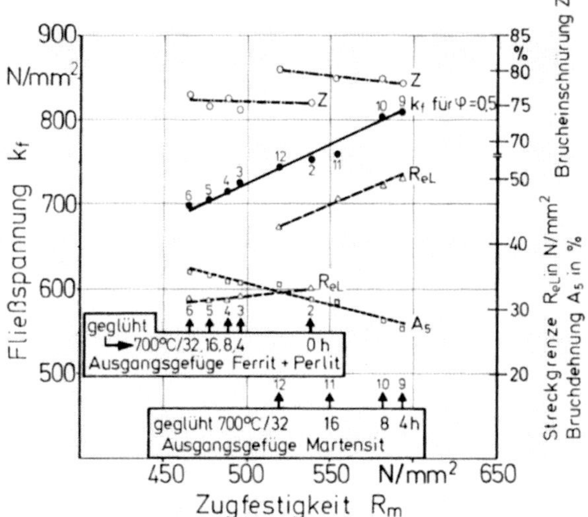

Bild 9.24: Festigkeitseigenschaften nach GKZ-N- und GKZ-H-Glühen /Wic76/

Die Bilder 9.25 und 9.26 zeigen die Fließspannung des GKZ-geglühten Stahles 16MnCr5 erzeugt aus normalgeglühten und aus gehärteten Ausgangszuständen in Abhängigkeit vom Umformgrad. Daraus ist zu entnehmen, dass recht lange Glühdauern zweckmäßig sind, um die Carbide gut einzuformen und damit niedrige Fließspannungen zu erreichen und dass beim martensitischen Ausgangszustand länger geglüht werden muss, um die gleichen Eigenschaftswerte zu erhalten.

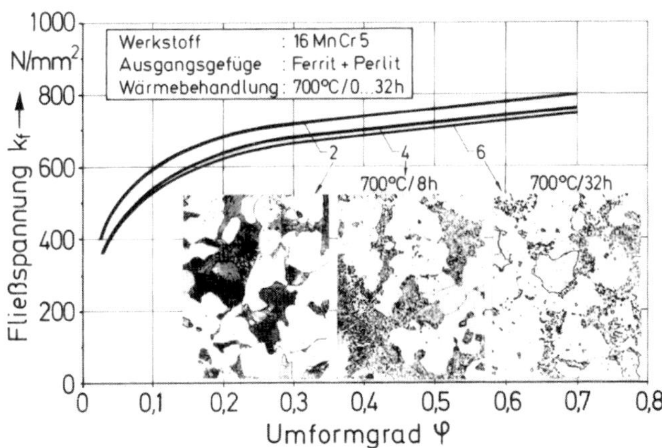

Bild 9.25: Zusammenhang zwischen Umformgrad und Fließspannung nach dem GKZ-N-Glühen des normalisierten Stahls 16MnCr5 /Wic76/

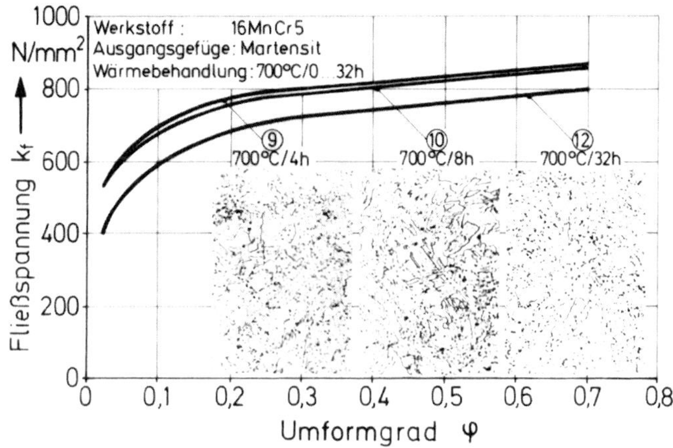

Bild 9.26: Zusammenhang zwischen Umformgrad und Fließspannung nach dem GKZ-H-Glühen des blind gehärteten Stahls 16MnCr5 /Wic76/

Wichtig für die Kaltumformbarkeit und die Standmenge der Umformwerkzeuge ist eine Beurteilung der Carbideinformung und -verteilung durch „Bewertungszahlen" der Vollständigkeit des Carbid-Einformgrades nach Bild 9.27.

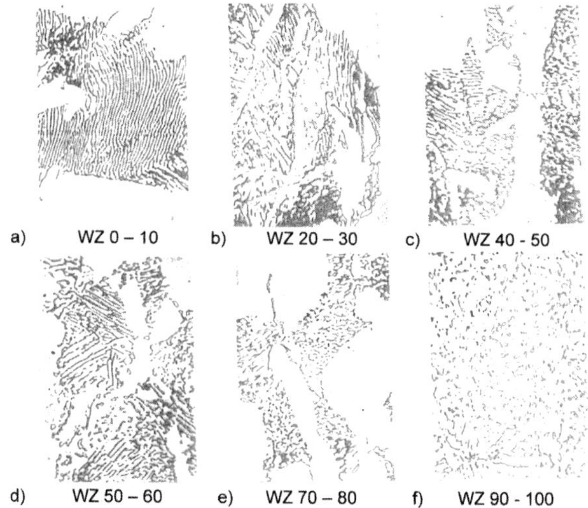

Bild 9.27: Bewertungsrichtreihe, Wertzahl WZ für den Stahl C35

9.3.3 Rekristallisationsglühen

Bei allen Kaltumformungen von Metallen, z. B. durch Biegen, Ziehen, Stauchen und vor allem bei Kaltfließpress- und Kaltmassivumform-Operationen, erhöht sich die Festigkeit infolge der zunehmenden Versetzungsdichte in den verformten Kristalliten.

Dabei nimmt die plastische Verformbarkeit ab, Bild 9.28, bis schließlich das Verformungsvermögen völlig erschöpft ist und im Werkstoff Risse auftreten können.

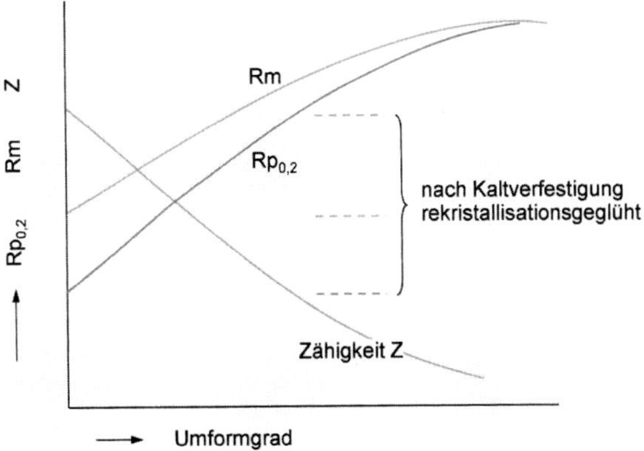

Bild 9.28: Zugfestigkeit, Streckgrenze und Umformbarkeit nach Kaltumformen

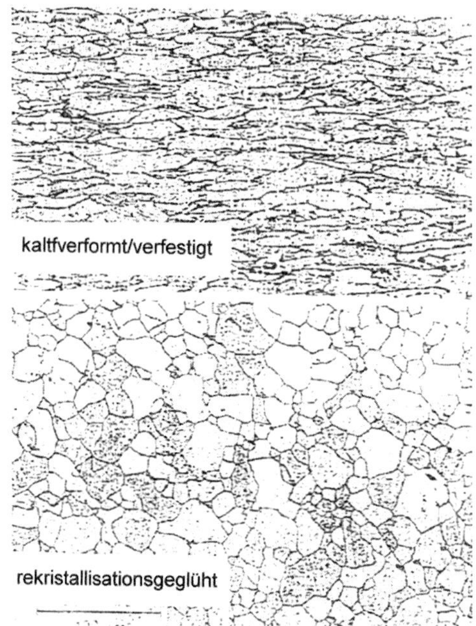

Bild 9.29: Kaltumgeformtes Gefüge (oben) und rekristallisiertes Gefüge (unten)

Lichtmikroskopisch ist die Streckung des polygonalen Gefüges nach einem plastischen Verformen in Verformungsrichtung deutlich erkennbar, Bild 9.29 oben. Die

Wiederherstellung des ursprünglichen weichen Gefügezustands, Bild 9.29 unten, mit wieder guter plastischer Umformbarkeit, also guten Zähigkeitseigenschaften, erfolgt zweckmäßig und wirtschaftlich durch Rekristallisationsglühen.

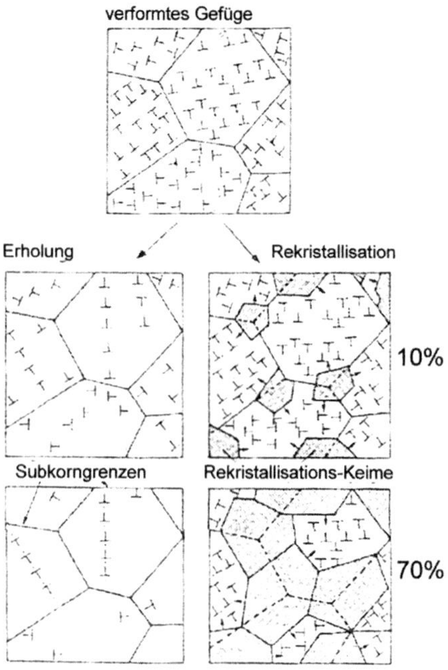

Bild 9.30: Ablauf von Erholung und Rekristallisation (schematisch)

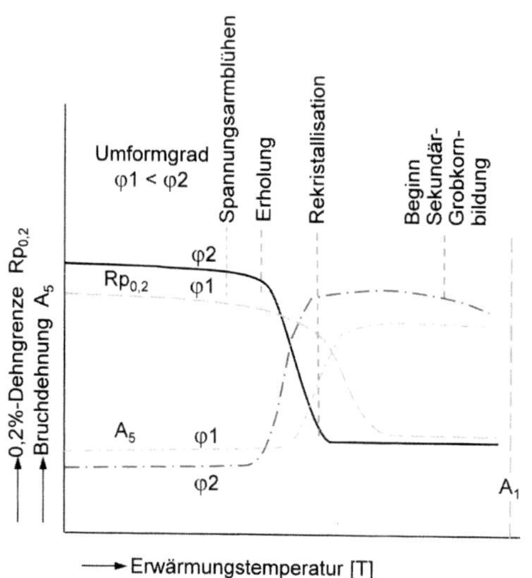

Bild 9.31: Erholung und Rekristallisation als Funktion der Temperatur

Werden kaltverfestigte Metalle/Stähle erwärmt, beginnen beim Überschreiten der Rekristallisationstemperatur Kristallkeime zu wachsen und die durch die Kaltverfestigung mit großen Versetzungsdichten angefüllten Nachbarkristallite aufzuzehren, Bild 9.30. Diese sich neu ausbildenden Kristallite haben nur geringe Kristallbaufehler und besitzen wieder die Festigkeit und das Formänderungsvermögen wie das ursprüngliche nicht kaltverformte/verfestigte Gefüge, Bild 9.31.

Aus der Darstellung in Bild 9.31 ist auch zu entnehmen, dass beim Erwärmen zunächst ein Eigenspannungsabbau im plastisch verformten Kristallitsystem einsetzt und oberhalb von etwa 300 °C bis 500 °C ein „Erholen“ eintritt. Hierbei richten sich bereits in den Kristallkörnern die Versetzungen aus und die Zähigkeitseigenschaften werden ohne merkliche Verringerung der Festigkeit verbessert. Bei noch höheren Temperaturen beginnt dann die Neukristallisation und es entsteht das Rekristallisationsgefüge. Diese so bezeichnete Erholungstemperatur ist jedoch von mehreren Einflussfaktoren, wie z. B. der chemischen Zusammensetzung des jeweiligen Stahles, seinem Gefügezustand und dem jeweiligen Kaltumformgrad abhängig, so dass es nicht möglich ist, diese Temperatur gezielt zum Erhöhen der Zähigkeit zu nutzen, ohne die durch das Kaltverfestigen höhere Festigkeit zu verringern.

Die Rekristallisationstemperatur ist bei reinen Metallen mit der Schmelztemperatur über die Beziehung $T_R \sim 0{,}4 \cdot T_S$ [K] verknüpft.

In der Praxis sind die erforderlichen Rekristallisationstemperaturen vom jeweiligen Kaltumformgrad und der Zusammensetzung der Stähle abhängig, Bild 9.32. Für praktische Verhältnisse liegen die Rekristallisationstemperaturen für ferritisch-perlitische Stähle in Abhängigkeit von der Stahlzusammensetzung und dem jeweiligen Verformungsgrad zwischen etwa 600 °C und 700 °C.

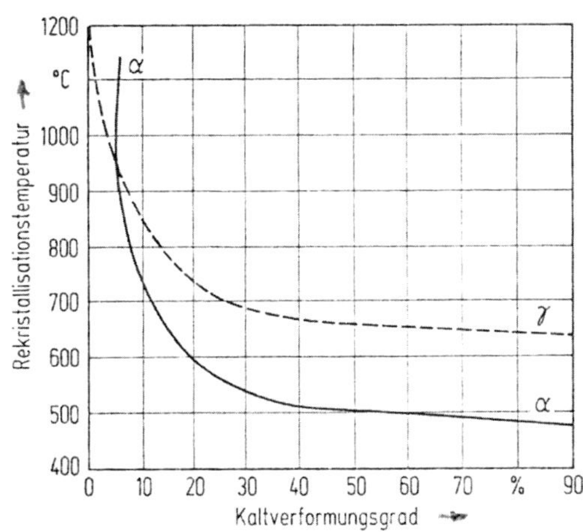

Bild 9.32: Zusammenhang zwischen Verformungsgrad und Rekristallisationstemperatur reiner Metalle

Die sich nach einem Rekristallisieren einstellenden Korngrößen hängen vom Umformgrad $\varphi = \ln\Delta l/l_0$, der Rekristallisationstemperatur sowie der Haltedauer auf der

Rekristallisationstemperatur T_R ab. Bild 9.33 veranschaulicht schematisch den Zusammenhang der Abhängigkeit der beim Rekristallisieren entstehenden Korngrößen vom jeweiligen Umformgrad φ und der Rekristallisationstemperatur T_R bei konstanter Rekristallisationsdauer.

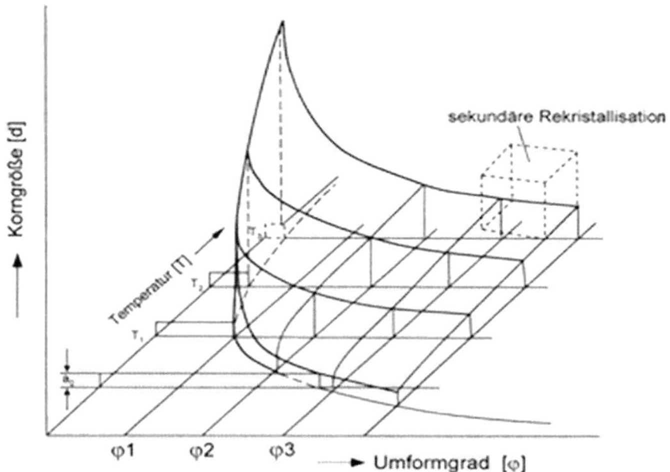

Bild 9.33: Zusammenhang zwischen Korngröße nach dem Rekristallisieren und dem Verformungsgrad und der Glühtemperatur

Bei vorgegebener Rekristallisationstemperatur und -dauer erreichen die rekristallisierten Körner, je nach Kohlenstoffgehalt und Stahlzusammensetzung bei geringen Umformgraden von etwa 8 % bis 20 % zunächst einen Höchstwert, d. h. es entsteht Grobkorn mit geringer Zähigkeit. Bei diesem „kritischen" Umformgrad können sich die Körner mit geringer Versetzungsdichte auf Kosten der Nachbarkörner mit höherer Versetzungsdichte vergrößern. Mit zunehmenden Umformgraden verringert sich jedoch die Rekristallisationskorngröße. Um ein duktiles Feinkorngefüge zu erhalten, ist es daher erforderlich, hohe Umformgrade einzustellen.

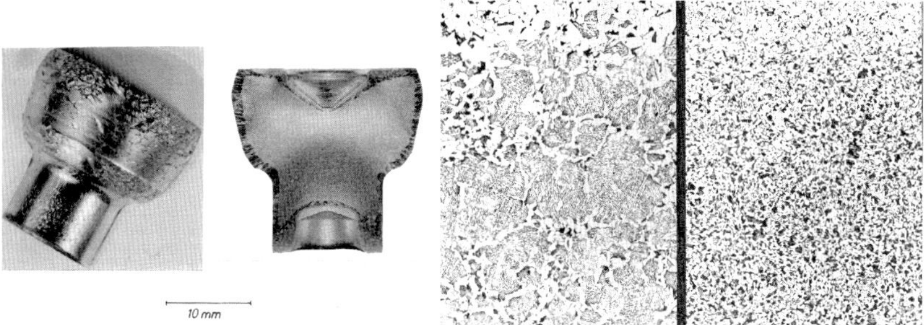

Bild 9.34: Auswirkung unterschiedlich starker Umformung auf das Gefüge (links) und Kornverfeinerung nach einem Normalglühen (rechts)

Ferner ist zu beachten, dass Bauteile mit örtlich unterschiedlichen Umformgraden beim Rekristallisationsglühen örtlich ein unterschiedlich großes Korn erhalten und in Bereichen mit geringen Umformgraden ein Grobkorn aufweisen können, Bild 9.34. Im letzteren Fall muss, wenn keine Grobkornbereiche zulässig sind, zwecks Ausbildung eines gleichmäßig kristallisierten Glühgefüges an Stelle des Rekristallisationsglühens ein Normalglühen durchgeführt werden.

Bei zu langer Haltedauer auf Rekristallisationstemperaturen kann eine sekundäre Grobkornbildung eintreten, da auch die Korngrenzen Zonen erhöhter Versetzungsdichte sind, die von den sich rekristallisierenden Körnern samt Nachbarkörnern aufgesaugt werden und so ein unerwünschtes sekundäres Grobkorn entsteht.

Unlegierte Stähle mit sehr niedrigem Kohlenstoffgehalt, insbesondere spezielle weichmagnetische Stähle, werden gezielt so geglüht, dass ein grobes Korn entsteht, da dann ihre weichmagnetischen Eigenschaften ein Optimum erreichen. Dazu wird bei relativ hohen Temperaturen zunächst lange auf Austenitisiertemperatur gehalten, etwa 2 Stunden und anschließend sehr langsam abgekühlt, so dass sich ein Grobkorngefüge mit Kristalliten ohne gelöste Fremdatome ausbilden kann. Das langsame Abkühlen unter Temperaturen von etwa 650 °C bis auf etwa 400 °C erfolgt, um thermisch bedingte Eigenspannungen zu vermeiden, welche ebenfalls die magnetischen Eigenschaften beeinträchtigen können.

9.3.4 Spannungsarmglühen

Werkstücke können infolge verschiedener Ursachen in makroskopischen oder mikroskopischen Bereichen Eigenspannungen aufweisen. Es handelt sich dabei um statische Spannungen, die sich ohne Einwirkung äußerer Kräfte oder Momente innerhalb eines Werkstückes gegenseitig im Gleichgewicht halten und die bis zur Höhe der Werkstoffstreckgrenze reichen können.

Eigenspannungen können vielfache Ursachen haben, wie z. B.:

- ungleichmäßige Volumenkontraktionen beim Erstarren von Gussstücken
- ungleichmäßiges Abkühlen und/oder Kristallphasen-Umwandlungen im Zusammenhang mit einer Wärmebehandlung oder einem Schweißen
- ungleichmäßige plastische Verformungen, z. B. bei Kaltmassivumformungen sowie beim Kaltbiegen von Stahlblechen, -profilen, oder -teilen, Bild 9.35
- spanabhebende Bearbeitungen mit plastischen Verformungen durch unscharfe Werkzeugschneiden in den abgespanten Randzonen, umso mehr je stumpfer die Werkzeugschneiden sind
- Druckbeanspruchungen der Bauteiloberfläche/Randschicht, z. B. durch Reinigungs- bzw. Kugelstrahlen aber auch durch Schleifprozesse.

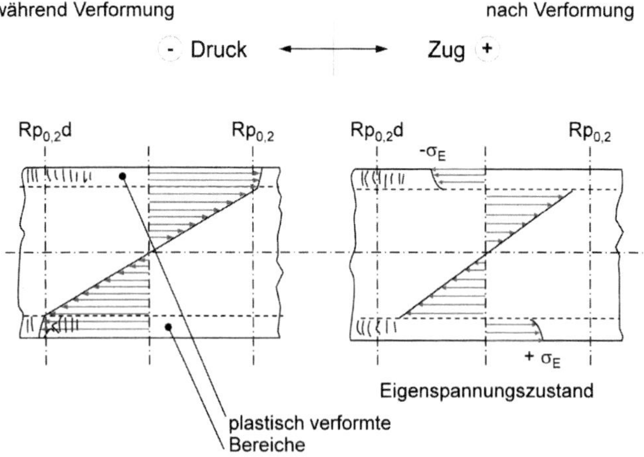

Bild 9.35: Schematische Darstellung der Entstehung von Eigenspannungen durch plastische Verformungen mit Kaltverfestigungen

Durch Eigenspannungen können sich Maße und Formen eines Werkstückes ändern, es können sogar im Extremfall Anrisse auftreten oder es kann die Belastbarkeit, insbesondere die Dauerhaltbarkeit schwingend beanspruchter Bauteile beeinträchtigt werden. Ein Spannungsarmglühen führt dann wiederum zu Maß- und Formänderungen infolge der dadurch geänderten Eigenspannungen und deren Auswirkungen aber auch die Haltbarkeitseigenschaften können verbessert sein.

Eigenspannungen lassen sich durch Glühen bei Temperaturen in der Regel zwischen 450 °C und 650 °C reduzieren. D. h. wenn eine Temperatur erreicht wird, bei der die Warmstreckgrenze des Werkstoffs unterhalb der als zulässig erachten Eigenspannungen im Bauteil liegt. So werden durch plastische Deformationen im Mikrobereich die Eigenspannungen abgebaut, Bild 9.36.

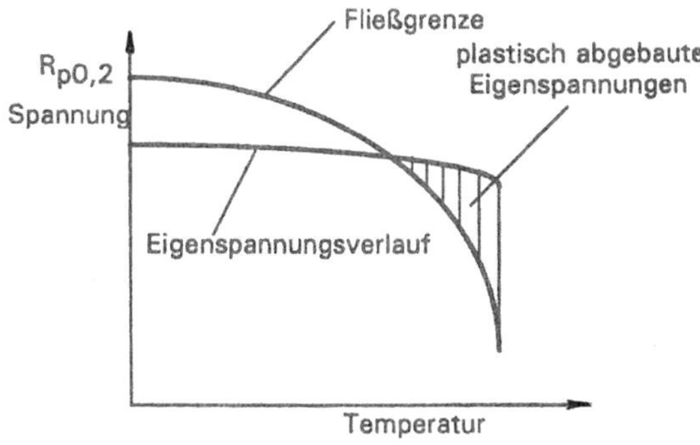

Bild 9.36: Einfluss der Temperatur auf den Abbau von Eigenspannungen

Die Temperatur beim Spannungsarmglühen sollte so hoch wie möglich, jedoch nur so hoch sein, dass sich das Ausgangsgefüge nicht ändert oder gar durch Anlassvorgänge umwandelt Bei vergüteten Bauteilen muss daher die Spannungsarmglüh-Temperatur mindestens 30 °C unter der früheren Anlasstemperatur liegen, da sonst die Festigkeit infolge eines „Sekundäranlassens“ vermindert wird.

Die Haltedauer auf Temperatur sollte je nach Legierungsgehalt der Stähle etwa ein bis zwei Stunden je 50 mm Durchmesser betragen.

Das Abkühlen nach dem Spannungsarmglühen – es darf nicht „Spannungsfreiglühen“ heißen, da stets Eigenspannungen in Höhe der Warmstreckgrenze zurückbleiben – muss so langsam wie möglich bis mindestens etwa 400 °C erfolgen, damit durch unterschiedliche Abkühlraten zwischen Rand und Kern des Werkstücks keine neuen, thermisch bedingten Eigenspannungen entstehen.

Das Spannungsarmglühen von nicht zu großen Bauteilen lässt sich in normalen Anlassöfen, meist mit direkter Beheizung und hingenommenem Einfluss auf die Oberflächenoxidationen, ausführen. Sehr große Bauteile, wie z. B. größere Druckkessel, Wärmetauscher oder Schweißkonstruktionen erfordern sehr große, eventuelle örtlich aufgebaute Ofenanlagen oder müssen durch örtliches Beheizen mit Induktionsspulen, Heizmatten oder Brennersystemen spannungsarm geglüht werden. Dabei ist eine exakte Temperatursteuerung, z. B. durch örtlich angebrachte Thermoelemente, besonders zu gestalten. Ein partielles Spannungsarmglühen lässt sich meist nicht einfach durchführen, ohne dass neue Eigenspannungssysteme infolge der partiellen Erwärmung, die auch eine partielle Wärmedehnung zur Folge haben, entstehen. Daher sind partiell arbeitende Verfahren nur bei symmetrischen Teilen erfolgreich anwendbar.

9.3.5 Wasserstoffarmglühen – Dehydrieren

Wasserstoffatome haben den kleinsten Atomdurchmesser und können daher in das Eisengitter der Stähle leicht eindiffundieren. Das kann bei Beiz-, Phosphatier- und vor allem bei galvanischen Metallabscheidungsprozessen geschehen, bei denen atomarer Wasserstoff der Stahloberfläche in hoher Konzentration angeboten wird und Wasserstoffatome sowie Protonen in das Werkstückinnere eindringen können.

Auch durch Schweißen in feuchten Atmosphären oder mit feuchten Elektroden sowie bei Wärmebehandlungen in wasserstoffhaltigen Ofenatmosphären, in denen sich molekularer Wasserstoff H_2 in zwei Wasserstoffatome dissoziieren kann oder wenn eine Dissoziation von Kohlenwasserstoffen, wie z. B. von Methanol oder von Ammoniak in Nitrier- und Carbonitrieratmosphären, katalytisch auf Stahloberflächen erfolgt, und schließlich sogar beim Korrodieren von Stahl unter normaler Umgebungstemperatur ist das Beladen von Stählen mit Wasserstoff möglich. Selbst bei der Stahlherstellung werden geringe Wasserstoffgehalte im niedrigen ppm-Bereich in den Stählen gespeichert, die sich aber durch anschließende Glüh- und Lagerungsprozesse auf die Wasserstoffpartialdrücke der normalen Umgebungsatmosphäre – etwa 1 bis 2 ppm – reduzieren.

Wasserstoff im Stahl lagert sich z. T. als Proton (Wasserstoffkern) zwischen den Eisenatomen des Eisengitters ein und vermindert gemäß der Dekohäsionstheorie die Bindungen der Eisenatome untereinander. Das schränkt die plastische Verformbarkeit vor allem an Kerbstellen mit mehrachsigen Spannungszuständen ein. Denn Wasserstoffatome wandern unter Spannungszuständen an Stellen mit höheren Kristallgitteraufweitungen, z. B. im Kerbgrund von Bauteilkerben oder kleinen Anrissen und führen dann zum Fortschreiten eines Risses, durch das Zuwandern weiterer Wasserstoffatome an diese hochbeanspruchten Stellen. Bei hohen Konzentrationen von Wasserstoffatomen an Fehlstellen im Kristallgitter können durch Rekombination von zwei Wasserstoffatomen zu einem Molekül und durch Ansammlung mehrerer Moleküle an diesen Stellen hohe Innendrücke im Stahlgefüge, auch mit nach außen sichtbaren Blasenbildungen, entstehen, Bild 9.37.

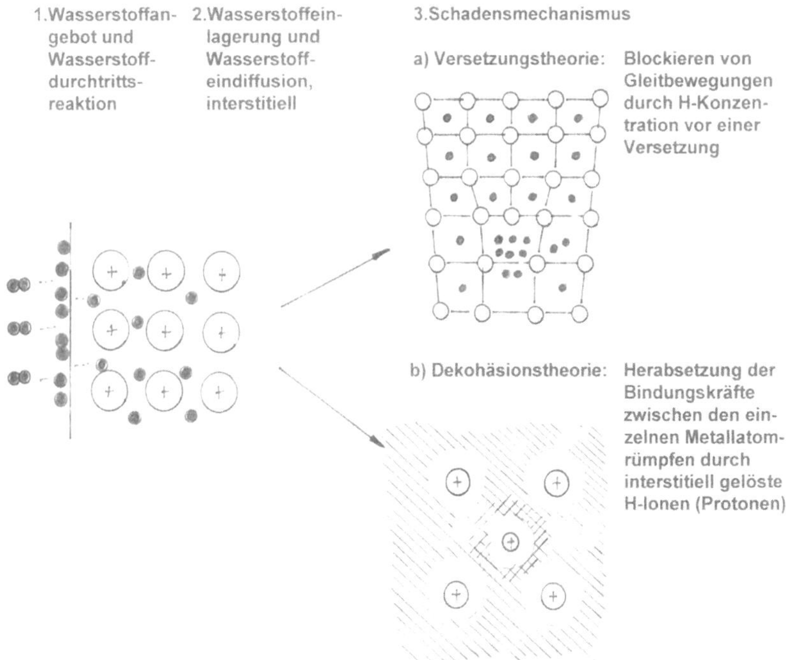

Bild 9.37: Auswirkung von eindiffundierten H-Atomen

Wasserstoff im Stahl reduziert die plastischen Verformungseigenschaften. Bei weichen Stählen bis zu Festigkeiten von etwa 1000 N/mm^2 werden diese Zähigkeitseinbußen unter normalen Beanspruchungen meist ohne Schäden ertragen, aber Stahlgefüge mit Festigkeiten über etwa 1100 N/mm^2, die infolge der höheren Festigkeiten niedrigere Zähigkeitseigenschaften aufweisen, reagieren wesentlich empfindlicher. In beanspruchten Bauteilen aus vergüteten Stählen oder in Zonen die durch Schweißen aufgehärtet sind, diffundieren Wasserstoffprotonen/-atome an die durch mehrachsige Spannungen (Kerbwirkungen) aufgespreizte Stellen des Eisengitters und führen zu einem reißverschlussartigen Aufreißen des Werkstoffs, einem spröden Bruch. Die Zeitspanne, bis es zum „wasserstoffinduzierten verzögerten Sprödbruch" kommt, liegt je nach herrschender Spannung oder Belastung bei einigen Minuten bis Tagen, Bild 9.38. Dieser Vorgang wird außerordentlich gefürchtet. Daher sollte die

Wasserstoffkonzentrationen im Stahl auf niedrige ungefährliche Gehalte unter 2 bis 3 ppm – begrenzt werden.

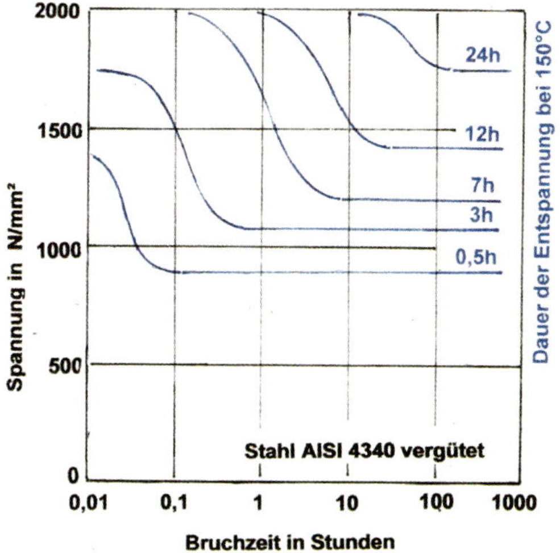

Bild 9.38: Zusammenhang zwischen der Dauer bis zum Eintritt des Wasserstoff-induzierten verzögerten Sprödbruchs und der Belastung, und einer Wasserstoffentgasung in Abhängigkeit von der Temperzeit des hochfesten, auf etwa R_m = 2000 N/mm^2 vergüteten Stahls 40NiCrMo74, der galvanisch mit Wasserstoff beladen wurde (nach Johnson + Morlot, ASTM-Veröffentlichung)

Bild 9.39 zeigt die Auswirkung Wasserstoff-induzierter Sprödbrüche in einer verspannten hochfesten Schraube der Festigkeitsklasse 12.9, die in feuchter Umgebung stark korrodierte und wobei der Korrosionsprozess zu einer atomaren Wasserstoffentwicklung auf der Oberfläche führte.

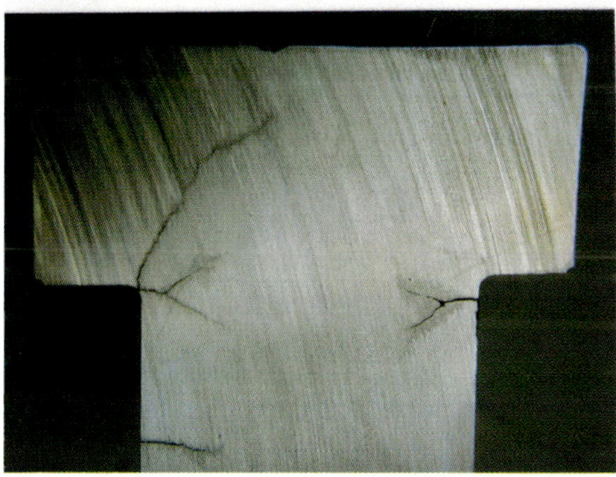

Bild 9.39: Wasserstoff-induzierte Rissbildungen in einer hoch vorgespannten 12.9-Schraube infolge Korrosion in feuchter Umgebung

Rasterelektronenoptische Bruchflächenaufnahmen zeigen ein charakteristisches Bild der durch Wasserstoff verursachten transkristallinen Spaltflächenausbildungen oder, noch einprägsamer, zu einem „Pflasterstein“-artigen Korngrenzenbruch, Bild 9.40.

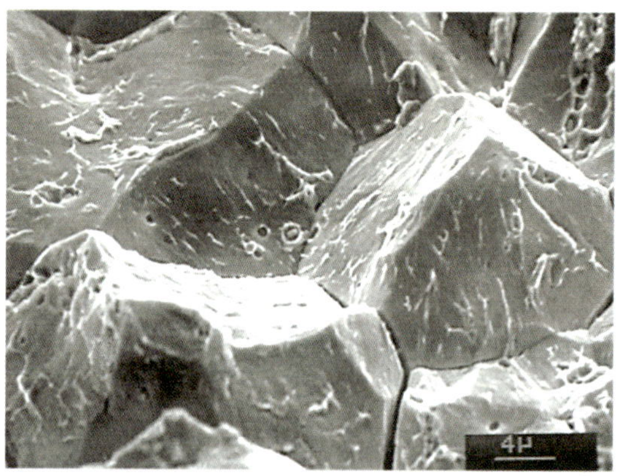

Bild 9.40: Wasserstoff-induzierter kristalliner Sprödbruch mit klaffenden Korngrenzen und Anzeichen von Wasserstoffbläschen, auch „Krähenfüße“ genannt

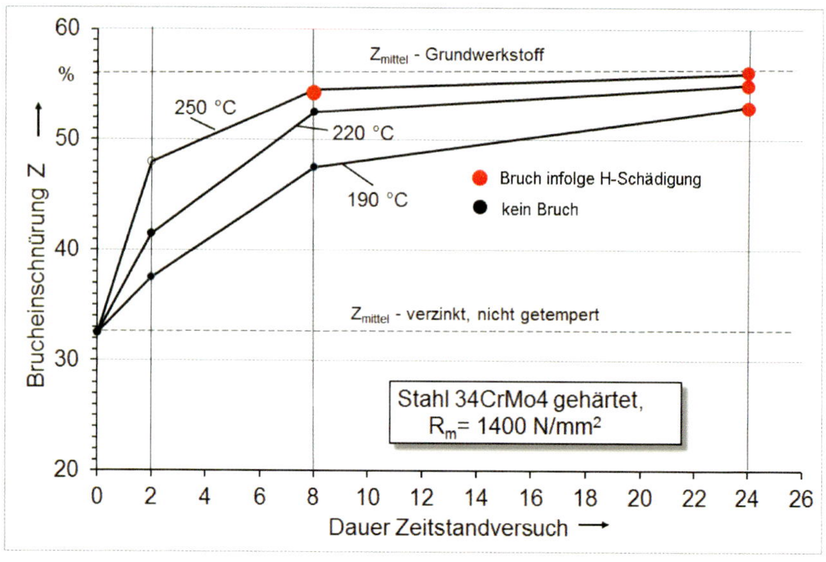

Bild 9.41: Einfluss des Wasserstoffarmglühens auf die Zähigkeit verzinkter Zugproben nach Landgrebe, Kloos, Speckhardt /Lan88/

Wasserstoff diffundiert gemäß des Konzentrationsgefälles zur umgebenden Atmosphäre aber auch von selbst langsam wieder aus dem Stahl heraus, wenn keine Diffusionsbarrieren, wie z. B. dichte Zinkschichten, dies behindern oder bereits Wasserstoffmoleküle sich im Stahl gebildet haben. Dazu braucht es längere Zeit, eventuell Monate. Um eine raschere Wasserstoffeffusion aus den Bauteilen zu erreichen, ist es zweckmäßig, bei Temperaturen zwischen 180 °C bis 250 °C mit einer Dauer von zwei Stunden bis 12 Stunden zu glühen, siehe Bild 9.41. Bei diesen Temperaturen ist die Diffusionsgeschwindigkeit des Wasserstoffes im Stahl so groß, dass eine ausreichende Effusion des Wasserstoffs in Richtung weniger „ppm“ erreicht wird.

9.4 Literatur

DIN	DIN/NWT	DIN-Taschenbuch Nr.218, Werkstofftechnologie I – Wärmebehandlung metallischer Werkstoffe Beuth-Verlag, Berlin, Wien, Zürich, 5. Auflage 2007
Eck69	Eckstein, H.-J.	Wärmebehandlung von Stahl – Metallkundliche Grundlagen VEB Deutscher Verlag für Grundstoffindustrie, Leipzig 1969
Klo92	Kloos, H. K.; Bexer, S.	Wasserstoffversprödungsanfälligkeit hochfester Werkstoffzustände Mat.-wiss. u. Werkstofftechnik 23 (1992) S.274 – 282
Lan88	Landgrebe, R.; Kloos, K. H.; Speckhardt, H.	Wasserstoffinduzierte verzögerte Sprödbruchbildung bei hochfesten Schrauben – Abhilfemaßnahmen Mat.wiss. u. Werkstofftechnik 19 (1988) Nr. 14
Lau79	Laudien, U. u. a.	DVS-Gefügerichtreihe Stahl DVS Verlag, Düsseldorf 1979
Lie10	Liedtke, D. u. a.	Wärmebehandlung von Eisenwerkstoffen, Bd. 349 expert-Verlag Renningen, 8. Auflage 2010, S.117-137
Ros61	Rose, A. u. a.	Atlas zur Wärmebehandlung der Stähle – Bd.1 und Bd. 2 Verlag Stahleisen, Düsseldorf 1961/1972
Wic76	Wicke, D.	Das Festigkeitsverhalten von legierten Einsatzstählen bei Schlagbeanspruchung Diss. TU Berlin, 1976

10 Beanstandungen an wärmebehandelten Bauteilen – Allgemeine Aspekte

Norbert Pirzl

10.1 Einleitung

Mit dem Einzug der Technik ist zwangsweise auch die Beschäftigung mit fehlerhaften Teilen verbunden. Die Praxis zeigt, dass Fehler nicht immer vermieden werden können, auch wenn immer neue Legierungskonzepte, ständig ausgeklügeltere Fertigungsmethoden und passgenaue rechnerische Auslegungen den Eindruck einer mit der Zukunft ständig wachsenden Verbesserung bzw. Schadensminimierung vermuten lassen. Jeder Fehler, der passieren kann, wird auch irgendwann eintreten und sich wiederholen, sofern nichts gegen die Fehlerursachen unternommen wurde.

Die nachstehenden Abschnitte behandeln grundsätzliche Aspekte von Fehlern, die mit dem Wärmebehandeln in Verbindung gebracht werden. Die Systematik der Schadensanalyse zur Bearbeitung derartiger Fälle wird vorgestellt, und Möglichkeiten werden aufgezeigt, wie sich Fehler mit Bezug zur Wärmebehandlung im Vorfeld vermeiden lassen.

10.2 Beanstandungsgründe bei wärmebehandelten Bauteilen

In der Härterei kommt der Analyse von Fehlern eine besondere Bedeutung zu. Einerseits werden dem Werkstoff erst durch das Wärmebehandeln die notwendigen metallurgischen Eigenschaften verliehen, damit ein Bauteil dem späteren betrieblichen Einsatz standhalten kann. Das Grundbedürfnis nach sicheren Bauteilen mit langer Lebensdauer zu erfüllen, ist aus werkstofftechnischer Sicht somit eine der Hauptaufgaben des Wärmebehandelns. Fehler beim Wärmebehandeln können sich daher gravierend auswirken.

Andererseits erfordert das Einstellen der metallurgischen Eigenschaften ein grundsätzliches, signifikantes Verändern des Ausgangszustands des Werkstoffs und dies wird – neben dem Erzeugen der Zieleigenschaften – auch von nachteiligen Effekten begleitet, die unvermeidbar sind, siehe Bild 10.1 links. Eine Reihe von Schäden wird alleine durch Nichtbeachten der unvermeidbaren Konsequenzen des Wärmebehandelns verursacht.

Fällt bei einem entdeckten Mangel oder einem aufgetretenen Bauteilschaden der Verdacht auf einen Fehler im Wärmebehandlungsablauf, so kann die Fehleranalyse deshalb sehr komplex sein, weil sich die Ursachen dafür selten direkt und eindeutig zeigen. Die Wärmebehandlung kann bei gleichem Schadensbild sowohl als Verursacher als auch als reiner Auslöser von Fehlern auftreten, Bild 10.1 Mitte bzw. rechts, bzw. am Schaden selbst gänzlich unbeteiligt sein. Im Kapitel 11 werden anhand von Fallbeispielen typische Fehlerbilder, deren mögliche Ursachen und Abhilfemaßnahmen näher beschrieben.

unerwünschte Effekte bei der Wärmebehandlung (WBH)

unvermeidbare Konsequenz der WBH

- **Eigenspannungen**
- **Verzug, Maß- und Formänderung**
- **Rißgefahr**
- **i.a. gegenläufige Eigenschaften:**
  - ↑ Härte vs. ↓ Zähigkeit
  - bei chem. best. Stählen: ↑ Verschleißwiderstand vs. ↓ Korrosionswiderstand
  - ↑ optimale mechanische Eigenschaften vs. ↓ Bearbeitbarkeit, Erodieren, Bauteilgröße, komplexe Geometrie, geringer Verzug, Maßhaltigkeit

Bsp: WBH als Schadens-URSACHE

- **Zielwerte nicht erreicht**
  - durch falsche Wahl des Prozesses
- **Weichfleckigkeit**
  - mangelhafte Reinigung, Fehler beim Abdecken, zu eng chargiert
- **Oberfläche / Kern des Bauteiles negat. beeinflußt**
  - Ent/Überkohlung, Grobkorn
- **Härteriß**
  - zu schroffe Abschreckung
- **zu starker Verzug**
  - falsche Chargierung, ungleichmäß. Abkühlung
- **zu starke Maßänderung**
  - durch falsche Wahl des Prozesses

Bsp: WBH als Schadens-AUSLÖSER

- **Zielwerte nicht erreicht**
  - mangelhafte Kommunikation, Forderung nach gegenläufigen Eigenschaften
- **Weichfleckigkeit**
  - eingearbeitete Kühl/Schmierstoffe
- **Oberfläche / Kern des Bauteiles negat. beeinflußt**
  - Zunder, Walzhaut, Seigerungen
- **Härteriß**
  - Kanten, Zunder, entkohlter Rand
- **zu starker Verzug**
  - ungünstige Geometrie, Unsymmetrie, hohe Spannungen aus der Fertigung
- **zu starke Maßänderung**
  - zu nahe der Endkontur

Bild 10.1: Beispiele für Beanstandungsgründe

10.3 Die Rolle der Schadensanalyse in der Wärmebehandlung

Während das Regelwerk des Qualitätsmanagementsystems für das Minimieren von Fehlerkosten sorgt, dient die Qualitätssicherung dazu, die Umsetzung dieses Regelwerkes im Tagesgeschäft zu kontrollieren und einzufordern. Die Endprüfung, als Teil der Qualitätssicherung, beurteilt im Sinne eines abschließenden Kontrollorganes die Konformität der wärmebehandlungstechnischen Produktmerkmale und entscheidet letztendlich über Freigabe, Sperre, Nacharbeit oder Ausschuss. In der Regel bietet diese Vorgehensweise eine schlüssige und notwendige Hilfe zum Überprüfen der erbrachten Dienstleistung und Einhalten der Kundenforderungen.

Treten beim Wärmebehandeln oder beim anschließenden Fertigbearbeiten augenscheinliche Fehler mit trivialen Ursachen auf, muss die Qualitätssicherung der Härterei in der Lage sein, diese Fehler aufzufangen sowie entsprechende Sofort- und Abhilfemaßnahmen nach Bekanntwerden des Fehlers einzuleiten. Schwierige Situationen entstehen dann, wenn Fehler nicht offensichtlich sind und wenn das Ermitteln der Ursachen die Fachkompetenz einer Endprüfung überfordert.

Bei komplexer Problemstellung gelingt die Lösung daher häufig nur über den Ansatz einer systematischen Schadensanalyse. Der Fehler eines Bauteiles sollte in Begleitung mit der Schadensanalyse als Chance für eine sinnvolle und zielgerichtete Verbesserung genutzt werden.

Die Motive für das Durchführen einer Schadensanalyse sind nicht zwangsweise auf die Lösung eines bereits eingetretenen Bauteilschadens reduziert – klassischer „post mortem"-Fall. Die Schadensanalyse kann ebenso als Anregung für Forschungsarbeiten oder für eine Vor-Untersuchung mit dem Zweck der Fehler-Vermeidung – „ante mortem"-Fall – herangezogen werden, siehe Bild 10.2.

1. Lösung eines bestimmten Falles („post mortem")	2. Anregung für bzw. Teil von Forschungsarbeiten	3. Vor-Untersuchung („ante mortem")
▪ Ziele der Analyse: → Schadensaufklärung inkl. aller Maßnahmen, derartige Schäden zu vermeiden → Aufdecken sog. „versteckter Mängel"	▪ absichtliches Überbeanspruchen / Zerstören des Materiales ▪ Ziele der Analyse: → Ermittlung werkstoffkundlicher Vorgänge → Ermittlung der Materialgrenzen: Probenversuche → Modell → Modellgesetz ▪ Beispiele: → Schwingfestigkeitsversuche → Bestätigung Betriebsfestigkeitsrechnung ▪ Kenntnisse für Konstrukteur UND Schadensanalytiker wichtig	▪ Ziel der Analyse: → Schadensverhütung ▪ Beispiele: → Produktaudits → FMEA ▪ im Regelfall nicht gewürdigt ▪ → wird früher od. später zu Punkt 1

Bild 10.2: Aufgaben der systematischen Schadensanalyse /Lan05/, /Pir06/.

Je nach Art, Umfang und Wichtigkeit der Problemstellung gestalten sich Fehlerbeurteilung und Ursachenfindung unterschiedlich schwierig und aufwändig. In der Regel geht das Procedere der systematischen Schadensanalyse nach Bild 10.3 jedoch über den reinen Soll/Ist-Vergleich einer klassischen Endprüfung hinaus.

Es bedarf guter Grundlagenkenntnis in Problemlösungstechniken, gutem Fachwissen und guter Praxiserfahrung, um bei aufgetretenen Schäden richtig zu reagieren – 1. Schritt: Anamnese, die notwendigen Schritte zur Aufklärung zu setzen – 2. Schritt: Diagnose und daraus richtige Schlussfolgerungen und angemessene Vermeidungsmaßnahmen ableiten zu können -3. Schritt: Therapie.

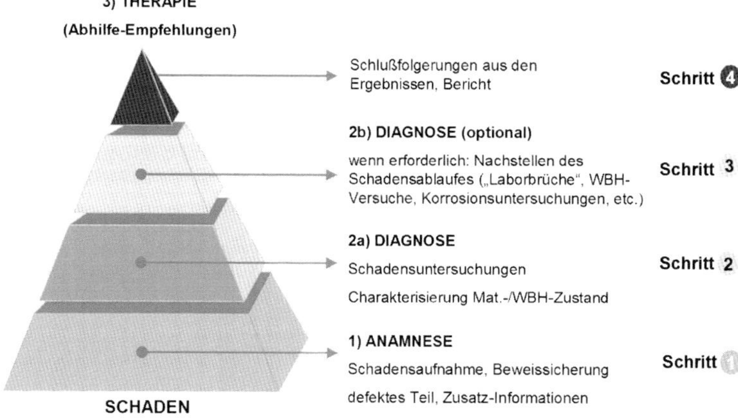

Bild 10.3: Vorgehensweise bei der systematischen Schadensanalyse /Lan05/

Dass die Schadensanalyse interdisziplinär ist, lässt sich anhand des Fehler-Relevanzbaumes gut darstellen, wie Bild 10.4 zeigt.

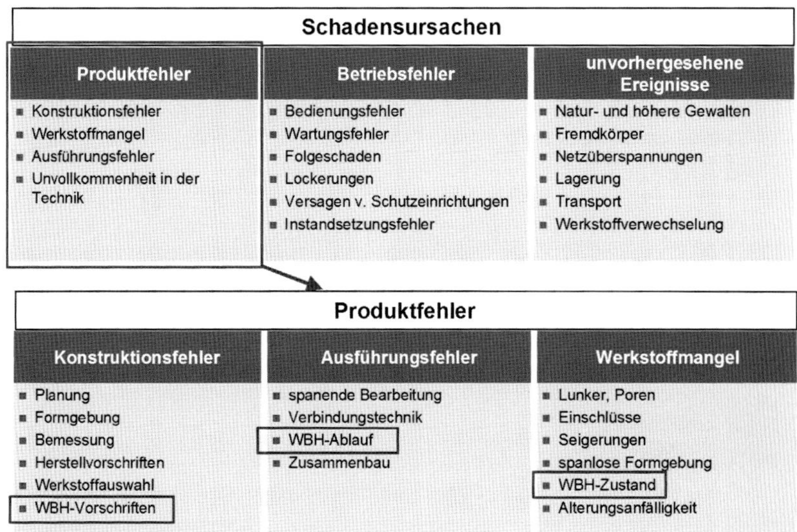

Bild 10.4: Teil des Fehler-Relevanzbaumes /Pir95/

Schadensursachen können zweckmäßigerweise in drei Gruppen eingeteilt werden: Produktfehler, Betriebsfehler und unvorhergesehene Ereignisse. 95 % aller Schäden werden durch Produkt- oder Betriebsfehler verursacht. Bei Schäden mit Bezug zur Wärmebehandlung ist die Produktfehler-Gruppe von Bedeutung.

Beim Betrachten dieser Produktfehler-Gruppe wird verständlich, dass die Analyse und damit auch die Lösung von Schäden im Umfeld der Wärmebehandlung oft nur gemeinsam durch Informationsaustausch mit den einzelnen Fachbereichen möglich ist. Der Stahlhersteller weiß über Metallurgie und Einsatzmöglichkeiten der Werkstoffe Bescheid, der Konstrukteur kennt die technischen Anforderungen und kaufmännischen Aspekte für die Bauteilauslegung, der Fertiger hat das Knowhow über die realisierbaren Fertigungsmethoden und die Härterei besitzt die wesentlichen und tiefen Kenntnisse über Metallkunde und Wärmebehandlungstechnik. Noch besser ist es, diesen Vorteil einer fachübergreifenden Abstimmung schon beim Planen des Bauteiles zu nützen und auf diese Weise Schäden bereits im Vorfeld zu vermeiden.

Wie in Bild 10.3 erkennbar ist, bauen die Diagnose und damit auch die Schlussfolgerungen und Abhilfemaßnahmen wesentlich auf der Gründlichkeit der Beweissicherung auf. D. h. es ist zu Beginn einer Schadensanalyse wichtig, die richtigen Informationen zum Schadensfall einzuholen. Die Härterei sollte dabei in der Lage sein, auch wenn die Wärmebehandlung selbst schon längere Zeit zurückliegt, gemäß der Produktfehler-Gruppe, Bild 10.4, folgende Informationen zu liefern:

- <u>Wärmebehandlungs-Vorschriften:</u> Auf Basis welcher Kundenvereinbarung erfolgte die durchgeführte Wärmebehandlung? Sind die Vorschriften eindeutig, vollständig und technisch sinnvoll?

- Vorlage von Lieferschein, Bestellung, Zeichnung, Wärmebehandlungsanweisung etc., Gegenüberstellung mit der durchgeführten Wärmebehandlung

- <u>Wärmebehandlungs-Durchführung:</u>
    - Prozessdokumentation: Ofenschriebe (T/t-Verlauf, Gase, Druck), Chargenprotokolle, aus denen ersichtlich ist, welche Teile in der Charge zusätzlich mitgefahren wurden, Chargenaufbau (Bilder, wenn möglich mit Position der Temperaturmesseinrichtung)

      Achtung: Ofenschriebe sind bei fehlender Übung nicht einfach zu beurteilen. Es muss bewusst sein, dass die Regelung (Temperatur, Druck, Gase) anhand von Bandbreiten erfolgt; beispielsweise stellt eine Temperaturabweichung von ± 5 °C noch kein Problem dar. Ebenso muss klar sein, dass beim Zusammenstellen einer Mischcharge aus unterschiedlich großen Teilen nicht mit der Schieblehre gearbeitet wird. Vorsicht in diesen Punkten beim Beurteilen!
    - Falls der Verdacht auf ungenaue Anlagen fällt: Nachweise über Ofen-Überprüfungen wie z. B. Temperaturgenauigkeits-Tests (SAT), Temperaturverteilungsmessungen (TUS), Kontrollen der Druckmesseinrichtungen, Gasdurchflussregler etc.

- <u>Wärmebehandlungs-Zustand:</u> Ergebnisse der Endprüfung nach der Wärmebehandlung, dies ist auch für den Vergleich mit der späteren Gegenprüfung bei der Schadensanalyse wichtig.
    - Prüfzeugnisse, Sonderfreigaben etc., Aufzeichnungen der internen Kalibration und externen Überprüfung, Prüfmittelbeurteilungen (MSA) etc.

Ist der Betrieb nicht in der Lage, selbst Schadensanalysen durchzuführen, so sollten Fachkundige mit den richtigen Informationen versehen und mit den entsprechenden Untersuchungen beauftragt werden und Gutachten aus diesen Schadensanalysen nachvollzogen werden können.

Hinsichtlich einer detaillierten Methodik beim Durchführen der Einzeluntersuchungen einer Schadensanalyse: Untersuchungsprogramm und -planung, Bruchflächencharakterisierung, Schadensbeurteilungen, etc., wird an dieser Stelle auf die einschlägige Fachliteratur verwiesen, /Lan05/ bis /Sch05/. Es gibt jedoch Grundregeln, die bei Schadensanalysen generell berücksichtigt werden sollten und aus diesem Grund hier als „Goldene Regeln“ angeführt werden, /Lan05/, /Gru02/:

- Das Ziel einer Schadensanalyse ist ausschließlich die Schadensaufklärung; dazu kommen alle Maßnahmen, die helfen, einen erneuten Schaden zu vermeiden.
- Unvoreingenommen beginnen und bleiben; Gefühle beeinträchtigen die Objektivität. Eine Schadensanalyse ist ein Hilfsmittel zur Lösung von Problemen in der Praxis. Sie darf nicht auf einen Leistungsbeweis des untersuchenden Institutes abzielen.
- Jede Hypothese – sei sie auch noch so überzeugend – muss mit den beobachteten Tatsachen übereinstimmen, selbst wenn diese vergleichsweise bescheiden sind. Jede Hypothese muss im Zweifelsfall auch wieder verworfen werden können. Die systematische Schadensanalyse ist somit ein Iterationsprozess, bei dem Hypothesen aufgestellt, bewiesen oder verworfen werden, bis die Lösung gefunden wird.

- Für eine schlüssige Beweiskette ist stets der Nachweis zu erbringen, ob festgestellte Mängel oder Abweichungen die Belastbarkeit des Bauteiles tatsächlich schadensbestimmend herabgesetzt hatten. Ein falsches Ergebnis ist schlechter als kein Ergebnis.
- Die einfachste, naheliegendste Lösung trifft meistens zu. Großschäden werden oft von unbedeutend erscheinenden Einzelheiten ausgelöst.
- Daher: gesamtes Umfeld beachten, Fernwirkung beachten, d. h.: Repräsentiert das vorliegende Schadensteil wirklich den Primärschaden?
- Der Soll/Ist-Vergleich ist ein Untersuchungs-Schwerpunkt der Schadensanalyse.
- Konservative Vorgehensweise wählen, d. h. indizienschonend vorgehen, denn man hat oft nur dieses eine schadhafte Teil. Immer negative Teilresultate einkalkulieren, keine Veränderungen durch die Untersuchung hervorrufen; die entnommen Probestücke müssen die zu untersuchenden Eigenschaften repräsentativ wiedergeben.
- Für einen Ratschlag, der ohne entsprechendes Auffordern – also freiwillig – im Sinne einer Abhilfemaßnahme abgegeben wurde, ist im juristischen Sinne Rechnung zu tragen. Aber Vorsicht in diesem Punkt!
    - nicht: „Und wenn Sie das so machen, Sind Sie Ihr Problem los!“
    - sondern: „Auf Basis der vorliegenden Diagnose sollten diese und jene Maßnahmen in Betracht gezogen werden.“
- Jeder Beteiligte muss in der Lage sein, ohne zusätzliche Recherchen das Ergebnis einer Schadensanalyse zu verstehen. Ein grundlegendes, technisches Verständnis kann jedoch vorausgesetzt werden; die Sprache muss exakt und unmissverständlich sein.
- Hochwissenschaftliche und komplexe Formulierungen haben in einer Schadensanalyse nichts verloren, sie sind vielmehr ein gutes Indiz für vorgetäuschtes Wissen. Je einfacher und präziser der Schadensbericht gestaltet ist, desto professioneller wurde gearbeitet → das ist das Ziel.
- Der Auftraggeber bestellt mit einer systematischen Schadensanalyse eine objektive Beurteilung eines Schadens und eine daraus abgeleitete Ursachenanalyse sowie zielgerichtete Abhilfemaßnahmen, und keine Beweisführung für bereits vorgefertigte Meinungen und Schadenshypothesen. Vorsicht in diesem Punkt!
- Das Gelingen einer Schadensanalyse hängt nicht nur von der Kompetenz der untersuchenden Stelle ab, sondern ebenso vom Willen des Auftraggebers, dass das Problem gelöst wird.

10.4 Recht haben und Recht bekommen – Das Dilemma der Schuldfrage

Eine technische Klärung von Schadensursachen ist in den meisten Fällen zwar möglich, die Frage nach dem Fehler-Verursacher in juristischem Sinne ist hingegen nicht immer eindeutig zu beantworten. Sie ist zwar nicht Aufgabe der systematischen Schadensanalyse, dennoch wird dieses Thema spätestens bei der Frage aufgeworfen, wer die Verantwortung und die Kosten für den entstandenen Schaden übernimmt.

Es gibt beispielsweise keine klare Regelung, in welchem Umfang es dem mechanischen Fertigungsbetrieb zumutbar ist, dass er über Wärmebehandlungsrisiken Bescheid weiß und daraus mögliche Fehlerfolgen bereits berücksichtigt hat. Ebenso ist nicht eindeutig abgegrenzt, bis zu welchem Ausmaß und mit welchem Detaillierungsgrad eine Härterei zur Warnung eventueller Behandlungsrisiken verpflichtet ist. Weiß der Fertiger, der seine Teile zur Wärmebehandlung in Auftrag gibt, welche Informationen der Härtereibetrieb benötigt, oder ist der Wärmebehandlungsbetrieb von Haus aus dazu angehalten, mit seiner Vertragsprüfung sämtliche Eventualitäten bei der Auftragsannahme abzuklären?

Es existieren bis dato keine bzw. kaum Präzedenzfälle, die dieses Thema vollständig und für jedes mögliche Ereignis pauschal abdecken.

Bild 10.5 zeigt beispielhaft einen solchen Grenzfall: Bei einem gehärteten Werkzeug aus dem Stahl X155CrVMo12-1, Werkstoffnr. 1.2379, traten im Zuge des Erodierens nach dem Härten Risse auf. Der Härterei wurde vor dem Wärmebehandeln nicht mitgeteilt, dass dieses Werkzeug nach dem Härten erodiert wird. Über eine Sonderwärmebehandlung mit einer höheren Härtetemperatur und hohem Anlassen auf gleiche Zielhärte, hätte sich das Rissrisiko entscheidend reduzieren lassen.

Bild 10.5: Riss beim Erodieren eines gehärteten Teiles aus dem Stahl X155CrVMo12-1

Wenn Fehler offensichtlich eintreten können, d.h. wenn Angaben zur Wärmebehandlung oder zu den Zielwerten etc. augenscheinlich fehlerhaft sind, oder wenn ein offenkundiges Risiko besteht, ist die Härterei verpflichtet, mit dem Kunden Rücksprache zu halten und ihn auf die Risiken aufmerksam zu machen.

Eine derartige, klare Situation ist in Bild 10.6 ersichtlich: Ein Teil aus dem Stahl 40CrMnMoS8-6, Werkstoffnr. 1.2312, sollte auf eine Festigkeit von ca. 1200 MPa vergütet werden. Dieses Teil wurde der Härterei mit dem Zusatzhinweis „verzugsfrei" übergeben. Die Kombination aus Stahlsorte und Zielfestigkeit ist stimmig, der Wunsch nach verzugsfreier Wärmebehandlung kann allerdings nicht erfüllt werden. Der Schaden ist vorprogrammiert, wenn das Werkzeug bereits auf Endmaß gefertigt wurde.

Bei derartig eindeutigen Fällen ist die Härterei in der Pflicht, mit dem Auftraggeber Rücksprache zu halten und die weitere Vorgehensweise abzustimmen.

Bild 10.6: Werkzeug aus dem Stahl 40CrMnMoS8-6 im Wareneingang einer Härterei

Hingegen sind bei nicht eindeutigen Fällen zur Klärung der Schuldfrage neben den vertraglichen Vereinbarungen stets die Komplexität des eingetretenen Problems und die technische Kompetenz der beteiligten Betriebe zu beurteilen und gegenüberzustellen. In derartigen Zweifelsfällen gilt abzuklären, ob für die Fehlervermeidung ein Expertenwissen erforderlich war, das nur ein Wärmbehandlungs-Fachbetrieb besitzen kann – Hinweis- und Warnpflicht – oder ob der Fertiger, der die Wärmebehandlung beauftragt hat, ein Fachbetrieb ist, dem das Erkennen des Fehlerrisikos zugetraut werden konnte – Vertrauensgrundsatz.

Unabhängig von diesem juristischen Graubereich werden in einem verantwortungsbewussten Härtereibetrieb sowohl die Vertragsprüfung zur Fehlervermeidung als auch das Beschwerdewesen, wenn es zu einem Schaden gekommen ist, ernst genommen. An dieser Stelle sei darauf hingewiesen, dass eine plausible und rasche Reklamationsabwicklung in der Regel eine durchaus starke Kundenbindung bewirken kann.

10.5 Grundlegende Aspekte für Fehlervermeidung, richtige Fehlerreaktion

Die meisten Bauteilschäden mit Bezug zur Wärmebehandlung kommen deshalb zustande, weil die Wichtigkeit der Wärmebehandlung schlichtweg unterschätzt wird, weil Grundkenntnisse über diese spezielle Fertigungstechnologie fehlen, oder weil die Kommunikation mangelhaft ist. Die Praxis zeigt jedoch, dass selbst einwandfreie Fertigungseinrichtungen, eine starke Qualitätssicherung und gut ausgebildete Facharbeiter und Hausverstand in der Regel nicht ausreichen, um Fehler immer und überall zu verhindern. Eine ausreichend lange Beschäftigung mit Schadensanalysen arbeitet für die Bestätigung von „Murphy's Gesetz", nachdem Fehler, die theoretisch möglich sind, irgendwann auch einmal gemacht werden und sich wiederholen, wenn die Fehlerursachen nicht systematisch ausgemerzt werden.

Die Bemühung des Qualitätsmanagements, einen aufgetretenen Fehler durch immer neue Regeln zu vermeiden, öffnet häufig jedoch neue Schlupflöcher für weitere Fehler. Nutzen und Vorteile der Facharbeit selbst werden dadurch in der Regel zusehends in den Hintergrund gedrängt, die Verantwortung für richtige und vernünftige Entscheidungen wird immer stärker auf das Regelwerk abgewälzt. Anlassbezogene Überregulierungen können Fehlsteuerungen verursachen, wenn das Regelwerk zum Hammer wird, für den alles ein Nagel ist.

Vergleichbar mit den „Goldenen Regeln" für die Durchführung von Schadensanalysen am Ende von Abschnitt 10.3 gibt es jedoch auch für die Vermeidung von Fehlern und für die Reaktion auf Fehler einige sehr hilfreiche Mittel und Wege, die im Folgenden näher beschrieben werden.

10.5.1 Fehlerreaktion und -vermeidung aus Sicht des Wärmebehandlungsbetriebes

Die schlimmsten Fehler werden durch die Kombination „Fehler vertuschen", „Regeln missachten" und „falsche Fehlerreaktion" verursacht. Gerade das Vertuschen eines Fehlers wird stets übler genommen als der Fehler selbst.

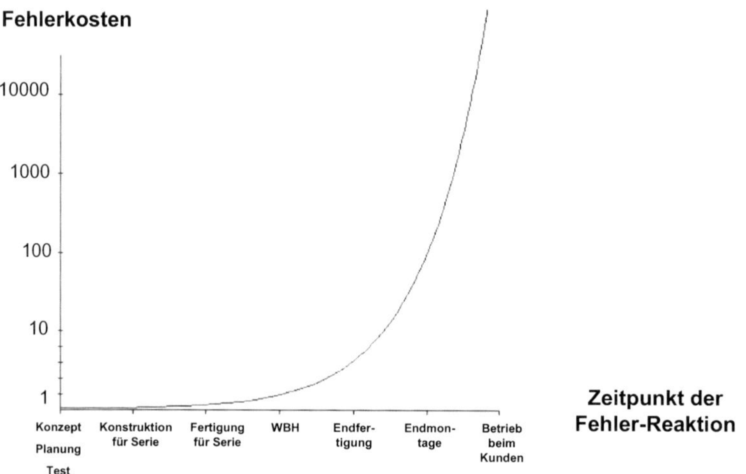

Bild 10.7: Der Zeitpunkt der „richtigen" Fehler-Reaktion beeinflusst die Höhe der Fehlerkosten entscheidend: Je früher die Reaktion erfolgt, umso vorteilhafter

Letztendlich spielt der Zeitpunkt der „richtigen" Fehler-Reaktion eine entscheidende Rolle für die Höhe der Fehlerkosten, siehe Bild 10.7, denn die Auswirkungen eines Fehlers sind oft viel weitreichender als ursprünglich angenommen. Wenn bereits beim Planen und Konstruieren die Härterei miteingebunden wird, lässt sich das Risiko für teure Fehler am effektivsten vermeiden.

Qualitativ hochwertige Härtereibetriebe zeichnen sich gerade im Hinblick auf Fehlervermeidung und richtige Fehlerreaktion durch einen guten Kundenkontakt, ein effektives Qualitätsmanagement und eine gute Fehlerkultur aus. Ihnen ist die Erwartungshaltung an die Wärmebehandlung von Bauteilen bewusst, und sie konzentrieren sich daher darauf,

- bei Unklarheiten die erforderlichen Informationen zur Wärmebehandlung einzuholen,
- Regeln einzuhalten, ernsthaft die Prozesskontrollen durchzuführen,

- sich auf Anlagen, Ofenschriebe, Messgeräte verlassen zu können: Anlagenwartung und vorbeugende Instandhaltung, Überprüfung der Temperaturmesseinrichtungen, Temperaturverteilungsmessungen, Überprüfung der Druckmesseinrichtungen und der Gasversorgung etc.
- sich auf Prüfergebnisse verlassen zu können: tägliche interne Kalibration, regelmäßige externe Überprüfungen, Prüfmittelbeurteilungen
- Nachweise über gefahrene Prozesse: Ofenschriebe, Chargenprotokolle, Chargierbilder, Kontrollplan etc. und über Ergebnisse/Prüfbescheinigungen dauerhaft zu archivieren und bei Bedarf jederzeit vorlegen zu können
- Mittel für frühzeitige Fehlererkennung zu nützen: Produktaudits, Fehler-Möglichkeits- und -Einflussanalysen (FMEA) etc.
- und vor allem auf Fehler rasch und richtig zu reagieren und daraus zu lernen, Bild 10.8

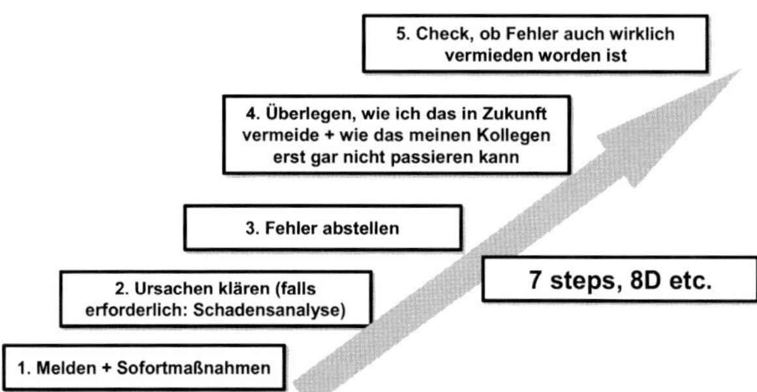

Bild 10.8: Mögliche Vorgehensweise für das richtige Reagieren beim Auftreten von Fehlern. Bei 4. „Vermeidungsmaßnahmen" haben automatische Lösungen Vorrang

10.5.2 Fehlerreaktion und -vermeidung aus Sicht des Konstrukteurs und der Fertigung

Ein großer Anteil aller technischen Schadensfälle wird bereits beim Bauteilplanen verursacht. Weil dabei ebenso das Festlegen von Werkstoff und Wärmebehandlung erfolgt, sind Fehler beim Planen auch für eine Reihe von Bauteilschäden verantwortlich, die mit dem Wärmebehandeln in Verbindung gebracht werden.

Viele dieser Schäden ließen sich jedoch durch die nachstehenden Maßnahmen vermeiden oder entscheidend reduzieren.

➢ <u>Grundkenntnisse über Möglichkeiten und Grenzen der Wärmebehandlung aneignen:</u>

Die Wärmebehandlung greift unmittelbar in die Werkstoffeigenschaften und die Bauteilgestalt ein, indem sie diese maßgeblich verändert. Zudem werden oft Kombinationen unterschiedlicher Wärmebehandlungen zur Herstellung eines Bauteiles angewandt, und diese unterschiedlichen Wärmebehandlungen beeinflussen sich selbst und das Endergebnis oft wechselseitig.

Um negative Überraschungen zu vermeiden, reicht die Kenntnis einzelner Wärmebehandlungsverfahren in der Regel alleine nicht aus. Ein Grundwissen über Wärmebehandlung ist gleichermaßen für den Konstrukteur und Fertiger wichtig.

Erst die Wechselbeziehung zwischen Werkstoff, Wärmebehandlung, Prüfmethoden und dem Bauteil selbst lassen gezielte und richtige Entscheidungen zu, Bild 10.9; wichtige wärmebehandlungstechnische Grundregeln sind dabei zu beachten, Bild 10.10.

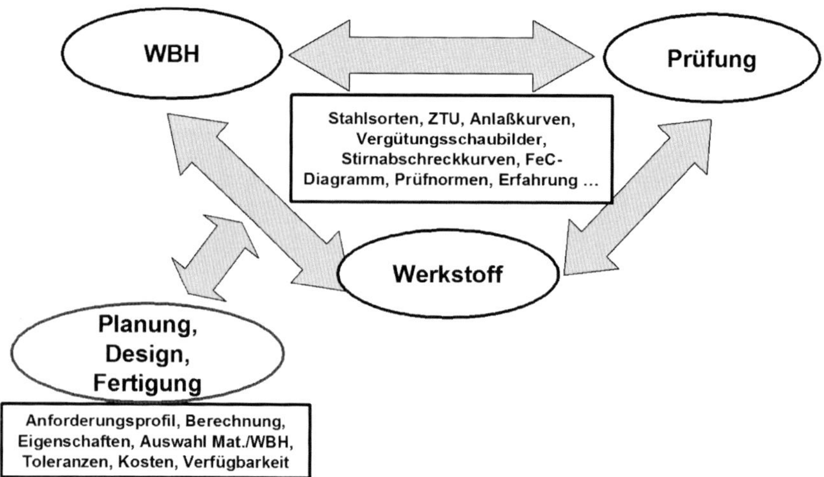

Bild 10.9: Die richtige Planung verlangt Kenntnis und vernetzte Informationen aus allen Bereichen

Es existiert keine WBH ohne MASSÄNDERUNG & VERZUG

- Gefügeveränderung = Volumenveränderung
- Aufbau neuer Spann. (therm. & Gefüge-Sp.)
- Freiwerden von Spannungen aus der Bauteil-Vorgeschichte
- Das ist ein Volumeneffekt!
  - je größer und asymmetrischer das Bauteil, umso stärker ausgeprägt

Bauteilgröße und Gestalt spielen eine wichtige Rolle

- je größer & komplexer das Bauteil
  - → desto wichtiger sind WBH-gerechtes Konstruieren und Fertigen
  - → desto höher legiert muß der Stahl sein
  - → desto größer müssen die Toleranzen sein (auch für die WBH)
- → Vorraussetzung für Durchhärtung
- mäßige Abkühlung → geringere Spannungen

NIE maximale Härte fordern

- wer max. Härte fordert,
  - fordert minimale Zähigkeit

Werkstoff & WBH müssen mit nachfolg. Behandlungen koordiniert werden

- Informationen über Erodieren nach der WBH
- Nitrieren / Beschichten:
  - $T_{Anlassen} > T_{Spannungsarmglühen} > T_{Nitrieren / Beschichten}$
  - Stahlsorte, Abmessungen, Härte, Anlaßtemp. müssen mit der Nitrierung / Beschichtung etc. abgestimmt werden
  - keine Diffusionsbarrieren vor dem Nitrieren

Bild 10.10: Wichtige wärmebehandlungstechnische Grundregeln

> Einhalten des Regelkreises für die Wahl von Werkstoff und Wärmebehandlung:

Für die Bauteilplanung muss ein Zusammenspiel von mehreren Faktoren berücksichtigt werden, angefangen von Bauteilfunktion und Belastung, Design, Auswahl der Stahlsorte und deren Herstellverfahren, die Bauteilfertigung und Wärmebehandlung etc.

1. Anforderungsprofil	2. Werkstoffeigenschaften	3. Werkstoff / WBH / Prüfung

• mechan. Belastung
  • zyklisch, statisch, dynamisch, schlagartig
• Einsatztemperatur
• Reibung
• chem. Umgebungsbedingungen
• Verfügbarkeit, Preis
• Fertigungsmöglichkeiten, z.B. Schweißbarkeit
	• Gewichtung von
	  • Härte, Festigkeit
	  • Verschleißwiderstand
	  • Korrosionswiderstand
	  • Zähigkeit
	  • Temperaturbeständigkeit
	  • Eigenspannungen → Dauerfestigkeit, Erodieren!
	  • chem. Zusammensetzung
		• welcher Werkstoff, welcher Werkstoffzustand
		• welche WBH
		  • Art
		  • Temperaturen, Medien
		  • Behandlungsdauern
		  • Chargierung
		  • Stückzahlen, Lose
		  • ...
		• welche Überprüfungsmöglichkeiten → welche Soll-Werte (Härte, Tiefe ...)

Bild 10.11: Regelkreis von den „Bauteilanforderungen" über die „erforderliche Werkstoffeigenschaften" bis hin zur „Wahl der geeigneten Wärmebehandlung"

Der optimale Weg führt dabei über einen systematischen Ansatz, bei dem auf Basis gründlicher Überlegungen zum Anforderungsprofil die erforderlichen Eigenschaften abgeleitet und erst dann die Entscheidung über Material und Wärmebehandlung getroffen werden, Bild 10.11.

Auch wenn zum Planungszeitpunkt viele Einzelfaktoren nicht gesichert sind und z. T. nur auf Erfahrungswerten aufbauen, so bietet dieser systematische Ansatz eine Möglichkeit, negativen Überraschungen entgegenzuwirken. In sehr komplexen Fällen muss die Schleife öfters durchlaufen werden (PDCA-Schema).

> Erkenntnisse aus eingetretenen Bauteilschäden nützen:

In vergleichbarer Art und Weise sollte ein bereits eingetretener Schaden in Begleitung mit einer systematischen Schadensanalyse für die wertvollen Informationen genützt werden, welche Bauteileigenschaften für die Lebensdauer und für die vorliegenden Einsatzbedingungen von zentraler Bedeutung sind und gezielt verbessert werden müssen, um eine Fehlerwiederholung zu vermeiden.

Dieser Ansatz ist auch für die Wärmebehandlung wichtig, denn mit der Kenntnis über die erforderlichen Werkstoffeigenschaften aus einem Schaden heraus sollte ebenso die Wahl eines geeigneten Prozesses neu überdacht werden, Bild 10.12.

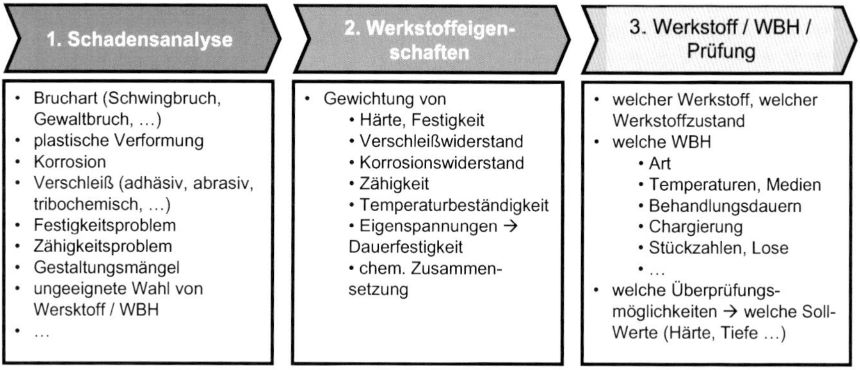

1. Schadensanalyse	2. Werkstoffeigen-schaften	3. Werkstoff / WBH / Prüfung
• Bruchart (Schwingbruch, Gewaltbruch, ...) • plastische Verformung • Korrosion • Verschleiß (adhäsiv, abrasiv, tribochemisch, ...) • Festigkeitsproblem • Zähigkeitsproblem • Gestaltungsmängel • ungeeignete Wahl von Wersktoff / WBH • ...	• Gewichtung von • Härte, Festigkeit • Verschleißwiderstand • Korrosionswiderstand • Zähigkeit • Temperaturbeständigkeit • Eigenspannungen → Dauerfestigkeit • chem. Zusammen-setzung	• welcher Werkstoff, welcher Werkstoffzustand • welche WBH • Art • Temperaturen, Medien • Behandlungsdauern • Chargierung • Stückzahlen, Lose • ... • welche Überprüfungs-möglichkeiten → welche Soll-Werte (Härte, Tiefe ...)

Bild 10.12: Regelkreis Systematische Schadensanalyse – erforderliche Werkstoff-eigenschaften – Wahl der geeigneten Wärmbehandlung

➢ Die richtige Wahl der Toleranzen:

Die Auswahl der richtigen Prüfung nach der Wärmebehandlung beginnt ebenso bereits beim Planen eines Bauteiles. Ziel ist das Festlegen von Soll-Werten, die unter Berücksichtigung technischer und kaufmännischer Gesichtspunkte auch erreicht und geprüft werden können, Bild 10.13.

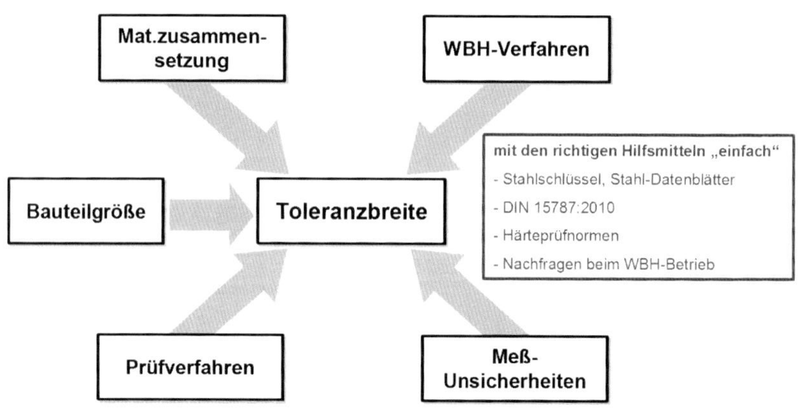

Bild 10.13: Einflussfaktoren auf die Toleranz (Härte, Härtetiefe, Schichtdicke etc.) wärmebehandelter Bauteile

Eine ausreichend große Toleranz ist wichtig, denn die Soll-Werte bestimmen den wirtschaftlichen Aufwand für Wärmebehandlung und Prüfung und meist auch für Materialbeschaffung und Fertigung.

➢ Kommunikation der richtigen Informationen mit den beteiligten Stellen:

Der Stellenwert der Wärmebehandlung als Schlüsseltechnologie für den gesamten Produktentstehungsprozess wird oft schlichtweg unterschätzt. Viele Fehler resultieren aus dieser riskanten Grundhaltung heraus.

Die Vielfalt von Wärmebehandlungsverfahren mit all ihren Varianten, die notwendig sind, um für die unterschiedlichen Bauteilanforderungen optimale Lösungen anbieten zu können, sorgt jedoch auch für hohe Komplexität und in vielen Fällen für Verwirrung. Die richtige Wahl von Werkstoffsorte und Wärmebehandlung bestimmt nicht nur, ob am Bauteil die für seine betrieblichen Anforderungen benötigten Eigenschaften maßgeschneidert eingestellt werden, sondern auch, ob die Material- und Wärmebehandlungskombination technisch überhaupt sinnvoll und durchführbar sind.

Ein entsprechender Austausch der richtigen Informationen zwischen Fertiger, Härtereibetrieb und den anderen beteiligten Stellen kann helfen, bei komplexer Problemstellung oder in der Entstehungsphase eines Neuteiles gravierende Fehler im Vorfeld zu vermeiden, Bild 10.14.

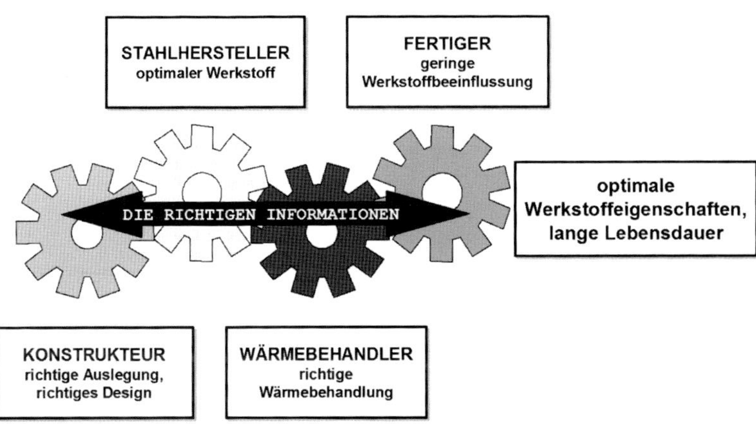

Bild 10.14: Kommunikation der richtigen Informationen mit allen beteiligten Stellen kann bei komplexer Problemstellung oder bei der Entstehung eines Neuteiles helfen, das Fehlerrisiko zu reduzieren. Eitelkeiten und übertriebene Selbstsicherheit gefährden die Kommunikationsbereitschaft

➢ Wärmebehandlungsgerechtes Konstruieren und Fertigen berücksichtigen:

Auch im Hinblick auf wärmebehandlungsgerechtes Konstruieren und Fertigen sowie beim Festlegen der Toleranzen ist es besser, im Zweifelsfall einmal öfter beim Härtereibetrieb nachzufragen.

Für Details zu diesem Thema wird auf die entsprechenden Fallbeispiele im Kapitel 11 verwiesen.

➢ <u>Das richtige Beauftragen einer Wärmebehandlung:</u>

Der Auftrag zum Wärmebehandeln sollte schriftlich anhand eines Lieferscheines, einer Bestellung, Werksnorm oder Wärmebehandlungsanweisung erfolgen; optimal in Begleitung einer Zeichnung, in der die Prüfpositionen angegeben sind. Sie sollte die folgenden Informationen enthalten:

- Werkstoff
- Wärmbehandlungsverfahren
- Zielgrößen (Härte, Härtetiefe, Schichtdicke etc.) mit Toleranzangaben, Prüfpositionen
- Bauteilbereiche, die abgedeckt werden müssen
- weitere Fertigungsschritte nach der Wärmbehandlung, wenn spannungs- oder temperaturkritische Bearbeitungen erfolgen, wenn danach z. B. erodiert, nitriert oder beschichtet wird
- spezielle Forderungen, die besondere Aufmerksamkeit und besondere Vorkehrungsmaßnahmen verlangen, z. B. Teile für die Luftfahrt, für den öffentlichen Personenverkehr, für die Medizintechnik, für Nukleartechnik etc.
- Kundennormen, Wärmebehandlungsanweisungen

10.6 Literatur

Bro85	Broichhausen, J.	Schadenskunde Carl Hanser Verlag, München, 1985
Eck87	Eckstein, H.-J.	Technologie der Wärmebehandlung von Stahl VEB Deutscher Verlag für Grundstoffindustrie, Leipzig,2. Auflage, 1987
Gro02	Grosch, J.	Schadenskunde wärmebehandelter Bauteile AWT-Seminar Berlin, 2002
Lan04	Lange, G.	Systematische Beurteilung technischer Schadensfälle Wiley-VCH Verlag, 1. Nachdruck 2004
Lan05	Lange, G.; Pohl, M. u. a.	Systematische Beurteilung technischer Schadensfälle DGM-Seminar, Ermatingen 2005
Neu76	Neumann, F.	Das Buch der Schadensfälle Dr. Riederer-Verlag GmbH, 1976
Pir95	Pirzl, N.	Spezielle Werkstoffprüfung Vorlesung R. Ebner, Montanuniversität Leoben, 1995
Pir06	Pirzl, N.	Schadensanalyse – Vom Schaden zum Erfolg Leobener Betriebsfestigkeitstage, Planneralm, 2006
Sch05	Schumann, H.	Metallographie Wiley-VCH Verlag, 14. Auflage 2005

VDE97	VDE	Erscheinungsformen von Rissen und Brüche Verlag Stahleisen GmbH, Düsseldorf, 2. Auflage 1997
Wen88	Wendler-Kalsch, E.	Korrosionsschadenkunde Springer-Verlag, 1988

11 Beanstandungen an wärmebehandelten Bauteilen – Fallbeispiele

Norbert Pirzl

11.1 Einleitung

Die nachstehenden Fallbeispiele stellen eine Auswahl von Fehlern dar, die beim Wärmebehandeln entweder verursacht oder lediglich ausgelöst wurden. Sie sind nach Wärmebehandlungsart gegliedert und sollen einerseits einen Eindruck über Fehlermöglichkeiten vermitteln und andererseits als Unterstützung für die eigene Durchführung von Schadensanalysen wärmebehandelter Bauteile dienen. Der Anspruch auf Vollständigkeit lässt sich bei diesem Thema aufgrund der Vielfalt möglicher Fehlerursachen nicht erheben.

11.2 Fehlerbeispiele – Glühen

Beispiel 1

Beanstandung: **Grobkorn** über den gesamten Querschnitt eines dickwandigen Bauteils aus dem Vergütungsstahl 42CrMo4, Werkst.-Nr. 1.7225, nach dem **Normalglühen**, siehe Bild 11.1.

Zu erwartende Folgen: Grobkörniges Gefüge nach einem Härten/Vergüten; Zu geringe Zähigkeit bei Verwendung im gehärteten Zustand.

Fehlerursachen: Anhand des Ofenschriebs und der Chargenaufzeichnung war nachweisbar, dass sich der normalgeglühte Zustand bei dem dicken Bauteil aufgrund eines Chargierfehlers nicht einstellen konnte: Es wurden Teile mit erheblich unterschiedlichen Wandstärken gemeinsam in einer Charge geglüht. Die Temperaturregelung wurde auf die dünnen, kleinen Teile, die beim Erwärmen wesentlich rascher auf Temperatur kamen, bezogen. Das Abkühlen erfolgte, als das dickwandige Bauteil die erforderliche Glühtemperatur noch nicht erreicht hatte, so dass sich das Gefüge des dickwandigen Teiles nach dem Normalisieren nicht vom Ausgangsgefüge unterschied. Ein ähnlicher Fehler kann eintreten, wenn auf eine zu hohe Temperatur erwärmt und/oder zu lange auf Temperatur gehalten wird.

Mögliche Maßnahmen zur Vermeidung: Für entsprechende Temperaturführung beim Glühen sorgen entsprechend den Angaben zur Wärmebehandlung in den entsprechenden Stahldatenblättern. Im konkreten Fall sollten nur Teile mit ähnlichem Querschnitt in einer Charge behandelt werden.

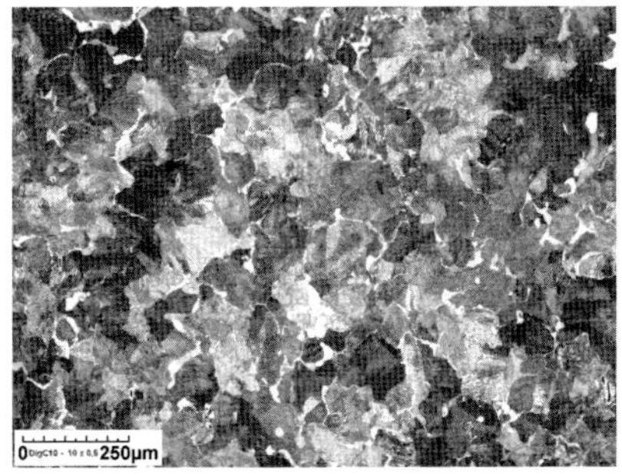

Bild 11.1: Gefügebild des grobkörnigen Bauteils, Ätzung 3 %-ige Nital

Beispiel 2

Beanstandung: **Ungleichmäßige Carbidverteilung** nach dem **GKZ-Glühen** eines großen Bauteiles aus dem Warmarbeitsstahl X37CrMoV5-1, Werkst.-Nr. 1.2343, siehe Bild 11.2 links. Bauteilabmessungen: 450 mm x 400 mm x 350 mm.

Zu erwartende Folgen: Erhöhter Werkzeugverschleiß beim spanenden Bearbeiten, ungleichmäßigeres Gefüge nach einem anschließenden Härten.

Fehlerursachen: Zu kurze Glühdauer und/oder zu niedrige Glühtemperatur.

Mögliche Maßnahmen zur Vermeidung: Temperaturführung für das GKZ-Glühen gemäß Angaben in den Datenblättern der entsprechenden Stahlsorte unter Berücksichtigung der Bauteilgröße einhalten; im vorliegenden Fall: Glühtemperatur für den genannten Stahl: 750 °C bis 800 °C. Glühdauer für die Größe des vorliegenden Bauteiles: 6 h. Das Gefüge sollte danach so wie in Bild 11.2 rechts aussehen. Bei sehr großen Bauteilen kann ein vorgeschaltetes Blindhärten erforderlich sein, um auch im Kern ein möglichst homogenes Glühgefüge zu erzielen → GKZ-H -Glühen.

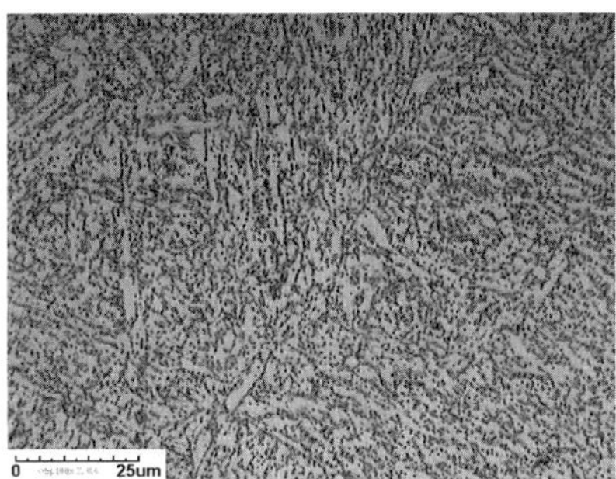

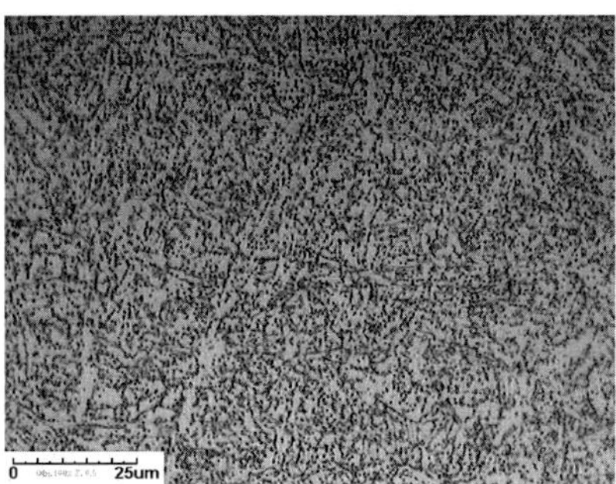

Bild 11.2: Links: Ungleichmäßige Verteilung der Carbide, rechts: Homogene Carbidverteilung. Ätzung mit 3 % Nital.

Beispiel 3

Beanstandung: **Ungleichmäßiges, stark geseigertes Gefüge im Ausgangszustand**. Anstatt nur Ferrit-Perlit enthält das Gefüge des Werkstücks aus dem Vergütungsstahl 42CrMo4, Werkst.-Nr. 1.7225, auch Bainit-Anteile, siehe Bild 11.3 oben links und hatte deshalb beim anschließenden Härten mit Polymerabschreckung eine zu geringe Härteannahme, siehe Bild 11.3 oben rechts.

Zu erwartende Folgen: Erhöhter Werkzeugverschleiß beim Weichbearbeiten aufgrund des stark inhomogenen Gefügeaufbaus mit zusätzlichen Bainitzeilen; dadurch abwechselnd harte und weiche Bereiche und ein ungleichmäßiges Gefüge nach dem Härten.

Mögliche Maßnahmen zur Vermeidung: Bei der Materialbestellung eine ausreichende Homogenität des Gefüges fordern, eventuell den Nachweis von Kreuzzugversuchen oder Zähigkeitsprüfungen in Querrichtung verlangen. Beim Härten für ausreichende Umwälzung des Polymer-Abschreckbades und für allseitige Zugänglichkeit der Bauteile für das Abschreckmittel sorgen. Gegebenenfalls den Stahl für die Härtbarkeit mit dem Zusatz „H" – garantierte Härtbarkeit – nach DIN EN 10083 oder „HH" – high hardenability – bestellen.

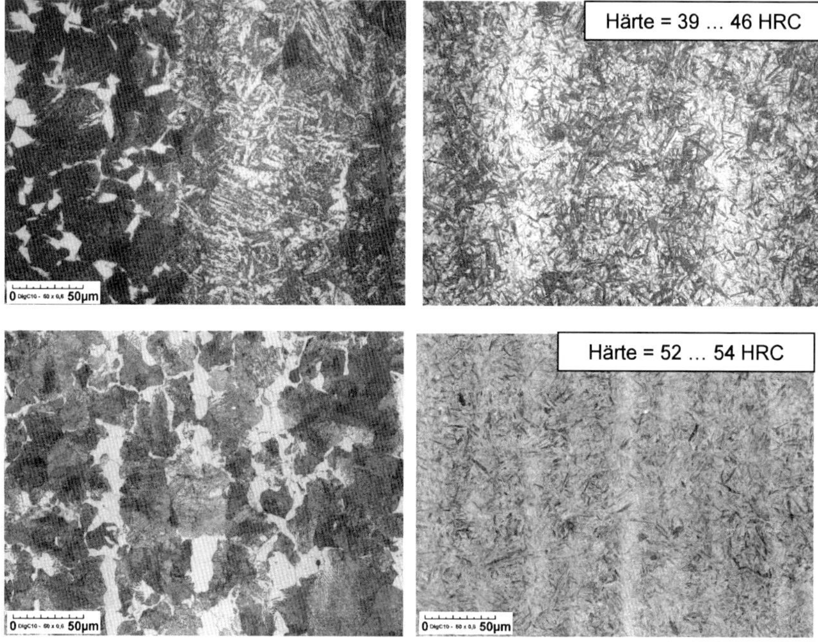

Bild 11.3: Oben: stark ungleichmäßiges Ausgangsglühgefüge aus Perlit/Ferrit mit deutlichen Bainitanteilen (links) und daraus resultierendes, ungleichmäßiges Gefüge nach dem Härten (rechts); unten: homogenes Ausgangsglühgefüge aus Perlit und Ferrit (links) führt hingegen zu homogenem Härtegefüge (rechts); Ätzung: 3 %-Nital.

11.3 Fehlerbeispiele – Härten und Vergüten

Fehlerbild: Risse, zu starke Maßänderung, zu starker Verzug

Beispiel 4

Beanstandung: **Längsriss** beim **Vergüten** einer Stange aus dem Vergütungsstahl 34CrNiMo6, Werkst.-Nr. 1.6582, mit Walzzunder am Außendurchmesser, siehe Bild 11.4.

Fehlerursachen: Niedrige Trennfestigkeit der vor der Wärmbehandlung verzunderten Stangenoberfläche, Zunder führt in der Randschicht zusätzlich zu Zugeigenspannungen beim Härten, ebenso wie Reste zulässiger, herstellbedingter, oberflächlicher Anrisse des Ausgangsmaterials.

Mögliche Maßnahmen zur Vermeidung: Teile mit Walzzunder, Zunderresten oder Rissen am Rand ungeschälter Vormaterialien machen Werkstücke enorm anfällig für Risse beim Härten. Auch der „walzblanke" Zustand bietet keinen gesicherten Schutz dagegen, weil Zunderreste an der walzblanken Oberfläche vor dem Wärmebehandeln leicht übersehen werden. Die Nachweisführung, dass Anrisse an der Vormaterial-Oberfläche beim zu Härten zu Rissen geführt haben, ist mitunter sehr schwierig. Um so etwas zu vermeiden, ist es zweckmäßig, Zunder und Risse vor dem Wärmebehandeln vollständig abzuarbeiten. Die sicherste Variante ist jedoch die Verwendung eines geschälten Materials.

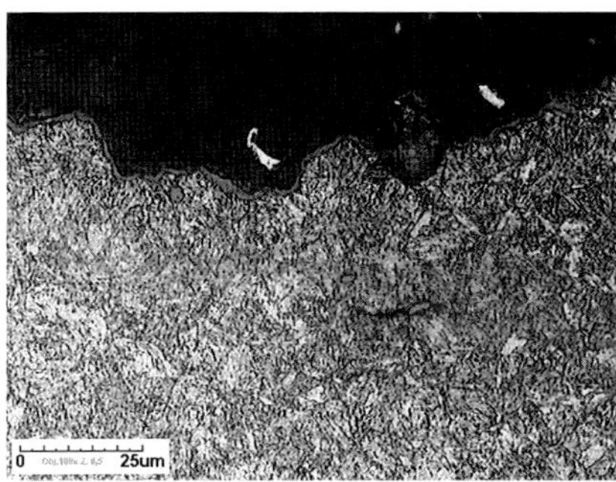

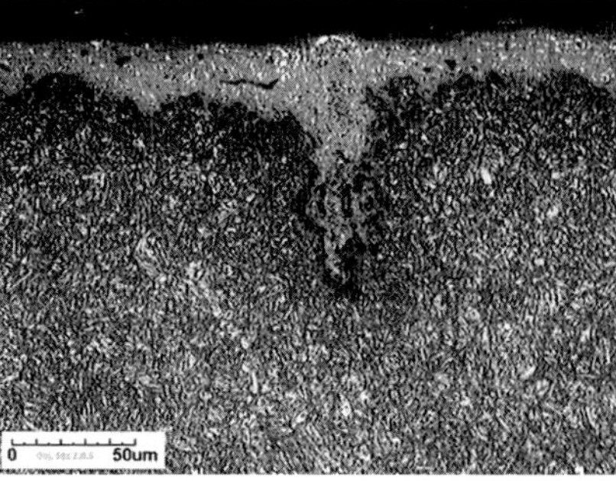

Bild 11.4: Links: Schnitt senkrecht durch einen Längsriss der Stange; interkristalliner Riss mit Oxidhaut an den Rissflanken; rechts: aus dem Herstellprozess des Vormaterials stammender verzunderter Außendurchmesser, Ätzung mit 3% Nital

Im Allgemeinen werden derartige Risse als **„Härteriss"** bezeichnet, weil sie beim Härten entstehen, und zwar:

- beim Erwärmen
- beim Abschrecken
- nach dem Abschrecken, vor dem ersten Anlassen

Erkennungsmerkmale solcher Risse wie in Bild 11.4 sind:

- o interkristalliner Spaltbruch, d. h. ein verformungsarmer Gewaltbruch entlang der Korngrenzen
- o Rissverlauf senkrecht zu den im Bauteil auftretenden Spannungen
- o Rissflanken meist, aber nicht immer, oxidiert.

Härterisse entstehen, wenn die Spannungen, die im Verlauf des Erwärmens auf Austenitisiertemperatur, beim Halten auf dieser oder beim Abschrecken im Werkstück entstehen, die Trennfestigkeit des Werkstoffes überschreiten. Diese Situation kann durch Fehler beim Wärmebehandeln selbst oder aber durch wärmebehandlungsfremde Fehler hervorgerufen werden. Der Begriff „Härteriss“ ist somit äußerst irreführend und sollte ausschließlich den Zeitpunkt der Rissentstehung → im Verlauf eines Härtens kennzeichnen. Aussagen zu den Rissursachen können hingegen häufig erst nach einer Schadensanalyse getroffen werden, da die Möglichkeiten dafür zahlreich sind.

Eine Wärmebehandlung ist immer mit dem Erzeugen bzw. Freiwerden von Eigenspannungen und mit einer Volumenänderung durch thermisch bedingte Volumenänderungen und Gefügeumwandlungen verbunden. Dies kann zu einer Reihe von Schäden führen, wenn sie vom Konstrukteur, bei der mechanischen Bearbeitung oder von der Härterei nicht ernst genommen werden.

Die Art der Eigenspannungen, Zug oder Druck in der Bauteilrandschicht ist unter anderem stark vom Kohlenstoff- und vom allgemeinen Legierungsgehalt abhängig:

- Niedriglegierte Stähle und Stähle mit geringem Kohlenstoffgehalt neigen zu Druck-Eigenspannungen im Rand nach dem Härten

- Hochlegierte Werkzeugstähle und hochkohlenstoffhaltige Stähle neigen zu Zug-Eigenspannungen im Rand nach dem Härten.

Eigenspannungen entstehen beim Wärmebehandeln durch zwei miteinander verknüpfte Mechanismen:

- *thermische Spannungen*: zeitlich unterschiedliche Volumenänderung durch zeitlich unterschiedliches Erwärmen bzw. Abkühlen zwischen Rand und Kern

- *Umwandlungsspannungen*: zeitlich unterschiedliche Volumenänderung durch zeitlich unterschiedliche Gefügeumwandlung im Rand und im Kern.

Auch Eigenspannungen aus der Bauteilvorgeschichte werden ausgelöst. Sämtliche Eigenspannungen, die im Zuge der Vormaterial- und Bauteilherstellung vor dem Wärmebehandeln in das Bauteil eingebracht werden, können beim Wärmebehandeln frei werden. Die Folgen aus diesen unvermeidbaren Effekten sind:

- Verzug, Maßänderung
- Rissgefahr.

Je dicker die Bauteile sind, je geringer die Härtbarkeit der Stahlsorte ist, und je ungünstiger und ausgeprägter die Anisotropie ist, desto ungünstiger und höher sind die daraus resultierenden thermischen und umwandlungsbedingten Spannungen.

<u>Ursachen</u> für Schäden in Form von Rissen, zu starkem Verzug, zu großen Maßänderungen, die in Kombination mit Eigenspannungen hervorgerufen werden sind:

➢ Fehler bei der Werkstoffauswahl und Planung:

- Werkstoffmängel wie Makroschlacken, Mangansulfid-Nester, starke Seigerungen, Mängel an der Oberfläche wie Walz-, Schmiedehaut, Zunder: Beispiele 4 und 11
- Wahl von Werkstoffen mit zu niedriger Härtbarkeit, welche hohe Abschreckgeschwindigkeiten erfordern bei großen Bauteilen: Beispiele 5 und 8
- ungünstiger Faserverlauf bei unvorteilhafter Entnahme aus dem Vormaterial
- keine gezielte Reduktion von Eigenspannungen vor dem Wärmebehandeln
- spannungskritische Fertigung nach der Wärmebehandlung, z. B. Erodieren ohne Ankündigung: Beispiel 10

➢ Konstruktionsfehler:

- Nicht wärmebehandlungsgerechte Konstruktion: Beispiele 5 bis 9
    - je schroffer die Querschnittsübergänge, desto größer die lokale Spannungserhöhung im Kerbgrund, z. B. Kanten, Gewinde
    - je kerbempfindlicher der Werkstoff, desto größer die Rissgefahr
    - je größer die Querschnittsunterschiede, desto größer die lokalen Spannungsunterschiede
    - je ausgeprägter die Asymmetrie, desto einseitiger die Spannungen

➢ Fertigungsfehler:

- zu grobe Bearbeitungsriefen: Beispiel 8
- beim Fertigen zu hohe Spannungen in das Bauteil eingebracht

➢ Wärmebehandlungsfehler:

- ungleichmäßiges Erwärmen / Abkühlen des Werkstücks, Chargierfehler
- zu schroffes Abschrecken, zu hohe / zu niedrige Härtetemperatur, zu lange / zu kurze Haltedauer
- zu lange Verweildauer zwischen Härten und Anlassen
- Änderung der Randschicht durch Verzundern, Entkohlen, Überkohlen

Beispiel 5

Beanstandung: **Härteriss** beim **Härten** mit Gasabschreckung im Vakuumofen eines scharfkantigen, großen Biegewerkzeuges aus dem Kaltarbeitsstahl X155CrVMo12-1, Werkst.-Nr. 1.2379, siehe Bild 11.5; Bauteilabmessung: 400 mm x 300 mm x 250 mm; Soll-Härte = 56 + 2 HRC, Ist-Härte: 57 HRC.

Fehlerursachen: Der Härteriss wurde durch folgende Kombination verursacht:

- voluminöses Bauteil und zu geringe Härtbarkeit, die ein rasches Abschrecken erforderte, was zu hohen thermisch bedingten Spannungen und hohen Umwandlungsspannungen führte
- scharfkantige Geometrie → hohe Kerbwirkung mit hoher lokaler Spannungserhöhung
- hohe Kerbempfindlichkeit des Stahles, was für diese Stahlsorte mit den großen Carbiden typisch ist

Mögliche Maßnahmen zur Vermeidung: Wenn im Endzustand für die Funktion scharfe Kanten erforderlich sind: entsprechendes Aufmaß und ausreichende Fasen vorsehen, nach dem Härten scharfkantig abarbeiten, siehe Bild 11.6. Stahlsorte mit höherer Härtbarkeit verwenden, wodurch milder abgeschreckt werden kann.

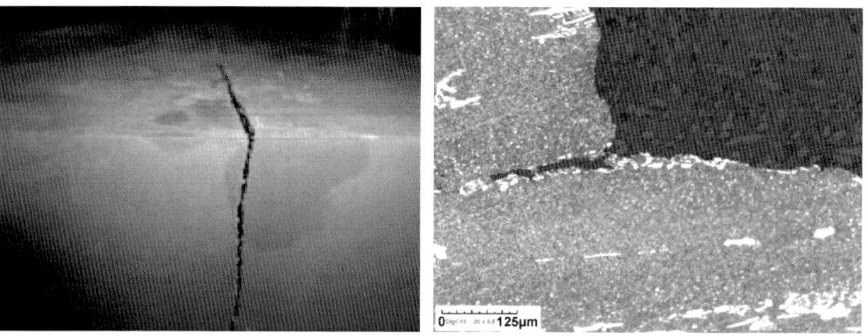

Bild 11.5: Links: Härteriss an einer scharfen Kante des Werkzeuges; rechts: Detail aus dem Schadensbereich nach dem Rissöffnen; Härteriss folgt den Carbidzeilen; Ätzung mit 3% Nital

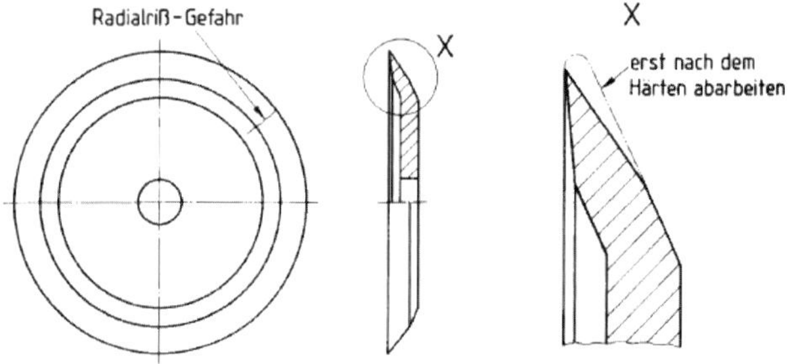

Bild 11.6: Wenn scharfkantige Stellen notwendig sind, sollten diese erst nach der Wärmebehandlung gefertigt werden (DIN 17022)

Beispiel 6

Beanstandung: **Härteriss**, **Verzug** und zu **starke Maßänderung** beim **Härten** mit Gasabschreckung im Vakuumofen eines voluminösen Kunststoffspritzgusswerkzeugs aus dem Warmarbeitsstahl X37CrMoV5-1, Werkst.-Nr. 1.2343, mit starken Querschnittsunterschieden, siehe Bild 11.7; Soll-Härte: 48 HRC + 4 HRC, Ist-Härte: 49 HRC.

Fehlerursachen: Viel zu große Querschnittsunterschiede, Stellen mit viel zu dünner Wandstärke → Konstruktionsmangel.

Mögliche Maßnahmen zur Vermeidung: Derartig große Querschnittsunterschiede mit starken Massenkonzentrationen und äußerst dünnwandigen Stellen bergen ein zu hohes Risiko für Risse, zu großem Verzug und zu großer Maßänderung. Sie müssen vor allem bei voluminösen Teilen konstruktiv unbedingt vermieden werden, siehe Bild 11.8.

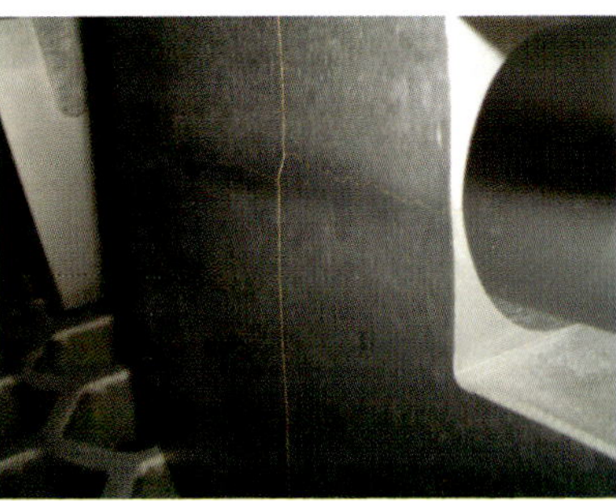

Bild 11.7: Links: Gesamtansicht des Spritzgusswerkzeugs mit starken Querschnittsunterschieden; oben rechts: Härteriss an einer dünnwandigen Stelle

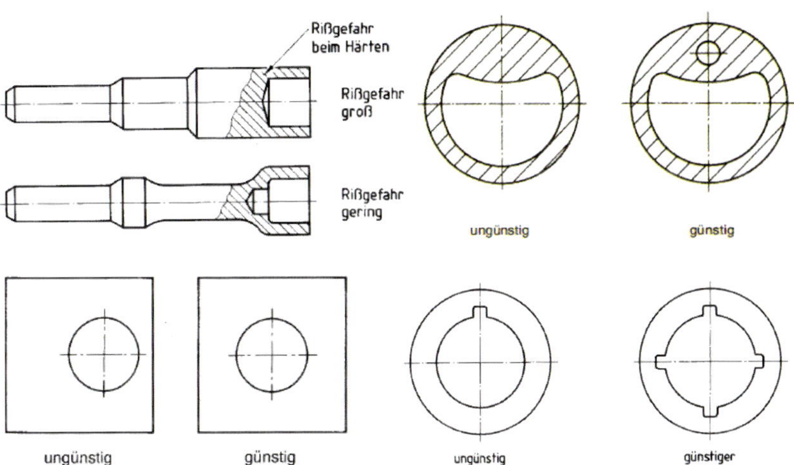

Bild 11.8: Beispiele für das Vermeiden großer Querschnittsunterschiede und Massenanhäufungen; symmetrisches Design, Massenanhäufung vermeiden, s. DIN 17022

Beispiel 7

Beanstandung: **Härteriss** beim **Härten** eines stellenweise enorm dünnwandigen Kunststoffspritzguss-Werkzeugs aus pulvermetallurgisch hergestelltem Kunststoffformenstahl mit Gasabschreckung im Vakuumofen; Soll-Härte = 58 + 2 HRC, Ist-Härte: 59 HRC, siehe Bild 11.9.

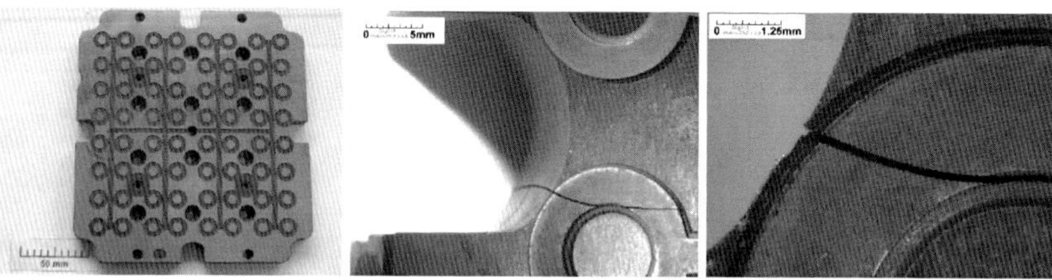

Bild 11.9: Links: Gesamtansicht des Spritzgusswerkzeugs mit extrem dünnwandigen Stellen an der linken und rechten halbkreisförmigen Zentrierausnehmung; Mitte und rechts: Härteriss an der extrem filigranen Zentrierausnehmung

Fehlerursachen: Nicht-wärmebehandlungsgerechte Konstruktion, Kombination aus:

- Plattenform → hohe Spannungen in Querrichtung
- hohe Kerbwirkung: Riss an extrem filigraner und scharfkantiger Stelle; eine lichtmikroskopische Messung der Wandstärke im Rissbereich ergab lediglich 30 µm; dadurch große Querschnittsunterschiede (dick-/dünnwandig)
- Kerbempfindlichkeit des Stahles (hohe Härte, viele Carbide)

Mögliche Maßnahmen zur Vermeidung: Derartig dünnwandige Stellen sind unter allen Umständen konstruktiv zu vermeiden.

Beispiel 8

Beanstandung: **Härteriss** beim **Härten** von äußerst scharfkantigen Bauteilen aus dem Kaltarbeitsstahl 90MnCrV81, Werkst.-Nr. 1.2842, nach Abschrecken in Öl; Soll-Härte: 58 HRC + 3 HRC, Ist-Härte: 59 HRC.

Fehlerursachen: Nicht-wärmebehandlungsgerechte Konstruktion, kombinierte Einflüsse aus, siehe Bild 11.10:

- Bauteil aus Stahl mit grenzwertiger Härtbarkeit, was ein rasches Abschrecken erfordert und zu hohen thermischen und hohen Umwandlungsspannungen führt
- scharfkantige Geometrie → hohe Kerbwirkung und damit hohe lokale Spannungsspitzen
- große Querschnittsunterschiede

Mögliche Maßnahmen zur Vermeidung: Die größte Belastung eines Bauteiles sind oft die Spannungen beim Abschrecken oder Abkühlen. Für die Konstruktion und Fertigung gelten daher ähnliche Vorgaben wie für fertige, harte Bauteile, die in ihrer Funktion hoch und schlagartig beansprucht werden. Schroffe Querschnittsübergänge und grobe Bearbeitungsriefen auch in Bohrungen wie in Bild 11.11 sind daher unbedingt zu vermeiden. Verwendung eines Stahles mit höherer Härtbarkeit ermöglicht ein milderes Abschrecken.

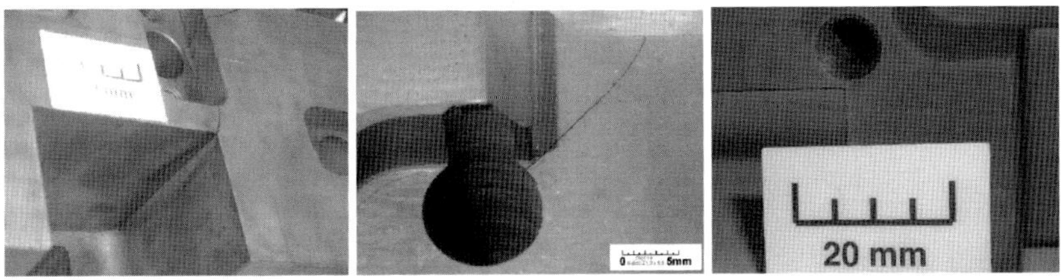

Bild 11.10: Detailaufnahmen aus unterschiedlichen Bauteilbereichen: scharfkantige Innen- und Außenecken, grobe Bohrungsriefen, starke Querschnittsunterschiede mit enorm dünnen Bereichen

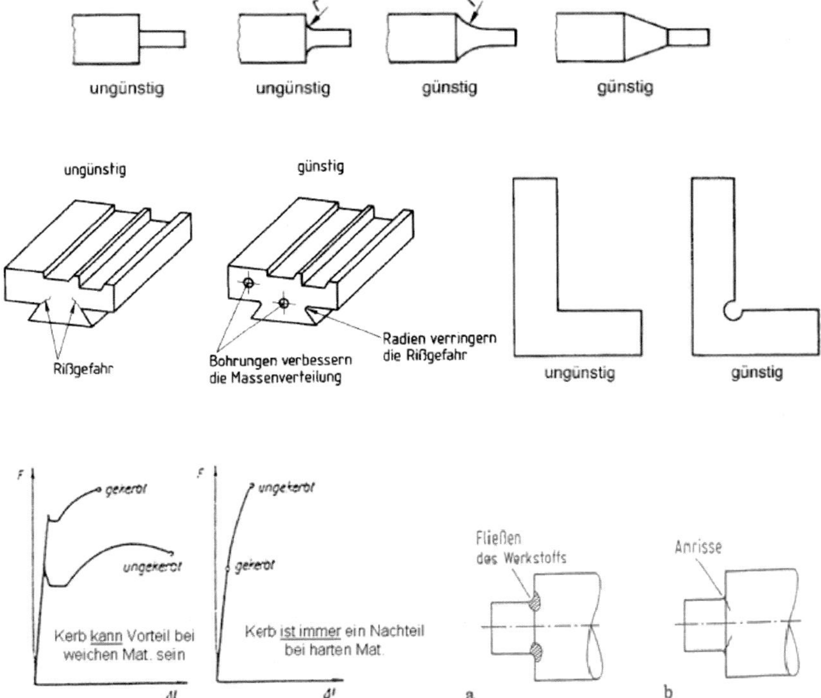

Bild 11.11: Oben und Mitte: Beispiele für wärmebehandlungsgerechte Bauteilgestaltung (DIN 17022). unten links und rechts: F/Δl-Schaubilder und Auswirkung von Kerben bei weichen (a) und harten (b) Materialien /Pir93/

Beispiel 9

Beanstandung: **Härteriss** beim **Härten** von scharfkantigen Drehteilen aus einem hochfesten Vergütungsstahl nach Abschrecken in Öl.

Fehlerursachen: Ausführungsfehler beim mechanischen Fertigen; alle Teile sollten gleiche Gestalt und überall sanfte Querschnittsübergänge besitzen, dennoch gab es folgende Unterschiede, vgl. Bild 11.12:

- Teile ohne Innenradius (Rissausgang) aber mit sauberer Fase am Außendurchmesser
- Teile mit sauberem Innenradius aber fehlender Fase am Außendurchmesser Rissausgang

Mögliche Maßnahmen zur Vermeidung: Fertigen gemäß Zeichnung (in der Zeichnung waren sowohl Innenradius als auch Fase am Außendurchmesser vorgesehen).

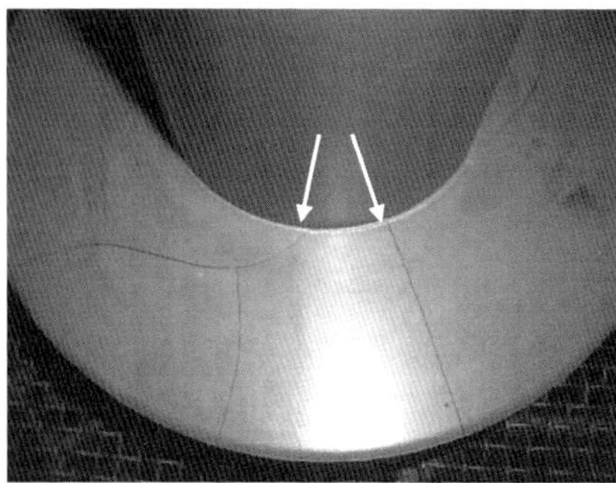
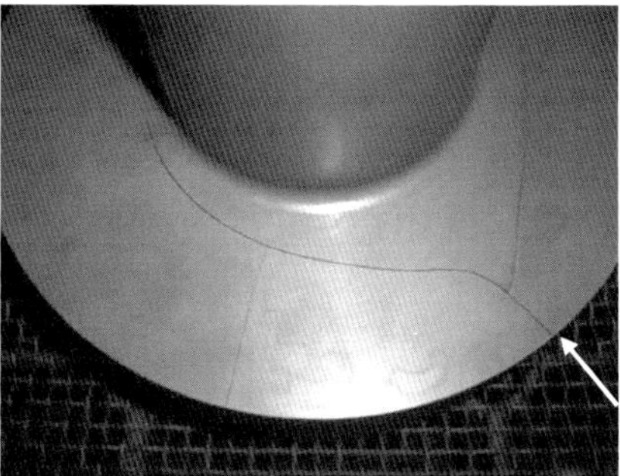

Bild 11.12: Die Spannung findet die jeweils energetisch günstigste Stelle; Rissausgänge gemäß Flussregel: links: beim schafkantigen Innenübergang, Innenradius fehlt; rechts: beim scharfkantigen Außendurchmesser, Fase fehlt

Beispiel 10

Beanstandung: **Riss** beim **Erodieren** einer **gehärteten Platte** aus pulvermetallurgisch hergestelltem Schnellarbeitsstahl; Soll-Härte: 67 HRC + 2 HRC, Ist-Härte: 68 HRC.

Fehlerursachen: Spannungen aus dem Wärmebehandlungsprozess wurden beim Erodieren frei. Die Platte hatte zum Zeitpunkt der Wärmebehandlung lediglich die Startbohrungen für den späteren Erodierprozess aufgewiesen, siehe Bild 11.13.

Mögliche Maßnahmen zur Vermeidung: Durch entsprechende Entlastungsschnitte vor dem Wärmebehandeln lässt sich das Spannungsfeld für das spätere Erodieren entschärfen und das Risiko für zu hohe Spannungen und Risse reduzieren, Bild 11.14. Der Härtereibetrieb sollte bereits bei der Anfrage zur Wärmebehandlung darüber in Kenntnis gesetzt werden, dass nach dem Wärmebehandeln erodiert wird. Die Härterei ist dadurch in der Lage, vor dem Wärmebehandeln auf die Risiken und vor allem auf mögliche Maßnahmen zum Verringern des Rissrisikos aufmerksam zu machen.

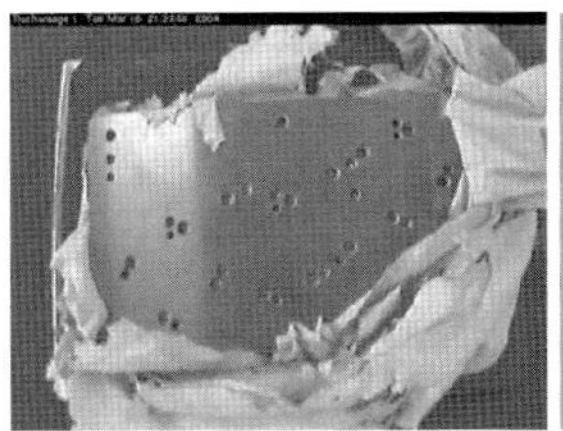 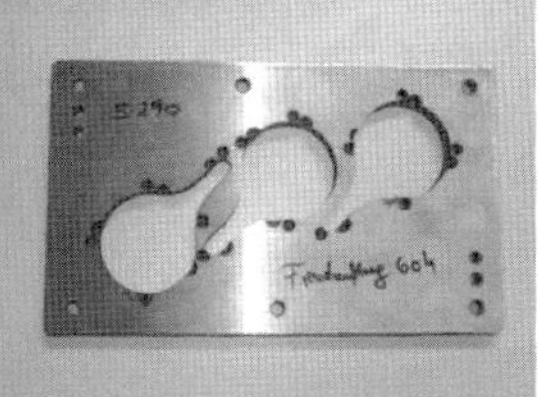 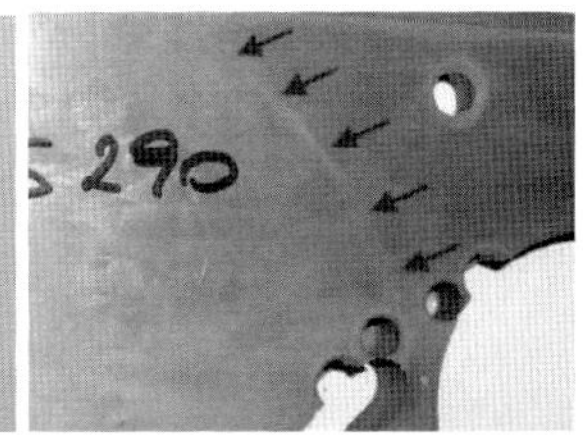

Bild 11.13: Links: Anlieferungszustand vor dem Wärmebehandeln mit Startbohrungen für den Erodierdraht; Mitte und rechts: Riss beim Erodieren nach der Wärmebehandlung

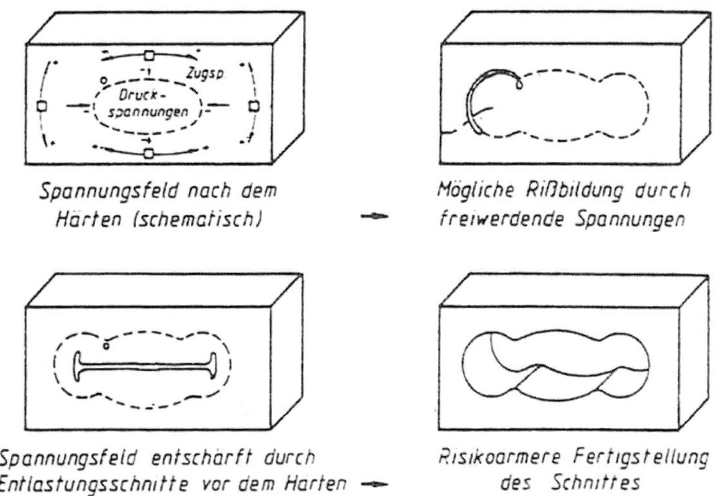

Bild 11.14: Hinweise zum Vermeiden von Rissen beim Erodieren gehärteter Teile

Beispiel 11

Beanstandung: Starker Verzug beim Härten im Vakuumofen nach Abschrecken einer Leiste aus dem Kaltarbeitsstahl X45NiCrMo4, Werkst.-Nr. 1.2767, im Gas, siehe Bild 11.15.

Fehlerursachen: Nicht wärmebehandlungsgerechte Fertigung: Die Charge bestand aus mehreren baugleichen, allseitig geschliffenen Leisten. Bei einer Leiste wurde eine Fläche nicht geschliffen und es war noch Walzzunder vom Vormaterial vorhanden. Diese Leiste war als einziges Teil stark verzogen. Auch die Richtung des Verzuges ist erklärbar: Verzunderte Oberflächen neigen beim Härten zu Zugeigenspannungen; die gegenüberliegende, geschliffene und somit zunderfreie Fläche dieser Leiste wurde hingegen voll martensitisch mit entsprechender Volumenvergrößerung und Druckeigenspannungen im Rand.

Bild 11.15: Verzug beim Wärmbehandeln durch nicht wärmebehandlungsgerechte Fertigung: Die mit dem Pfeil markierte Leiste war stark verzogen, weil auf einer Seite der Walzzunder nicht abgeschliffen war. Auch die übrigen Teile sind nicht alle exakt senkrecht aufgestellt

Mögliche Maßnahmen zur Vermeidung: Je symmetrischer die Bauteilgestalt ist und je besser die Fertigungsqualität, desto geringer ist das Risiko für großen Verzug. Eine absolut verzugsfreie Wärmebehandlung ist generell nicht möglich, Verzug lässt sich jedoch durch entsprechende Maßnahmen vor und beim Wärmbehandeln minimieren, siehe dazu Bild 11.16.

1. Wärmebehandlung	2. Werkstoff	3. Fertigung & Konstruktion
• Spannungsarmglühen (nach dem Grobbearbeiten) • langsames Erwärmen (wenn möglich: in Stufen) • Chargierung beachten • Kompromiß aus Zähigkeit (rasches Abkühlen) und geringen Temperatur-Unterschieden beim Abkühlen • ggf. Warmbad(simulation)	• je homogener, desto besser (ESU → VMR → PM) • endabmessungsnahes Vormaterial • Faserrichtung beachten • Grundwerkstoff mit hoher Härtbarkeit wählen	• symmetrisch (Geometrie & Bearbeitung) • keine großen Querschnitts-unterschiede • richtige Entnahme aus dem Vormaterial (= richtige Faserrichtung)

Bild 11.16: Verzug tritt zwar erst beim Wärmebehandeln auf, es existiert jedoch eine Reihe von Maßnahmen, den Verzug vor und beim Wärmbehandeln zu Minimieren

Fehlerbild: Zu hohe / zu niedrige Härte – Gefügemängel

Beispiel 12

Beanstandung: **Unterschreitung** der **Härte** und große **Härtestreuungen** im nicht verformten Schaftbereich eines geschmiedeten, dünnwandigen Bauteiles aus hochfestem Vergütungsstahl nach dem Härten im Vakuumofen mit Gasabschreckung; Soll-Härte: 600 HV10 + 50 HV10; Ist-Härte: 540 HV10 bis 630 HV10.

Zu erwartende Folgen: Verformungs- und Bruchgefahr während der Nutzung. Diese Gefahr besteht trotz der gering erscheinenden Härteunterschreitung, da derartige Bauteile in diesem speziellen Einsatzfall bis an ihre Festigkeitsgrenzen belastet werden.

Fehlerursachen: Im Ausgangsmaterial wurden erhebliche Seigerungen festgestellt, siehe Bild 11.17 links, die bei dieser speziellen Stahlsorte und der vorgesehenen Verwendung des Bauteils als sehr riskant einzustufen sind. Solche Seigerungen lassen sich beim Härten nicht verändern. Außerdem besteht Gefahr für ein unkontrollierbares Verziehen beim Härten. Im Kopfteil des Bauteiles dagegen wurden durch das Schmieden die Seigerungen hingegen gut gleichmäßiger gemacht, siehe Bild 11.17 rechts, dort wurde auch die Soll-Härte erreicht.

Mögliche Maßnahmen zur Vermeidung: Anforderungen an die Homogenität bei der Materialbestellung festlegen.

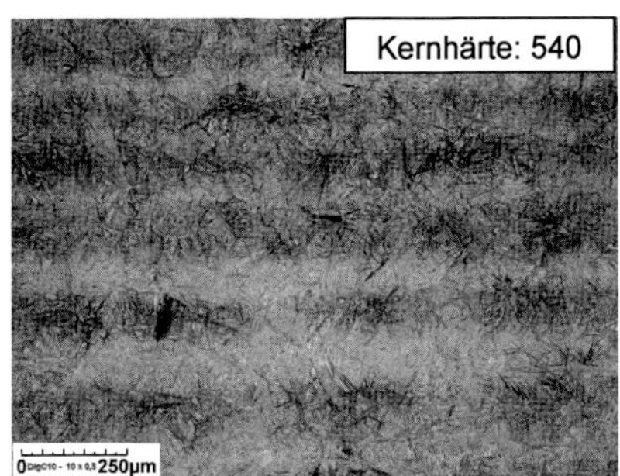

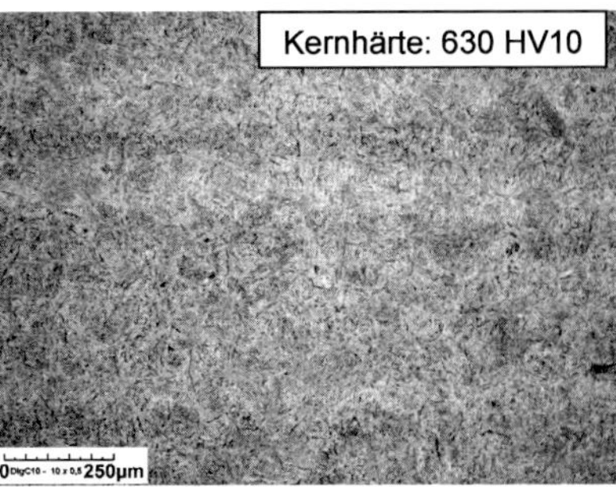

Bild 11.17: Längsschnitt durch das schadhafte Bauteil: starke Gefügeseigerungen im unverformten Schaftbereich (links), kaum Seigerungen und höhere Härte im stark verformten Kopfbereich des Bauteiles (rechts); Ätzung: 3 % Nital

Beispiel 13

Beanstandung: Erhebliche **Unterschreitung** der **Kernhärte** beim Härten mit Ölabschreckung und niedrigem Anlassen eines Bauteiles aus dem unlegiertem Vergütungsstahl Ck45, Werkst.-Nr.: 1.1191; Soll-Kernhärte = 50 HRC + 2 HRC, Bauteilquerschnitt 40 mm.

Zu erwartende Folgen: Verformungs- und Bruchgefahr im Einsatz.

Fehlerursachen: Wahl einer Stahlsorte mit zu geringer Härtbarkeit für den vorliegenden Bauteilquerschnitt, die geforderte Härte ist nur im Randbereich erzielbar, der Kern besitzt lediglich eine Härte von rd. 25 HRC. Diese Ergebnisse korrespondieren sehr gut mit den Stirnabschreck-Kurven links im Bild 11.18. Unlegierte Stähle wie der Ck45 werden aus diesem Grund als „Schalenhärter“ bezeichnet.

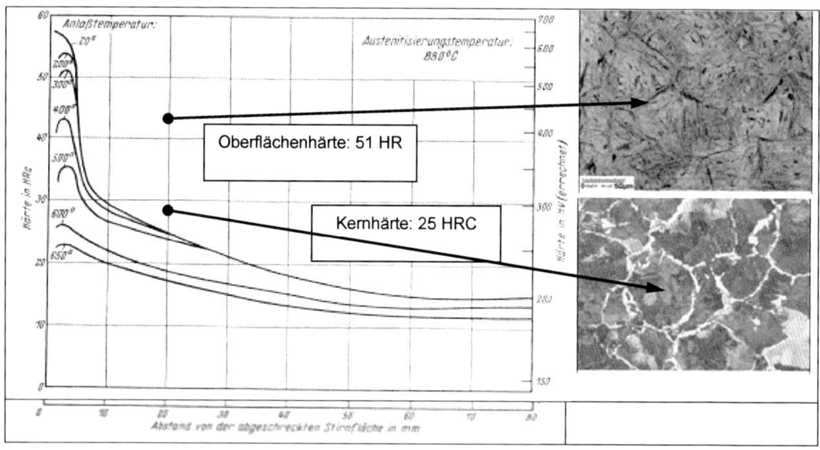

Bild 11.18: links: Stirnabschreck-Kurven unterschiedlich angelassener Stirnabschreckproben aus dem Stahl Ck45 /Ros61/; 20 mm Abstand von der abgeschreckten Stirnfläche entsprechen dem Bauteilquerschnitt von 40 mm; rechts oben: Randgefüge aus Martensit mit geringen Bainitanteilen; rechts unten: Kerngefüge aus Perlit/Ferrit; Ätzung: 3 %-ige HNO_3.

Mögliche Maßnahmen zur Vermeidung: Wenn die hohe Härte auch im Kern des Bauteiles erforderlich ist, muss auf eine legierte Stahlsorte mit entsprechender Härtbarkeit gewechselt werden, z. B. 42CrMo4, 34CrNiMo6, siehe hierzu die Härtbarkeitsstreubänder z. B. in DIN EN 10083.

Beispiel 14

Beanstandung: **Zu hohe Sollfestigkeit** ($R_m \geq 1100$ MPa) für den vergüteten Zustand eines Drehbolzens mit 60 mm Durchmesser aus dem Vergütungsstahl 42CrMo4, Werkst.-Nr. 1.7225, gefordert. Das Bauteil sollte später nitrocarburiert werden. Der Fehler konnte noch vor dem Vergüten erkannt werden.

Zu erwartende Folgen: Abnahme der Kernhärte und -festigkeit beim nachfolgenden Nitrocarburieren. Dadurch: Gefahr eines Versagens durch Verformung und/oder Bruch im Einsatz.

Fehlerursachen: Es wurde nicht beachtet, dass das Nitrocarburieren, üblicherweise bei 570 °C bis 580 °C durchgeführt, eine Fortsetzung des Anlassens bedeutet, wenn vor dem Nitrocarburieren nicht bei höherer Temperatur angelassen wurde. Daher müssen die Sollwerte für die Festigkeit entsprechend dem Anlass-Schaubild des Stahls festgelegt werden und es muss bei einer Temperatur 20 °C bis 40 °C über der Nitrocarburier- oder Nitriertemperatur angelassen werden. Bei dem vorliegenden Bauteil aus dem Stahl 42CrMo4, Werkst.-Nr. 1.7225, beträgt die Festigkeit bei dem vorliegenden Querschnitt dann nur noch 1000 MPa oder weniger.

Mögliche Maßnahmen zur Vermeidung: Die Anlasstemperatur zum Einstellen der Vergütungsfestigkeit muss 20 °C bis 40 °C über der späteren Nitrocarburiertemperatur liegen. Für die ursprünglich geforderte Festigkeit muss auf einen Stahl mit höherer Anlassbeständigkeit gewechselt werden, z. B. 30CrNiMo8.

Beispiel 15

Beanstandung: **Zu hohe Härte** und **Härtestreuungen** an einem großen Aluminium-Druckgusswerkzeug aus dem Warmarbeitsstahl X38CrMoV5-1, Werkst.-Nr. 1.2340, mit den Abmessungen 500 mm x 400 mm x 200 mm mit großen Querschnittsunterschieden und einem Gewicht von ca. 800 kg, siehe Bild 11.19. Geforderte Soll-Härte: 46 HRC + 2 HRC. Die Prüfung nach dem Härten im Vakuumofen mit Gasabschreckung ergab an mehreren Positionen: 47 HRC bis 50 HRC.

Zu erwartende Folgen: Wenn das Werkzeug grenzwertig ausgelegt wurde, besteht Riss- bzw. Bruchgefahr aufgrund geringerer Zähigkeit in den härteren Bereichen.

Fehlerursachen: Für derartige Bauteil- bzw. Werkzeugabmessungen und Querschnittsunterschiede ist die **Toleranzvorgabe viel zu eng**.

Mögliche Maßnahmen zur Vermeidung: Neben den möglichen Streuungen der Werkstoffzusammensetzung und den Einflüssen beim Wärmebehandeln muss auch die Bauteilgröße bei der Toleranzfestlegung berücksichtigt werden. Faustregel für die Härte-Toleranzbreite: mindestens 2 HRC, bei größeren Teilen mindestens 4 HRC.

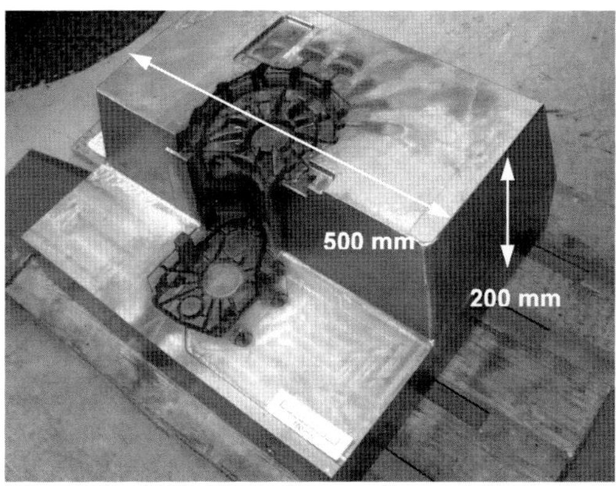

Bild 11.19: Aluminium-Druckgusswerkzeug für das eine viel zu kleine Toleranzbreite der Härte von 2 HRC festgelegt wurde

Beispiel 16

Beanstandung: **Risse** nach kurzer Nutzungsdauer eines Schmiedegesenkes aus dem Warmarbeitsstahl X37CrMoV5-1, Werkst.-Nr. 1.2343, gehärtet im Vakuumofen mit Gasabschreckung, Soll-Härte: 38 HRC + 4 HRC, siehe Bild 11.20.

Fehlerursachen: Kombination aus hoher elastischer Durchbiegung beim Schmieden, einer tiefen Gravur an der Stelle einer hohen Biegespannung und einer niedrigen

Zähigkeit bei ungünstiger Faserrichtung und einer zu hohen Anlasstemperatur. Die für diesen Werkstoff **untypisch niedrige Soll-Härte** fordert untypisch hohe Anlasstemperaturen von mehr als 610 °C. Bei hochlegierten Warmarbeitsstählen, vor allem solchen mit höherem Molybdän-Gehalt nimmt ab diesen Anlasstemperaturen trotz der niedrigeren Härte auch die Zähigkeit ab. Der Wunsch, über eine geringe Zielhärte eine für dieses Gesenkdesign maximale Zähigkeit zu erreichen, war somit eine technologische Fehlentscheidung.

Mögliche Maßnahmen zur Vermeidung: Anheben der Zielhärte auf ein für diesen Stahl typisches Arbeitsniveau, sinnvoll etwa 44 HRC. Außerdem sollte das Ausmaß der elastischen Durchbiegung konstruktiv verringert werden, wozu der Querschnitt an kritischen Stellen vergrößert werden sollte, um das Werkzeug geometrisch steifer zu machen und die Faserrichtung sollte auf die Belastung abgestimmt werden. Dazu sollte das Vormaterial geprüft und endabmessungsnah sein.

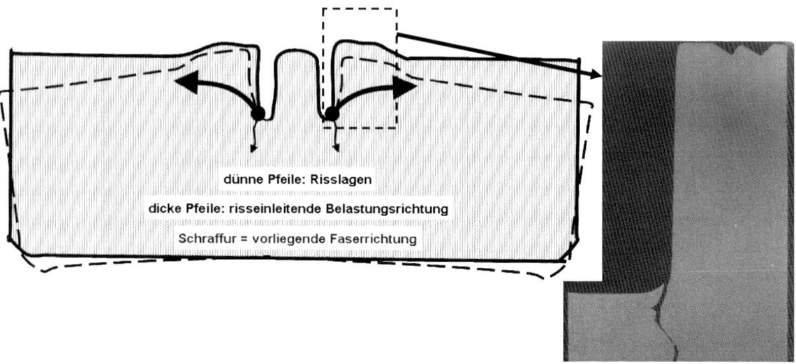

Bild 11.20: Schmiedegesenk aus dem Stahl X37CrMoV5-1; links: schematische Darstellung der Belastungssituation im Schmiedebetrieb, Lage der Risse im Übergangsradius der tiefen Gravur; rechts: aus dem Defektbereich entnommenes Prüfteil

Beispiel 17

Beanstandung: **Bruch** nach einigen wenigen Schmiedezyklen eines Gesenkes aus dem Warmarbeitsstahl X38CrMoV5-3, Werkst.-Nr. 1.2367, aufgrund **zu hoher Soll-Härte:** 53 HRC + 2 HRC nach dem Härten im Vakuumofen mit Gasabschreckung, siehe dazu Bild 11.21.

Fehlerursachen: Die hohe Sollhärte erfordert ein Anlassen im Bereich des Sekundärhärtemaximums; in diesem Anlassbereich nimmt die Zähigkeit jedoch stark ab, siehe Bild 11.21. Die Forderung nach maximaler Härte ist bei sekundärhärtenden Stählen somit einer Forderung nach minimaler Zähigkeit gleichzusetzen.

Mögliche Maßnahmen zur Vermeidung: Härteforderung mindestens auf 50 HRC + 2 HRC senken, um ein Anlassen im für diese Stahlsorte kritischen Bereich, nämlich 500 °C bis 500 °C, unter allen Umständen zu vermeiden.

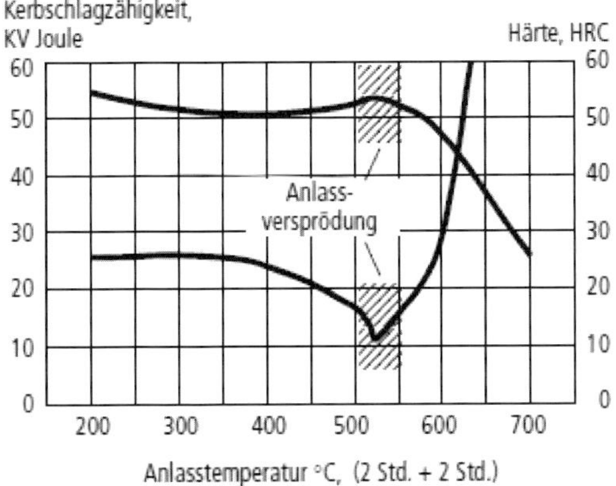

Bild 11.21: Auswirkung der Anlasstemperatur nach Härten von 1025 °C auf die Härte (obere Kurve) und Charpy-V-Kerbschlagzähigkeit (untere Kurve) bei Raumtemperatur; schematisch für Werkst.-Nr. 1.2367 (Quelle: Datenblatt Böhler Uddeholm Dievar).

Beispiel 18

Beanstandung: **Interkristalline Korrosion** mit **Kornzerfall** und **Bruch** während der Benutzung von gehärteten, chirurgischen Werkzeugen aus härtbarem, chemisch beständigem Stahl, siehe Bild 11.22; gefordert und beim Wärmebehandeln umgesetzt wurde die für diese Stahlsorte maximal mögliche Härte von 55 HRC.

Fehlerursachen: Das Teil wurde nach dem Härten im Vakuumofen im Gas abgeschreckt und in einem für diese Stahlsorte ungeeigneten Temperaturbereich angelassen, um die Forderung nach maximaler Härte zu erfüllen; dadurch: vermehrte Ausscheidung chromreicher Carbide an den Korngrenzen und im Korninneren und damit verbundene Verarmung an freiem, für den Korrosionswiderstand erforderlichem Chrom. Chemische Angriffe konzentrieren sich dabei auf die Korngrenzen, im Extremfall wie im vorliegenden Beispiel, kann dies bis zum Kornzerfall führen. Derartige Schäden sind deshalb sehr gefürchtet, weil sie bis zum Bruch unter Beibehaltung der Bauteilgestalt und meist ohne auffälliger, oberflächlicher Rostbildung ablaufen. Weitere Möglichkeit, die zu ähnlichem Schadensbild führen kann: zu langsames Abschrecken beim Härten mit vergleichbaren Auswirkungen auf das Gefüge.

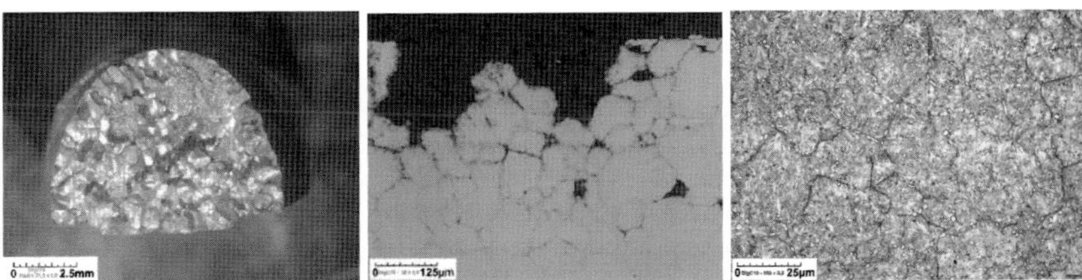

Bild 11.22: Durch interkristalline Korrosion (IK) ausgelöster Bruch eines Chirurgenwerkzeugs; links: interkristalliner Gewaltbruch; Mitte: Korngrenzenzerfall (LIM); rechts: Ausscheidung von Chromcarbiden entlang der Korngrenzen (LIM, Ätzung: V2A-Beize)

Mögliche Maßnahmen zur Vermeidung: Nach dem Härten ausreichend rasch abschrecken, siehe Stahldatenblätter, Anlassen im kritischen Zeit-Temperaturbereich unbedingt vermeiden, da sonst sowohl der Korrosionswiderstand als auch die Zähigkeit auf ein Minimum abnehmen, Bild 11.23. Bestmögliche Kombination aus Härte, Zähigkeit und Korrosionswiderstand ist bei niedrigem Anlassen erzielbar, der Eigenspannungszustand wird dabei jedoch nur geringfügig reduziert. Für große oder komplexe Bauteile oder wenn nach dem Härten erodiert wird, kann daher ein Anlassen über dem Sekundärhärtemaximum erforderlich sein. Ein Anlassen in der stahlabhängigen „verbotenen Zone" (≈ 500 °C bis 550 °C, siehe Anlassschaubild in Bild 11.23) führt dagegen zum Einbruch von Zähigkeit und Korrosionswiderstand.

Abschätzung, wieviel Chrom sich mit Kohlenstoff abbinden lässt und dadurch für den Korrosionsschutz nicht mehr zur Verfügung steht:

- Cr-reichste Carbide: $Cr_{23}C_6$; runden: $Cr_{24}C_6$; kürzen: Cr_4C
- multiplizieren mit Molmasse: 1 x 12 Masse-% C/ 4 x 52 Masse-% Cr; runden: 12→10 / 52→50
- 1 x 10 = 10 % Masse-C / 4 x 50 = 200 % Masse-Cr
- → 0,1 Masse-% C sind fähig, durch mangelhafte Temperaturführung beim Wärmebehandeln 2 % Cr in Form von $Cr_{23}C_6$ zu binden. Beispielsweise bei dem Stahl X46Cr13 sinkt Cr dadurch schon unter die Resistenzgrenze von 12 Masse-%!

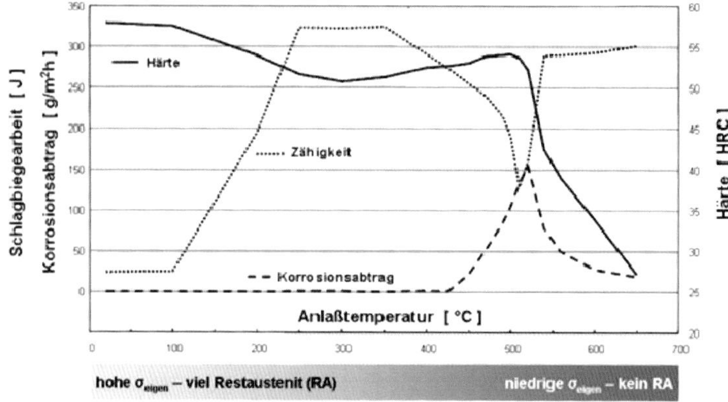

Bild 11.23: Einfluss der Anlasstemperatur auf Härte, Zähigkeit und Korrosionswiderstand am Beispiel eines härtbaren chemisch beständigen Stahles mit Sekundärhärtemaximum

Beispiel 19

Beanstandung: **Härteunterschreitung** bei Scheiben aus dem härtbaren chemisch beständigen Stahl X30CrMoN15-1, Werkst.-Nr. 1.4108, durch zu hohe Austenitisiertemperatur beim Härten im Vakuumofen mit Gasabschreckung und anschließendem Tiefkühlen und Anlassen; Soll-Härt: > 58 HRC, Ist-Härte: 53 HRC bis 55 HRC. Nur

Teile aus der obersten Lage im Chargenkorb waren betroffen, alle restlichen Teile erreichten die Soll-Härte.

Zu erwartende Folgen: Zu starker Verschleiß während der Nutzung. Eine Wiederholung des Härtens hätte im vorliegenden Fall zu große Maß- und Formänderung zur Folge gehabt und die Teile wären Ausschuss. Auch grobkörnigeres Gefüge oder ein Reißen wären nicht auszuschließen. In so einem Fall darf ein erneutes Härten nicht ohne ein vorangehendes Weichglühen durchgeführt werden und der Auftraggeber muss der Wiederholung der Wärmebehandlung zustimmen.

Fehlerursachen: Teile wurden zu nahe an die Ofenheizung chargiert, siehe Bild 11.24 und dadurch überhitzt. Zu hohe Austenitisiertemperaturen vermindern bei dieser Stahlsorte die Ansprunghärte. Gleiche Schadensbilder können sich ergeben durch falsches Positionieren der Thermoelemente sowie fehlerhafte Prozessführung.

Bild 11.24: Scheiben aus dem Stahl 1.4108; der Pfeil deutet auf die Heizelemente

Mögliche Maßnahmen zur Vermeidung: Nutzraum des Ofens klar definieren, Chargieren in zu großer Nähe der Heizelemente unbedingt vermeiden; sinnvolle Positionen für die Regelthermoelemente wählen (Extrempositionen).

Beispiel 20

Beanstandung: **Härteunterschreitung** bei Werkzeugen aus dem Warmarbeitsstahl X37CrMoV5-1, Werkst.-Nr. 1.2343, durch unzureichendes Austenitisieren beim Härten im Vakuumofen mit Gasabschreckung; Soll-Härte: 44 HRC + 4 HRC, Ist-Härte: rd. 32 HRC.

Zu erwartende Folgen: Bruchgefahr bei der Nutzung; Aufmaß war in diesem Fall groß genug, so dass der Fehler mit einem Weichglühen und anschließendem neuerlichen Härten behoben werden konnte.

Fehlerursachen: Unvollständiges Austenitisieren infolge fehlerhafter Position der Regel-Thermoelemente, siehe Bild 11.25; sehr unterschiedlich große Teile wurden gemeinsam in einer Charge gehärtet, die Temperaturregelung erfolgte bezogen auf die kleinsten Teilen in der Charge, vgl. auch Beispiel 1.

Mögliche Maßnahmen zur Vermeidung: Ausschließlich Teile mit ähnlichem Wärmebehandlungs-Querschnitt in einer Charge behandeln.

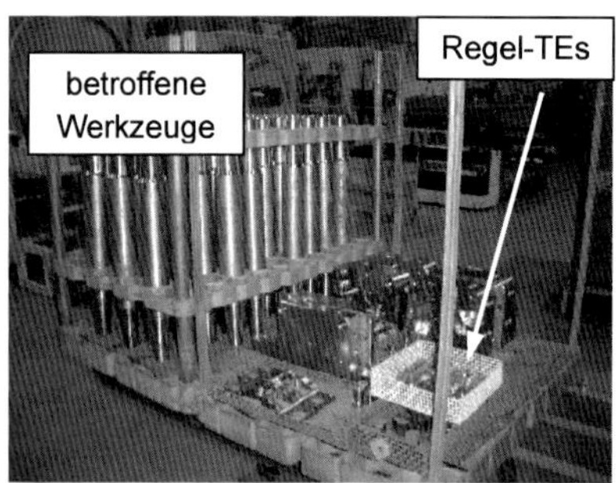

Bild 11.25: Links: Regel-Thermoelemente an den kleinsten Teilen der Charge plaziert; rechts: Gefüge der nach dem „Härten" betroffenen, großen Werkzeuge mit unvollständiger Austenitisierung; Ätzung: 3 %-ige HNO_3

Beispiel 21

Beanstandung: **Verformungsarmer Gewaltbruch** nach kurzer Verwendungsdauer von Kunststoff-Einspritzdüsen aus hochreinem, speziell umgeschmolzenem Warmarbeitsstahl ≈X37CrMoV5-1, Werkst.-Nr. 1.2343. Grobkörniges Gefüge und deutlich sichtbare Korngrenzen nach dem Härten im Vakuumofen mit Abschrecken im Gas auf Soll-Härte: 50 HRC + 2 HRC, siehe Bild 11.26.

Fehlerursachen: Das Werkzeug wurde bei einer für einen konventionellen Stahl X37CrMoV5-1 üblichen Temperatur von 1030 °C austenitisiert. Dies führte zu einem grobkörnigen Gefüge, da die vorliegende Spezial-Stahlsorte aufgrund der hohen Reinheit und der ausgewählten Legierungslage niedrigere Austenitisiertemperaturen als der standardmäßig hergestellte Stahl 1.2343 verlangt. Außerdem deuten die deutlich sichtbaren Korngrenzen darauf hin, dass zu langsam abgekühlt wurde.

Mögliche Maßnahmen zur Vermeidung: Derartige Stähle zeichnen sich gegenüber konventionellen Qualitäten vor allem durch ihre höhere Zähigkeit bei gleicher Härte aus. Sie müssen jedoch auch anders wärmebehandelt werden als die Standardsorten. Bei dem vorliegenden Stahl ist die richtige Austenitisiertemperatur 980 °C bis 990 °C, siehe Datenblatt dieses Stahls. Das Risiko für Kornwachstum beginnt bei Temperaturen über 1000 °C.

Auch ein zu langsames Abschrecken ist unbedingt zu vermeiden, Korngrenzen sollten im Lichtmikroskop kaum sichtbar sein. Beide Mängel, nämlich zu hohe Härtetemperatur und zu langsames Abkühlen vermindern die Zähigkeit und können die Gebrauchseigenschaften bei hohen mechanischen Belastungen beeinträchtigen, siehe Bild 11.26.

Während der Gefügezustand bei den aktuellen Einspritzdüsen unter Belastung zu einem verformungslosen Gewaltbruch entlang der Korngrenzen geführt hatte,

Bild 11.26 links oben und unten, zeigen einwandfrei wärmebehandelte Teile aus dem gleichen Stahl und bei ähnlicher Belastung ein wesentlich günstigeres Bruchverhalten, Bild 11.26 oben, Mitte unten und rechts unten.

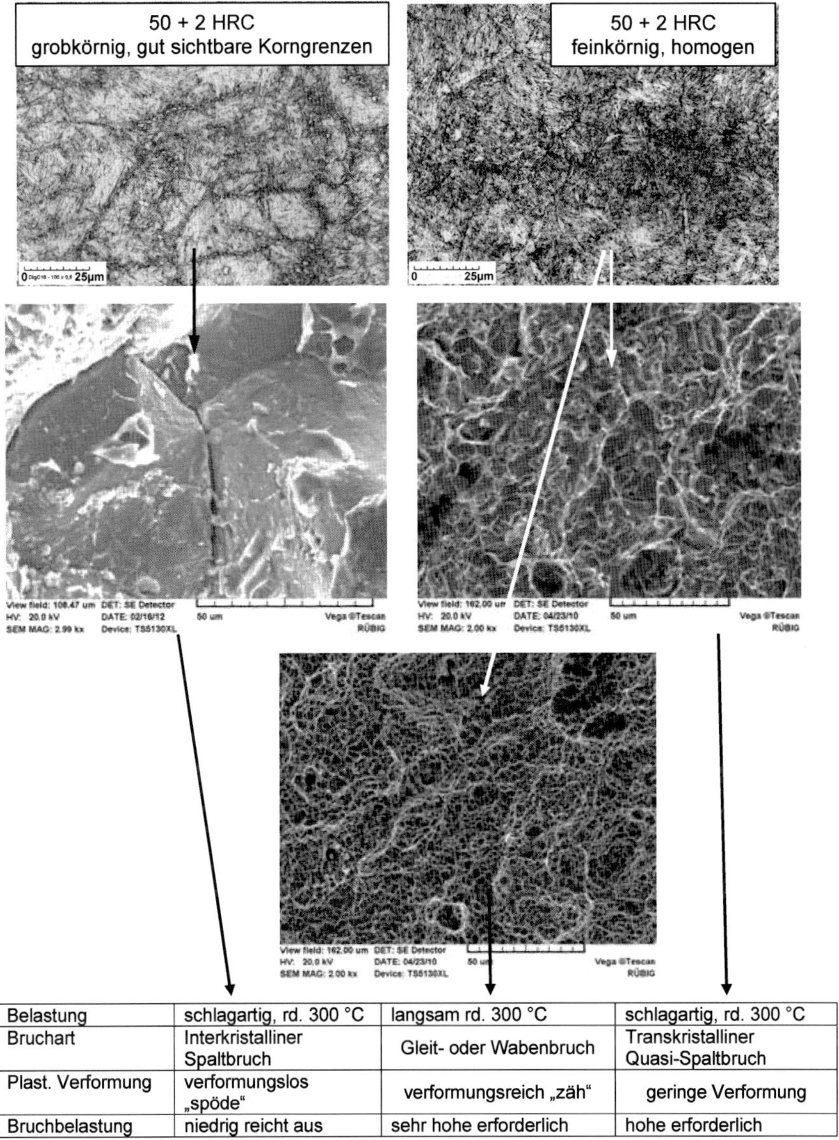

Belastung	schlagartig, rd. 300 °C	langsam rd. 300 °C	schlagartig, rd. 300 °C
Bruchart	Interkristalliner Spaltbruch	Gleit- oder Wabenbruch	Transkristalliner Quasi-Spaltbruch
Plast. Verformung	verformungslos „spöde“	verformungsreich „zäh“	geringe Verformung
Bruchbelastung	niedrig reicht aus	sehr hohe erforderlich	hohe erforderlich

Bild 11.26: Zusammenhänge zwischen dem Gefüge und dem Bruchverhalten bei Warmarbeitsstählen

Beispiel 22

Beanstandung: **Weichfleckigkeit** nach dem Härten von dünnwandigen Kupplungslamellen aus unlegiertem Vergütungsstahl C60, Werkst.-Nr. 1.0601 in Öl. Soll-Härte: 58 HRC + 8 HRC, Ist-Härte: 30 HRC bis 62 HRC, Bild 11.27 oben.

Zu erwartende Folgen: Verschleiß während der Nutzung.

Fehlerursachen: Zu dichtes Chargieren, dadurch stellenweise ungenügende Abschreckwirkung beim Eintauchen in das Abschrecköl mit erzwungener Erhöhung des Wärmebehandlungsquerschnittes der ursprünglich dünnwandigen Teile und schlechter Zugänglichkeit für das Öl.

Mögliche Maßnahmen zur Vermeidung: Der Stahl C60 ist ein „Schalenhärter" oder „Wasserhärter", vgl. das Beispiel des Stahls C45 in Bild 13. Der geringen Härtbarkeit dieser Stähle ist durch möglichst lockeres Chargieren unbedingt Rechnung zu tragen, auch dann, wenn es sich um dünnwandige Teile handelt. Für die Werkstoffauswahl sollten Stähle mit höherer Härtbarkeit → „Ölhärter", bevorzugt werden.

Messpunkt	"Vorderseite"	"Hinterseite"
1	62,2	62,6
2	50,9	45,8
3	40,3	62,0
4	33,2	34,2
5	31,2	29,7
6	34,4	32,0
7	32,7	30,7
8	42,3	35,2
9	59,7	55,0
10	58,3	49,9
11	63,1	62,6
12	62,6	62,0

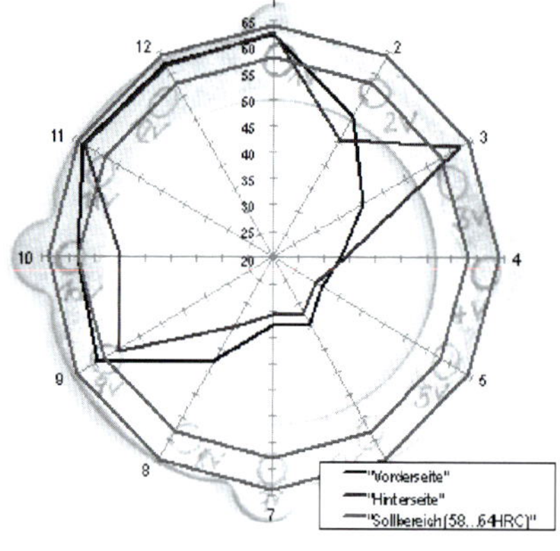

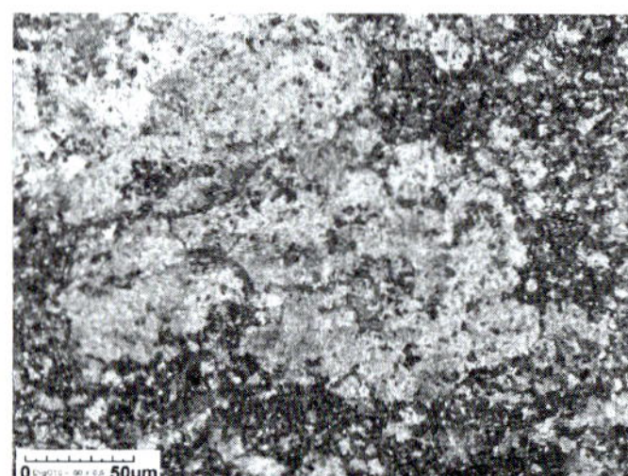

Bild 11.27: Oben: Oberflächenhärte an mehreren Prüfpunkten einer Kupplungslamelle; unten links: „weicher" Bereich mit Mischgefüge aus Martensit, Bainit und feinem Perlit; unten rechts: „harter" Bereich mit feinem martensitischen Gefüge; Ätzung: 3 % Nital.

Beispiel 23

Beanstandung: **Weichhaut** aufgrund einer **Entkohlung** beim Härten von Werkzeugaufnahmen aus dem niedriglegierten Kunststoffformenstahl 40CrMnMoS8-6, Werkst.-Nr. 1.2312, im Vakuumofen mit Gasabschreckung. Soll-Härte: 52 HRC + 2 HRC, Ist-Härte: 48 HRC.

Zu erwartende Folgen: Probleme mit der anschließend durch Nitrieren/Nitrocarburieren erzeugten Nitrierschicht. Dadurch stärkerer Verschleiß und Rissgefahr sowie verminderte Dauerfestigkeit.

Fehlerursachen: Feuchte Stickstoffatmosphäre während des Austenitisierens durch einen Defekt des Vakuumofens. Dadurch eine Entkohlung mit einer Auskohlung des äußeren Randes, Bild 11.28.

Mögliche Maßnahmen zur Vermeidung: Entkohlende Atmosphären, z. B. durch feuchte Behandlungsgase, unzureichende Spülzyklen etc. unter allen Umständen vermeiden; vorbeugende Instandhaltung durchführen, ausschließlich Prozessgase mit entsprechender Reinheit verwenden; für geeignete Temperaturführung sorgen, um ein zu langsames Durchlaufen des Zweiphasengebietes α/γ zu vermeiden.

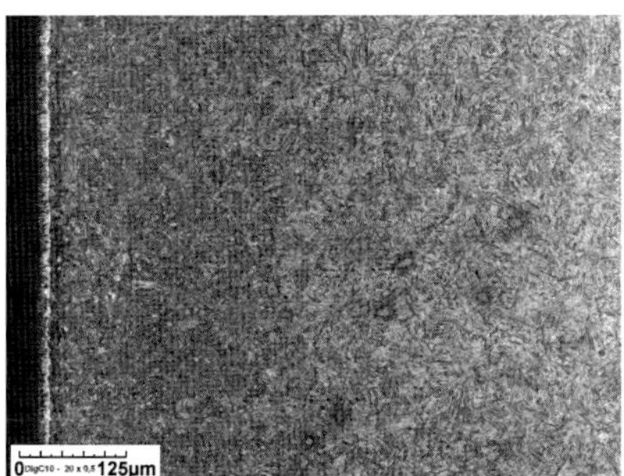

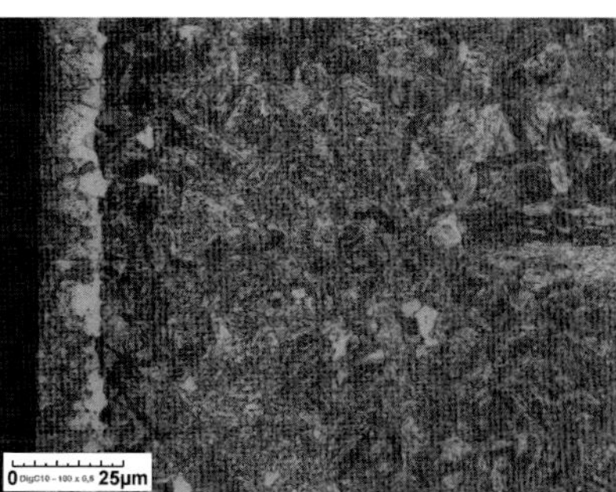

Bild 11.28: Links: Übersicht der insgesamt rd. 0,15 mm tief entkohlten Randschicht; rechts: Detailaufnahme der Randschicht, mit einer ca. 20 µm tiefen Auskohlung; Ätzung: 3 % Nital

Beispiel 24

Beanstandung: **Entstickung** von Teilen für die Medizintechnik aus dem härtbaren, chemisch beständigen Stahl X30CrMoN15-1, Werkst.-Nr. 1.4108, beim Härten im Vakuumofen mit Gasabschreckung.

Zu erwartende Folgen: Verringerter Verschleiß- und Korrosionswiderstand, Verringerte der Dauerfestigkeit durch die Stickstoffverarmung der Randschicht. Dadurch Verschleiß-, Korrosions- und Bruchgefahr während der Nutzung.

Fehlerursachen: Das Austenitisieren erfolgte im Vakuumofen ohne entsprechend hohen Stickstoff-Teildruck. Stickstofflegierte Stähle neigen bei Temperaturen über ca. 850 °C zum Entsticken. Der Nachweis einer Entstickung ist schwierig und mit vertretbarem Aufwand oft nur über die Prozessdokumentation möglich. Auch mit gängigen Untersuchungsmethoden, z. B. metallographisch oder mittels GDOS-Tiefenprofilanalysen ist eine entstickte Randschicht bei schwacher Ausprägung kaum eindeutig nachweisbar. Bei Schäden von Bauteilen aus derartigen Stählen sollten daher für die Ursachenermittlung unbedingt auch die Ofenschriebe angefordert werden.

Mögliche Maßnahmen zur Vermeidung: Härten unter Stickstoff-Teildruck im Vakuumofen gemäß Angaben im Stahldatenblatt, um ein Ent- oder Aufsticken zu vermeiden. In weiterer Konsequenz bedeutet das aber auch, dass stickstofflegierte Stähle **nicht gemeinsam** mit nicht stickstofflegierten Stählen in einer Härtecharge behandelt werden dürfen, da entweder erstere Entsticken oder letztere Aufsticken, je nach Prozesswahl.

Beispiel 25

Beanstandung: **Verkleben** beim Härten von Bauteilen aus Schnellarbeitsstahl HS-10-4-3-10, Werkst.-Nr. 1.3207, im Vakuumofen, siehe Bild 11.29.

Zu erwartende Folgen: Oberflächige Ausbrüche beim Trennen der verklebten Teile und daher Ausschuss.

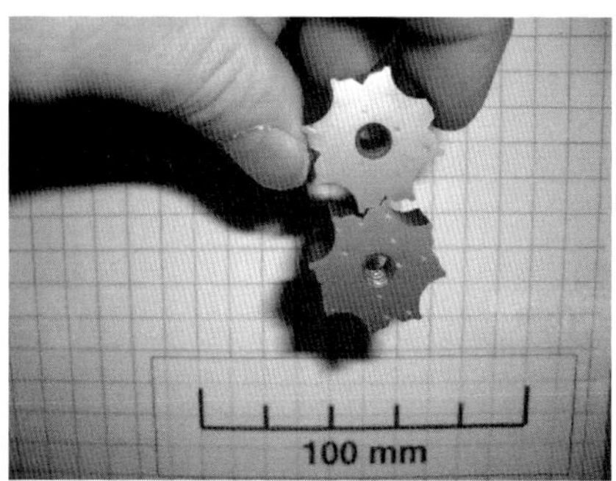

Bild 11.29: Verklebte Bauteile aus dem Stahl HS-10-4-3-10, verursacht durch gegenseitige Berührung während des Wärmbehandelns

Fehlerursachen: Teile wurden beim Chargieren nicht gegen Berührung gesichert. Bei den für Schnellarbeitsstahl typischen, hohen Behandlungstemperaturen im Bereich von 1200 °C kann es an den Kontaktstellen zum Verkleben kommen.

Mögliche Maßnahmen zur Vermeidung: Sicherstellen, dass sich Teile während des Wärmebehandelns nicht berühren können und dabei die thermische Ausdehnung der Teile berücksichtigen.

Beispiel 26

Beanstandung: **Lokale Aufschmelzungen** beim Härten von Teilen aus dem Schnellarbeitsstahl HS-6-5-2, Werkst.-Nr. 1.3343, im Vakuumofen durch Kontakt mit dem Chargiergestell aus Kohlefasermaterial, siehe Bild 11.30.

Zu erwartende Folgen: Lokale Aufschmelzungen bedeuten im Regelfall Ausschuss.

Fehlerursachen: Wenn Teile das Kohlefaser-Chargiergestell berühren, führt dies bei den für Schnellarbeitsstählen erforderlichen hohen Austenitisiertemperaturen von rd. 1200 °C zu einem Aufkohlen und damit verbunden, zu lokalen Aufschmelzungen durch eine Schmelzpunkterniedrigung.

Mögliche Maßnahmen zur Vermeidung: Teile-Kontakt mit dem Kohlefasergestell oder den Graphit-Heizstäben muss unter allen Umständen vermieden werden.

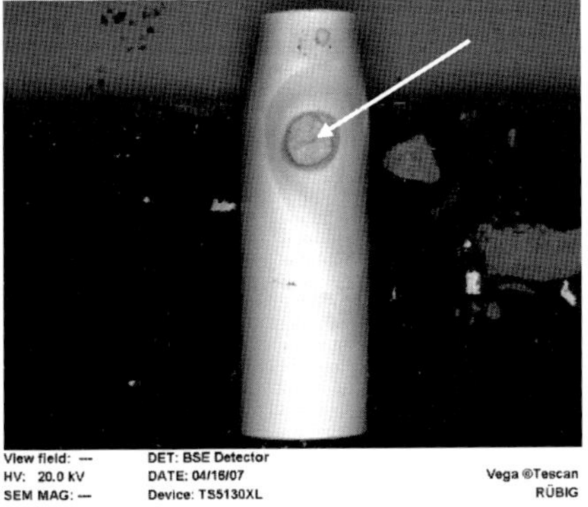

Bild 11.30: Lokale Aufschmelzung an einem Bauteil aus dem Stahl HS-6-5-2 (REM-Aufnahme), verursacht durch Kontakt mit dem Kohlefaser-Chargiergestell

11.4 Fehlerbeispiele – Einsatzhärten

Beispiel 27

Beanstandung: **Härterisse** beim Einsatzhärten eines voluminösen Flanschteils mit einem Außendurchmesser von ca. 500 mm aus dem Stahl 18CrNiMo7-6, Werkst.-Nr. 1.6587. Soll-Oberflächenhärte: 58 HRC + 4 HRC, Soll-Einsatzhärtungstiefe: CHD = 1,0 mm + 0,7 mm.

Zu erwartende Folgen: Bruch bei geringer Beanspruchung, wenn der Fehler nicht erkannt wird.

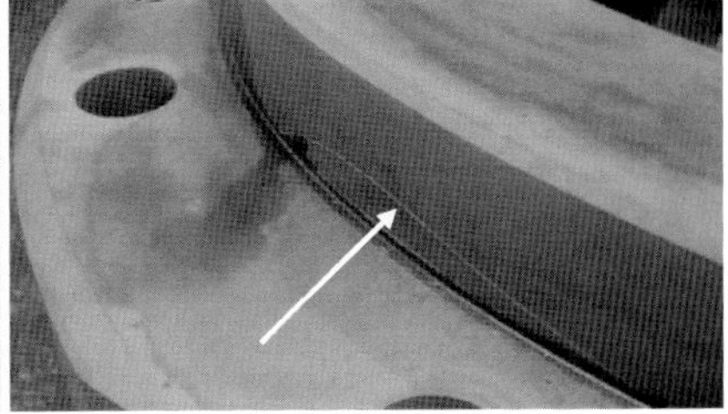

Bild 11.31: Riss im Bereich der Innenkante des voluminösen Flanschteiles

Fehlerursachen: Nicht wärmebehandlungsgerechte Konstruktion: Der Innenradius am Übergang vom Flansch zum kleinen Durchmesser ist deutlich zu klein ausgebildet, Bild 11.31. Entlang dieser Stelle kam es beim Wärmebehandeln infolge Kerbwirkung zu einer Spannungsspitze. Das unterschiedliche Formänderungsverhalten zwischen großem und kleinem Durchmesser führte zu dem im Bild 11.31 sichtbaren bogenförmigen Rissverlauf.

Mögliche Maßnahmen zur Vermeidung: Je größer und dickwandiger Bauteile sind, desto höher sind die resultierenden thermischen Spannungen und Eigenspannungen während des Wärmebehandelns. Diesem Aspekt muss durch entsprechend wärmebehandlungsgerechte Gestaltung Rechnung getragen werden, siehe hierzu die Beispiele 4 bis 10. Im vorliegenden Fall muss der Innenradius so groß wie möglich ausgebildet werden, um diesen kritischen Bereich so gut es geht zu entschärfen. Die Härterei muss ein derartiges Risiko bei der Eingangskontrolle erkennen und mit dem Auftraggeber vor dem Wärmebehandeln Rücksprache halten.

Beispiel 28

Beanstandung: **Materialausbruch** beim Einsatzhärten von Werkzeugen aus dem Einsatzstahl 15CrNi6, Werkstoff-Nr.1.5919. Soll-Oberflächenhärte: 60 HRC + 3 HRC, Soll-Einsatzhärtungstiefe: CHD = 2,0 mm + 0,8 mm.

Fehlerursachen: Ungenügender Reinheitsgrad. Der Bruch ist vom 5 mm großen Einschluss einer Makroschlacke ausgegangen, Bild 11.32. Der Einschluss wirkte als innere Kerbe und erhöhte lokal die beim Wärmebehandeln induzierten inneren Spannungen. Die Ursachen liegen somit bei der Stahlherstellung.

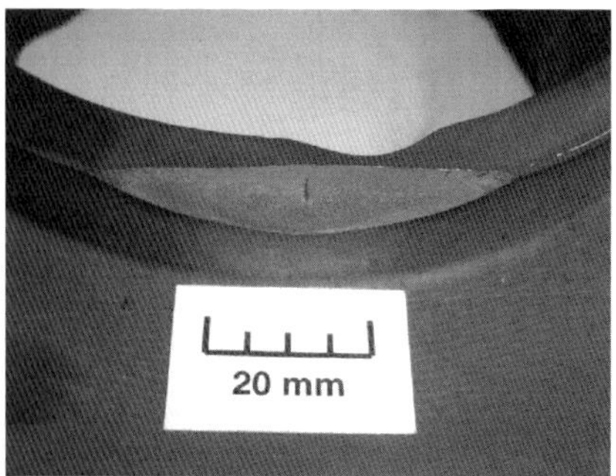

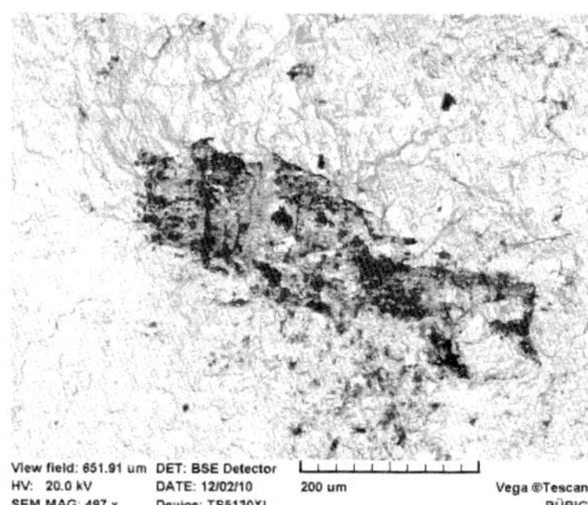

Bild 11.32: Links: Ausbruch im Kantenbereich des Bauteils, rechts: REM-Aufnahme im Zentrum der Bruchlinse: der Ausbruch ist von einem Makroschlackeneinschluss ausgegangen

Mögliche Maßnahmen zur Vermeidung: Derartig große Werkstoffverunreinigungen stammen von der Stahlherstellung und sind vermeidbar, siehe auch Beispiel 4. *Anmerkung:* Eine Forderung nach einem eingeschränkten Reinheitsgrad würde das vorliegende Problem jedoch nicht lösen. Die Ermittlung des Reinheitsgrads liefert statistische Aussagen über mikroskopische Einschlüsse für einen repräsentativen Bauteilquerschnitt. Das Ergebnis ist stark von der Probenentnahmestelle abhängig; lokale, nur an einzelnen Positionen auftretende Mängel sind aus der Statistik heraus nicht abzulesen. Durch die Ermittlung des mikroskopischen Reinheitsgrades würde der festgestellte Makroeinschluss somit nicht unbedingt entdeckt werden.

Beispiel 29

Beanstandung: **Härterisse** beim Einsatzhärten von Nockenwellen aus dem Einsatzstahl 16MnCr5, Werkst.-Nr. 1.7131. Soll-Oberflächenhärte: 700 HV10 + 50 HV10, Soll-Einsatzhärtungstiefe CHD: 0,9 mm + 0,2 mm.

Zu erwartende Folgen: Bruch unter Beanspruchung, wenn der Fehler nicht erkannt wird.

Fehlerursachen: Nicht wärmebehandlungsgerechte Konstruktion: Die Härterisse sind am jeweiligen Kettenrad am Nockenwellenende aufgetreten, Bild 11.33. Die Wanddicke des Kettenrades beträgt 2 mm, d. h. bei einer Soll-Einsatzhärtungstiefe CHD von 0,9 mm + 0,2 mm kam es unweigerlich zu einer durchgehenden Aufkohlung dieses Bereiches, Bild 11.34. Die Zähigkeit war so gering, dass bei den beim Abschrecken im Öl induzierten inneren Spannungen Risse auftraten. Dies war bei vorangegangenen Einsatzhärtungen nicht aufgetreten, da die Kettenräder-Scheiben dicker waren. Die Änderung der Wanddicke erfolgte ohne Information der Härterei, wo die Querschnittsreduktion bei der Auftragsannahme nicht aufgefallen war.

Bild 11.33: Risse an einsatzgehärteten Kettenrad-Scheiben

Mögliche Maßnahmen zur Vermeidung: Eine durchgehende Aufkohlung sollte unter allen Umständen zu vermieden werden, auch an Stellen, die aus Sicht der Bauteilverwendung nur eine untergeordnete Funktion erfüllen müssen. Dafür sollten folgende Gegenmaßnahmen in Betracht gezogen werden:

- Bauteiländerungen dem Härtereibetrieb unbedingt mitteilen
- Soll-Einsatzhärtungstiefe reduzieren oder Scheiben dicker ausführen und dieses Aufmaß erst nach dem Einsatzhärten abarbeiten
- Scheibenflächen vor dem Aufkohlen schützen, isolieren
- Örtlich begrenzt härten, z. B. durch induktives Erwärmen der Nocken, Lagersitze, Verzahnung anstelle eines Einsatzhärtens; diese Maßnahme erfordert allerdings ein Ändern der Stahlsorte

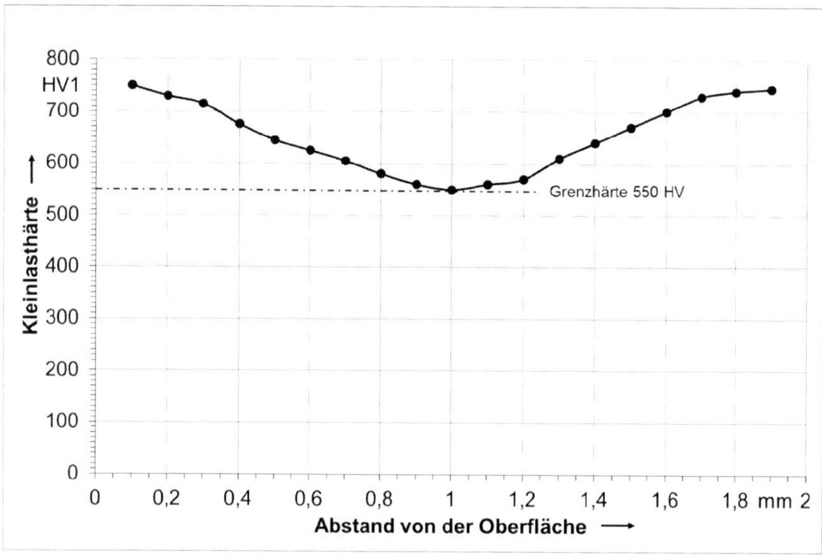

Bild 11.34: Härteverlauf über den Querschnitt der Kettenrad-Scheibe, die Härte in der Mitte liegt infolge des auch im Kern erhöhten Kohlenstoffgehalts deutlich über der für diesen Stahl zu erwartenden Härte

Beispiel 30

Beanstandung: **Carbidnetzwerke, übermäßige Carbidausscheidungen** oder **hohe Restaustenitanteile** in der Randschicht einsatzgehärtete Bauteile.

Zu erwartende Folgen:

- Carbidnetzwerke und übermäßige Carbidausscheidungen:
  - Verringerung der Zähigkeit und der Dauerfestigkeit
  - Grübchenbildung und Ausbrüche bei wälzbelasteten Bauteilen
  - Brüche in Zahnfußbereichen von Verzahnungsteilen, Bild 11.35
  - Zahneckbrüche und Zahnkopfbrüche bei Verzahnungsteilen, Bild 11.36, begünstigt durch ungleichmäßiges Tragbild, z. B. aufgrund mangelhafter Wellensteifigkeit, unvorteilhafter Verzahnungsgeometrie, z. B. fehlender Kopfrücknahme, Montagefehlern
- hohe Restaustenitanteile:
  - Schleifrissanfälligkeit, Bild 11.37
  - frühzeitiger und starker Verschleiß
  - schlechte Maßhaltigkeit, ungünstig vor allem bei Präzisionsteilen

Fehlerursachen: Atmosphärenfehler: Sowohl Carbidnetzwerke oder übermäßige Carbidausscheidungen als auch hohe Restaustenitanteile können die Folge einer Überkohlung sein. Besonders gefährdet sind konvexe Stellen, z. B. Kanten oder Zähne, da die Aufkohlung an diesen Stellen ein kleines Volumen erfasst und es dadurch zu Überlagerung der Diffusionsfronten kommt. Eine weitere mögliche Einflussgröße bei hohen Restaustenitanteilen ist fehlendes oder zu spät vorgenommenes Tiefkühlen, vor allem bei nickellegierten Einsatzstählen, siehe Beispiel 31.

Bild 11.35: Links: Brüche im Zahnfuß eines Zahnrades aus dem Stahl 18CrNiMo7-6, Werkst.-Nr. 1.6587; rechts: Randschicht des Zahnfußes mit Carbidnetzwerk; Ätzung: 3 % Nital

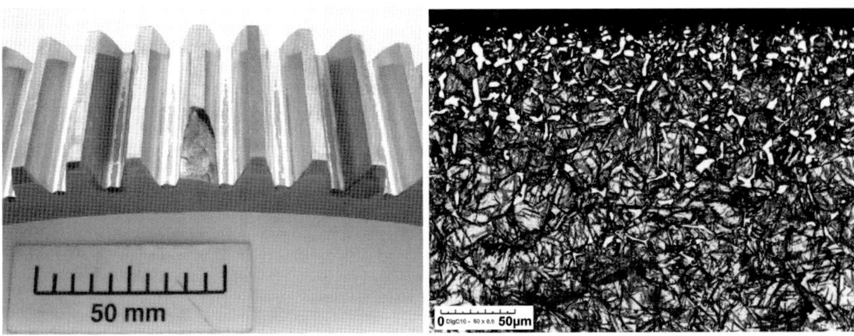

Bild 11.36: Links: Kantenausbruch eines Zahnkranzes aus dem Stahl 20MnCr5, Werkst.-Nr. 1.7147; rechts: Randschicht eines Zahns mit übermäßigen Carbidausscheidungen und viel Restaustenit; Ätzung: 3 % Nital

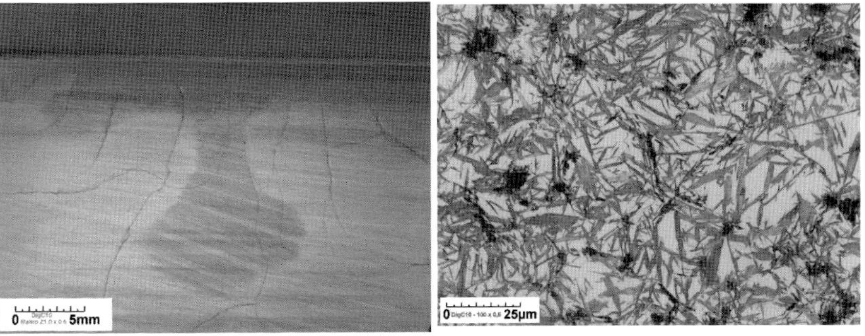

Bild 11.37: Links: Gleitleiste aus dem Stahl 15NiCr13, Werkst.-Nr. 1.5752 mit Rissnetzwerk an der Werkstückoberfläche beim Schleifen nach dem Einsatzhärten; rechts: Randschicht mit Martensit und viel Restaustenit; Ätzung: 3 % Nital

Mögliche Maßnahmen zur Vermeidung: Die geeigneten bzw. spezifizierten Randkohlenstoffgehalte müssen eingehalten werden. Mit moderner Regelungstechnik lässt sich die optimale Aufkohlungsatmosphäre im Allgemeinen gesichert überprüfen und regeln. Auch übereutektoide Kohlenstoffpegel, um Zeit und Kosten zu sparen, sind bei geeigneter Temperaturführung mit moderner Prozesstechnik möglich. Um sich auf die Regelgrößen und Ofenschriebe verlassen zu können, sind regelmäßige vorbeugende Wartung und Instandhaltung zur Überprüfung der Mess- und Regelinstrumente unumgänglich, ideal in Begleitung mit statistischen Probenauswertungen und systemunabhängigen Methoden, wie z. B. Wendel- oder Folienmessung.

Beispiel 31

Beanstandung: **Frühzeitiger abrasiver Verschleiß** bei einsatzgehärteten Kettenbolzen aus dem Einsatzstahl 15CrNi6, Werkst.-Nr. 1.5919; Soll-Oberflächenhärte: 58 HRC + 4 HRC, Soll-Einsatzhärtungstiefe CHD: 1,8 mm + 0,7 mm.

Fehlerursachen: Verfahrensfehler: Zu viel Restaustenit in der aufgekohlten Randschicht und dadurch zu niedrige Randhärte, die den Verschleißwiderstand erheblich reduzierte, Bild 11.38. Der Restaustenit war in diesem Fall nicht die Folge einer Überkohlung, sondern es wurde das Tiefkühlen nach dem Einsatzhärten vergessen. Nickel im Stahl wirkt als Austenitstabilisator, nickellegierte Einsatzstähle neigen beim Einsatzhärten daher besonders zu hohen Restaustenitanteilen.

Mögliche Maßnahmen zur Vermeidung: Tiefkühlen nach dem Einsatzhärten, danach auf Zielhärte anlassen. Aufgrund der massiven, gedrungenen Bauteilgestalt könnte ein absichtliches Überkohlen mit anschließendem Tiefkühlen und Anlassen, um Restaustenit zu beseitigen, mit starken Carbidausscheidungen in der Randschicht den Verschleißwiderstand noch erhöhen. Dies jedoch nur, wenn sich dadurch keine Bruchgefahr ergibt.

Bild 11.38: Links: Frühzeitiger abrasiver Verschleiß des einsatzgehärteten Kettenbolzens; rechts: Randschicht mit Martensit und viel Restaustenit; Ätzung: 3 % Nital

Beispiel 32

Beanstandung: Flankenschäden in Form von **starker Pittingbildung**, Bild 11.39, im Betrieb eines einsatzgehärteten Zahnrades aus dem Einsatzstahl 16MnCr5, Werkst.-Nr.1.7131, mit dem Modul m = 4; Soll-Oberflächenhärte: 680 HV5 + 80 HV5, Soll-

Einsatzhärtungs-Härtetiefe: CHD = 0,2 mm + 0,2 mm, die Ist-Werte lagen innerhalb der Soll-Angaben.

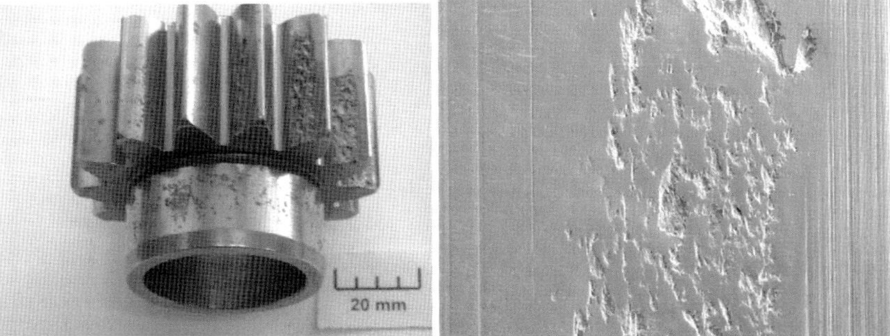

Bild 11.39: Links: Starke Pittingbildung an den Flanken des Zahnrades; rechts: REM- Aufnahme der Pittings in einem geringer beschädigten Bereich der Zahnflanke.

Fehlerursachen: Konstruktionsfehler: Zu geringe Einsatzhärtungstiefe und damit verbunden, unzureichende Flankentragfähigkeit. Weitere möglichen Einflussgrößen: Mangelschmierung, ungeeignete Ölzusammensetzung, Überlastung.

Mögliche Maßnahmen zur Vermeidung: Aus der Sicht der Wärmebehandlung sollte die Einsatzhärtungstiefe entsprechend dem Modul angehoben werden; Daumenregel für gute Kombination aus Zahnfußdauerfestigkeit und Flankentragfähigkeit: CHD = (0,1 bis 0,2)·m (m = Modul). Für den vorliegenden Fall mit m = 4 ergibt dies eine Soll-Einsatzhärtungstiefe von 0,4 mm bis 0,8 mm. Restaustenitgehalte von bis zu 25 % können sich für wälzbelastete Bauteile günstig gegen Flankenermüdung auswirken. Das Einstellen eines gezielten Restaustenitgehaltes sowie eine entsprechend gute Reproduzierbarkeit ist jedoch nur über Vorversuche zu ermitteln und nur für Serienbehandlungen bei baugleichen Teilen aus der gleichen Stahlsorte zu gewährleisten.

Beispiel 33

Beanstandung: **Starke Pittingbildung** an der schaftseitigen Nadellager-Laufbahn nach kurzer Betriebsdauer eines einsatzgehärteten Pleuels aus dem Einsatzstahl 18CrNiMo7-6, Werkst.-Nr. 1.6587; Soll-Oberflächenhärte: 740 HV10 + 60 HV10, Soll-Einsatzhärtungstiefe: CHD = 0,6 + 0,2 mm.

Fehlerursachen: Planungsfehler: Zu geringe Einsatzhärtungstiefe aufgrund einer exzentrischen Endfertigung. Für die Funktionstauglichkeit eines Pleuels ist der exakte Abstand zwischen großem und kleinem Auge entscheidend. Die Verlängerung des Pleuels, die sich aus der Einsatzhärtung ergab, blieb bei der Bauteilplanung unberücksichtigt. Bei beiden Laufflächen, großes und kleines Auge, wurde schaftseitig zu viel abgearbeitet, die CHD betrug an diesen Stellen nur noch 0,3 mm statt der geforderten 0,6 mm + 0,2 mm; Bilder 11.40 und 11.41.

Mögliche Maßnahmen zur Vermeidung: Die Maßänderungen durch das Einsatzhärten sind durch ein entsprechendes Vorhaltemaß unbedingt zu berücksichtigen. Da exakte Voraussagen zur Maßänderung kaum möglich sind, ist das Vorhaltemaß bei derart maßkritischen Bauteilen in der Regel nur über Versuche zu ermitteln. Für die spätere Serienbehandlung muss der gesamte Fertigungsprozess hinsichtlich Stahlsorte, Schmiedeprozess, mechanische Fertigung, Wärmebehandlungsprogramm, Chargierung, Chargenmenge etc., eingefroren werden.

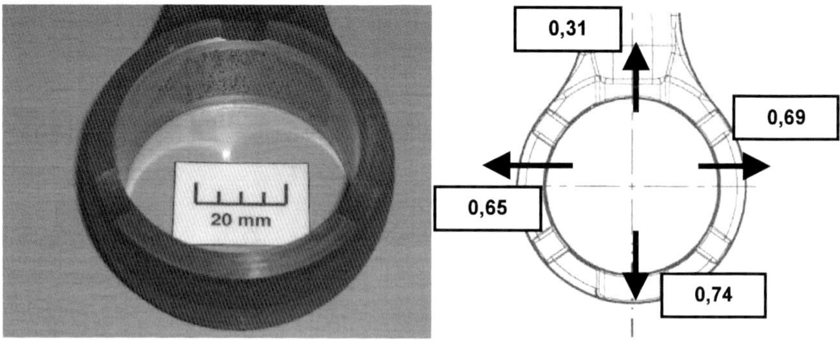

Bild 11.40: Links: Pittings an der schaftseitigen Laufbahn des großen Pleuelauges; rechts: Ergebnisse der CHD-Ermittlung, siehe auch Bild 11.41

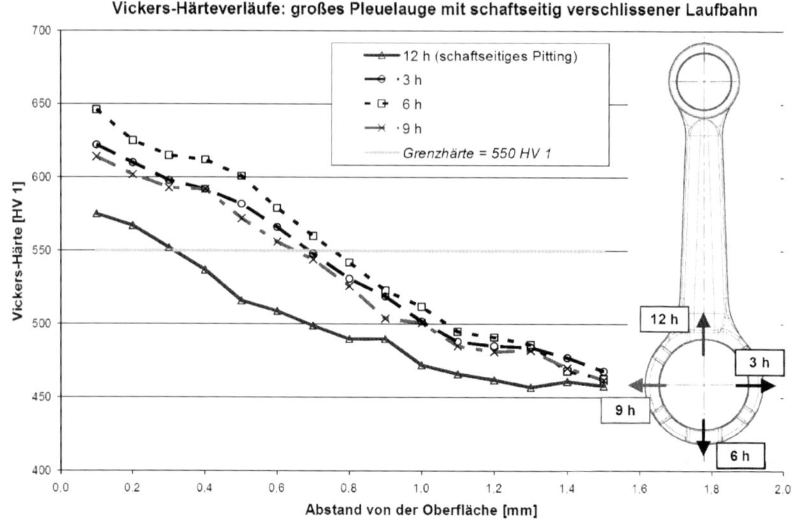

Bild 11.41: Härteverlaufskurven mit eingezeichneten Prüfpositionen

Beispiel 34

Beanstandung: **Schwingbrüche** im Einsatz eines einsatzgehärteten Zahnrades aus dem Einsatzstahl 16MnCr5, Werkst.-Nr. 1.7131, in den Zahnfüßen, Bild 11.42 links; Soll-Oberflächenhärte: 60 HRC + 2 HRC, Soll-Einsatzhärtungstiefe: CHD = 1,0 mm + 0,5 mm.

Fehlerursachen: Atmosphärenfehler: Zu tief reichende Randoxidation beim Einsatzhärten, wodurch die Dauerfestigkeit stark reduziert wurde. Sämtliche anderen Einflüsse wie ständige Belastung oberhalb der Dauerfestigkeit, konstruktive Mängel, Lagerschaden, Schmierstoffmangel etc., konnten anhand einer Schadensanalyse ausgeschlossen werden. Die im Zahngrund festgestellte, 70 µm tief reichende Randoxidation ist auch für Einsatzhärtungstiefen von 1,5 mm ausgesprochen tief, siehe Bild 11.42, linke Bildhälfte im rechten Bild. Randoxidation ist beim konventionellen Aufkohlen im Gas nicht absolut vermeidbar, da bereits geringe Sauerstoffmengen aus durch die Boudouard-Reaktion aus Kohlenmonoxid entstehen. Der Sauerstoff diffundiert in den Stahl und verbindet sich mit den sauerstoffaffinen Legierungselementen Silizium, Mangan und Chrom zu Oxiden, so dass diese Elemente beim Abschrecken das Umwandeln des Austenits beschleunigen, so dass bevorzugt Perlit oder auch zusätzlich Ferrit und daher weniger Martensit entsteht → Weichhaut an der Oberfläche.

Ab rd. 20 µm kann Randoxidation die Dauerfestigkeit stark vermindern /Eck87/. Die Randoxidationstiefe hängt von der Aufkohlungsdauer ab. Ab einer CHD von rd. 2 mm ist auch bei einwandfreien Aufkohlungsbedingungen mit 30 µm zu rechnen, vgl. Bild 11.42, rechte Bildhälfte im rechten Bild. Dieser Aspekt muss beim Planen der Bauteilfertigung durch mechanisches abarbeiten oder Kugelstrahlen entsprechend berücksichtigt werden.

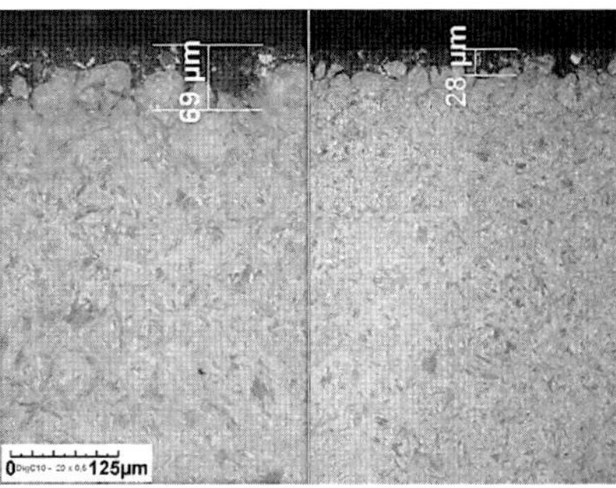

Bild 11.42: Links: Schwingbrüche, von den Zahngründen ausgehend; rechts: in der Gefügeaufnahme links: im Zahngrund ca. 70 µm tiefe Randoxidation; in der Gefügeaufnahme ganz rechts: Vergleichsprobe aus einem einwandfreien Prozess mit ca. 30 µm Randoxidation; Ätzung: 3 % Nital

Mögliche Maßnahmen zur Vermeidung: Folgende Maßnahmen sollten in Betracht gezogen werden:

- Prozessmedien mit entsprechender Reinheit einsetzen, Undichtheiten der Anlage vermeiden und gegebenenfalls beseitigen
- Randoxidation bei der Schlussbearbeitung mechanisch abarbeiten
- Kugelstrahlen; dies kann aufgrund der dabei erzeugten Druckeigenspannungen einen Beitrag zu einer höheren Dauerfestigkeit liefern
- Wechsel auf Einsatzstähle mit geringerer Neigung zur Randoxidation
- Niederdruckaufkohlen; jedoch beachten, dass durch das übliche Abschrecken im Gas ein Stahl mit ausreichender Härtbarkeit verwendet wird.

Beispiel 35

Beanstandung: **Zu geringe Härte und Härtetiefe** nach dem Carbonitrieren einer Gleitleiste aus unlegiertem Vergütungsstahl Ck45, Werkst.-Nr. 1.1191; Soll-Oberflächenhärte: 56 HRC + 4 HRC, Soll-Einsatzhärtungstiefe: ≥ 1 mm.

Zu erwartende Folgen: Zu starker Verschleiß beim Einsatz.

Fehlerursachen: Chargierfehler: Zu geringe Abkühlgeschwindigkeit beim Abschrecken im Öl bei zu dichter Chargierung, siehe Bild 11.43. Der Fehler wurde erst beim Schleifen bei der Fertigbearbeitung entdeckt; damit waren die Teile Ausschuss.

Mögliche Maßnahmen zur Vermeidung: Bauteile aus unlegierten Stählen mit niedriger Härtbarkeit müssen besonders locker gepackt werden, damit die gesamte Oberfläche der Bauteile – auch jener in Chargenmitte – während des Aufkohlens entsprechend begast und beim Abschrecken im Ölbad bestmöglich umspült wird. Nach dem Fertigbearbeiten der Teile auf Endmaß schied ein neuerliches Carbonitrieren aus. Zur Rettung ist auch ein Nitrocarburieren nur bedingt geeignet, da erstens wegen der möglicherweise beim Schleifen erzeugten Eigenspannungen ein Verzug beim Nitrocarburieren nicht auszuschließen ist und da zweitens die bei dem verwendeten unlegierten Stahl nur eine geringe Härtesteigerungen zu erwarten ist und die Kernfestigkeit durch den Anlasseffekt beim Nitrocarburieren zu stark abnehmen würde.

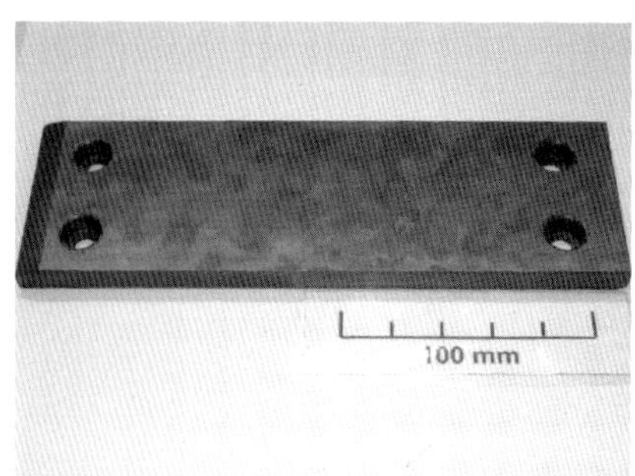

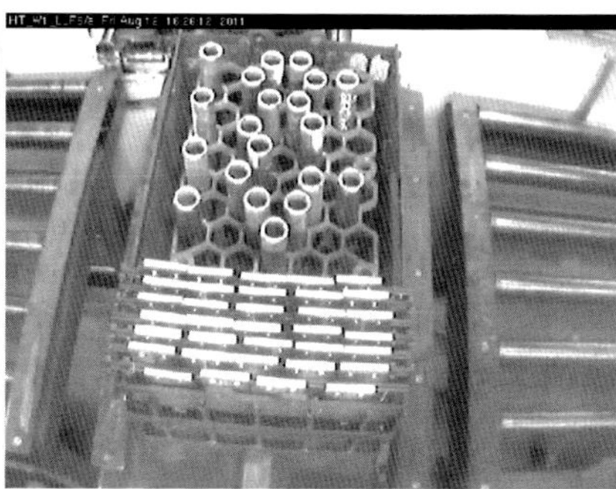

Bild 11.43: Links: Nach dem Carbonitrieren fertig bearbeitete Gleitleiste; rechts: Aufnahme von der zu dichten Chargenpackung; Ätzung: 3 %-ige HNO_3

Beispiel 36

Beanstandung: **Zu geringe Härte und Einsatzhärtungstiefe** nach dem Einsatzhärten eines voluminösen Wälzlagerringes aus dem Einsatzstahl 16MnCr5, Werkst.-Nr. 1.7131; Wanddicke: rd. 85 mm, siehe Bild 11.44; Soll-Oberflächenhärte: 60 HRC + 2 HRC, Soll-Einsatzhärtungstiefe: CHD = 1,2 mm + 0,5 mm; Ist-CHD: rd. 0,5 mm, Kernhärte: rd. 200 HBW.

Zu erwartende Folgen: Laufbahnschäden während des Gebrauchs; im Extremfall: Bruch des Ringes oder der Borde.

Fehlerursachen: Konstruktionsfehler: Wahl einer Stahlsorte mit unzureichender Härtbarkeit für den vorliegenden Querschnitt.

Mögliche Maßnahmen zur Vermeidung: Zwar lässt sich z. B. durch ein tieferes Aufkohlen, wodurch die erforderliche Einsatzhärtungstiefe erreichen, jedoch lässt sich die relativ niedrige Kernhärte von rd. 200 HBW entsprechend einer Festigkeit von rd. 700 MPa durch das entsprechend unvorteilhafte, weil Ferritanteile enthaltende Kerngefüge, nicht vermeiden: es mangelt an Härtbarkeit. Aus diesem Grund sollte zumindest eine höher legierte Stahlsorte verwendet werden, die auch bei diesen Querschnitten noch gute Ergebnisse liefert wie z. B. ein 18CrNiMo7-6, Werkst.-Nr. 1.5919 oder ein 15CrNi6, Werkst.-Nr. 1.6587.

Bild 11.44: Querschnitt durch den voluminösen Lagerring

Beispiel 37

Beanstandung: **Bruch** des Gewindezapfens einer **einsatzgehärteten** Antriebswelle aus dem Einsatzstahl 16MnCr5, Werkst.-Nr. 1.7131, bei der Montage, Bild 11.45 links; Soll-Oberflächenhärte: 700 HV10 + 80 HV10, Soll-Einsatzhärtungstiefe: CHD = 1,0 mm + 0,4 mm.

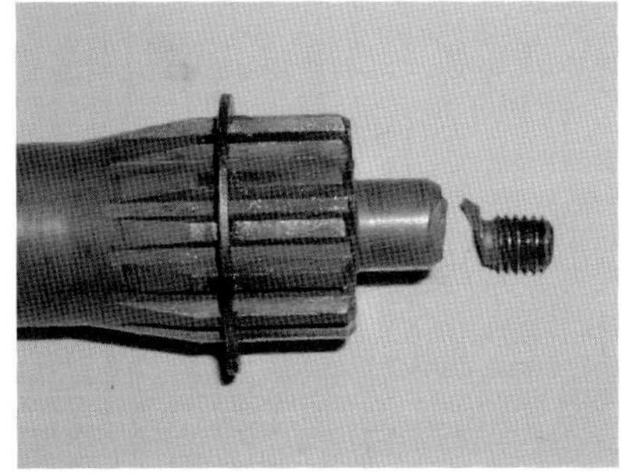

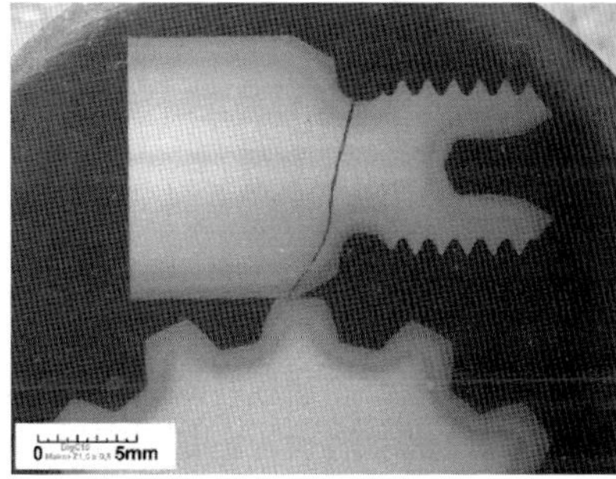

Bild 11.45: Links: Gebrochener Gewindezapfen der Antriebswelle; rechts: Längsschliff durch die Bruchstelle: dieser Bereich der Welle war gegen Aufkohlung nicht isoliert; Ätzung: 3 % Nital

Fehlerursachen: Fehler beim Abdecken: Das Isolieren des filigranen Gewindezapfens wurde vergessen, Bild 11.45 rechts. Der nicht aufgekohlte Bereich des Kerns war an dieser Stelle zu gering, der Bruch des Zapfens war somit vorprogrammiert. Weitere möglichen Einflussgrößen: Zu großes Drehmoment beim Montieren.

Mögliche Maßnahmen zur Vermeidung: Gewinde und andere filigrane, bruchkritische Bauteilbereiche sind vor dem Aufkohlen zu schützen, um einem Bruchrisiko beim Montieren oder während des Betriebes entsprechend entgegenzuwirken.

11.5 Fehlerbeispiele – Randschichthärten

Beispiel 38

Beanstandung: Falsche **Ausbildung** des **randschichtgehärteten Bereichs**.

Zu erwartende Folgen: Gewalt- und Schwingbrüche können die Folge sein, wenn die Härtezone in einer belastungskritischen Stelle endet, z. B. genau in oder vor einem Kerbgrund, in Querschnittsübergängen, Einstichen u. ä., siehe die Bilder 11.46 bis 11.48, oder wenn die Einhärtungstiefe z. B. bei wälzbeanspruchten Teilen nicht mindestens bis zur Tiefe der maximalen Vergleichsspannung reicht.

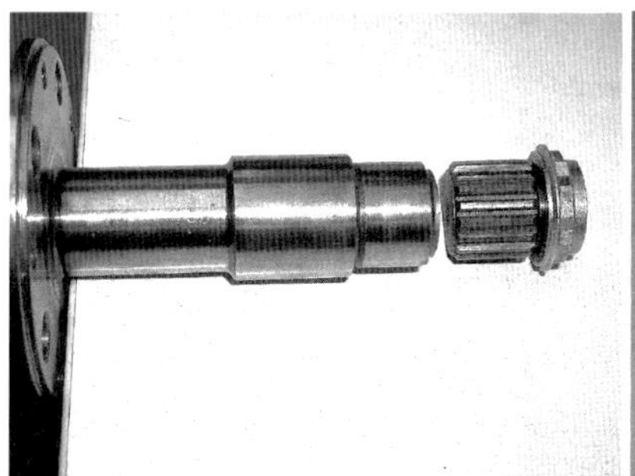

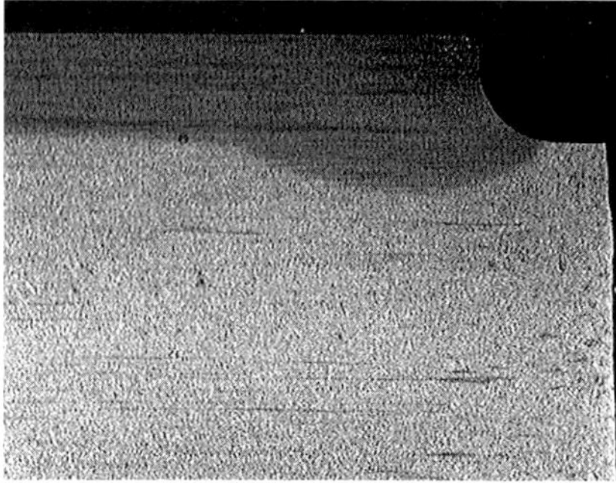

Bild 11.46: Links oben: Bruch im Einstich zwischen Keilverzahnung und Lagersitz; rechts oben: Torsionsgewaltbruch; links unten: Lichtmikroskopische Aufnahme der Randschicht des Lagersitzes: Härtezone läuft exakt im Einstichradius aus; an dieser Stelle treffen geometrische Kerbe, metallurgische Kerbe und die maximale Lastspannung zusammen; Ätzung: 3 % Nital

Bild 11.47: Bruch einer induktionsgehärteten Spreizerspitze aus dem Bergungsgerät für Verkehrsunfälle aus dem Stahl 42CrMo4, Werkst.-Nr. 1.7225, infolge einer fehlerhaften Ausbildung der Einhärtungsschicht; die Einhärtungstiefe ist stellenweise zu tief und endet häufig im Zahngrund, vgl. Bild 11.46; Ätzung: 3 % Nital

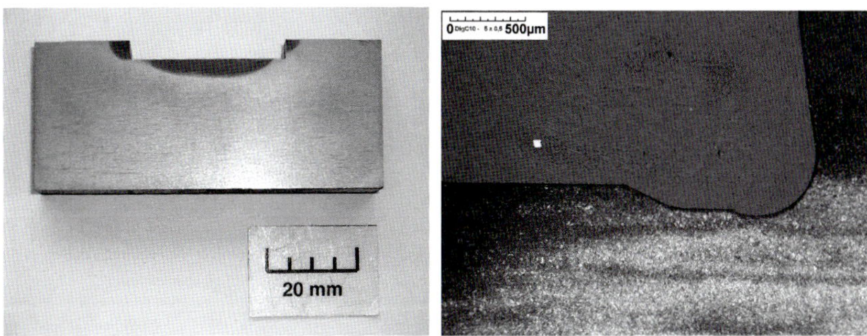

Bild 11.48: Links: Längsschnitt durch eine induktiv randschichtgehärtete Kurbelwelle aus dem Stahl 100Cr6, Werkst.-Nr. 1.3505; ungünstig ausgebildeter Einhärtungsbereich; rechts: Gefügeaufnahme der Randschicht: gehärteter Bereich endet im Querschnittsübergang; Ätzung: 3 % Nital

Der Übergang zwischen gehärtetem und nicht gehärtetem Bereich ist eine metallurgische Kerbe. Sie wirkt genauso, wie eine geometrische Kerbe, was sich negativ auf die Belastbarkeit auswirkt.

<u>Fehlerursachen:</u> Konstruktionsfehler und/oder Wärmebehandlungsfehler: Derartige fehlerhafte Ausbildung der Einhärtungsbereiche werden häufig durch ungenaue/unklare Zeichnungsangaben aber auch durch fehlerhaft durchgeführtes Randschichthärten verursacht.

<u>Mögliche Maßnahmen zur Vermeidung:</u> Querschnittsübergänge und Einstichradien werden oft nicht gehärtet, weil wegen der dann höheren Zähigkeit an diesen Stellen ein geringes Risiko für Schwingbrüche erwartet wird. Dies trifft jedoch dann nicht zu, wenn die geometrische Kerbwirkung bereits hoch ist und eine zusätzlich Verstärkung

der Kerbwirkung durch eine Gefügekerbe eintritt. Grundsätzlich sollte der Kerbgrund immer mit einer ausreichenden Tiefe mitgehärtet werden. In Bild 11.49 sind einige Beispiele für die zweckmäßige Gestaltung der eingehärteten Bereiche dargestellt.

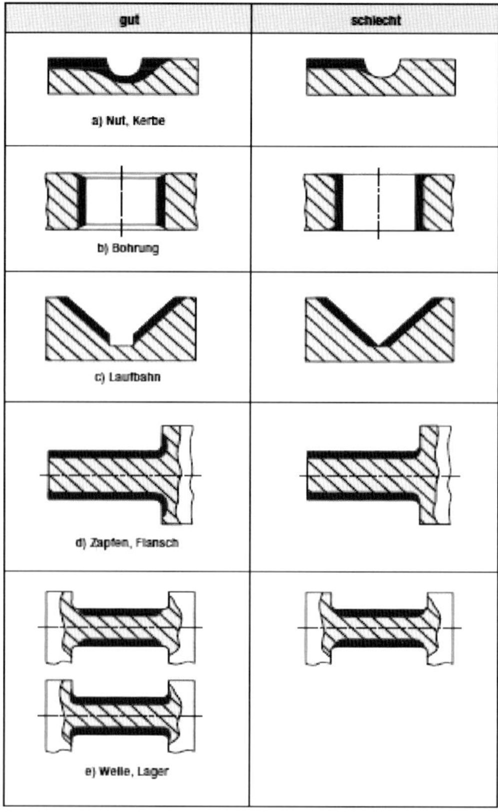

Bild 11.49: Beispiele für vorteilhaft (linke Bildreihe) und für nachteilig (rechte Bildreihe) ausgebildete Einhärtungsbereiche /Lie09/

Beispiel 39

Beanstandung: **Frühzeitiger Verschleiß** und **Gewaltbruch** einer induktionsgehärteten Kurbelwelle aus dem Vergütungsstahl 42CrMo4, Werkst.-Nr. 1.7225; Soll-Oberflächenhärte: 55 HRC + 3 HRC, Soll-Einhärtungstiefe: SHD = 3,0 mm + 2,0 mm. Der im Zuge der Schadensanalyse gewaltsam geöffnete Riss zeigte eine ausgeprägt holzfaserähnliche Bruchstruktur.

Fehlerursachen: Der starke Verschleiß und der Gewaltriss am Hubzapfen, Bild 11.50 links, gehen auf die Kombination folgender Einflussfaktoren zurück:

1. Fehlerhafte Induktorführung, die zu Überlappung der gehärteten Bereiche geführt hatte, Bild 11.50 rechts; dadurch:
   - Das erneute sehr rasche Erwärmen eines bereits gehärteten – martensitischen – Bereichs führte zu hohen Zugspannungen im oberflächennahen Bereich und zum Reißen
   - Der Übergangsbereich wurde hoch angelassen und es entstand eine Gefügekerbe mit undefinierbaren Spannungsverhältnissen
   - Der ungleichmäßige Gefügezustand spiegelt sich wider in den Härteprofilen, siehe Bild 11.51
   - Die stellenweise zu niedrige Oberflächenhärte führte zu einem frühzeitigen Verschleiß des Hubzapfens.
2. Inhomogener Werkstoff: Der Stahl ist stark geseigert, siehe Bild 11.52 links, d. h. Bereiche mit hoher und niedriger Härtbarkeit wechseln sich ab. Dies verstärkt den Effekt der fehlerhaften Induktorführung und bewirkte ein holzfaserähnliches Bruchgefüge, Bild 11.52 rechts. Der im Bild 11.52 links erkennbare, helle Saum am Hubzapfen-Außendurchmesser ist ein thermischer Folgeschaden des Verschleißes (Reibmartensit).

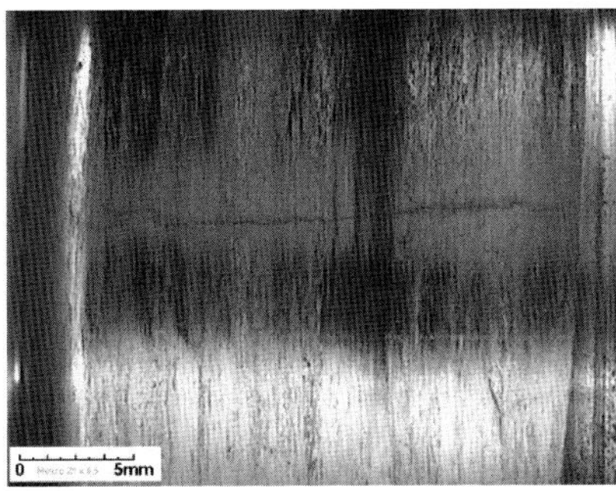

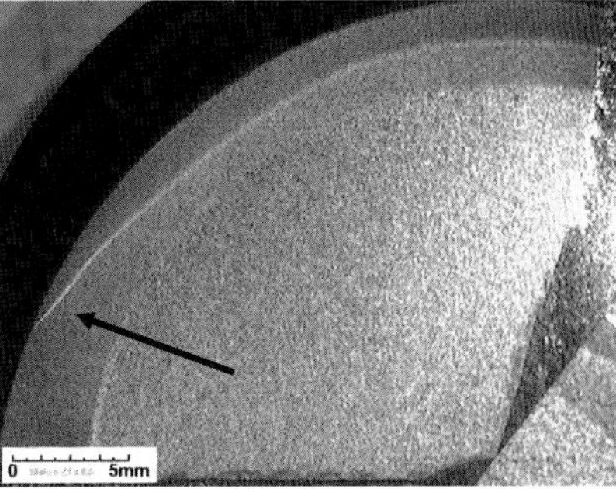

Bild 11.50: Links: Starker Verschleiß und Längsriß am Hubzapfen der Kurbelwelle; rechts: Querschliff durch den Hubzapfen; überlappende Härtezonen; Ätzung: 3 %-ige HNO_3

<u>Mögliche Maßnahmen zur Vermeidung:</u> Wenn es nicht gelingt, rotationssymmetrische Werkstücke mit großem Durchmesser komplett mit einem Induktor zu umfassen, sondern eine so bezeichnete Umlaufhärtung vorgenommen wird, dann muss sichergestellt werden, dass in ausreichendem Abstand zum bereits gehärteten Bereich der Vorschub des Induktors gestoppt und mit dem Härten aufgehört wird. Dabei verbleibt ein ungehärteter Zwischenbereich als so bezeichnete ungehärtete Schlupfstelle. Bei Steuerscheiben oder großen Zahnkränzen muss dann entschieden werden, wo die Schlupfstelle liegen soll, so dass die Gebrauchseigenschaften möglichst wenig beeinträchtigt werden. Des Weiteren sollten vor allem bei hochbelasteten Bauteilen grundsätzlich erhöhte Anforderungen an die Gleichmäßigkeit des Werkstoffes gestellt werden. Die festgestellten Seigerungen hatten den Kurbelwellenschaden zwar nicht verursacht, jedoch maßgeblich unterstützt.

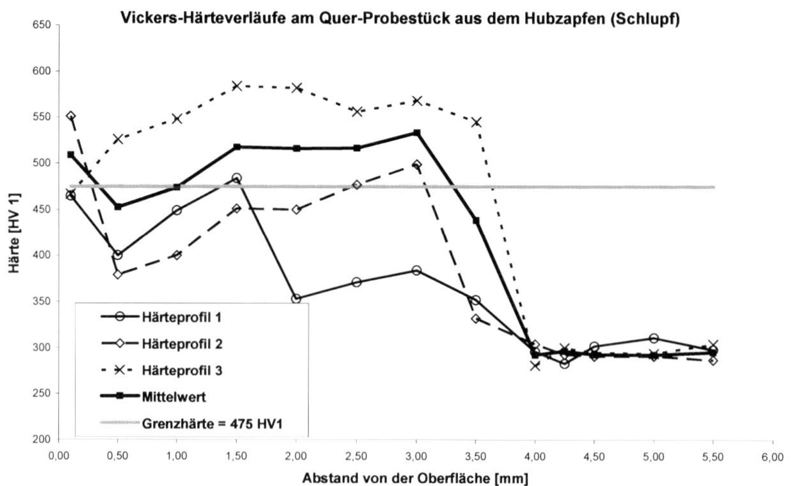

Bild 11.51: Härteprofile an verschiedenen Stellen des Kurbelzapfens

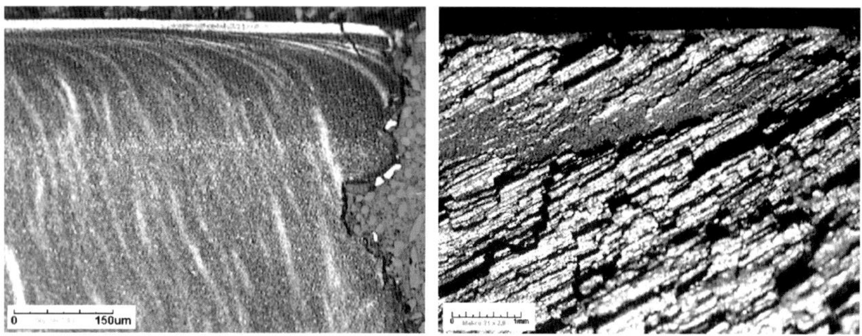

Bild 11.52: Links: Gefüge im Rissbereich mit deutlichen Seigerungsstreifen; mit dem Pfeil markierter heller Bereich ist Reibmartensit am Außendurchmesser; Ätzung: 3 %-ige HNO_3; rechts: freigelegte Bruchfläche mit holzfaserförmiger Struktur durch die Seigerungen des Grundwerkstoffs

11.6 Fehlerbeispiele – Nitrieren und Nitrocarburieren

Beispiel 40

Beanstandung: **Materialausbruch** an der Passfedernutkante nach dem Plasmanitrieren von Teilen aus dem Nitrierstahl 34CrAlNi7-10, Werkst.-Nr. 1.8550; Soll-Oberflächenhärte: ≥ 1000 HV10, Soll-Nitrierhärtetiefe: NHD ≥ 0,2 mm.

Zu erwartende Folgen: Entwicklung größerer Schäden in Form von Brüchen und Verschleiß durch ausbrechende, harte Materialpartikel bei Verwendung dieser Teile.

Bild 11.53: Kantenausbrüche

Fehlerursachen: Nicht wärmebehandlungsgerechte Fertigung: Viele dieser Teile wurden vor Auftreten dieses Schadens serienmäßig problemlos nitriert. Die Materialausbrüche traten erst auf, als im Rahmen eines kontinuierlichen Verbesserungsprozesses beim Hersteller der Arbeitsschritt *„Kanten der Passfedernut brechen"* eingespart wurde. Besonders Kanten stellen beim Nitrieren ein Risiko dar, weil es dort wie auch bei anderen thermochemischen Behandlungen, vgl. Beispiel 30, zu einer verstärkten Eindiffusion und dickeren Diffusionsschichten kommt. Zusätzlich werden die Kanten aufgeworfen, siehe Bild 11.54.

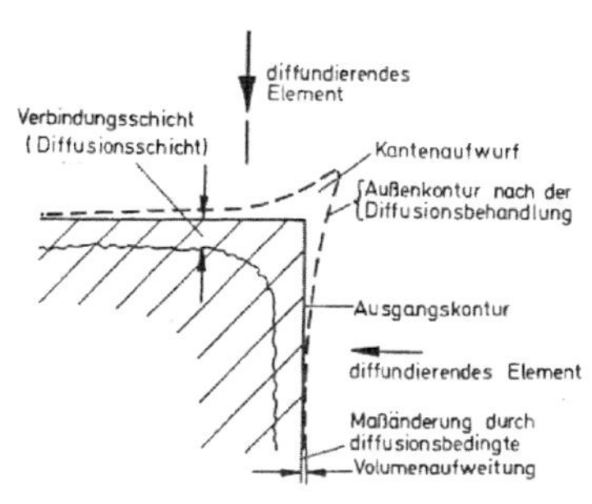

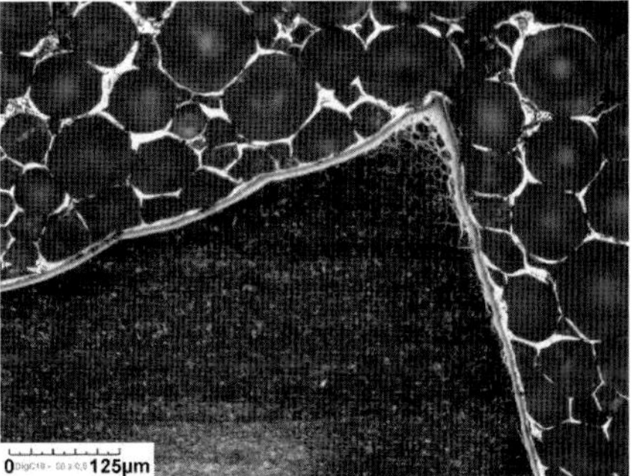

Bild 11.54: Links: Prinzip des Kantenaufwurfes beim Nitrieren /Lie10/; rechts: Kantenaufwurf beim aktuellen Schadensteil; Ätzung: 3 % Nital

Beim Nitrieren von aluminiumlegierten Nitrierstählen ist diesbezüglich besondere Vorsicht geboten, da die Zähigkeit durch die hohe Härte der Nitrierschicht und die induzierten Druckeigenspannungen im Kantenbereich generell sehr niedrig ist. Im vorliegenden Fall reichte ein Druck mit dem Fingernagel bereits aus, um an der Passfedernutkante Abplatzer hervorzurufen.

Mögliche Maßnahmen zur Vermeidung: Auch wenn beim Nitrieren die Behandlungstemperaturen im Vergleich zum Härten, Einsatzhärten und Randschichthärten deutlich geringer sind und in der Regel nach dem Nitrieren langsam abgekühlt wird, sind scharfkantige Stellen aus den oben genannten Gründen unter allen Umständen zu vermeiden. Auch im vorliegenden Fall wurde daher wieder auf die alte Fertigungsweise gewechselt, die Passfedernutkanten wurden vor dem Nitrieren wieder mit einer Fase versehen.

Beispiel 41

Beanstandung: Starker **Verzug** beim Plasmanitrieren von großflächigen, plattenförmigen Teilen aus dem Kaltarbeitsstahl X155CrVMo12-1, Werkst.-Nr. 1.2379, Soll-Oberflächenhärte: ≥ 1000 HV10, Soll-Nitrierhärtetiefe: NHD ≥ 0,2 mm.

Fehlerursachen: Ungeeigneter Vormaterialzustand: Der Grundwerkstoff der Platten zeigte eine ausgeprägte Gefügeanisotropie in Form von Carbidzeilen, die für gewalzte Bleche dieser Stahlsorte typisch ist. In Verbindung mit der Bauteilgestalt: großflächiges, dünnes Blech, führte die Anisotropie beim Nitrieren zum beobachteten Verzug.

Mögliche Maßnahmen zur Vermeidung: Ein Spannungsarmglühen liefert in diesem Fall keine Verbesserung, auch das Design konnte nicht geändert werden. Erst durch die Verwendung eines kreuzgewalzten 1.2379-Vormateriales ließ sich der Verzug beim Nitrieren auf ein vertretbares Ausmaß verringern

Beispiel 42

Beanstandung: Starker **Verzug,** Bild 11.55, beim Gasnitrieren einer vorvergüteten Anschlagleiste aus dem Vergütungsstahl 42CrMo4, Werkst.-Nr. 1.7225; Soll-Oberflächenhärte: ≥ 550 HV10, Soll-Nitrierhärtetiefe: NHD ≥ 0,4 mm.

Fehlerursachen: Zu hoher Eigenspannungszustand im Bauteil vor dem Nitrieren in Verbindung mit nicht wärmebehandlungsgerechter Konstruktion. Die Anschlagleiste wurde nach der mechanischen Fertigung, vor dem Nitrieren, nicht spannungsarmgeglüht. Die Spannungen aus dem Vormaterial und aus der mechanischen Fertigung wurden beim Nitrieren frei und bewirkten in Kombination mit dem unvorteilhaften Design – starke Querschnittunterschiede – die dargestellte Formänderung. Ähnliche Situationen können auch bei ungleichmäßigem oder stark asymmetrischem Abdecken durch „einseitiges" Nitrieren entstehen.

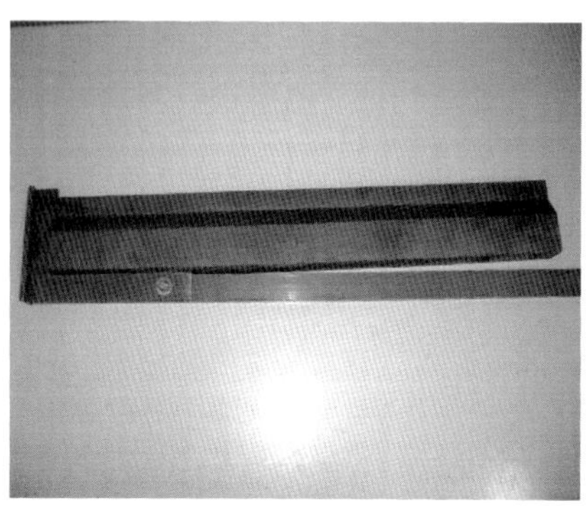

Bild 11.55: Links: Verzogene Anschlagleiste; rechts: Seitenansicht, der Leiste

Mögliche Maßnahmen zur Vermeidung: Wenn derartige Querschnittunterschiede für die Funktion des Bauteiles unbedingt erforderlich sind, kann mit einen Spannungsarmglühen vor dem Nitrieren das Verzugsrisiko deutlich reduziert werden. Ein Richten nitrierter Teile ist aufgrund der hohen Bruchgefahr generell sehr problematisch und sollte vermieden werden.

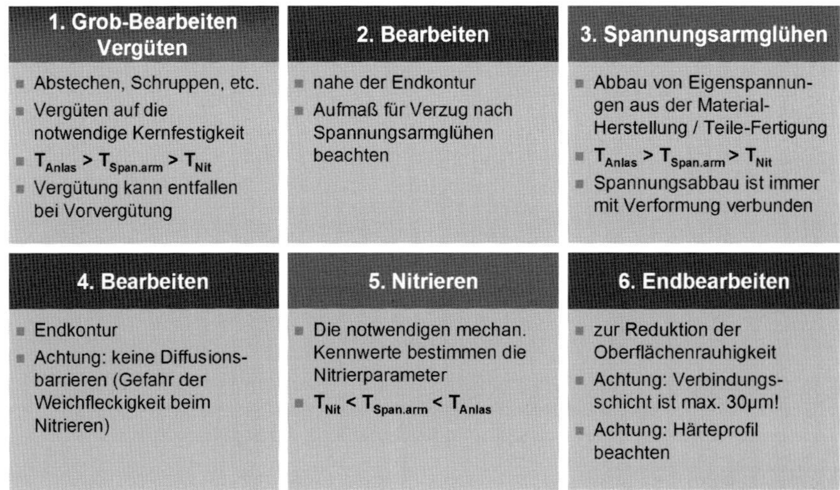

Bild 11.56: Grundsätzliche Schritte eines Fertigungsplanes für verzugsarme, nitrierte Bauteile

Ungeachtet der Bauteilgestalt sind die Maß- und Formänderungen beim Nitrieren in der Regel um eine Größenordnung geringer als bei anderen Wärmebehandlungsverfahren. Der dominierende Einflussfaktor sind die Eigenspannungen im Bauteil vor dem Nitrieren. Das Ziel einer verzugsarmen Bearbeitungsfolge muss daher sein, die Teile so spannungsarm wie möglich in den Nitrierprozess einzubringen. Eine konsequente Einhaltung des in Bild 11.56 gezeigten Ablaufes ermöglicht es, das volle Potential des Nitrierens aus zum Teil überragenden mechanischen Eigenschaften mit dem niedrigsten Verzug gegenüber anderen Wärmebehandlungen zu nutzen.

Als Erklärung für die im Bild 11.56 angeführten Hinweise: 4. Bearbeiten: „keine Diffusionsbarrieren" und 6. Endbearbeiten: „Härteprofil beachten", sei auf die nachfolgenden Beispiele 43 und 44 verwiesen.

Beispiel 43

Beanstandung: **Lokal zu geringe Oberflächenhärte und Nitrierhärtetiefe – Weichfleckigkeit** – im Verzahnungsbereich von plasmanitrierten Verzahnungsteilen aus dem Nitrierstahl 31CrMoV9, Werkst.-Nr. 1.8519**,** Bild 11.57; Soll-Oberflächenhärte: ≥ 750 HV10, Soll-Nitrierhärtetiefe: NHD ≥ 0,2 mm, Soll-Verbindungsschichtdicke: CLT = 5 µm + 8 µm.

Hinweis: Die gleichzeitige Forderung von Sollwerten für die Dicke der Verbindungsschicht und die Nitrierhärtetiefe ist nicht realisierbar! Die Verbindungsschichtdicke

ergibt sich je nach Werkstoffzusammensetzung und Behandlungsparameter: Entweder sollte die Dicke der Verbindungsschicht oder die Nitrierhärtetiefe angegeben werden. Beim Nitrieren steht für die Gebrauchseigenschaften die Nitrierhärtetiefe im Vordergrund, beim Nitrocarburieren dagegen die Verbindungsschichtdicke, vgl. Kapitel 7.

Zu erwartende Folgen: Bruch oder Verschleiß während des Einsatzes dieser Bauteile aufgrund von Gefügekerben und örtlich zu geringer Verbindungsschichtdicke, Härte und Härtetiefe.

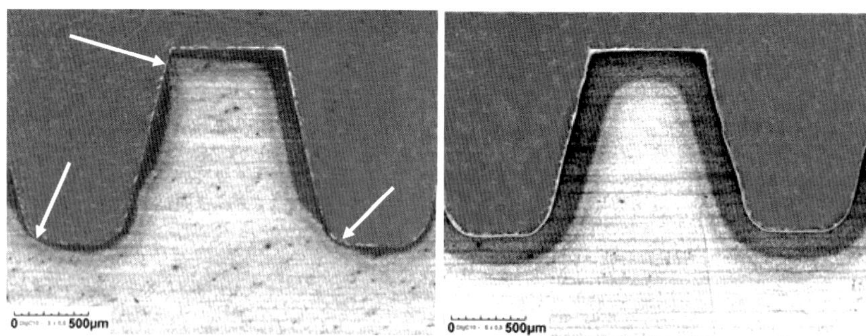

Bild 11.57: Links: Randgefüges mit großer Streubreite Nitrierschicht, rechts: gleichmäßig ausgebildete Nitrierschicht, Ätzung: 3 % Nital

Fehlerursachen: Mangelhafte Beschaffenheit der Bauteiloberflächen, die beim Nitrocarburieren als isolierende Deckschicht gewirkt hatte. Diffusionsbarrieren, die eine Stickstoffdiffusion beeinträchtigen können, können unterschiedliche Ursachen haben:

- Zunderreste aus der Herstellung des Vormaterials/Halbzeugs bzw. Oxidation durch ungeschütztes Lagern während der Herstellung
- Überlappungen an der Oberfläche oder Verformungen der Randschicht durch die mechanische Bearbeitung, z. B. beim Verwenden von stumpfen Werkzeugen, bei unzureichendem Kühlen, bei zu starkem Materialabtrag, Schleifbrand etc.
- auf der oder in die Oberfläche eingearbeitete Rückstände wie Kühlschmierstoffe, Reinigungsmittel, Konservierungsmittel, die sich beim Reinigen vor dem Nitrieren und Nitrocarburieren nicht beseitigen lassen

Mögliche Maßnahmen zur Vermeidung: Um Weichfleckigkeit beim Nitrieren zu vermeiden bzw. um die Sollwerte gesichert erreichen zu können, müssen sowohl die Fertigung als auch die Härterei dafür Sorge tragen, dass die Werkstückoberflächen vor dem Nitrieren/Nitrocarburieren sauber, metallisch blank und rückstandsfrei sind, siehe Hinweis in Bild 11.56: 4. Bearbeiten „keine Diffusionsbarrieren". Materialüberlappungen, z. B. durch stumpfe Werkzeuge und schwer lösliche Rückstände sind zu vermeiden; Reinigungsanlagen und Reinigungsmittel müssen wie die Wärmbehandlungsanlagen regelmäßig gewartet und instandgehalten werden. Eine gute Übersicht über die notwendigen Anforderungen an die Bauteilbeschaffenheit für prozesssicheres Nitrieren und Nitrocarburieren bietet /Huc09). Eine Änderung von Kühlschmierstoffen, von Konservierungsmitteln oder von Fertigungsparametern ist unbedingt mit der Härterei zu kommunizieren, um unliebsame Überraschungen zu vermeiden.

Beispiel 44

Beanstandung: **Zu niedrige Oberflächenhärte und Nitrierhärtetiefe** bei gasnitrierten Pleueln aus dem Nitrierstahl 31CrMoV9, Werkst.-Nr. 1.8519; Soll-Oberflächenhärte: ≥ 750 HV10, Soll-Nitrierhärtetiefe: NHD ≥ 0,3 mm; Ist-Werte: Oberflächenhärte: 500 HV10, NHD < 0,1 mm.

Zu erwartende Folgen: Lagerschaden im großen und kleinen Pleuelauge während des Betriebs.

Fehlerursachen: Konstruktionsfehler: Über lange Zeit wurde diese Pleueltype aus dem Stahl 18CrNiMo7-6, Werkst.-Nr. 1.6587, gefertigt und einsatzgehärtet. Beim Wechsel auf Nitrieren wurde das Vorhaltemaß in der Konstruktion nicht geändert, der Schleifabtrag von ca. 0,3 mm wurde vom Einsatzhärten übernommen. Dies führte bei den nitrierten Teilen durch den nahezu vollständigen Abtrag der Nitrierschicht unweigerlich zu einem starken Verlust der Randhärte und der Nitrierhärtetiefe.

Mögliche Maßnahmen zur Vermeidung: Anders als beim Einsatzhärten oder Randschichthärten zeigen nitrierte Bauteile in der Regel einen in Richtung Kern wesentlich steiler abfallenden Härteverlauf, vgl. Bild 11.58. Dies muss beim Konstruieren unbedingt berücksichtigt werden, siehe den Hinweis in Bild 11.56 unter 6. Endbearbeiten „Härteprofil beachten". Aufgrund der normalerweise signifikant geringeren Form- und Maßänderungen beim Nitrieren und Nitrocarburieren sind große Vorhaltemaße meist nicht erforderlich. Wenn eine geringe Oberflächenrauheit benötigt wird, sollte sich die Endbearbeitung auf ein Feinstbearbeiten der Oberfläche zum Abbau von Rauhigkeitsspitzen beschränken.

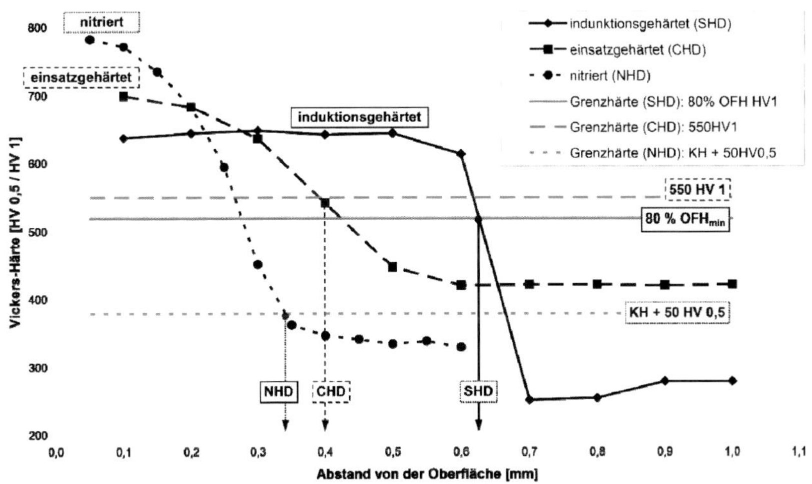

Bild 11.58: Vergleich der Härteprofile von randschichtgehärteten, einsatzgehärteten und nitrierten Teilen aus jeweils unterschiedlichen, für die einzelnen Wärmebehandlungsarten typischerweise verwendeten Stählen

Beispiel 45

Beanstandung: **Untypisch hohe Oberflächenhärte** bei gleichzeitig **zu geringer Nitrierhärtetiefe** nach dem Plasmanitrocarburieren von Teilen aus dem Vergütungsstahl 42CrMo4, Werkst.-Nr. 1.7225; Soll-Nitrierhärtetiefe: NHD ≥ 0,2 mm, Soll-Verbindungsschichtdicke: CLT = 15 µm + 10 µm.

Ergebnisse der Prüfung:

3. NHD < 0,05 mm, lichtmikroskopisch gemessen
4. CLT = 2 µm bis 3 µm
5. Oberflächenhärte = 350 HV5
6. instrumentierte Oberflächenhärtemessung mit einer Prüfkraft von 3 g ergab ca. 1300 HV_{IH}
7. NHD < 0,1 mm.

Zu erwartende Folgen: Starke Verschleißschäden während des Gebrauchs.

Fehlerursachen: Falsche Behandlungsatmosphäre: Aufgrund zu hoher Methangehalte während des Plasmanitrierens bildete sich in der äußersten Randzone eine geschlossene Zementitschicht, Bilder 11.59 und 11.60. Eine Verbindungsschicht ist dadurch nicht zustande gekommen, auch das weitere Eindiffundieren des Stickstoffs nach innen wurde stark behindert.

Die deutlich zu niedrige Oberflächenhärte nach der Wärmebehandlung ließen bei dem angegebenen Stahl zunächst eine Werkstoffverwechselung vermuten, was jedoch nach einer Funkenspektralanalyse nicht zutraf. Anhand weiterführender Recherchen wurde jedoch ein defekter Gasdurchflussregler als Fehlerursache ermittelt.

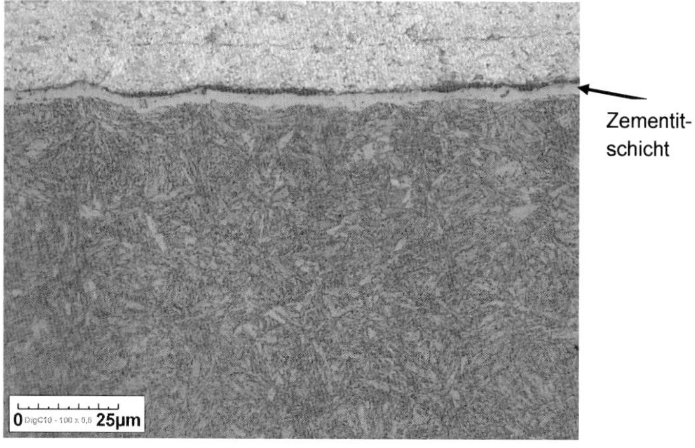

Bild 11.59: Lichtmikroskopische Aufnahme des Randgefüges; die 2 µm bis 3 µm dicke helle Schicht besteht überwiegend aus Zementit; Ätzung: 3 % Nital

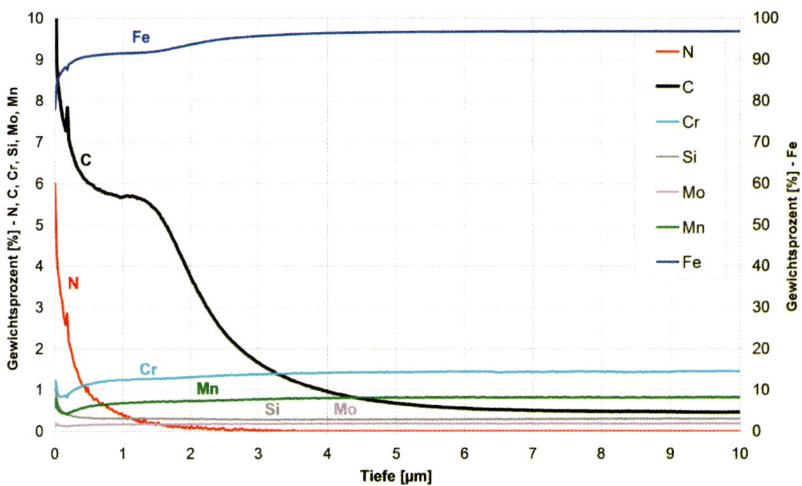

Bild 11.60: GDOS-Tiefenprofilanalyse des beanstandeten Bauteils

Mögliche Maßnahmen zur Vermeidung: Der Defekt des Gasdurchflussreglers trat zu Prozessbeginn ein. Bei der zuvor durchgeführten, regelmäßigen Instandhaltung und Wartung funktionierte der Regler noch einwandfrei. Mit entsprechenden Alarmeinrichtungen hätte dieser Fehler jedoch noch rechtzeitig entdeckt werden können; beim Gasnitrieren zusätzlich durch einen Nitriersensor. Auch hätte durch gewissenhafte Kontrolle der Prozessdokumentation im Rahmen der Chargenfreigabe nach dem Nitrocarburierprozess der mangelhafte Gasdurchfluss auffallen müssen und nicht erst bei der Endkontrolle dieser Bauteile und der daraufhin eingeleiteten Ursachenfindung.

Beispiel 46

Beanstandung: **Durchnitrierung** nach dem Plasmanitrocarburieren von Blechteilen mit einer Dicke von 2 mm aus dem unlegiertem Baustahl S235 (St 37-2), Werkst.-Nr. 1.0037; Soll-Verbindungsschichtdicke: CLT = 8 µm + 8 µm. Das Nitrocarburieren wurde in einer Plasmaanlage durchgeführt, weil mehrere Stellen des Blechs gegen Aufstickung durch mechanische Abdeckung isoliert werden mussten.

Zu erwartende Folgen: Verschleißschaden und Bruch während des Einsatzes.

Fehlerursachen: Temperaturfehler: Die Blechteile hatten eine komplexe Gestalt mit zahlreichen, kleinen Bohrungen und filigranen Schlitzen. Während des Prozesses kam es an diesen Stellen zu unerwünschten Störungen des Plasmaglimmsaums und damit zu lokaler Überhitzung. Dadurch fand eine Austenitisierung mit Umwandlung in Braunit beim Abkühlen statt, siehe Bild 11.61 links und die Bleche waren durchnitriert, Bild 11.61 rechts. Die Bildung der Verbindungsschicht wurde nahezu vollständig unterdrückt.

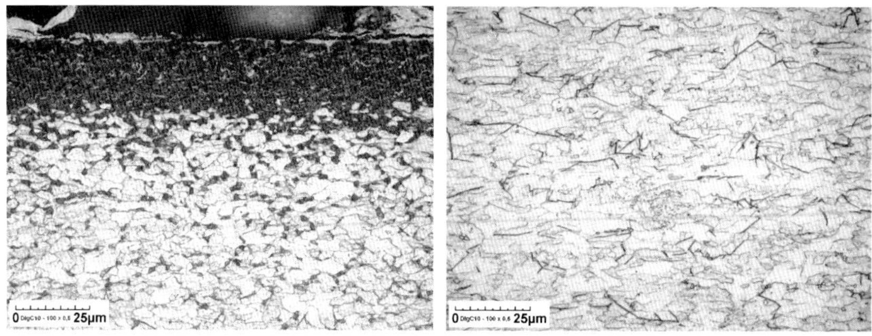

Bild 11.61: Lichtmikroskopische Gefügeaufnahmen des St52-Bleches; links: Randschicht mit Braunit; rechts: Nitridausscheidungen im Kern Bleches; Ätzung: 3 % Nital

Mögliche Maßnahmen zur Vermeidung: Unabhängig davon, ob eine Durchnitrierung durch Überhitzen oder Überzeiten verursacht wird, sie muss unter allen Umständen vermieden werden, damit ein Bauteil nicht über den gesamten Querschnitt versprödet wird. Überhitzungen sind vor allem bei unlegierten Stählen ungünstig, da diese Stähle bereits knapp über 590 °C zu Braunitbildung neigen. Beim Plasmanitrieren von Teilen mit engen Hohlräumen, Spalten, Bohrungen etc. ist daher besondere Vorsicht geboten. Derartige Stellen sind durch geeignete Maßnahmen zu entschärfen, z. B. durch Abdecken dieser Stellen oder entsprechende Prozessregelung.

Beispiel 47

Beanstandung: **Durchnitrieren** beim Gasnitrocarburieren von dünnwandigen Bauteilen aus niedriglegiertem **Sinterstahl**.

Zu erwartende Folgen: Bruch während des Gebrauchs.

Fehlerursachen: Konstruktionsfehler: Beim Gasnitrieren und Gasnitrocarburieren von Sinterteilen kommt es bis in gewisse Tiefen auch im Bauteilinneren – nämlich an den Porenwänden – zur Verbindungsschichtbildung, Bild 11.62 links. Wenn die Bauteile wie im vorliegenden Fall zu dünnwandig sind, kann dieser Effekt zu einem Durchnitrieren und damit zu einer Versprödung des gesamten Bauteilquerschnittes führen.

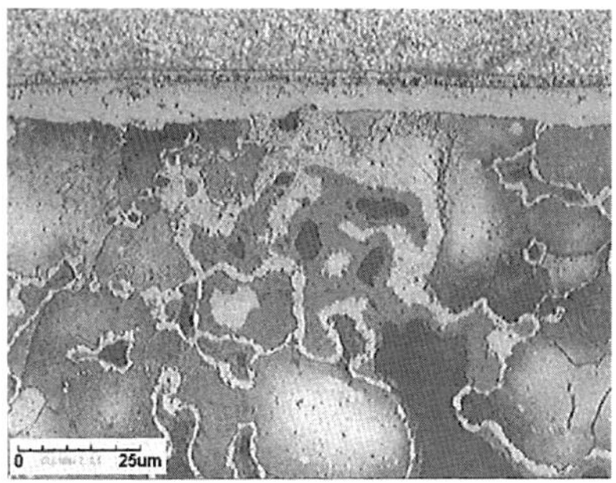

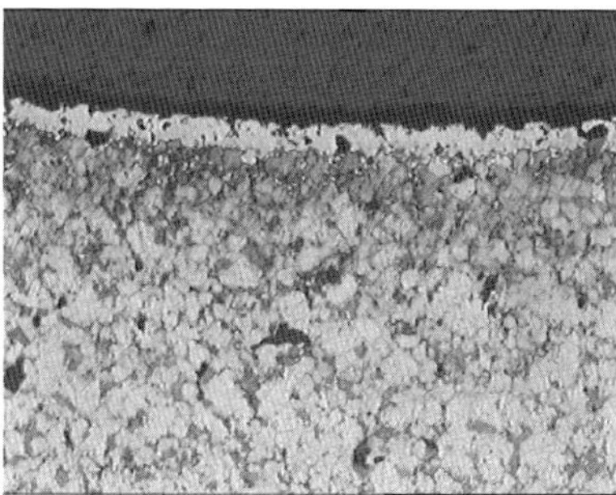

Bild 11.62: Lichtmikroskopische Gefügeaufnahmen von nitrierten Sinterteilen; links: gasnitriert mit Verbindungsschicht an den Porenwänden, rechts: plasmanitriert ohne Verbindungsschicht an den Porenwänden; Ätzung: 5 % Nital

Mögliche Maßnahmen zur Vermeidung: Ein Oxidieren von Sinterteilen vor dem Gasnitrocarburieren reduziert das Risiko für ein zu starkes Nitrieren in tieferen Bereichen. Das Ziel dabei ist, die Poren mit Eisenoxiden zu „füllen“ und dadurch die Verbindungsschichtbildung an den Porenwänden und die Stickstoffdiffusion zu hemmen. Abhängig von der Bauteilwandstärke kann damit die Gefahr eines Durchnitrierens verringert werden. Dieses Voroxidieren, der bei Sinterteilen auch häufig als „Dämpfen“ bezeichnet wird, ist allerdings mit einer Volumenzunahme verbunden und verändert auch den Werkstoffzustand. Diese Einflüsse müssen daher im Vorfeld getestet und abgestimmt werden.

Eine andere Möglichkeit wäre der Wechsel von Gas- auf Plasmanitrieren/-nitrocarburieren. Die starke Nitrierwirkung läuft beim Plasmanitrieren ausschließlich im Glimmsaum – also direkt an der Bauteiloberfläche – ab. An den Porenwänden im Bauteilinneren bildet sich keine Verbindungsschicht, Bild 11.62 rechts, ein Voroxidieren ist nicht erforderlich. Dieser „mechanische Schutz“ beim Plasmanitrieren funktioniert auch im mikroskopischen Maßstab und kann bei Sinterteilen daher zum Vermeiden eines Durchnitrierens ausgenützt werden.

Beispiel 48

Beanstandung: **Nitrierwirkung** an **mechanisch abgedeckten** Bauteiloberflächen beim Gasnitrieren von Bauteilen aus dem Nitrierstahl 31CrMoV9, Werkst.-Nr. 1.8519. Aus fertigungstechnischen Gründen sollte über einen Versuch ermittelt werden, ob sich durch mechanisches Abdecken Bauteiloberflächen vor dem Gasnitrieren schützen lassen. Dafür wurden folgende Abdecksysteme bei 515 °C 65 h lang gasnitriert, Bild 11.63 links:

- ein Zylinder mit Sackloch-Innengewinde:
  - Außendurchmesser mit Härteschutzpaste abgedeckt
  - Sackloch-Innengewinde mit Schraube fest verschlossen
- zwei Zylinder mit unterschiedlichen Abdeckhülsen:
  - Spalt zwischen Zylinder und Hülse: 0,25 mm
  - Spalt zwischen Zylinder und Hülse: 0,125 mm

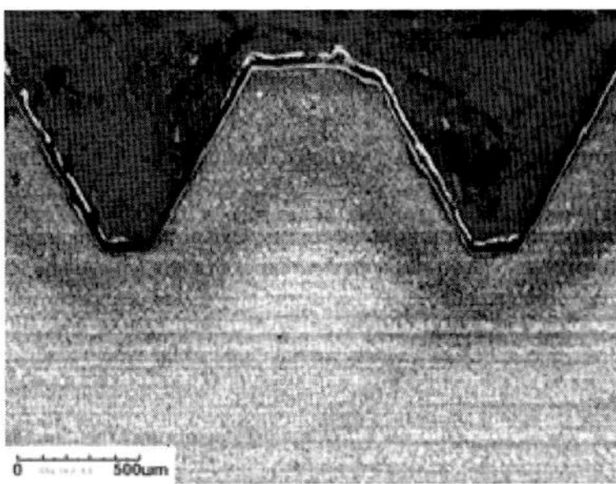

Bild 11.63: Links: Versuchsteile mit unterschiedlichen Abdecksystemen; rechts: lichtmikroskopische Gefügeaufnahme des gasnitrierten Sackloch-Innengewindes; Ätzung: 3 % Nital

Versuchsergebnisse: Alle mechanischen Abdeckungen blieben beim Gasnitrieren wirkungslos, selbst das fest zugeschraubte Sackloch-Innengewinde war ebenso tief nitriert wie der nicht abgedeckte Bereich, Bilder 11.63 rechts und 11.64. Ein mechanisches Abdecken zum Schutz gegen ein Nitrieren ist beim Gasnitrieren somit äußerst unsicher. Wenn bestimmte Bereiche beim Gasnitrieren nicht nitriert werden dürfen, liefern ausschließlich Härteschutzpasten einen zuverlässigen Schutz.

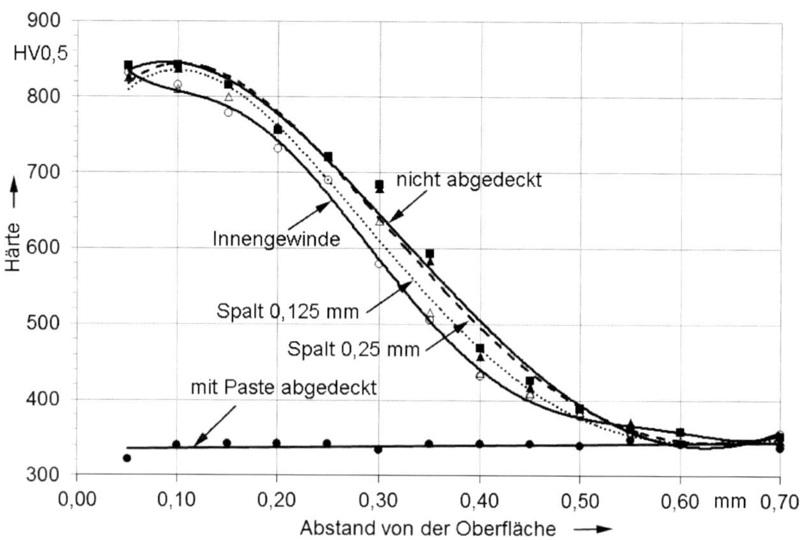

Bild 11.64: Härteverläufe nach dem Gasnitrieren 515 °C 65 h von unterschiedlich gegen ein Aufsticken abgedeckten und nicht abgedeckten Versuchsteilen

11.7 Literatur

DIN94	DIN	DIN 17022 „Verfahren der Wärmebehandlung“ Beuth-Verlag Berlin, 1994
Eck87	Eckstein, H.-J.	Technologie der Wärmebehandlung von Stahl VEB Deutscher Verlag für Grundstoffindustrie Leipzig, 2. Auflage, 1987
Huc09	Huchel, U. et al.	Notwendige Anforderungen an Bauteile zur Sicherung der Prozessfähigkeit beim Nitrieren und Nitrocarburieren HTM J. Heat Treatm. Mat. 64 (2009) 3, S. 222-225
Jeg93	Jeglitsch, F.	Werkstoffprüfung Vorlesung Montanuniversität Leoben, 1993

Lie09	Liedtke, D.; Stiele, H.	Wärmebehandlung von Stahl – Randschichthärten Merkblatt 236 Stahl-Informations-Zentrum Düsseldorf, 2009
Lie10	Liedtke, D.	Nitrieren und Nitrocarburieren in „Wärmebehandlung von Eisenwerkstoffen – Grundlagen und Anwendungen, Band 349 expert verlag Renningen, 8. Auflage, 2010
Pir93	Pirzl, N.	Vorlesung „Werkstoffprüfung“ von F. Jeglitsch, Montanuniversität Leoben 1993
Ros61	Rose, A.; Wever, F.; Peter, W.; Straßburg, W.; Rademacher, L.	Atlas zur Wärmebehandlung der Stähle – Teil 1 Verlag Stahleisen, Düsseldorf, 1961

12 Prüfen des wärmebehandelten Zustands

Martin Hoferer

12.1 Vorbemerkung

Bauteile und Werkzeuge werden wärmebehandelt, um bestimmte Verarbeitungs- oder Gebrauchseigenschaften zu erzielen. Diese ergeben sich aus den verschiedensten Anforderungen, die sehr komplex und widersprüchlich sein können. Im einfachsten Fall sind die Anforderungen durch Festigkeitswerte für mechanische, statische oder dynamische Beanspruchungen oder physikalische Kennwerte wie die Koerzitivkraft oder die Remanenz gekennzeichnet. Wesentlich komplizierter ist das Ermitteln von Kennwerten für das Verschleiß- und Korrosionsverhalten oder das Werkstoffverhalten beim Zerspanen oder Umformen.

An wärmebehandelten Bauteilen oder Werkzeugen sind diese Eigenschaften, und damit Voraussagen über den Erfolg der Wärmebehandlung, für das Verarbeitungs- oder Gebrauchsverhalten nur in den seltensten Fällen direkt zu ermitteln. Zum Teil deswegen, weil dies einen erheblichen Aufwand erfordert, zum Teil aber auch deswegen, weil die Bauteil- oder Werkzeugform eine entsprechende Prüfung oftmals gar nicht zulässt.

Das Prüfen wärmebehandelter Werkstücke muss sich demnach darauf beschränken, für den Werkstoff- bzw. Gefügezustand maßgebende Kennwerte zu ermitteln. Dabei hat sich insbesondere das Prüfen der Härte bewährt, weil die Härte z. B. mit der Zugfestigkeit und der Verformbarkeit korreliert. Darüber hinaus ergeben der Zugversuch, der Kerbschlagbiegeversuch, zyklische Prüfungen (z. B. Schwingversuche), eine Verspannungsprüfung oder Eigenspannungsmessungen von Fall zu Fall wichtige Informationen über die zu erwartenden Gebrauchseigenschaften.

Wichtige Hinweise über das zu erwartende Werkstoffverhalten wärmebehandelter Bauteile und Werkzeuge ergeben sich zusätzlich aus metallographischen Untersuchungen, wobei die Lichtmikroskopie im Vordergrund steht. Hier sind es z. B. die Korngröße, die Gefügearten Martensit, Bainit, Perlit, Ferrit, Austenit und Restaustenit nach Menge und Ausbildung, Einschlüsse wie Graphit, Sulfide, Carbide usw. nach Art, Form, Größe und Verteilung, was qualitativ und häufig im Vergleich mit Bildrichtreihen untersucht wird (z. B. die Carbidzeiligkeit nach der SEP1520). Auch die Dicke der Verbindungsschicht nitrierter oder nitrocarburierter Teile und Veränderungen, speziell in der Nähe der Oberfläche, wie Entkohlung oder Randoxidation, lassen sich im Lichtmikroskop erkennen.

Die verschiedenen Reaktionen der Wärmebehandlungsatmosphäre mit der Oberfläche der Werkstücke z. B. eine Oxidation, aber auch Diffusions- oder Effusionsvorgänge, können die Zusammensetzung der Randschicht, z. B. in Form eines Entkohlens oder Aufstickens verändern. Außerdem können unter bestimmten Bedingungen Risse entstehen. Dies beeinträchtigt in der Regel die Gebrauchseigenschaften. Daraus ergibt sich, dass vielfach auch visuell auf Verfärbungen, Beschädigungen, Narben oder Risse geprüft werden muss.

12.2 Sichtkontrolle

Das Prüfen wärmebehandelter Bauteile und Werkzeuge beginnt in den meisten Fällen mit einer Sichtkontrolle auf Beschädigungen, Oberflächenverfärbungen, Zunder, Rost, Narben oder Risse. Die möglichen Ursachen für die genannten Erscheinungen, die je nach Anforderung die Gebrauchs- oder Verarbeitungseigenschaften beeinträchtigen können, sind in Kapitel 10 „Beanstandungen an wärmebehandelten Bauteilen – Allgemeine Aspekte" und Kapitel 11 „Beanstandungen an wärmebehandelten Bauteilen – Fallbeispiele" ausführlich behandelt.

In Bild 12.1 sind als Beispiel für eine Oberflächenverfärbung Ringe zu sehen, die gasnitrocarburiert und in Stickstoff abgekühlt wurden. Die unterschiedlich starke Verfärbung geht auf unterschiedliche Plazierung in der Ofencharge zurück: Ringe, die im Chargenkorb ganz oben lagen, waren am stärksten verfärbt, Ringe aus der Chargenmitte, am wenigsten. Die Ursache ist eine Oxidation beim Abkühlen durch in den Ofen eingedrungene Luft, die zu einer Nanometer dicken Eisenoxidschicht geführt hat jedoch keine schädliche Auswirkung auf die Funktionseigenschaften besitzt.

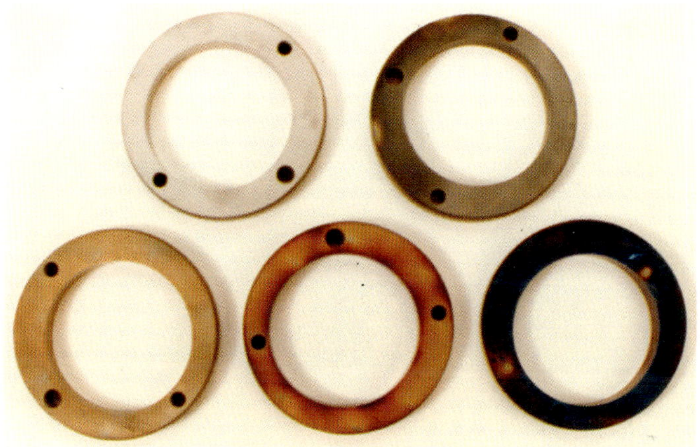

Bild 12.1: Aus einer gasnitrocarburierten Ofencharge an verschiedenen Stellen entnommene, durch Oxidation verfärbte Ringe.

Zum Prüfen auf Risse, soweit sie nicht bereits ohne Lupe oder Stereomikroskop erkennbar sind, stehen verschiedene Verfahren zur Verfügung. Die Auswahl richtet sich hauptsächlich nach der zu erwartenden Risstiefe und -breite, der Zugänglichkeit bzw. Geometrie der Werkstücke sowie dem Umfang der zu prüfenden Werkstücke /DIN07/.

12.3 Härteprüfung

Härte ist der Widerstand eines Stoffes gegen eine plastische Verformung. Ein Werkstoff lässt sich umso weniger verformen, je höher seine Härte ist. Hieraus ergibt sich die Möglichkeit, mit definierten Prüfkörpern Verformungen vorzunehmen und aus der Größe oder Tiefe der Verformung auf die Härte zu schließen. Zwei unterschiedliche Prinzipien zum Ermitteln der Härte oder Härtemesszahl werden dabei angewendet:

- das Verhältnis Prüfkraft zur Eindruckoberfläche
- das Verhältnis Prüfkraft zur Eindringtiefe des Prüfkörpers.

Hierzu stehen mehrere genormte Eindring-Prüfverfahren zur Verfügung:

- das Brinell-Verfahren (DIN EN ISO 6506)
- das Vickers-Verfahren (DIN EN ISO 6507)
- das Rockwell-Verfahren (DIN EN ISO 6508)
- instrumentierte Eindringprüfung zum Ermitteln der Härte und anderer Werkstoffparameter nach DIN EN ISO 14577-1, -2, -3 [1]

In Bild 12.2 sind die Anwendungsbereiche der drei erstgenannten Verfahren gegenübergestellt. Die Zahlen an den Bereichsgrenzen sind Härtewerte der betreffenden Verfahren.

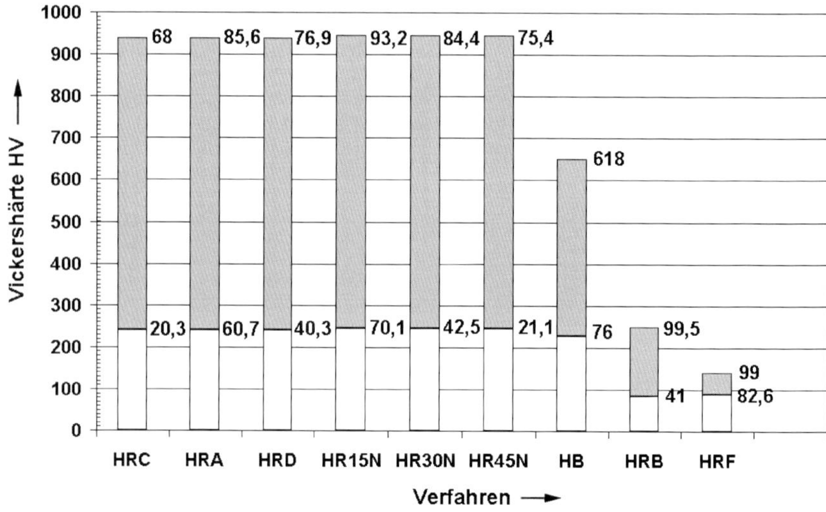

Bild 12.2: Anwendungsbereiche der Härte-Prüfverfahren

Zu beachten ist, dass die Härte eines wärmebehandelten Werkstücks an der Oberfläche und im Kern oder in verschiedenen Oberflächenbereichen unterschiedlich sein kann. Dementsprechend wird es zweckmäßig oder sogar notwendig sein, die Härte an mehreren Stellen eines Werkstücks, an der Oberfläche, im Kern oder an dazwischenliegenden Stellen zu prüfen.

---

[1] Dies ist die Nachfolgenorm der früheren DIN 50359-1, -2, -3

In Bild 12.3 sind vergleichsweise die Eindrücke verschiedener Eindringkörper für eine Härte des Prüflings von ca. 260 HB gegenübergestellt. Daraus lässt sich entnehmen, welche Bedeutung die Größe des mit einem Prüfkörper erzeugten Eindrucks beim Ermitteln des Messwerts und damit der Härte hat.

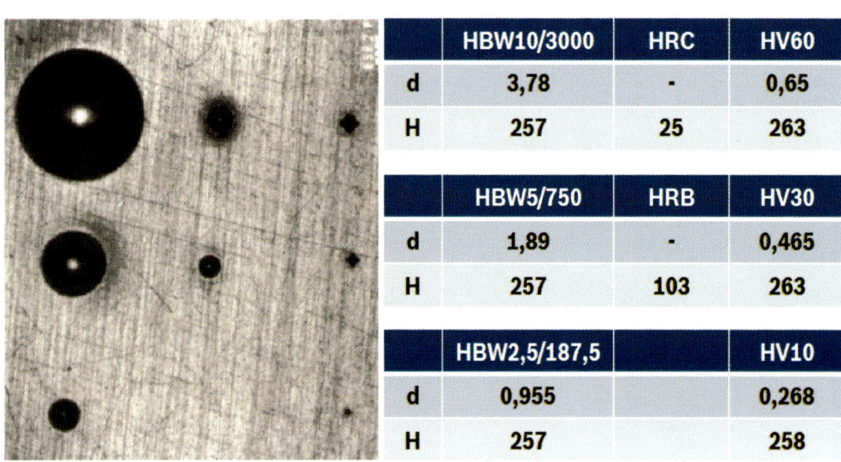

	HBW10/3000	HRC	HV60
d	3,78	-	0,65
H	257	25	263

	HBW5/750	HRB	HV30
d	1,89	-	0,465
H	257	103	263

	HBW2,5/187,5		HV10
d	0,955		0,268
H	257		258

Bild 12.3: Größe der Eindrücke bei verschiedenen Härte-Prüfverfahren
(d = Durchmesser bzw. Diagonale des Eindrucks in mm, H = Härte)

Die Korrelation der Härte mit der Zugfestigkeit ist in DIN EN ISO 18265 tabelliert. Bei der Anwendung der Tabelle ist zu beachten, dass die in diesen Tabellen angegebenen Härtewerte nicht dazu genutzt werden sollten, um die nach verschiedenen Verfahren ermittelten Härtewerte untereinander umzuwerten. Hierbei können erhebliche Fehler entstehen (vgl. DIN EN ISO 18625 Kap. 3 und Anhang A/A.1). Derartige Härteumwertungen sind deshalb allenfalls Notlösungen aber kein Ersatz für eine direkte Härteprüfung.

Eine grobe Beziehung zwischen der Rockwellhärte und der Zugfestigkeit lautet:

$$R_m \approx (32 \text{ bis } 38)\cdot\text{Rockwell-C-Härte} \quad \text{N/mm}^2$$

und zwischen der Vickershärte und der Zugfestigkeit

$$R_m \approx (3{,}2 \text{ bis } 3{,}35)\cdot \text{Vickershärte} \quad \text{N/mm}^2$$

Der untere Wert gilt für eine Härte bis etwa 47 HRC bzw. 470 HV, der obere für eine Härte über 57 HRC bzw. 650 HV, vgl. DIN EN ISO 18265.

Neben den statischen Prüfverfahren gibt es noch die dynamische Messung, bei welcher die Rückprallhöhe eines definierten Prüfkörpers, der mit festgelegter Geschwindigkeit auf die zu prüfende Oberfläche fällt, als Maß für die Härte dient ("Rückprallhärte").

Auch das Ritzen oder Furchen der zu prüfenden Oberfläche mit einem härteren Prüfkörper liefert Informationen über die Härte ("Ritzhärte").

12.3.1 Das Brinell-Verfahren nach DIN EN ISO 6506

Das Brinell-Verfahren wird für Werkstoffe bzw. Werkstoffzustände mit niedriger bis mittlerer Härte, z. B. Stahl und Gusseisen im geglühten oder vergüteten Zustand angewendet.

Bei diesem Verfahren ist der Eindringkörper eine Kugel aus Hartmetall. Diese erzeugt im Normalfall einen kalottenförmigen Eindruck, dessen Durchmesser nach dem Entlasten ausgemessen wird, siehe Bild 12.4.

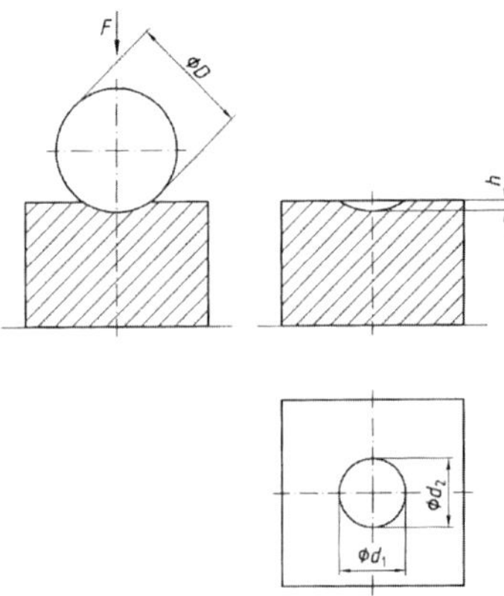

Symbol	Benennung
D	Durchmesser der Kugel in mm
F	Prüfkraft in N
D	mittlerer Durchmesser des Eindrucks in mm
H	Eindringtiefe in mm $h = \frac{D - \sqrt{D^2 - d^2}}{2}$
HBW	Brinellhärte $= \text{Konstante} \cdot \frac{\text{Prüfkraft}}{\text{Eindruckoberfläche}}$ $= 0{,}102 \cdot \frac{2 \cdot F}{\pi \cdot D \cdot \left(D - \sqrt{D^2 - d^2}\right)}$ $\text{Konstante} = \frac{1}{g_n} = \frac{1}{9{,}80665} = 0{,}102$

Bild 12.4: Messprinzip der Brinellhärte (DIN EN ISO 6506-1)

Die Brinellhärte ist proportional dem Quotienten aus der Prüfkraft in N und der Oberfläche des Eindrucks in mm^2:

$$\text{Brinellhärte} = 0{,}102 \cdot \frac{2 \cdot F}{\pi \cdot D \cdot \left(D - \sqrt{D^2 - d^2}\right)}$$

Die Prüffläche muss glatt und eben und frei von Zunder oder Fremdstoffen, insbesondere Schmierstoffen sein. Die Probe muss für die Messung so vorbereitet sein, dass die Härte im Bereich der Prüffläche hiervon nicht beeinflusst wird.

Die Probe muss so dick sein, dass nach dem Messen auf der Unterseite der Probe keine Verformung sichtbar ist. Dies ist im Allgemeinen sichergestellt, wenn die Dicke mindestens das 8-fache der Eindrucktiefe beträgt.

Die Prüfkraft ist so zu wählen, dass der Eindruckdurchmesser d zwischen den Werten $0{,}24 \cdot D$ und $0{,}6 \cdot D$ liegt. Dies ist gewährleistet, wenn der Belastungsgrad in Abhängigkeit vom zu prüfenden Werkstoff und seiner Härte entsprechend Tabelle 3 in DIN EN ISO 6506-1 ausgewählt wird.

In Tabelle 12.1 sind für die Belastungsgrade 10 und 30 die nach DIN EN ISO 6506 empfohlenen Kugeldurchmesser und die sich daraus ergebenen Prüfkräfte angegeben.

Für Grauguss mit normaler Härte und für Stahl ist der Beanspruchungsgrad 30 anzuwenden, für Grauguss mit geringer Härte der Beanspruchungsgrad 10 (siehe Tabelle 12.2).

Tabelle 12.1: Kugeldurchmesser und Prüfkräfte für die Beanspruchungsgrade 10 und 30 bei Härteprüfungen nach Brinell (DIN EN ISO 6506)

Prüfverfahren	Kugeldurchmesser in mm	Beanspruchungsgrad $0{,}102 \cdot F/D^2$	Prüfkraft in N
HBW 10/3000	10	30	29 420
HBW 5/750	5	30	7 355
HBW 2,5/187,5	**2,5**	**30**	**1 839**
HBW 1/30	1	30	294,2
HBW 10/100	10	10	9 807
HBW 5/250	5	10	2 452
HBW 2,5/62,5	2,5	10	612,9
HBW 1/10	1	10	98,07

Die Probe ist auf eine starre Unterlage zu legen und die Kontaktflächen müssen sauber und frei von Fremdstoffen sein. Die Probe darf sich während der Prüfung nicht auf der Unterlage verschieben.

Das Aufbringen der Prüfkraft muss stoß- und schwingungsfrei erfolgen, und die Einwirkdauer sollte 10 bis 15 s betragen. Auch das Messgerät darf während der Prüfung keinen Stößen oder Schwingungen ausgesetzt sein.

Der Abstand zwischen der Mitte eines Eindrucks und dem Rand der Probe muss mindestens das 2,5-fache des mittleren Eindruckdurchmessers d betragen, der Abstand der Mitten zweier benachbarter Eindrücke mindestens das 3-fache.

Der Durchmesser des Eindrucks ist in zwei zueinander senkrechten Richtungen zu messen und daraus der Mittelwert zu bilden. In diesem Zusammenhang ist darauf zu achten, dass die Oberflächenrauheit so gering sein muss, dass der Eindruckdurchmesser mit ausreichender Genauigkeit gemessen werden kann. In Bild 12.5 sind hierzu Beispiele aus der Praxis gezeigt.

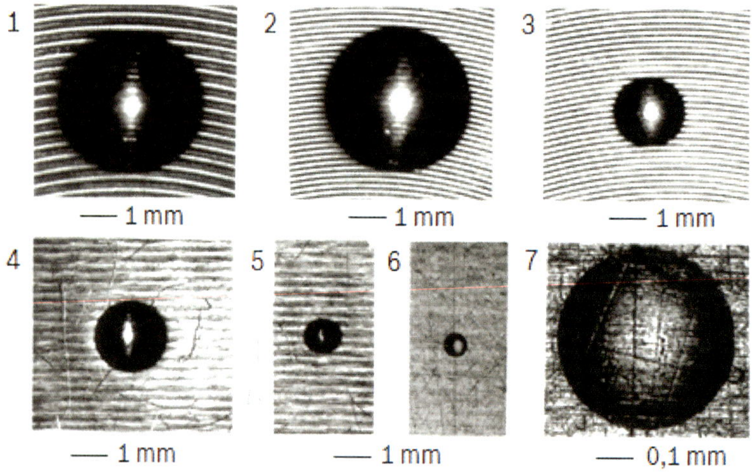

Nr.	Rautiefe	Prüfbeding.	Eindruckdurchm.	Messbarkeit
1	43 µm	10/3000	4,3 mm	Schlecht
2	23 µm	10/3000	4,4 mm	noch brauchbar
3	23 µm	5/750	2,13 mm	schlecht
4	5,4 µm	5/750	2,18 mm	gut
5	5,4 µm	2,5/187,5	1,10 mm	gerade noch gut
6 u. 7	0,15 µm	2,5/15,625	0,72 mm	sehr gut

Bild 12.5: Kugeleindrücke auf Oberflächen mit unterschiedlicher Rautiefe

Das Ergebnis einer Messung wird so dargestellt, dass dem aus einer Tabelle entnommenen oder berechneten Härtewert das Kurzzeichen für das Brinell-Verfahren, der Kugeldurchmesser und die Prüfkraft hinzugefügt wird,

Beispiel: 240 HBW 2,5/187,5.

Wird eine längere Einwirkdauer als 15 s gewählt, so ist dies, getrennt durch einen Schrägstrich hinter der Prüfkraft anzugeben.

In Tabelle 12.2 sind die Anwendungsbereiche der verschiedenen Brinell-Verfahren für das Prüfen metallischer Werkstoffe gegenübergestellt.

Tabelle 12.2: Anwendungsbereiche der Brinell-Verfahren.

Beanspruchungsgrad $0{,}102 \cdot F/D^2$ (N/mm²)	Brinellhärte HBW	Werkstoff
30		Stahl, Nickel und Titanlegierungen
10	< 140	Gusseisen [1)]
30	≥ 140	Gusseisen [1)]
5	≤ 35	Kupfer und Kupferlegierungen
10	35 - 200	
30	≥ 200	
5, 10, 15	35 - 80	Leichtmetalle und ihre Legierungen
10, 15	≥ 80	
1		Blei, Zinn
siehe ISO 4498		Sintermetalle
1) Der Kugeldurchmesser bei Grauguss beträgt 2,5, 5 oder 10 mm		

12.3.2 Das Vickers-Verfahren nach DIN EN ISO 6507

Das Vickers-Verfahren kann für alle metallischen Werkstoffe jeglicher Härte, für besonders kleine und dünne Werkstücke sowie für randschicht-, einsatzgehärtete, nitrierte oder nitrocarburierte Werkstücke angewendet werden. Es wird ein relativ kleiner Eindruck erzeugt (vgl. Bild 12.3), so dass das zu prüfende Werkstück nur wenig beeinträchtigt wird.

Als Eindringkörper dient ein Diamant in Form einer geraden Pyramide mit quadratischer Grundfläche und einem Winkel von 136° zwischen den gegenüberliegenden Flächen, siehe Bild 12.6.

Der vom Prüfkörper hinterlassene Eindruck hat im Normalfall die Form einer Raute, siehe die Bilder 12.6 und 12.7. An diesem wird die Länge der beiden Diagonalen d_1 und d_2 gemessen und der Mittelwert d daraus gebildet.

Die Härteprüfung nach Vickers ist in DIN EN ISO 6507 Teil 1 für Eindruckdiagonalenlängen zwischen 0,020 mm und 1,400 mm festgelegt. Für Eindruckdiagonalen kleiner als 0,020 mm muss beachtet werden, dass die Messunsicherheit größer wird.

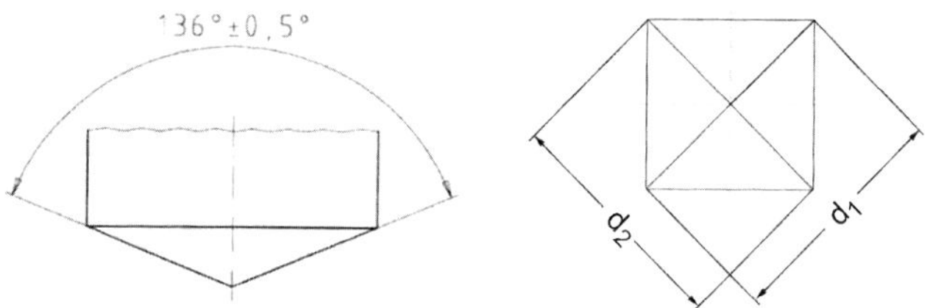

Bild 12.6: Eindringkörper und Eindruck beim Prüfen der Vickershärte (ISO 6507)

Die Vickershärte ist dem Quotienten aus der Prüfkraft in N und der Oberfläche des Eindrucks in mm² proportional:

$$\text{Vickershärte} = 0{,}102 * \frac{2 * F * \sin\frac{136^\circ}{2}}{d^2} \approx 0{,}1891 * \frac{F}{d^2}$$

Symbol	Benennung
α	Winkel zwischen gegenüberliegenden Flächen der pyramidenförmigen Prüfkörpers (136°)
F	Prüfkraft in N
d	arithmetischer Mittelwert der Diagonalen d_1 und d_2 in mm
HV	Maßzahl der Vickershärte $= \text{Konstante} \cdot \frac{\text{Prüfkraft}}{\text{Eindruckoberfläche}} = \frac{F}{A}$ $\text{Konstante} = \frac{1}{g_n} = \frac{1}{9{,}80665} = 0{,}102$

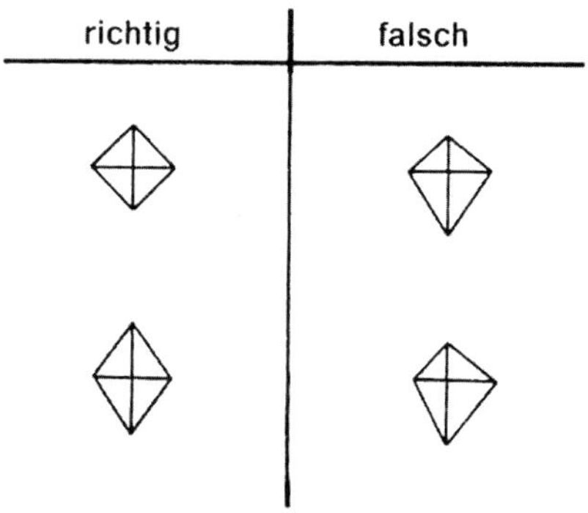

richtig	falsch

Bild 12.7: Für das Messen verwendbare Eindrücke (richtig; sofern die Differenz zwischen den Längen der beiden Diagonalen nicht größer als 5 % ist) und nicht zulässige Eindrücke (falsch).

Die Prüffäche muss metallisch blank und frei von Fremdstoffen wie Zunder oder Schmutz, besonders aber frei von Schmierstoffen sein. Die Oberflächenrautiefe muss so gering sein, dass die Länge der Diagonalen optisch genau bestimmt werden kann.

Auch beim Vickersverfahren muss die Vorbereitung des Prüflings so sorgfältig vorgenommen werden, dass die Härte im Messbereich unbeeinflusst bleibt.

Das zu prüfende Werkstück muss so dick sein, dass nach der Prüfung auf der Unterseite des Werkstücks keine Verformung sichtbar ist. Dies ist im Allgemeinen sichergestellt, wenn die Dicke mindestens das 1,5-fache der mittleren Eindruckdiagonalen d beträgt, das entspricht etwa dem 10-fachen der Eindringtiefe. Bei randschicht- oder einsatzgehärteten, nitrierten oder nitrocarburierten Werkstücken ist sinngemäß zu verfahren. In DIN 15787 Anhang A sind hierzu entsprechende Werte angegeben.

Für das Prüfen gekrümmter Oberflächen sind aus den Tabellen B1 bis B6 in DIN EN ISO 6507-1 Korrekturfaktoren zu entnehmen.

Bei Proben mit kleinem Querschnitt oder von unregelmäßiger Form kann es notwendig sein, für eine zusätzliche Unterstützung zu sorgen, z. B. durch Einbetten der Probe in Kunststoff.

Für die in Tabelle 12.3 aufgeführten Lastbereiche werden in DIN EN ISO 6507-1 Kap. 7 jeweils in 6 Laststufen unterteilt. Abweichungen von diesen in der Norm empfohlenen Laststufen sind zulässig.

Tabelle 12.3: Prüfkräfte für den Mikro-, Kleinlast- und Makrobereich

Bereich	Prüfbedingungen	Prüfkraft F in N
Makrobereich	HV5 – HV100	49,03 – 980,7
Kleinlastbereich	HV0,2 – HV5	1,961 - < 49,04
Mikrobereich	< HV0,2	< 1,961

Für die Prüfung ist wichtig, dass die Probe fest auf der Unterlage liegt, so dass sie während der Prüfung nicht verschoben wird. Die Prüfkraft muss stoß- und schwingungsfrei aufgebracht werden und mindestens 10 s lang einwirken. Während der Prüfung darf das Messgerät keinen Stößen oder Schwingungen ausgesetzt sein.

Der Abstand zwischen der Mitte eines Eindrucks und dem Rand der Probe muss bei Werkstoffen wie Stahl und Kupferlegierungen mindestens das 2,5-fache und der Abstand der Mitten zweier benachbarter Eindrücke mindestens das 3-fache der mittleren Länge der Eindruckdiagonalen betragen. Bei Werkstoffen wie Leichtmetallen, Blei- und Zinnlegierungen sind größere Mindestabstände gefordert.

Das Prüfergebnis wird so angegeben, dass dem Zahlenwert das Kurzzeichen mit der Prüfkraft, siehe Tabelle 12.3, und gegebenenfalls eine gegenüber 10 s andere Einwirkdauer in s angehängt wird, Beispiel:

700 HV10/15,   80 HV3/20.

Die Prüfkraft sollte nicht kleiner als unbedingt notwendig gewählt werden, um die Messunsicherheit möglichst gering zu halten (bei Härten um 500 HV etwa ± 25 HV). Im Bereich zwischen HV10 und HV100 ist der Einfluss der Prüfkraft auf den ermittelten Härtewert vernachlässigbar. Ein exakter Vergleich von Vickers-Härtewerten untereinander ist jedoch nur dann zulässig, wenn die Prüfbedingungen gleich sind.

Härteprüfungen mit HV0,5 bzw. HV1 werden speziell zum Ermitteln von Härteverläufen verwendet, um Härtetiefen zu bestimmen, siehe Abschnitt 12.4.

12.3.3 Das Rockwell-Verfahren nach DIN EN ISO 6508

Es ist das einfachste und schnellste Verfahren für die Bestimmung mittlerer bis hoher Härte. Die Prüfung erfolgt meist automatisiert und eignet sich damit besonders für die Massenprüfung gehärteter Werkstücke.

Das Prinzip besteht darin, einen definierten Prüfkörper mit einer definierten Vorkraft F_0 zu belasten, um einen einwandfreien Kontakt zwischen der Oberfläche des Prüflings und dem Prüfkörper (Indenter) herzustellen und Spiel in der Messeinrichtung zu kompensieren, danach eine Prüfzusatzkraft F_1 aufzubringen und nach dem Einwirken der Prüfzusatzkraft für eine definierte Mindestdauer den Prüfling wieder zu entlasten. Es verbleibt eine Vertiefung im zu prüfenden Teil und mit dessen Tiefe h wird der Härtewert korreliert.

Als Eindringkörper wird ein Kegel (Kegelwinkel 120°) aus Diamant mit gerundeter Spitze verwendet oder eine Kugel (Durchmesser 1,5875 mm = 1/16" bzw. 3,175 mm = 1/8") aus Hartmetall in das zu messende Werkstück in zwei Stufen eingedrückt. In Tabelle 12.4 sind die in DIN EN ISO 6508-1 genormten Messbedingungen zusammengefasst.

Tabelle 12.4: Gegenüberstellung charakteristischer Merkmale der Rockwell-Verfahren mit Diamantkegel und 1,5875 mm Kugel.

Verfahren	Eindringkörper	Prüfvorkraft F_0 in N	Prüfzusatzkraft F_1 in N	Prüfgesamtkraft F in N	Rockwellhärte
HRA	Diamantkegel	98,07	490,3	588,4	100 - e
HRB	Kugel*	98,07	882,6	980,7	130 - e
HRC	**Diamantkegel**	**98,07**	**1373,0**	**1471,0**	**100 - e**
HRF	Kugel*	98,07	490,3	588,4	130 - e
HR15N	Diamantkegel	29,42	117,7	147,1	100 - e
HR30N	Diamantkegel	29,42	264,8	294,2	100 - e
HR45N	Diamantkegel	29,42	411,9	441,3	100 - e
HR15T	Kugel*	29,42	117,7	147,1	100 - e
HR30T	Kugel*	29,42	264,8	294,2	100 - e
HR45T	Kugel*	29,42	411,9	441,3	100 - e

Die normierte Eindringtiefe e erhält man bei den Verfahren HRA, HRB, HRC und HRF aus der bleibenden Eindringtiefe h dividiert durch 0,002:

$$e = \frac{h}{0{,}002}$$

und bei den Verfahren HR...N und HR..T aus der durch 0,001 dividierten Eindringtiefe h.

Das Prinzip mit dem bei den Verfahren HRA, HRC, HR...N benützten Diamantkegel-Prüfkörper ist in Bild 12.8 dargestellt.

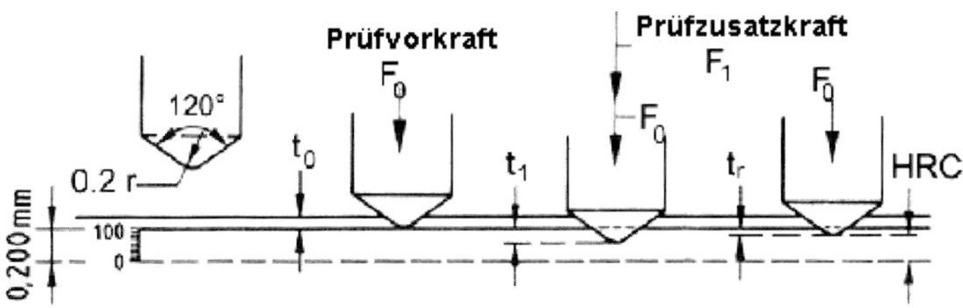

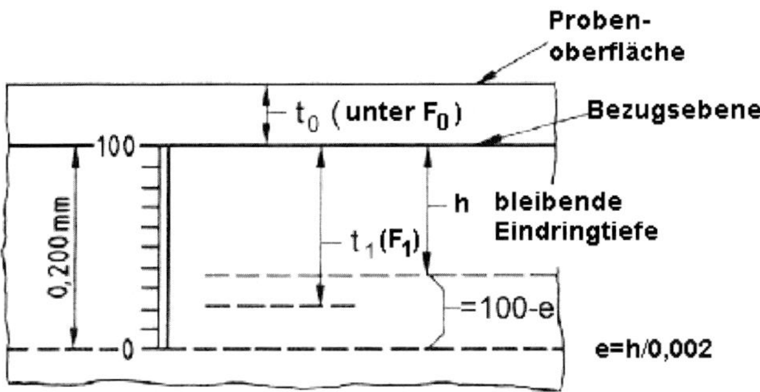

Bild 12.8: Prinzip des Rockwell-Verfahrens mit dem Diamantkegel-Prüfkörper

Zum einwandfreien Prüfen muss die Oberfläche der Probe metallisch blank, frei von Fremdstoffen wie Zunder oder Schmutz und auch frei von Schmierstoffen sein. Eine Ausnahme stellen bei Rockwell-Prüfungen mit Diamantkegel Messungen an reaktiven Metallen wie Titan dar, da diese am Eindringkörper haften können. Deshalb darf in diesem Fällen ein geeignetes Schmiermittel, wie z. B. Kerosin, verwendet werden.

Beim Vorbereiten der Prüffläche ist zu beachten, dass der Werkstoffzustand und damit auch die zu ermittelnde Härte weder durch Verformung noch durch Temperatur beeinflusst werden. Die Oberflächenrauhtiefe sollte möglichst gering sein, da sich bei zu großer Rauheit zu niedrige Härtewerte ergeben.

Die Prüffläche sollte außerdem eben sein. Bei einer konvex-zylindrischen Oberfläche dringt der Eindringkörper tiefer ein als in eine gleich harte Probe mit ebener Fläche, es wird daher eine zu niedrige Härte ermittelt. Der Einfluss der Krümmung auf den Härtewert kann jedoch durch Berücksichtigung eines Korrekturwertes ausgeglichen werden, siehe Anhang C in DIN EN ISO 6508-1.

Das zu prüfende Werkstück muss so dick sein, dass der Eindruck auf der Auflagefläche des Werkstücks keine sichtbare Verformung erzeugt. Anhaltswerte für die Mindestdicke sind aus DIN EN ISO 6508-1, Anhang B zu entnehmen. Damit der Prüfling während der Messung seine Lage nicht verändert, wird zudem empfohlen, ihn – sofern die Form dies zulässt – im Messgerät zu verspannen.

Der Abstand zwischen den Mitten von zwei benachbarten Prüfeindrücken soll bei den Verfahren HRA, HRB, HRC und HRF mindestens das 3-fache des Eindruckdurchmesser d und der Abstand der Mitte eines Prüfeindrucks zum Rand des Bauteils mindestens 2,5 d betragen. Vor jedem Auswechseln des Auflagetisches oder des Prüfkörpers sind auf einer Härtevergleichsplatte mindestens 3 Messungen durchzuführen, um sicherzustellen, dass der Tisch bzw. der Prüfkörper einwandfrei eingesetzt sind.

Die Auswahl der geeigneten Prüfkraft richtet sich nach der Art des Werkstoffs, seiner Dicke bzw. der Dicke der harten Randschicht. In Tabelle 12.5 sind die Anwendungsbereiche angegeben.

Tabelle 12.5: Anwendungsbereiche der Rockwell-Verfahren

Verfahren	Bereich (Härte)	Anwendung
HRC HRA HRB HRF	20 - 70 20 - 95 10 - 100 60 - 100	gehärteter und angelassener Stahl, sehr harte Werkstoffe, Einhärtung, vergüteter Stahl, geglühter Stahl
HR15N HR30N HR45N HR15T HR30T HR45T	70 - 94 42 - 86 20 - 77 67 - 93 29 - 82 1 - 72	dünne Proben, dünne Randschichten kleine Prüfflächen

Für die Schreibweise der Prüfergebnisse gilt, dass dem Zahlenwert der Härte die Abkürzung des Rockwellverfahrens – Abkürzung siehe Tabelle 12.4 und 12.5 – quasi als Dimension – angefügt wird, Beispiel:

60 HRC, 80 HR15N usw.

12.3.4 Das Knoop-Verfahren

Hierbei handelt es sich um ein Verfahren, bei dem ähnlich wie beim Vickers-Verfahren mit einem Prüfkörper aus Diamant geprüft wird. Der Prüfkörper ist so geformt, dass ein schmaler Rhombus als Eindruck entsteht. Das Verfahren wird speziell in den angelsächsischen Ländern zum Prüfen der Härte dünner Schichten angewendet und ist in der Richtlinie VDI/VDE 2616 Blatt 1 beschrieben /VDI12/ und in ISO 4545 genormt.

12.3.5 Fehler beim Prüfen der Härte mit Eindringprüfkörpern

Typische durch die Bauteilgeometrie bedingte Fehler, die bei Härteprüfungen mit Eindringkörpern auftreten können, sind in Bild 12.9 schematisch dargestellt. Es handelt sich dabei z. B. eine schlechte Auflage, bei der sich der Prüfling beim Belasten durchbiegt oder um eine schiefe Auflage, eine zu geringe Dicke des Prüflings oder eine schräge Prüffläche. Eine Beschreibung möglicher Fehler und Hinweise zur Gestaltung von Aufnahmevorrichtungen sind in DIN 51200 zusammengefasst.

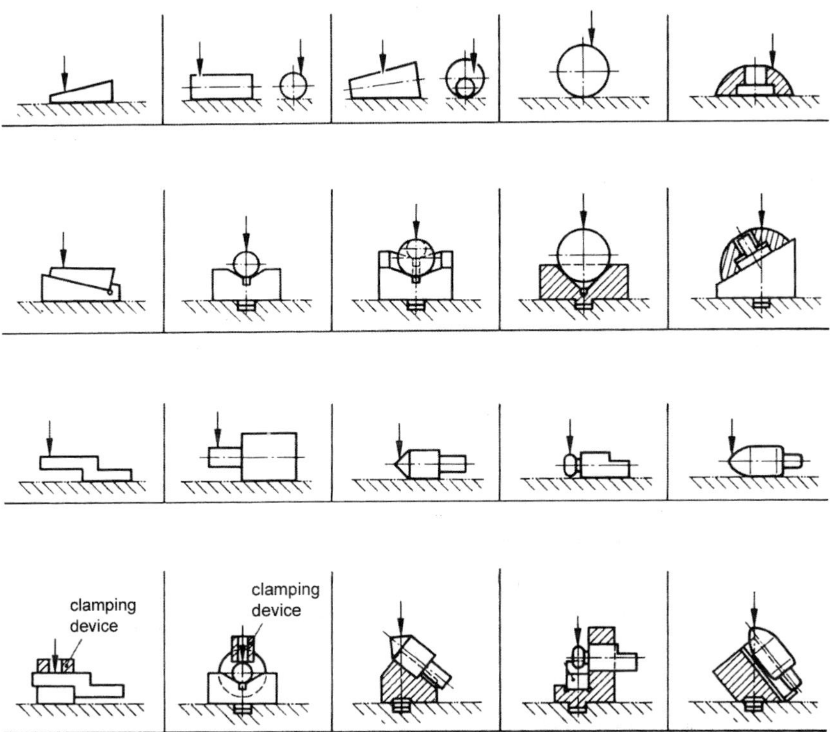

Bild 12.9: Fehlermöglichkeiten beim Prüfen der Härte (DIN 51200)

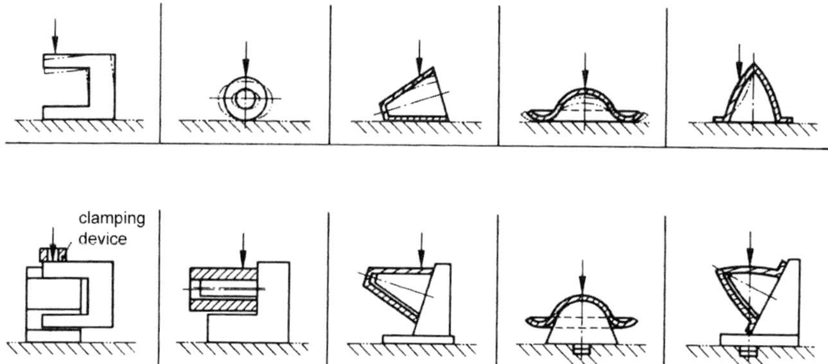

Bild 12.9: Fehlermöglichkeiten beim Prüfen der Härte (Fortsetzung)

Neben geometriebedingten Fehlern kann aber auch eine zu große Oberflächenrauheit oder – wie in Bild 12.10 dargestellt – ein nicht ausreichender Abstand zum Rand der Probe zu fehlerhaften Härtewerten führen.

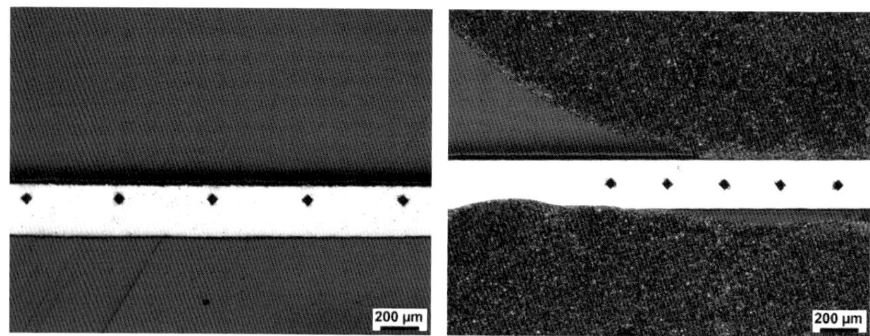

Bild 12.10: Härteprüfungen an einem dünnwandigen Bauteil aus 2.4668 (Alloy 718). Die randnahe Reihe von Eindrücken im linken Teilbild ergab Härtewerte von 410 – 458 HV1 (Mittelwert 438 HV1) während die mittig gesetzte Reihe Härtewerte von 460 – 480 HV1 (Mittelwert 466 HV1) lieferte.

12.4 Härtetiefe

Bei einsatzgehärteten, randschichtgehärteten, nitrierten und in einzelnen Fällen auch bei nitrocarburierten Werkstücken ist für die Gebrauchseigenschaften außer der Oberflächenhärte auch die Tiefe, bis zu der noch eine bestimmte Härte vorliegt, die Härtetiefe maßgebend.

Zum Ermitteln der Härtetiefe ist es notwendig, das zu prüfende Werkstück zu zerstören bzw. eine für das Prüfen geeignete Probe ab- oder herauszutrennen. Auch eine mit der zu beurteilenden Wärmebehandlungscharge mitbehandelte Kontrollprobe (Kuponprobe) kann hierzu benutzt werden.

Die Härtetiefe ergibt sich gemäß DIN EN ISO 2639, DIN EN 10328 aus der Härteverlaufskurve. Dazu wird das Werkstück an der zu prüfenden Stelle senkrecht zur Oberfläche durchtrennt und die Trennfläche geschliffen und poliert. Dabei ist darauf zu achten, dass beim Trennen und Schleifen der Gefügezustand nicht in unzulässiger Weise beeinflusst wird.

Ausgehend von der Oberfläche (Abstand vom Rand beachten!), wird in unterschiedlichen Abständen senkrecht zur Oberfläche nach dem Vickers-Verfahren im Kleinlastbereich die Härte ermittelt. Die Darstellung der Messwerte in Abhängigkeit vom Oberflächenabstand ergibt die Härteverlaufskurve, siehe Bild 12.11. Der Abstand, bis zu dem noch eine vorgegebene Härte, die Grenzhärte, vorhanden ist, entspricht der Härtetiefe.

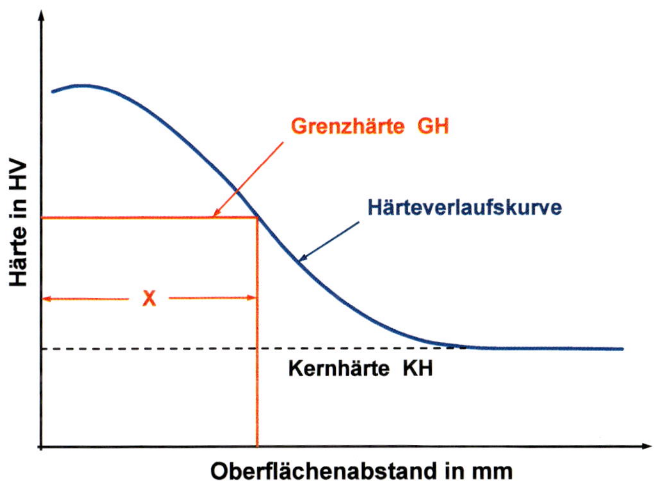

Bild 12.11: Härteverlaufskurve eines randschichtgehärteten Teils (schematisch)

Nach DIN 50190-2 (historisch) konnte die Härteverlaufskurve näherungsweise auch nach der Stufenmethode ermittelt werden. Dabei wird das Werkstück an der zu prüfenden Stelle parallel zur Oberfläche in zwei oder mehr Stufen angeschliffen und auf jeder Stufenfläche die Härte bestimmt, siehe Bild 12.12.

Für das Ermitteln der Härteverlaufskurve ist zu beachten, dass jeder einzelne Härtewert mit einer Messunsicherheit behaftet ist. Dementsprechend ist es zweckmäßig, besonders in Schiedsfällen, die Härteverlaufskurve an mindestens zwei benachbarten Stellen zu ermitteln.

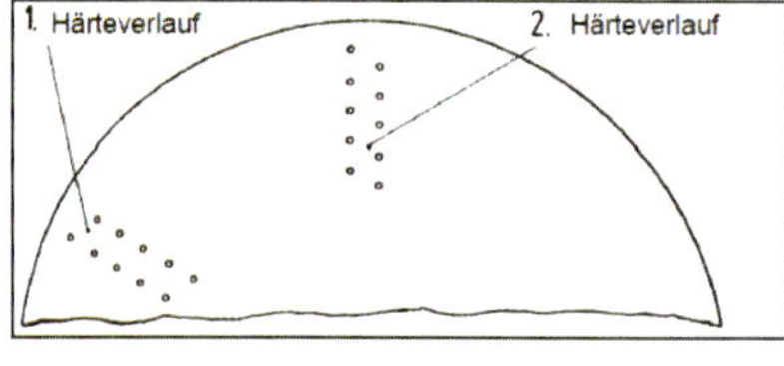

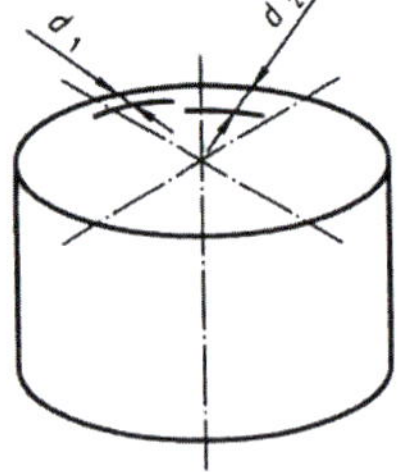

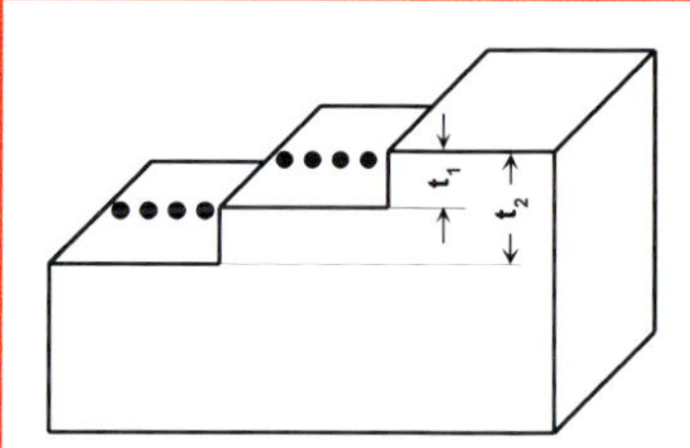

Stufenmethode nach DIN 50190-2 (historisch) soll in die Nachfolgenorm ISO 18203 wieder aufgenommen werden

Bild 12.12: Methoden zur Ermittlung der Härtetiefe

Damit die Härteprüfung möglichst genaue Resultate liefert, ist es zweckmäßig, den Prüfling in Kunststoff einzubetten. Wird warm aushärtender Kunststoff verwendet, so ist darauf zu achten, dass der Gefügezustand nicht durch die Aushärtungstemperatur beeinflusst wird.

Beim Setzten der Härteeindrücke ist darauf zu achten, dass neben dem Mindestabstand des ersten Härteeindruckes der Messreihe zur Bauteiloberfläche auch der erforderliche Mindestabstand S zwischen zwei benachbarten Eindrücken eingehalten wird (S ≥ 2,5-fache der Eindruckdiagonalen nach DIN EN ISO 2639). Um Fehlmessungen wie in Bild 12.13 dargestellt zu vermeiden, ist es deshalb meist erforderlich die Härteprüfeindrücke nicht entlang einer einzelnen, sondern verteilt über mehrere Linien innerhalb eines Bereichs W (≤ 1,5 mm) aufzubringen (vgl. Bild 12.12 links oben).

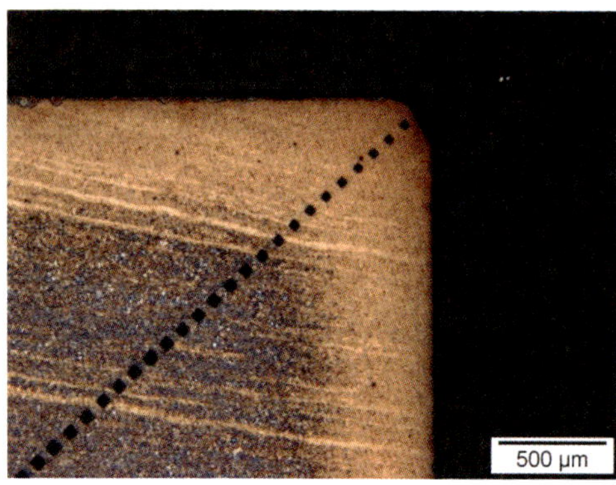

Bild 12.13:
Beispiel eines in unzulässiger Weise ermittelten Härtetiefenverlaufs an einem einsatzgehärteten Bauteil aus 20MnCrS5.

12.4.1 Einsatzhärtungs-Härtetiefe (CHD) nach DIN EN ISO 2639

Bei einsatzgehärteten Werkstücken wird im Regelfall die Härteverlaufskurve mit HV1 ermittelt und eine Grenzhärte von 550 HV1 angewendet.

Das Kurzzeichen für die Einsatzhärtungs-Härtetiefe, englisch „case-hardening hardness depth“, ist "CHD“. Die Angabe CHD = 0,6 mm z. B. bedeutet, dass in einem Oberflächenabstand von 0,6 mm noch eine Härte von 550 HV1 vorliegt. Wird eine vom Regelfall abweichende Grenzhärte festgelegt, so ist diese hinter dem Kurzzeichen CHD anzugeben. Beispiel:

CHD 600 = 0,8 mm

dies bedeutet, dass bis zum Oberflächenabstand von 0,8 mm eine Härte ≥ 600 HV1 vorliegt. Analog dazu ist bei einer vom Regelfall abweichender Prüfkraft auch die Angabe Prüfkraftangabe erforderlich. Beispiel:

CHD 600 HV3 = 0,8 mm

dies bedeutet, dass der Härteverlauf mit HV3 ermittelt wurde und dass bis zum Oberflächenabstand von 0,8 mm eine Härte von mindestens 600 HV3 vorliegt.

12.4.2 Einhärtungs-Härtetiefe (SHD) nach DIN EN ISO 10328

Bei randschichtgehärteten Teilen wird im Regelfall die Härte ebenfalls mit HV1 ermittelt. Die Grenzhärte richtet sich jedoch nach der in der Zeichnung geforderten Oberflächenhärte des jeweiligen Bauteils und beträgt im Regelfall 80 % der Mindestoberflächenhärte in Vickers. Zudem ist zu beachten, dass für eine normkonforme Messung die Dicke der gehärteten Randschichten mindestens 0,3 mm betragen und die Härte beim 3-fachen der SHD kleiner der Grenzhärte – 100 sein sollte.

Das Kurzzeichen für die Einhärtungs-Härtetiefe (englisch: „surface-hardening hardness depth“) ist "SHD". Im Unterschied zur Einsatzhärtungs-Härtetiefe, bei der die Grenzhärte im Regelfall nicht anzugeben ist, muss bei randschichtgehärteten Werkstücken die Grenzhärte angegeben werden. Beispiel:

SHD 600 HV1 = 0,50 mm

dies bedeutet, dass im Oberflächenabstand von 0,5 mm noch eine Härte von 600 HV1 vorliegt. Werden andere Prüfkräfte benutzt, ist analog zu verfahren wie bei der Einsatzhärtungs-Härtetiefe.

12.4.3 Nitrier-Härtetiefe (NHD) nach DIN 50190-3

Für die Bestimmung der NHD bei nitrierten (oder nitrocarburierten) Werkstücken nach DIN 50190-3 [2] wird die Härteverlaufskurve im Regelfall mit HV0,5 geprüft. Ab-

[2] Nicht anzuwenden bei sehr flachen Härteverlaufskurven. Der Unterschied zwischen Oberflächen- und Kernhärte muss ≥ 150 HV0,5 sein.

weichend davon dürfen auch andere Prüfkräfte im Bereich zwischen HV0,3 und HV2 benutzt werden. Für die Grenzhärte gilt:

GH = Ist-Kernhärte + 50 HV.[3]

Die Ist-Kernhärte des Werkstückes ist im Zuge der Härteprüfung für die Härteverlaufskurve als Mittelwert aus mindestens 3 Messungen zu ermitteln und auf 10 HV zu runden.
Das Kurzzeichen für die Nitrier-Härtetiefe ist "NHD". Diesem Kurzzeichen wird der Wert der Grenzhärte beigefügt – sowie gegebenenfalls die von HV0,5 abweichenden Prüfkraft. Beispiel:

NHD 320 HV0,3 = 0,25 mm

dies bedeutet, dass im Oberflächenabstand von 0,25 mm noch eine Härte von 320 HV0,3 vorliegt.

12.5 Messen von Schichtdicken

12.5.1 Bestimmung der Dicke der Verbindungsschicht nach Nitrieren oder Nitrocarburieren nach DIN 30902

Sofern keine gezielt verbindungsschichtfreie Nitrierbehandlung erfolgte, besteht die Randschicht nitrierter und nitrocarburierter Werkstücke aus der außenliegenden Verbindungsschicht und der Diffusionsschicht, vgl. das Kapitel 7 "Nitrieren und Nitrocarburieren". In den meisten dieser Anwendungsfälle ist es notwendig zu prüfen, ob die für das Bauteil geforderte Dicke der Verbindungsschicht eingehalten worden ist. Dies geschieht am zuverlässigsten lichtmikroskopisch an einem metallographischen Querschliff

Dazu ist es notwendig, das zu prüfende Werkstück zu zerstören bzw. ein für das Herstellen des Schliffs geeignetes Segment ab- oder herauszutrennen. Anstelle des Werkstückes kann auch eine mit der zu beurteilenden Wärmebehandlungscharge mitbehandelte Kontrollprobe („Kuponprobe") benutzt werden. Das Segment wird senkrecht zur Oberfläche des nitrierten Bereichs durchtrennt, in aushärtenden Kunststoff eingebettet und die Trennfläche geschliffen und möglichst fein poliert. Mit einem Auflichtmikroskop kann dann – am besten bei 1000-facher Vergrößerung – mit Hilfe einer Okular-Skala die Dicke der Verbindungsschicht und ihres porösen Anteils ausgemessen werden.

Da die harte und spröde Verbindungsschicht beim Präparieren der Schliffe zum Ausbrechen neigt hat es sich in der Praxis bewährt, das Segment nach dem Trennen galvanisch mit einer ca. 5 µm dicken Nickelschicht und dann einer ca. 10 µm dicken Kupferschicht zu beschichten.[4] Dadurch ergeben sich zudem besonders randscharfe Schliffe. Vor dem Beschichten ist das Segment sorgfältig zu reinigen (z. B. in Alkohol

[3] Da derzeit für die Ermittlung der NHD noch keine europaweite bzw. internationale Norm vorliegt sind zurzeit auch einige nationale Normen in Gebrauch nach denen die Grenzhärte als Kernhärte + 100 HV definiert ist (z.B. Italien UNI 11153-2).
[4] Eine andere in der Praxis häufig angewendete Methode ist das enge umwickeln des Prüflings mit einer Aluminium- oder Kupferfolie, sofern die Form des Prüflings dies erlaubt.

mit Ultraschall), darf jedoch nicht gebeizt werden, damit die Verbindungsschicht nicht abgetragen wird. Wird zum Einbetten warm aushärtender Kunststoff benutzt, muss beachtet werden, dass dies für die Diffusionsschicht bei unlegierten Stählen mit ferritisch-perlitischem Grundgefüge ein Ausscheiden von Nitriden bewirkt, vgl. das Kapitel 7 "Nitrieren und Nitrocarburieren".

Nach DIN 30902 muss die Dicke der Verbindungsschicht an mindestens 10 willkürlich entlang der Oberfläche auf eine Länge von mindestens 5 mm aufgesuchten Stellen gemessen und aus den Einzelwerten das arithmetische Mittel gebildet werden. Für einen Gutbefund muss der Mittelwert dann innerhalb des vorgegebenen Toleranzbereichs liegen. Ist es notwendig, auch die Dicke des porösen oder des porenfreien Bereichs der Verbindungsschicht zu bestimmen, ist analog dazu vorzugehen.

12.5.2 Dicke der Diffusionsschicht nach Nitrieren oder Nitrocarburieren

In manchen Anwendungsfällen genügt es, anstelle der Nitrierhärtetiefe die Dicke der Diffusionsschicht zu bestimmen. Dies kann in Grenzen lichtmikroskopisch vorgenommen werden.

Bei unlegierten Stählen mit Ferritanteilen im Gefüge, die nach dem Nitrieren/Nitrocarburieren rasch auf Raumtemperatur abgeschreckt wurden, kann z.B. durch ein Auslagern Stickstoff zum Ausscheiden gebracht werden. Im Ferrit sind danach lichtmikroskopisch nadelförmige Nitridausscheidungen sichtbar, vgl. Kapitel 7 Abschnitt 7.4.4. Der Abstand von der Oberfläche, bis zu dem solche Ausscheidungen zu sehen sind, entspricht dann annähernd der Nitrierschicht-/Diffusionsschichtdicke (→ "Nadelzone").

Bei legierten Stählen wird der aufgestickte Randbereich hingegen durch das häufig verwendete Ätzmittel Nital (= alkoholische Salpetersäure) stärker angeätzt und erscheint wie in Bild 12.14 zu sehen als dunkler Randbereich. Die Dicke dieses Bereichs entspricht annähernd der Diffusionsschichtdicke.

Bild 12.14:
Darstellung des aufgestickten Bereiches durch Anätzen mit alkoholischer Salpetersäure. Der dunkel angeätzte Bereich entspricht in etwa der Nitriertiefe.

12.5.3 Aufkohlungstiefe

Die Aufkohlungstiefe ist nach DIN EN 10052 der senkrechte Abstand von der Oberfläche bis zu einer die Dicke der mit Kohlenstoff angereicherten Schicht kennzeichnenden Grenze. Diese Grenze wird durch einen zu vereinbarenden Kohlenstoffgehalt angegeben. Üblich ist ein Grenz-Kohlenstoffgehalt von 0,35 Masse-%. Es können jedoch auch andere Werte vereinbart werden. Als Kurzzeichen für die Aufkohlungstiefe gilt "At" mit dem Zusatz des Grenzwertes. Z. B. bedeutet $At_{0,35}$ = 1,0 mm, dass in einem Abstand von 1,0 mm unter der Oberfläche noch ein Kohlenstoffgehalt von 0,35 Masse-% vorliegt. Die Gesamtaufkohlungstiefe entspricht dem Oberflächenabstand an dem der Kohlenstoffgehalt des Grundwerkstoffs erreicht wird.

Genau kann die Aufkohlungstiefe nur durch eine Spanfraktionsanalyse bestimmt werden. Hierzu werden von einer aufgekohlten zylindrischen Probe stufenweise Späne abgedreht, z. B. mit einer Spandicke von 0,1 mm und chemisch untersucht. Alternativ kann die Probe an einer geeigneten Stelle schrittweise abgeschliffen und nach jedem schleifschritt eine Spektralanalysen durchgeführt werden.

Das Ausmessen der Aufkohlungstiefe mit dem Lichtmikroskop ist sehr ungenau. Dies setzt nämlich voraus, dass nach dem Aufkohlen ausreichend langsam, d.h. durch das Gebiet der Perlitstufe (siehe ZTU-Schaubild und Kapitel 1) abgekühlt wurde, so dass das Gefüge am Rand perlitisch bzw. ferritisch-perlitisch ist. Am mit Nital geätzten Schliff kann dann der Abstand von der Oberfläche bis zu dem Punkt gemessen werden, an dem der Perlitanteil noch so groß ist, wie bei einem normalgeglühten Stahl C35. Die auf diese Weise metallographisch bestimmte Aufkohlungstiefe wird als At_{met} bezeichnet. Sie muss nicht mit der aus einer Kohlenstoffverlaufskurve ermittelten übereinstimmen.

12.6 Untersuchung des Gefügezustands

Für viele Gebrauchs- und Verarbeitungseigenschaften ist außer der Härte oder Härtetiefe auch der nach dem Wärmebehandeln vorliegende Gefügezustand maßgebend. So ist z. B. das Verschleißverhalten ungünstiger, wenn nach dem Härten neben Martensit Restaustenit im Gefüge vorhanden ist. Auch ein zu großes Korn, Carbide, eine Entkohlung oder eine Randoxidation können die Gebrauchseigenschaften von Bauteilen erheblich beeinträchtigen. Im Zusammenhang mit dem Zerspanen oder Umformen kann es notwendig sein, z. B. den Anteil des kugelig eingeformten Zementits zu bestimmen.

Das Bestimmen des Gefügezustands erfolgt mit dem Lichtmikroskop und setzt voraus, dass das zu prüfende Werkstück oder eine geeignete Kuponprobe zerstört werden darf. Auch hierbei ist es wichtig darauf zu achten, beim Herstellen des metallographischen Schliffes ein unzulässiges Erwärmen oder Verformen und einer dadurch bedingten Veränderung des Gefügezustandes des Prüflings durch das Trennen, Schleifen und Polieren vermieden wird.

Die Gefügeuntersuchung wärmebehandelter Bauteile und Werkzeuge wird meist dazu angewendet, die Menge, Größe und Verteilung bestimmter Gefügebestandteile oder unzulässige Gefügeveränderungen festzustellen.

So kann es für die Weichbearbeitung von Werkstücken wichtig sein, ob das verwendete Halbzeug im normalisiert (perlitischen bzw. ferritisch/perlitischen) oder in einem GKZ-Zustand vorliegt, siehe Bild 12.15.

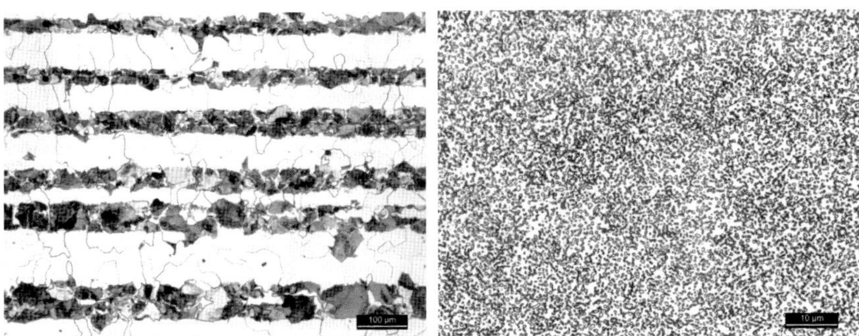

Bild 12.15: Ferritisch-perlitisches Gefüge in zeiliger Anordnung eines Werkstückes aus normalisierten 16MnCr5 und ferritisches Gefüge mit eingeformten (globularen) Carbiden eines GKZ geglühten 100Cr6,

Im Zusammenhang mit dem GKZ-N-Glühen, mit dem eine Gefügeausbildung bestehend aus Ferrit mit globular eingeformten Carbiden angestrebt wird, vgl. Kapitel 9 „Glühen“, kann zudem ermittelt werden, wie vollständig der vor dem Glühen vorhandene lamellare Perlit in globular eingeformte Carbide umgewandelt wurde.

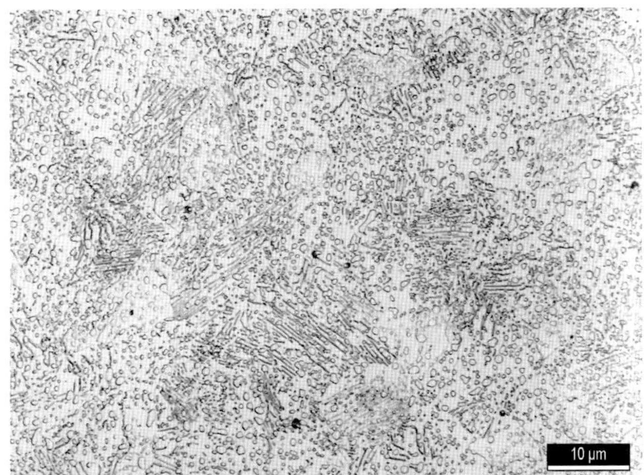

Bild 12.16: Unvollständig eingeformte Carbide beim GKZ-Glühen

Eine durch das Wärmebehandeln mögliche Zunahme der Korngröße wird nach DIN EN ISO 643 bestimmt. Dazu muss, eventuell nach einer speziellen Vorbehandlung, ein metallographischer Schliff hergestellt werden. Dieser wird poliert und mit einem dem Untersuchungsziel angepassten Ätzmittel geätzt, so dass die Korngrenzen erkennbar sind.

Durch Vergleich des Gefüges (Okular des Mikroskops, Mattscheibe oder Foto) mit einer Bildreihe, durch Auszählen der entlang einer geraden Linie (Linienschnitt-Verfahren) oder eines Kreises (Kreisschnitt-Verfahren) geschnittenen oder innerhalb einer Kreisfläche liegenden Körner ergibt sich eine Messzahl für die Korngröße.

Im Zusammenhang mit Wärmebehandlungen in Sauerstoff enthaltender Umgebung, speziell beim Aufkohlen, nimmt die Randschicht der behandelten Eisenwerkstoffe auch Sauerstoff auf (→ Randoxidation, "innere Oxydation"). Dieser verbindet sich mit dem Eisen und den vorhandenen Legierungselementen (Silizium, Chrom usw.) zu Oxiden, die an den Korngrenzen oder innerhalb der Körner ausgeschieden werden. Im ungeätzten Schliff sind diese Oxidausscheidungen lichtmikroskopisch sichtbar, siehe Bild 12.17, so dass nach DIN 30901 die Randoxidationstiefe ausgemessen werden kann.

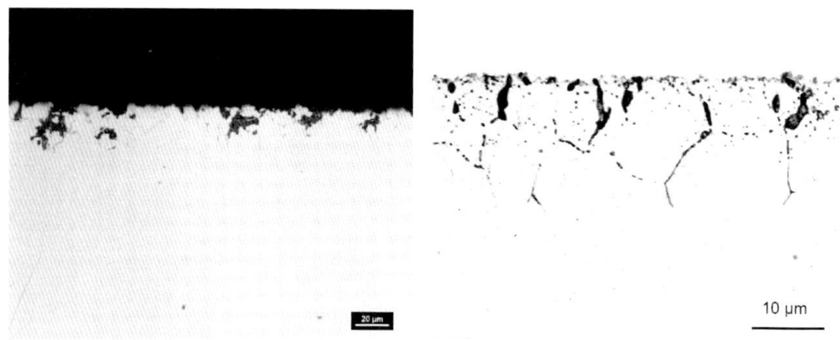

Bild 12.17: Ausbildung der Randoxidation in einem hochlegierten Stahl (X165CrV12, Bild links) und in einem niedrig legierten Einsatzstahl (16MnCr5).

Diese Oxide in der Randschicht wirken sich insbesondere negativ auf die zyklische Festigkeit von Bauteilen aus. Zudem führt die Bindung Legierungselementen in den gebildeten Oxiden aber auch zu eine veränderten chemischen Zusammensetzung der Matrix und damit zu einem veränderten Umwandlungsverhalten in der Randschicht. Dass diese Veränderung der Matrix tiefer reichen kann wie der im ungeätzten Zustand sichtbare Bereich mit Oxiden verdeutlicht Bild 12.18. in dem die Oberflächen eines randoxidationsbehafteten Bauteils ungeätzt und geätzt dargestellt ist.

Wärmebehandlungen in Umgebungs-/Ofenatmosphären, die dem Kohlenstoffgehalt des Wärmebehandlungsgutes nicht angepasst sind, können eine mehr oder weniger tief reichende und mehr oder weniger intensiv entkohlte Randschicht zur Folge haben. Dabei wird die Abnahme des C-Gehalts als Abkohlung und ein vollständiger Verlust des Kohlenstoffs als Auskohlung bezeichnet, beide zusammen fallen unter den Oberbegriff Entkohlung, siehe DIN EN 10052.

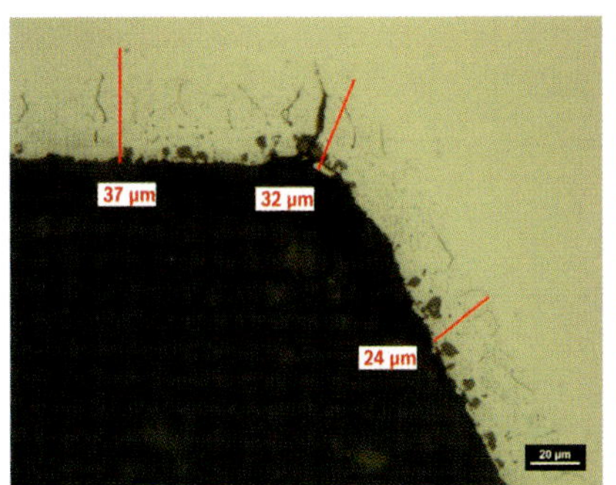

Bild 12.18: Randoxidation und veränderte Gefügeausbildung infolge der Randoxidation am Beispiel eines einsatzgehärteten 18CrNiMo7-6.

Die Entkohlungstiefe wird nach DIN EN ISO 3887 ermittelt. Sie ist der senkrechte Abstand von der Oberfläche bis zu dem Punkt, an dem der Kohlenstoffgehalt einem zweckentsprechend festgelegten Grenzwert oder Grenzmerkmal entspricht. Die Auskohlungstiefe entspricht der Dicke der Randschicht, in der das Gefüge vollständig ferritisch ist, die Abkohlungstiefe ist die Differenz zwischen Entkohlungs- und Auskohlungstiefe. Die Entkohlungstiefe kann in manchen Fällen auch durch Messen des Härteverlaufs ermittelt werden. Bild 12.19 zeigt als Beispiel die Gefügeaufnahme einer entkohlten Randschicht.

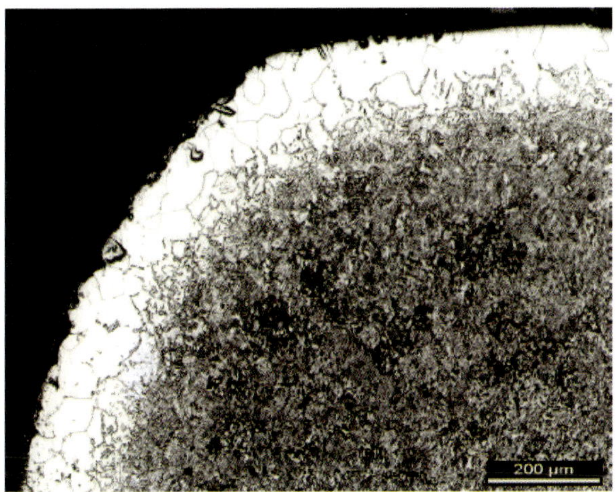

Bild 12.19: Beispiel einer Randentkohlung mit ausgekohlter Randschicht.

Erfolgt die Wärmebehandlung von Bauteilen z. B. beim Aufkohlen mit einem zu hohen C-Pegel, können in der Randschicht generell und/oder speziell an den Ecken und Kanten der Werkstücke Carbidausscheidungen, singulär oder netzförmig an den Korngrenzen angeordnet, entstehen. Mit einer metallographischen Untersuchung kann Größe, Menge und Verteilung dieser Carbide (Überkohlungscarbide) ermittelt und an Hand geeigneter Gefügerichtreihen klassifiziert werden.

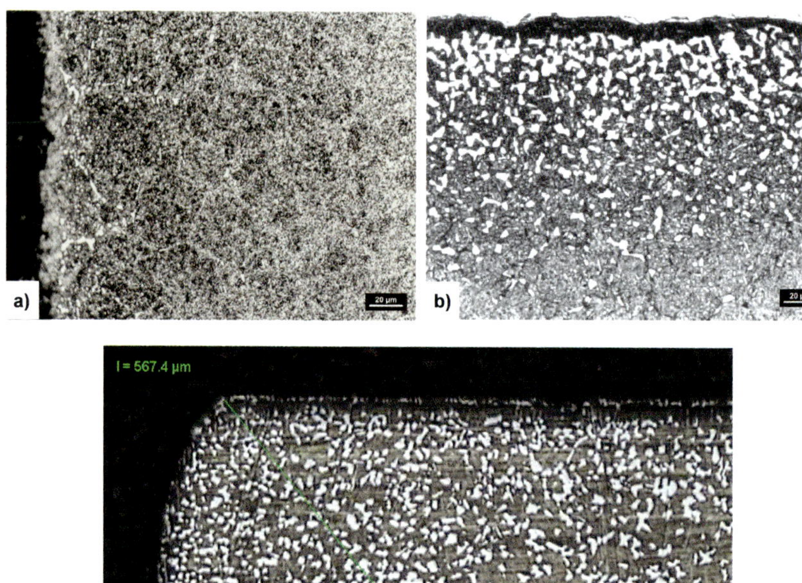

Bild 12.20: Überkohlungen in Form von Carbidausscheidungen
a) leichte Überkohlung mit einigen Korngrenzencarbiden,
b) starke Überkohlung mit Knochencarbiden,
c) erhöhte Carbidbildung an der Kante eines überkohlten Werkstücks.

Ent- bzw. Überkohlung kann aber auch auftreten wenn bei der Wärmebehandlung z. B. von Vergütungs- oder Wälzlagerstählen mit einer fehlerhaften Ausgleichsatmosphäre gearbeitet wird. Bild 12.21 zeigt das Randgefüge von zwei bainitisierten Bauteilen aus 100Cr6 die in einem Gas mit einem zu hohen C-Pegel austenitisiert wurden. Durch den zu Kohlenstoffgehalt der Ofenatmosphäre kommt es in der Randschicht zu einem Wachstum vorhandener Carbide und zur Bildung neuer Carbide. Da diese bei der Abschreckung als Keimstellen für die Umwandlung wirken ergibt sich beim Härten in der mit Carbiden angereicherten Randschicht ein verändertes Umwandlungsverhalten und infolge eine veränderte Gefügeausbildung.

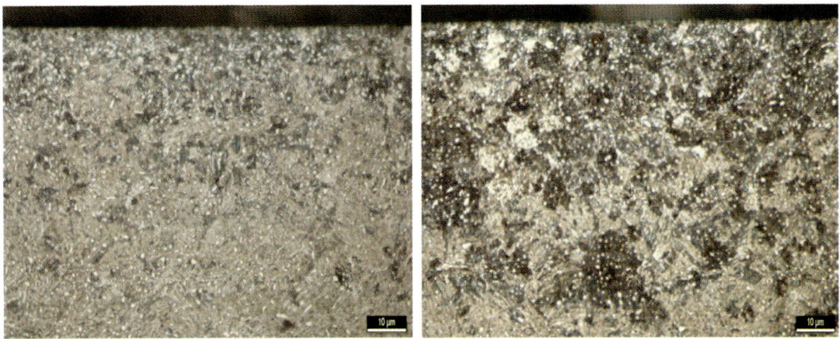

Bild 12.21: Veränderte Gefügeausbildung (Perlitanteile) in der Randschicht von bainitisiertem 100Cr6 infolge unterschiedlich starker Carbidanreicherung durch zu hohe C-Pegel während der Austenitisierung.

Im Gefüge vorhandener Restaustenit wird im Lichtmikroskop erst ab einer Menge von 10 bis 15 % sichtbar. Mit dem Lichtmikroskop können deshalb Restaustenitanteile bei gehärteten Teilen quantitativ nur sehr ungenau bestimmt werden. Die Bilder 12.22 und 12.23 zeigen Aufnahmen von Gefügen mit sehr hohen Restaustenitgehalten. Genauere Werte erhält man aus röntgenographischen Messungen des Restaustenitgehaltes.

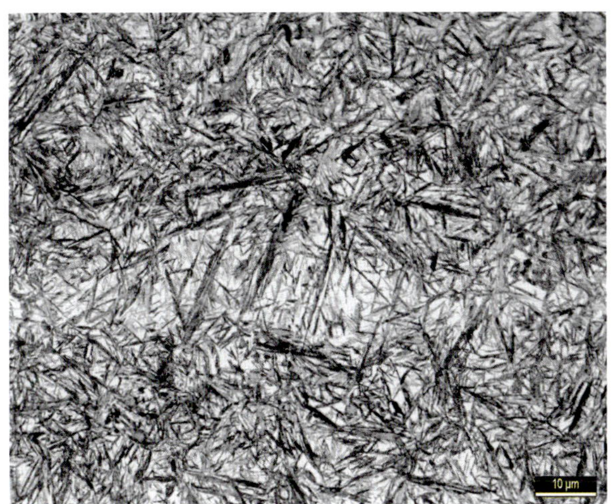

Bild 12.22: Restaustenithaltiges Gefüge am Beispiel eines überhitzt gehärteten 100Cr6.

Bild 12.23: Stark restaustenithaltiges Gefüge in der Randschicht eines carbonitrieten 16MnCrS5 infolge zu hoher Anteile an NH_3.

Darüber hinaus liefert die lichtmikroskopische Untersuchung weitere Befunde fehlerhafter Wärmebehandlungen, wie z.B. zu hohe oder zu niedrige Behandlungstemperaturen, zu lange oder zu kurze Behandlungsdauer, Risse, nicht durchgeführtes Anlassen u.v.a.m., vgl. die Kapitel 10 „Beanstandungen an wärmebehandelten Bauteilen – Allgemeine Aspekte" und Kapitel 11 „Beanstandungen an wärmebehandelten Bauteilen – Fallbeispiele".

Aber auch nicht direkt wärmebehandlungsbedingte Einflüsse wie z. B. Seigerungszeilen im Werkstoff oder Oberflächenbeläge auf ungenügend oder nicht gereinigten Teilen können zu fehlerhaften Gefügeausbildungen bei der Wärmebehandlung führen. So ist z. B. die in Bild 12.24 abgebildete Ferritschicht nicht auf eine Auskohlung, sondern auf eine nicht abgereinigte phophorhaltige Beschichtung zurückzuführen.

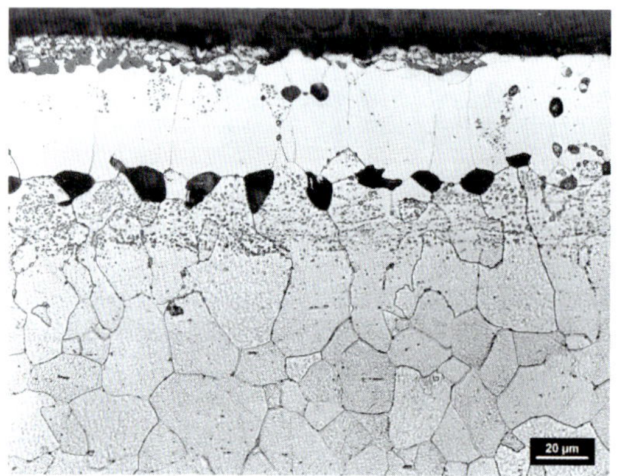

Bild 12.24: Randschichtveränderung mit Ferritsaum verursacht durch Eindiffusion von Phosphor während eines Glühprozesses eines phosphatierten und fließgepressten Bauteiles.

In Bild 12.25 ist eine fehlerhafte Randschichthärtung zu sehen: Im Übergang zwischen den beiden unterschiedlichen Durchmessern einer Achse ist die Härtung unterbrochen. Dies kann bei einer Torsions- oder Biegebelastung dazu führen, dass durch die Kerbwirkung die Welle an dieser Stelle bricht.

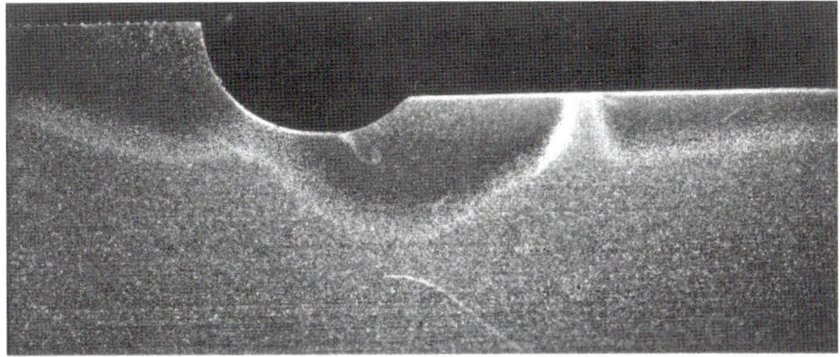

Bild 12.25: Fehler beim Induktionshärten

12.7 Bruchprobe und Makroschliff

Zur raschen Bestimmung bei der betrieblichen Kontrolle der Aufkohlungs-, Einsatzhärtungs- oder Einhärtungs-Härtetiefe wird häufig ein Makroschliff oder vereinzelt auch eine Bruchprobe herangezogen.

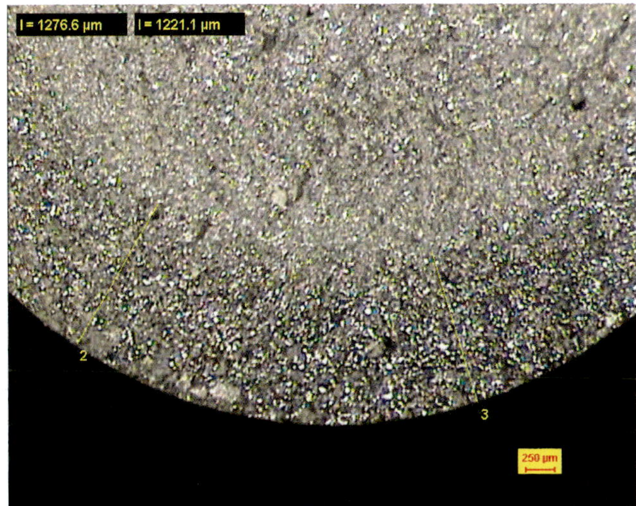

Bild 12.26: Bruchprobe einer einsatzgehärteten Probe.

Bei der Bruchprobe wird ein einsatzgehärteter Probestab gebrochen und auf der Bruchfläche mit Hilfe einer Messlupe mit Skala die Dicke des Randschichtbereichs ausgemessen, der sich, wie Bild 12.26 zeigt durch seine abweichende Bruchstruktur gegenüber dem restlichen Querschnitt abhebt. Insbesondere wird beim Aufkohlen hiervon mit der so bezeichneten "Ziehprobe" Gebrauch gemacht, um die Aufkohlungstiefe zu kontrollieren. Die Messunsicherheit ist jedoch relativ groß.

Der Makroschliff entspricht einem metallographischen Schliff, der jedoch nicht fein poliert ist. Durch Ätzen mit Nital kann mit einer Messlupe die Aufkohlungstiefe, die Einsatzhärtungs-, die Einhärtungs- oder die Nitrier-Härtetiefe, die sich anders als der unbeeinflusste Kernbereich anätzen, gemessen werden. Auch hier ist jedoch die Messunsicherheit relativ groß.

12.8 Mechanische Prüfungen

Zug- oder Biegeversuche kommen bei der Überprüfung der Wärmebehandlung eher selten zur Anwendung, da diese in der Regel nicht am eigentlichen Werkstück durchgeführt werden können. Insbesondere für Zugversuche müssen entweder aufwendig Proben aus den Werkstücken entnommen oder definierte Standardproben in der Wärmebehandlungscharge mitgefahrenen werden.

Biege- oder Schlagversuche hingegen können zumindest bei Teilen mit einfachen (stab- oder wellenförmigen) Geometrien an exemplarisch aus der Wärmebehandlungscharge entnommenen Werkstücken durchgeführt werden. Zu beachten ist jedoch, dass die so ermittelten Werte keine Werkstoffkennwerte sind, sondern lediglich Richtgrößen darstellen anhand derer beurteilt werden kann, ob die Werte der geprüfte Charge den zuvor an einer i.O.-Charge ermittelten Vergleichs- bzw. Mindestwerten entsprechen.

Besteht aufgrund des durchgeführten Wärmebehandlungsprozesses oder eines nachfolgenden Bearbeitungsschrittes (z. B. Beizen) die Gefahr einer Wasserstoffaufnahme und einer daraus resultierenden Wasserstoffversprödung der Bauteile ist in der Regel eine Verspannprüfung erforderlich. Brechen bei dieser Prüfung Teile ist von einer wasserstoffbedingten Versprödung auszugehen. Zur Überprüfung können ergänzend die Bruchflächen der ausgefallenen Teile im Elektronenmikroskop untersucht werden. Wurde der Bruch durch Wasserstoff verursacht ergibt sich bei gehärteten Werkstücken häufig das in Bild 12.27a dargestellte, charakteristische interkristalline Bruchbild mit teilweise geöffneten (klaffenden) Korngrenzen und mikroduktilen Verformungsstrukturen (sogenannten „Krähenfüßen“) auf den Kornflächen. Außer diesem interkristallinen Bruchbild können aber z. B. im duktilen Kernbereich einsatzgehärteter Werkstoff auch transkristallin verlaufende wasserstoffinduzierte Brüche auftreten, ein entsprechendes Bruchbild zeigt Bild 12.27b.

Trans- und interkristalline Sprödbrüche können je nach Werkstoff, Wärmebehandlung und Beanspruchung eines Bauteils jedoch auch ohne die Einwirkung von Wasserstoff auftreten, zeigen dann aber etwas andere Bruchmerkmale. Bild 12.28 zeigt z. B. die Bruchfläche eines gasnitrierten Bauteils aus einem siliziumlegierten weichmagnetischen Werkstoff. Hier zeigt der interkristalline Bruchbereich keine geöffneten Korngrenzen und glatte Kornflächen und im transkristallinen Bruchbereich sind deutlich größere Spaltflächen erkennbar.

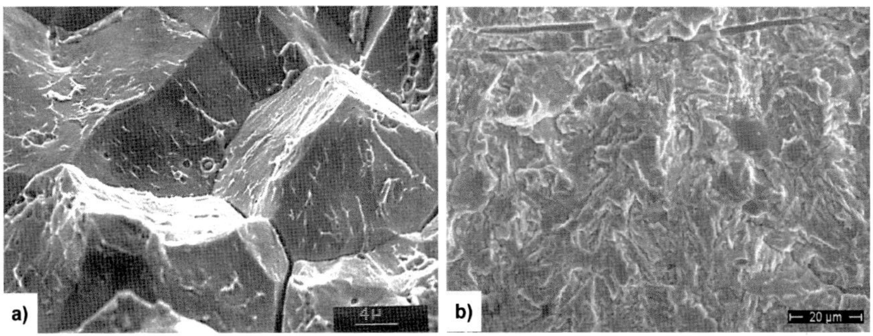

Bild 12.27: Bruchflächen verzögerter wasserstoffinduzierter Sprödbrüche mit a) interkristalliner und b) transkristalliner „fiedriger" Bruchstruktur.

Bild 12.28: Bruchfläche eines gasnitrierten Bauteils mit interkristalliner Bruchstruktur in der nitrierten Randschicht und transkristalliner Spaltbruchstruktur im Kern.

Häufig zeigen die Bruchflächen von Laborgewaltbrüchen korrekt wärmebehandelter Bauteile jedoch keine spröden, sondern die in Bild 12.29 abgebildeten transkristallinen duktilen Bruchstrukturen. Interkristalline Bruchanteile ergeben sich hier lediglich in den höherfesten Randschichten, z. B. von einsatzgehärteten Werkstoffen wie 16MnCr5. Nickellegierte Einsatzstähle hingegen zeigen wegen der durch Nickel verbesserten Zähigkeitseigenschaften auch in den Einsatzschichten meist keine oder nur sehr geringe interkristallinen Bruchanteile.

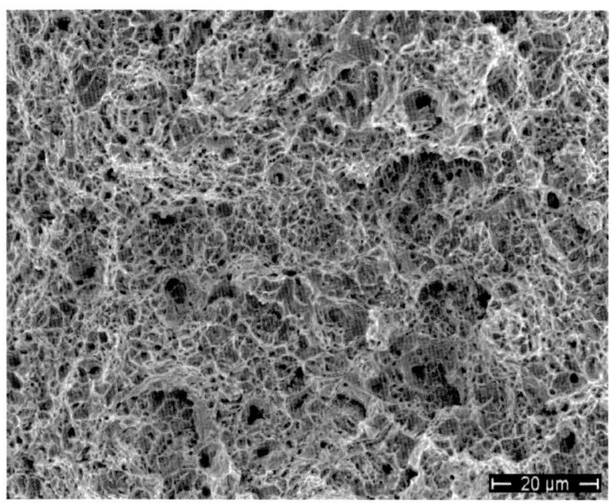

Bild 12.29: Bruchfläche eines transkristallinen duktilen Gewaltbruchs

12.9 Eigenspannungsmessungen

Ziel der Wärmebehandlung ist die Einstellung optimaler Verarbeitungs- oder Gebrauchseigenschaften. Primär werden diese Eigenschaften z. B. eine erhöhte Bauteilfestigkeit für statische oder dynamische Beanspruchungen über den nach der Wärmebehandlung vorliegenden Gefügezustand erreicht. Neben der Veränderung des Gefügezustands entstehen durch die Wärmebehandlung in den Bauteilen aber auch Eigenspannungen. Insbesondere Wärmebehandlungen mit gezielten Randschichtveränderungen wie z. B. das Nitrieren, Carbonitrieren oder Einsatzhärten führen zu Eigenspannungsverteilungen mit Druckeigenspannungen an der Oberfläche und in der Randschicht, die sich insbesondere bei zyklischer Beanspruchung positiv auswirken. Deshalb kann speziell bei zyklisch hochbeanspruchten Bauteilen auch die Überprüfung der Eigenspannungen erforderlich sein.

Bild 12.30 zeigt die an der Oberfläche gehärteter Bauteile röntgenographisch gemessenen Eigenspannungen nach der Wärmebehandlung und nach drei unterschiedlichen Endbearbeitungsvarianten nach der Wärmebehandlung. Während bei zwei dieser Bearbeitungsvarianten die nach der Wärmebehandlung vorliegenden, günstigen Druckeigenspannungen weitestgehend erhalten bleiben, führt die Dritte zum Abbau der Druck- und zur Ausbildung von Zugeigenspannungen. Der durch die Wärmebehandlung erreichte – für die zyklische Beanspruchung der Bauteile günstige – Druckeigenspannungszustand wird in diesem Fall durch eine ungeeignete Endbearbeitung eliminiert.

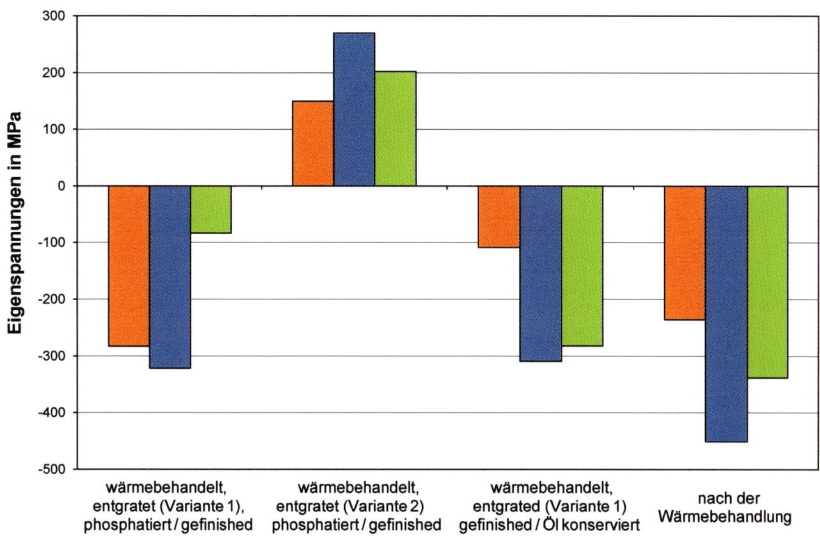

Bild 12.30: Eigenspannungen an der Oberfläche gehärteter Bauteile und deren Veränderung durch unterschiedliche Endbearbeitungen.

12.10 Literaturhinweise

DIN07 DIN/NWT Taschenbuch Nr. 218: Werkstofftechnologie 1 – Wärmebehandlungstechnik – Normen
Beuth-Verlag GmbH Berlin, Wien, Zürich; 6. Auflage 2014.

VDI12 VDI/VDE VDI/VDE-Richtlinie 2616-1: „Härteprüfung an metallischen Werkstoffen",
Verein Deutscher Ingenieure e.V., Düsseldorf 2012.

13 Wärmebehandlungsangaben in Zeichnungen und Fertigungsunterlagen

Dieter Liedtke

13.1 Zweck der Wärmebehandlungsangaben

Die Analyse von Beanstandungen an wärmebehandelten Bauteilen und Werkzeugen zeigt eindeutig, dass unvollständige, missverständliche, falsche oder gar fehlende Angaben über den wärmebehandelten Zustand und die Durchführung des Wärmebehandelns meist für schadhafte Teile und Ausschuss verantwortlich sind. Dies hängt damit zusammen, dass zwar genaue Vorstellungen über Form, Aussehen und Funktion eines Bauteils oder Werkzeugs vorhanden sind, jedoch die zu prüfenden Kennwerte der erwarteten Gebrauchseigenschaften nur unzureichend, unvollständig oder falsch definiert sind. Vielfach fehlen die hierfür notwendigen Kenntnisse, oft werden auch die Folgen mangelhafter, falscher oder fehlender Angaben nicht bedacht. Schwachstellen in der Fertigungsorganisation, in der Fertigungsvorbereitung und -planung sind weitere Gründe dafür, dass das Wärmebehandeln in vielen Fällen nicht zum gewünschten Erfolg führt.

Der erfolgversprechendste Weg, diese Mängel abzustellen und damit unnötige Kosten zu vermeiden ist, die Wärmebehandlungsangaben als eine maßgebende Grundlage der Qualitätssicherung zu betrachten und dafür zu sorgen, dass die hierfür existierenden allgemein verbindlichen Regeln und Normen eingehalten werden. Dies ist in den letzten Jahren durch die zunehmende globale Fertigung besonders deutlich geworden und hat in die internationale Normung Eingang gefunden. Dementsprechend ist die bisher für die technische Dokumentation maßgebende deutsche DIN 6773 seit 2010 durch die DIN ISO 15787 „Technische Produktdokumentation – Wärmebehandelte Teile aus Eisenwerkstoffen – Darstellung und Angaben“ ersetzt worden.

13.2 Was ist unter Wärmebehandlungsangaben zu verstehen?

Wärmebehandlungsangaben sind

1. Angaben über den erreichten bzw. angestrebten Werkstoffzustand und
2. Angaben über den dahin führenden Weg.

Weil Zeichnungen, Fertigungspläne, Prüfpläne oder andere einschlägige Fertigungsunterlagen die wichtigsten Informationsträger über die Beschaffenheit eines Werkstücks sind, ist mit Recht zu erwarten, dass sie auch die notwendigen Angaben zum wärmebehandelten Zustand bzw. zur Wärmebehandlung enthalten. Sie sollten

- allgemeinverständlich
- möglichst vollständig
- eindeutig und
- prüfbar

sein.

Der Erfolg des Wärmebehandelns wird durch die erreichten Gebrauchseigenschaften bestimmt. Dies ist hauptsächlich das Verhalten bei Beanspruchung auf Verschleiß, Festigkeit oder Korrosion. Da das Prüfen dieser Eigenschaften mit einem erheblichen zeitlichen Aufwand verbunden ist, fast immer mit einem Zerstören der zu prüfenden Teile einhergeht und meist keine statistisch gesicherte Aussagen erlaubt, ist es in der industriellen Praxis üblich, sich statt dessen meist nur auf das Prüfen der Härte oder Ermitteln der Härtetiefe zu beschränken. Die Härte lässt sich fast immer mit relativ geringem Aufwand und mit statistisch ausreichender Anzahl von Prüfungen ermitteln. Allerdings gelingt es nicht immer, Härtewerte mit den zu erwartenden Funktionseigenschaften befriedigend treffsicher zu korrelieren. Auch weitergehende Prüfungen wie Zug-, Biege-, Verdreh- oder Schlagversuche oder metallographische Untersuchungen des Gefügezustands liefern Kriterien, die nur eine eingeschränkte Interpretation des zu erwartenden Gebrauchsverhaltens unter den Einsatzbedingungen zulassen. Umso wichtiger erscheint es daher, die Kriterien, die zum Beurteilen der Qualität wärmebehandelter Teile herangezogen werden, korrekt, eindeutig und vollständig anzugeben.

Im Allgemeinen bestehen die Angaben über den Wärmebehandlungszustand aus der Angabe

- des Werkstoffzustands
- der Härte
- der Härtetiefe (d. h. einem Maß für den Verlauf der Härte über den Querschnitt)
- der Stelle am Werkstück, an dem die Härte und/oder die Härtetiefe geprüft wird
- weiteren ergänzenden Angaben.

An die Stelle von Härtewerten treten nur dann Kennwerte für die Festigkeit oder Zähigkeit, wenn solche tatsächlich gemessen werden bzw. gemessen werden können, wie es z. B. im Flugzeug- oder in speziellen Fällen im Automobilbau der Fall ist. In solchen Fällen ist es ohne entsprechende Korrelationsuntersuchungen unzulässig, anstelle der Festigkeit die Härte zu prüfen.

Neben den Angaben zum Prüfen des wärmebehandelten Zustands von Bauteilen und Werkzeugen ist es wünschenswert, dass auch Hinweise über die Durchführung zu erkennen sind. Dies ist natürlich wegen der für Zeichnungen generell herrschenden Regel: “Fasse Dich kurz” nur bedingt möglich. Deshalb ist es zweckmäßig, detaillierte Angaben zum Durchführen des Wärmebehandelns in ergänzenden Unterlagen festzuschreiben. Dies kann mit Fertigungsplänen, Wärmebehandlungsplänen (WBP) oder Wärmebehandlungs-Anweisungen (WBA) vorgenommen werden.

Diese ermöglichen es, Angaben über

- das Wärmebehandlungsverfahren
- die Temperatur und die Dauer der Behandlung, gegebenenfalls ergänzt durch Angabe der Erwärm- und/oder der Abkühlgeschwindigkeit
- das Wärmebehandlungsmittel
- die Wärmebehandlungseinrichtung/en
- die Reihenfolge der Wärmebehandlungsschritte oder verschiedener Wärmebehandlungen
- den Chargenaufbau

in einen Vordruck einzutragen. Eventuell kommen hierzu noch weitere ergänzende Angaben über den Zustand des Ausgangswerkstoffs, Bearbeitungszugaben, Richtmaße u. ä.

13.3 Darstellung und Angaben in Zeichnungen

Allgemein verbindliche Regeln für das Darstellen und die Angaben in Zeichnungen sind in DIN ISO 15787, /DIN10/, festgelegt, wobei vorausgesetzt wird, dass der Werkstoff entsprechend DIN EN 10027-1, -2, /DIN01/, gegebenenfalls mit Nennung der Werkstoffnummer, der VDEh-Bezeichnung oder nach einer innerbetrieblichen Norm, angegeben ist.

Die Angaben sollten an übersichtlicher Stelle, möglichst in der Nähe des Titelblocks der Zeichnung stehen und nur prüfbare Werte enthalten. Verfahrensparameter wie z. B. Temperatur, Dauer, Abschreckmittel, Wärmebehandlungsmittel usw. gehören *nicht* in die Zeichnung! Hierzu müssen gegebenenfalls ergänzende Unterlagen herangezogen werden.

13.3.1 Angabe des Wärmebehandlungszustands

Der nach dem Wärmebehandeln vorliegende Zustand wird durch eine Wortangabe für das Verfahren gekennzeichnet, nach dem dieser Zustand erreicht wurde. In DIN EN 10052, /DIN07/[1] sind die Begriffe international festgelegt, z. B.:

- gehärtet
- angelassen (nicht: "entspannt"!)
- vergütet
- spannungsarmgeglüht
- aufgekohlt" (nicht "zementiert" oder "carburiert")
- einsatzgehärtet (nicht "eingesetzt" o. ä.)
- randschichtgehärtet (nicht "oberflächengehärtet")
- nitriert
- nitrocarburiert.

Ist es für die Gebrauchseigenschaften maßgebend, dass gehärtete, randschichtgehärtete oder einsatzgehärtete Bauteile auch angelassen worden sind, dann muss dies in der Zeichnung vermerkt werden. Die Wortangabe lautet dann z. B.

"einsatzgehärtet ***und*** angelassen"

Fehlt die Wortangabe "angelassen", dann darf nicht angelassen worden sein und wenn das Einsatzhärten aufgrund einer vorgegebenen Zeichnung, in welcher die Wortangabe „angelassen" fehlt, erfolgen soll, ist die Härterei nicht verpflichtet, ein Anlassen durchzuführen![2]

13.3.2 Kennzeichnung der Prüfstelle

Hiermit ist die Stelle am Werkstück gemeint, an der die Härte, die Härtetiefe oder eine Schichtdicke geprüft wird.

Beim Prüfen der Härte entsteht durch den Eindruck des Prüfkörpers je nach dem be-

[1] Neben dieser Europäischen Norm existiert die internationale ISO 4885. Z. Z. wird daran gearbeitet, die letztgenannte zu aktualisieren und damit die DIN EN 10052 abzulösen

[2] Davon abgesehen ist das Anlassen ein Arbeitsgang, der in die Kosten eingeht

nutzten Indenter, vgl. Kapitel 12, und je nach Prüflast ein mehr oder weniger tiefer Krater in der Randschicht bzw. an der Oberfläche. Dies stellt eine Kerbe dar, die ein potentieller Ausgangspunkt für einen Riss sein kann. Es ist daher notwendig darauf zu achten, dass die Oberflächenhärte nur an den maßgeblichen Stellen geprüft wird, die in dieser Hinsicht nicht kritisch sind. Besonders wichtig ist dies für Bauteile, bei denen durch das Wärmebehandeln vorzugsweise die Dauerschwingfestigkeit erhöht werden soll. Für diese Teile ist es außerdem wichtig, eine repräsentative Stelle festzulegen, an welcher die Härtetiefe ermittelt werden soll.

Die Prüfstelle wird nach DIN ISO 15787 mit einem Symbol gemäß Bild 13.1 gekennzeichnet und gegebenenfalls bemaßt. Sind an einem Werkstück mehrere Prüfstellen vorgesehen, sind die Symbole zu nummerieren, vgl. das Beispiel in Bild 13.3.

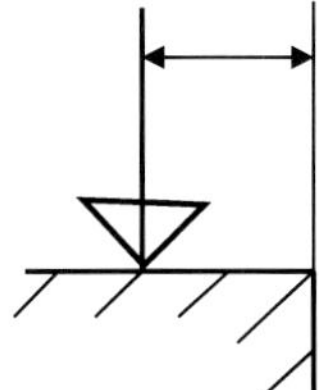

13.3.3 Angabe der Härte

Nach der Einführung des SI-Einheitengesetzes wurde die Schreibweise für Härtewerte geändert. Dabei wurde z. B. die Dimension kg/mm² oder kp/mm² durch das N/mm² ersetzt. Dies hätte konsequenterweise bedeutet, dass die Zahlenwerte der Brinell- und der Vickershärte mit 9,8065 hätten multipliziert werden müssen. Um dies zu vermeiden, wird die Dimension ganz weggelassen, vgl. Kapitel 12 „Prüfen des wärmebehandelten Zustands". Die aktuelle Angabe besteht aus

1. dem Nennwert der Härte
2. der zulässigen Abweichung, die als „+", „-", „±" oder anders, gemäß Tabelle 1 in DIN ISO 15787 angegeben wird
3. einer Kurzbezeichnung für das Härteprüfverfahren.

Bild 13.1 zeigt hierzu ein Beispiel.

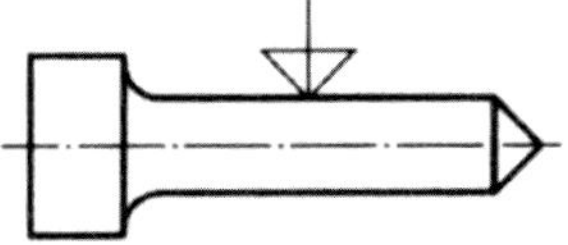

gehärtet und angelassen
(61 ±2) HRC

Bild 13.2: Beispiel für eine Zeichnungsangabe für ein gehärtetes und angelassenes Teil nach DIN ISO 15787:2016

Die Angabe nach Bild 13.2 bedeutet: die Härte wird nach dem Rockwell C-Verfahren /DIN07/ geprüft; die Härte soll 61 HRC betragen mit einer zulässigen Abweichung nach unten bzw. nach oben von jeweils 2 HRC. Der Pfeil weist auf den Bereich hin, in dem die Härte geprüft werden soll. Der Zahlenwert ist in Klammern zu setzen, wenn die Kurzangabe des Prüfverfahrens nur einmal hingeschrieben wird. Andernfalls ist die Schreibweise: 61 HRC ±2 HRC. Zu beachten ist auch, dass vor dem Zahlenwert der zulässigen Abweichung kein Leerzeichen zu stehen hat.

Entsprechendes gilt für die Angabe der Härte nach dem Vickers- oder Brinell-Verfahren:

Beispiel: (750 ±50) HV10

Dies bedeutet: die Härte wird nach dem Vickersverfahren /DIN07/ mit einer Belastung von 98,1 N geprüft. Die Härte soll 750 HV10 betragen mit einer zulässigen Abweichung nach unten und oben von jeweils 50 HV.

Beispiel: (275 ±25) HBW 2,5/187,5

Dies bedeutet: die Härte wird nach dem Brinellverfahren /DIN07/ mit einer Belastung von 187,5 N geprüft. Die Härte soll 275 HBW2,5/187,5 betragen mit einer zulässigen Abweichung nach unten bzw. nach oben von jeweils 25 HBW betragen.

Die Größe der zulässigen Abweichung muss auf das Wärmebehandlungsverfahren, den Werkstoff[3], das Werkstück und die Messunsicherheit abgestimmt werden. Letztere sollte ausreichend berücksichtigt werden, siehe Kapitel 12.

Festigkeitswerte, die nicht geprüft werden, sind durch Härtewerte zu ersetzen. Einen Anhalt für das Umwerten bietet DIN EN 18265 /DIN07/, gegebenenfalls sind entsprechende Vergleichsuntersuchungen durchzuführen, um einen zweckentsprechenden Härtewert festzulegen. Keinesfalls darf es der Härterei überlassen bleiben, einen in der Zeichnung angegebenen Festigkeitswert in einen Härtewert umzuwerten.

Weist ein Werkstück Bereiche mit unterschiedlicher Härte auf, so ist dies, wie im Beispiel in Bild 13.3, zu kennzeichnen. Die Bereiche mit unterschiedlicher Härte sind zu nummerieren und zu bemaßen. Die Härtewerte sind den Bereichsnummern zuzuordnen.

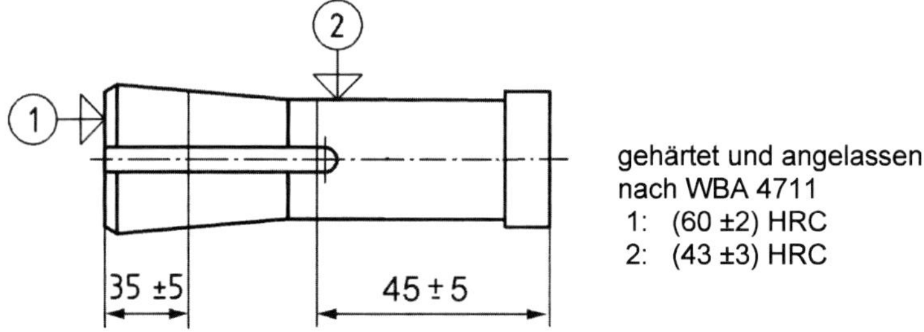

Bild 13.3: Beispiel für ein Werkstück mit Bereichen unterschiedlicher Härte

[3] Die werkstoffabhängige Streuung der Härte ergibt sich beim Härten aus der Streubreite des Kohlenstoffgehalts (Aufhärtbarkeit) und der Legierungselemente (Einhärtbarkeit) siehe Kapitel 4 „Härtbarkeit – die Eignung der Eisenwerkstoffe zum Härten“.

Durch ein spanendes Bearbeiten nach dem Wärmebehandeln können sich Härtewerte ändern. Durch einen entsprechenden Hinweis in der Zeichnung muss dann verdeutlicht werden, ob die angegebenen Härtewerte sich auf den Zustand unmittelbar nach dem Wärmebehandeln oder auf den Zustand nach dem Bearbeiten beziehen. Gegebenenfalls ist es notwendig, Härtewerte für beide Zustände anzugeben, z. B.:

vor dem Schleifen: (63 ±2) HRC
nach dem Schleifen: (720 ±50) HV10.

Bei randschichtgehärteten, einsatzgehärteten, nitrierten und nitrocarburierten Werkstücken ist zu beachten, dass beim Prüfen der Oberflächenhärte keine Prüfkraft mit zu großer Wirktiefe gewählt wird. Anderenfalls ergeben sich entsprechend einem Eierschaleneffekt fiktive Härtewerte, vgl. Kapitel 12. Die Ursache vieler Beanstandungen ist auf eine zu groß gewählte Prüfkraft zurückzuführen. In den Tabellen 13.1 und 13.2 sind die Zusammenhänge wiedergegeben.

Tabelle 13.1: Wahl des Prüfverfahrens zum Festlegen der Härteangaben entsprechend der vorgesehenen Mindest-Härtetiefe und der Oberflächen-Mindesthärte in HRA oder HRC

Mindesthärtetiefe in mm	**Erwartete Oberflächen-Mindesthärte/Zulässige Prüflast in HRA/HRC**							
	70 bis 75 HRA	>75 bis 78 HRA	>78 bis 81 HRA	>81 HRA	40 bis 49 HRC	>49 bis 55 HRC	>55 bis 60 HRC	>61 HRC
0,40	-	-	-	HRA	-	-	-	-
0,45	-	-	HRA	HRA	-	-	-	-
0,50	-	HRA	HRA	HRA	-	-	-	-
0,60	HRA	HRA	HRA	HRA	-	-	-	-
0,80	HRA	HRA	HRA	HRA	-	-	-	HRC
0,90	HRA	HRA	HRA	HRA	-	-	HRC	HRC
1,00	HRA	HRA	HRA	HRA	-	HRC	HRC	HRC
1,20	HRA	HRA	HRA	HRA	-	HRC	HRC	HRC

Die in den Tabellen enthaltenen Zahlenwerte stammen aus Untersuchungen beim Prüfen dünner Teile. Dabei wurde ermittelt, ab welcher Blechdicke die Härte der Auflagefläche des Prüfgeräts nicht mehr in das Ergebnis eingeht. Dies wurde auf die Tabellen 13.1 und 13.2 übertragen, wobei die Blechdicke der Härtetiefe gleichgesetzt wurde. Nach dem Einzug der DIN 6773 und in der bis 2016 gültigen DIN ISO 15787 waren die Tabellen noch im Anhang enthalten; in der aktualisierten DIN ISO 15787 jedoch nicht mehr. Stattdessen werden sie in der künftigen DIN ISO 18203 zu finden sein, da sie eigentlich nicht in eine Norm über Angaben in Zeichnungen passen, sondern in eine Prüfnorm gehören.

Damit bei ***vergüteten*** Werkstücken sichergestellt wird, dass vor dem Anlassen tatsächlich die höchstmögliche Härte vorgelegen hat, ist es zweckmäßig, eine Härtemessung vor dem Anlassen vorzuschreiben. In diesem Fall lauten die Angaben z. B.:

"gehärtet (63 ±2) HRC
vergütet (35 0/+5) HRC".

Tabelle 13.2: Wahl des Prüfverfahrens zum Festlegen der Härteangaben entsprechend der erwarteten Mindest-Härtetiefe und der erwarteten Oberflächen-Mindesthärte in HV

Mindest-Härtetiefe in mm	**Erwartete Oberflächen-Mindesthärte/Prüflast in HV**			
	400 bis 500 HV	**>500 bis 600 HV**	**>600 bis 700 HV**	**>700 HV**
0,05	-	HV0,5	HV0,5	HV0,5
0,07	HV0,5	HV0,5	HV0,5	HV1
0,08	HV0,5	HV0,5	HV1	HV1
0.09	HV0,5	HV1	HV1	HV1
0,10	HV1	HV1	HV1	HV1
0.15	HV3	HV3	HV3	HV3
0,20	HV5	HV5	HV5	HV5
0,25	HV5	HV5	HV10	HV10
0,30	HV10	HV10	HV10	HV10
0.40	HV10	HV10	HV10	HV30
0,45	HV10	HV10	HV30	HV30
0.50	HV10	HV30	HV30	HV30
0,55	HV30	HV30	HV30	HV30
0.60	HV30	HV50	HV50	HV50
0,65	HV30	HV50	HV50	HV50
0,70	HV50	HV50	HV50	HV50
0.75	HV50	HV50	HV50	HV100
0.80	HV50	HV50	HV100	HV100
0.90	HV50	HV100	HV100	HV100
1,00	HV100	HV100	HV100	HV100

13.3.4 Kennzeichnung örtlich begrenzter Wärmebehandlung

Randschichtgehärtete Teile sind fast immer nur örtlich begrenzt wärmebehandelt/gehärtet. Aber auch beim Aufkohlen, Nitrieren oder Nitrocarburieren kann es zweckmäßig sein, nicht das gesamte Werkstück, sondern nur bestimmte Bereiche aufzukohlen, zu nitrieren usw. Dies bedingt eine entsprechende Kennzeichnung. Hierfür sind in DIN ISO 15787 spezielle Linien festgelegt, die außerhalb der Werkstückkontur anzubringen sind. Bei rotationssymmetrischen Teilen genügt es, die Linie an einer Mantellinie anzubringen. Die Linien sollen nach Ort/Lage und Länge bemaßt werden.

Zu unterscheiden sind:

- Bereiche, die wärmebehandelt sein **müssen** → Randschichthärten
- Bereiche, die wärmebehandelt sein **dürfen** → z. B. als Zwischenbereiche beim Vorschub-Randschichthärten
- Bereiche, die **nicht** wärmebehandelt (aufgekohlt, nitriert, usw.) sein dürfen.

Für Bereiche, die wärmebehandelt sein **müssen** ist – wie auch in der früheren DIN 6773 – eine ***breite Strich-Ein-Punkt-Linie*** festgelegt.

Für Bereiche, die wärmebehandelt sein **dürfen**, ist – wie auch in der früheren DIN 6773 – eine ***breite unterbrochene Linie*** festgelegt.

Bereiche, die **nicht wärmebehandelt sein dürfen**, sind nach der aktualisierten DIN ISO 15787:2016 mit einer ***breiten Punkt-Linie*** zu kennzeichnen.

Ist der Verlauf der gehärteten Randschicht in Bezug auf die Außenkontur, z. B. bei Querschnittsübergängen, Einstichen u. ä. für den Endzustand wichtig, dann kann dies durch eine ***schmale Strich-Ein-Punkt-Linie*** innerhalb der Körperkanten gekennzeichnet werden, wie dies z. B. in Bild 13.4 zu sehen ist.

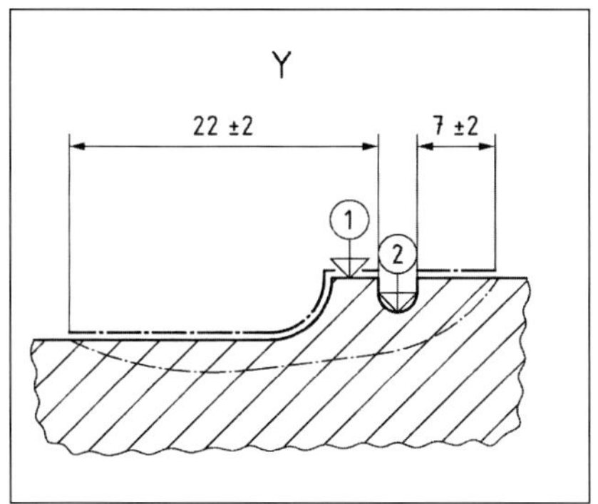

Bild 13.4: Kennzeichnen des Verlaufs des gehärteten Bereichs im Inneren eines randschichtgehärteten Werkstücks

13.3.5 Angabe der Härtetiefe

Die Härtetiefe ist der senkrechte Abstand von der Oberfläche eines Werkstücks bis zu der Schicht, in der noch eine vereinbarte Härte – die Grenzhärte – vorliegt. Zum Ermitteln der Härtetiefe siehe Kapitel 12 „Prüfen des wärmebehandelten Zustands". Die Härtetiefe wird als Kriterium zum Beurteilen z. B. der Dauerschwingfestigkeit oder des Wälzverschleißes herangezogen.

13.3.5.1 Härtetiefe nach dem Randschichthärten

Die Härtetiefe nach dem Randschichthärten ist die Einhärtungs-Härtetiefe, abgekürzt: SHD[4]. Kriterium für die Grenzhärte ist 0,8·Mindestoberflächen-Vickershärte. Um beim Umrechnen die Anzahl aller möglichen Zahlenwerte zu begrenzen, sollte für randschichtgehärtete Teile die Tabelle 13.3 benutzt werden, in der die Grenzhärtewerte in Stufen von jeweils 25 HV der geforderten Mindestoberflächenhärte zugeordnet sind. Diese Tabelle war in der bisher gültigen Fassung der DIN ISO 15787 im Anhang enthalten, wurde jedoch in der aktualisierten DIN ISO 15787 herausgenommen und soll in die DIN ISO 18203 aufgenommen werden.

[4] Bisher war nach DIN 6773 das Kurzzeichen „Rht" festgelegt. In DIN ISO 15787 wurde das Kurzzeichen *SHD*, "**s**urface **h**ardening **h**ardness **d**epth" festgelegt, in EN 10328 statt dessen „S.D.". Z. Z. an einer ISO 18203 gearbeitet, in der die Ermittlung der Härtetiefe nach dem Randschichthärten, dem Einsatzhärten (CHD) und dem Nitrieren (NHD) zusammenzufassen und die EN 10328 zurückzuziehen.

Es ist zu beachten, dass die Tabelle 13.3 nicht zum Umwerten von Vickers- in Rockwellhärte oder umgekehrt benutzt werden darf. Für das Umwerten sind stattdessen die Tabellen in DIN EN ISO 18265 zu verwenden!

Tabelle 13.3: Zusammenhang zwischen Oberflächen-Mindesthärte nach Vickers oder Rockwell C und Grenzhärte in Vickers (entsprechend 80 % der Oberflächen-Mindesthärte)

Grenzhärte in HV	**Oberflächen-MIndesthärte**	
	in HV	in HRC
250	300 bis 330	30 bis 33
275	335 bis 355	34 bis 36
300	360 bis 385	37 bis 39
325	390 bis 420	40 bis 42
350	425 bis 455	43 bis 45
375	460 bis 480	46, 47
400	485 bis 515	48 bis 50
425	520 bis 545	51, 52
450	550 bis 575	53
475	580 bis 605	54, 55
500	610 bis 635	56, 57
525	640 bis 665	58
550	670 bis 705	59, 60
575	710 bis 730	61
600	735 bis 765	62
625	770 bis 795	63
650	800 bis 835	64, 65
675	840 bis 865	66

Die Kennzeichnung des wärmebehandelten Zustands randschichtgehärteter Teile setzt sich zusammen aus

- der Linie für den Bereich, der randschichtgehärtet ist, mit Bemaßung an der Darstellung des Werkstücks, gegebenenfalls unterbrochene Linie zum Kennzeichnen des Bereichs, der mitgehärtet werden darf
- der Wortangabe „randschichtgehärtet“, die der Strichpunktlinie folgt
- gegebenenfalls der zusätzlichen Wortangabe „angelassen“
- der Oberflächenhärte mit Toleranz
- der Härtetiefe mit dem Kurzzeichen SHD und dem Grenzhärtewert in HV,
- dem Nennwert der Härtetiefe in mm und der zulässigen Abweichung.

Bild 13.5 zeigt hierzu ein Beispiel.

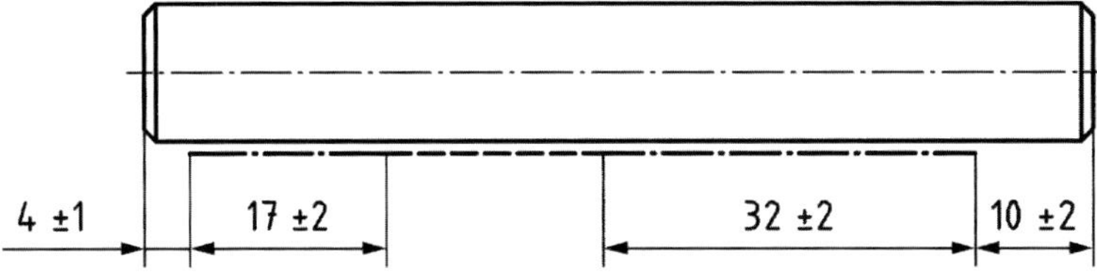

▬ ▪ ▬ randschichtgehärtet und angelassen
(550 ±50) HV10
SHD400 = 6,0 ±1,5

Bild 13.5: Beispiel für ein randschichtgehärtetes Bauteil, gemäß DIN ISO 15787

Im Beispiel in Bild 13.5 sind mit der *Strichpunktlinie* die Bereiche gekennzeichnet, die randschichtgehärtet sein *müssen*. Sie sind außerdem bemaßt. Dazwischen liegt ein Bereich, der randschichtgehärtet sein *darf*. Er ist mit einer *unterbrochenen Linie* gekennzeichnet. Die Dimensionsangabe “mm” kann in Zeichnungen entfallen. Nach DIN ISO 15787 gilt: Der Übergang vom randschichtgehärteten zum nicht gehärteten Bereich liegt außerhalb der bemaßten Strichpunktlinie.

Wird der Härteverlauf mit einer vom Regelfall abweichenden Prüflast, z. B. mit HV 0,5 ermittelt, so ist dies wie folgt anzugeben: SHD475 HV0,5 = 1,2 ±0,4

Die Toleranzbreite ist mit der das Randschichthärten ausführenden Härterei festzulegen. Eine früher in DIN 6773 bzw. DIN ISO 15787:2010 enthaltene Tabelle ist in der aktualisierten DIN ISO 15787:2016 nicht mehr enthalten.

Wird nach dem Randschichthärten spanend bearbeitet oder angelassen, ändert sich die Härte der Randschicht und damit auch die Härtetiefe. Es ist daher zweckmäßig, dies durch entsprechende Wortangaben zu verdeutlichen, Beispiel:

“vor dem Schleifen: SHD475 = (1,5 ±0,5) mm
nach dem Schleifen: SHD475 = (1,3 ±0,5) mm”

13.3.5.2 Härtetiefe nach dem Einsatzhärten

Bei einsatzgehärteten Teilen ist die Härtetiefe, die Einsatzhärtungs-Härtetiefe, abgekürzt: CHD[5]. Die Grenzhärte beträgt im Regelfall 550 HV1, vgl. Kapitel 12 „Prüfen des wärmebehandelten Zustands“.

Die Angabe setzt sich zusammen aus dem Kurzzeichen CHD, dem Nennwert für die Einsatzhärtungs-Härtetiefe in mm und der zulässigen Abweichung, ein Beispiel ist in Bild 13.6 dargestellt.

An dem einsatzgehärteten und angelassenen Ritzel wird an den nummerierten Stellen 1 bis 3 geprüft. Im Bereich der Verzahnung (Bereich 2) weisen die nach dem Vickersverfahren geprüfte Oberflächenhärte und auch die Einsatzhärtungstiefe ande-

[5] Gemäß DIN ISO 2639 ist wurde das in der früheren DIN 6773 festgelegte Kurzzeichen Eht durch CHD - “**c**ase hardening **h**ardness **d**epth” ersetzt.

re Werte auf als an den Wellenenden (Bereiche 1 und 3), wo die Härte nach dem Rockwell-Verfahren geprüft wird. Die Dimensionsangabe "mm" kann entfallen.

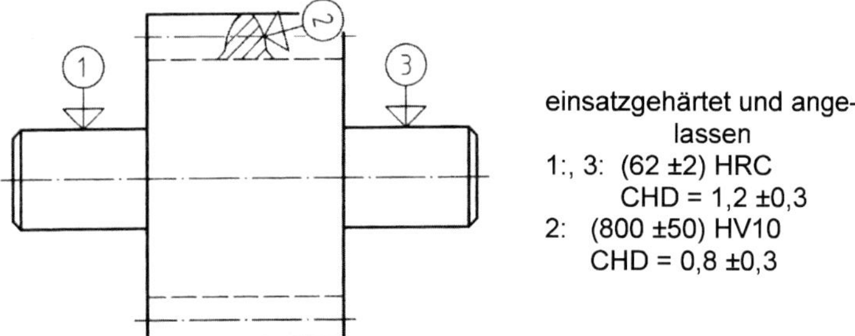

Bild 13.6: Beispiel für ein einsatzgehärtetes Teil gemäß DIN ISO 15787

Wird für den Regelfall die in der Norm festgelegte Grenzhärte angewendet, so braucht sie, anders als beim Randschichthärten, nicht genannt zu werden. Wird dagegen eine vom Regelfall abweichende Grenzhärte und/oder Prüflast benutzt, so ist dies in der Kurzschreibweise anzugeben, z. B.: CHD600 HV0,5 = 0,4 0/+0,4.

Wird nach dem Einsatzhärten spanend bearbeitet oder angelassen, ändert sich die Härte der Randschicht und damit auch die Härtetiefe. Es ist daher zweckmäßig, dies durch entsprechende Wortangaben zu verdeutlichen, Beispiel:

vor dem Schleifen: CHD = (1,2 ±0,4) mm
nach dem Schleifen: CHD = (0,8 ±0,2) mm

13.3.5.3 Härtetiefe nach dem Nitrieren oder Nitrocarburieren

Die Härtetiefe nitrierter oder nitrocarburierter Werkstücke wird als *Nitrier-Härtetiefe,* abgekürzt: *NHD*[6] bezeichnet. Die Grenzhärte zu ihrer Ermittlung beträgt nach DIN 50190, Teil 3 im Regelfall 50 HV0,5 mehr als die Ist-Kernhärte.

Die Angabe setzt sich zusammen aus dem Kurzzeichen „NHD", dem Wert der Grenzhärte in HV0,5 (Regelfall), dem Nennwert für die Härtetiefe in mm und der zulässigen Abweichung, siehe Bild 13.7

Im Beispiel kennzeichnet eine Punktlinie den Bereich, der ***nicht nitriert sein darf***. Hierauf wird durch die Ergänzung der Angaben mit einer Punktlinie und der zusätzlichen Wortangabe „nicht nitriert" hingewiesen.

---

[6] In der z. Z. noch gültigen DIN 50190-3 ist das Kurzzeichen „Nht" festgelegt; eine internationale Norm zur Ermittlung der Nitrierhärtetiefe existiert noch nicht. Es ist jedoch vorgesehen, analog der Einsatzhärtungs-Härtetiefe und der Einhärtungs-Härtetiefe das Kurzzeichen NHD, "**n**itriding **h**ardness **d**epth", für die Nitrierhärtetiefe zu benutzen, siehe DIN ISO 15787.

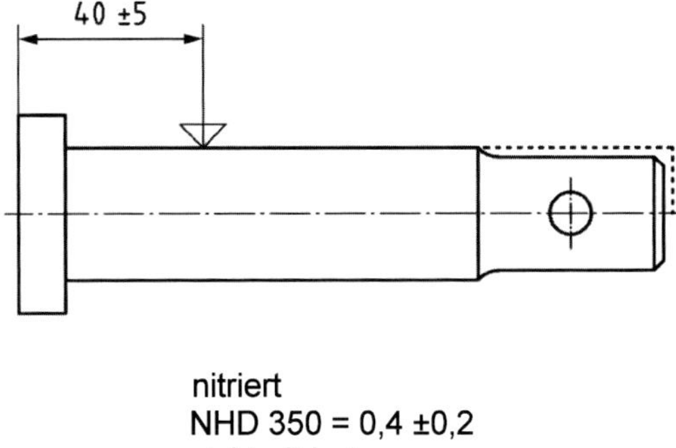

Bild 13.7: Beispiel für ein nitriertes Bauteil gemäß DIN ISO 15787

Bei nitrierten Werkstücken wird häufig eine bestimmte Oberflächenhärte verlangt und geprüft. Hier ist zu beachten, dass die Oberflächenhärte im nitrierten Zustand vom Werkstoff, seinem Ausgangszustand und der Prüflast abhängt. Es ist jedoch nicht möglich, aus der Oberflächenhärte auf die Nitrierhärtetiefe zu schließen. Letztere ist aber im Wesentlichen für bestimmte Gebrauchseigenschaften maßgebend. Deswegen kann im Prinzip auf die Angabe einer Oberflächenhärte verzichtet werden. Außerdem entfällt auch hier die Dimensionsangabe „mm".

Wird eine andere als die in der Norm für den Regelfall festgelegte Prüflast benutzt, muss dies in der Kurzschreibweise angegeben werden:

Nht 350 HV0,3 = 0,2 0/+0,2 mm.

Für die Toleranzen gilt dasselbe, wie für die Einhärtungs-Härtetiefe und die Einsatzhärtungs-Härtetiefe, s. 12.3.5.2.

Beim Nitrocarburieren ist die Zielgröße vorzugsweise eine bestimmte Dicke der *Verbindungsschicht*, abgekürzt: *CLT = „compound layer thickness"*. Die Ermittlung der Schichtdicke erfolgt gemäß DIN 30902.

In Bild 13.8 ist ein Beispiel für die Zeichnungsangabe bei nitrocarburierten Teilen zu sehen. Die Angabe einer Sollhärte ist bei nitrocarburierten Werkstücken nicht sinnvoll und kann daher entfallen.

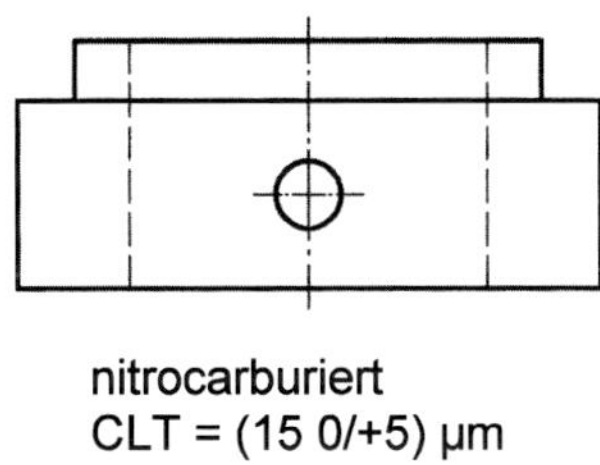

Bild 13.8: Beispiel für ein nitrocarburiertes Werkstück

13.3.6 Wärmebehandlungsbild

Viele Maß-Angaben bei Werkstücken mit komplizierter Geometrie können die Übersichtlichkeit erschweren, so dass die Angaben zum wärmebehandelten Zustand nicht mehr deutlich zu erkennen sind. In solchen Fällen ist es zweckmäßig, von der Möglichkeit eines Wärmebehandlungsbildes Gebrauch zu machen, wie das in Bild 13.9 dargestellte Beispiel einer Nockenwelle zeigt. Hierzu wird eine vereinfachte Darstellung des Teils in die Nähe des Schriftblocks gesetzt und diese zum Kennzeichnen des wärmebehandelten Zustands benützt. Das Bild erhält die Überschrift „Wärmebehandlungsbild" und kann auch ein Teilbild des Werkstücks sein. In Bild 13.9 ist ein Beispiel dafür wiedergegeben.

Wärmebehandlungsbild

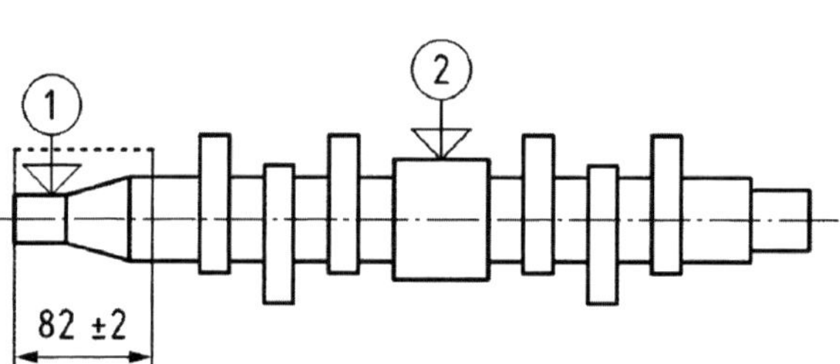

einsatzgehärtet, ganzes Teil gehärtet und angelassen
1: (25 0/+15) HRC
2: (62 ±4) HRC
CHD = 1,5 ±0,3
.... nicht aufgekohlt

Bild 13.9: Beispiel für ein Wärmebehandlungsbild gemäß DIN ISO 15787

Die Welle ist in dem durch die Punktlinie gekennzeichneten Bereich (Bereich 1) nicht aufgekohlt, jedoch gehärtet, wobei sich in diesem Bereich eine geringere Härte, entsprechend dem Ausgangskohlenstoffgehalt, ergibt. Wie das örtlich begrenzte Aufkohlen gemacht werden kann, siehe Kapitel 6 „Einsatzhärten".

13.4 Angaben in Fertigungsunterlagen

Aus den Zeichnungsangaben geht im Einzelnen nicht hervor, wie der wärmebehandelte Zustand erreicht worden ist. Am fertig bearbeiteten Werkstück ist dies auch nicht kontrollierbar. Deswegen ist es nicht sinnvoll, in der Zeichnung die Prozessparameter der Wärmebehandlung wie z. B. Temperaturen, Haltedauer, Abschreckmittel o. ä. einzutragen.

Trotzdem ist es wichtig, eine bestimmte Zeit-Temperatur-Folge einzuhalten und bestimmte Behandlungs- oder Abschreckmittel zu verwenden, um die erforderlichen

Eigenschaften der Bauteile und Werkzeuge zu erreichen und in der Serienfertigung die Streuung der Ergebnisse minimieren zu können.

In solchen Fällen bietet ein *Wärmebehandlungsplan (WBP)* eine gute Hilfe. Darunter ist der spezielle Fertigungsplan in der Härterei zu verstehen, der sämtliche für das Durchführen des Wärmebehandelns relevanten Daten enthält und je nach betrieblichen Gegebenheiten mehr oder weniger ausführlich sein kann. Typische Daten eines Wärmebehandlungsplans sind Angaben über die Chargengröße, die Packungsart der Werkstücke in der Charge, Temperaturen, Erwärmgeschwindigkeiten, Haltedauer, Art der verwendeten Behandlungsmittel, Abkühlgeschwindigkeiten, Abschreckmittel, benutzte Öfen, Ofeneinstelldaten usw. Die angegebenen Wärmebehandlungsschritte können gleichzeitig zur Kostenkalkulation herangezogen werden.

Nicht ganz so weit geht die *Wärmebehandlungsanweisung* (*WBA*). Ein Vordruck ist in DIN 17023 enthalten /DIN07/. Dieser hat sich in der Praxis zur Qualitätssicherung bisher bestens bewährt /Jön68/, /Lie71/, /Lie75/, /Lie76/. Die Vorgaben in der Anweisung entsprechen einem Pflichtenheft des Auftraggebers. Sie ermöglichen der Härterei die Planung des Wärmebehandlungsablaufs und lassen ausreichenden Spielraum für das Umsetzen entsprechend den vorhandenen Einrichtungen und Möglichkeiten. Die WBA eignet sich außerdem als Grundlage für eine Prozess-Dokumentation. Von besonderem Interesse ist dies z. B. bei der Vergabe von Aufträgen zum Wärmebehandeln an Härtereien außerhalb des eigenen Unternehmens. Der Vordruck nach DIN 17023 sollte von der Fertigungsplanung oder -vorbereitung mit den notwendigen Daten ausgefüllt werden.

13.5 Literatur

DIN01 DIN/FES DIN EN 10027-1 Bezeichnungssystem für Stähle – Teil 1, Kurznamen

DIN02 DIN/FES DIN EN 10027-2 Bezeichnungssystem für Stähle – Teil 2: Nummernsystem

DIN03 DIN/NWT und FES DIN ISO 2639: Bestimmung und Prüfung der Einsatzhärtungstiefe April 2003

DIN07 DIN/NWT Werkstofftechnologie 1 – Wärmebehandlungstechnik Normen - DIN-Taschenbuch 218 Beuth Verlag GmbH Berlin – Wien – Zürich 5. Auflage 2007

DIN10 DIN/NWT DIN ISO 15787: 2016: Technische Produktdokumentation –Wärmebehandelte Teile aus Eisenwerkstoffen – Darstellung und Angaben

Jön68 Jönsson, R. Wärmebehandlungsangaben in Fertigungsunterlagen HTM Härterei-Techn. Mitt. 23 (1968) 1, S. 46 – 49

Lie71 Liedtke, D. Grundregeln für eine fertigungssichere Wärmebehandlung
Z. f. wirtsch. Fertigung 66 (1971) 6, 5. 305 – 316

Lie75 Liedtke, D. Rationalisierung durch verbesserte Wärmebehandlungsangaben in Zeichnungen und Fertigungsunterlagen
Z, f. wirtsch. Fertigung 70 (1975) 9, 5. 467 - 481

Lie76 Liedtke, D. Über das Darstellen und Kennzeichnen einsatzgehärteter Werkstücke in Zeichnungen,
Z. f. wirtsch. Fertigung 71 (1976) 4, S. 167 - 171

Sachwortverzeichnis

A

B

C

D

E

F

G

H

I

K

L

M

N

O

P

Q

R

S

T

U

V

W

Y

Z

γ

ε

Autorenverzeichnis

Dr.-Ing. Dieter Liedtke
Ludwigsburg

Dr.-Ing. Martin Hoferer
Robert Bosch GmbH
Stuttgart

Prof. Dr.-Ing. Karl Heinz Illgner
Kaarst

Dipl.-Ing. Norbert Pirzl
Rübig GmbH & Co KG
Marchtrenk, Österreich

Dr.-Ing. Hansjürg Stiele
EFD
Freiburg